高等院校石油天然气类规划教材

矿物岩石学实验教程

唐洪明　主编
季汉成　主审

石油工业出版社

内 容 提 要

本书以沉积岩岩石学、岩浆岩岩石学、变质岩岩石学等课程的实验课教学大纲为基础，结合多所高校历年教学实践，对矿物岩石的识别与鉴定进行了详细深入的探讨，是矿物岩石学实验课程的教材。

本书可作为地质工程、资源勘查工程等专业师生的教材，也可供相关行业工作人员参考。

图书在版编目（CIP）数据

矿物岩石学实验教程/唐洪明主编．
北京：石油工业出版社，2014.9
（高等院校石油天然气类规划教材）
ISBN 978-7-5183-0335-9

Ⅰ．矿⋯

Ⅱ．唐⋯

Ⅲ．①实验矿物学－高等学校－教材
②实验岩石学－高等学校－教材

Ⅳ．P579

中国版本图书馆 CIP 数据核字（2014）第 181883 号

出版发行：石油工业出版社
（北京安定门外安华里2区1号　100011）
网　　址：http://pip.cnpc.com.cn
编辑部：(010)64251362　发行部：(010)64523620
经　销：全国新华书店
排　版：北京乘设伟业科技有限公司
印　刷：北京晨旭印刷厂

2014 年 9 月第 1 版　2014 年 9 月第 1 次印刷
787×1092 毫米　开本：1/16　印张：23.75
字数：603 千字
定价：45.00 元
（如出现印装质量问题，我社发行部负责调换）
版权所有，翻印必究

前　言

自 19 世纪中叶偏光显微镜应用于矿物和岩石的研究以来，矿物学、岩石学及相关学科都取得了长足的进步与发展。特别是近年来电子探针分析、电子显微镜分析、X—射线衍射分析、X—射线荧光分析等分析手段的应用，使矿物岩石结构及成分的精准分析成为可能，为矿物岩石学及相关学科提供了越来越丰富的信息。即便如此，矿物岩石的裸眼鉴别与"薄片"的显微镜实验等常规分析实验方法，依然是生产和科研中最基本、最便捷、最广泛应用的方法，尤其是在矿物几何形态与共生组合规律、岩石结构与构造等研究方面，是其他方法所无法取代的，更是地质技术从业人员和研究工作者必须具备的基本知识和基本技能之一。

《矿物岩石学实验教程》将结晶矿物学、晶体光学、岩浆岩岩石学、变质岩岩石学、沉积岩岩石学等课程的实验教学内容整合成一个系统。重点突出矿物岩石手标本和偏光显微镜镜下鉴定的方法和基本技能；实验教学过程中矿物岩石的描述方法与分类命名，并对国家标准、企业标准和学者推荐的岩石分类方案进行了对比性介绍；对典型类型岩石进行了示范性描述；力图满足学生夯实基础、培养实践能力、拓宽专业知识和素质的教学目的。本教程是以赵敬松、唐洪明、雷卞军编著的《矿物岩石薄片研究基础》（石油工业出版社，2003）为蓝本，并结合编者多年的教学实践，修编、增补完成的。全书共分十章：第一章着重讨论了矿物晶体的对称性、晶面符号、矿物物化性质及手标本尺度上的裸眼鉴别特征；第二章至第五章在介绍矿物晶体光学属性及偏光显微镜构造的基础之上，重点讨论了矿物薄片在单偏光镜、正交偏光镜和锥光镜系统下透明矿物的光学性质；第六章至第九章以岩浆岩、变质岩、碎屑岩和碳酸盐岩等岩石为对象，分别讨论了它们的矿物与结构成分、结构与构造特征、典型分类与命名方案、系统鉴别的程序与观测描述内容；第十章较系统地介绍了 120 余种常见矿物的晶体参数与物化性质、鉴定特征与光性方位图，以矿物类型为主线编排。本教程在方便教学使用的同时，力图满足学生夯实基础、培养能力、拓宽知识、提高素质的需求，也可供相关专业教学与岩矿鉴定工作参考。

本教材第一章由郗爱华编写，第二章至第六章由唐洪明编写，第七章由刘小洪编写，第八章至第十章由赵峰编写，全书的修改及统稿工作由唐洪明完成，中国石油大学（北京）的季汉成老师担任主审。其间赵敬松提供了大量基础资料和图片，并作为修编顾问提出了很多有益的建议。本教材编写过程中还得到了西南石油大学地球科学与技术学院、矿物岩石教研室各级领导和同仁的关心与支持，同时参考了北京大学、中国地质大学、成都理工大学、中国石油大学等多所高等院校的相关教材及各种公开发行的文献资料，引用了部分图件及文字，特此致谢！

由于编者水平所限，书中遗漏及不妥之处在所难免，恳请广大读者指正。

编　者
2014 年 5 月

目 录

第一章 矿物手标本的鉴别 ··· (1)
 第一节 矿物的结晶质属性 ·· (1)
 第二节 晶体测量与对称型的鉴别 ·· (5)
 第三节 晶体单形与聚形的鉴别 ··· (12)
 第四节 晶面符号的测定与双晶的鉴别 ····································· (23)
 第五节 矿物形态与物理性质的鉴别 ··· (31)
 第六节 硅酸盐类矿物手标本的鉴别 ··· (37)
 第七节 其他类矿物手标本的鉴别 ·· (43)

第二章 晶体光学基础及偏光显微镜 ·· (50)
 第一节 光的基本性质 ·· (50)
 第二节 光在矿物晶体内传播的基本特性 ·································· (56)
 第三节 光率体及光性方位 ·· (60)
 第四节 偏光显微镜 ··· (69)

第三章 单偏光镜下矿物的光学性质 ·· (78)
 第一节 单偏光镜下矿物的形态和解理 ····································· (78)
 第二节 单偏光镜下矿物多色性和吸收性 ·································· (82)
 第三节 单偏光镜下矿物的折射率 ·· (85)

第四章 正交偏光镜下矿物的光学性质 ·· (91)
 第一节 正交偏光镜下矿物的消光与干涉色 ······························ (91)
 第二节 光程差叠加原理及光率体椭圆切面轴名的测定 ············· (98)
 第三节 矿物的干涉色与双折射率 ·· (101)
 第四节 矿物的消光类型与吸收性 ·· (103)
 第五节 矿物的延性符号与双晶 ··· (107)

第五章 锥光镜下矿物的光学性质及矿物系统鉴定 ··························· (110)
 第一节 一轴晶常见干涉图特征及应用 ····································· (110)
 第二节 二轴晶常见干涉图特征及应用 ····································· (116)
 第三节 矿物色散的观测 ··· (125)
 第四节 偏光显微镜下常见矿物的系统鉴定 ······························ (129)

第六章 岩浆岩的系统鉴定 (134)

- 第一节 岩浆岩矿物成分的鉴别 (134)
- 第二节 岩浆岩结构与构造的鉴别 (142)
- 第三节 岩浆岩的分类与命名 (149)
- 第四节 岩浆岩系统鉴定的观测内容 (155)
- 第五节 超镁铁质岩的系统鉴别 (157)
- 第六节 基性岩的系统鉴别 (160)
- 第七节 中性岩的系统鉴别 (164)
- 第八节 酸性岩的系统鉴别 (167)
- 第九节 碱性岩的系统鉴别 (171)

第七章 变质岩的系统鉴定 (174)

- 第一节 变质岩矿物成分的鉴别 (174)
- 第二节 变质岩结构与构造的鉴别 (180)
- 第三节 变质岩的分类命名与系统鉴定的观测内容 (192)
- 第四节 区域变质岩主要岩石类型的鉴别 (197)
- 第五节 其他变质岩类的鉴别 (210)

第八章 碎屑岩的系统鉴定 (218)

- 第一节 沉积岩分类及常见沉积构造的鉴别 (218)
- 第二节 陆源碎屑岩结构组分与结构特征的鉴别 (223)
- 第三节 陆源碎屑岩的分类与命名 (234)
- 第四节 陆源碎屑岩观测内容与主要岩石类型的鉴别 (240)
- 第五节 火山碎屑岩的鉴别 (248)

第九章 碳酸盐岩的系统鉴定 (256)

- 第一节 碳酸盐岩构造与矿物成分的鉴别 (256)
- 第二节 碳酸盐岩结构组分的鉴别 (261)
- 第三节 碳酸盐岩成岩作用标志的鉴别 (278)
- 第四节 碳酸盐岩的分类命名与典型岩石的鉴别 (285)

第十章 常见矿物的鉴定特征 (295)

- 第一节 硅酸盐类矿物的鉴定特征 (295)
- 第二节 其他含氧盐类矿物的鉴定特征 (348)
- 第三节 其他类矿物的鉴定特征 (357)

参考文献 (371)

第一章 矿物手标本的鉴别

第一节 矿物的结晶质属性

一、结晶质与晶体的基本性质

按内部质点的排列方式,固态物质可分为结晶质和非晶质。凡内部质点(原子、离子、络阴离子或分子等)在三维空间作周期性重复排列的固态物质称为结晶质,或称为晶质。由结晶质构成的物体则称为晶体(图1-1)。凡内部质点在三维空间随机堆积而不具有周期性重复特性的固态物质称为非晶质,由非晶质构成的物体称为非晶体。研究证实,自然界的固态矿物和人造的固态物质,几乎都是结晶质,仅极少数为非晶质。

结晶质内部的性质、环境和方位上完全相同的"几何点",称为相当点或结点,由相当点所组成的几何图形称为空间格子(图1-2左)。空间格子中,共线的结点称为行列,共面的结点称为面网。由相互正交或近于正交的行列所围成的、体积最小的、能反映空间格子对称特性的平行六面体,称为单位空间格子。表征单位空间格子形状及大小的3个棱长(即棱方向上的结点间距)a_0、b_0、c_0和三者之间的交角α、β、γ,称为单位空间格子参数(图1-2中)。

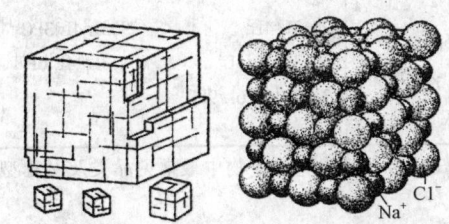

图1-1 石盐的晶体(左)与晶体结构(右)

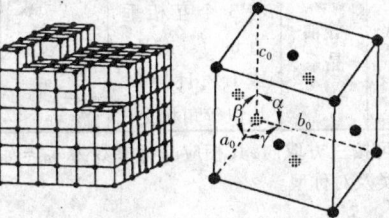

图1-2 石盐的空间格子(左)、单位空间格子(中)与晶胞(右)

实际晶体中由具体质点(离子、原子、络阴离子及分子等)所构成的、其形状和大小与相应单位空间格子一致的最小晶体,称为晶胞(cell)(图1-2右)。晶体是由晶胞在三维空间无间断地平移叠置而成。表征单位空间格子形状及大小的3个棱长a_0、b_0、c_0和三者间的交角α、β、γ,又称为"晶胞参数"。不同类型的矿物晶体,晶胞参数各不相同。物质组成有差异的同类晶体,晶胞参数也各不相同。因此,晶胞参数是鉴别矿物的重要依据之一。

依据单位空间格子(或晶胞)参数间的关系,空间格子可分为七类,相应的矿物晶体分属7个晶系(表1-1)。依据其中的结点分布,单位空间格子可分为原始格子、底心格子、面心格子和体心格子4种基本类型,而按格子参数的差异划分则共有14种空间格子类型。

晶体的本质是具有空间格子结构。由空间格子所决定的性质,即晶体的基本性质,含自限性、均一性、异向性、对称性、固定熔点等。这些性质为晶体所固有,是晶体与非晶体相互区别的特征,也是不同类型不同矿物晶体相互区别的标志。

表 1-1 矿物晶体分类表

晶族		晶系		空间格子	晶胞及晶体参数	晶类(对称型)	
名称	特征	名称	特征				
低级晶族	无高次对称轴	三斜晶系	仅1个C或L^1	三斜格子	$a_0 \neq b_0 \neq c_0$ $\alpha \neq \beta \neq \gamma \neq 90°$	(1)L^1	(2)$C^{[2]}$
		单斜晶系	L^2和P不多于1个	单斜格子	$a_0 \neq b_0 \neq c_0$ $\alpha = \gamma = 90°, \beta \neq 90°$	(3)P (5)$L^2PC^{[2]}$	(4)L^2
		斜方晶系	L^2和P的总数不少于3个	斜方格子	$a_0 \neq b_0 \neq c_0$ $\alpha = \beta = \gamma = 90°$	(6)$3L^2$ (8)$3L^23PC^{[2]}$	(7)L^22P
中级晶族	必有唯一的高次对称轴,如有其他对称要素时,它们必与高次轴平行或垂直	四方晶系	有唯一的高次轴L^4或L_i^4	四方格子	$a_0 = b_0 \neq c_0$ $\alpha = \beta = \gamma = 90°$	(9)L^4 (11)$L^4PC^{[1]}$ (13)L^44P (15)$L^44L^25PC^{[2]}$	(10)L_i^4 (12)L^44L^2 (14)$L_i^42L^22P$
		三方晶系	有唯一的高次对称轴L^3	三方格子	$a_0 = b_0 \neq c_0$ $\alpha = \beta = 90°$ $\gamma = 120°$注	(16)L^3 (18)L^33L^2 (20)$L^33L^23PC^{[2]}$	(17)$L^3C^{[1]}$ (19)L^33P
		六方晶系	有唯一的高次轴L^6或L_i^6	六方格子	$a_0 = b_0 \neq c_0$ $\alpha = \beta = 90°$ $\gamma = 120°$	(21)L^6 (23)$L^6PC^{[1]}$ (25)L^66P (27)$L^66L^27PC^{[2]}$	(22)L_i^6 (24)L^66L^2 (26)$L_i^63L^23P$
高级晶族	有多个高次对称轴	等轴晶系	必有4个L^3;必有3个互相垂直的L^2或L^4或L_i^4,且与L^3均以等角相交	立方格子	$a_0 = b_0 = c_0$ $\alpha = \beta = \gamma = 90°$	(28)$3L^24L^3$ (30)$3L^44L^36L^2$ (32)$3L^44L^36L^29PC^{[2]}$	(29)$3L^24L^33PC^{[1]}$ (31)$3L_i^44L^36P^{[1]}$

注:三方晶系还可按三方取向,其相应晶胞参数为 $a_0 = b_0 = c_0, \alpha = \beta = \gamma \neq 90°$;[2]为矿物中最常见晶类及对称型;[1]为矿物中常见晶类及对称型。

自限性是指晶体在物理化学条件适宜且空间充足的环境中生长,均能自发地形成封闭的规则的几何多面体的特性。实际晶体受生长空间的限制,往往形成不规则的歪晶和他形晶粒,但如让这些不规则外形的晶粒在空间充足、条件适宜的环境中继续生长,仍可以形成规则几何多面体外形。

晶体的均一性是指晶体的任何部分都具有相同性质的特性。例如,把一个晶体分为许多小碎块,每一细小的碎块都具有相同的物理化学的性质。即在三维空间上晶体是均一的。

晶体的异向性是指晶体的性质因观察方向的不同而表现出差异的特性。即在一维或二维空间上晶体的物理性质及化学性质是各不相同的。例如,光在矿物晶体(等轴晶系矿物除外)的不同方向上传播时,吸收系数、反射率、折射率等常常各不相同,都是晶体异向性的具体表现。

晶体的对称性是晶体中相同晶面、晶棱及解理等性质,可凭借对称要素和对称操作而彼此重复的特性。晶体都具有对称性;晶体的对称既表现在外形上,还表现在内部结构与物理化学性质上;晶体的对称要素的类型与数量、对称型数量都是有限的。

晶体具有固定的熔点,是因为同一个晶体的各个部分质点的组成与排列相同,破坏其不同部分所需能量是相同的,故有一定的熔点。

晶体的内能最小,稳定性最高。在相同的热力学条件下,晶体因具有最低的动能与势能而最稳定;相同化学成分的非晶体则具有较高的动能与势能,是不稳定的(或是准稳定的),因此会自发地转变为晶体。

二、决定晶体结构的基本因素

离子半径及离子类型是决定晶体结构的基本因素。离子或原子各自形成一个电磁场,在此电磁场范围内,其他的原子或离子不能侵入,好像是一个不可压缩的小球,其半径即为离子或原子半径。晶体的最基本组成是阳离子和阴离子,阴离子类型少,阳离子类型很多,晶体性质多与阳离子种类有关。阳离子可分为惰性气体型离子、铜型离子、过渡型离子。

晶体中质点的最紧密堆积方式是决定晶体结构的主要因素。在晶体结构中,质点间存在作用力,为了使晶体内能最小而稳定,质点之间总是倾向于尽可能地靠近,形成最紧密堆积。因此,可以认为晶体中质点排列遵循球体最紧密堆积原理。等大球体最紧密堆积有两种基本方式,即按 ABAB… 方式重复的六方最紧密堆积和按 ABCABC… 方式重复的立方最紧密堆积(图1-3)。以此为基础可演变出其他多种最紧密堆积方式,如四层重复(ABACABAC…)的黄玉($Al_2[SiO_4]F_2$)等。等大球最紧密堆积中,球体间仍存在空(孔)隙,据计算,空隙占整体体积的25.95%。球体间的空隙有两种基本类型,即由四个球围成的"四面体空隙"和由六个球围成的"八面体空隙"。可以证明,当最紧密堆积的球数为 n 时,四面体空隙数为 $2n$,八面体空隙数为 n。离子化合物中的阴离子半径远比阳离子大,一般可看成是阴离子作某种方式的最紧密堆积,阳离子充填于其四面体或八面体空隙之中,构成不等大球最紧密堆积。

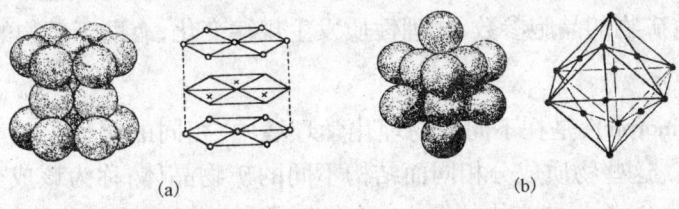

图1-3 六方最紧密堆积(a)及立方最紧密堆积(b)

配位多面体类型和离子的极化强度是决定晶体结构的重要因素。在离子晶体中,与某离子联系的异号离子数即该离子的配位数。原子的配位数是指与某一原子相接触的同种原子的数目。由各配位离子(原子)中心连结起来组成的空间则称为配位多面体。在离子晶体中,配位数及配位多面体的形状主要取决于阳、阴离子的半径比值(表1-2)。离子的"极化"作用对配位数也有重要影响。一般来说,半径较小、电价较高的离子,极化力较大而极化率较小,其他条件近似时,铜型离子、过渡型离子和惰性气体型离子的极化力与极化率渐次减弱。当极化作用较强时,"极化"可以使离子间距离缩小,导致配位数降低、化学键由离子键向共价键过渡。有时还会使离子不按最紧密堆积方式排列,甚至发生晶格类型改变。

表1-2 阳离子与阴离子半径的比值及阳离子的配位数

$R_阳/R_阴$	0~0.155	0.155~0.225	0.225~0.414	0.414~0.732	0.732~1	1
阳离子配位数	2	3	4	6	8	12
配位多面体的形状	哑铃形	等边三角形	四面体	八面体	立方体	截角立方体	截顶的二个三方双锥

温度、压力和组分浓度等外界条件对配位数也有影响。温度升高,质点动能增大,晶体结构趋于松弛,使得阳离子配位数减小。压力增大使离子排列越加紧密,可使配位数增大。

化学键与晶格类型是影响晶体结构的重要因素。化学键主要有离子键、共价键、金属键和分子键等类型。相应地可把晶体划分为4种晶格类型。当矿物晶格中有2种以上的化学键并存时,可根据其占主导地位的化学键类型和晶体的主要性质来划分和确定晶格类型。

三、类质同象与同质多象

1. 类质同象

类质同象(isomorphism),是结晶格子中的某种质点的位置可被性质相似的质点所代替,代替后除晶格常数略有变化外,晶体结构类型并不改变的现象。类质同象晶体又可称为固溶体(solid solution)。依据组分在晶格中所能替代的范围,可分为完全类质同象系列和不完全类质同象系列。根据互相替代的离子的电价是否相等,又可分为等价类质同象和异价类质同象。

离子类型是决定类质同象的首要因素,即只有离子类型相同的离子才能形成类质同象代替。在电价和离子类型相同的条件下,类质同象代替能力随离子半径大小差别的增大而减小。温度升高类质同象代替的能力增强;温度降低类质同象代替的能力减弱,甚至使混合晶体产生分离。压力增加有利于类质同象的分离,压力降低有利于类质同象的形成。组分浓度也有明显影响。类质同象是自然界中最普遍存在的现象,是矿物化学成分变化和矿物多样性的主要原因,相应地会导致矿物的晶胞参数、物理性质发生规律变化,有助于矿物的实验鉴别。

2. 同质多象

同质多象(polymorph),是在不同的物理化学环境中,相同的化学组分能形成多种不同晶体结构矿物的现象。这些物质成分相同而结构不同的矿物晶体,称为该成分的同质多象变体(polymorphic modification)。按变体的多少,可称为同质二象、同质三象等。

同质多象变体间的结构差异可以很大也可以很小。例如:金刚石为典型的原子晶格,石墨碳原子层内为共价键、层间为分子键,结构与性质均相差很大;α石英和β石英的晶体结构基本一样,仅Si—O—Si间的键角α石英为137°,β石英为150°(图1-4)。同质多象变体都有一定的形成和稳定的物理化学条件。如上述β石英常压下形成并稳定于573℃以上,而α石英则在573℃以下形成并稳定。当环境的物理化学条件改变并超出了某一变体的稳定范围时,就会发生同质多象转变,形成同质多象的另一变体。石墨变为金刚石的转变属重建式转变,转变前后结构有重大改组,一般是不可逆的;α石英与β石英间的同质多象转变属改造式(移位式)转变,转变前后结构只稍有变动、能迅速完成、往往是可逆的。一定条件下,同质多象变体转变的温度是固定的,根据某种变体的存在,可推测存在该矿物的地质体的形成温度。

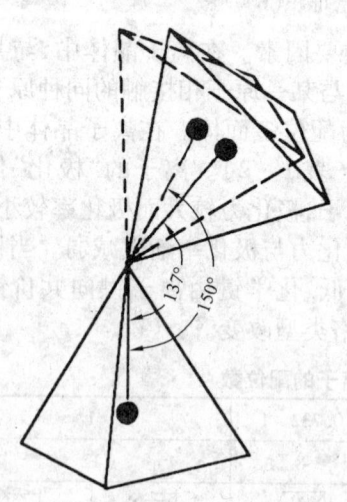

图1-4 α石英(上部实线)与β石英(上部虚线)中Si—O—Si四面体之交角

四、有序与无序结构

有序—无序是指存在于某些晶体中的两种不同结构状态。晶体结构中可以被两种不同质点所占据的某种配位位置上,若不同的质点各自有选择地分别占有其中的不同位置,相互间呈有规则的分布时,这样的结构状态称为有序态,相应的晶体结构称为超结构。若这些不同的质点在其中全都随机分布,其结构状态便称为无序态。有序—无序现象也是一种物质能够结晶成不同晶体结构的现象,是同质多象的一种特殊类型。有序的程度通常是温度的函数,一般有序结构的对称程度较低,形成于较低温度;无序结构的对称程度较高,形成于较高温度。如钾长石($K[AlSi_3O_8]$)高温形成透长石,有序度低,单斜晶系;低温形成微斜长石,有序度高,三斜晶系。

完全无序及部分有序的结构,在低于某一临界温度时将会向完全有序的结构转变;反之,在高于这一临界温度时,完全有序及部分有序的结构又会向完全无序的结构转变。其中,向着有序度增高方向进行的转变作用,特别称为"有序化(ordering)"。上述有序—无序转变的临界温度,在金属学中称为居里点,在居里点附近,晶体的有序度有明显的突变,许多物理性质及参量相应也发生突变。

第二节 晶体测量与对称型的鉴别

一、面角恒等与晶体的测量

面角守恒定律由丹麦矿物学家斯丹诺(N. Steno)于1669年首先提出,是指"同种晶体,对应晶面间的夹角恒等"的现象,因此又称斯丹诺定律。面角是两晶面法线之间的夹角,其数值等于晶面夹角的补角。晶面夹角恒等,面角同样恒等。如图1-5所示,石英不同形态的自形晶体,对应晶面的大小形态各不相同,但其对应晶面夹角及面角却始终相等。

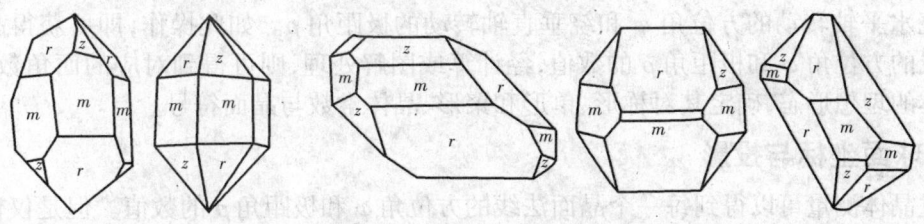

图1-5 石英的理想晶体(左二)和石英的歪晶(右三)

晶面夹角($r \wedge m = 141°47', m \wedge m = 120°, r \wedge z = 134°$)

面角恒等定律的发现是结晶学发展史上的重要事件,据此发现同种晶体外形上的固有规律,应用面角测量和投影的方法,可恢复晶体的理想形态,查明对称要素与对称型,计算晶体常数与晶面符号,从而奠定了几何结晶学的基础。根据晶体的格子结构可知,晶面就是格子结构中的对应面网,在晶体生长过程中,对应的面网都平行地向外推移,最终被面网密度较大的晶面包围。面网密度相同晶面的空间方位固定,致使对应晶面的夹角及面角始终保持恒定。但应指出,因类质同象替代,或因晶体的"位错、镶嵌"等微观结构缺陷,格子结构之间并不严格地完全平行,对应晶面间的夹角可发生微小改变。即严格地讲,面角不守恒是绝对的、守恒是相对的,只是偏差极微小可以忽略不计,因此,面角守恒还是完全有效的。

晶体的面角,可用测角仪来测定。

接触测角仪是由有刻度的半圆规和可绕轴旋转的直臂组成[图1-6(a)]。测量时,把半圆规的底边和旋臂与欲测的二晶面靠紧,即可在半圆规上读得二晶面夹角数据。接触测角仪操作简便,但精度只达0.5°,不适于测量细小晶体。

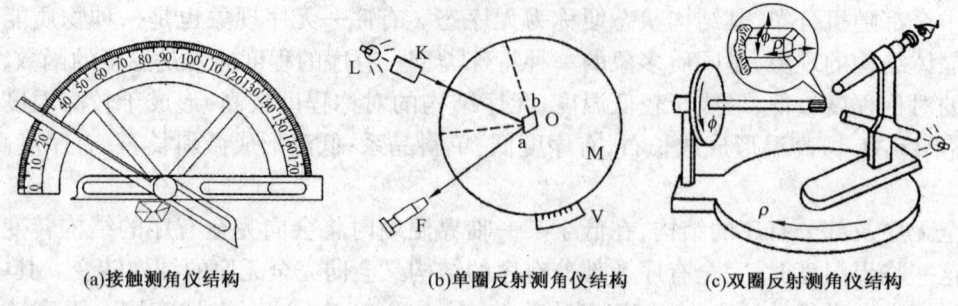

(a)接触测角仪结构　　(b)单圈反射测角仪结构　　(c)双圈反射测角仪结构

图1-6　几种测角仪结构

单圈反射测角仪结构如图1-6(b)所示,M为可以绕轴旋转的水平刻度圆盘,V为游标,K为平行光源,F为观测望远镜,K和F的轴线均与圆盘轴线垂直,且三者交于圆盘中心。将待测晶体用胶蜡固定于M的中心,同时使晶体的某晶带轴与M的转轴重合,则该晶带的所有晶面均与M垂直。转动M盘,当a晶面的法线为F与K的分角线时,F中即可见到a晶面的反射光,记下V的读数a_1;缓慢转动M,当F中见到b晶面的反射光时,记下读数b_1;二次读数差的绝对值$|a_1-b_1|$为晶面a和b法线的夹角(面角)。如此操作,即可测得该晶带上所有晶面之间的面角。重新固定晶体,还可测定其他晶带上晶面的面角。单圈反射测角仪的观测精度可达到1′,但是须多次固定晶体,操作较为麻烦。

双圈反射测角仪,有相互正交的水平旋转的刻度盘和直立旋转的刻度盘[图1-6(c)]。把晶体安装在两刻度盘轴线的交点上,且高次对称轴与水平轴重合。任意方向的某个晶面之法线,通过绕水平和垂直轴的旋转,均可转到平行光源和望远镜的分角线位置,并可读取该晶面法线绕水平轴转动的方位角φ和绕垂直轴转动的极距角ρ。如此操作,即可获得晶体所有晶面法线的方位角φ和极距角ρ的数值,经计算或图解处理,则可得到对应的面角数值,进而恢复晶体的理想形态,确定其对称形、单形和聚形、晶体常数与晶面符号。

二、球面坐标与投影

通过晶体测量可以得到每一个晶面法线的方位角φ和极距角ρ的数值。但是仅仅依据这组数据,还很难以直观地看出晶面空间分布的规律性。为了解决这一问题,常常需要把数据变换成球面投影图形及平面投影图形。

球面坐标,是以单位长度为半径的绘有坐标线的圆球面[图1-7(a)]。球面直立的直径称为投影轴(或称旋转轴),其上下端点分别称为上极点(或ρ值0°点)和下极点(或ρ值180°点),投影轴上半段绕球心向下转动的角度为极距角ρ。显然,极距角ρ介于0°与180°之间;过球心且与投影轴垂直的平面,称为赤道平面,其与球面相交的圆称为赤道,赤道上各点的极距角均为90°。同样,与投影轴垂直的平面与球面的交线(纬线)均是半径小于赤道的圆,同一(纬线)圆上各点的极距角ρ均相等;过投影轴的平面称为子午面,其与球面相交的二半圆(以投影轴为分界)称为子午线。0°子午线(按需确定,一般以投影轴最右侧者为0°)绕投影轴顺时针转动的角度称为方位角φ。显然,方位角φ介于0°和360°之间,同一子午线上各点的方位角φ均相等,同一子午面上的二子午线(各点)的方位角相差180°。

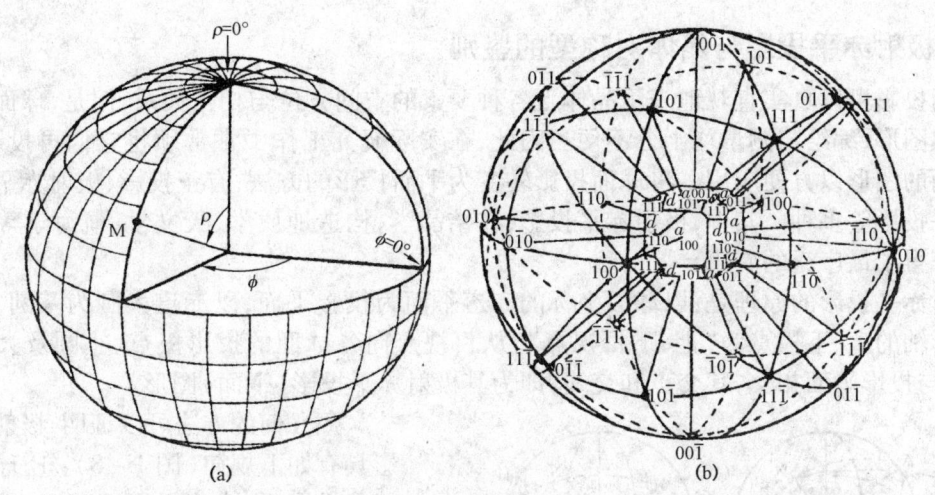

图 1-7 球面坐标(a)与立方体八面体菱形十面体聚形晶之球面投影(b)

晶体的球面投影,是将晶体的几何要素,按球面投影的原则方法,投影到球面的过程与结果。晶体几何形态上的要素,可分为平面(晶面、对称面、面网等)和直线(晶棱、行列、晶轴、对称轴、晶面法线等)。不同的晶体要素分别按下述的原则进行投影。

直线的球面投影,即是将晶体上任意直线平行移动通过球心,并向两端延伸与球面相交,交点即为直线的球面投影点,称为直线的"迹点"。直线的球面投影都有两个迹点,二迹点或分别位于上、下半球面,或同在赤道上,二迹点方位角之差为180°,极距角之和也为180°。直线的球面投影迹点只能反映直线的方向,不能反映直线的具体位置。即彼此平行的直线、对称轴、晶轴等直线,有相同位置的投影迹点,同一投影迹点常常表示不同的但彼此平行的直线。

晶面的球面投影,即是将晶体中心与投影球中心重合、结晶轴Z与投影轴重合,过球心作晶面的法线,并延伸使之与球面相交,交点就是该晶面的球面投影点,称为该晶面的"极点"。极点的球面坐标值与该晶面测量时的φ与ρ值相同。晶面的球面投影点只能反映晶面的空间方位,与晶面的实际形态和大小无关。二平行晶面球面投影的二极点,分别位于上、下半球面或同在赤道上,且分别与平行于晶面法线的直线投影迹点重合,晶面法线的球面坐标,就是与之平行的直线的球面坐标。对称轴、晶轴等直线的投影迹点,也是与之垂直的晶面球面投影的极点。例如图1-7所示的聚形晶体中,直线要素X结晶轴、对称轴L^4、晶带轴[100]、晶面(001)与(010)的交棱等,彼此平等,其迹点同为$\varphi=90°$、$\rho=90°$的点,此点也是与X晶轴正交的对称面P和晶面(100)法线的极点。因此,有的文献将直线和晶面法线的球面投影点,统称为极点(或迹点)。

对称面等平面要素,还可以用平面与球面相交的"迹线"作为其球面的投影。例如图1-7的聚形晶体的9个对称面P的球面投影,即是P与球面相交的9条"迹线圆"。显然,晶体上任何平面与球面相交的迹线均为圆,如平面过球心,其球面投影的迹线圆与投影球等径称为大圆,不通过球心的平面,其球面投影的迹线圆均小于大圆称为小圆。

实际上,晶体的球面投影,是将晶体测量获得的晶面法线方位角φ和极距角ρ,展绘到球面坐标上即可完成(图1-7右)。在球面投影图中,晶体的几何要素均以极点和圆来替代。这些图形虽不能反映晶面的具体形态与大小,却准确地标定了各几何要素的空间方位与相互关系。在已知各晶面相对生长速率的条件下,在各晶面法线上以球心为起点按比例截取线段,并过线段端点作法线的垂直平面,即可获得晶体的理想形态。

三、极射赤平投影与晶体对称型的鉴别

球面投影可以真实直观地表示晶体上各种要素的空间方位与相互关系,但是,球面投影是一种立体图形,编绘与测量均十分不便。因此,在实际研究工作中常常须将它们再投影,转变成为平面的图形以方便应用。将球面投影转变为平面投影的方法,有正投影、极射赤平投影和心射赤平投影等多种。其中,极射赤平投影,在结晶学、构造地质学、天文学、航海学等诸多学科中均获得了最广泛的应用。

极射赤平投影的原理是:以球面坐标的赤道平面为投影平面,以赤道大圆为基圆,以球面坐标投影轴的上、下极点为"上、下目视点",从目视点向各球面的投影极点、小圆及大圆等作射线,并与投影平面相交,其交点和交线,即为其极射赤平投影(平面)图形。

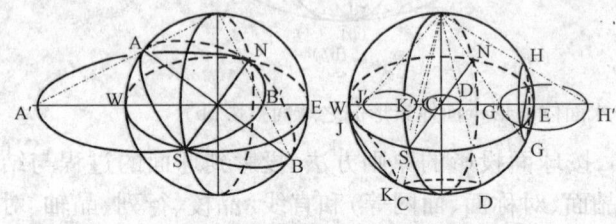

图1-8 极射赤平投影原理图

用几何的方法可以证明,极射赤平投影具有如下规律(图1-8):① 球面上的极点投影后,成为投影平面上一个点;上目视点,将下半球的极点投影在基圆内、将赤道上的极点投影在基圆上、将上半球的极点投影在基圆外。下目视点的投影与之类似。② 球面上过投影轴的大圆投影后,成为基圆的直径。球面上与投影轴斜交的大圆,投影后是以基圆直径为弦部分在基圆内部分在基圆外的圆。③ 球面上垂直于投影轴的小圆投影后,成为与基圆同心的小圆(或同心的比基圆更大的圆)。④ 球面上与投影轴斜交或平行的小圆投影后,同样是圆:下半球上的倾斜小圆经上目视点投影后,成为基圆内的小圆;跨上、下半球的小圆经上目视点投影后,成为部分在基圆内、部分在基圆外的圆;上半球的倾斜小圆经上目视点投影后,成为基圆外的圆。为此特约定,上目视点投影下半球的极点与圆,下目视点投影上半球的极点与圆,以保证极射赤平投影全部在基圆的范围之内,以方便应用。

如图1-9所示,经投影后球面坐标即转换为平面的极射赤平投影图。其中基圆和同心小圆是赤道和纬线的投影,半径和圆心是子午线和极点的投影,基圆上的刻度是方位角φ,半径上的刻度是极距角ρ。32种对称型及其一般形的极射赤平投影如图1-10所示。在晶体极射赤平投影图中约定:以"⊙"表示上半球的极点,以"×"表示下半球的极点,以"⊗"表示上和下半球重合的极点,以实线表示对称面,并用不同符号(图1-10)表示对称轴及坐标轴的极点。

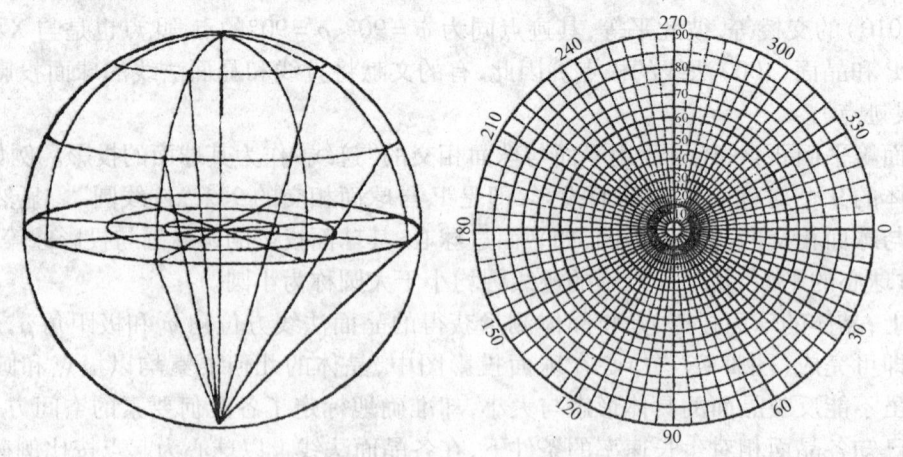

图1-9 球面坐标的投影与其极射赤平投影图

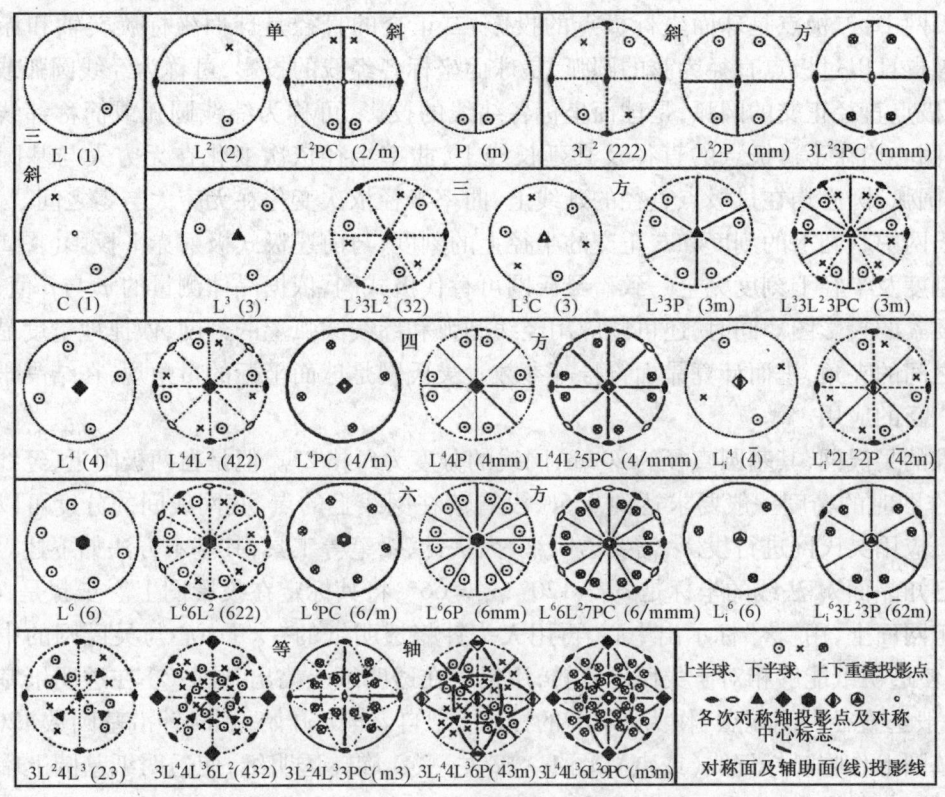

图 1-10 32种对称型及其一般形的极射赤平投影图

四、吴氏网及其应用

吴氏网是苏联学者 Г. В. Вульф 所首创,因而得名。吴氏网是按下述原理构成的:以球面坐标赤道圆的一条"直径"之二端点,分别为上、下目视点,以过球心且与该"直径"正交的子午面为投影平面,投影面上的二子午线为基圆。自上、下目视点分别向球面坐标的各子午线、赤道、纬线等作射线,将其投影在基圆之内[图 1-11(b)]。从构成原理可知,吴氏网也是一种极射赤平投影,只不过是以球面坐标赤道的某条"直径"之端点为目视点,以过球心与该"直径"正交的子午面为投影平面,文献称此为"赤式极射赤平投影"。相应的,以球面坐标旋转轴端点为目视点,以赤道平面为投影面者,称为"极式极射赤平投影"。

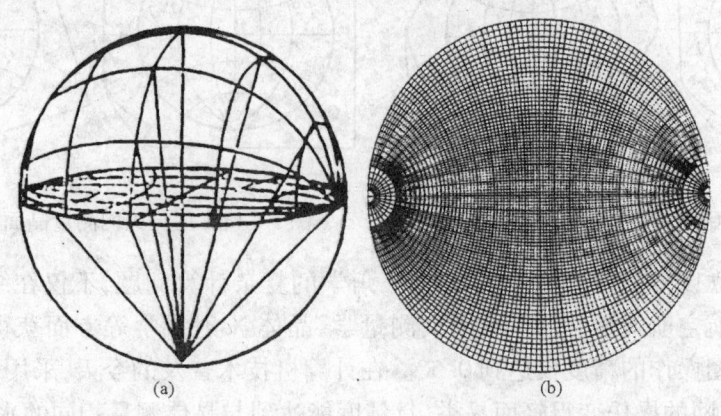

图 1-11 球面坐标的赤式极射赤平投影之体视图与吴氏网

吴氏网中：二极点是球面坐标极点的投影，二正交的直径是球面坐标旋转轴和赤道的投影。过极点且以过极点直径为弦的圆弧，是球面坐标各经线的投影，可称为经线圆弧或简称经线；与过极点直径正交的圆弧，是球面坐标各纬线的投影，可称为纬线圆弧或简称纬线。各经线圆弧、圆心均在不过极点的直径及其延长线上，曲率半径依次变化在无穷大与基圆半径之间；纬线圆弧、圆心均在过极点直径的延线上，曲率半径依次变化在无穷大与零之间。

吴氏网中基圆上的刻度和二正交的半径上的刻度，与前述极式极射赤平投影（图1-9）中基圆上刻度及半径上刻度完全一致。吴氏网可替代极式网，依据晶体测量的φ与ρ值，绘制晶体几何要素的投影图。同时，还可以应用经线圆弧和纬线圆弧上的刻度，便捷地量度晶体各几何要素之间的夹角，进而计算晶面符号等参数。吴氏网是球面坐标的量角规，在结晶学等学科均获得广泛的应用。

标准的吴氏网，其基圆直径为20cm，网线的分度为每格2°。但是在两极附近，经线的间隔为10°，作图时的精度一般要求达到0.5°，没有落在网线上的点，其网线间的分度可以用插入法确定。应用吴氏网进行投影，需要透明纸、大头针、铅笔等工具，其基本方法如下述。

如已知晶面M法线的坐标是$\varphi_m=120°$，$\rho_m=66°$，将其标定在投影图上。步骤是：① 将透明纸覆于网面上，用"×"标示出中心，再用大头针将透明纸的"×"中心与吴氏网的中心固定在一起，使透明纸能够相对于吴氏网旋转，用铅笔在透明纸上描出基圆；② 在透明纸基圆上选一点（一般选直径右侧端点）作为$\varphi=0°$的标志；③ 自$\varphi=0°$开始，顺时针沿基圆数120°，并在透明纸基圆上作临时标记线（或点）（图1-12左）；④ 旋转透明纸，使透明纸基圆上临时标记线与吴氏网直径重合，自中心沿直径向外数66°得一点，并在透明纸上画出"⊙"的标记（图1-12右），此即晶面M的投影点；若$\rho_m>90°$，则自中心向外数$(180°-\rho_m)$的度数，并在透明纸上画出下半球投影点"×"的标记。

如已知二晶面法线的投影点P和Q（图1-13左），要测量此二晶面法线的夹角（即二晶面的面角）。操作步骤是：① 将透明纸覆于吴氏网上，基圆及中心对准并用大头针固定中心；② 旋转透明纸，使晶面投影P、Q同时落在吴氏网的同一大圆弧（经线）是（图1-13右），沿此大圆弧读取P、Q之间的刻度数δ，即为晶面法线间夹角。

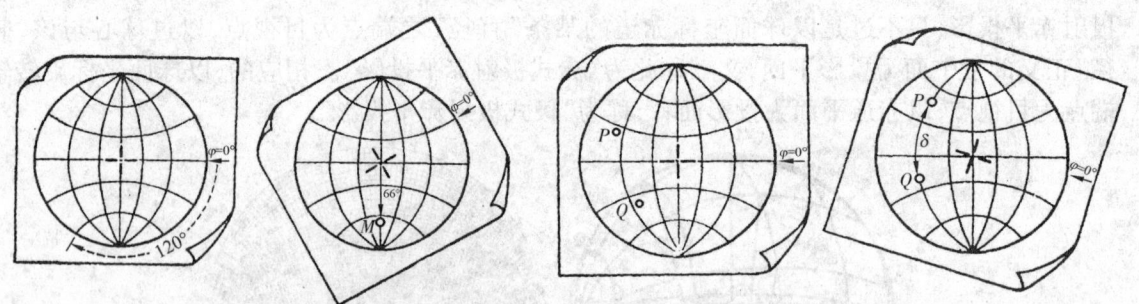

图1-12 用吴氏网投影晶面示意图　　图1-13 用吴氏网测量晶面法线夹角示意图

吴氏网自创立以来，较好地解决了球面三角学的复杂计算问题，不仅在结晶学中，还在晶体光学、岩石学、航空航天学、航海学、天文测量学、晶体X射线学等方面获得了广泛的应用，但吴氏网手工作图操作的精度仅达到0.5°。在计算机技术普及的今天，采用AutoCAD等通用软件，即可使吴氏网的操作变得轻而易举，且精度能达到与晶体测量相同的水平。

五、模型晶体及粗大自形晶体对称型的鉴别

毫米级大小的细小晶体及歪晶的对称特征，需要通过晶体测量与投影的方式来确定其对称要素与称称型，确定其晶族与晶系。对于厘米级的粗大理想自形晶体和模型晶体，可以直接用裸眼观测的方法，确定其对称要素与对称型。

晶体均具有对称性，晶体的对称既表现在外形上，还表现在内部结构与物理化学特性上，晶体的对称要素和对称类型都是有限的。因此，理想自形晶体均具有同形等大的晶面，成千上万的晶体只有32种对称型，只有对称轴、对称面、对称中心与旋转反伸轴（或旋转反映轴）等四类对称要素。其中，对称轴出现频率最高，对称面及对称中心次之，旋转反伸轴最低。所以，查找晶体同形等大的晶面，是观测对称要素与对称型的切入点。

为提高观测的速率与准确性，可按以下步骤进行操作：① 将晶体或模型定向放置，一般将晶体的高次对称轴或晶体的延伸方向、或长的晶棱竖直放置；② 使晶体或模型绕竖线转动，着重观测查找同形等大之晶面的形态、数量与位置，自高次轴至低次轴的顺序，确定对称轴的轴次、位置和数量；③ 对于有 L^6、L^4、L^3、L^2、Li^6、Li^4 的晶体，再确定对称面的有无、位置与数量，而后确定对称中心的有无；④ 当无对称轴及旋转反伸轴存在时，着重看 P 或 C 的有无，若 P 和 C 均不存在，则必有 L^1 的存在；⑤ 按规定书写对称型，并确定实验样品的晶系与晶族。

在观测时，应充分注意对称要素与晶面、晶棱及晶角的几何关系。如图 1-14 所示，对称轴 L^6、L^4、L^3、L^2 与晶面、晶棱、晶角的关系：或是晶面的中垂线；或是晶棱的中垂线；或是过二对应晶角的直线；或是过晶角的棱或面的中垂线；或同是晶棱与晶面的中垂线。对称面与晶面、晶棱的关系：或是晶面的垂直平分面；或是晶棱的垂直平分面；或是过二相交（或平行）棱的平面。反伸轴 Li^4、Li^6 与之类似：或是晶面的中垂线；或同是二晶棱的中垂线；或是过二对应晶角的直线。

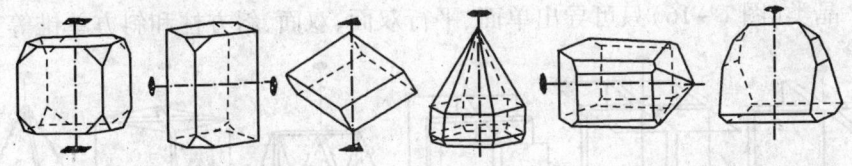

图 1-14 晶体对称轴与晶面、晶棱、晶角的关系示意图

晶面同形等大，不仅是几何形状与大小相同，还应该包含晶面花纹（晶面条纹、蚀像等）均相同，否则不是同形等大的晶面。如图 1-15 中，立方体晶面上的花纹不同，其对称要素的类型与数量各异，所表征的对称型也各不相同。当然，晶体模型的晶面无晶面花纹的区别，应按最高级的对称型来处理对待。

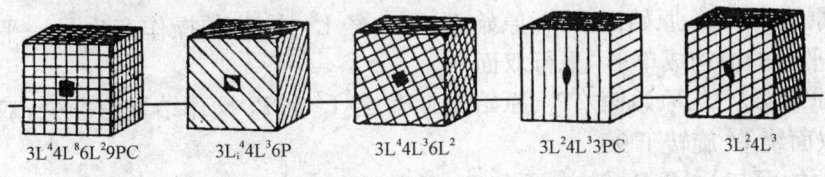

$3L^4 4L^3 6L^2 9PC$ $3L_i^4 4L^3 6P$ $3L^4 4L^3 6L^2$ $3L^2 4L^3 PC$ $3L^2 4L^3$

图 1-15 立方体的晶面花纹与对称型的关系示意图

充分应用对称要素的组合规律,可明显提高观测的效率,并避免对称要素的遗漏与重复。对称要素的组合遵从以下规律:

定理一,对称面的交线必为一对称轴,其基转角为相邻二对称面夹角的二倍。这条定理也可理解为如有一个对称面 P 包含 n 次对称轴 L^n,则必有 n 个对称面 nP 包含 n 次对称轴 L^n。

定理二,如果有一个二次轴 L^2 垂直 L^n,则必有 n 个 L^2 垂直 L^n。

定理三,如果一个对称面 P 垂直于偶次对称轴 L^n(n 为偶数),则其交点必定是对称中心 C。

定理四,如果有一个二次轴 L^2 垂直旋转反伸轴 Li^n 或者有一个对称面 P 包含 Li^n 时:① 当 n 为奇数则必有 n 个二次轴 L^2 垂直旋转反伸轴 Li^n,同时有 n 个对称面 P 包含 Li^n;② 当 n 为偶数则必有 $n/2$ 个二次轴 L^2 垂直旋转反伸轴 Li^n,同时有 $n/2$ 个对称面 P 包含 Li^n。

大量的实验表明,高次轴往往包含有同方向的低次轴,比如,L^6 的方向上同时有 L^3 和 L^2。因此,应优先确定高次轴,有了高次轴再不考虑该方向上的低次轴;只有在无高次轴时再考虑较低次及更低次对称轴。

确定出晶体的全部独立的对称要素之后,按对称型的书写规则即可写出样品的对对称型。书写规则是:先对称轴和旋转反伸轴(高次前低次后)、次对称面、后对称中心,同一对称要素的数目写于代号之前,如 L^3L^23PC、L^66P、$3L^44L^36L^29PC$ 等。其中,对称型 $3L^24L^3$ 和 $3L^24L^33PC$ 是例外,因其 L^2 的方向为结晶轴的方向,故置于高次轴之前。依据对称型及各晶族各晶系的对称特征(表 1-1),即可确定样品晶体所属的晶族与晶系。

第三节　晶体单形与聚形的鉴别

一、单形推导及在各晶族晶系晶类的分布

单形是由对称要素联系起来的一组同形等大晶面的总和,同一晶体的同一种单形的所有晶面都同形等大,且各晶面的性质也相同。大量的实验证明,每一晶类只可以导出 1 至 7 种单形。如 L^22P 晶类(图 1-16)只可导出单面、平行双面、双面、斜方柱和斜方单锥等五种单形。

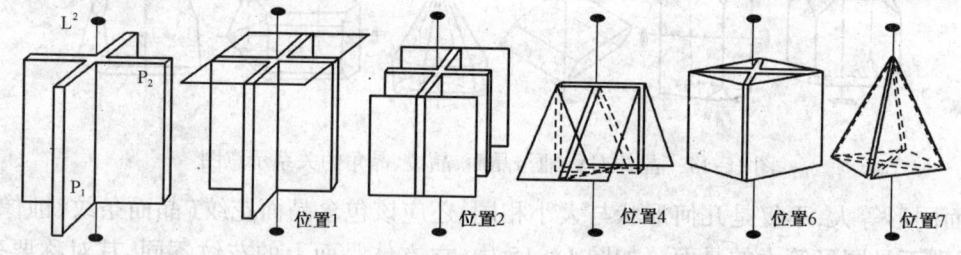

图 1-16　晶类 L^22P 中单形的推导图解

位置 1,原始面⊥L^2、原始面⊥P_1 且原始面⊥P_2,对称操作无新的晶面,即构成单形"单面"。

位置 2,原始面∥L^2、原始面∥P_2、原始面⊥P_1,经 L^2 或 P_2 的操作产生另一平行于它的新面,此二彼此平行的面构成单形"平行双面"。

位置 3,原始面∥L^2、原始面∥P_1、原始面⊥P_2,经 L^2 和 P_1 操作结果为"平行双面",相当位置 2 的平行双面绕 L^2 旋转了 90°。

位置 4,原始面与 L^2 及 P_2 斜交,而与 P_1 正交,经 L^2 或 P_2 的对称操作产生一个与原始晶面相交的晶面,此两晶面组成单形"双面"。

位置5,原始面与 L^2 及 P_1 斜交,而与 P_2 正交,对称操作结果为"双面",相当于位置4的"双面"绕 L^2 旋转90°。

位置6,原始面与 L^2 平行,且与 P_1、P_2 斜交,对称操作结果可获得平行 L^2 的四个晶面,它们组成一个单形"斜方柱"。

位置7,原始晶面与 L^2 及 P_1、P_2 都斜交,对称操作结果可获得相交于一个顶点的四个晶面,它们组成一个单形"斜方单锥"。

32种晶类共可推导出146种结晶单形(各晶面大小相等、花纹、物理化学性质相同)、47种几何单形(各晶面大小相等、形态相同)。单形在各晶族、晶系、晶类的分布如表1-3、表1-4和表1-5所列。其中:① $\{hk1\}$ 晶面与(作为晶轴的)对称要素均斜交,推导出的单形为"一般形",并规定"一般形"的名称为该晶类的名称;② 其余单形的晶面与(作为晶轴的)对称要素或平行或正交或等角度相交,导出的单形均为"特殊形";③ 单面、平行双面、双面、柱类、单锥类都不能单独构成封闭的晶体,称为"开形",其余的双锥类、四面体类等等单形,均可独立构成封闭晶体,称为"闭形";④ 低级晶族有22种结晶单形7种几何单形,中级晶族有89种结晶单形27种几何单形(含单面和平行双面),高级晶族有35种结晶单形15种几何单形。

表1-3 低级晶族各晶类(对称型)的单形

晶类	原始晶面						
	$\{hk1\}$①	$\{0k1\}$	$\{hk0\}$	$\{h01\}$	$\{100\}$	$\{010\}$	$\{001\}$
$L^1(1)$②	1.③单面(1)④						
$C(\bar{1})$	2. 平行双面(2)						
$L^2(2)$	3.(轴)双面(3)	2. 平行双面(2)			5. 单面(1)		4. 平行双面(2)
$P(m)$	6.(反映)双面(3)	7. 单面(1)			8. 平行双面(2)		7. 单面(1)
$L^2PC(2/m)$	9. 斜方柱(4)	10. 平行双面(2)			11. 平行双面(2)		10. 平行双面(2)
$3L^2(222)$	12. 斜方四面体(5)	13. 斜方柱(4)			14. 平行双面(2)		
$L^22P(mm)$	15. 斜方单锥(6)	16.(反映)双面(3)	17. 斜方柱(4)	16.(反映)双面(3)	18. 平行双面(2)		19. 单面(1)
$3L^23PC$(mmm)	20. 斜方双锥(7)	21. 斜方柱(4)			22. 平行双面(2)		

① 单形符号,低级晶族中 h、k、l 彼此间可以相等也可以不相等;② 括号内为晶类的国际符号;③ 为146种结晶单形的序号;④ 括号内数字为47种几何单形的序号,见图1-17、图1-18、图1-19。后同。

表1-4 中级晶族各晶类(对称型)的单形

晶类	原始晶面					
	$\{hkl\}$、$\{hkil\}$①	$\{hhl\}$、$\{hh\bar{2h}l\}$、$\{2k\bar{k}\bar{k}l\}$	$\{h0l\}$、$\{0kl\}$、$\{h0\bar{h}l\}$、$\{0k\bar{k}l\}$	$\{hk0\}$、$\{hki0\}$	$\{110\}$、$\{11\bar{2}0\}$、$\{2\bar{1}\bar{1}0\}$	$\{100\}$、$\{10\bar{1}0\}$、$\{01\bar{1}0\}$	$\{001\}$、$\{0001\}$
$L^4(4)$	23. 四方单锥(16)			24. 四方柱(10)			25. 单面(1)
$L^4L^2(42)$	26. 四方偏面体(31)	27. 四方双锥(22)		28. 复四方柱(11)	29. 四方柱(10)		30. 平行双面(2)
$L^4PC(4/m)$	31. 四方双锥(22)			32. 四方柱(10)			33. 平行双面(2)

续表

晶类	原始晶面						
	$\{hkl\}$、$\{hkil\}$[①]	$\{hhl\}$、$\{hh\overline{2h}l\}$、$\{2k\overline{k}\overline{k}l\}$	$\{h0l\}$、$\{h0\overline{h}l\}$、$\{0k\overline{k}l\}$	$\{hk0\}$、$\{hki0\}$	$\{110\}$、$\{11\overline{2}0\}$、$\{2\overline{11}0\}$	$\{100\}$、$\{10\overline{1}0\}$、$\{01\overline{1}0\}$	$\{001\}$、$\{0001\}$
$L^4 4P(4mm)$	34. 复四方单锥(17)	35. 四方单锥(16)		36. 复四方柱(11)	37. 四方柱(10)		38. 单面(1)
$L^4 4L^2 5PC$ (4/mmm)	39. 复四方双锥(23)	40. 四方双锥(22)		41. 复四方柱(11)	42. 四方柱(10)		43. 平行双面(2)
$Li^4(\overline{4})$	44. 四方四面体(26)			45. 四方柱(10)			46. 平行双面(2)
$Li^4 2L^2 2P$ ($\overline{4}2m$)	47. 复四方偏三角面体(28)	48. 四方四面体(26)	49. 四方双锥(22)	50. 复四方柱(11)	51. 四方柱(10)	52. 四方柱(10)	53. 平行双面(2)
$L^3(3)$	54. 三方单锥(14)			55. 三方柱(8)			56. 单面(1)
$L^3 3L^2(32)$	57. 三方偏方面体(30)	58. 三方双锥(20)	59. 菱面体(27)	60. 复三方柱(9)	61. 三方柱(8)	62. 六方柱(12)	63. 平行双面(2)
$L^3 3P(3m)$	64. 复三方单锥(15)	65. 六方单锥(18)	66. 三方单锥(14)	67. 复三方柱(9)	68. 六方柱(12)	69. 三方柱(8)	70. 单面(1)
$L^3 C(\overline{3})$	71. 菱面体(27)			72. 六方柱(12)			73. 平行双面(2)
$L^3 3L^2 3PC$ ($\overline{3}m$)	74. 复三方偏三角面体(29)	75. 六方双锥(24)	76. 菱面体(27)	77. 复三方柱(13)	78. 六方柱(12)	79. 六方柱(12)	80. 平行双面(2)
$L^6(6)$	81. 六方单锥(18)			82. 六方柱(12)			83. 单面(1)
$L^6 L^2(62)$	84. 六方偏方面体(32)	85. 六方双锥(24)		86. 复六方柱(13)	87. 六方柱(12)		88. 平行双面(2)
$L^6 PC(6/m)$	89. 六方双锥(24)			90. 六方柱(12)			91. 平行双面(2)
$L^6 6P(6mm)$	92. 复六方单锥(19)	93. 六方单锥(18)		94. 复六方柱(13)	95. 六方柱(12)		96. 单面(1)
$L^6 6L^2 7PC$ (6/mmm)	97. 复六方双锥(25)	97. 六方双锥(24)		99. 复六方柱(13)	700. 六方柱(12)		101. 平行双面(2)
$Li^6(\overline{6})$	102. 三方双锥(24)			103. 三方柱(8)			104. 平行双面(2)
$Li^6 3L^2 3P$ ($\overline{6}2m$)	105. 复三方双锥(21)	106. 六方双锥(24)	107. 三方双锥(20)	108. 复三方柱(9)	109. 六方柱(12)	110. 三方柱(8)	111. 平行双面(2)

① 单形符号三指数适用于四方晶系,四指数适用于三方和六方晶系,其中 h 与 k 不相等,l 与 h、l 与 k 之间可以相等也可以不相等,且 $i = -(h+k)$。

表1-5 高级晶族等轴晶系各晶类(对称型)的单形

晶类	原始晶面						
	{hkl}	{hhl}(h>l)	{hkk}(h>k)	{111}	{hk0}	{110}	{100}
$3L^2 4L^3$ (23)	112. 五角三四面体(36)	113. 四角三四面体(35)	114. 三角三四面体(34)	115. 四面体(33)	116. 五角十二面体(46)	117. 菱形十二面体(45)	118. 立方体(43)
$3L^2 4L^3 3PC$ (m3)	119. 偏方复十二面体(47)	120. 三角三八面体(39)	121. 四角三八面体(40)	122. 八面体(38)	123. 五角十二面体(46)	124. 菱形十二面体(45)	125. 方方体(43)
$3Li^4 4L^3 6P$ (43m)	126. 六四面体(37)	127. 四角三四面体(35)	128. 三角三四面体(34)	129. 四面体(33)	130. 四六面体(44)	131. 菱形十二面体(45)	132. 立方体(43)
$3L^4 4L^3 6L^2$ (43)	133. 五角三八面体(41)	134. 三角三八面体(39)	135. 四角三八面体(40)	136. 八面体(38)	137. 四六面体(44)	138. 菱形十二面体(45)	139. 立方体(43)
$3L^4 4L^3 6L^2 9PC$ (m3m)	140. 六八面体(42)	141. 三角三八面体(39)	142. 四角三八面体(40)	143. 八面体(38)	144. 四六面体(44)	145. 菱形十二面体(45)	146. 立方体(43)

注:h、k、l 彼此之间均不相等。

二、几何单形的极射赤平投影

细小晶体及歪晶之单形的确定,须要通过晶体测量及投影,依据其对称特征、晶面数量、面角关系和极射赤平投影图的特征来确定。各晶族、晶系几何单形的形态及其极射赤平投影如图1-17、图1-18和图1-19所示。

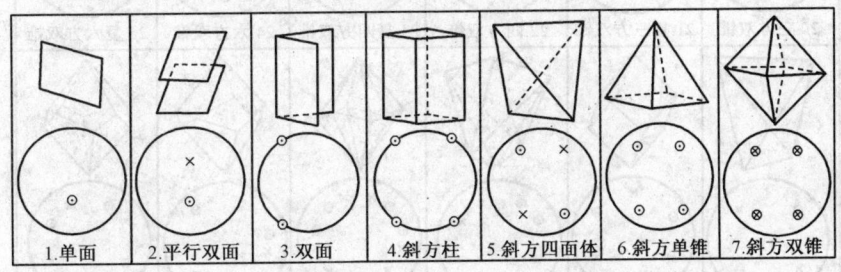

1. 单面　2. 平行双面　3. 双面　4. 斜方柱　5. 斜方四面体　6. 斜方单锥　7. 斜方双锥

图1-17 低级晶族几何单形的形态及其极射赤平投影图

三、模型晶体与粗大自形晶体之几何单形的鉴别

对于模型晶体和粗大的理想自形晶体而言,还可以凭借裸眼、依据单形的特征来确定单形的名称与类型。单形的特征包括:同形等大晶面的数目;闭形单独存在时的晶面形状(对于"开形"而言,其晶面形态与相聚单形有关);同形等大晶面彼此之间的相互关系;晶面与对称要素(或结晶轴)的关系;特殊方向上的切面形状等。熟悉表1-3、表1-4和表1-5中各晶类的单形名称是鉴别单形的前提,将模型的高次轴竖直放置,或按结晶轴定向放置,有利于准确识别各单形的特征,更有利于模型晶体与理想自形晶体几何单形的鉴别。

低级晶族几何单形的鉴别标志如表1-6所示。各单形在晶类中的分布与差异如下述。

单面,是L^1晶类的唯一单形,即L^1晶类的晶体都是由多个单面构成的聚形,各单面形态及大小各异且互不平行;在L^2、P、$L^2 2P$晶类中,也有单面存在,此时单面必垂直于L^2或垂直于P。

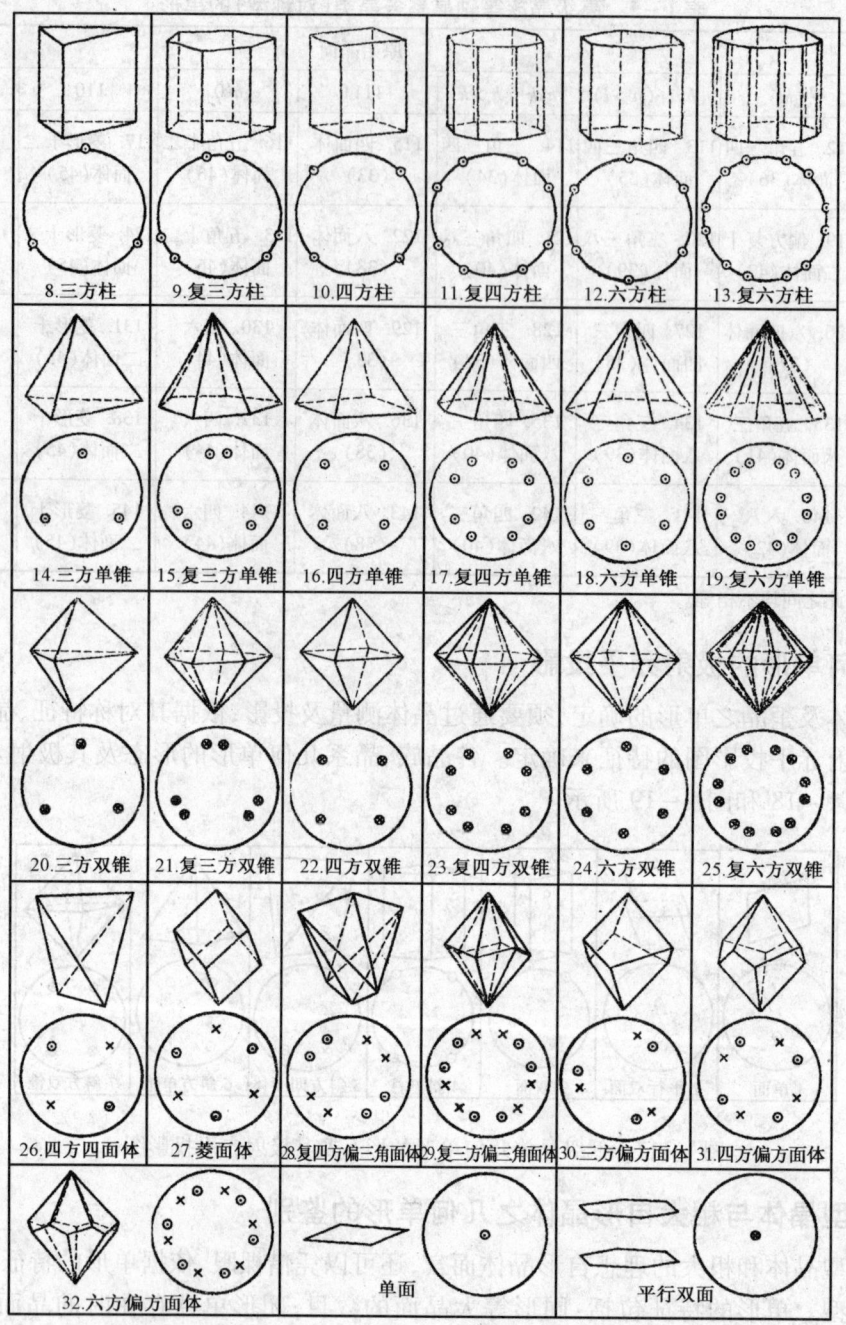

图 1-18 中级晶族几何单形的形态及其极射赤平投影图

平行双面是 C 晶类的唯一单形，即 C 晶类的晶体均是由多个平行双面构成的聚形，其晶面成对平行且形态大小相等；在 L^2、P、L^2PC、L^22P 晶类亦常见，此时必平行于 L^2 或平行于 P、或同时平行于 L^2 及 P；在 $3L^2$ 和 $3L^23PC$ 晶类中也常见，此时必⊥L^2 之一。

轴双面仅见于 L^2 晶类，且轴双面必与 L^2（Y 晶轴）斜交（与 X、Z 晶轴斜交或平行）。反映双面是 P 晶类的一般形，必与 P（Y 晶轴）斜交（与 X、Z 晶轴斜交或平行）；反映双面还见于 L^22P 晶类，此时必与 P 之一正交而与另一 P 斜交，即或平行于 X 晶轴、或平行于 Y 晶轴。

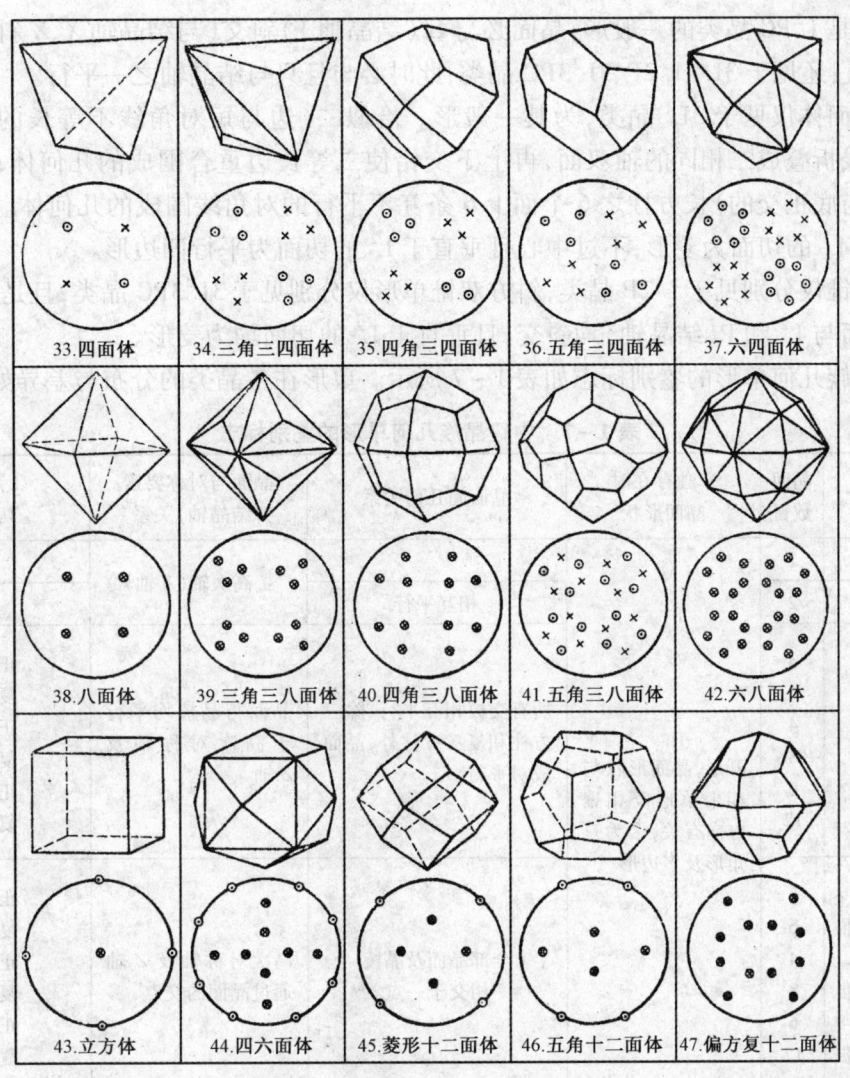

图 1-19 高级晶族几何单形的形态及其极射赤平投影图

表 1-6 低级晶族几何单形的鉴别标志

单形名称	晶面数目	单独存在时晶面形状	晶面间几何关系	晶面与对称要素（结晶轴）关系	切面形状
1. 单面	1	开形，晶面形状与相聚单形及相聚方向有关，多为三角形及多边形	无平行晶面		
2. 平行双面*	2		成对相互平行		
3. 双面	2		相交	与 L^2 或 P 斜交	
4. 斜方柱*	4		成对平行，交棱对应平行	与 L^2 斜交或平行于晶轴	垂直于棱的切面菱形
6. 斜方单锥	4		所有晶面互不平行且交于一点	晶面交点在 L^2 上	垂直于 L^2 的切面菱形
5. 斜方四面体	4	不等边三角形	晶面互不平行，交棱互不平行	每对异面晶棱的中点联线为 L^2	过中心且垂直于 L^2 的切面为菱形
7. 斜方双锥*	8		成对平行，半数晶面分别交于一点，恰似二成镜像的单锥结合构成	对应半数晶面二交点联线为 L^2	垂直于 L^2 的切面均是菱形

注：*表示常见单形，后同。

斜方柱是 L^2PC 晶类的一般形,晶面必与 L^2(结晶轴 Y)斜交(与结晶轴 X、Z 斜交,或与 X、Y 之一平行);还见于 $3L^2$、L^22P、$3L^23PC$ 晶类,此时必与且只与结晶轴之一平行。

斜方四面体仅见于 $3L^2$ 晶类,为其一般形。恰似二(边与短对角线不等长的)平行四边形,沿对角线折叠成二相同的轴双面,再上下交错使二等长边重合围成的几何体;也似(底为矩形、侧面与底正交的)长方柱之 6 个面上 6 条互不平行的对角线围成的几何体。因此,过中心且垂直于 L^2 的切面为菱形,不过中心且垂直于 L^2 的切面为平行四边形。

斜方单锥仅分别见于 L^22P 晶类,斜方双锥单形仅分别见于 $3L^23PC$ 晶类,且是各晶类的一般形,即晶面与 L^2 和 P(结晶轴)均斜交,且垂直于 L^2 的切面均为菱形。

中级晶族几何单形的鉴别标志如表 1-7 所示。单形在各晶类的分布与差异如下述。

表 1-7 中级晶族几何单形的鉴别标志

单形名称	晶面数目	单独存在时晶面形状	晶面间几何关系	晶面与对称要素(结晶轴)关系	⊥高次轴的切面形状
1. 单面	1			⊥高次轴(Z 轴)	
2. 平行双面*	2		相互平行		
8. 三方柱	3				正三边形
9. 复三方柱	6		所有交棱相互平行,除三方柱和复三方柱外,晶面成对平行	晶面与晶棱均平行于高次对称轴及 Z 轴	复三边形
10. 四方柱*	4	开形,晶面形状与相聚单形及相聚方向有关,多为三角形及多边形			正四边形
11. 复四方柱*	8				复四边形
12. 六方柱*	6				正六边形
13. 复六方柱	12				复六边形
14. 三方单锥	3				正三边形
15. 复三方单锥	6		全部晶面及晶棱相交于一点	高次对称轴及 Z 轴通过晶面的交点	复三边形
16. 四方单锥	4				正四边形
17. 复四方单锥	8				复四边形
18. 六方单锥	6				正六边形
19. 复六方单锥	12				复六边形
20. 三方双锥	6	等腰三角形	上下各半数晶面分别相交于一点,恰似由上下二互成镜像的单锥结合构成,除三方和复三方双锥外,晶面均成对平行	上下半数晶面分别交于高次轴及 Z 轴于一点	正三边形
21. 复三方双锥	12	不等边三角形			复三边形
22. 四方双锥*	8	等腰三角形			正四边形
23. 复四方双锥*	16	不等边三角形			复四边形
24. 六方双锥*	12	等腰三角形			正六边形
25. 复六方双锥	24	不等边三角形			复六边形
26. 四方四面体	4	等腰三角形	上下二晶面分别相交成晶棱,各晶面互不平行,各棱互不平行	等腰三角形底边交棱中点联线为 Li^4	矩形,过中心时正方形
27. 菱面体*	6	菱形	上下半数晶面分别相交一点,晶面成对平行	上下半数晶面交点联线为 L^3	过中心时正六边形
28. 复四方偏三角面体	8	不等边三角形	上下半数晶面分别相交一点,各晶面互不平行	上下晶面交点的联线为 Li^4	过中心时复四边形

续表

单形名称	晶面数目	单独存在时晶面形状	晶面间几何关系	晶面与对称要素（结晶轴）关系	⊥高次轴的切面形状
29. 复三方偏三角面体*	12	不等边三角形	上下半数晶面分别相交一点，各晶面成对平行	上下半数晶面交点联线为L^3	过中心时复六边形
30. 三方偏方面体 31. 四方偏方面体 32. 六方偏方面体	6 8 12	两邻边相等另二边不等的四边形	上下半数晶面分别相交一点，各晶面互不平行	上下半数晶面交点联线依次为L^3、L^4、L^6	过中心复三边形 过中心复四边形 过中心复六边形

单面仅出现在没有二次轴、反伸轴和对称中心的各晶类中，平行双面仅出现在有二次轴、或有旋转反伸轴、或有对称中心的各晶类中。单面与平行双面均⊥高次轴（Z结晶轴）。

柱类的晶面均与高次对称轴（Z轴）平行；单锥类及双锥类的顶点，必是高次对称轴（Z轴）的出露点；其垂直于高次轴的切面分别为正三边、正四边、正六边、复三边、复四边、复六边形。

四方四面体是Li^4晶类的一般形，还见于$Li^4 2L^2 2P$晶类。恰似二（短对角线与边不等长的）菱形沿对角线折叠成二相同的双面，再上下交错使等边重合围成的几何体；也似（底是正方形、侧面与底正交的）正方柱之6个面上6条互不平行的对角线围成的几何体。因此，过晶体中心（即结晶轴的原点、高次轴的中点）且垂直于Li^4的切面为正方形，不过晶体中心且垂直于Li^4的切面为矩形。

菱面体是$L^3 C$晶类的一般形，还见于$L^3 3L^2$和$L^3 3L^2 3PC$晶类。2个互成镜像的三方单锥绕L^3旋转60°结合则形成菱面体。其⊥L^3而不过中心的切面或为正三角形或为六边形（相间的三边分别相等），⊥L^3且过中心的切面为正六边形。

复四方偏三角面体，仅见于$Li^4 2L^2 2P$晶类，恰似四方四面体每一晶面顶角平分线凸起（底菱的中点亦凸起）变为二个不等边三角形晶面而形成。其垂直于Li^4且过中心的切面为复四边形，垂直于Li^4不过中心的切面或为八边形（相间的四条边分别相等）、或为菱形。

复三方偏三角面体仅见于$L^3 3L^2 3PC$晶类，恰似菱面体每一晶面顶角平分线凸起变为二个不等边三角形晶面而形成。其垂直于L^3且过中心的切面为复六边形，垂直于L^3不过中心的切面或为复三边形或为十二边形（相间的六条边分别相等）。

三方偏方面体、四方偏方面体、六方偏方面体，仅分别见于$L^3 3L^2$、$L^4 4L^2$、$L^6 6L^2$晶类中，且分别为其一般形。分别恰似对应的三、四、六方双锥的上部与下部"单锥"绕高次轴相对转动一定角度而成（高次轴的半基转角60°、45°和30°除外）。偏方面体有左形与右形之分，识别标志是：高次轴直立，观察上部任意一晶面的二条不等边中较长边的位置，在右侧者为右形、在左侧者为左形（图1-20）。

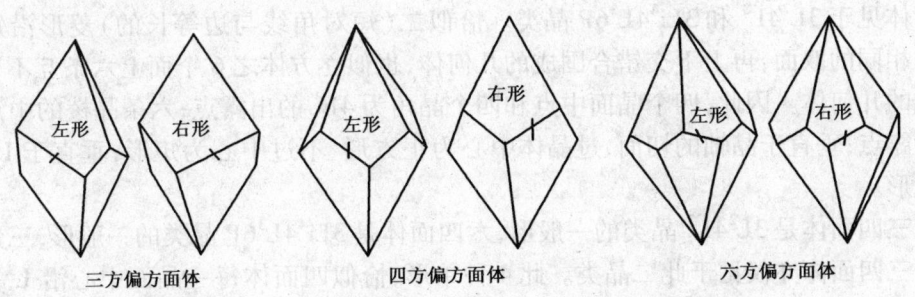

图1-20 偏方面体左形与右形识别图解

高级晶族几何单形的鉴别标志如表 1-8 所示。单形在各晶类的分布与差异如下述。

表 1-8　高级晶族几何单形的鉴别标志

单形名称	晶面数	晶面形状	晶面间几何关系	晶面与对称轴（晶轴）之间的关系	
33. 四面体*	4			每个晶面分别垂直于 L^3 且与三结晶轴相交 3 个截距均相等	
34. 三角三四面体*	3×4=12		所有晶面均互不平行	晶面与 3 个结晶轴斜交，3 个截距中仅 2 个等长	每 2 个晶面相交于结晶轴上 1 点
35. 四角三四面体	3×4=12				每 4 个晶面相交于结晶轴上 1 点
36. 五角三四面体	3×4=12			与 3 个结晶轴斜交，三截距均不等长	
37. 六四面体	6×4=24				
38. 八面体*	8			平行晶面均分别垂直于 L^3，且等角度与三结晶轴相交、三截距相等	
39. 三角三八面体	3×8=24		所有晶面成对平行	晶面与 3 个结晶轴斜交，3 个截距中仅 2 个等长	每 8 个晶面聚交于结晶轴上 1 点
40. 四角三八面体*	3×8=24				每 4 个晶面聚交于结晶轴上 1 点
41. 五角三八面体	3×8=24		晶面互不平行		
42. 六八面体	6×8=48		晶面成对平行	与 3 个结晶轴斜交且截距各不等长	
43. 立方体*	6		晶面成对平行，相邻正交	每对晶面均与一结晶轴垂直；垂直于结晶轴的切面正方形	
44. 四六面体	4×6=24			晶面平行于一结晶轴，与另二结晶轴斜交，截距不等	每 4 个晶面聚交于结晶轴上 1 点
46. 五角十二面体*	12		所有晶面均成对平行		2 个晶面不等边聚交于结晶轴上 1 点
47. 偏方复十二面体	2×12=24			与 3 个结晶轴斜交，截距各不相等	
45. 菱形十二面体*	12			与一结晶轴平行而与另二结晶轴斜交截距相等，4 个晶面聚交于结晶轴上 1 点	

四面体见于 $3L^2 4L^3$ 和 $3Li^4 4L^3 6P$ 晶类。恰似二（短对角线与边等长的）菱形沿短对角线折叠成二相同的双面，再上下交错合围成的几何体，也似立方体之 6 个面上六条互不平行的对角线围成的几何体。因此，四个晶面中点和四个晶角为 $4L^3$ 的出露点；六条晶棱的中点为三结晶轴的出露点；垂直于晶轴的切面，过晶体中心为正方形、不过中心为矩形；垂直于 L^3 的切面为正三角形。

五角三四面体是 $3L^2 4L^3$ 晶类的一般形，六四面体是 $3Li^4 4L^3 6P$ 晶类的一般形，三角三四面体和四角三四面体亦仅见于此二晶类。此 4 种单形，恰似四面体每一晶面中心沿 L^3 突起（棱或直或相应弯折），依次变为相同的 3 个（两组邻边分别相等第五边不等的）五边形、6 个不等边三角形、3 个等腰三角形和 3 个（两组邻边分别相等的）四边形所围成的几何体。

五角三四面体有左形与右形之分(图1-21)，区分方法是：过晶体上相邻的2个L^3的出露点作假想直线，再观察相邻二L^3出露点间的三条晶棱组成的折线，若折线最下一段晶棱位于假想直线之左即为左形，反之为右形。

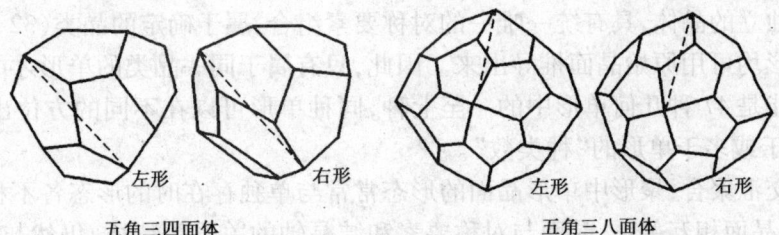

图1-21　等轴晶系左形与右形判别图解

八面体见于$3L^24L^33PC$、$3L^44L^36L^2$和$3L^44L^36L^29PC$晶类。恰似8个等边三角形围成的几何体。因此，每四个晶面的交点(共六个)为结晶轴出露点，垂直于晶轴的切面为正方形；每个晶面的中点(共八个)为$4L^3$的出露点，垂直于L^3的切面，过晶体中心时为正六边形、不过中心时为(相间的三边分别相等的)六边形。

五角三八面体和六八面体分别是$3L^44L^36L^2$和$3L^44L^36L^29PC$晶类的一般形，三角三八面体和四角三八面也仅见于此二晶类和$3L^24L^33PC$晶类。此四种单形，恰似八面体每一晶面中心沿L^3突起，依次变为相同的三个(两组邻边分别相等、第五边不等的)五边形、六个不等边三角形、三个等腰三角形和三个(两组邻边分别相等的)四边形所围成的几何体。

五角三八面体有左形与右形之分，区分方法是：过晶体上相邻的二L^4出露点作假想直线，再观察相邻二L^4出露点间的三条晶棱组成的折线，若折线最上一段晶棱位于假想直线之左即为左形，反之为右形(图1-21)。

立方体在各晶类中均有分布，恰似六个正方形围成的几何体。因此，每三个晶面的交点(共八个)为$4L^3$的出露点；垂直于L^3的切面，过晶体中心时为正六边形、不过中心时或为边相间相等的六边形或为正三边形；六个晶面中点为晶轴的出露点，垂直于晶轴的切面为正四边形。

四六面体仅见于$3Li^44L^36P$、$3L^44L^36L^2$和$3L^44L^36L^29PC$晶类，恰是立方体每一晶面中心沿结晶轴凸起变成四个相同等腰三角形所围成的几何体。因此，第四个晶面的交点(共六个)为结晶轴的露点，每六晶面的交点(共八个)为$4L^3$的露点，过晶体中心且垂直于结晶轴的切面为复四边形；过晶体中心且垂直于L^3的切面为复六边形。

五角十二面体仅见于$3L^24L^3$和$3L^24L^33PC$晶类。恰似立方体每一正方形晶面上与边正交的一平分线沿结晶轴突起(棱相应弯折)变成二个相同(四边相等)的五边形所围成的几何体。因此，二晶面不等边相聚之棱的中点为晶轴出露点；三晶面等边相聚之交点为L^3的出露点。

偏方复十二面体仅见于$3L^24L^33PC$晶类，为其一般形，恰似由五角十二面体的每一晶面都一分为二相同(二邻边相等)的四边形所形成。晶面成对平行，与三晶轴均斜交切距不等。

菱形十二面体见于各晶类之中，恰似十二个相同的菱形围成的几何体。因此，晶面成对平行；每四晶面的交点(共六个)为结晶轴的露点；垂直于结晶轴过晶体中心的切面为正方形，每三晶面的交点(共八个)为$4L^3$的出露点，垂直于L^3过晶体中心的切面为正六边形。

四、聚形分析

两个或两个以上单形的聚合体称聚形。开形必须与其他单形相聚才可组成完整的晶体,自然界的晶体绝大多数都是聚形。聚形有如下基本特征。

聚形是一独立的晶体,具有统一唯一的对称要素组合,属于确定的晶类(32晶类之一),聚形中的全部单形均可用原始晶面推导出来。因此,只有属于同一晶类的单形才能相聚,聚形中单形的种类只能是47种几何单形中的一至七种,同种单形可以在不同的方位出现,即单形的"个数"常常等于或多于单形的"种类数"。

因晶面的交汇聚合,聚形中单形晶面的形态常常与单独存在时的形态各不相同,但同一单形的晶面数目、晶面相互关系、晶面与对称要素和结晶轴的关系等特征,仍然与单独存在时相同,并且,聚形中同一单形的各个晶面依然同形等大("歪晶"例外)。

研究聚形的特征,确定聚形中单形的种类与名称、确定同种单形的个数与发育方位,是聚形分析实验的内容与目的。对于细小的理想晶体和歪晶,须通过晶体测量与投影的方式进行鉴别,对于粗大的理想晶体及模型晶体,还可在裸眼下按以下步骤进行鉴别。

首先,将模型定向放置,观测对称要素、确定晶类、晶系和晶族。如橄榄石晶体(图1-22)对称型为$3L^23PC$(国际符号:mmm)属低级晶族斜方晶系。

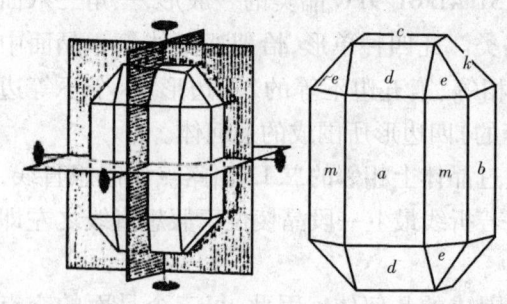

图1-22 橄榄石的对称要素与晶面

其次,熟悉$3L^23PC$晶类发育单形名称及特征。据表1-4及表1-7可以知:此晶类可发育平行双面、斜方柱和斜方双锥三种单形;平行双面为互相平行的2个晶面,晶面必须垂直于一个L^2同时平行于另二L^2(结晶轴);斜方柱有4个成对平行的晶面,且晶面必须平行于L^2;斜方双锥由八个成对平行的晶面组成,晶面与$3L^2$均斜交,每4个晶面的交点为L^2的出露点,垂直于L^2的切面为菱形。

再次,观测聚形晶体上不同形态的晶面组的数目及各组晶面的数目。如图1-22橄榄石晶体中有a、b、c、d、e、m、k七组不同形状的晶面;a、b、c组晶面为大小不同的矩形,各有2个相互平行且相同的晶面,分别与不同的L^2正交;d、m、k组晶面为大小不等的矩形,各有成对平行的四个相同晶面,分别平行于L^2;e组晶面为三角形,含八个成对平行的相同晶面。

最后,依据各单形的特征,确定各晶面组的单形的名称与发育方位。

a、b、c三晶面组属3个平行双面,分别与3个L^2(三结晶轴)正交。

d、m、k三晶面组,若分别将各组的四个晶面扩展相交时,相交的棱彼此平行、且分别//L^2,⊥L^2的横切面为菱形,因而这三晶面组的单形均为斜方柱,分别与3个L^2(三结晶轴)平行。

e组有8个三角形晶面,成对平行,设想晶面扩展后,各相邻4个面都分别会聚于L^2之上的一点,垂直于L^2的横截面为菱形,因此,e晶面组的单形为斜方双锥。

经以上步骤之后即可得出,图1-22橄榄石聚形晶体,是由与三个L^2分别⊥的3个平行双面、与3个L^2分别平行于的3个斜方柱和1个斜方双锥等3种7个单形聚合而成。

应注意,在聚形分析时,常常采用"将一组相同晶面分别展开相交"的方式,来协助恢复单形单独存在的形态、判别单形的类型与名称。对于晶面数目较多、相聚后晶面形态变异较大的单形,往往有较好的较果。其次,特别应注意相似单形的区别。如菱面体、三方双锥、三方偏方面体有许多相似,再如六方双锥、复三方双锥、六方偏方面体等也十分相似,容易混淆。但在晶面相互关系、与对称要素的关系、切面形态以及发育的晶类等方面仍有明显差异,只要细心分析同样能准确地做出判断。

第四节 晶面符号的测定与双晶的鉴别

一、晶体定向原则及各晶系的晶体常数

晶体定向即确定晶体的坐标系统,内容有二。首先,选三条直线作为结晶轴(简称晶轴),常用字母 X、Y、Z(或用 a、b、c)来表示。一般约定:X 轴水平前后放置,正端朝前;Y 轴水平左右放置,正端朝右;Z 轴竖直放置,正端朝上。对于三方和六方晶系可以采用四轴定向,即在水平面内有 X、Y、U 三条晶轴,U 轴为 $X \wedge Y$ 之平分线。X、Y、Z 轴正端之夹角称轴角,常用字母 α、β、γ 表示。一般约定:$\alpha = Y \wedge Z$;$\beta = Z \wedge X$;$\gamma = X \wedge Y$。其次,确定轴单位与轴率。轴单位是在晶轴上量度距离时用作长度单位的线段。晶轴一般平行于晶体空间格子中的行列,轴单位即是对应行列上的结点间距(仅纳米大小),可通过 X 衍射分析方法测定,分别用 a、b、c(或用 a_0、b_0、c_0)表示。轴单位的连比式 $a:b:c$ 或者 $(a/b):1:(c/b)$ 称为轴率,又称为轴单位比。对于只涉及晶面和棱的方向、晶面符号、不涉及其具体位置与大小的讨论中,轴率的应用更为方便。

轴单位 a、b、c(或轴率)和轴角 α、β、γ 合称为晶体常数,是表示晶体坐标系统的一组参数。晶体常数与晶胞参数在数值上完全一致。

晶轴选择原则通常是:① 优先以对称轴为晶轴,对称轴不够或没有时则选对称面的法线作晶轴,当二者均不够或没有时,可选晶棱的方向作晶轴;② 晶轴应尽可能相互垂直或近于垂直,即轴角优先为直角或近于直角;③ 轴单位应尽可能相等或近于相等。

按照上述原则,所确定的各晶系的坐标系统如表 1-9 所列。各晶系的对称特征各不相同,晶体常数各异,其坐标轴的取向也有明显差异。

表 1-9 各晶系晶体的定与晶体常数

晶系	晶轴的选择	晶轴方向	晶体常数	图示	举例
等轴晶系	3 个相互正交的 L^4 或 Li^4 或 L^2 分别为 X、Y、Z 轴	Z - 直立 Y - 左右 X - 前后	$a = b = c$ $\alpha = \beta = \gamma = 90°$		黄铁矿 石盐
四方晶系	以 L^4 或 Li^4 为 Z 轴,2 个相互正交的 L^2 为 X 和 Y 轴,无 L^2 时则取对称面法线或晶棱的方向为 X 和 Y 轴	Z - 直立 Y - 左右 X - 前后	$a = b \neq c$ $\alpha = \beta = \gamma = 90°$		锆石 锡石
三方六方晶系	以 L^3 或 L^6 或 Li^6 为 Z 轴,3 个相交 120° 的 L^2 为 X、Y 和 U 轴,无 L^2 时则取对称面法线或晶棱的方向为 X、Y 和 U 轴	Z - 直立,Y - 左右,X - 正端向前偏左 30°,U - 负端向前偏右 30°	$a = b \neq c$ $\alpha = \beta = 90°$ $\gamma = 120°$		α石英 方解石

续表

晶系	晶轴的选择	晶轴方向	晶体常数	图示	举例
斜方晶系	以3个相互正交的L^2分别为Z、Y、Y，L^2不足时则取对称面法线的方向为X和Y轴	Z－直立 Y－左右 X－前后	$a \neq b \neq c$ $\alpha = \beta = \gamma = 90°$		橄榄石 红柱石
单斜晶系	以L^2或对称面法线为Y轴，二正交Y轴的晶棱方向为X和Z轴	Z－直立 Y－左右 X－前后	$a \neq b \neq c$ $\alpha = \gamma = 90°$ $\beta > 90°$		透长石 棚石
三斜晶系	以不在同一平面内的近于正交的三晶棱的方向分别为X、Y、Z轴	Z－直立 Y－左右 X－前后	$a \neq b \neq c$ $\alpha \neq \gamma \neq \beta \neq 90°$		斜长石 蓝晶石

注：三方晶系还可按三方格子确定晶体常数，即$a = b = c, \alpha = \beta = \gamma = 120°$。

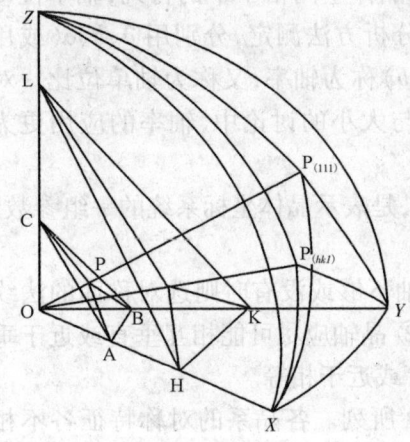

图1-23 求轴率及晶面符号图解

二、单位晶面的确定与晶面符号的计算

晶体定向的轴率$a:b:c$或者$(a/b):1:(c/b)$，除采用X射线衍射分析获得外，还可通过单位面的测量来计算。所谓"单位面"是指同时与三个晶轴相交且截距相等（高级晶族）或最近于相等（中、低级晶族）的晶面。通过"单位面"计算轴率的方法如后。

如图1-23所示，晶面ABC与X、Y、Z晶轴相交，截距依次为OA、OB、OC，且最近于相等，则晶面ABC为单位面，OP为其法线，$P_{(111)}$为其极点。由几何关系有：$OA = OP/\cos\angle AOP$；$OB = OP/\cos\angle BOP$；$OC = OP/\cos\angle COP$。轴率可按下式计算：

$$a:b:c = OA:OB:OC \tag{1-1a}$$

$$a:b:c = \frac{OP}{\cos\angle AOP} : \frac{OP}{\cos\angle AOP} : \frac{OP}{\cos\angle AOP}$$

$$= \frac{1}{\cos\angle AOP} : \frac{1}{\cos\angle AOP} : \frac{1}{\cos\angle AOP} \tag{1-1b}$$

而在球面坐标中，$\angle AOP$，$\angle BOP$和$\angle COP$依次等于单位面法线与晶轴X、Y、Z的夹角$P_{(111)} \wedge X$；$P_{(111)} \wedge Y$；$P_{(111)} \wedge Z$。因此，轴率又可写作：

$$a:b:c = \frac{1}{\cos P_{(111)} \wedge X} : \frac{1}{\cos P_{(111)} \wedge Y} : \frac{1}{\cos P_{(111)} \wedge Z} \tag{1-2}$$

轴率中b一般为1，故式(1-2)又写作：

$$a:b:c = \frac{\cos P_{(111)} \wedge Y}{\cos P_{(111)} \wedge X} : 1 : \frac{\cos P_{(111)} \wedge Y}{\cos P_{(111)} \wedge Z} \tag{1-3}$$

要保证轴率计算的精度,须得知晶轴的球面坐标,方法是找出平行于该晶轴的任意二相交晶面,测量此二晶面法线的极距角 ρ_1、ρ_2 与方位 ϕ_1、ϕ_2,按公式(1-4)和(1-5)计算晶轴的极距角 ρ 与方位 ϕ(即晶轴的球面坐标)。

$$\tan\phi = -\frac{\tan\rho_1\cos\phi_1 - \tan\rho_2\cos\phi_2}{\tan\rho_1\sin\phi_1 - \tan\rho_2\sin\phi_2} \tag{1-4}$$

$$\cot\rho = -\tan\rho_1\cos(\phi - \phi_1) \text{ 或 } \cot\rho = -\tan\rho_2\cos(\phi - \phi_2) \tag{1-5}$$

再依据公式(1-6)即可求得单位面法线与晶轴(或二晶轴)之间的夹角。

$$\cot\alpha(1,2) = \cos\rho_1\cos\rho_2 + \sin\rho_1\sin\rho_2\cos(\phi_1 - \phi_2) \tag{1-6}$$

式中 $\alpha(1,2)$ 为球面或极射赤平投影图上任意二点间的大圆弧长及对应法线之间的夹角,ρ_1、ϕ_1 和 ρ_2、ϕ_2 分别为二点(或法线或晶轴)的球面坐标。

晶体定向之后,晶面在空间的相对位置即可确定。在选定的坐标系中,按一定的原则和标准来表示晶面的空间位置及相互关系的"代码符号"即"晶面符号",简称"面号"。晶面符号有多种不同的设计方案,目前国际上通用的是英国学者米勒尔(W. H. Miller)于1839年所设计的符号,称为"米氏符号"。通常所说的晶面符号一般都是指米氏符号。

晶面的米氏符号的一般形式为 (hkl),圆括号内的 h、k、l 称为晶面的"晶面指数",且晶面指数的比等于对截距系数(p,q,r)的倒数比。将晶面的"晶面指数"按 h、k、l 的顺序排列置于圆括号内,则"(hkl)"为该晶面的米氏符号。

如图1-23中任意晶面 HKL 的极点为 $P(hkl)$,其在 X、Y、Z 轴上的截距分别为 OH、OK、OL,$P_{(hkl)} \wedge X$、$P_{(hkl)} \wedge Y$ 和 $P_{(hkl)} \wedge Z$ 为法线与晶轴的夹角(可用吴式网作图法求解,其精度已可达到晶面符号计算的要求),依次以轴单位 a、b、c 量度之,则 $OH = pa = 1/\cos P_{(hkl)} \wedge X$,$OK = qb = 1/\cos P_{(hkl)} \wedge Y$,$OL = rc = 1/\cos P_{(hkl)} \wedge Z$。可得以下关系式:

$$OH : OK : OL = \frac{1}{\cos P_{(hkl)} \wedge X} : \frac{1}{\cos P_{(hkl)} \wedge Y} : \frac{1}{\cos P_{(hkl)} \wedge Z} \tag{1-7}$$

截距系数依次为:$p = OH/a$,$q = OK/b$,$r = OL/c$。

而晶面指数比,等于截距系数的倒数比为,则:

$$h : k : l = \frac{1}{p} : \frac{1}{q} : \frac{1}{r} = \frac{a}{OH} : \frac{b}{OK} : \frac{c}{OL} \tag{1-8a}$$

或者

$$h : k : l = \frac{1}{p} : \frac{1}{q} : \frac{1}{r} = \frac{OA}{OH} : \frac{OB}{OK} : \frac{OC}{OL} \tag{1-8b}$$

将式(1-2)和式(1-7)代入式(1-8)则得:

$$h : k : l = \frac{\cos P_{(hkl)} \wedge X}{\cos P_{(111)} \wedge X} : \frac{\cos P_{(hkl)} \wedge Y}{\cos P_{(111)} \wedge Y} : \frac{\cos P_{(hkl)} \wedge Z}{\cos P_{(111)} \wedge Z} \tag{1-9}$$

最后将晶面指数比"$h:k:l$"中的指数依次置于圆括号内得晶面符号"(hkl)"。

晶面符号测定的一般步骤是:① 对自形晶及歪晶进行测量,求得各晶面法线的方位角 ϕ 与极距角 ρ,依据晶面在极射赤平投影图中的特征确定其晶类、晶系、晶族;② 确定晶体发育单形的名称、数量与位置;③ 依据晶系与晶类的不同,确定晶体的坐标并确定单位面,通过式(1-4)、式(1-5)、式(1-6)计算晶轴的球面坐标与轴角,通过式(1-2)或式(1-3)计算轴率,完成晶体的定向;④ 用吴氏网作图法[或用式(1-4)与式(1-5)计算]求解待测晶面法线与晶轴的夹角,即求解 $P_{(hkl)} \wedge X$、$P_{(hkl)} \wedge Y$、$P_{(hkl)} \wedge Z$ 的数值,应用公式1-9求解晶面指数的比"$h:k:l$",将晶面指数依次置于圆括号内得晶面符号"(hkl)";⑤ 求得各单形的一个晶面符号后,依据晶体的对称特征(晶类)即可推测出全部晶面的面号与单形的形号。

对于三方和六方晶系而言,仅须求得 X、Y 和 Z 轴上的晶面指数 h、k、l 即可,U 轴上的指数 i,可由公式 $h+k+i=0$ 求得,即 $i=-(h+k)$。在晶面的运过程中 i 值通常不参与运算,因而有不少作者将四轴定向的晶面符号书写为 $(hk·l)$ 形式,这样既省略了 i 值运算,又与一般的三轴定向晶面符号相区别。如将 $(11\bar{2}0)$ 书写为 $(11·0)$ 的形式等。

从空间格子的结构和布拉维法则可知,实际晶体的晶面常常是面网密度最大的面网,因此,晶体的晶面与晶轴的交点(截距)必位于空间格子的结点上,即截距系数必为整数,截距系数比必为简单整数比,晶面指数必为简单整数。因此,在晶面的米氏符号中,晶面指数一般均是不大于6的简单整数,绝大多数情况下不大于3。

目前,矿物晶面的资料已经大量积累,很难再有进行面号测算的工作,但是,必须要熟悉晶面"米氏符号"的设计原则,必须能够依据晶面符号精准地确定晶面的空间位置,确定晶面与晶轴的关系及晶面之间的相互关系。为此,特别须注意以下规律。

首先,晶面某位指数为0,表示晶面与该位对应的晶轴平行、截距系数与截距无限大;某二位指数为0,则晶面与该二位对应晶轴(面)平行。即:晶面 $(hk0)$ 平行于 Z 晶轴,余此类推;晶面 (001) 同时平行于 X 和 Y 晶轴(面);晶面 (010) 同时平行于 X 和 Z 晶轴(面),余类推。而单位面晶面符号为 (111),表示晶面与三晶轴均相交且截距系数相等,至于截距是否相等依晶系不同而异。晶面 (110) 平行于 Z 轴而与 X、Y 轴相交且截距系数相等(图1-24)。

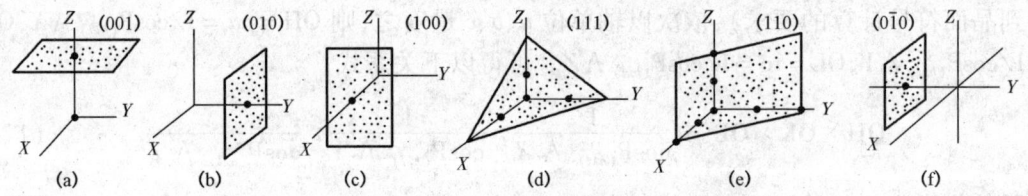

图1-24 晶面的方位与晶面符号

其次,晶轴有正、负端之分,晶面指数也有正负之分。晶面指数为负值时,把负号写在指数的上端。例如,某晶面与 X、Z 轴平行,而与 Y 轴的负端相交,晶面符号为 $(0\bar{1}0)$[图1-24(f)]。晶面指数相同而互为相反数的晶面,是位于原点两侧的相互平行的晶面。如晶面 (123) 与 $(\bar{1}\bar{2}\bar{3})$ 是相互平行的晶面,分别位于晶轴的正端与负端。

再次,如果某晶面与三晶轴为交截关系,晶面指数具体数值一时不能确定时,常用字母"hkl"代表指数来表示此晶面的空间方位。晶面 $(hk0)$ 平行于 Z 轴而与 X、Y 轴正端相交。

三、模型晶体及粗大理想晶体晶面符号的测定

对于尺寸达数厘米的模型晶体(及粗大自形理想晶体)而言,还可以按米氏符号的设计原则(式1-8b),通过测量各晶面在晶轴上的截距,计算晶面符号。如图1-25所示的模型晶体,可按以下步骤计算晶面符号。

首先,通过对称要素分析,确定该模型属 $3L^2 3PC$ 晶类,为低级晶族斜方晶系。其次进行聚形分析,有 A、B、C、D 四组同形等大晶面,分别是斜方双锥 A 和 B、斜方柱 C、平行双面 D。模型晶体定向,三个 L^2 依次为 X、Y、Z 轴,$a \neq b \neq c$,$\alpha = \beta = \gamma = 90°$。而后可进行截距的测量。

截距的测量须用游标卡尺进行,以保证测量精度。为述叙方便,将模型上的角顶依次名为 a、a′、b、b′、c……(图 1-26)。在俯视图中沿 X 轴方向测得 bd = 37.62mm,hj = 15.46mm;沿 Y 轴方向测得 cf = 33.34mm,il = 15.68mm,np = 10.22mm,ab = 3.40mm。在前视图中沿 Z 方向测得 nn′ = 71.18mm,ii′ = 64.68mm。

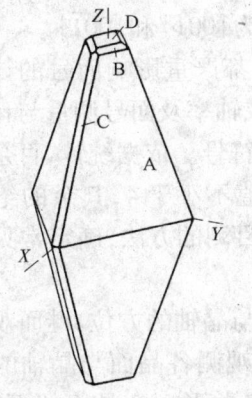

图 1-25　晶体模型立体图

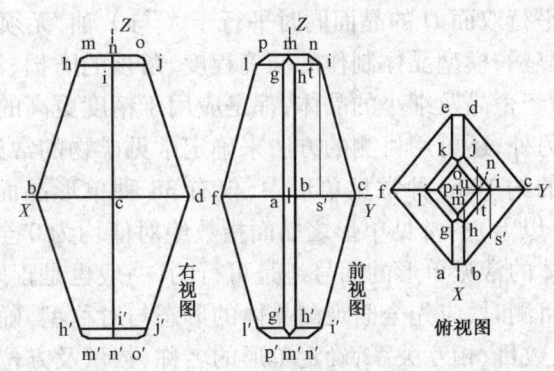

图 1-26　模型晶体的三视图

如前所述,晶面指数与晶面在各晶轴上的截距;反映的是晶面在坐标系统中的展布方向。同方向彼此平行的晶面,在各晶轴上的截距不同,但各对应截距的比值相同、晶面指数相同,即同方向的平行晶面有相同的晶面指数与面号。或者说,晶面与晶轴相对平行移动,平移前后各截距按比例变化,其比值不变且晶面指数与面号相同。晶体模型截距的测量可充分利用此规律。

模型晶体中斜方双锥 A 的 b—i 晶面之截距,相当于三结晶轴沿 Y 轴向右平移 il/2 的距离,即 i 点成为 Z 轴的出露点,s′成为 X 轴的出露点。即 b—i 晶面与(平移后)三晶轴相交,在 X 轴上截距为俯视图中 is = bh = (bd - hj)/2 = (37.62 - 15.46)/2 = 11.08mm;在 Y 轴上的截距为俯视图中 ci = (cf - il)/2 = (33.34 - 15.68)/2 = 8.83mm;在 Z 轴上截距为前视图中 is′ = ii′/2 = 64.68/2 = 32.34mm。

模型晶体中斜方双锥 B 的 h—n 晶面之截距,相当于三结晶轴沿 Y 轴向右、同时沿 Z 轴向上平移,t、n 和 i 点分别为 X、Z 和 Y 的出露点。即 h—n 晶面与(平移后)三晶轴相交,在 X 轴上截距为俯视图中 nt,依据 △int 与 △iuh 相似性可知,nt = in × hu/iu = (15.68 - 10.22) × 15.46/(2 × (15.68 - 3.40)) = 3.44mm;在 Y 轴上的截距为俯视图中 in = (if - np)/2 = (15.68 - 10.22)/2 = 2.73mm;在 Z 轴上截距为前视图中 nt = (nn′ - ii′)/2 = (71.18 - 64.68)/2 = 3.25mm。

模型晶体中斜方柱 C 的 a—h 晶面之截距,相当于三结晶轴平移后,h 和 b 点成为 Z 和 X 的出露点,即 a—h 晶面与(平移后)X、Z 轴相交而与 Y 轴平行。在 X 轴上截距为俯视图中 bh = (bd - hj)/2 = (37.62 - 15.46)/2 = 11.08mm,在 Y 轴上的截距为无穷大 ∞,在 Z 轴上截距为前视图中 bh = 64.68/2 = 32.34mm。

各晶面中斜方双锥 B 的 h—n 晶面的截距之比最近于 1(最大与最小截距比为 2.73/3.44 = 1.26),是"单位面",面号为{111}。其余面号为{$\bar{1}$11}、{$\bar{1}\bar{1}$1}、{1$\bar{1}$1}、{11$\bar{1}$}、{$\bar{1}$1$\bar{1}$}、{$\bar{1}\bar{1}\bar{1}$}、{1$\bar{1}\bar{1}$}。

单位面的截距确定后,斜方双锥 A 的 b-c 晶面的指数可由式(1-8b)计算:

$$h:k:l = (3.44/11.08):(2.73/8.83):(3.25/32.34) = 0.3104:0.3091:0.1005$$
$$\approx 3:3:1$$

即斜方双锥 A 的各面号为 $\{331\}$、$\{\bar{3}31\}$、$\{\bar{3}\bar{3}1\}$、$\{3\bar{3}1\}$、$\{33\bar{1}\}$、$\{\bar{3}3\bar{1}\}$、$\{\bar{3}\bar{3}\bar{1}\}$、$\{3\bar{3}\bar{1}\}$。

斜方柱 C 的各面号为 $\{301\}$、$\{\bar{3}01\}$、$\{30\bar{1}\}$、$\{\bar{3}0\bar{1}\}$。

平行双面 D 的晶面同时平行于 X 与 Y 轴，无须计算，其面号为 $\{001\}$ 和 $\{00\bar{1}\}$。

显然，模型晶体制作的准确程度、角顶的磨损、测量的误差等都严重影响面号的计算。因此，对于歪晶及细小的晶体，都是应用于精度更高的测角仪来完成轴率及面号测量与计算的。

另外，还可用目测的方法来确定常见矿物的常见单形的晶面符号。依据统计，百余种常见矿物的约 1000 种常见单形中，仅有 38 种单形晶面指数的绝对值不小于 4，其余的绝大多数（96% 以上）的常见单形之晶面指数绝对值均为 0 至 3。因此，用目测的方法，确定常见矿物自形晶体的常见单形的面号还是可行的，一般也是正确。

目测时，应先全面观测晶体的形态与对称型，确定晶类、晶系与晶轴的方位，继而观测晶面形态、数目、相互关系，确定单形的名称、数量及方位，再准确细致观测各晶面与晶轴的交截关系、截距的相对大小，并用 0 至 3 及其相反数等 7 个数字来标注各单形一个晶面的面号，一般是与晶轴平行者对应指数为 0，截距大者对应指数为 1 或 $\bar{1}$，截距小者对应指数为 2 和 3 或 $\bar{2}$ 和 $\bar{3}$，最后依对称特征，写出各单形各晶面的面号及单形的形号。

四、单形符号与晶带符号的测定

单形是由对称要素联系起来的一组同形等大的晶面。属于同一单形的各晶面的晶面指数的绝对值必定相等，只是排列顺序和正负符号有所不同。这是因为同一单形的各个晶面与晶轴的相对位置都是对称的，截距对应相等，截距系数的绝对值亦对应相同（图 1-25）。因此，选择单形中"代表面"，将其晶面指数 $h、k、l$ 按顺序置于大括号之内，如"$\{hkl\}$"，作为"单形符号"，即表示单形晶面空间位置的一组代码称为"单形符号"，简称"形号"。

选择代表面是确定形号的关键。一般约定：优先选取晶面指数中正指数最多的晶面，若有两（或多）个晶面有相同多的正指数时，依照"先前、次右、后上"的原则选取。即首先选取 X 轴上为正指数的晶面为代表晶面，次选取 Y 轴上为正指数的晶面为代表晶面，后选取 Z 轴上为正指数的晶面作为代表晶面。

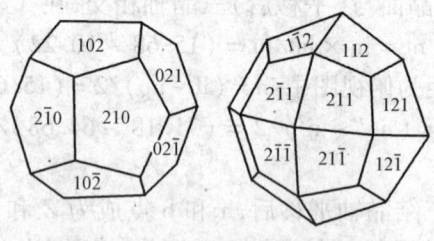

图 1-27 单形的晶面符号与形号

如图 1-27 左，五角十二面体单形的各晶面中，晶面指数全部为正指数的晶面有 (210)、(021) 和 (102) 三个晶面，按先前、次右、后上的原则，应选 (210) 为代表面，其"形号"为 $\{210\}$。再如图 1-27 右，四角三八面体单形各晶面中，晶面指数全部为正值的晶面有 (211)、(121)、(112)，按先前、次右、后上的原则，应选 (211) 作代表面，其"形号"为 $\{211\}$。

若晶体表面有数个晶面，其相邻者两两相交的晶棱均彼此相互平行，则这数个晶面的总和称为晶带（zone）。这里所指的晶棱，既包括在晶体表面已经存在的实际可见的晶棱，也包括延展晶面后能够相交的可能的晶棱。

通过晶体中心并平行于这些晶棱的直线称晶带轴（zone axis）。晶带一般以晶带轴上"两（端）点的字母"来命名，还可以用该晶带的"晶带符号"来命名晶带。

确定晶带符号的法则如下：

将晶棱的一端平移至坐标原点，求取另一端（或棱上任一点）的坐标 x、y、z，并以晶轴上的轴单位 a、b、c 来量度，得 $x=ua, y=vb, z=wc$，可得晶棱符号：

$$u:v:w = \frac{x}{a} : \frac{y}{b} : \frac{z}{c} \qquad (1-10)$$

将坐标系数置于方括号"[ ]"内，即 [uvw] 为该晶带的晶带符号（或与之平行的晶棱符号）。

如图 1-28，将晶棱 OM 平行移动至坐标原点，在其上任取一点 M，M 在晶轴上的坐标为 (x、y、z)，以晶轴的轴单位来度量之，则晶棱 OM 的坐标为 MR = 1a，MK = 2b，MF = 3c，其系数为 1,2,3。则 "[123]" 为晶带 OM 的晶带符号。

晶棱的坐标系数 u、v、w 也有正负之分，为负值时将负号置于系数的顶上，如 [$1\bar{1}0$]、[$1\bar{1}2$] 等。

一条晶棱的方向均是同时指向两端的，当其平移至原点后所取 M 点可在原点的一侧，也可在另一侧，两种情况中 M 点的坐标系数之正负号恰好全部相反。所以，对应指数的绝对值相等而正负号完全相反的两个晶棱（晶带）符号，如 [102] 与 [$\bar{1}0\bar{2}$]，是同一条晶棱（或是同一晶带）的晶棱符号，二者完全等价，都是同一个晶带轴或晶棱的方向。

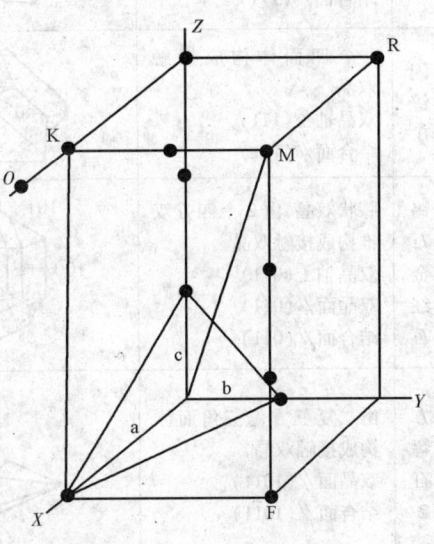

图 1-28　晶带符号图解

晶棱符号有如下规律：晶棱与某晶轴平行时，该晶轴上的系数为 1 指数也为 1；晶棱与晶轴正交时，该晶轴上系数为 0 指数也为 0；晶棱与晶轴斜交时，该晶轴上的系数为简单整数指数也为简单整数。

在矿物学中常用的晶棱（或晶带）符号不多，等轴晶系中常用 [111]，中级晶族常用 [001]（三方、六方晶系用 [0001] 表示），低级晶族 [100]、[010]、[001] 最常遇到。当遇到这种符号时应该能够依据晶带符号确定晶带和晶棱的空间位置。

五、双晶的鉴别

双晶是两个及两个以上的同种晶体连生体中，一个晶体是另一个晶体的镜象，或者一个晶体旋转 180°后可与另一晶体平行或重合，则这两个晶体称为双晶（twin 或 twinned crystal）。用来表征双晶中二单体之间的"对称取向关系"的"假想几何图形"，为双晶要素。

双晶面（twinning-plane）是一个假想的平面，双晶的一个单体经过它的反映能与另一单体平行或重合。双晶轴（twinnig-axis）是一条假想的直线，双晶的一个单体围绕此线旋转 180°后能与另一个单晶体平行或重合。双晶面不能平行于单晶体的对称面，双晶轴不能平行于单晶体的偶次对称轴，否则成为平行连生。双晶面和双晶轴常用与晶面或晶棱的关系来表示，如石膏的双晶轴垂直于 (100)、双晶面平行于 (100)（表 1-10）。双晶中心（twinnig-center）是一个假想的点，双晶的一个单体通过它的反伸可与另一单体平行。双晶中心只在单晶体无称中心、无偶次对称轴、无对称面时才有独立意义，故一般极少见到。

表 1-10 常见矿物的典型双晶

矿物	双晶律	素描图	矿物	双晶律	素描图
尖晶石	尖晶石律,2个八面体组成接触双晶 双晶轴⊥(111) 双晶面//(111) 结合面//(111)		萤石	由2个立方体穿插构成穿插双晶 双晶轴⊥(111) 双晶面//(111) 结合面为曲面	
闪锌矿	2个四面体构成接触双晶 双晶轴⊥(111) 结合面//(111)		黄铁矿	铁十字律双晶,2个五角十二面体穿插构成; 双晶轴⊥(111); 结合面为曲面	
锡石金红石	膝状双晶,由2个四方双锥构成接触双晶 双晶轴⊥(011) 双晶面//(011) 结合面//(011)		方解石1	2个菱形面体或2个复三方偏三角面体接触构成 双晶轴⊥(0001) 双晶面//(0001) 结合面//(0001)	
方解石2	由二复三方偏三角面体构成接触双晶 双晶面//(10$\bar{1}$1) 结合面//(10$\bar{1}$1)		方解石3	聚片双晶 双晶面//(01$\bar{1}$2) 结合面//(01$\bar{1}$2)	
石英1	道芬双晶,由2个左形或2个右形构成穿插双晶 双晶轴//Z轴 结合面不规则,缝合线不规则		石英2	巴西双晶,1个左形与1个右形穿插构成 双晶面//(11$\bar{2}$0) 结合面//(11$\bar{2}$0) 缝合线为直线	
辰砂	穿插双晶 双晶轴//Z轴 结合面不规则 缝合线不规则		文石	接触双晶、三连晶 双晶轴⊥(110) 双晶面//(110) 结合面//(110)	
十字石	十字(穿插)双晶 A律,双晶面//(032) B律,双晶面//(032) 结合面不规则		石膏	燕尾(接触)双晶 双晶轴⊥(100) 双晶面//(100) 结合面//(100)	
正长石1	卡斯巴(接触或穿插)晶双晶轴//Z轴 A律,接合面//(010) B律,接合面//(010) 穿插双晶接合面不规则		正长石2	巴温诺双晶左律,双晶轴⊥(021),双晶面//(021),结合面//(021); 右律,双晶轴⊥(0$\bar{2}$1),双晶面//(0$\bar{2}$1),结合面//(0$\bar{2}$1)	
正长石3	曼尼巴(接触)双晶 双晶轴⊥(001) 双晶面//(001) 结合面//(001)		钠长石	钠长石聚片(接触)双晶 双晶轴⊥(010) 双晶面//(010) 结合面//(010)	

双晶中的双晶轴与双晶面经常同时存在,且数目不止 1 个,一般描述时选取文献中通用的 1 种。某些矿物,如石英、闪锌矿等,只有双晶面或只有双晶轴(表 1 - 10)。

　　双晶结合面(composition surface),是双晶相邻而相互接触的单晶体之间的分界面,属于两个单晶体的共用面网。双晶结合面不是双晶要素,不能反映两个单晶体的取向对称关系,双晶结合面常常是可以变化的而不具有唯一性。双晶接合面可为简单平面,此时可用与晶面的关系表示,如石膏燕尾双晶的结合面平行于(100)面;穿插双晶结合面为复杂的空间曲面。

　　双晶结合的规律称为双晶律(twin law),常用双晶要素来表征,还可用专门术语来代表。如"卡斯巴双晶"、"燕尾双晶"等。根据双晶的结合方式可分为如下类型：

　　接触双晶是双晶结合面为平面、按单一双晶律结合的双晶。如由两个单晶体结合而成,称为简单接触双晶。若由多个单晶体组成且结合面彼此平行,则称为聚片双晶。由多个单晶体结合且结合面等角度相交,称为三连晶、四连晶、环状(轮式)双晶。

　　穿插双晶(penetrate twin)是由二个单体相互穿插而成,接合面是复杂的空间曲面,如萤石的穿插双晶,石英的道芬双晶(表 1 - 10)等。

　　复合双晶(compound twin)是由两个以上的单晶体按不同的双晶律结合而成的双晶。

　　有文献依双晶轴与结合面的关系将双晶分为：① 正交双晶,双晶轴与结合面正交,如钠长石双晶;② 平行双晶,双晶轴位于结合面内并平行于某晶轴,如卡斯巴双晶;③ 混合双晶,双晶轴平行结合面并垂直于某晶轴,如卡—钠复合双晶。

　　双晶粗大时可在手标本观察,其识别标志识是：① 双晶表面常有凹入角;② 双晶表面及断面上可见双晶条纹及双晶缝合线(表 1 - 10 中石英的道芬双晶);③ 具有单体对称要素之外其他方向的对称面和二次轴(双晶要素)。平行连生也有凹入角,但平行连生各单晶体的对应晶面、晶棱彼此平行,继续生长可成为一个单晶体。双晶各单体的晶面、晶棱是对称的,继续生长永远不能成为一个单晶体,细小的双晶常需要在显微镜下观测。

第五节　矿物形态与物理性质的鉴别

一、单晶体与集合体形态的鉴别

　　不同的矿物常具有不同的形态和特征,同一种矿物,在不同的地质条件下形成时,常常可呈现不同的形态。因此,矿物的形态不仅是鉴别矿物直观而重要的依据,也是了解矿物形成时地质条件的重要依据。矿物的形态包括矿物单体形态及矿物集合体的形态。

　　矿物形态的观测应首先区分显晶质与隐晶质。裸眼及放大镜下可以辨别矿物晶体大小者为显晶质,不可辨别矿物大小者为隐晶质。隐晶质可细分为显微晶质、显微隐晶质和玻璃质,手标本中三者难以区分,统称隐晶质为宜。

　　对显晶质矿物,应首先观测描述单晶体。同一单晶体的晶面、解理面和晶面花纹是连续的,光泽与颜色是均匀的。相邻二单晶体之间的分界线常有凹入角,界线两侧的晶面花纹、解理纹不连续、色泽和光泽总有程度不同的差异。其次,观测与描述单晶体的晶习。一向伸长者,按长与宽比值的不同,用柱状、棒状、针状、纤维状来描述;二向延展者,按长与厚比值的不同,用板状、片状、鳞片状来描述;三向等长者,用粒状来描述。继而全面观测矿物的排列、生长、组合关系,描述显晶质集合体的类型。晶体丛生于一个基面之上、近平行排列时,为晶簇状集合体;晶体从一个中心向周围生长时,为放射状集合体;当晶体呈束状排列时,为束状集合体;当单晶体无明显排列规律时,则为粒状(或柱状、片状……)集合体。

对隐晶质矿物,可从形态、大小、"层纹"、表面特征、致密程度等方面观测描述(图1-29)。由胶体或溶液在孔洞及裂隙内渐次沉淀形成的隐晶质集合体,以中心可有晶簇或残余孔隙,常有与外壁近于平行的"层纹",可有中心"晶簇"或"残余孔隙",称为分泌体,常细分为杏仁体(<1cm)和晶腺体(>1cm)。由黄铁矿物、菱铁矿物等矿物围绕一个核心渐次沉淀形成的隐晶质集合体,多呈孤立的球状、凸镜状、瘤状及不规则状,大小悬殊,常有同心圆(球)状的彼此平行的层纹,有时具放射状结构,称为结核体。由方解石、赤铁矿等矿物同时围绕多个核心渐次沉淀形成的隐晶质集合体,其中包含无数个大小相近的鱼卵状的"球粒",每个球粒均有核心和包壳,包壳多为同心球状,有时为放射状,称为鲕状集合体(粒径<2mm)和豆状集合体(粒径>2mm)。由方解石、赤铁矿物、硬锰矿等矿物的溶液或胶体,在洞穴中沿同一基底同时向外逐层生长而形成的半球状、圆锥状、圆钟状、圆柱状的隐晶质集合体,其大小悬殊,切面上常有与外表面近于平行的"层纹",通称为钟乳体。常依据形态特征细分为:① 肾状集合体(腰果状、较均一、数厘米大小)、② 被膜状及皮壳状集合体(厚度仅毫米大小,外表波状起伏、大小不一)、③ 葡萄状集合体(厘米级大小,较均匀的球状半球状)、④ 石钟乳(圆锥状、自上而下生长、悬于洞穴顶上)、⑤ 石笋(自下而上生长、圆锥状)、⑥ 石柱(由石笋与石钟乳相联接而成)。

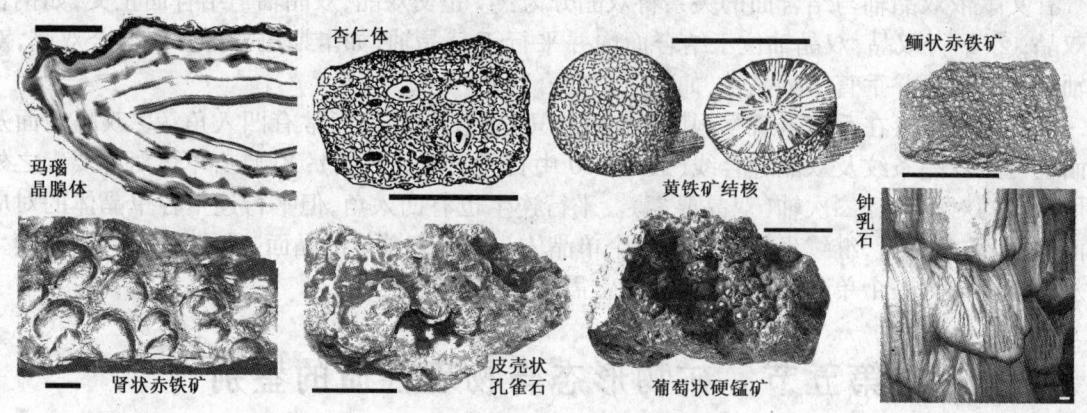

图1-29 常见的隐晶质集合体(标尺均为2cm)

此外,当隐晶质矿物疏松地、无规律地聚集,呈不规则块体时称为土状集合体,粉末状矿物依附在岩石表面上称为粉末状集合体。可溶性盐类矿物所形成的被膜称为盐华状集合体,晶粒边界不能分辨的(隐晶质或显晶质)矿物紧密聚集而形成的不规则块体,称为致密状集合体,如黄铜矿物致密块状集合体、铝土矿致密块状集合体等。

矿物都是以岩石的形式产出的,因此矿物单体与集合体的形态同岩石的结构、构造之间并无截然不同的界限。前者强调单一的同种矿物,以定性为主;后者是面向岩石中的各种矿物(主要的与次要的),既定性又定量。

二、手标本中矿物光学性质的鉴别

手标本中矿物光学性质的鉴别,主要是矿物的颜色、条痕、光泽和透明度的鉴别。

1. 颜色

颜色是矿物最特征的光学性质,也是容易发生变化、变化范围很大的性质。依据颜色的成因可分为自色、他色和假色。应重点观测描述矿物的自色,作为鉴别矿物的依据。他色很不稳定,有时可作为某些矿物的辅助识别标志。

描述颜色如采用标准色谱法,应与有关的行业标准保持一致。典型矿物的标准色谱色是:① 红色,辰砂(粉末);② 橙色,铬铅矿;③ 黄色,雌黄;④ 绿色,孔雀石;⑤ 蓝色,蓝铜矿;⑥ 紫色,紫水晶;⑦ 褐色,褐铁矿;⑧ 黑色,石墨;⑨ 灰色,铝土矿;⑩ 白色,斜长石。当矿物的颜色与标准色谱程度上有差异时,可按以下方法处理:其一,加上适当的修饰词,如浅绿色、淡红色、暗灰色等。其二,用标准色谱中的两种颜色来描述,如黄绿色、灰白色、蓝灰色等,后面的为主要颜色,前面的为次要颜色。

在观察与描述矿物颜色时,应以矿物单晶体新鲜晶面或断面的颜色为准,对于隐晶质应以纯净集合体新鲜断面的颜色为准。如表面风化时,需刮去风化物至新鲜面再进行观察描述。由于条件限制只能获得风化样品时,描述样品"风化面呈某色"也可。

2. 条痕

条痕是矿物极细粉末的颜色,一般是将矿物在白色素烧瓷扳上刻划即可获得条痕色。当不能直接划时也可以用小刀刮下粉末放在瓷板上或白纸上进行观察。条痕可以消除假色、减弱他色的影响,比矿物颜色更加稳定,是手标本中鉴定矿物的重要标志之一,可以根据条痕的颜色初步鉴定矿物类质同象的亚种。不透明矿物的条痕色调多样而明朗,具有极重要的鉴别意义;透明矿物的条痕都是浅灰色至白色或无色,其鉴别意义不大。

3. 光泽

光泽是矿物的晶面或平滑断面反射可见光的能力,其强度是由化学成分及晶格类型决定的,是不透明矿物鉴别的最重要标志,也是评价宝石的重要标准。在手标本鉴别中,常采用与标准矿物类比的方法来观察描述:① 金属光泽,即黄铁矿、方铅矿等的光泽;② 半金属光泽,即赤铁矿、磁铁矿等的光泽;③ 金刚光泽,即金刚石、闪锌矿等的光泽;④ 玻璃光泽,即石英、方解石等透明矿物的光泽。

对于透明矿物而还可有以下特殊的光泽:① 油脂光泽,在不平坦的断面上所呈现的如同固态油脂一样的光泽,如石英、石榴石等断面上的光泽;② 丝绢光泽,纤维状集合体表面具有的丝绸一样的光泽,如石棉、纤维状石膏集合体表面的光泽;③ 珍珠光泽,光滑解理面上所呈现的、像蚌壳凹面那样柔和又多彩的光泽,如白云母、黑云母解理面上的光泽;④ 土状光泽,粉末状或土状隐晶质矿物集合体表面呈现的光泽,如高岭石集合体具有的光泽;⑤ 沥青光泽,解理不发育的半透明或不透明黑色矿物的致密块状集合体表面所呈现的类似沥青状的光泽,如钛铁矿、铌钽铁矿等的光泽。

透明度,指的是矿物晶体透过可见光的能力,其透明程度主要取决于矿物的化学组成与内部结构,还与矿物的厚度、矿物所含杂质及包裹体等密切相关。文献中以 1cm 厚度纯净单晶体的透光程度为准,将透明度分为透明、半透明和不透明三级。自然界的矿物绝大多数为毫米级大小,文献的约定难以操作。在岩矿鉴定工作中,通常依据矿物在"薄片"厚度(约 0.03mm)下能否透光而将矿物分为透明矿物和不透明矿物两类。手标本观察时,宜用放大镜观察矿物碎屑的极薄的边缘部分,如能透过光线属于透明矿物,无光线透过属于不透明矿物,介于其间者属于半透明矿物。

颜色、条痕、光泽和透明度等都取决于矿物的化学组成和晶体结构,因此,它们彼此间具有必然的相关性,掌握这些相关性有助于矿物光学性质的正确鉴定和描述(表 1-11)。

表 1-11 矿物光学性质的相关特性

颜色	非金属色(透射色为主)		金属色(反射色为主)	
透明度	透明	透明—半透明	微透明	不透明
条痕色	白(无)色	白(无)色—彩色	深彩色	深彩色—黑色
光泽(反射率)	玻璃光泽(4%~10%)	金刚光泽(10%~19%)	半金属光泽(19%~25%)	金属光泽(25%~95%)
晶格类型	离子晶格;相对分子质量小的分子晶格;相对密度较小的向原子晶格过渡的离子晶格	原子晶格;相对分子质量大的分子晶格;相对密度较大的离子晶格;向原子晶格过渡的离子晶格	向金属晶格过渡的离子晶格	金属晶格;向金属晶格过渡的离子晶格
实例	石盐、方解石、石英	金刚石、闪锌矿	赤铁矿、磁铁矿	方铅矿、黄铁矿

发光性,是矿物受可见光以外的能量(紫外光、阴极射线)激发时能够发出可见光的特性。通常当矿物含有稀土元素离子或过渡元素离子等活化剂时即具发光性。手标本鉴别时,可利用发光性鉴别某些矿物。如白钨矿在紫外线照射下可发浅蓝色萤光。

三、手标本中矿物力学性质及其他物理化学性质的鉴别

力学性质是矿物在外力作用下所表现出的物理特性,是鉴别矿物的主要标志之一。

硬度,是矿物抵抗刻划、压入等机械作用力侵入的能力。矿物晶体的硬度也具有方向性和对称性,如蓝晶石,在垂直于 Z 轴的方向上摩氏硬度为 6~7,在平行于 Z 轴的方向上摩氏硬度为 4~4.5。不过,绝大多数矿物不同方向上硬度的差异较小,裸眼观测时难以显现出差异来。在手标本上观测硬度的基本方法,是与"摩氏硬度"计中 10 种标准矿物相互刻划比较,确定观测矿物的硬度值。摩氏硬度计携带不方便,对细小矿物进行比较操作常有困难。因此,通常采用常见与摩氏硬度相当的代用品来测定矿物的硬度值。常用代用品有:指甲的摩氏硬度(后同)为 2.5,回形针为 3.5,小刀或钢针为 5.5,玻璃为 6。逐个用这些代用品,在待测矿物的晶面或解理面上刻划,如能形成刻痕或刻出粉末,则硬度小于代用品,否则硬度与代品相当或大于代用品,即可确定观测矿物的摩氏硬度值。对于一些脆性较明显的矿物,如黄铁矿,刻划力度应适中,如力度过大可将矿物压碎成细小碎屑脱落而误为刻痕。风化作用对硬度有较大影响,需选取未风化的新鲜的矿物测定硬度。

解理,是矿物晶体在外力(敲打、冲击等)的作用下,严格地沿一定结晶学方向破裂并形成平整平面的性质,所裂成的平整平面,称为解理面。解理是晶体异向性的有力证据,是矿物相互区别的重要标志之一。手标本上观测解理,应从以下方面着手:

(1)着重观测解理的组数。例如黑云母发育(001)方向的解理,在与之平行的方向上必有同样性质的面成组出现,方解石有(10$\bar{1}$1)方向的解理,在对称的($\bar{1}$101)和(0$\bar{1}$11)方向上必有同样性质的三组解理。

(2)着重观测解理面之间的夹角。解理夹角应在与二解理面均正交的切面或投影面上观测,如透辉石在垂直于 Z 轴的切面上二组解理(110)与($\bar{1}$10)的夹角为 87°和 93°。

(3)着重观测解理的等级。依据解理面的发育程度分为极完全解理、完全解理、中等解理、不完全解理和极不完全(无)解理 5 个等级。一定用放大镜仔细观测同种矿物的不同晶

粒不同切面的解理，以期正确确定解理的等级。还要注意的是，同一矿物存在两种或多种单形的解理时，这些不同单形解理等级常常各不相同。如蓝晶石$\{100\}$解理完全、$\{010\}$解理中等。

（4）着重观测解理面的结晶学方向，学会并掌握用单形符号来描述解理的方向、组数及夹角。如方解石的三组解理记为"菱面体$\{0\bar{1}11\}$解理完全"或"$\{0\bar{1}11\}$解理完全"。

裂开，是同种矿物晶体的某些个体，在外力的作用下可沿确定的结晶学方向裂开形成平整光滑破裂面的现象。裂开和解理类似，具有常成组出现、在对称的方向上出现、有确定的结晶学方向、可用单形符号来描述的特点。裂开不是矿物的固有属性，只可以作为某些矿物的辅助鉴别标志。

断口，是矿物受外力作用发生破裂后，形成不平整、不光滑、无确定的结晶学方向随机分布的破裂面。断口不仅见于晶质矿物，也见于非晶质矿物，还可见于矿物的集合体及岩石中。依据断口呈现的形态特征，可将其划分为：① 贝壳状断口，呈圆形的或椭圆形的曲面，并具有以受力点为中心的不规则的同心环状波纹、形似贝壳的花纹，石英等矿物常具有此类断口。② 锯齿状断口，呈尖锐的锯齿状，延展性很强的自然铜、自然金等具有此类断口。③ 参差状断口，破裂面参差不齐，粗糙不平，且起伏的幅度较贝壳状断口大、较锯齿状小，如磷灰石等绝大多数矿物具有此类断口。④ 土状断口，破裂面总体上较为平整，但呈粗糙状、细粉状或细粒状，为隐晶质土状矿物集合体，如高岭石块体等常具有此类断口。

矿物解理与断口常具有互为消长的关系。即矿物受力破碎时，在具有极完全和完全解理的方向上，常常发育解理面而不形成断口或极少有断口；在无解理的矿物和矿物无解理的方向上，常常发育不同类型的断口。如石英的破裂面几乎均是断口，云母类矿物在$\{001\}$的方向上均是解理面而无断口，但在垂直于$\{001\}$及其他的方向上经常有断口分布。

相对密度，是指纯净的单一矿物在空气中的质量与同体积的4℃的纯水的质量之比。相对密度是一个无量纲的物理量。矿物的相对密度主要与矿物的元素组成和晶体结构等因素有关，即相对密度同样是矿物元素组成与结构特征的宏观表现，也是鉴别与区分矿物的重要标志之一。矿物的相对密度变化幅度很大，可由小于1（如琥珀）至23（如锇钌族矿物）。一般自然金属元素矿物相对密度最大，盐类矿物相对密度较小。不过，相对密度的精确测量，须使用仪器并遵循特殊的程序方可完成。在手标本观测时，一般是用手掂量的方式，将矿物的相对密度通粗略地分为三级：① 轻级，相对密度在2.5以下，石膏、自然硫等属轻相对密度级的矿物。② 中级，相对密度在2.5与4.0之间，大多数矿物的相对密度属于中相对密度级别。③ 重级，相对密度大于4.0，重晶石、方铅矿属重相对密度的。

其他的力学性质还有，弹性、挠性、脆性、延展性及可塑性等。这些性质，同样与矿物的物质组成与结构特征直接相关。不过几乎均须使用专有仪器和纯净单矿物，方可进行观测与鉴别。手标本鉴别时，通常只用永久磁铁鉴别磁铁矿磁性、观测云母片的弹性、观测纯净黏土矿物的可塑性，余下的导电性等均暂时不进行观测与鉴别。

矿物的化学性质，是指矿物的溶解与水化反应，氧化与还原反应，与酸、碱及盐类物质等反应变化性质。依据矿物与敏感化学试剂的反应，了解矿物的元素组成，达到区分鉴别矿物的目的。手标本鉴别中常用的方法有斑点法、显微化学分析法、珠球反应法、磷酸溶矿法、焰色法、染色法等。其中以染色法在碳酸盐及长石等矿物的鉴别中有较多的应用，具体操作后述。

四、手标本观测鉴别矿物的基本要求

手标本鉴别矿物的目的有两点,其一,识别常见的矿物,为岩石及矿石的物质成分鉴别与分类命名、为地层和储层划分对比提供基础资料;其二,确定有价值或疑难的矿物,采集样品供进一步分析研究使用。即手标本中矿物与岩石的鉴别,是生产及科研现场的基本工作内容,是地质技术从业人员的一项最基本技能。矿物鉴定检索表可作为肉眼鉴定时的参考(表1-12)。为提高鉴别矿物的准确性与效率,还应从以下方面下功夫。

(1)基础应夯实。在进行手标本观测前,应先熟悉本教程第十章及矿物岩石学中常见矿物的结晶学与矿物学特征,熟悉并掌握形态、结晶习性及物理性质的观测方法与技巧,尤其要理解文献中描述解理的单形符号所表示的解理方向与组数。比如,闪锌矿的解理平行{110}完全,普通角闪石解理平行{110}完全。前者属等轴晶系 $3Li^44L^36P$ 晶类,解理为{110}菱形十二面体解理,计六个方向的六组解理,沿晶轴方向观测,二组解理面相互正交,沿 L3 方向观测,三组解理面中两两交角为 60°和 120°;后者属单斜晶系 L^2PC 晶类,解理为{110}斜方柱解理,二组,解理交线的方向为 Z 轴,解理锐角平分线的方向为 Y 轴,钝角平分线的方向为 X 轴,沿 Z 轴方向观测,二组解理面夹角为 56°和 124°。

(2)观测应仔细、全面。尽可能使用放大镜进行观测,注意区分手标本中的隐晶质矿物与显晶质矿物。对显晶质矿物更应仔细区分单一晶体和同种矿物,区分单一晶体的形态与晶习,区分单一晶体的晶面、解理面和断口。必须对同种矿物的多个晶粒进行观察,以确定矿物的形态、晶习、颜色、光泽、硬度、解理的等级、组数及夹角,进而确定矿物的名称。

(3)操作应精细、准确。观测硬度时,小刀、钢针等应足够锋利尖锐,在未风化的单晶体晶面和解理面刻划力的度应适中,避免矿物脆性对硬度观测的影响,须用放大镜仔细观测刻痕与粉末,以确定硬度等级。对比重观测应选用纯净的、同种矿物的、大小适中的块体进行掂量比较,确定比重等级。

表 1-12　矿物肉眼鉴定检索表(据戈定夷等,略改)

光泽	条痕	颜色	硬度 <2.5		2.5~5.5		>5.5	
			显晶质	隐晶质	显晶质	隐晶质	显晶质	隐晶质
			解理不明显或无	解理明显	解理不明显或无	解理明显	解理不明显或无	解理明显
金属光泽	褐色及金属色	锡白				辉铋矿	毒砂	
		银白			自然铂			
		铅灰	辉钼矿		辉铜矿	方铅矿④		
		铁黑		石墨	辉铜矿 软锰矿	晶质铀矿 硼镁铁矿	硬锰矿 沥青铀矿	磁铁矿 钛铁矿
		钢灰		石墨		黝铜矿		
		金黄	自然金					
		铜黄			黄铜矿 磁黄铁矿		黄铁矿 白铁矿	
		铜红	自然铜					

续表

硬度		<2.5		2.5~5.5		>5.5	
结晶程度		显晶质	隐晶质	显晶质	隐晶质	显晶质	隐晶质
光泽	条痕	颜色	解理不明显或无	解理明显	解理不明显或无	解理明显	解理不明显或无	解理明显
非金属光泽含半金属、金刚、玻璃光泽	棕黄褐红色	铁黑				赤铁矿		黑钨矿[12]
		棕褐		褐铁矿		铁闪锌矿	铬铁矿	
		樱红			赤铁矿	赤铁矿		
		钢灰			镜铁矿			
	各种淡彩色	朱红			辰砂	辰砂		
		深褐			磷钇铌矿	闪锌矿[5]	锡石	金红石
		橙黄	雌黄	雄黄雌黄	自然硫	钼酸铅矿	细晶石[6]	
		绿色			孔雀石	孔雀石	孔雀石	
		灰蓝			蓝铜矿	蓝铜矿	蓝铜矿		蓝闪石
	灰色或白色、无色	紫色				萤石		
		黑色		黑云母		菱锰矿 黑云母	黑电气石	普通辉石 普通闪石	石英、玉髓
		深褐		蛭石			石榴石[8]	榍石[13]	
		棕黄		金云母	独居石	菱铁矿	锆石	黄玉[14]	碧玉
		粉红		锂云母			红柱石[9]	正长石[15]	
		暗绿		绿泥石	海绿石			阳起石[16]	硬玉
		黄绿		铜铀云母	蛇纹石	磷灰石	橄榄石[10]	绿帘石	
		浅绿			蒙脱石		萤石	绿柱石	天河石[17]	软玉
		灰蓝			蓝石棉	胆矾	蓝晶石	磷灰石	蓝晶石[18]	
		白色无色	钠硝石、石盐[1]	白云母、芒硝[2]	高岭石、伊利石[3]	文石、白钨矿	方解石、白云石[7]	铝土矿、蛇蚊石	堇青石、石英[11]	硅灰石、斜长石[19]	蛋白石、玛瑙

① 还有钾盐等;② 还有石膏、硼砂;③ 还有埃洛石、海泡石、沸石、蒙脱石、滑石、叶腊石、蛇蚊石、温石绵;④ 还有辉锑矿;⑤ 还有烧绿石;⑥ 还有浅色闪锌矿;⑦ 还有菱镁矿、重晶石、萤石、天青石、硬石膏、菱锌矿;⑧ 还有锆石、榍石、十字石;⑨ 还有电气石;⑩ 还有符山石;⑪ 还有白榴石、金刚石、刚玉、红柱石、霞石;⑫ 还有铌钽铁矿;⑬ 还有紫苏辉石;⑭ 还有顽火辉石;⑮ 还有微斜长石;⑯ 还有霓石;⑰ 还有透辉石;⑱ 还有蓝闪石;⑲ 还有透闪石、锂辉石、硅线石、黄玉。

(4) 结论应综合、正确,记录应详细、规范。比如,对颜色、条痕、透明度、光泽的判断,要相互映证,不可自相矛盾。

第六节 硅酸盐类矿物手标本的鉴别

硅酸盐矿物是地壳中分布最广泛的含氧盐类矿物,均是由络阴离子与阳离子结合而成的矿物。"硅氧四面体"是基本结构单位,按硅氧四面体联接方式的不同,可划分为岛状络阴离子、环状络阴离子、链状络阴离子、层状络阴离子和架状络阴离子等类型。硅酸盐矿物的晶体形态与络阴离子内硅氧四面体的联接形式密切相关,也与其他阳离子配位多面体的联结方式相关。络阴离子内硅—氧之间主要以共价键相联,结合力较强劲生长较快速,致使络阴离子类型对晶体的形态有明显的控制作用。例如,当晶体结构中存在链状络阴离子时,晶体沿硅氧四面体链的延伸方向生长速度最快,晶体往往具有柱状、针状、纤维状结晶习性;如果晶体结构中存在层状络阴离子时,晶体沿四面体层延伸方向的生长速度最快,常常长成板状、片状和鳞片状形态。络阴离子与其他阳离子之间,以离子键为主,硅酸盐矿物主要具有离子晶格的特点:通常为玻璃光泽、条痕白色、透明,一般为无色或浅色,当含 Fe^{2+}、Fe^{3+}、Mn^{2+}、Cr^{3+} 等色素离子时常呈现各种颜色;硬度、解理、相对密度等物理性质变化较大,因矿物不同而异。

一、岛状结构硅酸盐类矿物手标本的鉴别

手标本中常见岛状(含单四面体和双四面体络阴离子的)结构硅酸盐矿物特征如第十章所述,主要肉眼下鉴别标志:

(1)锆石,$Zr[SiO_4]$:四方晶系,$L^4L^5_2PC$ 晶类,单晶常为四方柱$\{110\}$、$\{100\}$ 和四方双锥 $\{111\}$ 的聚形,各单形的发育程度与成因有关。无色、淡红褐、棕黄色,条痕白色,玻璃至金刚光泽,透明,解理 $\{110\}$ 不完全,H(摩氏硬度,后同)$= 6.5 \sim 7.5$,D(相对密度,后同)$= 4.6 \sim 4.7$。含铀、钍者具有放射性。常为岩浆及变质岩中副矿物及沉积岩中重矿物。以晶体形态、不完全解理、硬度、放射性、多种岩浆岩及变质岩的副矿物为特征。

(2)橄榄石,$(Mg,Fe)_2[SiO_4]$:斜方晶系,$3L^23PC$ 晶类,单晶体柱状、厚板状,也常呈粒状集合体。橄榄绿色,含铁增加颜色至深绿色或铁黑色,条痕无色,玻璃光泽,断口油脂光泽。解理 $\{010\}$、$\{100\}$ 不完全,常见贝壳状断口,$H = 6 \sim 7$,$D = 3.2 \sim 4.35$。是基性及超基性岩的主要造岩矿物。以晶形、颜色、不完全解理、基性-超基性岩的主要矿物为特征。

(3)石榴石,是榴石族矿物的总称,通式为 $A_3B_2[SiO_4]_3$,其中 A 为钙、铁、镁、锰等二价阳离子,B 为铝、铁、铬等三价阳离子。等轴晶系,$3L^44L^36L^29PC$ 晶类,单晶为四角三八面体、菱形十二面体或二者的聚形,常见粒状集合体。褐、棕、暗红等色,因成分而异,条痕无色,玻璃光泽,透明。无解理,$H = 7 \sim 7.5$,$D = 3.51 \sim 4.32$。产于矽卡岩、区域变质岩、超基性岩及沉积岩重矿物中。以晶体形态、颜色、硬度、无解理为特征。各种榴石的区别应测折射率与密度。

(4)蓝晶石,$Al_2[SiO_4]O$:三斜晶系,C 晶类,单晶呈厚板及柱状,有时呈放射状集合体。蓝、蓝灰及无色,条痕无色,玻璃光泽,透明。解理 $\{100\}$ 完全,$\{010\}$ 中等,H 平行于 C 轴为 4.5,垂直于 C 轴为 $6 \sim 6.5$,$D = 3.56 \sim 3.68$。产于区域变质岩及碎屑岩重矿物中。以形态、颜色、解理、硬度异向性为特征。

(5)红柱石,$Al_2[SiO_4]O$:斜方晶系,$3L^23PC$ 晶类,单晶呈柱状,横截面近正方形,常有碳质沿对角线分布。灰白、肉红色,也可呈白、浅蓝、绿等色,玻璃光泽,透明。解理 $\{110\}$ 中等,夹角 $90°48'$,解理 $\{100\}$ 不完全。$H = 7 \sim 7.5$,$D = 3.13 \sim 3.15$。主要产于接触变质岩中。以形态、碳质包体、二组中等近于正交的解理、产于接触变质岩中为特征。

(6)榍石,$CaTi[SiO_4](O,OH,Cl,F)$:单斜晶系,L^2P 晶体;形态多样,常见信封状、菱形、楔形晶体,常呈菱形及双楔形切面。无色或黄、绿、褐、黑色,条痕无色,金刚光泽至玻璃光泽,透明至半透明。解理 $\{110\}$ 中等,$H = 5 \sim 5.5$,$D = 3.29 \sim 3.66$。多为岩浆岩中副矿物及沉积岩中的重矿物。以形态、颜色、解理、硬度及含钛为特征。

(7)十字石,$(Fe^{2+},Mg)_2(Al,Fe^{3+})_9[SiO_4]_4O_7(OH)$:斜方晶系,$3L^23PC$ 晶类,单晶体柱状,可呈粒状集合体,常以(032)或(232)为双晶面形成十字形穿插双晶。黄褐、深褐、红褐色,条痕白色或灰色,玻璃光泽,透明。解理 $\{010\}$ 中等,$D = 3.75 \sim 3.83$,$H = 7 \sim 7.5$。区域变质作用的产物。以形态、双晶、颜色、一组中等解理、高硬度、主要产于区域变质岩为特征。

(8)黄玉，$Al_2[SiO_4](OH,F)_2$：斜方晶系，$3L^23PC$ 晶类，单晶呈沿 Z 轴延长的柱状，柱面有纵纹，常呈不规则的柱状、粒状或块状集合体。无色、浅黄、乳白、黄褐、红黄色，条痕白色，玻璃光泽，透明。解理$\{001\}$完全，$D=3.46\sim3.6$，$H=8$。多产于高温热液矿脉和伟晶岩中。以形态、柱面纵纹、$\{001\}$一组完全解理、高硬度及产状为特征。

(9)符山石，$Ca_{10}(Mg,Fe)_2Al_4[Si_2O_7]_2[SiO_4]_5(OH,F)_4$：属单四面体和双四面体混合型结构，四方晶系，$L^44L^25PC$ 晶类，多呈带四方双锥的柱状晶体，柱面有不连续的纵纹，横切面呈正方形；也常为不规则的粒集合体。常呈黄、灰、绿、褐等色，与成分及元素价态有关，条痕无色，透明，玻璃光泽。解理$\{110\}$不完全，$\{001\}$极不完全，$D=3.33\sim3.45$，$H=6.5$。为矽卡岩常见矿物之一。以晶形、解理、硬度、成因产状为特征，当为致密块状时须用显微镜方可与石榴石、绿帘石相区别。

(10)绿帘石，为帘石族矿物的总称，通式为 $A_2B_3[SiO_4][Si_2O_7]O(OH)$，式中 $A=Ca^{2+}$、Ce^{3+}、Sr^{2+}、Pb^{2+}，$B=Al^{3+}$、Fe^{3+}、Mn^{3+}、V^{3+}、Cr^{3+}；单四体和双四面体混合型结构，除黝帘石为斜方晶系外，其余均为单斜晶系。晶体呈沿 b 轴延长的柱状，横断面具假六边形。黄绿色，也有灰白至黑色等颜色者，条痕无色至绿色，随含铁量增加而变深，玻璃光泽，透明。解理$\{001\}$完全，$\{100\}$不完全，$D=3.25\sim4.20$，$H=5.5\sim6.5$。多为岩浆期后矿物，较浅的区域变质岩、沉积岩中也可见。以晶形、晶面纵纹、颜色、解理及成因产状为特征。

二、环状与链状结构硅酸盐类矿物手标本的鉴别

常见的环状与链状结构硅酸盐矿物的特征如第十章所述，其主要肉眼鉴定标志如下。

(1)绿柱石，$Be_3Al_2[Si_6O_{18}]$：六方晶系，L^66L^27PC 晶类，常呈六方柱状单晶体产出。浅绿、黄绿、粉红、深绿色或无色，与混入物有关，含 Cr_2O_3 呈鲜绿色者称祖母绿，含 ZrO_2 和 Nb_2O_5，呈鲜蓝色者称为海蓝宝石，条痕无色，玻璃光泽，透明。解理$\{10\bar{1}0\}$和$\{0001\}$不完全，$D=2.63\sim2.91$，$H=7.5\sim8$。主要见于伟晶岩、花岗岩、云英岩、高温热液矿脉中。以晶形、颜色、解理、硬度及成因产状为特征。

(2)堇青石，$(Mg,Fe)_2Al_3[AlSi_5O_{18}]$：斜方晶系，$3L^23PC$ 晶体，单晶体柱状，常以双晶面(110)或(130)形成接触双晶、三连晶或聚片双晶，完好晶体少见，多呈不规则粒状集合体。无色或各种不同色调的浅蓝、浅紫、浅黄、浅褐色，并随观察方向而异，条痕无色，玻璃光泽，断口油脂光泽，透明。解理$\{010\}$中等，$\{100\}$和$\{001\}$不完全，贝壳状断口，$D=2.57\sim2.76$，$H=7\sim7.5$。是富铝及镁的泥质岩石经高温热变质的典型产物。以形态、双晶、解理、硬度及产状为特征。

(3)电气石，是含硼的环状铝硅酸盐矿物的总称，化学成分复杂，类质同象很发育，可表示为 $Na(Mg,Fe,Mn,Li,Al)_3Al_6[Si_6O_{18}][BO_3]_3(OH)_4$。三方晶系，$L^33P$ 晶类，单晶呈沿 Z 轴延长的柱状，柱面有纵条纹，横断面常呈弧边三角形，也多见针状、放射状、块状集合体。呈黑、黄、褐、玫瑰红、蓝绿等色，条痕灰白色，玻璃光泽，透明。无解理，常有$\{001\}$裂开，$D=3.03\sim3.25$，$H=7.0$。具压电性和热电性。产于伟晶岩和气成热液矿脉或蚀变围岩中，也产于变质岩及重矿物中。以晶形、颜色、无解理、硬度及产状为特征。

(4)辉石，可用 $XY[Si_2O_6]$ 表示。其中，$X=Na^+$、Ca^{2+}、Mg^{2+}、Fe^{2+}、Mn^{2+}、Li^+，$Y=Mg^{2+}$、Mn^{2+}、Fe^{2+}、Fe^{3+}、Cr^{3+}、Al^{3+}、Ti^{4+} 等。每一类阳离子间都有类质同象代替，少数矿物络阴离子中的 Si^{4+} 还可被 Al^{3+} 代替。有斜方辉石和单斜辉石二亚族，共同特征是：常为短柱状，少数为厚板状，横断面八边形及四边形；深绿至褐黑色，条痕无色及带淡色调，透明；发育斜方柱完全解理，解理交角为 $87°\sim93°$，有时见$\{100\}$或$\{010\}$裂开。$D=3.03\sim3.90$，$H=5\sim7$，常见以

{100}为结合面的简单双晶。常见种属在手标本上的区别如后述,准确鉴别须用显微镜等方法。

紫苏辉石是斜方辉石的常见种属,主要见于基性及超基性岩中与基性斜长石及橄榄石共生。

透辉石,以贫铁、灰白至浅绿色、主要产于矽卡岩中、与石榴石和硅灰石等共生为特征。

钙铁辉石,常呈束状、放射状集合体,主要产于富铁的矽卡岩中,碱性岩中也可产出。

普通辉石,基性及超基性岩中常见,中性岩、酸性岩、正长岩、结晶片岩中也有产出。

霓石,常呈长柱状、针状及放射状集合体,柱面上有纵纹,是碱性岩的特征矿物。

霓辉石,呈长柱状、板柱状晶体,是碱性岩浆岩中的特征矿物。

(5)硬玉,$NaAl[Si_2O_6]$:单斜晶系,L^2PC晶类,单晶体少见,多呈粒状、片状、纤维状、毡状或致密状集合体。苹果绿、黄绿色,条痕无色,玻璃光泽,透明。解理{110}完全,二组解理夹角87°及93°,$D=3.24\sim3.43$,$H=6.5\sim7.0$。属典型的高压矿物,产于榴辉岩、蓝闪石片岩等岩石中。

(6)、硅灰石,$Ca[SiO_3]$:三斜晶系,C晶类,晶体常沿Y轴延伸的长柱状、针状、杆状、板状、纤维状,横切面近似长方形,常成放射状集合体。灰白色,有时为肉红、浅绿色,条痕无色,玻璃光泽,解理面珍珠光泽,透明。解理{100}完全,{001}和{$\bar{1}$02}中等,$D=2.75\sim3.10$,$H=4.5\sim5$。为典型高温接触变质矿物,多见于硅卡岩中,与透辉石、钙铝榴石、绿帘石共生,在富钙质结晶片岩和片麻岩中也有产出。以晶形、颜色、解理、产状为特征。

(7)角闪石,可用$A_{0-1}B_2C_5[T_4O_{11}]_2(OH,F,Cl)_2$表示。其中:$A=Na^+$、$Ca^{2+}$、$K^+$、$H_3O^+$等阳离子;$B=Na^+$、$Li^+$、$K^+$、$Ca^{2+}$、$Mg^{2+}$等阳离子;$C=Mg^{2+}$、$Fe^{2+}$、$Mn^{2+}$、$Al^{3+}$、$Fe^{3+}$等阳离子;$T=Si^{4+}$、$Al^{3+}$等硅氧四面体中心的阳离子。直闪石、铝直闪石为斜方晶系,其余均为单斜晶系。晶体多呈长柱状、针状、以至纤维状,横断面为菱形或六边形。多呈褐、暗绿至绿黑色,条痕无色至带浅色调的白色,玻璃光泽,透明至半透明。常具有{110}完全解理,解理夹角124°~56°,单斜闪石多具有{100}简单或聚片双晶,$D=2.86\sim3.90$;$H=5\sim6$。常见种属在手标本上可据后述特征区别,准确鉴别须用显微镜等方法。

透闪石,白、浅灰色,是典型的变质矿物,产于接触变质带及富Mg的片岩中。

阳起石,浅绿至暗绿色,主要产于矽卡岩中,区域变质岩中也有产出。

普通角闪石,是中性岩的特征矿物,在角闪岩、结晶片岩中也有产出。

钠闪石,主要产于富钠的碱性岩中,与霓石、霓辉石等共生,在片岩中也有产出。

钠铁闪石,主要产于碱性岩中,与霓石、霓辉石等共生。

蓝闪石,是典型高压低温变质矿物,产于蓝闪石片岩、片麻岩、结晶片岩中,与绿辉石、石榴石、绿帘石、白云母、榍石等共生。

三、层状结构硅酸盐类矿物手标本的鉴别

层状结构硅酸盐矿物均含有由硅-氧四面体层与铝-氧八面体层两种"基本结构层"相互叠置组成的"结构单元层",结构单元层与相邻的"层间域"组成"单位构造层",单位构造层沿Z轴方向相互叠置,则组成各种层状结构硅酸盐矿物。层状结构硅酸盐矿物物理性质也十分相似:多属单斜晶系、假六方板片状或短柱状晶形,具一组{001}极完全解理,低硬度,薄片具弹性或挠性,比重小等。常见层状硅酸盐矿物的特征如第十章所述,主要肉眼鉴定标志如下。

(1)滑石,$Mg_3[Si_4O_{10}](OH)_2$:单斜晶系,L^2PC 晶类,晶体呈薄片状、板状、假六方片状,也常为鳞片状、致密状集合体。白色,含杂质者浅黄、浅绿、浅褐等色,玻璃不光泽,解理面珍珠光泽,透明。解理$\{001\}$极完全,致密块状者断口贝壳状,$D=2.7\sim2.8$,$H=1$。主要是橄榄岩、蛇纹岩等富镁岩石经热液蚀变形成,常与菱镁矿共生,滑石片岩也有产出。以色浅、硬度1、一组极完全解理、具挠性及滑感为特征。

(2)叶蜡石,$Al_2[Si_4O_{10}](OH)_2$:单斜晶系,L^2PC 晶类,常为片状、纤维状、致密块状集合体。白、灰及浅绿等色,条痕白色,玻璃光泽,致密块状者呈油脂光泽,解理面珍珠光泽,透明。解理$\{001\}$完全,贝壳状断口,叶片揉软具挠性;$D=2.55\sim2.90$,$H=1\sim2$。主要是酸性火山岩水热变质产物,富 Al 的结晶片岩中也有产出。以颜色浅、硬度、解理为特征。

(3)白云母,$KAl_2[AlSi_3O_{10}](OH)_2$:单斜晶系,$L^2PC$ 晶类,通常呈假六方板状、不规则叶片状或叶片状集合体。无色或微带淡绿等色调,条痕白色,玻璃光泽,解理面珍珠光泽;透明。$\{001\}$解理极完全,薄片具弹性,$D=2.76\sim3.10$,$H=2.5\sim3.0$。云英岩化时大量产出,在片麻岩、云母片岩及伟晶岩中常可见。以颜色、解理、薄片具弹性为特征。

(4)黑云母,$K(Mg,Fe)_3[(Al,Fe)Si_3O_{10}](OH,F)_2$:单斜晶系,$L^2PC$ 晶类,常呈假六方板片状、叶片状、鳞片状,常含有包裹物。黑、绿、深褐等色,退色时呈金黄色,条痕灰色,玻璃光泽,解理面珍珠光泽,透明。$\{001\}$解理极完全,有$\{010\}$、$\{110\}$裂理,薄片具弹性,$D=2.90\sim3.30$,$H=2.5\sim3.0$。在三大类岩石中都有广泛的分布,尤以片麻岩、云母片岩、煌斑岩中大量产出。以形态、颜色、硬度、解理、薄片具弹性为特征。

(5)金云母,$KMg_3[AlSi_3O_{10}](F,OH)_2$:单斜晶系,$L^2PC$ 晶类,常呈假六方板状、叶片状晶体。金黄、黄褐色,有时退色至无色,条痕浅灰、白色,玻璃光泽,解理面珍珠光泽,透明。$\{001\}$解理极完全,薄片具弹性,$D=2.76\sim2.90$,$H=2.0\sim2.5$。常产于白云质碳酸盐岩的接触变质带,在金伯利岩、超基性岩和煌斑岩有产出。以颜色、硬度、解理、薄片具弹性为特征。

(6)伊利石,$(K,H_3O)(Al,Mg,Fe)_2(Al,Si)_4O_{10}[(OH)_2,H_2O]$:单斜晶系,$L^2PC$ 晶类,常呈鳞片状、碎片状、羽毛状及隐晶质集合体。白色,条痕白色,玻璃光泽,隐晶质集合体土状光泽,透明。解理$\{001\}$完全,可有垂直于(001)的裂理,$D=2.65\sim2.75$,$H=2.0$。典型的外生黏土矿物,是黏土、黏土岩及泥页岩的主要成分之一。以形态、颜色、硬度、解理及产状为特征,准确鉴定须进行差热分析及 X 衍射分析。

(7)蒙皂石,$E_x(H_2O)_4\{(Al_{1-x}Mg_x)_2[(Si,Al)_4O_{10}](OH)_2\}$,其中 E 和"$(H_2O)_4$"为层间可交换阳离子和可变化的水。单斜晶系,$L^2PC$ 晶类,晶体为极细的蠕虫状、页片状、球状,常为隐晶质集合体。白色,有时带灰、浅红、浅绿等色调,条痕白色,土状光泽,透明。解理$\{001\}$极完全,$D=2.2\sim2.9$,$H=1\sim2$。手摸有滑感,吸水后体积迅速膨胀并呈糊状。典型外生黏土矿物,蚀变作用也可形成。以颜色、硬度、吸水膨胀为特征,准确鉴定须差热分析及 X 衍射分析。

(8)高岭石,$Al_4[Si_4O_{10}](OH)_8$:单斜晶系,P 晶类,可呈假六方板片状、鳞片状、蠕虫状极细小晶体,常呈土状、隐晶质集合体。白色,含杂质者呈浅黄、浅红等色,条痕白色,土状光泽,透明。解理$\{001\}$极完全,$D=2.58\sim2.67$,$H=2\sim2.5$。典型外生粘土矿物,是长石及副长石等矿物在酸性介质中分解的产物。以颜色、硬度、解理为特征,准确鉴定须进行差热分析及 X 衍射分析。

(9)绿泥石,是绿泥石族矿物的总称,可写作 $M_{5-6}[(Si,Al)_4O_{10}](OH)_8$,其中 $M=Mg^{2+}$、Fe^{2+}、Ni^{2+}、Mn^{2+}、Li^+等。多为单斜晶系(少数三斜晶系),多数呈鳞片状集合体。绿色,含铁多者常呈绿黑色,条痕灰色,玻璃光泽,透明。$\{001\}$解理极完全,薄片具挠性,$D=2.68\sim3.4$,

$H=2\sim3$。由低级变质作用、低温热液蚀变作用和沉积作用形成,主要产于变质岩中,富铁的绿泥石也产于沉积岩和现代海洋沉积物中。以形态、颜色、解理、硬度为特征,准确鉴别应采用光学性质的测定、X 射线衍射分析、差热分析。

(10)蛇纹石,是蛇纹石族矿物的总称,通式为 $A_6[Si_4O_{10}](OH)_8$,A 为 Mg^{2+} 以及 Fe^{2+}、Ni^{2+}、Mn^{2+}、Cr^{3+} 等类质同象混入物。单斜晶系(少数为斜方晶系或六方晶系),多呈片状、叶片状、纤维状集合体。一般呈绿色,常有蛇皮状的青至绿色的斑纹,条痕白色,玻璃光泽或油脂光泽,纤维者丝绢光泽,透明。均具有{001}完全解理,$D=2.55\sim3.0$,$H=2\sim3.5$。主要是铁镁矿物在热液蚀变作用下形成。以形态、颜色、解理、硬度为特征,准确鉴别应进行 X 射线、电镜及化学分析。

四、架状结构硅酸盐类矿物手标本的鉴别

常见的架状结构硅酸盐矿物特征如第十章所述,其主要肉眼鉴定标志如下。

(1)透长石,$(K,Na)[AlSi_3O_8]$:单斜晶系,L^2PC 晶类,晶体沿(010)呈厚板状或沿 X 轴呈短柱状,断面六边形,也常呈半自形晶。无色,含杂质者呈白、肉红等色,条痕白色,玻璃光泽,透明。解理{001}、{010}完全,{001}∧{010}=90°,$D=2.56\sim2.62$,$H=6$。透长石是高温的产物,主要以斑晶或微晶的形态产于碱性和酸性火山岩中。

(2)正长石,$K[AlSi_3O_8]$:单斜晶系,L^2PC 晶类,晶体常沿 X 轴呈柱状、厚板状,或为不规则粒状,常与石英呈文象、蠕虫状交生,与钠长石组成条纹或反条纹。常发育卡斯巴双晶,有时见巴温诺、曼尼巴双晶,但不出现聚片双晶。常成淡褐红色、有时灰白色,条痕白色,玻璃光泽,透明。解理{001}完全,{010}较完全,{001}∧{010}=90°,$D=2.55\sim2.63$,$H=6$。广泛分布于酸性和碱性岩、片麻岩、花岗混合岩和碎屑岩中。

(3)微斜长石,$K[AlSi_3O_8]$:是在低温下结晶的、有序度高的钾长石稳定种属,三斜晶系,C 晶类,通常为不规则粒状,经常发育格子双晶,也与钠长石构成条纹,在变质岩中可呈较自形的变晶。淡褐红或浅黄色(天河石为绿色),条痕白色,玻璃光泽,透明。解理{001}完全,{010}较完全,{001}∧{010}=89°20′,$D=2.55\sim2.63$,$H=6$。系碱性长石的低温产物,产于各种花岗岩、伟晶岩、细晶岩、片麻岩、碎屑岩中。

透长石、正长石和微斜长石是分布广泛的富钾的碱性长石种属,以形态、颜色、双晶、解理、硬度、产状为特征与其他矿物相区别,以双晶、产状相互区别,当晶粒细小、双晶等特征不明显时,可统称为钾长石。其种属的准确鉴别常依靠显微镜及 X 射线衍射分析。

(4)斜长石,是钠长石(Ab)和钙长石(An)所构成的连续固溶体系列矿物的总称,结构式为 $(Na_{1-x}Ca_x)[Al_{1+x}Si_{3-x}O_8]$,其中 $x=0\sim1$。按斜长石中钙长石的数量可分为:① 钠长石(An0~10%),② 更(奥)长石(An10%~30%),③ 中长石(An30%~50%),④ 拉长石(An50%~70%),⑤ 倍长石(An70%~90%),⑥ 钙长石(An90%~100%)。其中钠长石既是碱性长石的端元(所含 Or>An),也是斜长石的端元(Or<An),习惯上归入斜长石描述。斜长石均属三斜晶系,C 晶类,单体板状或柱状,多为半自形至他形晶,常具钠长石双晶及卡—钠复合双晶。白至灰白色,含杂质者呈浅色调,条痕白色,玻璃光泽,透明。解理{001}和{010}完全,夹角为86°~87°,$D=2.61\sim2.76$,$H=6$。斜长石分布极广泛,基性斜长石常产于基性岩中、中性斜长石常产于中性岩中、酸性斜长石常产于酸性岩及碎屑岩中,在片麻岩、斜长角闪岩中也有分布。斜长石种属的鉴别常依靠准确测定光学常数,或辅以其他分析方法方可实现。

斜长石可用染色法与钾长石相区别:将手标本或薄片的磨光面,用 HF 酸蒸薰 15~30s,继

而浸入5%的$BaCl_2$溶液内数秒钟取出并以清水冲洗,最后浸入饱和亚硝酸钴溶液15~20s再取出以清水冲洗,钾长石均染成黄色,斜长石则不被染色。

(5)霞石,$(Na,K)AlSiO_4$,是端元矿物$Na[AlSiO_4]$(霞石Ne)和$K[AlSiO_4]$(钾霞石Ks)的类质同象矿物,在高温时形成均匀固溶体,温度降低发生固溶体分解,形成各种条纹交生。属架状铝硅酸盐结构,六方晶系,L^6晶类,晶体六方短柱状、厚板状,通常为他形粒状集合体或致密块状,常含有较多包裹体。无色、灰白色,有时带浅黄、浅绿、浅褐等色调,条痕无色,玻璃光泽,断口油脂光泽,透明。解理$\{0001\}$和$\{10\bar{1}0\}$极不完全,次贝壳状断口,$D=2.55~2.65$,$H=5.5~6$。霞石是碱性岩的特征矿物,产于富Na_2O贫SiO_2的霞石正长岩、响岩、霞石玄武岩中。

(6)白榴石,$K[AlSi_2O_6]$:常温下四方晶系,L^4PC晶类,625℃以上时为等轴晶系变体β白榴石(Cuboieucite)。通常呈自形晶,为四角三八面体,常成粒状集合体,含有霓石、霓辉石、磁铁矿、玻璃质等复杂的包裹体,包体成平行晶体轮廓的环状或带状或放射状分布。白色、带灰、淡黄等色稠,条痕无色,玻璃光泽,透明。具$\{110\}$极不完全解理,$D=2.47~2.50$,$H=5.5~6$。白榴石是富钾熔岩的特征高温矿物,见于富K_2O贫SiO_2的白榴粗面岩、白榴响岩、白榴玄武岩、白榴斑岩和白榴岩等岩石中。以形态、颜色、包裹体、产状为特征。

(7)沸石,是含有沸石水的碱及碱土金属的铝硅酸盐矿物的统称,通式为$A_mX_pO_{2p}\cdot nH_2O$,式中$A=Ca^{2+}$、Na^+、K^+、Ba^{2+}、Sr^{2+};$X=Si^{4+}$、Al^{3+}。其$(Al+Si):O=1:2$;$Al:Si=1:5~1:1$。本族矿物均为架状结构,多为斜方晶系和单斜晶系,少数为等轴晶系、三方晶系。大多成纤维状、针状、叶片状、放射状或鳞片状集合体,有时成薄板状单晶。无色或带浅色调,条痕白色,玻璃光泽,透明。通常有完全至中等解理(因种属不同而异),$D=2.10~2.5$,$H=3.5~5.5$。多为热液蚀变的产物,产于岩石的孔洞及裂隙内,浊沸石、杆沸石等还可成为碎屑岩中自生矿物与胶结物。以形态、颜色、解理、硬度、产状等为特征。准确鉴别须进行X射线衍射、电镜及电子探针等实验。

第七节 其他类矿物手标本的鉴别

一、碳酸盐类矿物手标本的鉴别

碳酸盐类矿物在地壳中分布十分广泛,其阴离子是碳酸根离子$[CO_3]^{2-}$,有时有附加阴离子$(OH)^-$、F^-等,阳离子主要是Ca^{2+}、Mg^{2+}、Fe^{2+}、Mn^{2+}、Pb^{2+}、Ba^{2+}、Co^{2+}、Zn^{2+}、Sr^{2+}等,有些矿物中还含水分子。本类矿物属于离子晶格。矿物呈白色或灰白色,当含有Fe^{2+}、Mn^{2+}、Cu^{2+}等色素离子时,常呈现各种彩色,玻璃光泽,硬度小于4.5。方解石族的矿物都具有平行菱面体$\{10\bar{1}1\}$的完全解理。多数碳酸盐矿物溶解于盐酸,并放出CO_2,少数溶于硝酸,在盐酸中反应的强或弱是区分不同碳酸盐矿物的重要标志。常见碳酸盐矿物的手标本特征如后述。

(1)方解石,$Ca[CO_3]$:三方晶系,L^33L^23PC晶类,常见菱面体形、偏三角面体和菱面体的聚形、柱面与偏三角面体及菱面体的聚形、不规则的等轴粒状晶体,有时呈鲕状、钟乳状、土状、球粒状、放射状集合体。白色,如含Mn呈深玫瑰红色、含Fe、Mg呈浅绿色、含Co呈粉红色等,条痕白色或浅色,玻璃光泽,透明至半透明。解理$\{10\bar{1}1\}$完全,常发育$\{01\bar{1}2\}$聚片双晶(双晶纹平行于菱形解理面的长对角线),$D=2.6~2.9$,$H=3$。广泛见于沉积岩、变质岩和岩浆岩中。以形态、颜色、解理、双晶、硬度、遇冷的稀盐酸剧烈起泡为特征。

(2) 白云石, CaMg[CO$_3$]$_2$: 三方晶系, L^{3}C 晶类, 完好晶体常见, 菱形晶面常弯曲。纯净者白色, 含铁可呈灰至暗灰色, 风化后呈褐色, 条痕白色, 玻璃光泽, 透明。{10$\bar{1}$1}解理完全, 解理面常弯曲, 可见平行于短对角线的{02$\bar{2}$1}聚片双晶。$D = 2.86$, $H = 3.5 \sim 4$。白云石是沉积岩的特征矿物, 主要分布在白云岩、白云质石灰岩、蒸发岩和白云质大理岩中, 有时也组成某些生物的骨骼。以晶形、颜色、解理、双晶、遇冷的稀盐酸无明显反应为特征, 白云石的粉末或条痕可被 30% NaOH 与"镁试剂"的混合液染成蓝色。

(3) 菱铁矿, Fe[CO$_3$]: 三方晶系, L^{3}3L^{2}3PC 晶类, 多为菱面体晶形, 也常呈粒状、纤维状、柱状、板状晶形, 有时为鲕状、球粒状、葡萄状集合体。新鲜者灰白至浅黄色, 风化后黄褐、褐、深褐色, 玻璃光泽, 透明至半透明。解理{10$\bar{1}$1}完全, $D = 3.50 \sim 3.96$, $H = 4 \sim 4.5$。热液及外生成因, 是各类含铁沉积物的常见组分, 菱铁矿暴露在空气中时, 易变为褐铁矿、赤铁矿。以形态、颜色、菱面体解理、遇冷的稀盐酸缓慢起泡为特征。

(4) 菱镁矿, Mg[CO$_3$]: 三方晶系, L^{3}3L^{2}3PC 晶类, 常呈菱面体、或柱状、板状、粒状晶体, 也常呈细粒状、致密状、土状、纤维状、放射状、细脉状等集合体。白色, 含铁变种可为黄、红或褐色, 细粒者具有白瓷状外貌, 条痕白色, 玻璃光泽, 透明。解理{10$\bar{1}$1}完全, $D = 2.96 \sim 3.48$, $H = 3.5 \sim 4.5$。主要是热液蚀变的产物, 也可由外生沉积作用形成, 见于菱镁滑石片岩、某些白云岩、某些蒸发岩中。以形态、颜色、粉末遇冷的稀盐酸无泡、被 30% NaOH 与"镁试剂"的混合液染成蓝色等为特征。

(5) 文石, Ca[CO$_3$]: 斜方晶系, 3L^{2}3PC 晶类, 单晶体针状、柱状、厚板状, 可形成假六方柱状三连或六连晶, 也常呈柱状、纤维状、钟乳状、晶簇状、鲕状集合体。白色、淡黄、淡绿色, 玻璃光泽, 断口油脂光泽, 透明。解理{010}、{110}不完全, $D = 2.9 \sim 3.0$, $H = 3.5 \sim 4$。是热液作用及外生作用的产物, 见于玄武岩、安山岩的孔穴中, 也见于灰岩、砂岩中, 海相生物的贝壳、骨骼均由文石构成。文石极不稳定, 经常转变为方解石。以形态、解理、硬度、遇冷的稀盐酸剧烈起泡为特征。

(6) 孔雀石, Cu$_2$[CO$_3$](OH)$_2$: 单斜晶系, L^{2}PC 晶类, 单晶体呈针状、柱状、纤维状, 常呈晶簇状、放射状、皮壳状、同心条带状集合体。绿色, 条痕浅绿色, 玻璃至金刚光泽, 纤维状呈丝绢光泽, 半透明。解理{$\bar{2}$01}、{010}完全, $D = 3.9 \sim 4.1$, $H = 3.5 \sim 4$。是次生氧化矿物, 产于铜矿的氧化带。以形态、颜色、产状、遇稀盐酸起泡为特征。

(7) 蓝铜矿, Cu$_3$[CO$_3$]$_2$(OH)$_2$: 单斜晶系, L^{2}PC 晶类, 常呈短柱状、厚板状晶体, 也常呈晶簇状、粒状、放射状、皮壳状及土状集合体。深蓝色, 条痕浅蓝色, 玻璃光泽, 半透明。解理{011}和{100}完全至中等, $D = 3.7 \sim 3.9$, $H = 3.5 \sim 4$。是次生氧化矿物, 产于铜矿的氧化带。以形态、颜色、产状、遇稀盐酸起泡为特征。

二、硫酸盐类及其他含氧盐类矿物手标本的鉴别

硫酸盐矿物约 180 余种, 是阳离子与硫酸根离子结合的产物。当阳离子半径较大时为无水硫酸盐矿物, 当阳离子半径较小时, 为含水硫酸盐矿物。属典型的离子晶格, 一般无色或浅色, 玻璃光泽, 透明, 硬度 2~3, 主要形成于外生的氧化环境中。

其他含氧盐类以磷酸盐和钨酸盐矿物较为常见。磷酸盐是阳离子和磷酸根离子相结合形成的矿物, 当三价阳离子(稀土元素 TR^{3+} 等)半径较大时形成稳定的无水化合物, 当阳离子半径中等时形成有附加阴离子的矿物, 当阳离子半径较小时形成具有水合膜的化合物。磷酸盐

类矿物类质同象十分普遍,大多为浅色,硬度一般大于4(含水者硬度较低),相对密度变化在1.8到7以上。

常见矿物的手标本特征如后述,其他特征见第十章。

(1) 硬石膏,$Ca[SO_4]$:斜方晶系,$3L^23PC$ 晶类,单晶体呈厚板状或柱状,也常呈纤维状、放射状、致密块状集合体。白色或无色,因杂质常呈浅灰、蓝紫、淡红、褐色,条痕白色至浅灰色,玻璃光泽,解理面珍珠光泽,透明。解理$\{010\}$ 和 $\{100\}$完全,$\{001\}$近于完全。内生成因产于热液矿床、接触交代矿床中及火山岩的孔隙中,外生成因常见于石膏和岩盐矿层中,在灰岩和白云岩中有少量分布。以晶形、颜色、解理、硬度、产状为特征。

(2) 石膏,$Ca[SO_4]\cdot 2H_2O$:单斜晶系,L^2PC 晶类,单晶体呈板状或柱状,也常呈粒状、片状、纤维状及土状集合体。无色透明者称透石膏,纤维者称纤维石膏。白色或无色,因杂质可成为灰、红、黄等色泽,条痕白色,玻璃光泽,解理面珍珠光泽,纤维状集合体丝绢光泽,透明。解理$\{010\}$极完全,$\{100\}$和$\{011\}$中等,断口贝壳状至多片状,$D=2.30\sim 2.37$,$H=2.0$。主要外生成因,产于盐类蒸发岩中,沉积岩中有时见有石膏的假晶,也可产于热液矿脉中。以形态、颜色、解理、硬度、产状为特征。

(3) 重晶石,$Ba[SO_4]$:斜方晶系,$3L^23PC$ 晶类,单晶体常呈板状、柱状,也常呈球晶状、纤维状、厚片状、粒状、结核状集合体。白、灰、浅黄、浅绿等色,条痕白色,玻璃光泽,解理面珍珠光泽,透明。解理$\{001\}$完全,$\{210\}$中等,$\{010\}$不完全,$D=4.3\sim 4.5$,$H=3\sim 3.5$。主要产于中低温热液矿脉中,也可呈结核或胶结物状产于沉积岩中。以形态、解理、密度、硬度、产状为特征。

(4) 天青石,$Sr[SO_4]$:斜方晶系,$3L^23PC$ 晶类,单晶体常呈板状、柱状,也常呈土状、细粒状、纤维状、结核状集合体。白、浅蓝色,有时带有红、绿、褐等色泽,条痕白色,玻璃光泽,解理面珍珠光泽,透明。解理$\{001\}$完全,$\{210\}$中等,$\{010\}$不完全,$D=3.9\sim 4.0$,$H=3\sim 3.5$。主要产于沉积岩,呈浸染状或似脉状充填于碳酸盐、岩盐、石膏层中,也可成为砂岩中的胶结物,有时见于热液矿脉中。以形态、颜色、解理、硬度、密度、产状为特征。

(5) 磷灰石,$Ca_5[PO_4]_3(F,Cl,OH)$:六方晶系,L^6PC 晶类,岩浆和变质成因者,多呈六方柱状、针状自形晶,或为粒状、致密块状集合体;沉积成因者,多呈鲕状、球状、肾状、皮壳状、钟乳状、土状集合体,有时成为生物的骨骼。纯净者无色至灰白,含杂质则呈浅绿、蓝绿、黄、褐、灰黑等色,条痕无色,玻璃光泽,断口油脂光泽,透明。解理$\{0001\}$和$\{10\bar{1}0\}$不完全,断口不平坦至贝壳状,$D=2.9\sim 3.45$,$H=5.0$。内生成因者,是岩浆岩和变质岩中极常见的副矿,有时可富集成磷矿床;外生成因者是磷块岩的主要成分,并见于陆源碎屑沉积物中。以形态、颜色、硬度、解理为特征,精确鉴定需用其他方法。

(6) 独居石,$(Ce,La,Nd,Th)[PO_4]$:单斜晶系,L^2PC 晶类。常呈板状、柱状自形小晶体。黄、褐、红褐色,条痕白色,油脂光泽,透明。解理$\{100\}$中等,$\{001\}$完全,$D=4.9\sim 5.3$,$H=5\sim 5.3$。主要为正长岩、花岗伟晶岩、片麻岩中副矿物,在石英脉、碎屑岩、现碎屑沉积物中也有见及。以颜色、密度、放射性等为特征。

(7) 白钨矿,$Ca[WO_4]$:四方晶系,L^4PC 晶类,常呈四方双锥状或板状单晶体,也常呈致密块状、不规则粒状集合体。多呈浅黄、灰白、浅褐及灰色,含 Cu 者呈绿色,条痕白色至黄绿(含 Cu),油脂光泽至金刚光泽,透明。解理$\{111\}$完全,$\{101\}$不完全,断口参差状,$D=5.8\sim 6.2$,$H=4.5\sim 5$。产于伟晶岩、热液矿脉、硅卡岩中。以形态、颜色、解理、紫光照射下发浅蓝至黄色的荧光为特征。

三、氧化物及氢氧化物类矿物手标本的鉴别

组成本大类矿物的阴离子是 O^{2-} 或 OH^-，阳离子主要是惰性气体型离子和过渡型离子，阳离子之间常形成完全类质同象系列。主要为离子晶格，当阳离子电价很高时，化学键向共价键或金属键过渡。多数矿物具有两种结晶习性，或呈柱状、针状、板状、片状晶形，常具有极完全或完全解理。常见矿物的手标本特征如后述。

(1) 刚玉，$\alpha-Al_2O_3$：三方晶系，$L^3 3L^2 3PC$ 晶类，晶体常呈桶状、锥状、板状、柱状、不规则粒状，晶面上有斜纹或横纹。无色，含铬者红色、含铁钛者蓝色、含钴和镍者呈绿色、含 Fe^{2+} 者呈黑色、含镍者呈黄色，玻璃至金刚光泽，透明至半透明。有 $\{0001\}$ 和 $\{10\bar{1}1\}$ 裂开，$D=3.95\sim4.10$，$H=9.0$。岩浆成因者产于富铝贫硅的岩浆岩和伟晶岩中，区域变质形成者产于片麻岩中，接触交代变质形成者产于矽卡岩中，机械沉积形成者产于沉积岩中。以形态、晶面条纹、硬度、产状为特征。

(2) 金红石，TiO_2：四方晶系，$L^4 4L^2 5PC$ 晶类，晶体为长柱状、针状、毛发状、细粒状，还常成为其他矿物的包裹体，常见膝状双晶及三连晶。深褐、浅红褐色或黑色（含铁及铌、钽高），条痕浅黄褐色，金刚光泽，透明。解理 $\{110\}$ 完全、$\{100\}$ 中等，有 $\{011\}$ 裂开，$D=4.2\sim5.5$（富 Nb、Ta 者），$H=6.0$。岩浆成因者产于酸性岩浆浆岩中，区域变质成因者产于片麻岩和榴辉岩中，机械沉积形成者产于碎屑沉积岩中。以形态、颜色、双晶、解理为特征。

(3) 锡石，SnO_2：四方晶系，$L^4 4L^2 5PC$ 晶类，单晶体形呈双锥状和双锥柱状，并随成因而变化，多为粒状、致密状集合体，常见沿 $\{011\}$ 的聚片双晶和膝状双晶。无色，因混入色素而呈赭黄、红、黑等色，条痕白色至褐色，金刚光泽，半透明至不透明。解理 $\{100\}$ 和 $\{110\}$ 不完全，$D=6.8\sim7.1$，$H=6.0\sim7.0$。典型气成作用的产物，产于高温矿脉和砂矿中。以形态、颜色、解理、密度、锡膜反应（将锡石小颗粒置锌片上，加一滴盐酸，数分钟后颗粒表面形成淡灰色的金属锡薄膜，以此区别金红石等矿物）为特征。

(4) α—石英，SiO_2：架状结构（天然可见者均为 α—石英）。三方晶系，$L^3 3L^2$ 晶类，单晶体多为六方柱与菱面体的聚形，并有三方偏方面体的小晶面，也常呈粒状或致密块状集合体。无色或乳白色，含杂质呈灰褐到黑、紫、绿、粉红色等色，条痕无色，玻璃光泽，断口油脂光泽，透明。无解理，贝壳状断口，$D=2.65$，$H=7.0$。分布很广泛，岩浆岩、沉积岩、变质岩均有产出。以形态、解理、硬度为特征。

(5) β—石英，SiO_2：石英的高温变体，六方晶系，$L^6 6L^2$ 晶类，单晶体为六方双锥或为与六方柱的聚形，只存在于 573℃ 以上的环境中，常温下所见者均为保留其假象的 α—石英。灰白至乳白色，条痕白色，玻璃光泽，断口油脂光泽，透明。无解理，$D=2.51\sim2.54$，$H=7.0$。火山作用的产物，产于流纹岩、英安岩等岩石中。以晶体形态及产状区别于 α—石英。

(6) 玉髓（石髓），SiO_2：是石英的微细纤维状变体，三方晶系，常呈隐晶质、放射状、球粒状、致密状以及皮壳状、钟乳状集合体。浅蓝、灰、白、极浅的褐色，条痕白色，玻璃光泽，透明。解理无，$D=2.58\sim2.65$，$H=6.0$。次生变化形成者充填于火山岩气孔中，作为蚀变产物可交代长石及暗色矿物，玻璃质发生脱玻化后常有玉髓产出，沉积作用形成者是硅质结核及碧玉岩的主要成分、是某些砂岩与菱铁矿岩的硅质胶结物。

(7) 蛋白石，$SiO_2 \cdot nH_2O$：是含水的隐晶质或胶质的氧化硅，一般含水 1%～9%，并常有黏土、有机质、氢氧化铁、锰、铜和镍等杂质，常呈致密块状、粒状、土状、钟乳状、结核状、多孔状等集合体。乳白、灰、黄、红、绿、蓝、褐、黑等色，条痕白色，珍珠光泽，透明。无解理；$D=1.9\sim$

2.5，$H=5\sim6$。是风化作用、热液作用和沉积作用的产物，产于岩石的孔洞和裂缝中，常呈长石、石膏、方解石等等矿物的假象，成为砂岩中的胶结物，也是硅藻土等生物骨骼的成分。以形态、颜色、解理、硬度、产状为特征。

（8）尖晶石，$(Mg,Fe,Zn,Mn)(Al,Cr,Fe)_2O_4$：依阳离子的不同有多个矿物种。等轴晶系，$3L^44L^36L^29PC$ 晶类，多呈八面体或菱面体与立方体聚形的自形晶体，也常见不规则颗粒。贵尖晶石无色或浅色，镁铁尖晶石绿、蓝绿色，铁尖晶石深绿色，铬尖晶石绿、红褐、黄褐色，铬铁矿几乎不透明，边缘呈红、褐红色。条痕无色至带浅色调，玻璃光泽至金刚光泽，透明至半透明。无解理，$D=3.58\sim4.62$，$H=5.5\sim8$。贵尖晶石和镁铁尖晶石是一种接触变质矿物，分布于白云质大理岩等岩石中，铬尖晶石多是岩浆岩中副矿物，锌尖晶石产在结晶片岩及伟晶岩中。以形态、颜色、解理、硬度、产状为特征。

（9）铝土矿，$Al_2O_3 \cdot nH_2O$：是由三水铝石（$Al[OH]_3$）、一水软铝石（$AlO(OH)$）和一水硬铝石（$\alpha-AlO(OH)$）等组成的细分散胶态的机械混合物。常呈极细小鳞片状、隐晶状、结核状、豆状、皮壳状、胶态集合体。纯净者土白色，因杂质常呈灰、浅绿、浅黄等色，条痕白色，玻璃光泽，集合体土状光泽，透明—半透明。解理难辨，$D=2.3\sim3.5$，$H=2.5\sim3.5$。主要由长石类矿物风化分解形成。以无可塑性、硬度和比重略大区别于黏土矿物，遇稀盐酸无 CO_2 放出与碳酸盐矿物区别。各铝土矿的区别须用差热及 X 射线衍射分析。

四、卤化物类等透明矿物手标本的鉴别

常见矿物的手标本特征如后述。

（1）萤石，CaF_2：等轴晶系，$3L^44L^36L^29PC$ 晶类，单晶体呈立方体、菱形十二面体及八面体。无色、白、黄、绿、蓝和紫等色，色调分布不均匀，条痕白色，玻璃光泽，透明。解理$\{111\}$完全，$D=3.18$，$H=4$，性脆。在阴极射线下发荧光，受热后可发磷光。是气成热液矿物，产于热液矿脉、某些伟晶岩或蚀变交代岩石中。以形态、颜色、解理、硬度、发光性为特征。

（2）石盐，$NaCl$：等轴晶系，$3L^44L^36L^29PC$ 晶类，晶体呈立方体或立方体与与八面体的聚形，也常为粒状、致密块状集合体。无色或白色，因杂质可染成灰、红、蓝、黑等色，条痕白色，玻璃光泽，透明。解理$\{100\}$完全，性脆，$D=2.1\sim2.2$，$H=2\sim2.5$，易溶于水，具咸鲜味。主要产于蒸发岩中，有时为火山的升华产物。以形态、颜色、解理、硬度、可溶性、咸鲜味、火焰试验呈黄色为特征。

（3）钾石盐（钾盐），KCl：等轴晶系，$3L^44L^36L^29PC$ 晶类，单晶体呈立方体或立方体与八面体的聚形，常为粒状、致密块状集合体。白色、淡红色，含赤铁矿包体者红色，条痕白色，玻璃光泽，透明。解理$\{100\}$极完全，$D=1.99$，$H=2$，易溶于水，具苦涩味。主要产在蒸发岩中。以形态、解理、易溶性、苦涩味、火焰试验呈紫色、可具放射性为特征。

（4）金刚石，C：等轴晶系，$3L^44L^36L^29PC$ 晶类，单晶体呈八方体，菱形十二面体、立方体及其聚形，也可为粒状、致密块状。无色透明，因含微量杂质而呈蓝、黄、灰、黑等颜色，金刚光泽，透明。解理$\{111\}$中等，$\{110\}$不完全，$D=3.47\sim3.56$，$H=10$，性脆，热的良导体。是高温高压的产物，产于"金伯利岩"中，亦可形成砂矿。以形态、硬度、密度、导热性、产状为特征。

（5）雌黄，As_2S_3：单斜晶系，L^2PC 晶类，单晶体呈短柱或板状，晶面常弯曲，有平行柱面的纵纹，常呈片状、梳状、放射状、肾状、粉末状集合体。黄色，条痕鲜黄色，油脂—金刚光泽，解理面珍珠光泽，半透明。解理$\{010\}$极完全，薄片具挠性，$D=3.4\sim3.5$，$H=1\sim2$。为低温热液的标型矿物，常与辰砂、辉锑矿、雄黄等共生。以颜色、条痕、极完全解理、密度、产状为特征。

(6)雄黄，AsS：单斜晶系，L^2PC 晶类，单晶体为柱状及针状，柱面有纵纹，依(100)形成双晶，常呈粒状、致密块状、土状、粉末状集合体。橙红色，条痕黄色，晶面金刚光泽，断口油脂光泽，半透明。解理{010}完全，$D=3.6$，$H=1.5\sim2.0$，不导电。是低温热液和火山作用的产物，与方解石、雌黄、辉锑矿等共生。以颜色、条痕、硬度为特征。

五、不透明矿物手标本的鉴别

常见不透明矿物的手标本特征如后述。

(1)褐铁矿，$FeO(OH)\cdot nH_2O$：是含水氧化铁矿物之混合物的总称，主要成分是针铁矿和纤铁矿，同时还混入有细粒石英、锰的氧化物、黏土矿物、吸附水等。通常呈土状、鲕状、肾状、钟乳状、葡萄状、结核状、皮壳状、块状等集合体，也常成为黄铁矿、菱铁矿、磁铁矿等含铁矿物的假象(图 10-102)。颜色、密度、硬度等性质均与各组分的比例有关。通常黄褐至暗褐色及黑色，条痕桔红至砖红色，半金属光泽，不透明。$D=2.7\sim4.3$，$H=1\sim4$。主要是风化的产物，有时成为砂岩的胶结物。以形态、颜色、条痕、产状为特征。

(2)铬铁矿，$FeCr_2O_4$：等轴晶系，$3L^44L^36L^29PC$ 晶类，单晶体呈八面体，常呈粒状、致密块状以及扁豆状、囊状集合体。褐黑至黑色，条痕褐色，半金属光泽，不透明。无解理；$D=4.0\sim4.8$，$H=5.5\sim6.5$，具弱磁性。主要见于超基性的橄榄岩、金伯利岩、蛇纹岩及辉石岩中，也可在砂矿中富集。以颜色、条痕、弱磁性、产状为特征。

(3)磁铁矿，$FeFe_2O_4$：等轴晶系，$3L^44L^36L^29PC$ 晶类，单晶体呈八方体和菱形十二面体，常有平行长对角线方向的条纹，也常为不规则粒状或致密块状集合体。黑色，条痕黑色，半金属—金属光泽，不透明。无解理，偶可有八面体{111}裂开，$D=4.9\sim5.24$，$H=5.5\sim6.0$，具强磁性。分布广泛，成因多样，是岩浆岩中常见的副矿物，在高温热液矿脉、矽卡岩、区域变质岩、沉积砂矿中均有产出。以形态、颜色、条痕、强磁性为特征。

(4)辰砂，HgS：三方晶系，L^33L^2 晶类，晶体为菱面体或为厚板状、柱状、针状，通常为不规则粒状、致密块状、粉末状集合体。颜色和条痕都是红色，金刚光泽，半透明。解理{10$\bar{1}$0}完全(共三组)，$D=8.1$，$H=2\sim2.5$，不导电。主要产于低温热液矿床，外生成因者形成于氧化带的下部，并可形成砂矿。以形态、颜色、条痕、光泽、密度为特征。

(5)赤铁矿，Fe_2O_3：三方晶系，L^33L^2PC 晶类，单晶体呈菱面体和板状的聚形，常为粒状、鳞片状、鲕状、肾状、致密块状集合体。晶体呈暗灰色或黑色，隐晶质集合体呈暗红色，条痕暗红—褐红色，半金属至金属光泽，不透明。无解理；$D=5\sim5.3$，$H=5.5\sim6$。区域变质、接触变质和热液成因者，与石英、重晶石、磁铁矿、碳酸盐等矿物伴生。沉积成因者，呈鲕状、豆状、肾状。以形态、颜色、条痕、产状为特征。

(6)钛铁矿，$FeTiO_3$：三方晶系，L^3C 晶类，单晶体呈平行双面与菱面体的聚形，常为不规则粒状和致密块状集合体。暗灰色到黑色，条痕黑色，半金属光泽，不透明。无解理，有时具{0001}或{10$\bar{1}$1}裂开，$D=4.72$，$H=5.5$，具弱导电性和弱磁性。一般呈副矿物产于各类岩浆及变质岩中，在碎屑岩及砂矿中也有产出。以形态、条痕、弱磁性为特征。

(7)石墨，C：六方晶系，L^36L^27PC 晶类，单晶体为六方板状、叶片状，也常见鳞片状、柱状、粒状、致密块状集合体。暗灰至黑色，条痕灰黑色，金属光泽，不透明。解理平行{0001}极完全，$D=2.25$，$H=1$，薄片具挠性，手摸之有滑感，易污手，电和热的良导体。主要为变质成因，见于接触带、片麻岩、结晶片岩中。以颜色、光泽、硬度小、污手为特征。

(8)方铅矿，PbS：等轴晶系，$3L^44L^36L^29PC$ 晶类，单晶体呈立方体、八面体及其聚形，常呈粒状集合体。暗灰色,条痕灰黑色,金属光泽,不透明;解理{100}完全,$D=7.50,H=2\sim3$,具弱导电性。主要为热液成因,常与闪锌矿等共生。以颜色、解理和密度为特征。

(9)闪锌矿,ZnS(或 β – ZnS):等轴晶系,$3Li^44L^36P$ 晶类,单晶体呈四面体,晶面上有三角形花纹,通常为粒状集合体。从浅黄褐、褐至铁黑色(随铁含量增加而渐次加深),条痕白色到黄色、褐色,金刚至半金属光泽,半透明到几乎不透明。解理{110}完全,共六组,$D=3.9-4.1,H=3-4$,不导电。主要产于中、低温热液矿脉和矽卡岩中。以颜色、条痕、光泽、解理、产状为特征。

(10)黄铜矿,$CuFeS_2$:四方晶系,Li^42L^22P 晶类,单晶体为四面体及四方双锥的聚形,常呈致密块状或粒状集合体。橙黄色,条痕黑色,金属光泽,不透明。解理平行{112}和{101}不完全,$D=4.1\sim4.3,H=3\sim4$,具导电性。主要为热液和接触交代作成因,产于热液矿脉和矽卡岩中,在含铜砂岩中也有产出。以颜色、条痕、硬度为特征。

(11)辉锑矿,Sb_2S_3:斜方晶系,$3L^23PC$ 晶类,单晶体呈柱状、针状或板状,柱面有纵纹且晶面弯曲,也常呈柱状、针状、束状、放射状集合体。灰至暗灰色,表面常有蓝色的锖色,条痕灰黑色,金属光泽,不透明。解理平行{010}完全,解理面上常有横纹(聚片双晶纹),$D=4.15\sim4.66,H=2\sim2.5$。主要为低温热液成因,产于中温热液矿脉、温泉沉积物物中,在火山的升华物中也有少量产出。以晶形、柱面纵纹、一组完全解理为特征。

(12)辉铋矿,Bi_2S_3:斜方晶系,$3L^23PC$ 晶类,单晶体为短柱状、板状、针状、毛发状,晶面常有纵纹,也常呈柱状、针状、放射状、粒状、块状集合体。灰白色,表面有黄色的锖色,条痕灰黑色或暗灰色,强金属光泽,不透明。解理{010}完全,$D=6.1\sim6.8,H=2\sim2.5$。主要为高温热液成因,在中温热液及接触交代型矿床中也有产出,与黄铜矿、黄铁矿、毒砂、绿柱石、石英等共生。以灰白色、强金属光泽、解理面无横纹为特征。

(13)辉钼矿,MoS_2:六方晶系,L^66L^27PC 晶类,单晶呈六方板状、片状及稍带锥形的短柱状,{0001}晶面上有条纹,常呈鳞片状或片状集合体。暗灰色,条痕暗灰色,金属光泽,不透明。解理{0001}极完全,薄片具挠性,摸之有滑感,污手,$D=5.0,H=1.0$,导电性低于石墨。产于高、中温热液矿脉中,常与石英、锡石、黑钨矿共生,在矽卡岩和碳质页岩中也有产出。以颜色、光泽、硬度、密度、产状为特征。

第二章 晶体光学基础及偏光显微镜

第一节 光的基本性质

用偏光显微镜对矿物岩石和储层薄片进行实验研究的过程中,将会涉及一些重要的物理光学现象和原理,本节就这些光学问题进行简要讨论。

一、光的本质与偏振光

现代物理学研究已充分证明,光具有粒子性和波动性双重性质,光既是由光量子组成(称为光线),同时也是一种电磁波。光的电磁波理论能方便地解释光的反射、折射、干涉和偏振等现象,因此,在矿物晶体光学属性的讨论中主要涉及光的波动特性,称其为光波。

无线电波至γ射线的各种电磁波组成连续的电磁波谱,肉眼能感知的可见光波是其中波长为390～770nm(纳米)的电磁波(图2-1)。可见光波长不同而呈现红、橙、黄、绿、青、蓝、紫共7种颜色,通常所见的白光,是这7种色光按比例组成的混合光。

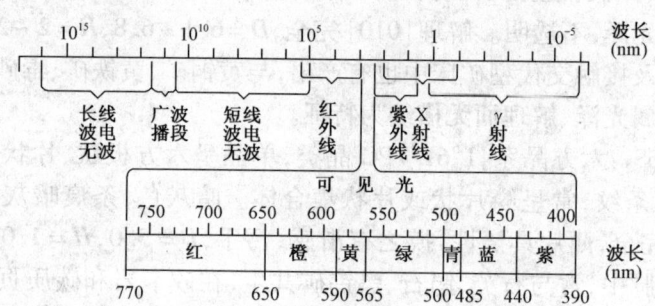

图2-1 可见光在电磁波谱中的位置
(据 E. E. Wahlstrom,1979,修改)

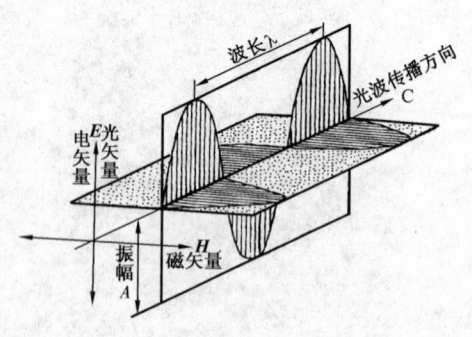

图2-2 光波传播方向与电、磁矢量的关系
(据 E. E. Wahlstrom,1979,修改)

光波作为电磁波,是依靠交变电磁场之间的相互作用而传播的。光源中一个原子一次辐射形成的光波可用两个互相垂直的电矢量 E 与磁矢量 H 来表征,二者同时垂直于光波的传播方向 C(图2-2)。实验事实已经表明,产生感光作用和生理作用的是光波中的电矢量 E,所以讨论光的作用时,一般只考虑电矢量 E 的振动,又将 E 称为光矢量,E 的振动称为光振动。传播方向与振动方向垂直的波是横波,因而光波是一种横波。

单色光波的波长(λ)、频率(f)、周期(T)、传播速率(V)、圆频率(ω)之间有如下关系:

$$f = 1/T = \omega/2\pi \tag{2-1}$$

$$V = f\lambda = \lambda/T = \omega\lambda/2\pi \tag{2-2}$$

若单色光矢量的振幅为 A,初相为 θ(自 y 轴起始),则任意时刻 t 的光矢量的大小为:

$$y = A\cos(\omega t + \theta) \tag{2-3}$$

式中"$\omega t + \theta$"称为单色光波的位相。

光强 I(又称幅照度 irrdiance)与振幅 A 的平方成正比例关系,即:

$$I = KA^2 \tag{2-4}$$

式中,K 是由介质性质决定的比例常数。即是说,光波的振幅 A 愈大,光强 I 相应愈大。

光在介质中的传播,既是光能的传播,也是光波位相的传播。按照惠更斯原理,光在介质中传播时,某一瞬间光波所到达的连续表面,称为"波前"。(图2-3)。

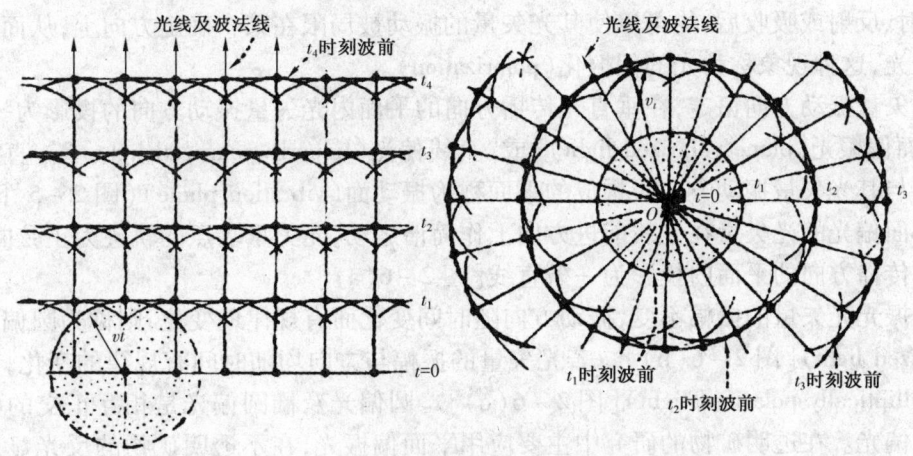

图 2-3 点光源(右)及平行光线(左)的波前和波法线

平行光波在均质介质中传播时,任意瞬时的波前都是平面,波前与平行于传播方向的平面相交为一直线。点光源发出的光波在均质介质中传播时,任意时刻的波前都是圆球面,波前与平行传播方向的平面相交为一个圆。波前的法线方向称"波法线"。波法线方向是指光波位相的传播方向,光线方向是指光波能量(振幅)的传播方向。在均质介质中,光的波法线与光线方向重合且速率相等,称为常光(图2-4上);在非均质介质中(特殊方向外),光线方向与波法线方向分离(光矢量恒与光线方向正交),速率随方向不相同而改变,称为非常光(图2-4下)。

光由一种介质传入另一种介质时,除光波的频率(f)和圆频率(ω)外,光的速率(V)、波长(λ)、光强(I)、光矢量的振动特性、光波位相、波法线与光线的方向等均可以发生有规律的变化。光波的这些特征及变化规律,是偏光显微镜研究矿物岩石的重要理论基础。

根据光波振动特点的不同,可以把光波分为自然光和偏振光。

一切实际的光源,如阳光、烛光、电灯光等,所发出的光波都是自然光。自然光的特征是,在垂直于光传播的方向的平面内,光矢量既有时间分布的均匀性,又有空间分布的均匀性。即在光线传播方向的垂直平面内,光矢量均称分布、振幅均称相等(图2-5上)。

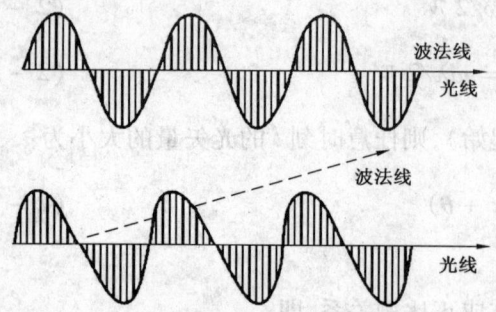
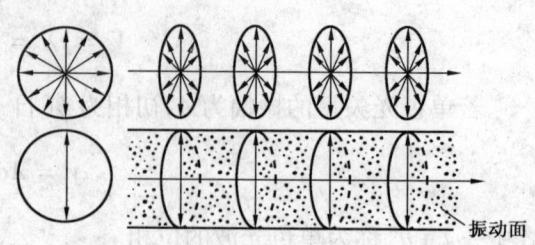

图2-4 光线及波法线与光矢量
方向的关系(Bloss,1961)
上,均质介质中;下,非均质介质中

图2-5 自然光(上)与平面偏光(下)
的振动特点

当光矢量的振动被限制在某个确定的方向上,而其余方向的振动完全消除(或部分削弱)时,则称为偏振光(polarized light)(或称为部分偏振光),简称偏光。自然光经由某些物质的折射、双折射、反射或吸收后,均可以使其光矢量的振动被局限在某个确定方向上,从而使自然光变为偏振光,这种现象称为光的偏振化(polarization)。

若光矢量振动方向恒定,在垂直光传播方向的平面内光矢量振动方向的投影为一条直线,称为"平面偏振光(plane polarized light)"或"直线偏光(linearly polarized light)"。直线偏光的传播方向与其光矢量振动方向所构成的平面称为振动面(vibration plane)(图2-5下)。显然每一列平面偏光的光矢量在光线前进方向上作简谐运动,光矢量端点的轨迹为正弦曲线,在垂直于光线传播方向的平面内投影为一条直线[图2-6(a)]。

若偏振光光矢量的振幅不变、振动方向随时间变化而有规律地变化,则称为圆偏光(circularly polarized light)[图2-6(b)]。若光矢量的振幅与方向均随时间有规律的变化,则称为椭圆偏光(elliptically polarized light)[图2-6(c)]。圆偏光及椭圆偏光是相互正交的两平面偏光的合成偏光。在透明矿物的研究中主要应用平面偏振光,在不透明矿物的反光显微镜研究中会同时应用到平面偏光、圆偏光及椭圆偏光的知识。

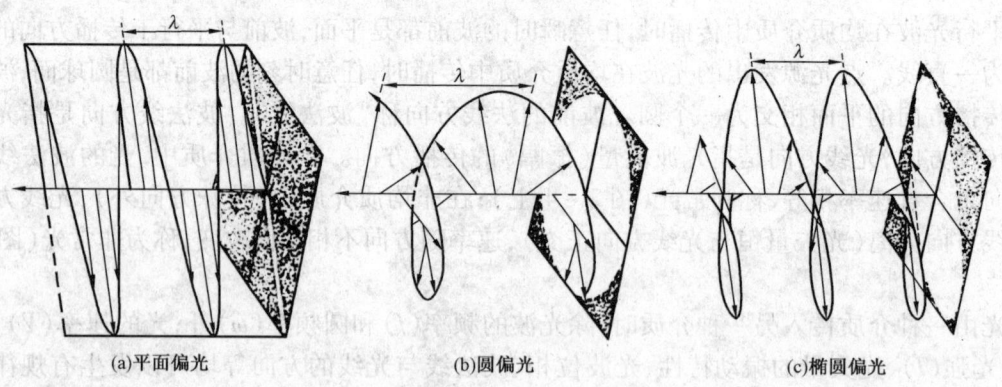

(a)平面偏光   (b)圆偏光   (c)椭圆偏光

图2-6 几种偏光(Wahlstrom,1979)

现代研究表明,光波是光源内部原子发射的电磁波。一个辐射原子每次所发射的一列光波都是平面偏振光波,之后的某时刻又会重新发射光波。通常光源内幅射原子的数量非常众多、排列毫无规律,每次辐射平面偏振光波的初位相、振动面方向及频率等均是随机的,这无数的随机的平面偏振光波的叠加,在光传播方向的垂直平面内表现为光矢量均称分布,属于自然光。即自然光是无数多随机的平面偏光的叠加。因此,自然光与偏振光是同一事物的两个侧面,二者可相互转化。偏振光与自然光同样具有颜色,具有折射、反射与吸收特性,在一定条件下可发生干涉与衍射现象。

二、光的折射、反射与吸收

光在同一种介质中沿直线传播,当光传播到两种介质的界面时,如空气与水或空气与玻璃等的界面时,部分光会进入第二种介质传播,部分光将继续在第一种介质中传播,而发生折射与反射。进入第二种介质传播的光称折射光,继续在第一种介质中传播的光称反射光,它们各自遵循折射定律和反射定律(图2-7)。

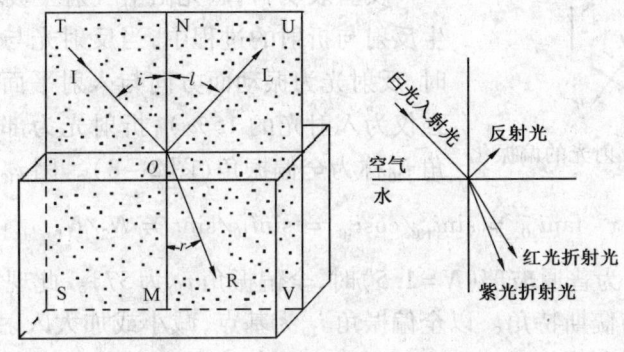

图2-7 光的折射与反射

反射定律:入射光线 IO、反射光线 OL 与界面法线 NOM 位于同一平面并分别位于法线两侧,入射角 i 等于反射角 l。

折射定律:入射光线 IO 及折射光线 OR 位于界面法线 NOM 的两侧;且三者在同一平面内;入射角 i 的正弦与折射角 r 的正弦之比,为一常数,即:

$$\sin i / \sin r = N_{1-2} \tag{2-5}$$

式中 N_{1-2} 称为折射介质2对入射介质1的"相对折射率"。当入射介质1为真空(或空气)时,则 N 为折射介质2的绝对折射率,简称折射率(或折光率),记为 N_1 和 N_2。

某一介质的折射率在数值上等于光在入射介质1中的传播速率 V_1 与光在折射介质2中的传播速率 V_2 之比,即相对折射率为:

$$N_{1-2} = V_1/V_2 = N_2/N_1 \tag{2-6}$$

式中,N_1、N_2 为介质1和2的绝对折射率,且 $N_{介质} = V_{空气}/V_{介质}$。

以上表明,某一介质的折射率 N 与光在该介质中的传播速率 V 成反比。光在介质中传播的速率越大折射率越小,相应的称其为光疏介质;反之,传播速率越小折射率越大,在光学上称其为光密介质。光在真空中的传播速率与在空气中的传播速率之比为1.00029:1,二者几乎相等,因此,常把空气的折射率定为1。一般介质的折射率都大于空气的折射率,对空气而言都是光密介质,光在其中的传播速率都比在空气中的传播速率小。

折射率的数值和光的传播速率,与介质的物质组成和内部结构密切相关。比如,自然界中分布最广泛的硅酸盐矿物,一般说来,以岛状结构的橄榄石类等矿物的折射率较大、光传播速率较小,单链结构、双链结构、层状结构及架状结构的硅酸盐矿物,明显地有折射率递减和光传播速率递增的趋势。折射率从一个侧面反映出介质的物质组成与内部微观结构的差异。各种介质的折射率可以用折射率仪、油浸法等方法比较和测定。

折射率的大小还与入射光波长有关,不同波长的单色光,折射进入同种介质时,其折射率往往各不相同(图2-7右)。一般规律是波长较长的光(如红光)折射率较小,波长较短的光(如紫光)折射率较大。当白光折射进入介质后,因此会被分解为不同波长不同颜色的光,这种现象称为折射率色散(refractive index dispeftion)。在精确测定矿物的折射率时,为避免折射率色散的影响,一般采用实验室专用"钠灯"的单色黄光作光源。通常所指的折射率,如无附加说明均是对黄光而言。折射率是矿物最重要的光学常数,是薄片中鉴定矿物与岩石的重要依据之一。

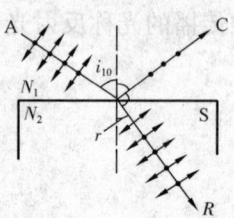

图2-8 全偏振角及反射光的偏振化

实验表明,自然光由空气射至玻璃等均质介质表面发生反射与折射的过程中,当反射光与折射光的夹角为90°时,反射光为振动面方向与入射平面垂直的全偏振光(光强仅为入射光的15%),折射光为部分偏光,此时的入射角 i_{10} 称为全偏振角(图2-8)。因 $i_{10} + r = 90°$,可以求得:

$$\tan i_{10} = \sin i_{10} / \cos i_{10} = \sin i_{10} / \sin r = N_2 / N_1 \tag{2-7}$$

当 N_1 为空气,N_2 为普通玻璃($N = 1.5$)时,全偏振角 i_{10} 为57°。此现象首先被布儒斯特等人发现,因之又称为布儒斯特角。以全偏振角 i_{10} 为基点,减小或加大入射角,反射光和折射光均为部分偏光,当入射角为0°(正入射)或为90°时,反射光和折射光均为自然光。偏光显微镜中的"起偏器"和"检偏器"可以利用此现象来制造。

矿物表面反射光的强弱与反射能力的高低,常用反射率(reflectance)R 来描述。即:

$$R = I_r / I_i = I_r / (I_r + I_o) \tag{2-8}$$

式中,R 为矿物的反射率,I_r 为反射光强,I_i 为入射光强,I_o 为折射光强(图2-9)。反射率的高低,与介质的物质组成、化学键类型等密切相关,还与其表面光滑程度、入射角、入射光频率等因素有关。因此,反射率的精确测定,必须磨平抛光表面、用单色光源和显微光度计来完成。通常还可以依据类比原则,与标准矿物样品比较,来确定矿物反射率的大小与等级。反射率是矿物(尤其是不透明矿物)的重要光学常数与鉴别依据之一。

实验表明,光波在介质内传播的过程中,随传播距离的增加,光强及光矢量的振幅将逐渐衰减,最终变为0,此现象称为介质的吸收性(图2-9)。若介质内的初始光强为 I_o(即介质的折射光强,据能量守恒定律,折射光强 I_o 等于入射光强 I_i 与反射光强 I_r 之差),透过介质X距离后的光强为 I_x,即有如下关系式:

$$I_x = (I_i - I_r) \cdot e^{-\frac{4\pi KX}{\lambda_0}} = I_o \cdot e^{-\frac{4\pi KX}{\lambda_0}} \tag{2-9}$$

式中:e 为自然对数的底,数值为 2.71829…;π 为圆周率;λ_0 为光在真空中的波长;K 为与介质性质、入射角有关的常数,在正入射(入射角 i 为0°)的条件下 K 称为"吸收系数"。其物理含义为光波透入介质一个真空波长距离(λ_0)时光强降为原值的 $1/e^{4\pi K}$。即 K 越大,光波衰减越快。如 $K=1$,则穿透一个真空波长(λ_0)后,振幅约降为原来的千分之二,光强约降为原来的百万分之四。

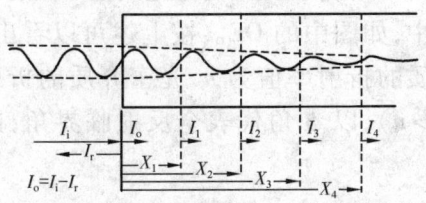
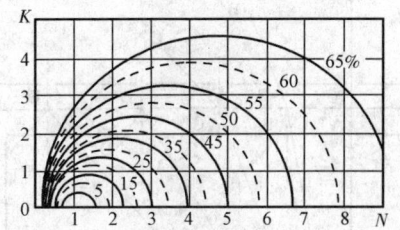

图 2-9　介质的反射与吸收性　　　　　图 2-10　矿物的反射率 R 与 K、N 的关系
（据 F. A. jinkins 等，修改）　　　　　　（据 H，piller，1966，修改）

吸收性是各种介质和矿物普遍的属性，但不同的介质其吸收性强弱和 K 的大小相差很大。透明介质的吸收性很弱（$K<0.01$），不透明物质如金属等吸收性很强（$K>0.73$），半透明物质的吸收性中等（K 值在 0.01～0.73）。吸收性的强弱，除与入射角和介质的性质（含离子类型、化学键及晶体结构等）有关外，还与光的频率、光的偏振动方向等有关。

研究表明，如果矿物的绝对折射率为 N_r、吸收系数为 K、反射率为 R，入射介质的折射率为 N_i（入射介质为空气时 $N_i=1$），则各参数之间有如下的数学关系：

$$R = \frac{(N_r - N_i)^2 + K^2}{(N_r + N_i)^2 + K^2} \quad \text{或} \quad R = \frac{(N_r - 1)^2 + K^2}{(N_r + 1)^2 + K^2} \tag{2-10}$$

对于透明矿物而言，K 值很小，可忽略不计，则有如下关系：

$$R = \frac{(N_r - N_i)^2}{(N_r + N_i)^2} \quad \text{或} \quad R = \frac{(N_r - 1)^2}{(N_r + 1)^2} \tag{2-11}$$

反射率与吸收系数，是金属、不透明介质及不透明矿物最重要光学常数，是应用反光显微镜鉴定不透明矿物的主要特征之一，在储层的成岩作用研究中也获得应用。

三、全反射与全反射临界角

由折射定律可知，当光线由折射率较小的光疏介质进入折射率较大的光密介质时，相对折射率大于 1，即 $\sin i/\sin r>1$，入射角 i 大于折射角 r，其折射光更靠近法线，不论入射角多大，折射光线均在"光密介质"内传播。反之，光线由折射率较大的光密介质进入折射率较小的光疏介质时，其相对折射率小于 1，即 $\sin i/\sin r<1$，其入射角 i 恒小于折射角 r，折射线向远离法线的方向偏折；若逐渐增大入射角 i，折射角 r 也逐渐增大，当折射角 r 增大至 90°时，入射光不再进入光疏介质，而是一部分沿界面方向射出，一部分反射回光密介质中，此时的入射角称"全反射临界角"，以 ϕ 表示。若继续增大入射角 i，即 $i>\phi$，入射光不再进入光疏介质而是全部被反射回光密介质中，这种现象称为"全反射"。

图 2-11 为光由光密介质（如玻璃块）向光疏介质（如空气）入射时在界面 TU 产生反射与全反射现象的示意图。OA 光垂直界面，$i=0°$，$r=0°$，折射光 AA′ 与入射光 OA 的方向相同，光线沿 AA′ 的方向射入空气，界面上发生的反射光 AA″很弱。OB、OC、OD、OE 光线的入射角渐次增大，折射角也相应增大，折射光的强度渐次减小，反射光的强度相应增大（以箭头的长短及粗细表示）；当入射角 i 等于临界角 ϕ 时，如图中 OD，折射光弱且沿界面传播；当入射角 i 大

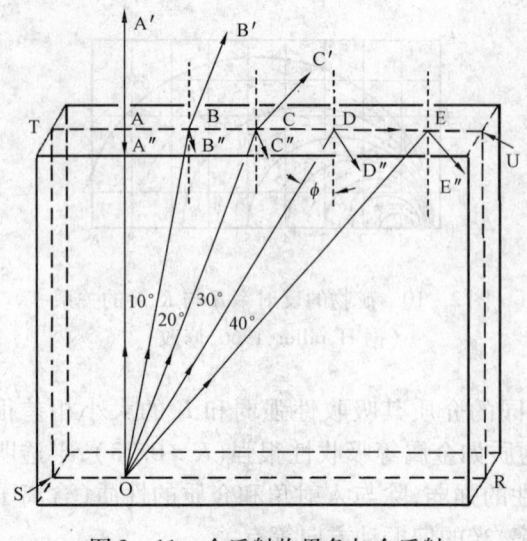

图 2-11 全反射临界角与全反射

于临界角 φ 时,发生全反射,光线全部反射回光密介质中,如图中的 OE。按上述可以看出,如光疏介质的折射率值为 n,光密介质的折射率为 N(N>n),以 φ 角代表全反射临界角,则得下式:

$$\sin\phi/\sin 90° = n/N$$
$$n = N \cdot \sin\phi \quad (2-12)$$

式(2-12)表明,如果光密介质的折射率 N 值为已知时,则可根据全反射临界角的测定计算出光疏介质的折射率 n 值。"阿贝折射仪"就是利用全反射原理设计制成的,应用折射仪可以准确测定出矿物晶体(及液体)的折射率数值,据此即可鉴别矿物及其他物质。

第二节 光在矿物晶体内传播的基本特性

矿物是自然界分布最广泛的天然光学介质,依据光传播的特征,可分为光性均质体与光性非均质体两大类,光性非均质体又可细分为一轴晶矿物和二轴晶矿物。

一、光性均质体与光性非均质体

一切未受应力作用的高级晶族的矿物(如萤石、石榴石等)、非晶质矿物(如蛋白石、火山玻璃等)、空气、玻璃等,都是光性均质体(optical isotropic substance)。

大量的实验研究表明:光在这些均质体中传播,无论其传播方向如何,也无论是自然光或是偏振光,其传播速率不变,折射率恒定相等,即光的速率和折射率与传播方向无关、也与光的振动方向无关;光在均质体内传播过程中,波前面或为圆球面(点光源幅射光)或为平面(平行光)(图 2-3),波法线方向与光线(光能)传播方向始终平行重合;当光由空气等介质经界面正入射到这些矿物中传播时,正入射光为自然光,折射光与反射光仍为自然光,正入射光为固定方向振动的偏振光,折射光与反射光亦为偏振光,且振动面方向与入射光一致(斜入射时因布儒斯特现象而较为复杂);光在传播至均质体界面上时,将发生折射和反射,并将完全遵循折射定律和反射定律。

光性均质体最主要的特点是光学性质各向同性。光在其中传播时,光的速率和折射率恒定不变,吸收系数、反射率、颜色等恒定不变,波法线方向与光线方向始终重合一致,可以传播任意方向的自然光和偏振光,光传播至两种均质体的界面时,有反射与折射发生,且遵循反射定律和折射定律;正入射时不改变入射光的振动特点。

一切中级晶族和低级晶族的矿物晶体,以及受过应力作用的高级晶族的晶体,光学性质与其内部结构一样,是各向异性的,统称为光性非均质体。

光由空气等介质正入射或斜入射到光性非均质体中传播时,入射光与折射光的振动特性会发生明显的改变:入射光为自然光,折射光常常被分解为振动面方向互相垂直的两列平面偏振光;入射光为偏振光,折射光也常常被分解为振动面方向互相正交的两列平面偏振光(特殊情况除外);并且,两列偏振光的传播速率不同、折射率大小各异。光性非均质体将入射光分解为速度不等、折射率各异、振动面方向互相正交的两列平面偏光的现象称为双折射(duble refraction),两列偏振光折射率之差值称为双折射率(重折射率)。

双折射现象和双折射率是光性非均质体专有的光学属性,是光性非均质体与光性均质体最本质的区别。可以认为,凡具有双折射特征的介质均是光性非均质体,凡无双折射现象、无双折射率(或双折射率为零)的介质均是光性均质体。

详细研究表明,光在非均体矿物中的某一个(或两个)特殊方向传播时,不发生双折射,这种特殊的不产生双折射的方向称为非均质体的"光轴(optical axis)"。据此可将光性非均质体分为为"一轴晶(uniaxial crystal)"和"二轴晶(biaxial crystal)"。

点光源在非均质体中辐射传播时,其波前面为椭球面,椭球面半径的方向和各半径之比率,与矿物的晶体常数有关。波前椭球面之半径称为非均质体的光学主轴,在平行此椭球面任意两条半径(主轴)的主切面上,波前面是椭圆。光沿椭圆长、短半径的方向传播时,波法线与光线的传播方向一致(但速率不等);在其他任意方向上(长、短半径方向除外),其波法线与光线的传播方向各异、二者的速率和折射率不相等(图2-12)。平行光在光性非均质体中传播时,也有两种情况:当光的传播方向与点光源波前椭球面之半径平行时,其波前面为平面,且光线与波法线方向重合一致;当光沿其他方向传播时,波前面是平面,但波法线与光线传播方向各异、速率与折射率均各不相同。此即光性非均质体的重要特征:光线与波法线传播方向发生分离(特殊方向除外)、二者的传播速率和折射率各不相等。

总之,光性均质体与光性非均质体是迥然不同的介质,其差异概括于表2-1中。

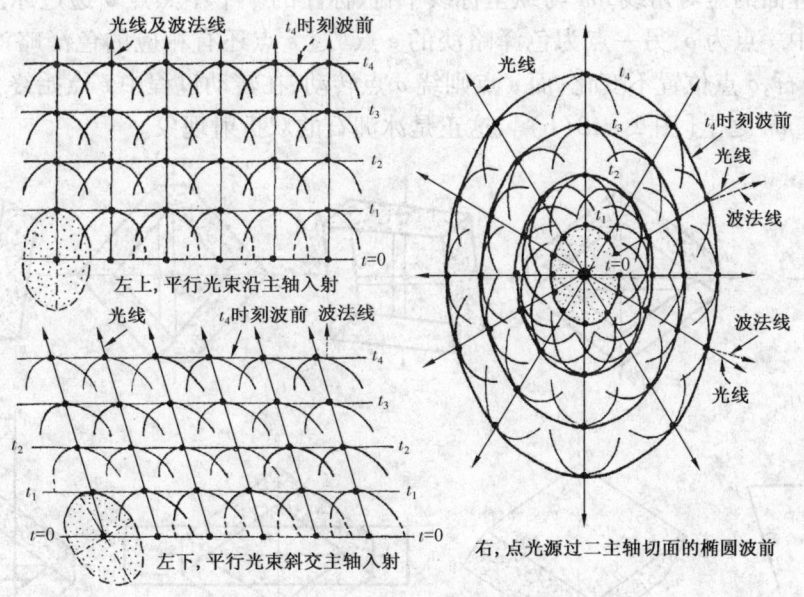

图2-12 光性非均质体中波前面形状及波法线与光线的关系
(据Wahlstrom,1979)

表 2-1　光性均质体与光性非均质体的比较

属性	光性均质体	光性非均质体
折射率与光速	恒定不变,与方向无关	随方向的变化而改变,具双折射现象,双折射率不为零
波前与波法线	波前面为圆球面或平面,光线始终与波法线平行重合	波前面为椭球面或平面,光线与波法线分离(特殊方向除外)
光的振动特性	折射光与入射光振动特性相同,既透过自然光也透过偏光	入射光与折射光的振动特性常各不相同,仅能在互相垂直的二平面内透过偏振光,该二平面分别为二偏光的振动面,振动面的交线为二偏光共有的波法线
折射定律的适用性	折射光与入射光的关系可用折射定律精确描述	折射光可分为常光与非常光,折射定律适用于前者而不适用于后者
对称性及分类	未受应力作用的等轴晶系矿物及非晶质矿物,对称程度极高	中级晶族、低级晶族的矿物以及受应力作用的等轴晶系与非晶质矿物;对称性中等至差,具明显的异向性;可细分为一轴晶矿物和二轴晶矿物
其他性质	颜色、吸收性等均无异向性	颜色、吸收性等与方向有关,常具不同程度的多色性

二、一轴晶矿物的双折射

中级晶族的矿物晶体和受应力作用晶格变形的等轴晶系的矿物,有一个且只有一个方向的光轴,故称其为一轴晶非均质体(矿物),简称一轴晶。

一轴晶的双折射特征可用冰洲石的实验来说明。具有菱面体解理的冰洲石晶体如图 2-13(d)所示,nq 为三次对称轴和 Z 轴,nm 和 pq 为平行的菱形解理面的短对角线;在白纸上标注纵横坐标线[图 2-13(a)],其相交小黑点为 o 点。将冰洲石的解理面平放于纸面黑点之上,使菱形解理面的短对角线 nm 与纵坐标线平行,标注的一个小黑点 o 透过冰洲石后变为两个小黑点,其中一点为 o,另一点为色泽略淡的 e 点(过 e 点还有相应的色泽略淡的坐标线)。缓慢转动冰洲石,o 点位置不变化,而 e 点则绕 o 点转动,在转动过程中 e 点始终位于菱面体解理面短对角线 nm 之上[图 2-13(b)],这正是冰洲石的双折射现象。

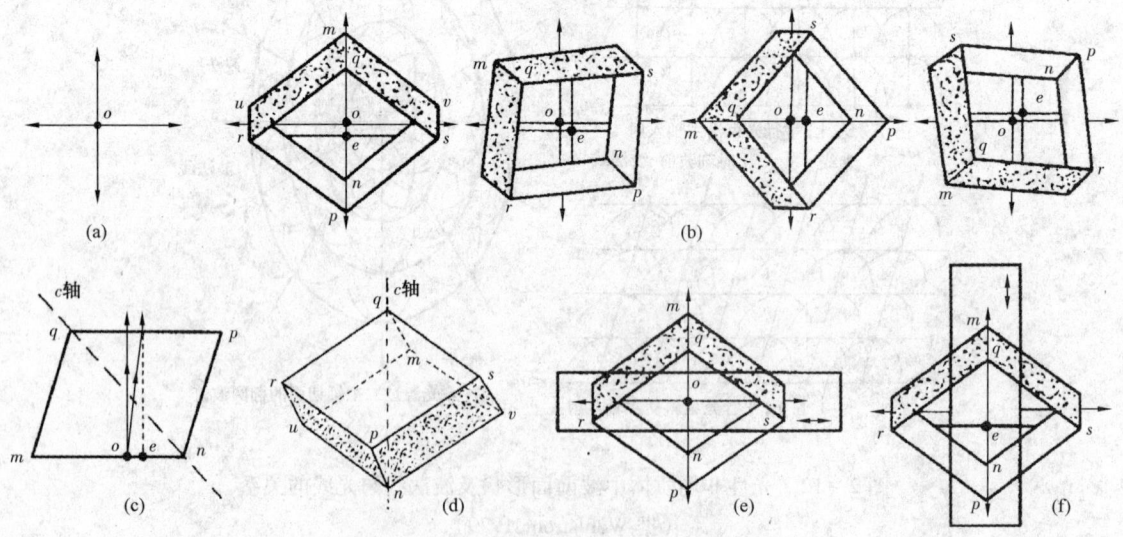

图 2-13　冰洲石的双折射实验(据 Wahlstrom,1979)

将偏光胶板(一种检偏器)放在解理面 pq 上,当偏光胶板双向箭头的偏光振动面方向与菱形解理面短对角线 pq 正交时,仅可见 o 黑点,当偏光胶板的偏光方向与解理面的短对角线 pq 平行时,仅可见 e 黑点[图2-13(e)和图2-13(f)],即双折射形成的二偏光均是平面偏光,且相互正交。在过菱形解理面短对角线 nm、pq 和结晶轴 c 的切面(主切面)上,o、e 点的位置和二偏光的光路如图2-13(c)所示。纸面上 o 点反射的自然光,正入射进入冰洲石后,被分解为二相互正交的平面偏光:其一,遵从折射定律,经二次折射后形成 o 点的像,称为"常光";其二,不遵从折射定律,经二次折射后形成 e 点的像,称为非常光 e,在冰洲石内偏离波法线方向传播,致使 e 点发生偏移,并随晶体的转动而旋转。

在上述实验中,如保持冰洲石块的厚度不变,用机械加工的方法改变其切面方向,即改变正入射光与光轴的夹角,可以发现,e 点和 o 点的间距将随之变化。当切面方向与 Z 轴平行(正入射光方向与 Z 轴正交)时 e 点和 o 点的间距最大;当切面方向与 Z 轴正交(正入射光方向与 Z 轴平行)时,e 点和 o 点间距为零而重合,即 Z 轴的方向正是光轴的方向,正入射光沿光轴传播不发生双折射;其他方向的切面上 o、e 两点的间距介于其间。在厚度相同的条件下 e 点和 o 点的间距,与非常光的折射率和晶体的双折射率密切相关,则表明冰洲石的非常光折射率和双折射率也会随切面方向的改变而变化。

由此可见,一轴晶双折射的特点是:Z 轴(高次对称轴)的方向即是一轴晶光轴的方向,光沿 Z 轴传播不发生双折射(自然光和平面偏光可无变化地沿光轴传播);自然光(或偏振光)沿其他任意方向正入射一轴晶内,都将被分解为振动面互相垂直的两列平面偏光,一为常光 o,二为非常光 e;常光 o 的速率与折射率恒定不变,与正入射光方向无关,遵循折射定律,光线与波法线重合一致,偏光(矢量)振动方向与光轴正交(振动面一般与光轴相交);非常光 e 的折射率随偏光振动面方向变化而改变,不遵循折射定律,光线与波法线分离,偏光振动平面方向恒通过光轴;常光 o 的方向,即是 o、e 二偏光扰动面交线和共有波法线的方向,常光 o 的速率与折射率,即是共有波法线的速率与折射率,也是光沿光轴传播的速率与折射率[图2-14(a)]。

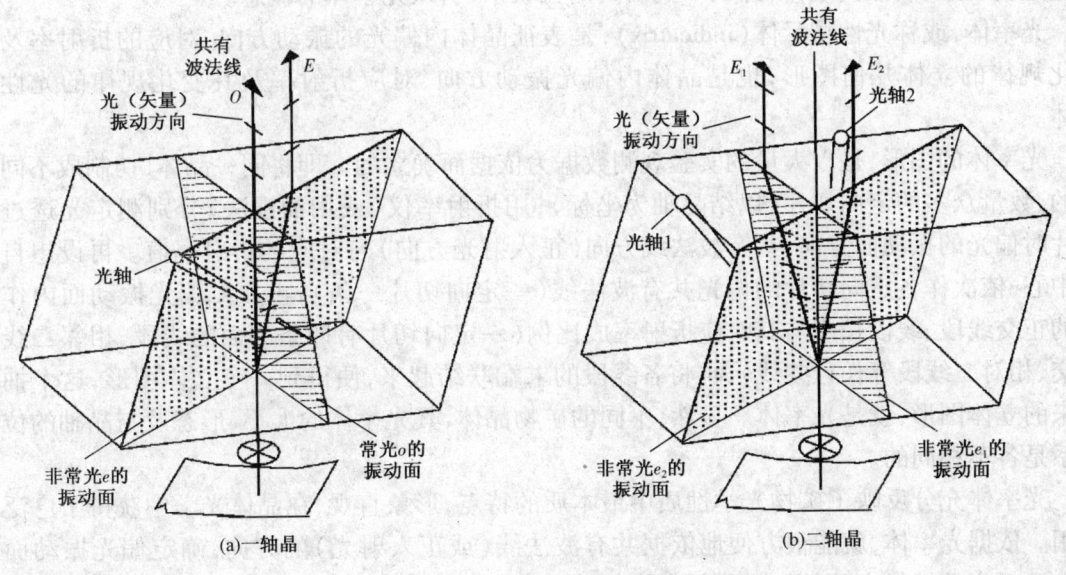

图2-14 一轴晶和二轴晶双折射的比较

三、二轴晶矿物的双折射

低级晶族的斜方、单斜和三斜晶系的矿物晶体，以及受应力作用而变形的一轴晶矿物，有二个不产生双折射的光轴方向，统称其为二轴晶。

二轴晶是自然界中分布更为广泛的光性非均质，通过大量定向切片的实验研究表明，二轴晶双折射的特征是：有二个光轴方向的，当光沿光轴方向正入射（或折射光沿光轴方向）在介质内传播时不发生双折射；光沿其他方向入射介质内沿非光轴方向传播时，均发生双折射现象，即入射光被分解为振动面互相正交的平面偏光，且均为非常光 E_1 和 E_2，均不遵循折射定律，光线与波法线分离；二偏光 E_1 和 E_2 振动面的交线即为二偏光公共的波法线；二非常光 E_1 和 E_2 的折射率均与偏光的振动面（或共有波法线）方向有关，并随偏光振动面（或共有波法线）方向的变化而改变[图2-14（b）]。应该注意，非均质体中二正交偏光共有波法线的确定，对确定偏光的偏振面方向有重要意义。实验表明，正入射时（入射角 $i=0°$），二偏光共有波法线与入射光的方向相同；斜入射时（入射角 $i≠0°$）须按惠更斯原理或按物理公式计算来确定共有波法的方向。显然，正入射可使问题简化，因此在后面的讨论中，如无特殊说明都是指正入射（入射角 $i=0°$），实际上在矿物岩石的薄片鉴定中一般也是正入射条件。至于偏振光的光线与其波法线的夹角，可用物理学公式计算或实验办法测定，不过这一问题与薄片的显微镜鉴定关系不大，故此不作讨论。

第三节　光率体及光性方位

一、光率体概念及均质体光率体

光波在光性非均质体内传播时，偏光的振动面方向及对应的折射率，因晶体的不同而异，对同一晶体，当共有波法线方向变化时，偏光振动面方向与对应折射率也相应变化。为形象地描述这些现象，表征其规律，并从中找出其内在联系，引入光率体的概念。

光率体，或称光性指示体（indicatrix），是表征晶体内偏光的振动方向、对应的折射率及其变化规律的立体几何图形，也是晶体内偏光振动方向、对应折射率及其变化规律的光性指示体。

光率体的图形，是以大量的实验观测数据为依据而确立的。即将同一晶体，切制成不同方向的、数量众多的定向切片（以结晶轴为坐标），用折射率仪（或用油浸法）分别测定光透过各切片时偏光的振动面方向、共有波法线方向（正入射光方向）与对应的折射率值。再设想自晶体中心，依次作各定向切片的偏光共有波法线（一定向切片一条），再在二偏光振动面内作波法的正交线段、线段长度与其对应折射率成比例（一定向切片有四条共面的线段、相邻二线段正交、相对二线段等长且共线），再将各线段的末端联结起来，便得到一个立体图形，这个抽象出来的立体图形，就是光率体。显然，不同的矿物晶体，其光率体的大小、形态及与晶轴的位置关系是各不相同的。

光率体充分反映了矿物光学性质中最本质的特点，形象直观，在晶体光学中获得了广泛的应用。依据光率体，就能很方便地依据共有波法线（或正入射光）的方向，确定偏光振动面的方向及对应的折射率；同样，依据光率体所反映的偏光振动面方向及相应折射率的变化规律，能够解释许多晶体光学现象；还可以依据光率体的形态和大小（光率体各半径的长短与比值),区分鉴定矿物;用偏光显微镜鉴定矿物和岩石时,也是以光率体的大小、形态及其在矿物晶轴的位置关系为依据的。

高级晶族和一切非晶质的矿物具有各向同性的特征,光在这些物质中传播时,沿任何方向振动的光波的折射率均相等。所以均质体的光率体是一个圆球体。均质体光率体任意方向的切面都是半径相等的圆,圆的半径代表均质体的折射率值(N),即均质体任何方向上的折射率均恒定不变。不同均质体矿物光学性质的差异主要表现在球形光率体的半径各不相同,即不同均质体矿物的区别在于其折射率的数值各不相等。

二、一轴晶光率体

一轴晶包括四方、三方、六方三个晶系的矿物。当光垂直于这类矿物的 Z 轴(即光轴)正入射时,折射形成的振动面相互垂直的两列偏光,一为常光 o,另一为非常光 e。常光的折射率为定值记为 No,非常光的折射率(与矿物种类有关)记为 Ne,分别为该矿物折射率的最大值和最小值,其他方向的非常光的折射率值递变于这两个数值之间记为 Ne'。即是说,一轴晶的光率体为一旋转椭球体,并有正光性和负光性之分。下面以石英和方解石为例,分别进行说明。

当光垂直石英 Z 轴射入晶体时发生双折射,产生振动面方向互相垂直的两列偏光。一为常光 o,其光矢量方向垂直于 Z 轴,并垂直于光波传播方向,在折射率仪上测得其折射率 $No = 1.544$。另一为非常光 e,其振动面方向平行 Z 轴,在折射率仪上测得其折射率 $Ne = 1.553$。自晶体中心在平行 Z 轴的方向上按比例截取 $Ne = 1.553$ 的长度,在垂直 Z 轴方向按比例截取 $No = 1.544$ 的长度。以此二线段为长短半径,可构成一个椭圆形切面。垂直 Z 轴的其他任何方向射入的光,均可构成相同的椭圆切面。将这一系列椭圆切面联系起来,便构成一个以 Z 轴为旋转轴的旋转椭球体,这就是石英的光率体(图 2 – 15)。

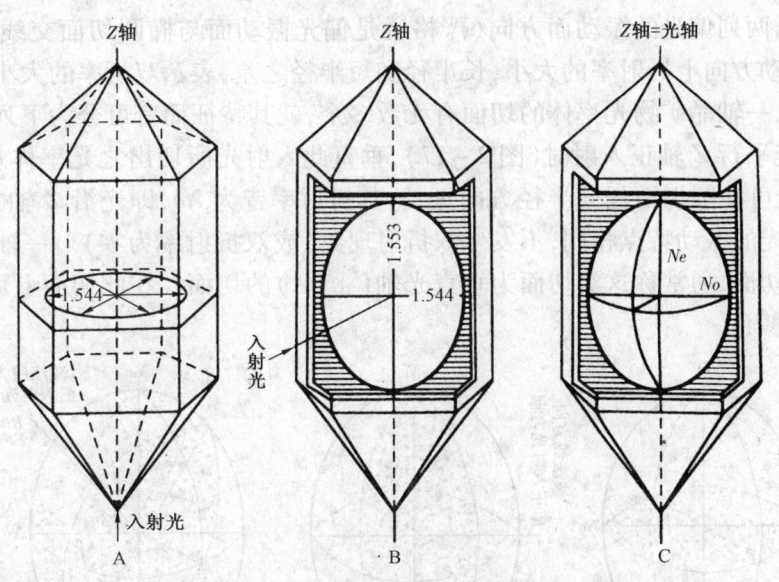

图 2 – 15 石英光率体的构成

这种光率体的特点是:以结晶轴 Z 轴(即高次对称轴 L^3 与光轴)为旋转轴的"细长"的旋转椭球体,即旋转轴的长度大,是光率体的长轴。表明振动面平行光轴的非常光 e 的折射率,总是比光矢量与光轴之垂直的常光 o 的折射率大,即 $Ne > Ne' > No$。凡具有这种形态光率体的晶体矿物,统称之为一轴晶正光性矿物,或简称为一轴正晶。

同样方法，可以构成方解石的光率体。不同之处是，方解石的光率体是以结晶轴（光轴）Z轴为旋转轴的"粗短"的旋转椭球体。这表明，当光垂直光轴正入射时，振动面平行光轴的非

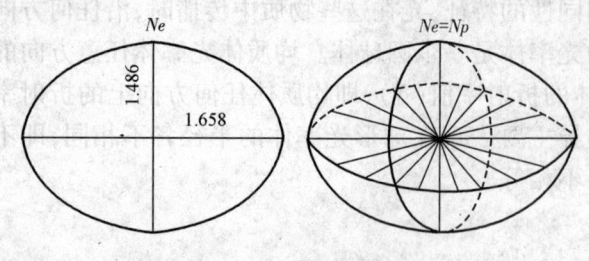

图 2-16　方解石光率体的构成

常光 e 的折射率（$Ne=1.486$）小，而光矢量与光轴垂直的常光 o 的折射率（$No=1.658$）大，其他方向入射时，振动面与光轴平行的非常光的折射率（Ne'）介于二者之间，即 $No>Ne'>Ne$。凡具有此特征光率体的晶体矿物统称为一轴晶负光性矿物（图 2-16），或简称为一轴负晶。

一轴晶（正或负光性）光率体的旋转轴即是光轴，其半径长度恒与非常光折射率 Ne 对应，水平轴的半径长度与常光折射率 No 对应。显然，Ne 与 No 分别是矿物晶体折射率的最大值和最小值，同种矿物 Ne 与 No 是唯一的，称 Ne 和 No 为一轴晶矿物的"主折射率"，Ne 与 No 之差为一轴晶最大双折射率。光率体的形状和大小仅与 Ne 和 No 的长短有关，又称其为一轴晶矿物的"光学主轴"。

在晶体光学中一般将折射率的最大值以 Ng 表示，最小值以 Np 表示。一轴晶矿物的光性正与负，还可用折射率的最大或最小值来判定，即当 $Ne=Ng$ 时光性为正，当 $Ne=Np$ 时光性为负。

一轴晶光率体的基本应用是依据正入射光的方向（即偏光共有波法线方向）确定偏光振动面的方向及相应的折射率。方法是过光率体中心并垂直于波法线（即正入射光）方向作光率体的切面，切面为椭圆形（或圆形），椭圆的长半径和短半径方向分别表示入射光在晶体中发生双折射后，两列偏光的振动面方向（严格说是偏光振动面与椭圆切面交线的方向），其长短表示相应振动方向上折射率的大小，长半径和短半径之差，表示双折率的大小。

实验表明，一轴晶矿物光率体的切面有无数多个，就其特征而言可分为下列 3 类：

其一，当光平行 Z 轴正入射时（图 2-17），垂直此入射光所切出之光率体切面为圆，半径为 No。表明光可在圆切面任何半径方向振动，其折射率皆为 No，即光沿 Z 轴方向正入射后，入射光与折射光的振动特点相同，不发生双折射现象（或双折射率为零）。一轴晶光率体只有一个这样的圆切面，通常称这类切面为垂直光轴（⊥OA）的切面。在此切面上可测定 No 的大小、观测 No 的颜色。

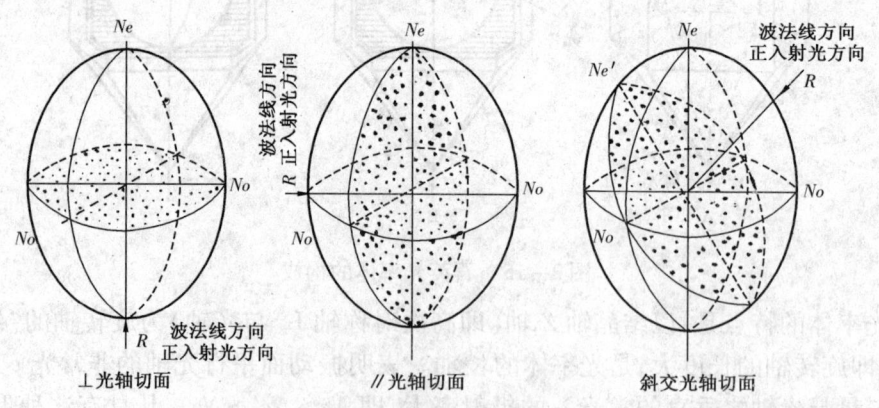

图 2-17　一轴晶光率体的三类主切面

其二,当光垂直 Z 轴正入射时,垂直此入射光所切出之光率体切面为椭圆,长、短半径方向分别表示双折射后两列偏光的振动面方向,半径长度分别代表 Ne 和 No 的大小,半径之差(Ne – No 或 No – Ne)代表最大双折射率。这类切面称为平行光轴(//OA)的切面,又称为一轴晶的"主切面(principal section)"。在此切面上可同时测定 Ne 和 No 的大小、同时观测到 Ne 和 No 的颜色与吸收性,是一轴晶矿物最重要的切面。

其三,当光斜交 Z 轴正入射时,垂直于入射光所切出之光率体切面为椭圆,长、短半径方向也表示双折射后两列偏光的振动面方向,半径的长度分别表示相应方向折射率的大小,即 Ne′ 与 No 的大小,Ne′ 数值的大小介于 Ne 和 No 之间,故该切面的双折射率 Ne′ – No 或 No – Ne′ 不是最大双折射率。通称这类切面为斜交光轴的切面,在任意的斜交光轴的切面上,两列偏光的折射率还可按下列公式计算求得。

一轴晶旋转椭球体的方程为:

$$\frac{x^2}{No^2} + \frac{y^2}{No^2} + \frac{z^2}{Ne^2} = 1$$

过主轴 Ne 和 No 并过波法线 R 及非常光 Ne′ 的椭圆切面(图 2 – 18)的方程为:

$$\frac{x^2}{No^2} + \frac{z^2}{Ne^2} = 1$$

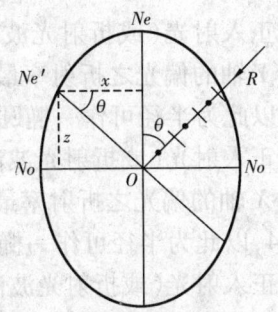

图 2 – 18 一轴晶折射率计算图解

设此切面中波法线 R 与主轴 Ne 的夹角为 θ,点 Ne′ 的坐标为 $x = Ne'\cos\theta, z = Ne'\sin\theta$,代入主切面方程得:

$$\frac{Ne'^2\cos^2\theta}{No^2} + \frac{Ne'^2\sin^2\theta}{Ne^2} = 1$$

$$Ne' = No \cdot Ne \sqrt{\frac{1}{Ne^2\cos^2\theta + No^2\sin^2\theta}} \tag{2 – 13}$$

由此通过计算可得波法线 R(即正入射光方向)与 Z 轴(Ne 轴)夹角为 θ 的任意入射光之两列偏光的振动面方向和折射率 Ne′ 和 No 的数值。

总之,只要正入射光(或波法线)方向(与 Z 轴的夹角)已知,便可作垂直于正入射光方向(或波法线方向)的光率体的切面,据此可以确定折射偏光在晶体中的振动面方向及相应之折射率的大小。应把光率体理解为方向的概念,在光率体中相同方位(彼此平行)的切面上,偏光振动面及折射率大小是相同的。且常光的折射率 No 是恒定的,仅非常光的折射率(Ne′)随正入射光(波法线)方向改变而变化,相应的双折射率也随正入射光方向改变而变化。平行光轴(//OA)的主切面双折射率最大,垂直光轴(⊥OA)切面,双折射率最小(为零),而斜交光轴(OA)切面的双折射率则介于零与最大之间。

三、二轴晶光率体

二轴晶包括低级晶族的斜方、单斜及三斜三个晶系的矿物。以斜方晶系的橄榄石为例,说明二轴(正)晶光率体的构成。

斜方晶系有相互垂直的三个方向的结晶轴(即 X 轴、Y 轴和 Z 轴),当正入射光(或折射光波法线)平行 Z 轴时(图 2 – 19),经折射形成振动面正交的二偏光,测得振动面平行 X 轴的偏

光之折射率最大值 $Ng = 1.692$，振动面平行 Y 轴的偏光之折射率最小值 $Np = 1.657$，以此为半径可作一椭圆。

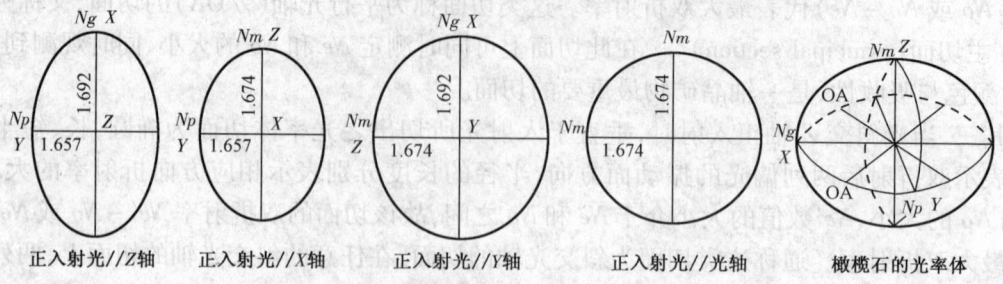

图 2-19　二轴晶（橄榄石）光率体的构成

当正入射光（或折射光波法线）平行 X 轴时，经折射形成振动面正交的二偏光，测得振动面平行 Y 轴的偏光之折射率最小值 $Np = 1.657$，振动面平行 Z 轴的偏光之折射率中间值 $Nm = 1.674$，以此为半径可作一椭圆。

当正入射光（或折射光波法线）平行 Y 轴时，经折射形成振动面正交的二偏光，测得振动面平行 X 轴的偏光之折射率最大值 $Ng = 1.692$，振动面平行 Z 轴的偏光之折射率中间值 $Nm = 1.674$，以此为半径可作一椭圆。

当正入射光（或折射光波法线）平行光轴 OA 时，不发生双折射，即振动面可在任意方向发生，测得其折射率恒为 $Nm = 1.674$，以此为半径可作一圆。

将上述椭圆和圆按相应关系在空间上组合起来，即得到二轴晶（橄榄石）的三轴椭球形的光率体。

实验证明，二轴晶矿物，不论是三斜晶系、单斜晶系还是斜方晶系，光率体均为三轴椭球体。Ng、Nm、Np 的方向分别代表光率体的长轴、中轴和短轴，决定着光率体的形状与大小，其三个方向称为二轴晶矿物的"光学主轴"，简称主轴，且三者间相互垂直正交，与所属晶系无关。三个光学主轴的长度分别为二轴晶折射率的最大值 Ng、最小值 Np 和中间值 Nm（平行光轴正入射时的折射率值，必介于 Ng 和 Np 之间而不为其平均值，$2V = 90°$ 者例外），同种矿物，此三折射率是唯一值，因此称其为二轴晶的"主折射率"。

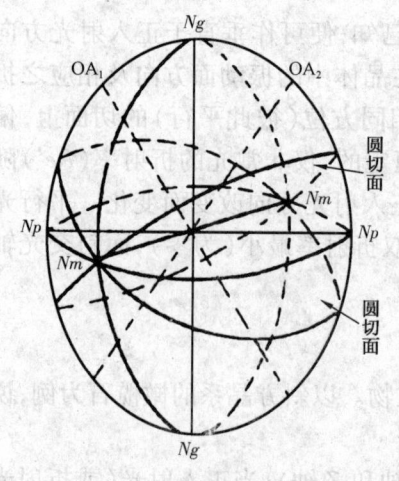

图 2-20　二轴晶光率的基本特征

光率体中包含二个方向主轴的切面，称为二轴晶的"主轴面"，又称为"光学主平面（principal planes）或"光学对称面"，二轴晶有 Ng—Nm 主轴面、Ng—Np 主轴面和 Nm—Np 主轴面，三主轴面互相垂直，每一主轴面又垂直于另一主轴。在二轴晶光率体中垂直光轴 OA 的切面为圆切面，这样的圆切面共有 2 个方向，二圆切面过主轴 Nm 且半径长为 Nm，对称地分布于 Ng 或 Np 的两侧。相应二圆切面的法线方向即为二光轴 OA_1 和 OA_2（图 2-20）。

两光轴之间所夹的锐角称为二轴晶光率体的"光轴角（optic angle）"，以符号"$2V$"表示，又称为"$2V$"角。光轴角的平分线称为"锐角平分线"，以"Bxa"表示；二光轴之钝角平分线称为"钝角平分线"，以"Bxo"表示。二光轴 OA_1、OA_2、锐角平分线（Bxa）和钝角平分线（Bxo）恒包含在 Ng—

Np 主轴面内,因之 Ng—Np 主轴面又称为"光轴面(optic plane)",常以"O.A.P"表示。主轴 Nm 恒与光轴面垂直,故 Nm 主轴又称二轴晶的"光学法线"。显然,二轴晶光率体各切面中,以光轴面(Ng—Np)的双折射率最大、垂直于光轴的圆切面最小(为0)、其余二主切面的双折射率介于其间。

二轴晶矿物的光性也有正和负之分,可依据以下标志来确定。

根据二光轴 OA_1、OA_2 夹角之平分线 Bxa 和 Bxo 与主轴的关系确定,即 $Bxa = Ng$、$Bxo = Np$ 为二轴晶正光性矿物,简称为二轴正晶;$Bxa = Np$、$Bxo = Ng$ 为二轴晶负光性矿物,简称为二轴负晶(图2-21)。

根据光率体主折射率 Ng、Nm、Np 的相对大小决定,即 $Ng - Nm > Nm - Np$,为二轴晶正光性矿物;反之 $Ng - Nm < Nm - Np$,则为二轴晶负光性矿物。

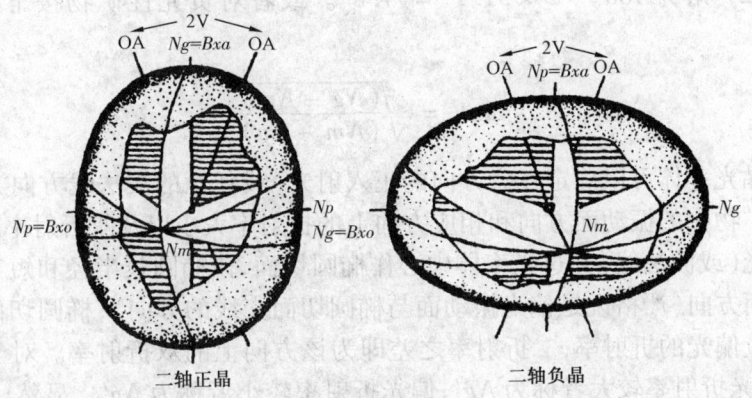

图2-21 二轴晶主折射率与2V角的关系

实际上这二种标志是统一的,是一个事物的两个方面。因当 $Ng - Nm > Nm - Np$ 时,光率体中的圆切面靠近 Np,而光轴靠近 Ng,因此锐角等分线 Bxa 必与 Ng 重合,晶体属二轴晶正光性;而当 $Ng - Nm < Nm - Np$ 时,光率体中圆切面靠近 Ng,光轴靠近 Np,因此 Np 必与锐角等分角线 Bxa 重合,晶体属二轴晶负光性矿物。有一种特例,即 $Ng - Nm = Nm - Np$,此时 $2V = 90°$,光率体为中性,即不分光性正或负。

光轴角 $2V$ 在具体矿物描述中,都以锐角数值表示,并在 $2V$ 前标写(+)或(−),以示其光性的正与负。如普通辉石(+)$2V = 58°$,说明它为二轴晶正光性矿物($Bxa // Ng$),光轴所夹锐角为58°。显然光轴间所夹锐角与所夹钝角为互补关系。

光轴角 $2V$ 与 Ng、Nm、Np 三主折射率及最大双折射率,均是二轴晶矿物最重要的光学常数,它们共同决定着光率体的大小和形态,也是矿物鉴定的重要标志之一。$2V$ 角的一半"V"值还可依据光轴面上 Ng、Nm 和 Np 的数值求得。

在光轴面(图2-22)中,椭圆方程为:

$$\frac{x^2}{Np^2} + \frac{y^2}{Ng^2} = 1$$

式中 $x_1 = Nm\cos V$,$y_1 = Nm\sin V$,代入上式得方程:

$$\frac{Nm^2\cos^2 V}{Np^2} + \frac{Nm^2\sin^2 V}{Ng^2} = 1$$

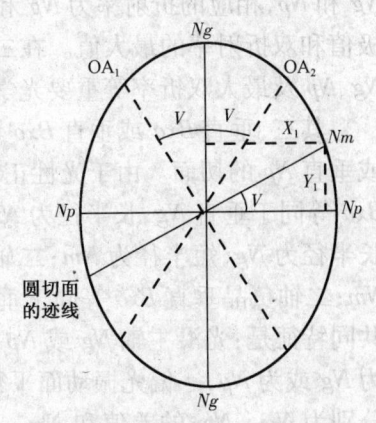

图2-22 二轴晶2V角计算图解

解此方程得：

$$\tan V = \frac{Ng}{Np}\sqrt{\frac{(Nm+Np)(Nm-Np)}{(Ng+Nm)(Ng-Nm)}} \quad (2-14)$$

对于一般矿物晶体而言，$Ng \approx Np$，$Ng + Nm \approx Nm + Np$，上式可简化为：

$$\tan V = \sqrt{\frac{(Nm-Np)}{(Ng-Nm)}} \quad (2-15)$$

即当 $Ng - Nm > Nm - Np$ 时，$V < 45°$ 为正光性；当 $Ng - Nm = Nm - Np$ 时，$V = 45°$ 光性不分正负；当 $Ng - Nm < Nm - Np$ 时，$V > 45°$ 为负光性。对于负光性矿物而言，$2V$ 值应用互补的关系来计算确定，如某矿物晶体 $Ng - Nm = 0.021$，$Nm - Np = 0.026$，为负光性，按式（2-3）计算得 $51.1°$，则其 $2V$ 角为 $180° - 2 \times 51.1° = 77.8°$。或者对负光性矿物按下式计算 $2V$ 角的 V 值：

$$\tan V = \sqrt{\frac{(Ng-Nm)}{(Nm-Np)}} \quad (2-16)$$

应用二轴晶光率体可以确定任意方向的正入射光（或任意的波法线方向），经折射后的二偏光在二轴晶矿物中的振动面方向和相应方向上的折射率大小以及双折射率的大小。其法则是垂直正入射光（或波法线）并过光率体中心作椭圆切面，该椭圆长半径和短半径的方向则为二偏光的振动面方向（严格说是偏光振动面与椭圆切面交线的方向），椭圆切面长半径和短半径的长度为相应偏光的折射率，二折射率之差即为该方向上的双折射率。对于任意方向的正入射光而言，偏光折射率较大者称为 Ng'，偏光折射率较小者称为 Np'。显然，必有关系：$Ng > Ng' > Nm > Np' > Np$；$Ng - Np > Ng' - Np' > 0$。波法线或正入射光方向不同，光率体切面也不同，偏光折射率及双折射率随之变化。大量实验表明，二轴晶光率体的众多切面可划分为如下几种类型（图2-23）：

其一，垂直光轴（OA）的切面为圆切面，只有一个半径 Nm。表明平行光轴正入射时不发生双折射，也不改变入射光被的振动方向，其折射率等于 Nm，双折率为零。在二轴晶的鉴别中此类切面有重要的意义，该切面上可测得 Nm 值并获得典型的干涉图。

其二，平行光轴面（O.A.P）（即垂直 Nm 主轴）的切面，为椭圆形，即 $Ng - Np$ 主轴面或称光轴面。表明光平行光学主轴 Nm 正入射时，双折射后，两列偏光振动面方向分别平行主轴 Ng 和 Np，相应的折射率为 Ng 和 Np，双折射率等于 $Ng - Np$ 的差值，它们是二轴晶中折射率的极值和双折射率的最大值。在二轴晶矿物中此类切面有重要的鉴定意义，在该切面上可获得 Ng、Np 及最大双折射率等重要光学常数。

其三，垂直 Bxa 或垂直 Bxo 切面，由于 Bxa 和 Bxo 恒与主轴 Ng 或 Np 重合，也即是垂直 Ng 或垂直 Np 的切面。由于光性正负的不同，可分四种情况（图2-23中3至6）。二轴正晶垂直 Bxa 等同于垂直 Ng，长半径为 Nm，短半径为 Np；二轴负晶垂直 Bxa 等同于垂直主轴 Np，切面长半径为 Ng，短半径为 Nm；二轴正晶垂直 Bxo 等同于垂直 Np，切面长半径为 Ng，短半径为 Nm；二轴负晶垂直 Bxo 等同于垂直 Ng，切面为椭圆，长半径为 Nm，短半径为 Np。这些切面的共同特征是：光沿主轴 Ng 或 Np 正入射，切面均为椭圆，椭圆的一条半径为 Nm，另一半径分别为 Ng 或为 Np，一偏光振动面平行于 Nm，另一偏光振动面平行于 Ng 或平行于 Np，其双折射率分别为 $Ng - Nm$ 的差值和 $Nm - Np$ 的差值。这四种切面实际即是 $Ng - Nm$ 和 $Nm - Np$ 主轴面。矿物薄片鉴定中，在这些切面上可分别测定主折射率的值。

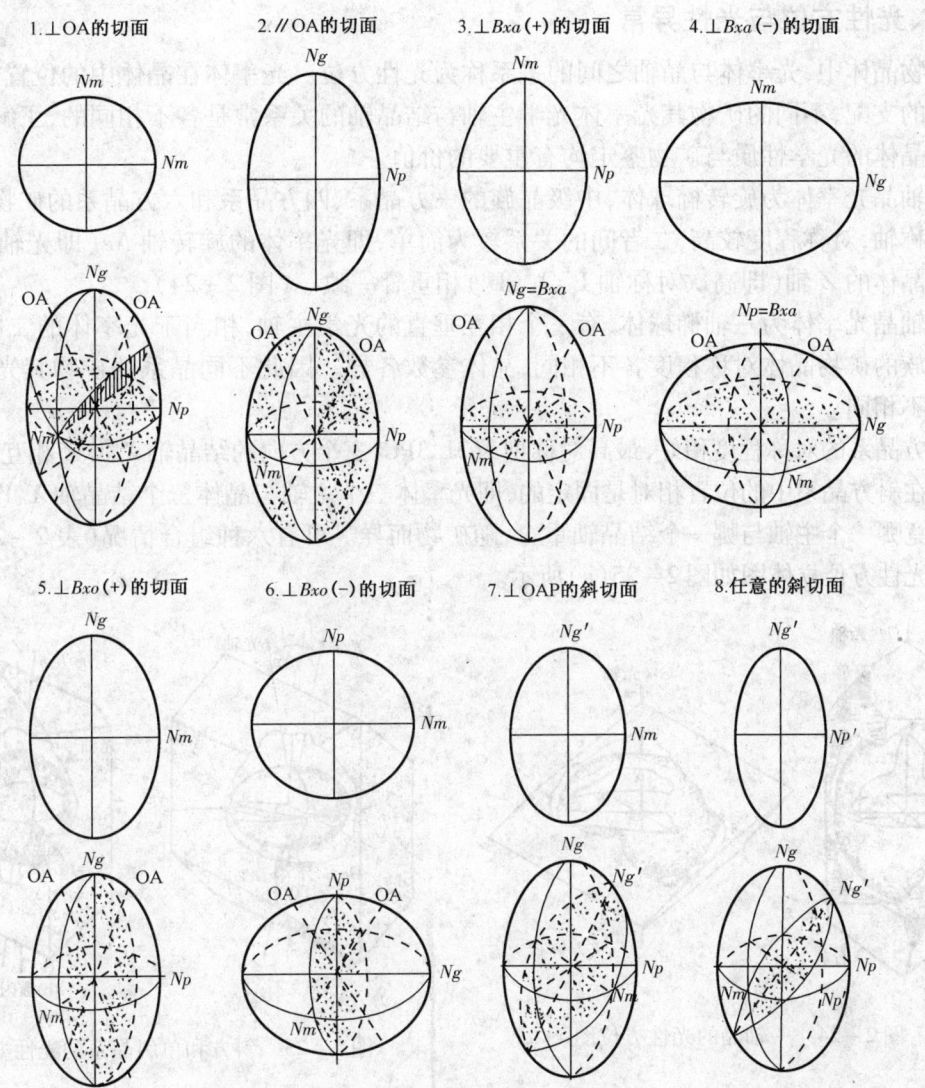

图2-23 二轴晶光率体主要切面类型特征(据李德惠,1984,略改)

其四,垂直任意一主轴面的切面,即光在任意一主轴面内正入射(或与任意一主轴平行而与另二主轴斜交)的切面,均为椭圆。可有三种情况:① 垂直光轴面(O.A.P)者,为过(或平行)Nm 主轴的椭圆切面,椭圆的一条半径为 Nm,另一半径或为 Ng'(切面位 OA 与 Ng 之间)或为 Np'(切面位 OA 与 Np 之间),其双折射率为 $Ng'-Nm$ 或为 $Nm-Np'$(图2-23中7);② 垂直 $Ng-Nm$ 主轴面者,为过(或平行)Np 主轴的切面,椭圆的一条半径为 Np,另一半径或为 Ng',其双折射率为 $Ng'-Np$ 的差值;③ 垂直 $Nm-Np$ 主轴面者,为过(或平行)Ng 主轴的椭圆切面,椭圆的一条半径为 Ng,另一半径或为 Np',其双折射率为 $Ng-Np'$ 的差值。这些切面的共同特征是:切面均为椭圆,其半径之一为光学主轴及相应的主折射率,另一半径为 Ng' 或 Np' 或 Nm,双折射率为长、短半径之差。此切面上可测定到一个主折射率,有一定鉴定意义。

其五,任意的与光率体三主轴均斜交的切面,切面为椭圆,其长半径为 Ng',短半径为 Np',双折射率为 $Ng'-Np'$ 的差值。在矿物薄片中这类切面最常见,对于测定主折射率和最大双折射率而言意义不大。

四、光性方位与光性异常

矿物晶体中,光率体与晶轴之间的关系称为光性方位。光率体在晶体中的位置,受晶体对称要素的支配,不同的矿物其光率体光学主轴与结晶轴的关系常是各不相同的,了解这些关系对研究晶体的光学性质与矿物鉴定均有重要的价值。

一轴晶光率体为旋转椭球体,中级晶族的三方晶系、四方晶系和六方晶系的矿物均有唯一高次对称轴,对称程度较高,二者间的关系较为简单,即光率体的旋转轴 Ne(即光轴 OA)与中级晶族晶体的 Z 轴(即高次对称轴 L^3、L^4、L^6)相重合一致。(图 2-24)。

二轴晶光率体为三轴椭球体,有三个相互垂直的光学主轴,相当于光率体的二次对称轴。低级晶族的矿物晶体对称程度各不相同,晶体参数各异。因此不同晶系的矿物其光性方位的特征各不相同。

斜方晶系的对称程度稍好,最高对称型为 $3L^2 3PC$,三个方向的结晶轴 X、Y、Z 相互垂直,所以光率体在斜方晶系中的位置相对是固定的,即光率体三个主轴与晶体三个结晶轴 X、Y、Z 分别重合。究竟哪一个主轴与哪一个结晶轴重合,随矿物而异。可有六种组合情况(表 2-2)。其中,文石的光性方位立体图如图 2-25(a) 所示。

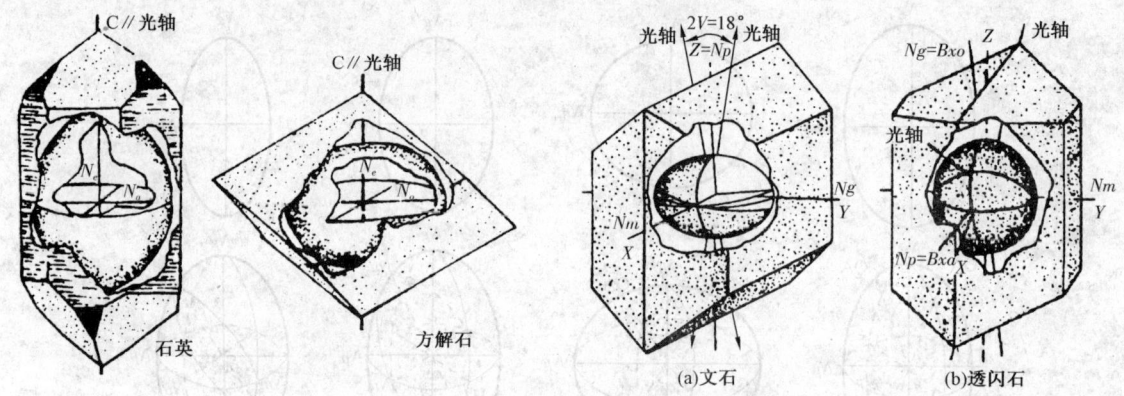

图 2-24 一轴晶的光性方位图

图 2-25 斜方和单斜晶系的光性方位图

表 2-2 斜方与单斜晶系的光性方位

晶系	光轴面位置	光轴与结晶轴对应关系
斜方	光轴面 // (001)	硅镁石:Np // X,Nm // Z,Ng // Y;橄榄石:Np // Y,Nm // Z,Ng // X
	光轴面 // (100)	十字石:Np // Y,Nm // X,Ng // Z;文石:Np // Z,Nm // X,Ng // Y
	光轴面 // (010)	黄玉:Np // X,Nm // Y,Ng // Z;红柱石:Np // Z,Nm // Y,Ng // X
单斜	Ng-Nm 面 // (010)	独居石:Np // Y,Nm ∧ X = 10°,Ng ∧ Z = 4°
	Ng-Np 面 // (010)	透闪石:Nm // Y,Ng ∧ Z = 10°~20°,Np ∧ X = 20°
	Nm-Np 面 // (010)	正长石:Ng // Y,Nm ∧ Z = 21°,Np ∧ X = 2°

单斜晶系最高对称型为 $L^2 PC$,二次对称轴与结晶轴 Y 轴一致。光率体在单斜晶系中的位置是:光率体中仅有一个光学主轴与结晶轴 Y 重合,另外二光学主轴同时与晶体的 X 轴、Z 轴共面,且与结晶轴 X 和结晶轴 Z 角度相交。至于哪一个主轴与 Y 轴重合,另二个主轴与 X、Z 轴斜交的方位和角度,都随矿物而异。可有三种组合类型(表 2-2)。其中,透闪石的光性方位如图 2-25(b) 所示。

三斜晶系没有二次对称轴,最高对称型为 C,所以光率体对称中心(三光学主轴的交点)与三斜晶系的对称中心 C 重合,3 个光学主轴与三斜晶系 3 个结晶轴皆斜交。斜交的方位和角度随矿物而异。同一种矿物对于特定波长的光线而言,其光率体的形态和光性方位都是固定的,即三光学主轴与三结晶轴的相对位置与夹角是一定的,测定这些数值即可鉴鉴别矿物。

自然界的矿物晶体,当受到较强应力作用或发生成分改变等因素的影响,矿物晶体内部结构可以发生细微而明显地变化,光率体的形态与光性方位相应地会发生变异,即均质体矿物显示非均质的光性,一轴晶矿物显示二轴晶的光性,这种现象称为光性异常。在出现光性异常时,均质体产生的双折射率一般不大,且在一个晶体切面上的消光现象往往很不均一。一轴晶显示二轴晶的光性异常时,其 2V 角一般不大(个别矿物可达 40°~45°)。在鉴别矿物的时候,应注意光性异常的影响。

第四节 偏光显微镜

一、偏光显微镜的基本功能及组成

偏光显微镜是研究晶体光学性质和鉴定矿物及岩石的重要仪器,基本功能有二。其一是放大功能,与放大镜的作用类似,可将物像放大,使我们看得更清楚。显微镜的放大倍率比放大镜的高得多,可达几十倍、几百倍、甚至上千倍。其二是偏光功能,利用起偏镜和检偏镜将自然光变为偏光并检测偏振光,以测定矿物不同方向的光学性质。偏光显微镜的偏光功能可较方便地观测矿物的折射率、颜色、多色性、干涉色等光学特性,还可观测这些光学性质随方向的变化规律,从而能有效地区别各种矿物,甚至矿物的类质同象变种或同质多象变体均能较好地鉴别。偏光功能是偏光显微镜与普通生物显微镜的主要区别。

偏光显微镜依生产厂商和型号的不同,外形有较大差异。如国产 NP-800TRF 型偏光显微镜(图 2-26)为三角形底座、弯折形镜筒。尽管各厂商各型号的显微镜的外形差异很大,附加功能不尽相同,但其基本构造和组成相似,一般按特性可分为三大组件。

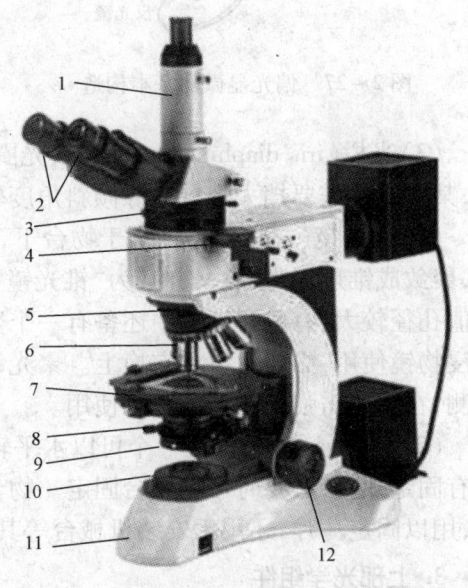

图 2-26 国产 NP-800TRF 型偏光显微镜
1—照相机接口;2—目镜;3—勃氏镜;4—上偏光镜;
5—补色器插口;6—物镜及转盘;7—载物台及机械台;
8—聚光镜及调节手轮;9—下偏光镜;10—光源及光栅;
11—镜座及镜臂;12—微动及粗动调节螺旋

1. 支撑组件

支撑组件含镜座和镜臂。位于最底部的是镜座(base),功用是支撑显微镜的全部重量,保证显微镜安放与操作时平稳。有的为马蹄型底座,有些型号的显微镜座为方形或为圆形。镜臂(microcope stand)的下端与镜座相连,呈弓形或直角形。直角形镜臂者的镜筒为弯折形,观察时勿需扳动镜臂,故镜臂大多固定在显微镜座上。镜臂上还有粗动和微动螺旋,用以改变镜筒与载物台的相对距离进行准焦。

2. 下部光学组件

下部光学组件含下列主要部件(图2-27)：

（1）反光镜(reflecting mirror)或光源系统。反光镜是一个双面反光镜，一面为平面，一面为凹面，可以任意转动，以便将灯光或阳光反射入显微镜，当光强较大或需平行光的时候用平面镜，光源较弱的或需聚敛光观察时则用凹面镜。许多研究型偏光显微镜无反光镜，而配备电光源及调节部件，以保证任何时候均有明亮均匀且稳定的照明。

（2）下偏光镜(polarizer)，又称起偏振器，在光源(或反光镜)之上，目前多用偏光片制成。光源发出的自然光，经过下偏光镜之后，被过滤为在固定方向上振动的平面偏光，其振动方向以PP表示，不同的偏光显微镜下偏光振动方向或位于视域的南北方向，或位于视域的东西方向，通常可以转动，以调节振动方向的精确位置。

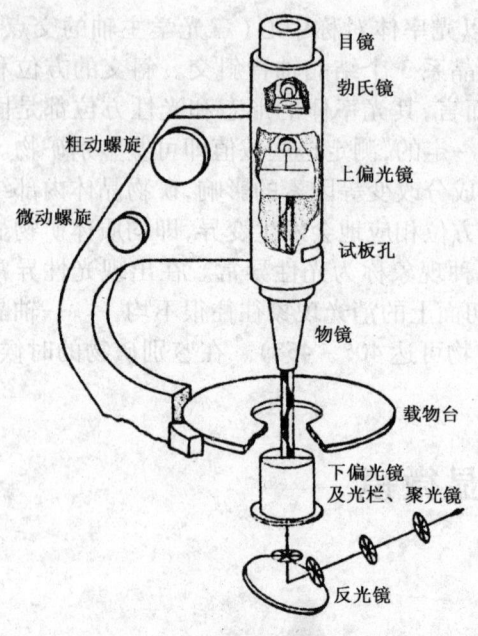

图2-27 偏光显微的基本构造

（3）光栏(iris diaphragm)，又称锁光圈，位于下偏光镜之上，可以任意开合，用以调节光强度，某些观察需要挡去视域边缘倾斜角度较大的光线，也须使用光栏。

（4）聚光镜(condenser)，位于物台下，由一组透镜组成，可把来自下偏光镜的一束平行偏光，聚敛成锥形偏光，故又称其为"锥光镜"。聚光镜上有手柄，不用时可推向旁侧。聚光镜的数值孔径较大，有些显微镜中还备有一个数值孔径更大的聚光镜($N.A = 1.4$)，专门用来配合油浸物镜使用，必要时可将它换上。聚光镜是构建锥光系统的必要部件，即主要用于干涉图的观测，在其他需强光的情况也可使用。

（5）载物台(stage)，是一个可以水平转动的圆盘形平面，边缘带360°刻度和游标尺。物台上有固定螺丝，必要时可将物台固定。物台的中心为一圆孔，是光波的通路，盘上有薄片夹持器，用以固定薄片，还用于安装机械台等其他附件。

3. 上部光学组件

上部光学组件包括：

（1）镜筒(observation tube)，为一长形直通金属圆筒，或呈肘状弯曲，普通显微镜多为单镜筒，生产及研究用显微镜多为双镜筒，安装在镜臂上，转动镜臂上的粗动螺旋和微动螺旋，可使镜筒(或载物台)上升或下降，用以调节焦距，镜筒上端可安装目镜，下端可安装物镜。在物镜的上方有长方形试板孔，可以插入各种补色器；试板孔上方有上偏光镜，镜筒最上部安装有勃氏镜。

（2）物镜(objective)，或称接物透镜，是偏光显微镜最重要的光学部件之一，它由若干片不同材料的透镜组成，以校正色差、球面差等成像误差。每台显微镜常配有4~7个不同放大倍率的物镜。物镜靠螺纹或弹簧夹固定的镜筒的下端。数值孔径、光孔角和放大分倍率是标志物镜性能的重要指标。

数值孔径(numerical aperture)，或称计量光孔，以$N.A$标记。光孔角(或称角度孔径)是指物镜最边缘的光线在准焦时所构成的角度，以2θ表示[图2-28(a)]。研究表明，数值孔径

$N.A$ 的值等于半光孔角 θ 的正弦值 $\sin\theta$ 与镜头至薄片间介质折射率 n 的乘积,即:

$$N.A = n\sin\theta \quad (2-17)$$

由式(2-17)可知,物镜的数值孔径 $N.A$ 既与光孔角有关,又与环境介质的折射率有关。当样品薄片与物镜之间的介质为空气时,$n=1$,此时 $N.A$ 的值等于 $\sin\theta$;当用油浸镜头观察时,介质为浸油[图2-28(b)],则 n 为浸油的折射率,油液的折射率 n 通常都大于1,则数值孔径增大,所以同一物镜在浸油下使用均比在空气中使用时分辨力高、清晰度大。数值孔径(或光孔角)是物镜的重要质量指标,还是在锥光系统下观测计算矿物晶体的光轴角($2V$)的必要参数。

物镜的放大倍率(M),取决于显微镜的光学筒长 L 与物镜的焦距 F。光学筒长是指物镜的后焦平面与目镜的前焦平面之间的距离,放大倍率与光学筒长及焦距之间的关系为:

$$M = L/F \quad (2-18)$$

物镜的放大倍率、光学筒长和在空气中的数值孔径,是物镜的重要性能参数,通常都刻注在镜头之上[图2-28(c)和图2-28(d)],或附在说明书之中。

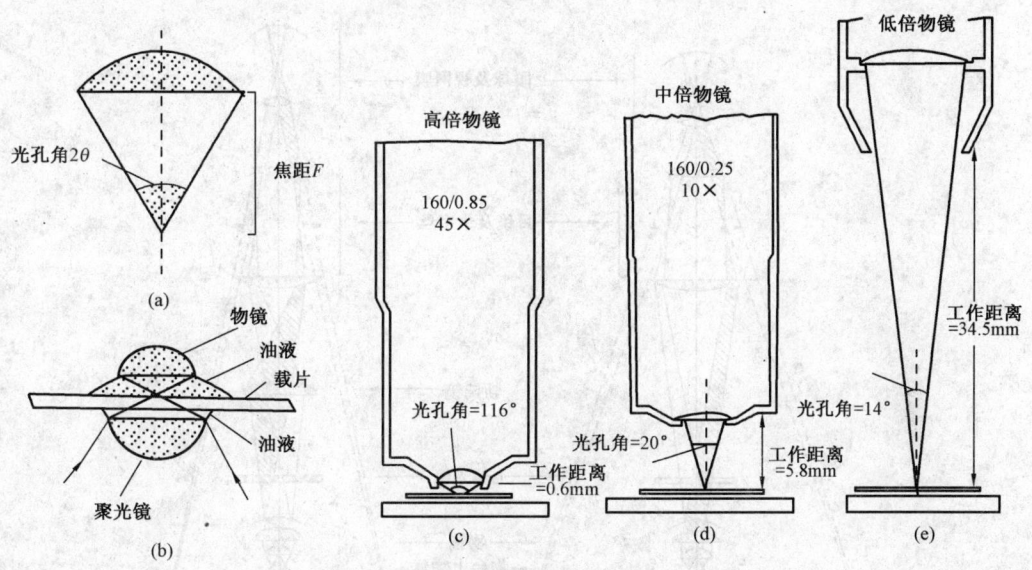

图 2-28　显微镜物镜的数值孔径光孔角及工作距离

显微镜的图象清晰度或分辨率(resolving power)与数值孔径的平方成正比,而与放大倍率成反比。即数值孔径越大的物镜,成像越清楚;同一物镜,用油浸观察比干镜头观察更清晰。

物镜的前端面至薄片(不计算盖玻璃)间的距离,称物镜的工作距离,工作距离随放大倍率的增加而减小,100倍的镜头工作距离小至 0.14mm,因而使用高倍物镜时要倍加小心,以免操作不当使物镜与样品之间发生冲撞而造成事故。

目镜(eyepiece),又称接目镜,由一组安装在金属圆筒中的透镜构成,放大倍率有 $5\times$、$8\times$、$10\times$ 及 $12\times$ 等数种,一般配备其中的二种。目镜中通常装有十字丝,有的镜头安装有目镜微尺,有的目镜装有方格微尺,用测量矿物颗粒的大小,也可用以统计矿物的百分含量,不用时也可将微尺取出置于附件盒中。

上偏光镜(analyzer),又称检偏振器或分析镜,其性能及构造均与下偏光镜相同,镶嵌在一个金属框中,上偏光振动面方向通常以 AA 表示。通常 AA 的方向与下偏光镜振动面方向 PP 相互垂直。上偏光镜可以自由推进推出,有的显微镜的上偏光镜还可以在水平面方向 0°~90°转动,以满足某些特殊研究的需要。

勃氏镜或称勃创镜(bertrand lens),位于目镜与上偏光镜之间,为一小的凸透镜,其作用是调节光线成像的位置,是偏光显微镜特有的锥光系统的组成部分,与其他部件配合用以观察干涉图。有的勃氏镜可以沿镜筒升降,以适应不同放大倍率的目镜,有的勃氏镜具有锁光圈,可以阻截挡周围其他矿物透过的干挠光线,使所观察矿物的干涉图显得更清晰。

偏光显微镜与一般显微镜不同之处在于,它有两个偏光镜、勃氏镜和聚(锥)光镜,这三种配件与其他光学配件的不同组合,可以构成单偏光系统、正交偏光系统和锥光系统。

单偏光系统,又称单偏光镜,即使用下偏光镜、物镜和目镜组成的光学系统。单偏光系统主要用来观测矿物折射率有关的特征,如形态、解理、颜色、突起,糙面、贝克线等。

正交偏光系统[图 2-29(a)],又称正交偏光镜,即使用上偏光镜、下偏光镜、物镜和目镜组成的光学系统。正交偏光系统主要用来观测矿物双折射率有关的特征,如消光、干涉色、测定光率体椭圆切面半径名称、延性等。

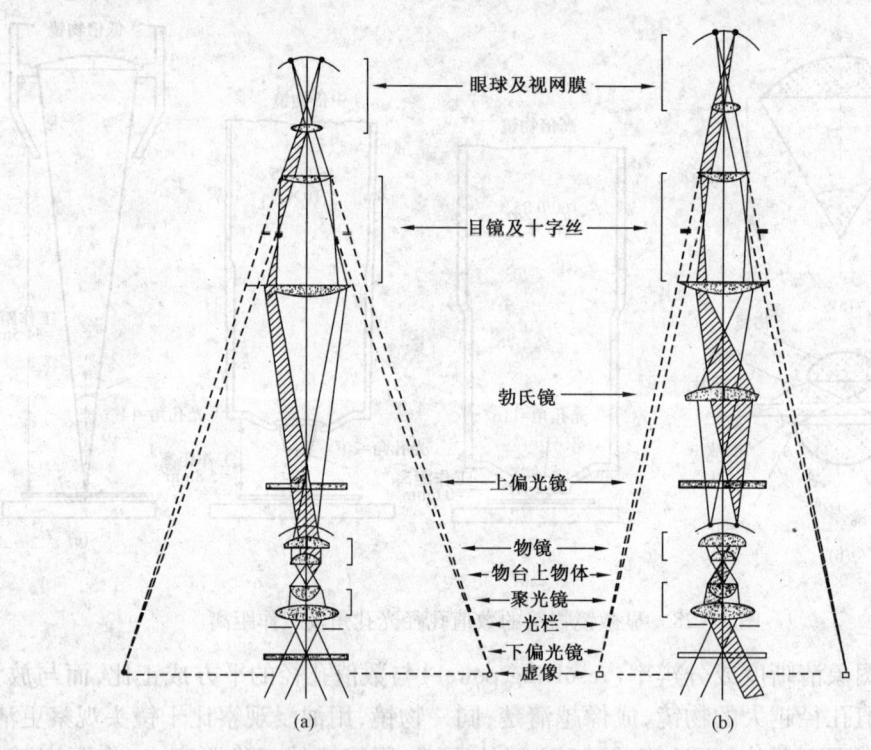

图 2-29 正交偏光系统(a)和锥光系统(b)的光路图(据 Wahlstrom,1979)

锥光系统[图 2-29(b)],又称锥光镜或称聚敛光系统,即同时使用下偏光镜、聚光镜(锥光镜)、物镜、上偏光镜、勃氏镜及目镜组成的光学系统。锥光系统主要用以观测与"干涉图形"有关的光学现象,进而测定矿物的轴性、光性、色散、$2V$ 角、切面方向等。

除了前述偏光显微镜的基本构件外,偏光显微镜还有一些必备的附件,其用途将在相应的章节中叙述(图 2-30)。

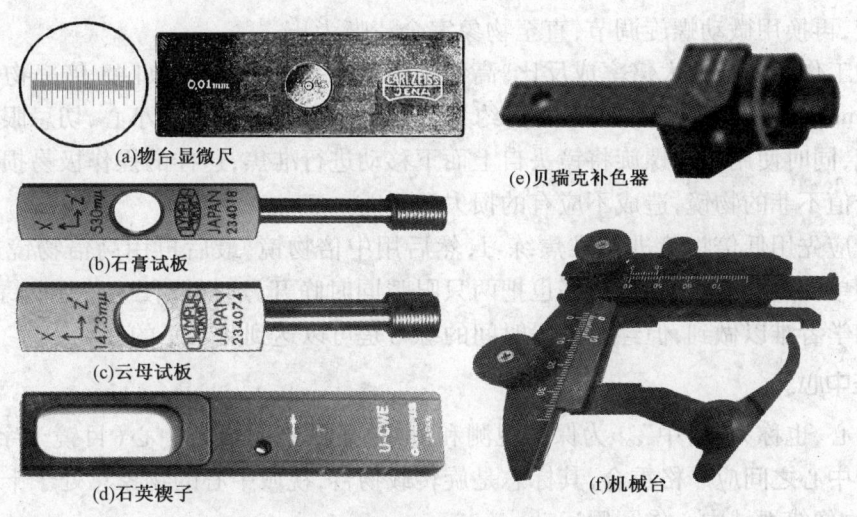

图 2-30 偏光显微镜的常用附件

二、偏光显微镜的调整与校正

为保证工作正常、高效地进行,在使用偏光显微镜前,应将显微镜各部系统调节至能够准确观察测定的状态,这对初学者尤为重要,其基本操作有如下几个方面。

1. 镜头的装卸

镜头装卸,分为目镜的装卸和物镜的装卸。目镜和物镜是偏光显微镜最娇贵的部件,不使用时均放在附件盒中,或置于干燥器内。因此镜头的装卸是最经常的操作项目。目镜的装卸较简单,选取适当倍率的目镜(一般用5×或者10×目镜)插入镜筒上端即可。当目镜上有定位销时,应将定位销安放在镜筒相应的定位销槽中,使十字丝恰好处于视域的正东西或南北方向。如安装的结果不能使十字丝正好在东西和南北方向,可将目镜定位销提起,旋转适当角度,将十字丝置于正东西和南北方向位置为止。

物镜的装卸依型号不同而有差异:对于弹簧卡型物镜,应先提升镜筒至一定高度,再右手持物镜,左手按起镜筒上的弹簧卡,将物镜上的定位销钉安放在弹簧卡的定位槽中,注意安放正确,否则将偏离中心很远,不能观察。

对于转换器型物镜,应先提升镜筒,再将不同倍率的物镜依次旋入相应的螺孔中即可。要使用不同倍率的物镜时,旋转转换器使所需物镜处于镜筒正下方,恰至弹簧卡住为止,否则将严重偏离中心,无法使用观察。其他类型物镜的装卸按说明书操作即可。

2. 调节照明

调节照明,或称为对光。装好目镜及中倍物镜后,推出上偏光与勃氏镜,打开下部光栏(锁光圈),转动反光镜至视域最明亮为止。若用日光做光源时应注意勿使反光镜正对太阳,以免损伤眼睛。若显微镜底座带照明装置,则接通光源照明电路,将亮度调至适度即可。

3. 调节焦距

调节焦距,或称为准焦。先将欲观察的薄片置于载物台的中心,用薄片夹持器固定好,注意薄片的"盖玻片"必须在上方,否则难以准焦且移动不顺畅,使用高倍物镜时,甚至会损坏薄片及镜头;再从侧面看着物镜头,同时转动粗动螺旋,将镜筒下降至最低位置,若选用高倍物镜则应下降至几乎与薄片接触为止;最后从目镜中观察,同时缓慢旋转粗动螺旋使镜筒上升至物象基本清楚,再换用微动螺旋调节,直至物象完全清晰为止。

物镜的工作距离与放大倍率成反比,高倍物镜的工作距离极短,如45倍率物镜的工作距离约为0.6mm,100倍率物镜的工作距离约为0.14mm,操作时要特别小心,切忌眼睛看着镜筒上端的目镜,同时使用粗动螺旋将镜头自上而下移动进行准焦,这样的操作极易损坏矿物薄片甚而损坏价值不菲的物镜,造成不应有的损失。

初学者应先用低倍物镜进行准焦练习,然后用中倍物镜,最后再用高倍物镜进行准焦调节。若使用单筒显微镜观察时,最好也把两只眼睛同时睁开,这样既便于绘图记录,又可以保护视力。初学者难以做到,但经过一段时间的练习是可以达到此水平的。

4. 校正中心

校正中心,也称为"对中"。为保证观测和测量,显微镜的视域中心(目镜十字丝交点)和载物台旋转中心之间应严格重合,其标志是旋转载物台,视域中心的物象总处于十字丝的交点上,其余各物像绕视域中心作圆周运动。

在实际工作中,视域中心与物台旋转中心有时不重合(图2-31B),致使十字丝交点上的物象会随载物台的旋转而偏离中心,甚至旋出视域之外,这种现象称为偏心。使用高倍物镜时,视域范围很小,如物象不在视域中心,根本无法观测。保证显微镜视域中心与物台旋转中心重合是操作显微镜的必要条件。

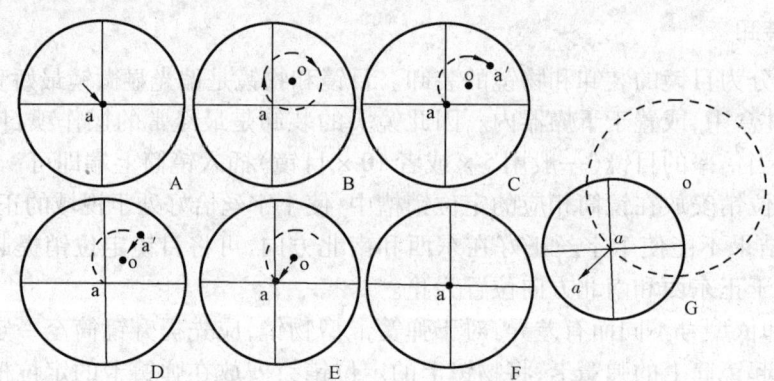

图2-31 偏光显微镜视域中心的校正

视域中心的校正,一般是旋动两个互相正交的"中心校正螺钉"来进行。具有物镜转换器的显微镜,中心校正螺钉安装在转换器上,卡口式物镜的中心校正螺钉安装在物镜上。校正中心的步骤如下:

(1)检查物镜是否安装在正确的位置上。中心校正螺钉的调校范围有限,如果镜头安装不准确,根本无法校正中心,而且可能损坏校正螺钉及镜头。

(2)将薄片固定在物台上,在视域中选一细小物像a(如矿物的角顶或细小晶体等)准焦并置于十字丝交点上,转动物台,观察物象a的运动情况。若物像a不离开十字丝交点(图2-31F),则中心准确不用校正;若物像a离开十字丝交点在视域内做圆周运动(图2-31B),则有偏心,应进行调节校正。

(3)自细小像点a处于十字丝交点开始计算,转动物台180°,a必处于远离十字丝交点的a'处,将a'点与十字丝交点连线,其连线中点o为物像(载物台)的旋转中心。

(4)转动校正螺钉,使旋转中心 o 点沿 a'o 的方向移动至十字丝交点。移动薄片,再将 a 置于十字丝交点上,转动载物台若 a 不偏离十字丝交点,即校正准确;若有偏离,按上述步骤操作 2 至 3 遍,即可保证物像 a 不偏离十字丝交点而完成校正。

(5)若偏心严重,旋转物台时,像点 a 转出视域之外(像点的旋转中心也可能在视域外)(图 2-31G),此时需估计"旋转中心 o 的位置",转动校正螺钉使 o 点移至十字丝交点。重复上述操作数遍,即可保证物像 a 不偏离十字丝交点而完成校正。

5. 校正偏光振动面的方向

在正常工作时,偏光显微镜的上偏光镜和下偏光镜偏光的振动面方向,必须分别为东西和南北方向,即各自与目镜的横丝和纵丝分别平行。故在使用显微镜前,必须检验并校正偏光镜振动面的方向。

通常用黑云母来检验并校正下偏光镜的振动面方向(图 2-32)。选取⊥(001)切面的黑云母晶体(以板条状、一组细密的极完全解理、多色性极强为特征)置视域中心,推出上偏光镜(组成单偏光系统),转动载物台至该黑云母颗粒的颜色最深暗的位置,黑云母解理纹的方向即为下偏光镜偏光振面的方向。此时若黑云母解理纹与目镜中横丝平行,表明下偏光镜振动面方向为东西(PP)方向,符合要求不须校正;若黑云母颜色最深暗时解理纹与目镜中横丝斜交,表明下偏镜振动方向须要校正。校正步骤是:① 转动物台至黑云母解理纹与目镜中横丝平行;② 松开下偏光镜的固定螺钉并缓慢转动下偏光镜适当角度,至该黑云母颜色变得最深暗为止;③ 再锁紧下偏光镜的固定螺钉,即完成下偏光镜的校正工作。

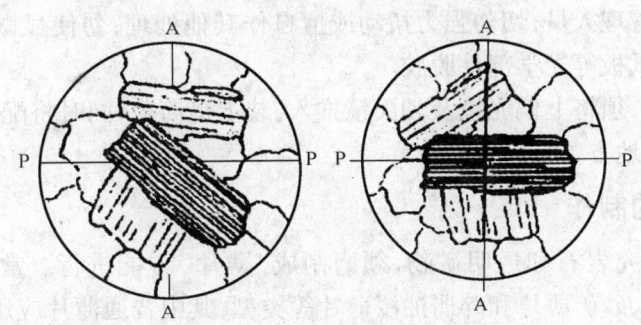

图 2-32 利用黑云母检验校正下偏光的方向

也可以用电气石来检验校正下偏光镜(图 2-33)。选取平行于 Z 轴的针柱状电气石晶体置视域中心,转动物台至电气石颜色最浅淡的位置,此时若电气石的长径与目镜横丝平行,表

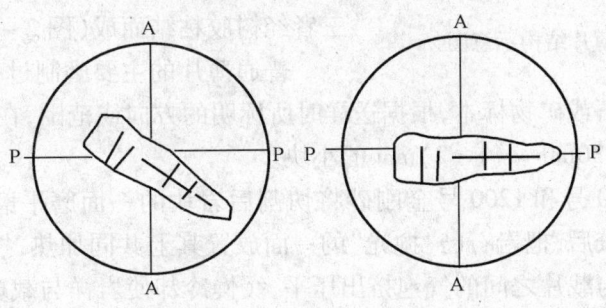

图 2-33 利用电气石检验校正下偏光镜方向

明下偏光镜振动面为 PP 方向不须校正,否则须进行调校。调校方法是,将电气的长径（Z 轴）旋至与目镜横丝平行,而后松开下偏光镜固定螺钉,转动下偏光镜至柱状电气石的颜色最浅淡为止,再紧固下偏光镜的固定螺钉,完成校正工作。

在下偏光镜方向检验校正完成后,再检验校正上偏光镜的方向。方法是去掉物台上的薄片,推入上偏光镜,如视域完全黑暗（处于消光位置）,则上下偏光镜偏光振动面方向是正交的;如不完全黑暗（不消光）,则上偏光的振动方向须校正。松开上偏光镜的固定螺钉,缓慢转动上偏光镜至视域消光为止,紧固上偏光镜的固定螺钉即完成上偏镜的校检工作。

三、偏光显微镜的保养与使用守则

偏光显微镜是矿物岩石鉴定工作中的精密仪器之一,也是比较贵重的光学仪器,应倍加爱护,在操作使用过程中应严格遵守如下规则:

使用前应进行检查,如有失调,应按校正步骤进行校正。如发现有重大损坏,应及时报告老师或管理人员。挪动显微镜时,必须一手持镜臂,一手托住底座,动作要轻,严防冲撞显微镜。不得随便自行拆卸显微镜,或将附件任意掉换使用。

镜头必须保持清洁,如有尘土,需用专用橡皮球将灰尘吹掉,或用擦镜头纸擦拭,不得用手绢或其他物品擦拭,以免损坏镜头。镜头及其他附件不用时须放置回附件盒中,并放在固定位置上,严防坠地损坏。

操作时应注意:薄片的盖玻璃必须向上置于物台上,并用薄片夹持器夹紧;下降镜头时,勿使镜头与薄片相碰,以免损坏镜头和薄片;使用上偏光镜及勃氏镜时,应轻拉轻送;仪器调节失灵时,应报告老师或管理人员,切勿强力扭动或擅自作其他处理;勿使显微镜及配件在阳光下暴晒,以免偏光镜及试板等光学部件脱胶。

显微镜使用完毕,须将上偏光镜及勃氏镜推入,装上镜筒盖,同时将配件归位盖上盒盖,将仪器罩罩好放在指定地方,并进行登记。

四、岩石薄片的制作

偏光显微镜下研究岩石和透明矿物,须磨制成"薄片"方能进行。常用的薄片有普通薄片、光薄片、铸体薄片、砂矿薄片和碎屑油浸薄片等类型,其中普通薄片应用最广泛。

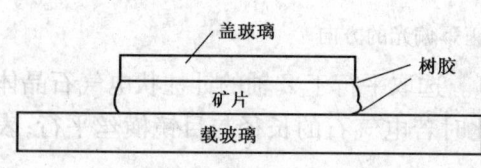

图 2-34　普通薄片结构示意图

普通薄片是由载玻璃（又称载片,通常大小为 25mm×75mm,厚 2mm）、矿物或岩石片（标准厚度应为 0.03mm）和盖玻片（又称盖玻璃,大小为 15mm×15mm 至 20mm×20mm,厚 0.1mm 左右）三者经树胶粘结而成（图 2-34）。

普通薄片的主要磨制过程如下:

将野外采回的岩石或矿物标本,根据送样时所标明的方向或范围,在金刚石或硬质合金切片机上切割成 20mm×30mm×(1~2)mm 的小块。

依次用 180 号、500 号和 1200 号金刚砂将切割后岩块的一面磨平磨光,将载玻璃在酒精灯上加热涂上固体树胶后,把岩石已"抛光"的一面放置其上共同加热,控制加热温度,待树胶熔融时把岩块磨光面与载片之间的气泡挤出压平,缓慢冷却使岩样与载玻璃片粘合。

用上述三种金刚砂依次将另一面磨平磨光至 0.03mm 厚度。

将液体树胶涂在岩石表面上,盖上盖片,用酒精灯加热后把盖片与岩石表面之间的气泡挤出,铲掉周围多余的树胶,用酒精洗净即可。

在特殊需要时,如进行薄片染色,电子探针分析及阴极发光分析等的研究,普通薄片第二面磨平磨光后,在抛光机上抛光,不加盖玻璃,称为光薄片。

砂矿光薄片是把砂粒与环氧树脂或牙托粉混合压成小薄片进行磨制的。疏松易碎的岩石标本,要进行煮胶加固,然后再磨制薄片。

第三章 单偏光镜下矿物的光学性质

第一节 单偏光镜下矿物的形态和解理

单偏光显微镜,是指仅用一个偏光镜(通常是用下偏光镜)组成单偏光系统,其实验操作内容见后文。

一、矿物晶体形态的观测

矿物晶体形态,含晶体习性(以下简称晶习)和自形程度,是单偏光镜下主要观测内容之一。

据矿物晶体的晶习可分为:一向伸长型,如图3-1中针状的硅线石;二向延展型,如图3-2中板片状的白云母;三向等长型,如图3-3中粒状的白榴石。但在显微镜下所见并非矿物晶体的立体形状,而是薄片中的切面形态。显然,晶体的切面形态,既与矿物的晶习有关,还受切面方向的影响。如四方柱晶体(图3-4),与Z轴正交及近于正交的切面呈正方形及菱形,与Z轴平行及近于平行的切面呈矩形及平行四边形,与三晶轴斜交的切面呈六边形(与六个晶面相交)或呈三角形(与三个晶面相交),各形状切面出现的频率是不一样的,相对而言以前二类切面常见。

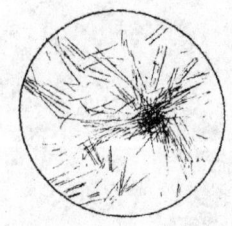 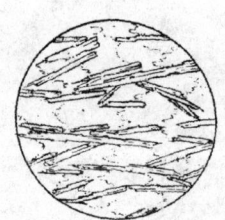 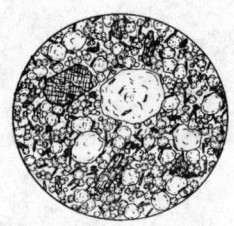 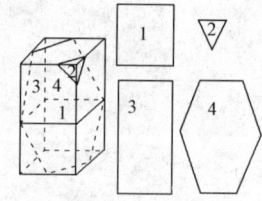

图3-1 硅线石片麻岩　　图3-2 石英白云母片岩　　图3-3 白榴岩　　图3-4 切面形状与方向的关系

薄片中同一种矿物晶体切面的方位和形状是多种多样的,其中必有某几种出现频率较大的切面方向和切面形态,它们在很大的程度上反映了矿物外形的主要特征。例如六方柱状的磷灰石(图3-5),在薄片中常呈六边形切面(垂直及近于垂直Z轴的切面),还常见狭长的多边形切面(平行及近于平行Z轴的切面),把这几种不同方位的切片联系起来,即可以得出磷灰石的形态是柱状晶习的六方柱晶体形态。因此,在薄片中观测矿物晶体的形态,一定要全面观察认真统计,并善于把薄片中同一矿物不同方向切面的空间位置联系起来,再结合解理方向、解理夹角等矿物的其他特征,进行综合分析,就能够对矿物晶体的晶习及整体外形作出正确判断。

在观察矿物晶体形态的同时,还需要注意其晶形的规整与完好程度,即应该注重矿物晶体的"自形程度"。习惯上把薄片中矿物的自形程度分为三级(图3-6):

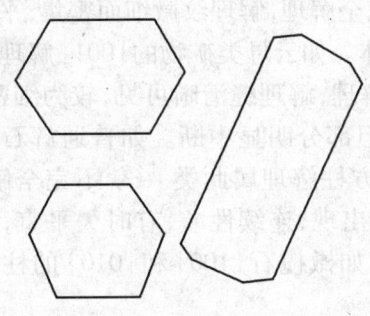
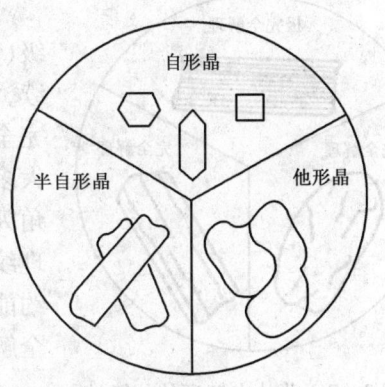

图 3-5 磷灰石的切面形状　　　　图 3-6 晶体的自形程度

矿物发育成完好凸多面几何体,晶体均被平整晶面所包围,在薄片中的切面都呈边平直、角顶尖锐的凸多边形者,称为"自形晶"。如岩浆岩中的副矿物磷灰石常呈六边形或两端稍带锥面的长柱状自形晶;榍石常呈楔形切面的自形晶。

矿物晶体部分被平整晶面包围、部分为不规则表面封闭,在薄片中切面边界,部分平直、部分波曲者称为"半自形晶"。如岩浆岩中的角闪石,柱面常比较平直,两端的晶面常不完善。

矿物晶体外表无平整表面和边界,在薄片中的切面边界均呈波状弯曲者称为"他形晶"。如花岗岩中的石英晶体。

自形程度与晶习是矿物最主要的形貌特征,以此为基础方可对岩石及储层的结构、构造进行全面的观测描述。自形程度与晶习是矿物和岩石形成物理化学条件的直接反映,以此为基础方可对岩石的成因及环境条件作合理的解释。例如,对于侵入岩,常可依据自形程度来确定矿物结晶的先后顺序,较早结晶的暗色矿物,如黑云母、角闪石、其自形程度往往比较晚结晶的长石、石英的自形程度好。

二、薄片中矿物解理的观测

1. 解理和解理的等级

解理是矿物晶体最稳定最典型的特征之一。不同的矿物,内部结构不同,常有不同类型、不同组数、不同夹角、不同方向的解理,解理是矿物相互区别的重要标志之一。例如,某些碱性玄武岩中的火山玻璃与方沸石都是均质体,光学特征相似,方沸石发育{100}不完全解理,火山玻璃是非晶质体无解理,据此可相互区别。

解理是晶体内部结构异向性的宏观表现,与结晶轴之间有确定的空间位置关系。因此,解理是薄片中确定晶体晶轴方向的重要标志。如普通角闪石发育{110}完全解理(二组);在与两组解理面均正交的切面上,二组解理锐角平分线的方向为 Y 轴的方向(薄片法线为 Z 轴方向);在只有一组解理的切面上,解理纹的方向为 Z 轴的方向。

单偏光镜下,薄片中矿物的解理常表现为一些相互平行的及角度相交的暗黑色的细线纹,称为解理纹(或解理缝)。这是由于薄片在磨制过程中受应力作用而形成的微细解理破裂面,又被树胶充填粘合,矿物实体与树胶之间常存在着不同程度的折射率差异,透射光在树胶与矿物实体界面上发生折射、反射等集散现象,从而使解理缝呈暗黑色的微细线纹显现出来。解理纹都局限在单晶体边界以内,相邻晶体的解理纹互不相连。

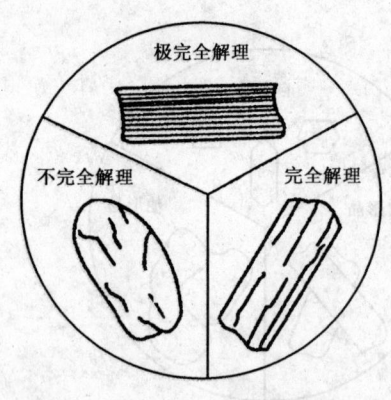

薄片中矿物的解理,按其观测到的特征一般被分为三级(图3-7):① 极完全解理,解理纹微细而密集,平直而连续,常常贯通整个晶体。如云母类矿物的{001}解理均是极完全解理。② 完全解理,解理缝清晰可见,较为细密连续,大多数能贯通晶体,但部分明显中断。如普通辉石与普通角闪石类的{110}斜方柱解理属此类。③ 不完全解理,解理纹间距不等的稀疏出现,连续性差,有时欠平直,或仅隐约能看出其方向性。如橄榄石{100}和{010}的柱面不完全解理。

图3-7 薄片中解理的分级

应注意薄片中晶体的裂纹与不完全解理纹的区别。晶体的裂纹多是由冷却收缩、构造应力等外力作用所引起的,以线纹弯曲波折、彼此不平行、无固定结晶学方向为标志。有时强烈的剪切应力可以使无解理的矿物产生某种具方向性的裂纹,这些裂纹在薄片上有明显的方向性且彼此平行展布,与解理相似;但仔细观察可发现,相邻的晶体、甚至相邻的不同矿物晶体,其裂纹的走向均是同方向的,即裂纹受应力控制,与结晶轴方向无关,据此可以与解理相互区别。

2. 解理可见临界角

实验观察表明,薄片中矿物解理的可见性和清晰程度,主要取决于矿物结晶特性,同时还受切面方向及矿物折射率的影响。

对于解理发育很好的矿物而言,不同方向的切面,所能观测到的解理缝的宽窄、清晰程度、完善程度是各不相同的。当切面方向垂直解理面(即薄片法线与解理面交角为0°)时,薄片中矿物的解理缝最清楚,解理缝的宽度最小(为d),提升镜筒时,解理缝不发生左或右的移动(图3-8左)。当薄片的法线与解理面的交角由0°增加至α时(图3-8右),所观察到解理缝的宽度相应由d增大为d'($d' = d/\cos\alpha$),而显得较为粗宽、暗黑程度减淡,提升或降低镜筒时焦平面在F_1和F_2间变化,解理缝相应的在p_1p_1和p_2p_2间变化而显现为向左(或向右)移动。随着α角度的增加,解理缝的可见宽度d'也增加,致使光线分散而清晰度变差;当解理面与薄片法线的交角α增大到某一数值时,d'进一步加宽使光线进一步分散而不可辨认,此时的α值称为"解理可见临界角"。

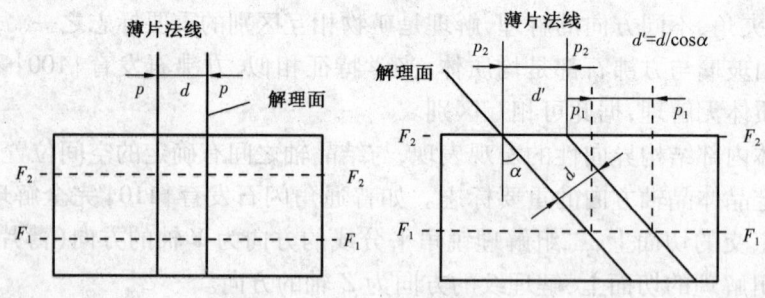

图3-8 解理缝与切面方向的关系(据陈芸苣,1986)

切片的方向不同时,可见到的解理组数也是不同的。例如,普通角闪石具有{110}斜方柱完全解理(两组),只有在垂直和近于垂直Z轴的切面上,才能见到两组解理;在平行或近于平行Z轴(且解理面与薄片法线交角小于解理可见临界角)的切面上,仅可见到一组解理;在其他解理面与薄片法线交角较大(大于解理可见临界角)的切面上,就连一组解理也见不到。

矿物的折射率与树胶折射率的差值是影响解理可见程度的另一因素。矿物晶体折射率与树胶折射率之间的差值越大,解理能见度越大。对于解理面与薄片法线成同等交角的矿物,折射率差值越大的解理缝越显得清晰明显;反之,矿物与树胶折射率差值越小解理缝越显模糊不清而难以辨认。例如,辉石、角闪石、长石等,它们都具有完全解理,辉石与角闪石相对树胶的折射率差值较大,解理纹显呈暗黑色而明显易辨认,长石的折射率与树胶接近,其解理可见临界角很小且纹极细窄而难于观察,只有在近于垂直解理面的切面上并缩小光圈、降低亮度的条件下仔细观察方可辨识。也即是说,解理可见临界角 α 值与矿物和树胶折射率之间的差值大小有关,差值越大,解理可见临界角也越大,差值越小,可见临界角越小。由于树胶的折射率是定值,因此矿物晶体的折射率与解理可见临界角之间,具有明显的相关性。实验表明,常见折射率的矿物,其解理可见临界角有如下数值:

折射率大于 1.70,如十字石、绿帘石等,临界角可达 40°以上;

折射率在 1.70 至 1.60 间,如黑云母、角闪石、辉石等,临界角 25°~40°;

折射率在 1.60 至 1.55 间,如中、基性斜长石,方柱石等,临界角 15°~25°;

折射率在 1.51 至 1.53 间,如钾长石等,临界角小于 15°;

折射率在 1.434 左右,如萤石等,临界角约 25°。

综上述,在薄片中观察矿物解理时,必须考虑多方面的因素,并应多观察一些颗粒,据不同切面方向上解理的表现情况进行综合分析,得出统计性的规律,才能正确判断矿物解理的有无、组数与完善程度,得出合理结论。

3. 解理夹角的测定

当矿物有两组及多组解理时,还必对解理进行类型判断和解理夹角的测定,为矿物鉴定提供依据。解理夹角(图 3-9),是指矿物的晶体上两组解理面所组成的"二面角",其数值大小(度数)等于此二面角之平面角的数值,即是说仅当平面 P_2 与两解理面 C_1 和 C_2 同时正交(即 P_2 与 C_1 和 C_2 的交线 MN 垂直)时,平面 P_2 与解理面 C_1 和 C_2 的二交线所组成的 $\angle 2$ 或 $\angle 2'$ 才为解理面 C_1 和 C_2 的夹角,$\angle 2$ 或 $\angle 2'$ 是互补关系(即 $\angle 2 + \angle 2' = 180°$)。如平面 P_1 和 P_3 与解理面 C_1 和 C_2 的交线 MN 不垂直,其与解理面 C_1 和 C_2 的交线之夹角 $\angle 1$ 和 $\angle 3$ 不是解理面的夹角。显然,当平面 P 与交线 MN 近于垂直时,其与解理面 C_1 和 C_2 的交线之夹角与解理夹角 $\angle 2$ 也近于相等,可以作为解理夹角的近似值。

在薄片中,只有当切面(薄片平面)同时垂直于两组解理面时,此二解理缝的夹角才能代表两组解理的真实夹角,具有唯一性。由于矿物颗粒分布的随机性,有二组和多组解理的矿物在薄片并非每一个颗粒都显现两组解理,也并非每一个显现两组解理的颗粒之解理缝夹角均等于该矿物的解理夹角。因此,要获取矿物晶体正确的解理夹角的数值,必须按下述步骤和操作进行(图 3-10)。

首先,全面观察薄片,认真挑选具有两组解理、且两组解理缝均同时垂直于薄片平面的颗粒。此颗粒的标志是:解理缝应尽可能微细而清晰(与矿物与树胶折射率差值有关),微微升降镜筒时解理缝不发生左右移动。

其次,将合符上述标准的颗粒移至视域中心,使解理缝交点与目镜十字丝中心重合,转动载物台,使一组解理缝与目镜十字丝的纵丝(或横丝)重合,记下载物台刻度度盘读数 a。值得提醒的是测定解理夹角之前,注意校正好显微镜的中心。

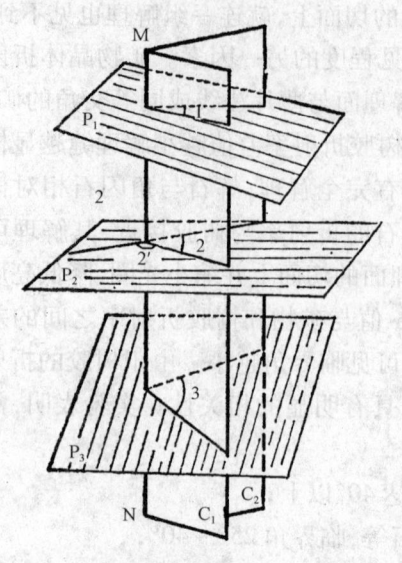
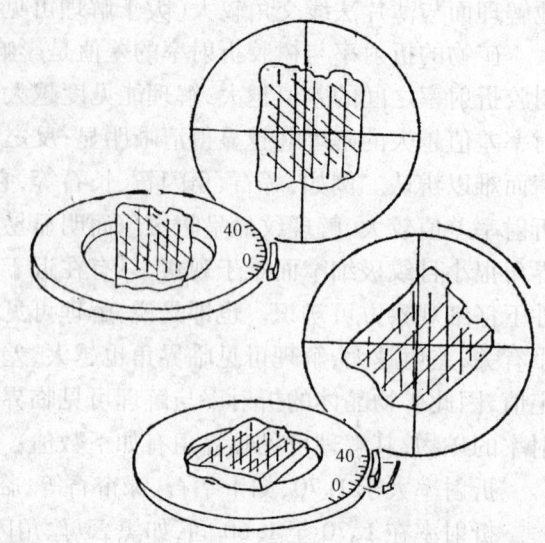

图 3-9 解理夹角图解　　　　　　图 3-10 解理夹角的测量

最后，旋转物台，使另一组解理缝与十字丝纵丝（或横丝）重合，记下载物台刻度盘读数 b。两次读数之差的绝对值 $|a-b|$ 即为解理夹角（有锐角和钝角之分，二者互补）。

可见，解理是矿物的固有特性，是矿物相互区别的主要标志之一，是单偏光镜的主要观测内容之一。解理的清晰明显程度与矿物的种类有关，还与切面的方向和矿物的折射率有关。偏光镜下观测薄片中矿物的解理时，应该倍加仔细。对解理不清晰的晶粒须缩小锁光圈、降低亮度，则更容易发现可能的解理纹；对解理纹明显的矿物颗粒，须全面观测同种矿物的不同晶粒甚至全部晶粒，综合判定矿物的解理等级、组数及结晶学方位；对于有两组及多组解理的矿物，须按测定夹角的步骤操作，以获得解理夹角的正确数值。

第二节 单偏光镜下矿物多色性和吸收性

矿物在薄片中呈现的颜色与手标本上的颜色不同，前者是矿物不同方向切片在透射光下所呈现的颜色，而后者则是矿物在反射光、散射光下所呈现的颜色。手标本上有色的矿物，在薄片中不一定有色（如橄榄石），手标本上颜色较深的矿物在薄片中的颜色有时很浅（如绿帘石）。另外有些矿物在手标本上是一种颜色，在薄片中是另外一种颜色（如角闪石）。晶体光学是研究矿物在薄片中由透射光产生的颜色。

一、薄片中矿物颜色、多色性与吸收性的成因

矿物在白光照射下，由反射光所呈现的色彩称为表色，由透射光所呈现的色彩称为体色。在单偏光镜下，来自下偏光镜的白色偏光照射并透过矿物晶体后在显微镜目镜视域中呈现的颜色，正是矿物晶体的体色。因此，薄片中所观察到的矿物颜色常常与肉眼下所观察到的颜色不一致。比如肉眼下橄榄石呈鲜艳的绿色，薄片中的橄榄石在单偏光镜下几乎是无色的，其原因就在于此。

薄片在单偏光镜所观测到的多是吸收性很弱的透明矿物，这些矿物所呈现的色彩种类和色彩的明暗程度同样取决于矿物的吸收特性，尤其是取决于吸收性的均匀程度。如果白光透

过晶体时，各种色光被等量地吸收，透过的仍为白色光而呈现白色，只是亮度有不同程度的减弱，这些在单偏光镜下能透过白色光线的矿物称为无色（或浅色）矿物。如果晶体对各色光有选择性的吸收，白色光线透过矿物晶体后呈现出各种颜色（未吸收色光的颜色或各种弱吸收色光的混合色），这些矿物称为有色矿物（或暗色矿物）。比如矿物晶体对橙色光波完全吸收，而对其他色光吸收的量相同且很微弱，则光透过晶体后就呈现蓝色。此外，薄片厚度对颜色也有影响，一般薄片厚度越大，总吸收率越大，颜色越深，反之颜色越浅。但是标准薄片下无色的矿物，由于薄片厚度过大，有些矿物可能出现极浅淡的颜色。

大量的观察发现，有色的透明矿物在单偏光镜下所呈现的色彩，常常会随载物台的转动而发生色泽的变化，此现象称为矿物的"多色性（pleochroism）"。如黑云母近于垂直（001）切面的晶粒上解理缝极细密，当解理缝与下偏光振动面方向平行时呈暗褐黑色，而解理缝与偏光振动面方向垂直时呈浅黄色，黑云母是常见的多色性极强烈的矿物。

薄片中的有色矿物晶体在单偏光镜下，随载物台的转动，在颜色变化的同时颜色的深浅明亮程度也会随之变化，这种颜色明暗程度随偏光振动面方向变化而变化的现象，称为矿物的"吸收性（absorption）"。吸收性是由晶体对各色光的总吸收率不同引起的，总吸收率（或吸收率之和）越大，晶体颜色越深暗，反之颜色越浅淡。

矿物的颜色、多色性与吸收性，是晶体重要的光学特性。一般而言，光性非均质体矿物具有各向异性的特征，在偏光显微镜下，矿物晶体的不同结晶学方向上对不同波长色光的吸收能力和强度各不相同，吸收的总量也会随方向的变化各不相等。旋转物台时，非均质晶体在各个不同的方向上常呈现出不同的颜色，且颜色的深浅明暗也各不相同。因此，光性非均矿物晶体，都具有程度不同的多色性与吸收性。不过由于各种光性非均质矿物的化学成分与内部结构各不相同，其多色性和吸收性的明显程度常有极大的差异，如有色矿物，黑云母、角闪石等多色性和吸收性都极明显，普通辉石、符山石等多色性和吸收性均很微弱或不明显，甚至肉眼不可分辨（用精密仪器测定颜色仍有差异）。

光性均质的矿物晶体，光学性质上表现为各向同性，晶体任何方向上对各种色光的吸收性相同，在偏光显微镜下旋转载物台时，颜色及其颜色明暗程度均不发生变化，即光性均质体不具有多色性和吸收性。多色性和吸收性是光性均质体与光性非均质体的又一种区别标志。

二、矿物多色性与吸收性的观测

非均质矿物的多色性与吸收性，都与该矿物光率体主折射率密切相关。通常是选取矿物的主轴面，并依次将主折射率振动方向与下偏光振动面方向平行，记录各主折射率方向上的颜色与颜色明暗程度，来表示矿物多色性与吸收性的特点。同种矿物任意方向的切面，在单偏光下所显示的多色性与吸收性的特征，随切面方向变化而变化，因此，只有主折射率方向上的多色性与吸收性才具有鉴定意义。

一轴晶矿物，如黑电气石在平行光轴的切面上（图3-11），当下偏光振动方向PP与Ne的振动方向平行时，呈现淡紫色，当No与PP平行时，呈现深蓝色。因此黑电气石的多色性特征是Ne=淡紫色，No=深蓝色。当PP与Ne及No斜交时，呈现为蓝-紫色，为深蓝色与淡紫色的混合色，二色的比例与矿物位置有关，当No近于平行PP时为紫蓝色（蓝色居多为主），当Ne近于平行PP时为蓝紫色（紫色居多为主）。

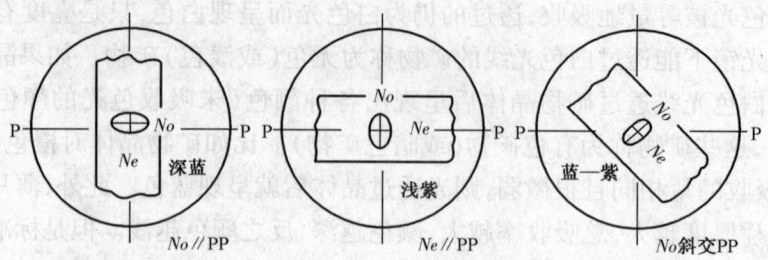

图 3-11 电气石多色性的测定

一轴晶垂直光轴的切面上只有一个主轴 No，在单偏光下转动物台，颜色无变化，为 No 的颜色，其他方向切面的多色性与吸收性的特征介于平行光轴与垂直光轴切面之间。多色性及吸收性尤以平行光轴切片最为明显。

二轴晶矿物有三个主折射率 Ng、Nm、Np 和对应的三个主要的颜色（简称主色）。在平行光轴面的切面上能显示 Ng 和 Np 二主色，多色性最明显；在垂直于 Np 的主轴面上可显示 Ng 与 Nm 二主色；在垂直于 Ng 的主轴面上可显示 Nm 与 Np 二主色；在垂直光轴 OA 的切面上仅显示 Nm 的颜色（此切面的颜色和多色性均无变化），且 Nm 颜色为 Ng 主色与 Np 主色的过渡颜色（对于正光性矿物 Ng 主色居多，对负光性矿物 Np 主色居多，$2V=90°$ 时为二者的平均色）。因此，要全面准确观测二轴晶矿物的多色性和吸收性，必须有针对性地选定两个主轴面，通常是选取特征明显、易于识别的平行光轴的切面和垂直光轴的切面（此切面的识别标志和主轴名称的测定后述）。如普通角闪石（图 3-12），在平行（010）（即平行光轴面）的切面上，当 Np 与下偏光方向 PP 平行时呈浅黄绿色，当 Ng 与下偏光方向 PP 平行时呈深绿色；在垂直光轴的切面上当 Nm 与下偏光方向 PP 平行时呈绿色。当然，在能够确定主轴名称的前提下也可选其他的二个主切面。二轴晶矿物其他任意方向的切面上，无法准确观测到 Ng 主色、Nm 主色和 Np 主色而不具有鉴定意义。

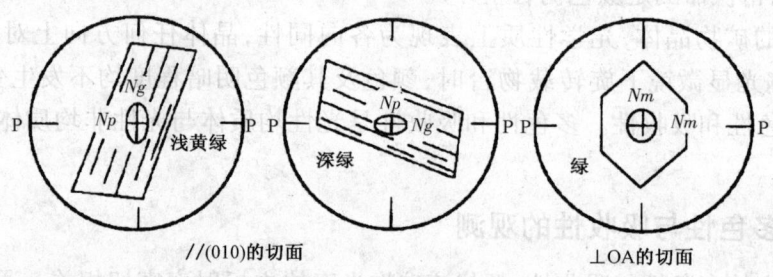

图 3-12 普通角闪石多色性的测定

在晶体光学中通常是用光学主轴方向上的颜色来记录和描述矿物的多色性，如黑电气石的多色性为 No - 深蓝色，Ne - 浅紫色；又如普通角闪石的多色性为 Ng - 暗绿色、Nm - 绿色、Np - 浅黄绿色。这种表示主轴颜色的式子称为"多色性公式"。

非晶质矿物在光学主轴方向上颜色深浅与浓淡的关系常用不等式来表示，这种吸收性强弱关系的不等式，称为非均质矿物的"吸收性公式"。如黑电气石当 No 的颜色深暗而吸收性较强，Ne 的颜色较浅淡而吸收性较弱，其吸收性公式为"$No > Ne$"。又如某普通角闪石，Ng 的颜色深暗吸收强，Nm 的色较为深暗吸收性次之，Np 的颜色浅淡吸收性最弱，其吸收性性质为：$Ng > Nm > Np$。

如果矿物折射率大的方向上吸收性强、颜色深暗，折射率小的方向上吸收性弱、颜色浅淡，则称为"正吸收"，如上述普通角闪石。如果矿物折射率大的方向，吸收性弱颜色浅淡，折射率小的方向吸收性强颜色深暗，则称为"反吸收"。

第三节　单偏光镜下矿物的折射率

折射率是鉴定矿物十分重要的光学常数之一。在薄片中不能得到矿物折射率绝对准确的数值，但通过矿物与树胶之间（或相邻两种矿物之间）呈现的边缘和贝克线、糙面、突起等光学现象，可以对折射率的相对大小作出判断，以达到区分矿物的目的。

一、矿物的边缘与贝克线

在偏光显微镜下仔细观察薄片的时候，在矿物与树胶（或另一种矿物）的接触处，会看到一条暗黑的界线，此界线称为矿物的"边缘（edge）"，在边缘附近还可以见到一条较为明亮的细线，此亮线称为"贝克线（becke line）"又称为"光带"。薄片中两种折射率不同介质的界线处出现的这种光带现象由德国学者贝克（Becke）于1893年首先发现，故名之。

矿物的"边缘"和"贝克线"的出现，是由于相邻二介质（矿物与树胶）的折射率不同，在二者的界面上，光线发生折射、反射使界面上方的光线发生聚敛与离散，在光线聚敛处形成光带即贝克线，在光线离散处形成暗黑区即为矿物的边缘。

在图3-13中，N为折射率较大的介质（矿物），n为折射率小的介质（树胶），MM为二者的分界线（面），不论界线MM是陡倾斜还是缓倾斜，也不论N在n之上还是N在n之下，界线MM区域的平行（及近平行）光线3均发生折射与反射，其折射光3′总是偏向折射率较大的N侧，反射光为3″的偏向与界面MN的陡缓有关；N区域的光平行光线2和n区域的平行光线1均不发生折射而直通。于是在界线MM的N侧发生光线2和3′的汇聚而在视觉上产生"光带"形成贝克线；在界线MM的上方区域因折射光线3′的偏折离散在视觉上形成"暗带"，即形成矿物的边缘。即使界线MM是竖直的（此种情况较少出现），在MM附近的一些微倾斜的光3（光源提供的不可能是绝对的平行光）也可在界面上折射和反射，在MM的N侧发生折射光线3′与平行直通光线2的汇聚而可形成贝克线。

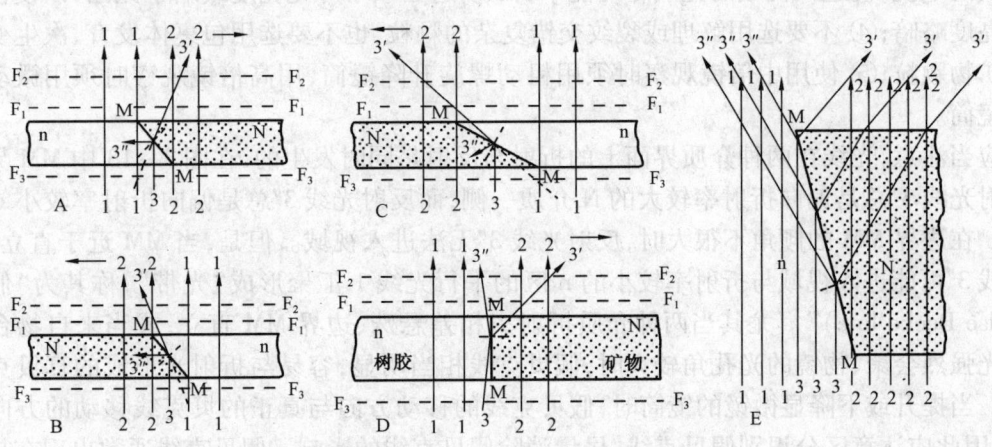

图3-13　边缘、贝克线、假贝克线成因原理图

由图还看出，当镜筒微微提升时，焦平面由 F_1 相应升高至 F_2 时折射光 $3'$ 与直通光 2 的汇聚点（贝克线）将明显地向 N 侧移动。相反，若微微下降镜筒焦平面由 F_1 降至 F_3 时折射光 $3'$ 与直通光 2 的汇聚点（贝克线）将明显向地向 n 侧移动。

可见边缘与贝克线是因光线的折射会聚而形成的，二者紧密相伴；微微提升镜筒时，贝克线将向折射率较高介质一侧移动；微微下降镜筒时，贝克线将向折射率较低介质一侧移动（图3-14）。

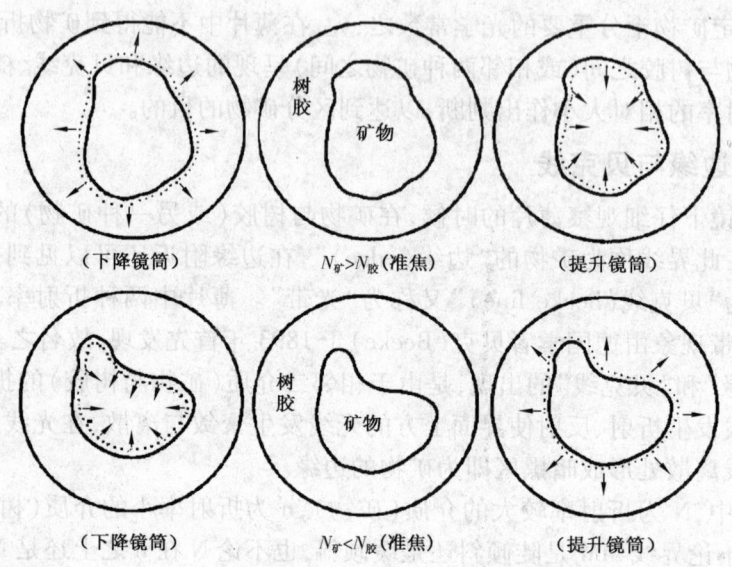

图 3-14　贝克线的移动规律

贝克线的灵敏度很高，两物质折射率相差在 0.001 时，贝克线仍然清晰可辨，若用单色光，灵敏度可达到 0.0005。因此贝克线是在薄片观测实验中比较矿物相对折射率大小最有效最常用的办法，应用油浸法测定矿物的折射率也是以贝克线现象为依据的。

为使贝克线更易于观察，宜采用以下措施：① 选择颗粒比较清洁平直的边缘部分，并将其移至视域中心；② 适当缩小光圈或把"照明透镜装置"放低一些或使用平面反光镜，以消除斜射光线的干扰，使进入视域的光线尽可能平行；③ 适当减小灯光亮度或缩小光圈，以使视域内背景亮度略暗；④ 不要选用解理或裂纹交错复杂的颗粒，也不要选用包裹体发育、次生变化强烈的矿物颗粒；⑤ 使用中倍镜观察时须用粗动螺旋升降镜筒，用高倍镜观察时须用微动螺旋升降镜筒。

应当注意，光线在两种介质界面上的折射与反射是同时发生的，在图 3-13 中 MM 界线上的折射光线 $3'$ 总是偏向折射率较大的 N 介质一侧，而反射光线 $3''$ 总是偏向折射率较小 n 介质一侧。在边界 MM 的倾角不很大时，反射光线 $3''$ 无法进入视域。但是，当 MM 近于直立时，反射光线 $3''$ 可能进入视域与折射率较小的 n 区的平行光线 1 汇聚形成"光带"，称其为"假贝克线（false Becke line）"。尤其当两种介质折射率相差悬殊、边界 MM 直立，或当来自物台下的入射光强烈会聚、物镜的光孔角较大时，假贝克线相当明显，容易与折射光形成的真贝克线相混淆。当提升或下降显微镜的镜筒时，假贝克线的移动方向与真正的贝克线移动的方向恰好相反，因此应注意区分识别假贝克线、尽量消除假贝克线的影响。假贝克线通常出现在折射率较大矿物的近于直立边界的局部区段，使用平面反光镜、降低聚光镜的位置，尽可能缩小入射光圈减少斜射光线，以低倍数的物镜替换高倍数的物镜，可以消除或减弱假贝克线的影响。

当用白光作为光源、某些浅色或无色矿物(如石英、钠长石、钾长石、树胶等)之间折射率差值很小时,在其边缘的贝克线可分裂成两条更细小的彩色光带,一条以黄至橙色色调为特征,称为黄色光带;一条以蓝至绿色色调为特色,称为蓝光带。这种现象称为色散效应(dispersion effect)。色散效应实质上也是一种贝克线,只不过是一种色彩更复杂的贝克线而已。在薄片中蓝色光带总是靠近折射率高的介质一侧,而黄色光带总是靠近折射率低的介质一侧。因此也可应用此规律来比较矿物折射率的大小,尤其对折射率差值较小的浅色矿物更有效。

二、矿物的糙面

在单偏光镜下观察薄片中矿物时,可以看到有些矿物表面较为光滑,而另一些矿物表面则较粗糙,像皮革表面一样,这种现象称为矿物的"糙面(rough surface)"。

岩矿薄片是用金刚砂磨薄再用树胶粘贴在载玻片上制成的,矿物颗粒的上下表面和周围都与树胶或其他矿物接触。经磨削的矿物颗粒的上下表面并非绝对平滑,放大来看,是略微凹凸不平的微细粗糙表面,如同许多相联的微凸透镜和微凹透镜一样(图3-15)。当平行光线透过薄片时,在矿物晶体的微透镜般的下界面和上界面将会发生程度不同的发散和聚敛,致使矿物表面有些区域因光线集中而明亮,另一些地方因光线分散而变暗,使原来均匀入射的光线变得不均匀,呈现明暗交错的斑点,好像粗糙的皮革表面一样,故称为糙面。实验表明,只要矿物与树胶之间有折射率差存在,不管矿物的折射率比树胶大或比树胶小,都有糙面产生,且二者折射率相差越大,糙面现象越明显。反之,若二者折射率相等,光经过二者交界面,不发生折射,照原来方向前进,矿物表面亮度很均匀,便没有"粗面"现象出现。

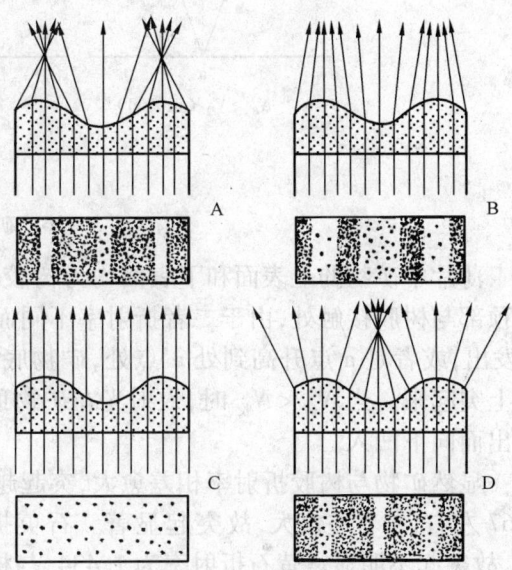

图3-15 糙面成因图解
A—矿物折射率远大于树胶;B—矿物折射率大于树胶;
C—矿物折射等于树胶;D—矿物折射率小于树胶

显然糙面是矿物与树胶之间的折射率有差异而产生的一种极普遍的光学现象,糙面的明显程度主要同矿物与树胶的折射率差值有关,即差值越大糙面越明显,差值越小或为零糙面越不明显或糙面消失。因此,可用糙面明显程度来比较和判断矿物折射率与树胶折射率差值的大小。如石榴石、橄榄石、萤石等矿物的折射率与树胶折射率之差,都在0.1以上,它们的糙面很清楚醒目;而石英、长石等矿物的折射率与树胶折射率之差都在0.01以下,它们的糙面就不显著。在薄片观测中常用极显著(极明显)、很显著(很明显)、显著(明显)、不显著(不明显)等来描述糙面的明显程度。

糙面的显著程度除与折射率差值有关外,还与背景光强度、观察的方向、物镜的光孔角及显微镜的聚焦灵敏程度等因素有关。一般缩小光栏减弱背景光、用中高物镜使光孔角较大及聚焦准确时糙面更明显。

三、矿物的突起

在薄片中仔细观察矿物时,可发现不同矿物颗粒的表面好像高低不平,有的矿物突出一些,有的矿物则低平一些,这种光学现象称为矿物的"突起(relief)"。同一薄片,各矿物厚度基本一样,为什么会显现出高低不平呢?这仅仅是一视觉效应,这种效应是由于矿物与矿物、矿物与树胶间折射率不同而造成的(图3-16)。

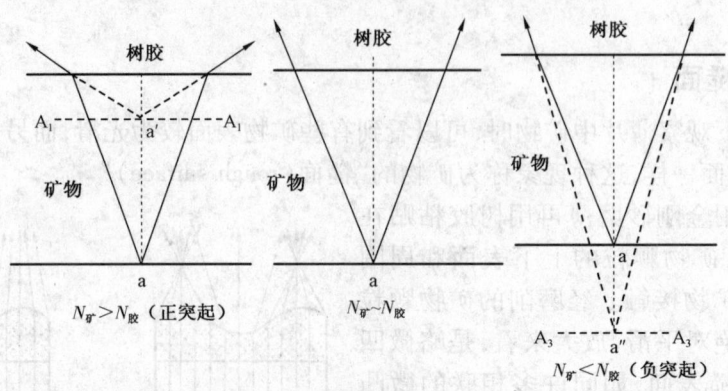

图3-16 矿物突起成因图解

薄片中矿物的上表面和下表面均为树胶覆盖,当 $N_{矿} > N_{胶}$ 时,光由矿物底部a点射至矿物顶部与树胶接触处,由于二者折射率不同而发生折射,且折射角大于入射角,看来就像光从a′发出,或者是a点升高到处a′点处,矿物底部其他各点也相应升高,而使整个矿物表面显得向上突起来。当 $N_{矿} < N_{胶}$ 时,入射光在矿物顶界折射时,折射角小于入射角,则似光从底部a″发出而向下凹入。

显然矿物与树胶折射率相差愈大,突起越高。树胶折射率为1.540,辉石类矿物折射率为1.67左右,二者差值大,故突起显著。石英折射率为1.544至1.553之间,与树胶折射率相近,故突起不明显。萤石折射率为1.434,与树胶差值也大,向下凹入也明显。因此规定,折射率大于树胶的矿物的突起为正突起,折射率小于树胶的矿物的向下凹入为负突起。突起的高低凭视觉效应确定,但突起的正与负,必须借助于贝克线,按贝克线的移动方向确定矿物折射率与树胶折射率的相对大小,大者突起为正,小者突起为负。

在薄片观测实验中常按矿物折射率的大小将突起分为六级(图3-17),各突起等级的折射率范围及其相应特征列于表3-1中。突起高低正负的识别和等级的确定是单偏光镜下薄片观测实验最重要的内容之一。因为折射率是矿物的最重要的基本光学常数,各种矿物折射率大小的精确测定在薄片中无法完成,依据突起等级却能圈定矿物折射率的大小范围及区间,再结合其他光学特征,就能有效地识别常见矿物,也可缩小未知矿物的查找与检索范围。

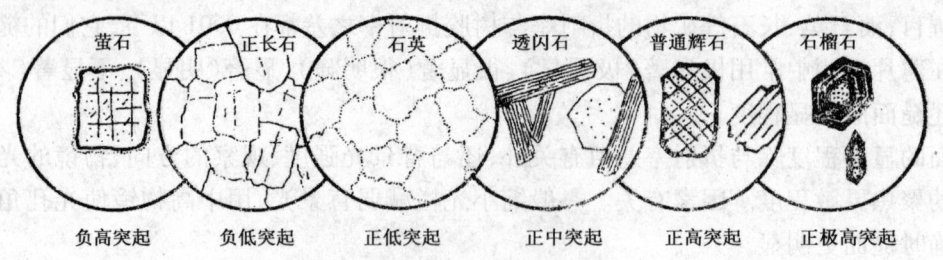

图3-17 矿物突起等级素描图

矿物的突起、边缘、贝克线和糙面均是与矿物和树胶折射率之间的差值有关的光学性质，因此三者之间有明显的必然联系，在确定矿物的突起等级时应参考矿物的边缘、贝克线、色散效应和糙面等特征(表3-1)。

表3-1 薄片中矿物折射率、突起和糙面的关系(树胶折射率为1.540)

突起等级	折射率	边缘糙面特征	贝克线特征及色散效应	矿物
负高突起	1.41~1.48	边缘糙面明显	贝克线明显，提升镜筒移向树胶，色散效应显著，黄色光带在矿物一边，蓝色光带在树胶一边	萤石、蛋白石等
负低突起	1.48~1.54	边缘糙面不明显	贝克线可辨，提升镜筒移向树胶，色散效应清楚，黄色光带在矿物一边，蓝色光带在树胶一边	正长石、白榴石等
正低突起	1.54~1.60	边缘糙面不明显	贝克线可辨，提升镜筒移向矿物，色散效应清楚，蓝色光带在矿物一边，黄色光带在树胶一边	石英、中长石、云母等
正中突起	1.60~1.66	边缘糙面明显	贝克线清楚，提升镜筒移向矿物，色散效应容易找到，蓝色光带在矿物一边，黄色光带在树胶一边	透闪石、磷灰石等
正高突起	1.66~1.78	边缘糙面很明显	贝克线很明显，提升镜筒移向矿物，色散效应清楚，蓝色光带在矿物一边，黄色光带在树胶一边	普通辉石、橄榄石等
正极高突起	>1.78	边缘糙面极明显	贝克线极明显，提升镜筒移向矿物	石榴石、榍石等

为确定矿物的突起等级时还应注意矿物的光性与轴性。均质体矿物折射率不随光振动方向和矿物切面方向的变化而改变，只有一个折射率值，在均质矿物与树胶相接触的边界即可确定其突起等级。非均质体矿物的折射率随光振动方向和矿物切面方向不同而变化。对于一轴晶，最好是在平行光轴面或垂直光轴的切面上，使主折射率方向与下偏光平行时观测相应主折射率的突起等；对于二轴晶，最好是在平行光轴面和垂直光轴的切面上，测定相应主折射率的突起等级。通常非均质矿物的 Ng 与下偏光 PP 平行时突起最高，Np 与下偏光 PP 平行时突起最低。除碳酸盐矿物和白云母等少数矿物外，绝大多数常见矿物 Ng 的折射率与 Np 的折射率的差值，均不大于一个突起等级。因此，在通常薄片矿物鉴别时，必须对同种矿物的多个晶体颗粒进行突起观测，并用贝克线确定突起的正负，选其突起最高的等级作为观测矿物的突起等级。

四、矿物的闪突起

观察方解石时，还会发现这样的现象：转动物台，矿物颗粒的边缘时粗时细、矿物的突起时高时低，旋转物台一周变化四次，这种现象称为"闪突起"。若是选用菱形的方解石颗粒，利用贝克线，还可进一步发现：菱形长对角线方向(No 的方向)平行下偏光振动方向时，方解石的折射率大于树胶，为正中突起；菱形短对角线方向平行下偏光振动方向(即 No 平行上偏光 AA 方向)时，方解石的折射率小于树胶，为明显的负低突起；在中间位置时，二者折射率相近，突起不明显(图3-18)。

方解石为一轴晶矿物，其 $No = 1.658$，$Ne = 1.486$。Ne 与 No 的差值较大，且其 No 值大于树胶，其 Ne 值小于树胶，因此闪突起表现得特别明显而极容易观察到。

从理论上讲，非均质矿物都有闪突起现象，双折射率越强的矿物，闪突起越显著。方解石等碳酸盐矿物和白云母(图3-19)就是这类闪突起极明显的矿物，不过一般非均质矿物的闪突起在肉眼观察时不甚明显。均质体的矿物则无闪突起。

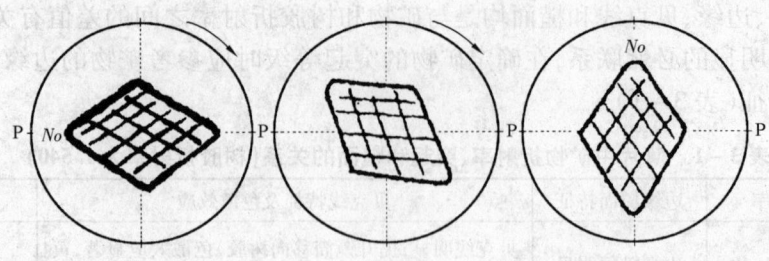

图 3-18 方解石闪突起素描图

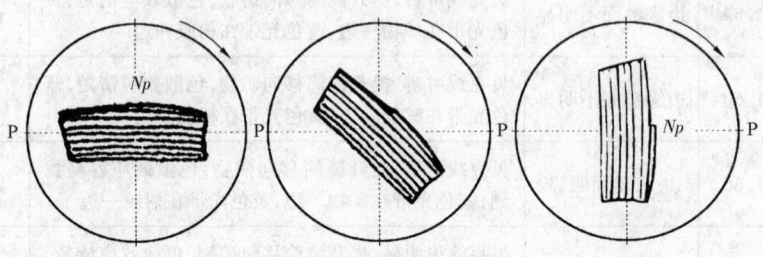

图 3-19 白云母闪突起素描图

另外，非均质体闪突起的明显程度还与颗粒的切片方向有关。垂直光轴方向的切面无闪突起；在一轴晶中，平行 Z 轴的方向和二轴晶中包含 Ng、Np 主轴的切面（即平行光轴面的切面），二主轴折射率之差值（双折率）最大，闪突起现象相对最为显著，其他方向的切面介于二者之间。

闪突起是与矿物双折射率有关的光学现象，对于双折射度大、闪突起显著的碳酸盐和白云母类矿物有重要鉴定意义，因此也是单偏光镜下薄片观测中不可忽视的内容。

第四章 正交偏光镜下矿物的光学性质

第一节 正交偏光镜下矿物的消光与干涉色

将下偏光镜和上偏光镜(又名分析镜)同时推入镜筒,上偏光振动面为AA方向,与下偏光的光振动面PP方向垂直正交,即构成正交偏光镜(简称正交光)(图4-1)。

在正交偏光系统中,载物台不放置矿物薄片,视域是黑暗的。这一现象说明空气是均质体。由下面反光镜上来的自然光,通过下偏光镜后,变成单一方向振动的偏光,其振动面方向用符号PP表示(与十字丝横丝方向一致)。经过物台,振动方向不变。而上偏光镜只能透过振动面方向为AA(十字丝纵丝方向)的偏光,其方向刚好与PP正交,故下偏光镜上来的偏光不能通过上偏光镜,视域呈现黑暗。可以利用视域是否黑暗,来检查上、下偏光镜振动方向是否完全正交。

在正交偏光镜下主要观测矿物的双折射和双折射率所产生的干涉色等光学现象,同时还涉及光率体椭圆切面半径轴名有关的一些内容,如光率体椭圆切面半径轴名的测定、多色性和吸收性公式的测定、消光类型和消光角、延性符号和双晶等。

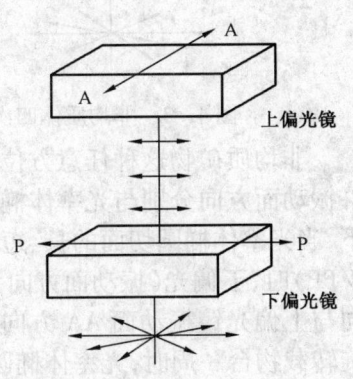

图4-1 正交偏光的构成

一、消光与干涉色的成因

在正交偏光下于载物台上放置均质体矿物任意切面的薄片,视域呈现黑暗,这种矿物薄片在正交偏光镜下时显微镜视域呈现黑暗的现象称为"消光"(extinction)。消光的原因在于,下偏光透过均质矿物后偏光振动面方向仍为PP方向,与上偏光振动面AA方向正交,不能透过上偏光镜,致视域黑暗而消光(图4-2)。光性均质矿物不产生双折射,也不改变入射光的振动特点,可以透过自然光,也可透过任意方向的平面偏光,在载物台上旋转均质矿物都处于消光位置,因此均质矿物具有"全消光(complete extinction)"的特性。高级晶族的萤石、石榴石等及非晶质矿物蛋白石、火山玻璃等(受应力作用晶格变异者除外),均具有全消光的特性且与切面方向无关。

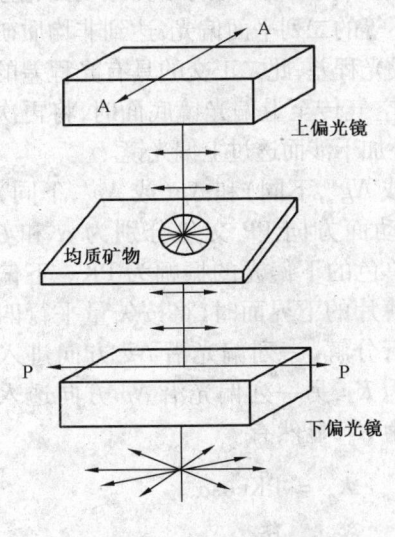

图4-2 均质体全消光

非均质矿物任意方位的切片(图4-3),在正交偏光镜下,旋转载物台360°时视域会出现四次黑暗的现象,即非均质矿物任意方向切面的薄片具有四次消光的属性,或者说凡具有四次消光现象的矿物皆为非均质矿物(或受应力发生晶格变异的均质矿物)。非均质体矿物切片处于消光时的位置,称为非均质矿物的"消光位"。

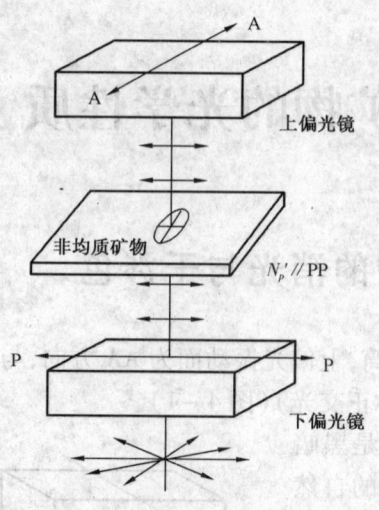
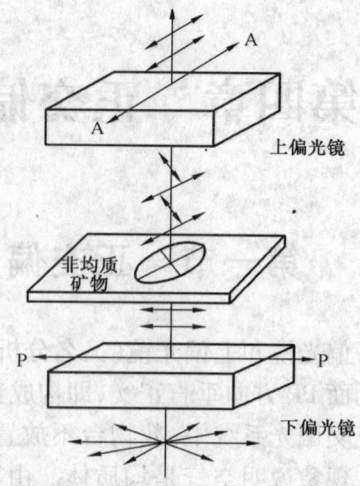

图 4-3 非均质体四次消光　　　　图 4-4 非均质矿物二次分解叠加示意图

非均质矿物这种任意方位的切面与光率体的交线为椭圆形,表明此方向切面的薄片只允许振动面方向分别与光率体椭圆切面长、短半径平行的偏光透过。这种切片在正交偏光条件下,当光率体椭圆切面的长、短半径分别与上、下偏光振动面方向平行时,即 Np'∥PP(或 Ng'∥PP)时,下偏光(振动面方向为 PP)必沿光率体椭圆半径之一(如 Np')透过薄片,其振动面方向与上偏光镜振动面 AA 方向垂直,因而不能通过上偏光镜致使视域呈现黑暗而消光。显然旋转载物台一周时,光率体椭圆切面的长、短半径(Np' 或 Ng')与下偏光振动面方向 PP 共有四次重合机会,每当重合时该矿物即处于消光位,因此非均质矿物任意方向切面在正交偏光镜下必然会呈现四次消光的现象。当然,非均质矿物垂直光轴的切面上光率体切面为圆,此切面可透过自然光和任意方向的偏振光,此切面也具有全消光的特性,一轴晶只有一个垂直光轴的切面方向,二轴晶只有二个垂直光轴的切面方向。

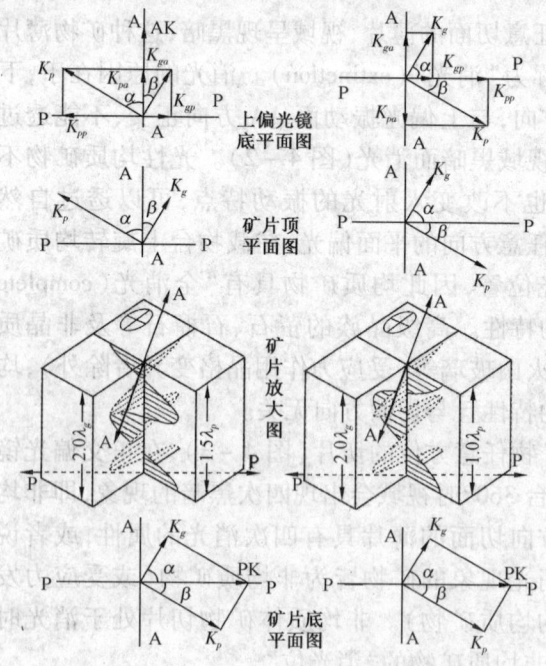

图 4-5 光程差及偏光分解叠加图解

非均质矿物任意方向切面的薄片置载物台上非消光位时(图 4-4),与切面平行的光率体椭圆切面的长、短半径分别与下、上偏光斜交时,下偏光 PP 进入非均质矿物即被分解为振动面相互正交的波速不等的二列平面偏光,达到非均质矿物顶面时形成光程差,此二正交的具有光程差的平面偏光,经空气传至上偏光镜底面时,将再次发生分解和叠加干涉而透过上偏光镜。

设 Ng(或 Ng',下同)和 Np(或 Np',下同)与下偏光振动面方向 PP 交角分别为 α 和 β(图 4-5),单色的下偏光的振幅为 PK。下偏光到达矿物薄片的下界面时,将按矢量平行四边形法则进行分解,一列偏光沿 Ng 方向进入矿片其振幅为 K_g,另一列偏光沿 Np 方向透入矿物其振幅为 K_p,显然有

$$K_g = PK\cos\alpha$$

$$K_p = PK\sin\alpha$$

或者

$$K_g = PK\sin\beta$$

$$K_p = PK\cos\beta$$

这两列偏光透过薄片后按原振动面方向继续前进,到达上偏光镜时,与上偏光的振动方向 AA 斜交,其交角仍分别为 α 和 β,又将发生第二次分解。按平行四边形法则 K_p 分解为 K_{pa} 与 K_{pp},K_g 分解为 K_{ga} 与 K_{gp},由数学知识可知:

$$K_{pa} = PK\sin\alpha\cos\alpha$$

$$K_{ga} = PK\cos\alpha\sin\alpha$$

$$K_{pp} = PK\sin\alpha\sin\alpha$$

$$K_{gp} = PK\cos\alpha\cos\alpha$$

或者

$$K_{pa} = PK\cos\beta\sin\beta$$

$$K_{ga} = PK\cos\beta\sin\beta$$

$$K_{pp} = PK\cos\beta\cos\beta$$

$$K_{gp} = PK\sin\beta\sin\beta$$

显然由矿物薄片透出的偏光 K_g 在 PP 方向的分量 K_{gp} 和偏光 K_p 在 PP 方向的分量 K_{pp} 均与 AA 正交被阻挡吸收而消失;偏光 K_g 在 AA 方向的分量 K_{ga} 与偏光 K_p 在 AA 方向的分量 N_{pa} 将同时进入上偏光镜在 AA 振动面传播。此二偏光频率相同振动平面也相同,符合干涉光的条件,必会发生光波的相互叠加干涉(interference),干涉叠加的效果取决于二相干光的光程差(或相位差)。

光程差的产生是由于两列偏光 K_g 和 K_p 在矿物薄片内传播时的折射率 Ng 和 Np(或 Ng' 与 Np',下同)不等、波速 V_g 与 V_p 大小不同的原故。显然 Ng 大于 Np,相应的 V_g 小于 V_p。K_g 和 K_p 在薄片的下表面分解形成后,同时在薄片内行进,由于 K_p 的光速大于 K_g,当 K_p 到达薄片的上表面时,K_g 尚未到达;当 K_g 到达薄片的上表面时,K_p 已在空气中行进了一段距离。即是说,两列偏光 K_g 和 K_p 在矿片内由于波速不同而产生了光程差 R。设两列偏光 K_g 和 K_p 穿透矿片所用时间分别为 t_g 和 t_p,其在空气中的波速为 V_o,矿物片厚度为 d,则有如下关系:

$$R = V_o(t_g - t_p)$$

因为 $t_g = d/V_g; t_p = d/V_p;$ 且 $Ng = V_o/V_g; Np = V_o/V_p;$

则 $R = V_o[(d/V_g) - (d/V_p)] = d[(V_o/V_g) - (V_o/V_p)]$

所以 $R = d(Ng - Np)$ 或 $R = d(Ng' - Np')$ (4-1)

由式(4-1)可明显看出,两列偏光在矿物薄片内行进时,由于波速和折射率的差异,会产生光程差,单色光的光程差 R 等于矿片厚度与该色光双折射率的乘积,或者说单色光通过矿片后产生的光程差与矿片厚度和矿片的双折射率成正比。

当两列偏光 K_g 和 K_p 在薄片厚度内的光程差为该单色光在空气中半波长的奇数倍[即

$R=(2n+1)\lambda/2$]时(图4-5左),二偏光在AA方向上分量K_{ga}和K_{pa}的光矢量振动方向相同,相干的结果是光矢量相互叠加而增强,即$AK=K_{ga}+K_{pa}=2PK\sin\alpha\cos\alpha$,在显微镜视域中呈现倍增的明亮的色彩。

当两列偏光K_g和K_p在薄片厚度内的光程差为该单色光在空气中半波长的偶数倍(即$R=2n\lambda/2$)时(图4-5右),二偏光在AA方向上分量K_{ga}和K_{pa}的光矢量振动方向相反,相干的结果是光矢量相互叠加而抵消,即$AK=K_{ga}-K_{pa}=0$,在显微镜视域中有振幅为0的光波而呈现暗黑(此振幅相等位相相反相互叠加振幅为0的现象称为消色)。

由数学知识容易证明,在$K_{pa}=PK\sin\alpha\cos\alpha$和$K_{ga}=PK\cos\alpha\sin\alpha$中,$K_{pa}$与$K_{ga}$的绝对值恒相等,仅当$\alpha$为45°时,$K_{pa}$与$K_{ga}$分别为最大值(且光程差为半波长奇数倍时二者位相相同,光程差为半波长偶数倍时二者位相相反);而当α为0°或90°时,K_{pa}与K_{ga}均为最小值0;当0°<α<45°时K_{pa}与K_{ga}分别介于最大值与最小值之间。这正是当Ng或Np与上偏光镜或下偏光镜振动方向一致时消光(视域黑暗),呈45°斜交时有最明亮的彩色(位相相同)或为暗黑无色彩(位相相反),而在其他斜交方位时视域呈现中间亮度彩色的原因。

二、干涉色的级序和色序

从上述可知,在正交偏光镜下,来自下偏光镜的平面偏光进入非均质矿物任意方向切面的薄片后发生双折射,形成具有光程差的振动面相互垂直的两列平面偏光,此两列平面偏光在上偏光镜会发生第二次分解,在上偏光振动面内的两列偏光(分量)频率相等、有光程差,便会发生干涉叠加,致使非均质矿物任意方向切面的薄片,在正交偏光镜下于非消光位时呈现明亮程度不同的色彩。这种非均质矿物任意方向的薄片在正交偏光镜下由光的干涉作用而呈现的色彩,称为"干涉色(interference colors)"。

平面偏光的二次分解是干涉叠加的先决条件,光程差是干涉增强还是减弱的决定因素。光程差R又等于矿物薄片厚度d与该切面的双折率($Ng'-Np'$)的乘积。矿物切片的双折射率又受矿物的类型、切面的方向以及入射光波长(或频率)的控制。而干涉的结果最终还取决于光程差(R)与入射光半波长($\lambda/2$)的比值是奇数还是偶数,或接近于奇数或接近于偶数的程度。

石英楔子(图4-6)为石英的楔形矿物薄片,其长边平行于No方向,短边平行于Ne方向,最大双折射率基本为0.009,厚度大的一端一般为0.20mm(特殊的可以更大)。此石英楔子对于450nm蓝色光的最大光程差达$8\lambda/2$左右,对550nm黄色光的光程差可达$7\lambda/2$左右,对于700nm的红色的光程差仅达$5\lambda/2$左右。依次以蓝光、黄光和红光等单色光为光源,将此种石英楔子缓缓插入正交偏光显微镜的试板孔中,对蓝色光源可观察到四次明亮的蓝色及其间的暗黑色,对黄色光源仅可

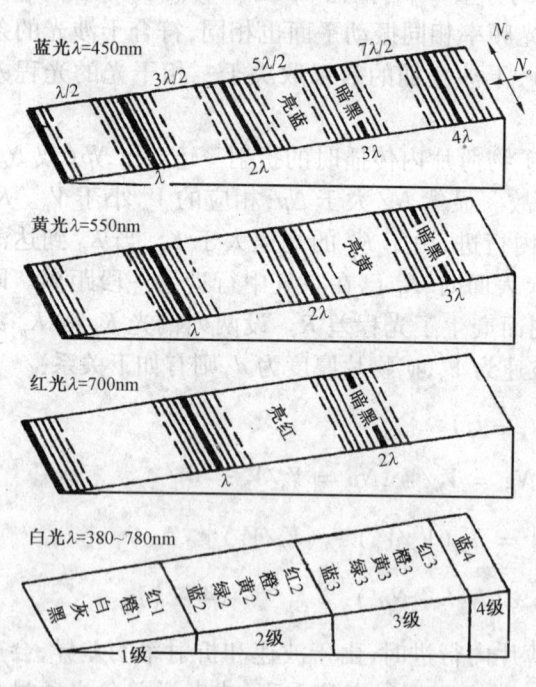

图4-6 正交光下石楔子的干涉情况

观察到四次明亮的黄色及其间的三次暗黑色,对红光源仅可观测到三次明亮的红色及其间的二次暗黑。如果以白光作为光源,缓慢插入石英楔子即可见各种色光依次呈现并周期出现的现象。

其原因在于白色光是波长390nm到770nm的七种连续色光的混合光线(图4-7)。当石英楔子缓缓插入显微镜时,不同波长色光分别按自身的光程差与半波长的倍数关系,形成同位相的亮带、反位相的暗带及过渡色带。同样,在石英楔子的某光程差的厚度位置,有的色光处半波长奇数倍同位相而呈亮色,有的色光处半波长偶数倍反位相而呈暗黑色,还有更多的色光处于中间位相而呈过渡色,这各种色光的叠加则为石英楔子处于该位置时的干涉色。例如在石英楔子处于光程差1000nm位置时,蓝光(470nm)和绿光(515nm)处于半波长偶数倍及附近基本为反位相而呈暗黑色,黄色光和靛色光处于中部位相而呈较浅淡的黄色及靛色,紫色光(410nm)、橙色光(620nm)和红色光(700nm)则处半波长奇数及附近基本为同位相而呈对应的亮色,这些色光叠加的结果即为石英楔子该位置的紫红色干涉色。随着石英楔子的缓慢插入、光程差的渐次增加,各色光分别以固定的光程差间隔周期性的亮、暗交替,致使其叠加的干涉色也呈现周期性的变化。

在正交偏光镜下用白光作光源,石英楔子的干涉色随着矿片厚度增加和光程差的增大而规律性地变化,或者说随着光程差的增加,干涉色按一定的次序依次周期性的出现,这种现象称为"干涉色级序(interference color order)"。按光程差由小至大的顺序依次称第Ⅰ级序、第Ⅱ级序、第Ⅲ级序等。每个级序中干涉色之间一次明显的改变,称为一个色序(color sequence),各色序之间是连续地逐渐地过渡的。并且,白光作光源时,石英楔子各级序干涉色有如下基本特点。

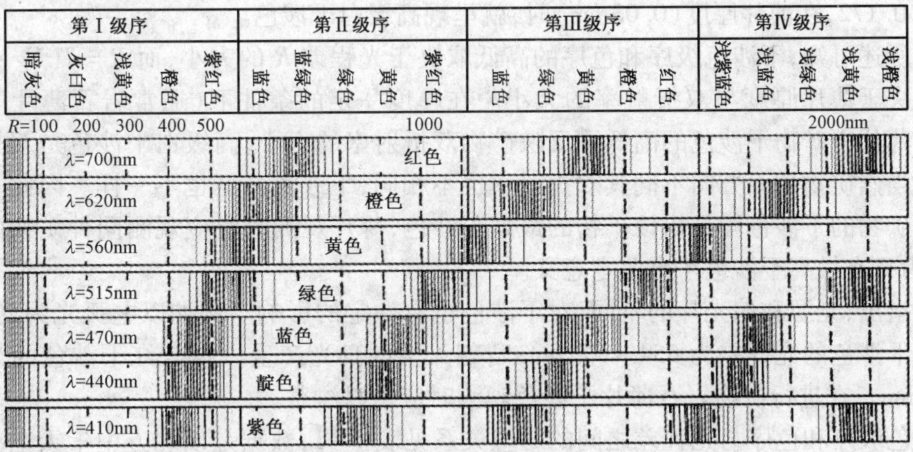

图4-7 白光源正交光镜下石英楔子干涉色级序色序成因图解(据陈芸菁,1987)

第Ⅰ级序的干涉色,光程差为0~560nm。当光程差接近0时,几乎无光透过近于黑色;当光程差在100nm附近时,各色光都很微弱,呈现暗灰及蓝灰色;当光程差在200nm附近时,近于各色光的半波长,呈现灰白色;在300nm左右时近于黄光的半波长,黄光最明亮,其他色光也有一定强度,呈现浅黄色;在400~450nm时近于橙光的半波长,其他色光弱而呈现橙色;在500~560nm时,近似于紫光与红光半波长的奇数倍,而呈紫红色。即随光程差的增加第Ⅰ级序内依次出现黑、灰、白、黄、橙、红等色序的色彩,与光谱的正常色序比较,以具有灰色及白色干涉色、缺乏蓝色及绿色干涉色为特征。实验证明,用眼力观察白光时对各种色光的敏感程度是有差异的,对可见光谱中波长居于中间的色光,如绿光和黄光最灵敏而感觉亮度较高,对于光谱两端的色光敏感程度较差而感觉亮度较低。在大约为560nm光程差的情况下,高亮度的色光从干涉色谱中被抵消,而大部分靠近可见光谱两端的低亮度的色光得以显现出来,产生一个柔和而均匀的混合色光的干涉色,这部分色光只要稍微改变一下光程差就会导致干涉色由红至紫的变化。因而以光程差560nm作为划分级序的界线,红光在第Ⅰ级的顶部,紫光在第Ⅱ级序的底部,故把红光称为敏感色。

第Ⅱ级序的干涉色,光程差为560~1120nm。依次出现的色序为紫、蓝、绿、黄、橙、红等色彩。第Ⅱ级序的干涉色色序与可见光谱的正常色序相一致,且色泽浓厚而纯正、最为鲜明艳丽,各色序颜色间的分界较为清楚,这则是干涉色第Ⅱ级序的特征。

第Ⅲ级序的干涉色,光程差在1120~1680nm。其颜色的基本特征与第Ⅱ级序相似,但颜色的饱满程度略为欠缺、浓度稍为浅淡,不如第Ⅱ级序鲜明艳丽。各色序之中的紫色和蓝紫色欠明显,而翠绿色尤为鲜亮明快(仍较第Ⅱ级序中的绿色略浅),各色序间的分界基本清楚,但与第Ⅱ级序中各色序间的分界比较稍为逊色。

第Ⅳ级序的干涉色,光程差为1680~2240nm。因光程差相当大,干涉色比第Ⅲ级序的更为浅淡,各色序之间明显相互混杂,各色序的色带间渐变过渡且界线模糊不清。

第Ⅴ级序及更高级序的干涉色,光程差大于2240nm。这样的光程差几乎接近于所有各色光半波长的偶数倍,同时又接近于各色光半波长的奇数倍,因此各色光不等量的混杂出现,产生近于白光的效应,各色序之间也无法区分,犹如珍珠表面的晕彩,可称珍珠色,或称"高级白"干涉色。实际上高级白干涉色并不是纯白,略微带有淡黄、浅红色调,它与第Ⅰ级序中的白色在光程差上不同,色调也不相同。高级白干涉色是高双折率矿物的特征。如方解石的双折射率为0.172,在薄片厚度(0.03mm)时,就呈现高级白干涉色。

由上所述可知,干涉色级序和色序的高低取决于光程差 R 的大小,而 $R = d(Ng - Np)$,即干涉色取决于薄片厚度与双折射率的大小。在厚度一定的条件下(通常岩石薄片厚度约为0.03mm)薄片中矿物干涉色的高低可反映矿物双折射率的大小,高级白干涉色是双折射率高的表现。当然矿物切面方向不同其双折射率也不相同,干涉色高低也不一样。因此文献资料中所称某矿物的干涉色均是指该矿物的最高干涉色,薄片观测时也应观测同种矿物的最高干涉色,因为只有最高干涉色才有鉴定意义。

应当指出,光源和偏光片的不同,对干涉色也有一定的影响。例如以电弧光为光源,产生一级紫红干涉色的光程差为554~571nm;晴朗天空的日光产生一级紫红干涉色的光程差为536~558nm。在进行矿物岩石薄片干涉色观测时应予以注意。

干涉色级序和色序与光程差之间的对应关系见表4-1,数据是以北方中午天空有云时的日光为光源,以透明方解石偏光棱镜为偏光镜,对无色石英楔子进行观察所获得的。它适用于具有近于平行的"色散曲线"、双折射率不因色光波长不同而改变的任何非均质矿物。当然,如选用光源不同,偏光镜不是方解石偏光棱镜时应作相应的修正。特别是当矿物的色散曲线彼此明显不平行或不是直线时,会出色谱表上不存在的"异常干涉色"。

三、干涉色色谱表与异常干涉色

干涉色的级序和色序,与光程差、矿物切面的双折射率和薄片厚度密切相关。为表明这种关系,而设计成干涉色色谱表(图4-8)。

表4-1 用日光及方解石偏光棱镜时干涉色与光程差的关系(据Wahlstrom,1979)

光程差 nm	干涉色	光程差 nm	干涉色	光程差 nm	干涉色	光程差 nm	干涉色
	第Ⅰ级序	505	红橙	866	绿黄	1495	肉色
0	黑	536	红	910	纯黄	1534	洋红
40	暗灰	551	深红	948	橙	1621	暗紫
97	淡紫灰			998	橙红	1652	蓝紫灰
158	灰蓝		第Ⅱ级序	1101	暗红紫		
218	灰	565	紫				第Ⅳ级序
234	绿白	575	蓝紫		第Ⅲ级序	1682	蓝灰
259	纯白	589	紫蓝	1128	蓝紫	1711	暗蓝绿
267	黄白	664	天蓝	1151	靛	1744	蓝绿
281	淡黄	728	绿蓝	1258	绿蓝	1811	绿
306	亮黄	747	绿	1334	海绿	1927	绿灰
332	纯黄	826	亮绿	1376	暗绿	2007	灰白
430	褐黄	843	黄绿	1426	绿黄	2048	浅橙红

色谱表的横坐标表示光程差 R 的大小,以纳米为单位,并有该光程差对应的干涉色级序与干涉色;纵坐标表示观测矿物薄片的厚度 d,以毫米为单位;斜线表示双折射率的大小。商品的干涉色色谱表按实际的干涉色印有彩色,更直观使用更方便。

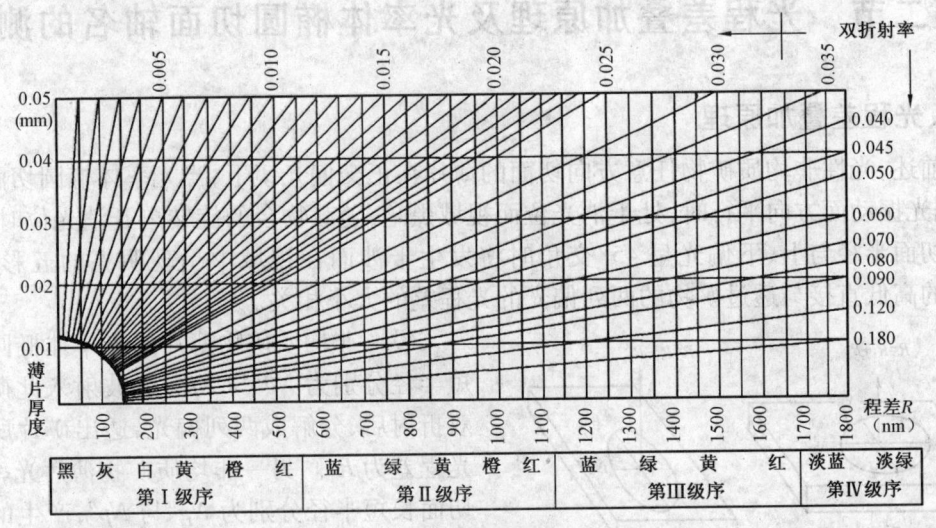

图4-8 干涉色色谱表示意图

干涉色色谱表直观地表明了光程差、薄片厚度和双折射率三者之间的关系。因此,应用干涉色色谱表,可以简便地依据其中的两个参数,求取第三个参数。即已知矿物薄片厚度为标准厚度(0.03mm),据矿物的双折射率,可预知薄片中矿物的最高干涉色;同样,据薄片中矿物的最高干涉色和薄片的厚度,可确定其光程差和最大的双折射率。

例如,石英的最大双折射率为0.009,若在岩石薄片中见到石英的最高干涉色为一级黄白,由干涉色色谱表可查出矿片的厚度为0.045mm;若薄片中石英的最高干涉色为一级灰白,查干涉色色谱表可知矿片厚度为0.03mm。在矿片的磨制加工时,常依据石英的干涉色来确定矿片的厚度。

干涉色的级序、色序和色谱表,是以色散弱、双折射率数值基本恒定的石英的干涉色为基础建立的。因此,某些具有较强色散(详见第五章第三节)的矿物在正交光下所显现的干涉色,常常会同色谱表有不同程度的差异,甚至严重不同。在正交偏光下呈现特殊干涉色的现象,称为"异常干涉色(anomalous interference color)"。即是说,在正交偏光下某些矿物呈现出与色谱表不同(或色谱表内不存在的)干涉色的现象为异常干涉色。

实验表明,双折射率较大干涉色级序较高的矿物,即使色散较强也不足以使干涉色发生明显变异,因此双折射率较大的矿物,一般难以观测到异常干涉色。双折射率低,干涉色近于一级灰的矿物,当其色散较大时就会呈现明显的异常干涉色。矿片的厚度、切片方向等对异常干涉色也有影响。即是说,色散较强、双折射率较小的矿物,并不一定任何时候都显现异常干涉色,或者异常干涉色的颜色类型可随矿片厚度、切片方向和双折射率的不同而改变。

明显而特殊的异常干涉色,是某些矿物的固有特征,因此可作为这些矿物的鉴别标志之一。比如:绿泥石和黝帘石时常可具有纯蓝墨水样的异常干涉色,称为"柏林蓝"或"普鲁士蓝",有时为铁锈褐色,有时为古铜红色的异常干涉色;硬绿泥石常具有灰绿色或古铜红色的异常干涉色;符山石常具有铁锈褐色的异常干涉色。当出现这些干涉色时,结合其他特征,即可鉴别这些矿物,并与其他相似矿物相互区别。

深色的黑云母或深色的角闪石,在正交偏光下常常不容易看到其应有的干涉色,这是由于干涉色受着矿物颜色的干扰,被矿物本身颜色掩盖造成的,这实质上是强吸收的结果,可能还有差异性吸收色散的影响。与异常干涉色有所不同,应予以区别。

第二节　光程差叠加原理及光率体椭圆切面轴名的测定

一、光程差叠加原理

如前述,光性非均质矿物任意方向切面的薄片在正交偏光镜下,当光率体椭圆切面半径与上、下偏光振动面方向平行时,处于消光位而视域黑暗,随载物台的旋转离开消光位时,尤其是当椭圆切面半径与上、下偏光呈45°交角时将发生干涉而在视域中呈现明亮的五彩干涉色。干涉色的高低直接与透过矿物的两列偏光的光程差的大小相关。

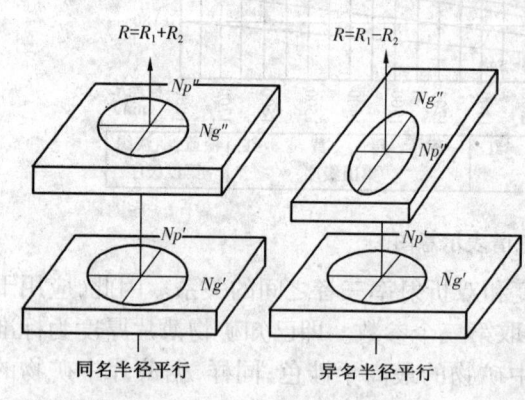

图4-9　光程差叠加图解

设一非均质矿物薄片的光率体椭圆切面长短半径分别为Ng'与Np',光波射入此矿片发生双折射后,分解成两列偏光,透出矿片所产生的光程差为R_1。另一非均质矿物薄片光率体椭圆切面长短半径分别为Ng''与Np'',产生的光程差为R_2(图4-9)。将此二矿物薄片重叠置于正交偏光镜间,并使二矿物薄片的光率体椭圆切面长短半径与上下偏光振动面方向成45°交角。光通过二矿片后,必然产生一个总的光程差R。总光程差R或为R_1与R_2之和($R = R_1 + R_2$),或为R_1与R_2之差($R = R_1 - R_2$)。究竟是和还是差,取决于两矿物薄片的相对位置。

若二矿片的同名轴相重合,即$Ng' // Ng''$,同时$Np' // Np''$,则$R = R_1 + R_2$,其总光程差等于二矿物薄片光程差的和。此时二矿物薄片处于加和位置,总的光程差大于每一矿物薄片的光程差,叠加后的干涉色高于每一单个矿物薄片的干涉色。

若二矿片的异名轴相重合,即$Ng' // Np''$,同时$Np' // Ng''$,则$R = R_1 - R_2$,其总光程差等于

二矿物薄片光程差之差。此时二矿物薄片之总光程差的大小和叠加后干涉色的高低有二种情况：其一，总的光程差小于每一矿物薄片单独的光程差，即 $R_1>R$ 且 $R_2>R$，总的干涉色低于每一矿物单独的干涉色；其二，总的光程差介于二矿物薄片单一光程差的之间，即 $R_1>R>R_2$ 或 $R_2>R>R_1$，叠加后的干涉色也介于二矿物薄片单独时干涉色之间，或者说叠加后总的干涉色对于原光程差大的矿物薄片而言是降低，对于原光程差小的矿物薄片而言则是升高，但习惯上仍通称这类情况为"干涉色降低"，在应用时须特别注意。

综上述可认为，光程差的叠加原理是：二矿物薄片在正交偏光镜间重叠时，若其光率体椭圆切面的同名轴相重合则光程差相加，干涉色级序和色序升高；若为异名轴重合，则光程差相减，干涉色级序和色序降低（注意实际效果）。

如果两矿物薄片的双折射率相同且厚度相等时，其光程差也相等，即 $R_1=R_2$，若使此二矿物薄片光率体椭圆切面的异名轴重叠置于正交偏光镜下，则总光程差 $R=R_1-R_2=0$。此种二矿物薄片叠加总光程差为 0 的现象称为二矿物薄片的"光程差相互补偿（compensation）"，此时显微镜视域变为暗黑而类似消光的状态。这种在非消光位因二矿物薄片光程差叠加而使显微镜视域呈暗黑状态的现象称为"消色"。上述光程差叠加补偿法则又称为消色（或补色）法则。应特别注意，消光和消色虽然均在显微镜视域中呈暗黑状态，但却有两种截然不同的成因，是两个截然不同的概念。

若在二矿片中有一个矿片的光率体椭圆切面半径名称及光程差是已知的，那么根据消色法则就可以求出另一矿片的光率体切面椭圆半径的名称及光程差。

二、消色器

消色器又称为补色器、补偿器、试板等。是按光程差叠加原理制造的一种偏光显微镜专用光学附件。消色器实质上是一些已知光率体椭圆切面半径方向和名称，同时知道光程差的矿物薄片。其主要用途是：测量光程差和干涉色级序；测定非均质光率体切面的半径名称；在锥光镜中测定光性符号的正负；测定非均质矿物薄片的双折射率；精确测定消光方位；此外还可用来测定光弹性物质的张应力、压应力的方向及旋光物质的旋光性等。

大多数的资料及附件都习惯用快光和慢光来表示消色器的偏光振动面的方向。快光的方向即是 Np 的方向，慢光的方向即是 Ng 的方向。也有一些消色器用 α 和 γ 来分别表示偏光的折射率 Np 和 Ng 的方向。如无特别的说明或无明显标注时，一般消色器的长边代表快光的 Np 方向，短边代表慢光 Ng 的方向。常用的消色器有以下几种（图 2-30）：

1. 石膏试板

石膏试板是由非均质体矿物石膏的定向切片制作而成，现在多改用石英等硬质材料来制作，其功能与石膏制作的一样而仍称为石膏试板。石膏试板的光程差约为 560nm，与干涉色一个级序的光程差相当，又常称石膏试板为 1λ 试板。石膏试板在正交偏光镜间为标准的一级紫红色的干涉色。

使用石膏试板与矿物薄片重叠时，其干涉色将升高或降低一级序。例如，若矿物原来是Ⅰ级红色干涉色，加上石膏试板升高时成为Ⅱ级红色干涉色，降低时成为Ⅰ级灰黑色干涉色。石膏试板最适于测定低干涉色的矿物，因为紫色最敏感，光程差稍有增减，都可觉察出来。而对于干涉色高于Ⅱ级的矿物薄片用石膏试板效果不佳。比如，矿物具有Ⅲ级黄干涉色，若用石膏试板则升高为Ⅳ级黄或降为Ⅱ级黄，Ⅳ级黄与Ⅱ级黄特征相似，尤其对于初学者区分很困难。因此对Ⅱ级以上干涉色的矿物宜选用云母试板。

使用石膏试板需注意两点：

矿物的光程差很小干涉色很低的时候，干涉色升降应以石膏试板的紫红颜色为标准。因为对矿物来说，总光程差不管是增是减，颜色都是增高。例如矿物原来的干涉色是Ⅰ级灰色，加上石膏试板后，变为蓝色或者红色。对于石膏试板的紫红色来说，蓝色是增高了，红色是降低了；但对矿物来说，蓝、红二色都比Ⅰ级灰色高。

矿物的光程差大于600nm时，颜色的变化应以矿物原来的干涉色为标准，这时升降都为一个级序。例如原来是Ⅱ级黄色，升降后变为Ⅲ级黄或Ⅰ级黄色。Ⅲ级黄色中带有绿色的色调，Ⅰ级黄比较纯净，是亮黄色。但对于初学者判断还是困难的，所以对于干涉色较高的矿物，最好使用石英楔子或云母试板。

2. 云母试板

云母试板，是以矿物云母的定向切片制作而成的，其光程差为147nm，相当于一个干涉色级序光程差的1/4，因此又称云母试板为$\lambda/4$试板。云母试板在正交偏光镜下的干涉色为Ⅰ级蓝灰。将云母试板与矿物薄片叠加时，矿物的干涉色可升高或降低一个色序。如矿物原来的干涉色为Ⅰ级红色，插入云母试板，若同名轴平行则干涉色升高为Ⅱ级蓝色；反之若异名轴平行则干涉色降低变为Ⅰ级黄。云母试板多用于干涉色在Ⅱ级以上的矿物薄片的测试与观察。

云母试板和石膏试板的光程差是固定的，是偏光显微镜的必备附件，使用简便，操作熟练之后效果很好，初学者一定多加练习。

3. 石英楔子

石英楔子，是用矿物石英定向切片制成的一种补色器。特点是切片方向平行Z轴，一端薄另一端渐厚而呈楔形，长边常为快光（Np或No）的方向，短边为慢光（Ng或Ne）的方向。其光程差一般是从0至1680nm或更大，在正交偏光镜间由薄至厚可依次产生Ⅰ级至Ⅳ级的连续干涉色，因此石英楔子属于可变光程差补色器。当正交偏光镜间有矿物薄片时，插入石英楔子，若同名轴平行则矿片干涉色逐渐升高；若异名轴平行则干涉色不断降低，至石英楔子与矿物薄片的光程差相等处，薄片中的矿物因消色而呈现黑灰色。利用这一特性，可用石英楔子来测定矿物（尤其是干涉色较高矿物）的干涉色级序与色序，进而确定矿物光率体椭圆切面的轴名及矿物的双折射率。

4. 贝瑞克消色器

贝瑞克消色器，是由垂直方解石光轴切制而成的薄片，镶嵌在一个金属圆框中，再安装在长形试板上制成。其"金属框"通过小轴与"鼓轮"相连，可随鼓轮的转动而左右倾斜，鼓轮上有刻度和游标。其使用方法是：选定矿物颗粒，使颗粒转到消光位再转动45°，插入贝瑞克补色器，转动鼓轮可使矿物消色。利用此现象可测定矿物的干涉色和轴名，同时据鼓轮的读数经查表或公式计算可得矿物的光程差。可见贝瑞克消色器也是一种可变光程差消色器。

三、光率体椭圆切面半径名称测定

非均质矿物的许多光学性质，如折射率、双折射率、多色性和吸收性、干涉色、消光角、延性符号与光性方位等，都是以光率体椭圆切面的方向和椭圆半径轴名为基础的。因此，光率体椭圆切面半径轴名的确定，是矿物薄片观测最重要的内容之一。椭圆切面半径名称的确定，是依据光程差叠加原理进行的。其测定的操作步骤一般为（图4-10）：

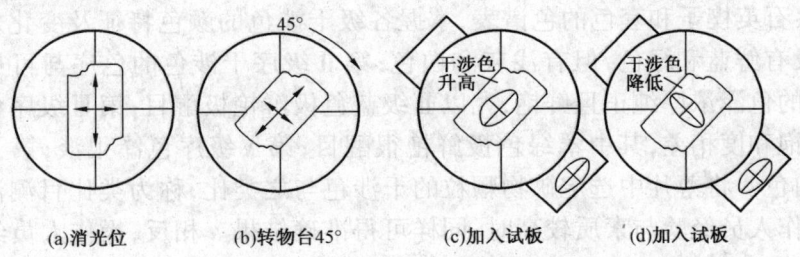

(a)消光位　　(b)转物台45°　　(c)加入试板　　(d)加入试板

图4-10　光率体切面半径名称的测定

首先，将待测定矿物颗粒切面移至视域中心，旋转物台，使矿物颗粒切面处于消光的位置，这时切片中快光（Np）和慢光（Ng）的振动方向分别平行于十字丝的横丝和竖丝。

其次，由消光位转动45°，此时干涉色最明亮，矿物的Ng'和Np'分别与上、下偏光振动面方向呈45°角相交的位置。

再次，从试板孔插入试板，如果薄片的Ng'和Np'方向分别与试板Ng和Np重合，干涉色升高；相反，当Ng'与Np平行、Np'与Ng平行时，则干涉色降低。由于试板的光率体切面椭圆半径名称是已知的，因此可以确定出矿片光率体椭圆半径的名称。

在实际操作中，应根据所测矿片干涉色级序的高低，选择适合的试板，如果属Ⅰ级干涉色的，选用石膏试板为宜，升降以石膏试板的级序为准。高于Ⅱ级黄的矿片，最好使用云母试板，干涉色均依次升高或降低一个色序，变化明显易于识别。干涉色高于Ⅲ级的矿物薄片改用石英楔子效果更明显。

被测定的光率体椭圆切面的半径，是否为该矿物晶体的光学主轴，取决于切片方位。若矿物薄片平行于主轴面，则椭圆半径为No和Ne（一轴晶）或为Ng、Nm、Np三个主轴之中的某二个主轴（二轴晶）。如矿物薄片是任意方向的切面，则椭圆切面的半径往往不是矿物的主轴或主折射率，此时轴名通常都以Ng'和Np'表示。

第三节　矿物的干涉色与双折射率

一、干涉色级序与色序的测定

矿物的最大双折射率是矿物最重要的光学常数之一，是矿物鉴定和相互区别的重要依据。在厚度标准的薄片中，矿物的干涉色与颗粒的双折射率密切相关，而颗粒的双折射率又与该颗粒的切面方向有关，即是说一种矿物在同一薄片中常有若干个颗粒，各个颗粒的切面方位不同、双折射率各异、干涉色也常常各不相同。必须对薄片中的最大双折射率切面上的最高干涉色进行观测，即对矿物平行光轴面的切面上最高干涉色进行观测，才有鉴定意义。

为此在测定矿物的干涉色级序时，必须全面观察薄片中待测矿物的所有颗粒，从中选择平行光轴面（或接近于平行光轴面）的矿物颗粒。这种矿物颗粒的特征是正交偏光镜下干涉色最高、单偏光镜下多色性与吸收性极明显（有颜色时）。当颗粒选择恰当后，可按下述方法测定矿物的最高干涉色级序和色序。

1. **类比目测法**

通过观察石英楔子和套色的色谱表,掌握各级干涉色的颜色特征及变化规律。第Ⅰ级序干涉色中没有鲜蓝和绿色,但有浅灰和白色;第Ⅱ级序干涉色的色序与可见光谱的色序一致,各色序的色泽浓厚纯正且鲜艳,尤以Ⅱ级蓝色极鲜艳极醒目;第Ⅲ级序色泽与第Ⅱ级序相似,但色饱和度稍差,其中翠绿色极鲜艳很醒目;第Ⅳ级序色泽很淡;第Ⅴ级序及以上级序为高级白色。将薄片中选定矿物颗粒的干涉色与之类比,称为类比目测法。此方法简便快捷,当操作人员经验与素质较高时,同样可得准确结果。相反,操作人员经验不足时难获准确结果。

2. **色圈目测法**

遇到级序较高的干涉色,直接判断有困难,运用边缘色圈法,能较准确地确定矿物干涉色的级序。仔细观察薄片会发现,矿物颗粒的楔形边缘,可出现干涉色的色圈(图4-11),与颗粒中央的颜色不同。这是由于薄片中矿物颗粒的边缘往往是楔形的,从侧面看好似微型的石英楔子,由边缘往中心厚度逐渐增大(薄片中央部分厚约0.03mm),光程差逐渐增加,干涉色也逐渐升高。从平面上看,相同光程差的各点连成环圈状,称为色圈。观察矿物颗粒边缘的色圈,可以帮助判断干涉色级序。特别要注意紫红色圈出现的次数,颗粒最高干涉色所属的级序为紫红色圈出现的次数加1。如某矿物颗粒中央为蓝绿干涉色,颗粒边缘出现两圈紫红色干涉色圈,则颗粒中央是属于第Ⅲ级序的蓝绿色干涉色,相当于光程差在1250nm至1300nm之间。此法对确定干涉色级序

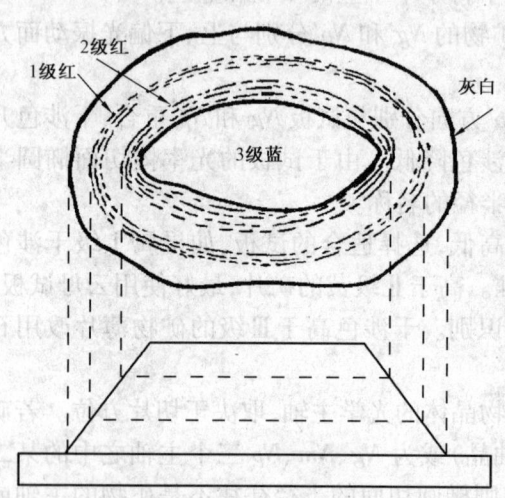

图4-11 色圈法确定干涉色级序图解

十分有效,但色序的确定仍须辅以补色器法方可获准确结果。

3. **固定补色器(试板)测定法**

固定补色器包括石膏试板或云母试板,应用固定补色器测定干涉色级序是依据光程差叠加原理来进行。即应用石膏试板后矿物的干涉色将升高或降低一个级序,应用云母试板后将升高或降低一个色序。比较升高和降低前后干涉色的特征就较容易确定矿物原本的干涉色的级序和色序。

比如某矿物颗粒置于正交偏光镜下干涉位置呈黄色,加云母试板后变为灰白色,旋转载物台90°后为橙色;加石膏试板后变为黄色,旋转90°变为灰白色。于是根据两种试板两次升高两次降低干涉色的变化,可准确地确定矿物原本的干涉色为Ⅰ级黄色。

固定补色器操作使用相当便捷,熟练之后效果很好,尤其对于干涉色Ⅰ级至Ⅲ级的矿物非常有效。对于初学者一定要同时进行干涉色升高和降低的操作,即在干涉色(最佳)位插入试板升高(或降低)干涉色后,再旋转载物台90°使干涉色又降低(或升高),达到扩大干涉色变化幅度的目的,最好两种试板同时使用,增多干涉色变化的信息,使对矿物原本干涉色的确定更有依据更准确。

4. 可变光程差补色器测定法

石英楔子是最常用的可变光程差补色器,应用石英楔子测定干涉色级序是依据消色原理来进行。首先将待测矿物置视域中心并旋转至干涉色(最佳)位置,缓缓插入石英楔子使该矿物的干涉色逐渐降低直至消色;这时取出矿物薄片从显微镜中单独观察石英楔子的干涉色确定其级序,也可将石英楔子从试板孔中缓缓退出同时观察紫红色带出现的次数确定石英楔子当时的干涉色,此石英楔子的干涉色即为矿物原本的干涉色。如缓缓插入石英楔子时矿物的干涉色升高而不降低表明二者同名轴重合,应将矿物颗粒旋转90°,使矿物与石英楔子的异名轴重合后,再缓缓插入石英楔子重新进行测定。

由于显微镜的视域有一定的范围,观察石英楔子时常常是几种相邻的色序同时出现在视域之中,应以视域中心十字丝交点处的色序为准。对一些干涉色较高的矿物用石英楔子来测定其最高干涉色效果较好。当矿物干涉色较低时石英楔子插入距离太小难以操作不如用固定光程差试板方便。此外也可使用贝瑞克补色器测定矿物的干涉色级序和色序。

二、矿物双折射率的计算

由光程差公式 $R = d(Ng' - Np')$ 可知,矿物的双折射率等于光程差 R 与薄片厚度 d 的比值,即:$Ng' - Np' = R/d$。而最大双折射率 $Ng - Np$ 只能在过光轴的切面上才能观测到,因此,选择矿物颗粒的切面方向、准确测定光程差、准确测定薄片厚度是计算最大双折射率的前提。为此,矿物最大双折射率的计算须按以下程序进行:

其一,全面观察薄片中待测矿物的所有颗粒,选取平行光轴面的颗粒,其标志是所选颗粒在正交偏光镜下的干涉色最高、单偏光镜下多色性极明显(必要时须作锥光镜校检),将所选定的颗粒置于视域中心并旋转到干涉色最明亮的方位。

其二,用目测法、色圈法、试板法或石英楔子法准确测定矿物的最高干涉色,一定采用二种或多种方法测定其干涉色的级序和色序,确保测定准确无误。

其三,测定矿物薄片中的石英颗粒的最高干涉色的色序;据石英的最高干涉色利用色谱表确定薄片的准确厚度。

其四,依据待测矿物的最高干涉色和薄片的准确厚度,按公式 $Ng - Np = R/d$ 即可计算出矿物的最大双折射率。计算时注意单位换算,薄片厚度单位是毫米,光程差单位是纳米,二者的换算关系是 $1mm = 10^6 nm$。

如薄片中无石英颗粒或测定要求不高时也可将矿物薄片作为标准厚度计算。

也可用贝瑞克补色器直接测定矿物的光程差。其方法是将矿物置显微镜视域中心干涉色最明亮的位置,插入贝瑞克补色器旋转鼓轮使矿物消色(如不消色应将矿物旋转90°),为提高精度鼓轮须顺时针与逆时针两个方向转动,读取鼓轮上两个刻度值并取平均值,查表或公式计算可得矿物的光程差。贝瑞克补色器可适用于各种干涉色的矿物颗粒,精度较高,可达 $2\sim 4nm$,不失为一种较好的方法。在此之后,再依据厚度计算矿物的最高双折射率。

第四节 矿物的消光类型与吸收性

一、矿物的消光类型

如前述,光性均质体矿物都是全消光,光性非均质矿物垂直光轴的切面也是全消光,光性非均矿物任意方向切面都是四次消光。在晶体光学中，还常依据非均质矿物任意切面上光率体椭圆切面半径与矿物的解理缝、双晶缝、晶体轮廓等的位置关系，将非均质矿物非垂直光轴切面消光现象细分为三种消光类型(图4-12)。

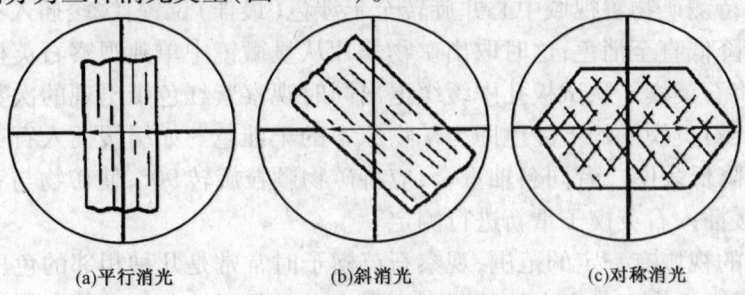

(a)平行消光　　　(b)斜消光　　　(c)对称消光

图4-12　三种消光类型素描图

其一，平行消光(parallel extinction)，即当矿物颗粒处于消光位时，矿物的解理缝、双晶缝或晶体轮廓与目镜十字丝之一平行的消光类型，也即是光率体椭圆切面半径之一与解理缝等平行。如柱状颗粒的电气石，有解理的云母等均为平行消光。

其二，对称消光(symmetrical extinction)，即当矿物颗粒处于消光位时，目镜十字丝为两组解理缝或两个晶面迹线(解理面或晶面与薄片平面的交线)夹角的平分线的消光类型，即光率体椭圆切面半径为二组解理夹角之平分线。如角闪石、辉石等平行于(001)的切面为对称消光。

其三，斜消光(inclined extinction)，即矿物颗粒处于消光位时，解理缝、双晶缝或晶体外形与目镜十字丝斜交的消光类型。角闪石、辉石的纵切面常表现为斜消光。

矿物切面的消光类型，决定于矿物的晶系及光率体的光性方位，同时与矿物颗粒的切面方向有关。各种消光类型在各晶系中的分布大致有下述的规律。

中级晶族(三方、四方、六方晶系)均为一轴晶矿物，Z轴与光率体的Ne主轴平行，绝大多数切面为平行消光和对称消光，斜消光的切面很少见(图4-13)。

斜方晶系矿物光性方位是三个结晶轴X、Y、Z分别与光率体三个主轴平行。因此，在[100]、[010]、[001]三个晶带(其晶带轴即是结晶主轴)中的所有切面都是平行消光或对称消光。但与三个结晶轴斜交且斜交角较大的任意切面上，常常为斜消光，其消光角大多数较小，少数可达40°左右，这种切面上的解理缝或晶面迹线不代表晶体的结晶轴方向(图4-14)。显然斜方晶系矿物的消光类型与切面方向密切相关。

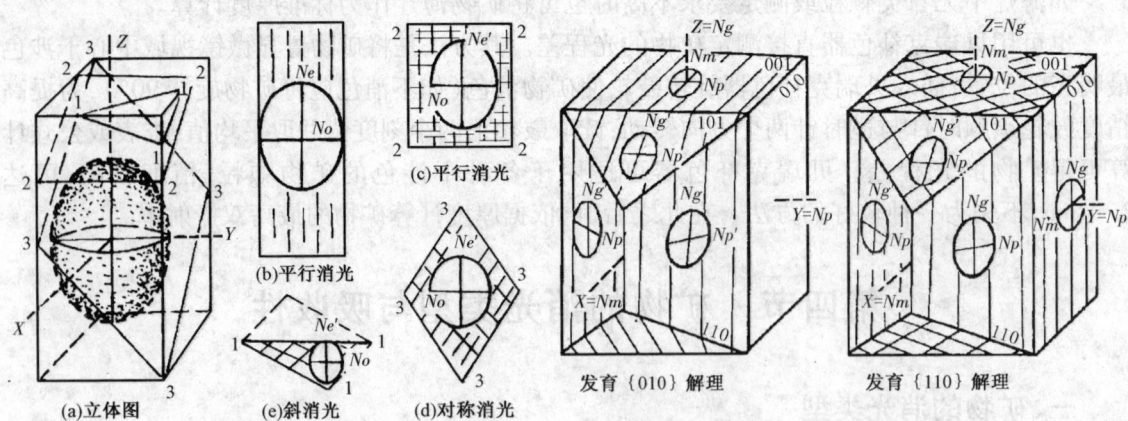

图4-13　四方柱切面与消光类型(据季寿元)　　图4-14　斜方晶系切面与消光类型(据Bloss,1961)

单斜晶系的光性方位是其结晶轴 Y 与光率体三个主轴（Ng、Nm、Np）中的一个主轴平行，其余两个主轴与其余两个结晶轴斜交。这类矿物不同方向切面的消光类型可有 4 种情况。如普通角闪石的四种消光类型为（图 4-15）：① 平行于（010）的切面为斜消光，消光角最大；② 平行于（100）的切面为平行消光；③ 平行于（001）的切面为对称消光；④ 其他任意方向的切面（如∥（110））为斜消光，但消光角均小于∥（010）的切面。辉石类矿物的消光类型及其与切片方位的关系与角闪石类相似。

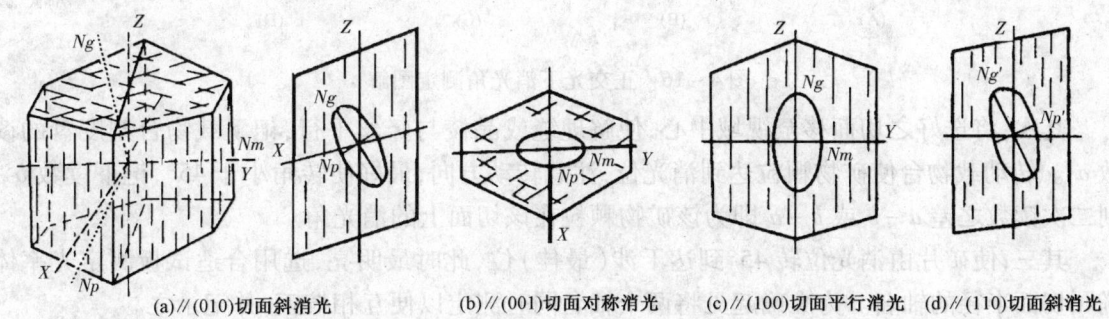

(a)∥(010)切面斜消光　(b)∥(001)切面对称消光　(c)∥(100)切面平行消光　(d)∥(110)切面斜消光

图 4-15　普通角闪石切面方向与消光类型（据陈芸菁，1987）

三斜晶系晶体中没有对称面，三个结晶轴（X、Y、Z）间互不垂直，光率体在晶体中的位置随晶体不同而异，晶体的任何切面都是斜消光。

应该注意，三斜晶系矿物几乎所有的切面均是斜消光。单斜晶系矿物只有少数平行于（100）和平行于（001）的切面为平行消光或对称消光，绝大多数切面为斜消光，消光角以平行于（010）的切面为最大值。可见测定消光类型要注意矿物颗粒的切面方向，不要将一个颗粒的消光类型当成是该矿物的唯一消光类型。

二、矿物消光角的测定

消光角是矿物晶体处消光位时，解理缝、双晶缝或晶棱与十字丝的夹角。实质上它是矿物的光率体椭圆切面半径与解理缝等结晶方向的夹角。所以一般以结晶轴或晶面符号与光率体椭圆切面半径的关系表示消光角。如某角闪石在（010）切面上消光角以 $Ng \wedge Z = 25°$ 表示，某拉长石在{001}解理面上的消光角以 $Ng' \wedge \{010\} = 25°$ 表示。

消光角的重要性对不同的晶系是各不相同的。一轴晶及斜方晶系的矿物中斜消光切面不多，且其消光角的大小主要与切面方向有关，不具有鉴定意义，因此中级晶族（一轴晶）的矿物和斜方晶系的矿物一般不测消光角。单斜晶系和三斜晶系的矿物以具有斜消光的切面为主，且其消光角主要与矿物的化学成分和晶体结构有关，不同矿物消光角不同，因此消光角是这些矿物的重要鉴定标志之一。

在同一矿物中，切面方位不同，消光角会有变化。因此要选择具有鉴定意义的切面。

单斜晶系的矿物一般选择平行于（010）的切面，测定其最大消光角。三斜晶系矿物都是斜消光，一般选择矿物的特殊切面测定其消光角。如斜长石选择{010}解理面（即∥（010）的切面）。

以单斜晶系角闪石类为例，说明最大消光角的测定步骤（图 4-16）。

首先，选择具有最大消光角的切面的矿物颗粒，其切面方位依矿物不同而异。角闪石类矿物应选择平行光轴面的颗粒（即∥（010）的切面），其标志是有最高干涉色和最强多色性，光率

体主轴 Ng 或 Np 与 Z 轴(解理缝方向)夹角最大。

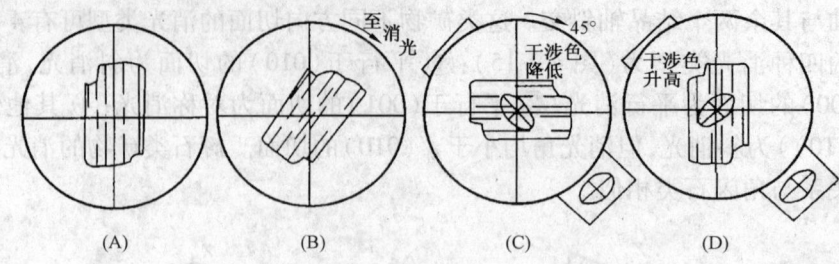

图 4-16　正交光下消光角测定图解

其次,将选好之切面移至视域中心,使解理缝或晶棱与竖丝平行,记下载物台刻度盘的读数 a。转动载物台使矿物颗粒达到消光位,注意转动方向,最好使转角小于 $45°$,记下读数 b。则二次读数之差 $a-b$ 或 $b-a$ 即为该矿物颗粒在该切面上的消光角。

其三,使矿片由消光位转 $45°$ 到达干涉(最佳)位,此时最明亮,选用合适试板测定光率体椭圆切面半径的轴名。为准确起见将两个轴名同时测定以便互相校正,并记录之。

其四,按消光角的表示方法注记该矿物的消光角。如某普通角闪石在 (010) 切面上的消光角为 $Ng \wedge Z = 25°$。

为保证测量准确,一般选择 2、3 个颗粒分别测定其消光角,选其最大者作为矿物的消光角。

三、矿物多色性与吸收性公式的测定

多色性和吸收性是光性非均质矿物与均质矿物的重要区别,观测矿物的多色性和吸收性时,往往需要测定多色性公式与吸收性公式。为此必须选择矿物的定向切面以保证结果的准确性。一般可依据正交偏光下的干涉色及单偏光镜下多色性来确定切面方向,但精确的测定还要借助锥光镜来确定。其测定步骤可按下述原则进行。

首先,应选择合适的有定向切面的矿物颗粒。一轴晶矿物只有 Ne 和 No 两个主要的颜色,在薄片中选取一个与光轴平行的矿物晶体即可,此切面晶体的特征是单偏光下多色性最明显、正交偏光下干涉色最高。二轴晶有 Ng、Nm 与 Np 三个主要的颜色,要测定它们必须选择至少两个矿物晶体才可完成,通常选择一个平行光轴面(即 Ng—Np)的矿物晶体和一个垂直光轴的矿物晶体。其特征是平行光轴面的晶体在单偏光下多色性最强、正交偏光下干涉色最高;垂直光轴的晶体在单偏光下无多色性,在正交偏光下全消光。

其次,将选好的具有定向切面的矿物晶体置于视域中心,在正交偏光下测定光率体椭圆切面半径的名称及方向。将已测定名称的光率体半径转至下偏光振动方向上(此时矿物晶体应在消光位)推出上偏光镜,观察记录所测定主轴的颜色及吸收性。

最后,将所观察记录的各主轴的颜色整理并写出多色性公式和吸收性公式,如:某电气石的多色性公式为 No - 深蓝, Ne - 浅紫;吸收公式为 $No > Ne$。某角闪石的多色性公式为 Ng - 深绿, Nm - 黄绿, Np - 黄;吸收公式为 $Ng > Nm > Np$ (正吸收)。某霓石的多色性公式为 Ng - 黄, Nm - 黄绿, Np - 深绿;吸收公式为 $Ng < Nm < Np$ (反吸收)。

第五节 矿物的延性符号与双晶

一、矿物的延性符号

晶体在薄片中切面的延长方向与该切面上光率体椭圆半径之间的关系,即称晶体的延性。有的文献将解理缝等结晶学方向与光率体椭圆切面半径之间的关系也称为延性。延性符号是与光性方位、光性正负及晶习等有关的形态特征,是某些矿物的重要鉴定特征之一,也是在正交偏光镜下的主要观测内容之一。

由 z 于光率体椭圆切面有长半径和短半径之分,延性也可分出正延性符号和负延性符号。非均质矿物的切面如为柱状、长条状等具有单向伸长特点之切面(或具解理缝),其延长方向(或解理缝)平行 $Ng(Ng')$ 或者与 $Ng(Ng')$ 的夹角小于 45°者,称为正延性(positive elongation);延长方向(或解理缝)平行 $Np(Np')$ 或与 $Np(Np')$ 的夹角小于 45°者,称为负延性(negative elongation);延长方向(或解理缝)与 $Ng(Ng')$ 的夹角等于 45°者延性不分正负。

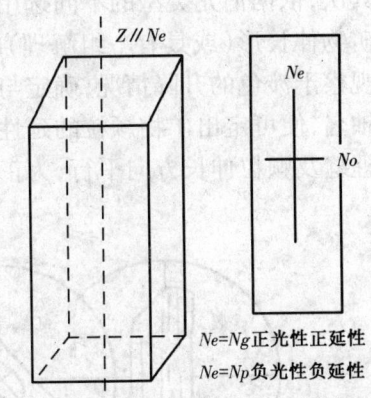

图 4-17 一轴晶柱状晶体光性与延性同号

大量的实验结果表明,矿物晶体的延性有如下规律:

一轴晶矿物的延性符号与晶体的光性密切相关,当晶体沿 Z 轴延长呈柱状晶习时,晶体的延性与光性同号(图 4-17),即正光性正延性,负光性负延性;当晶体沿 XY 轴呈板状晶习时,晶体的延性与光性相反(图 4-18),即正光性负延性,负光性正延性。

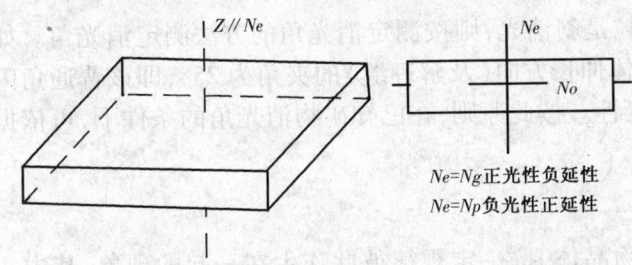

图 4-18 一轴晶板状晶体延性与光性异号

斜方晶系具有柱状晶习的矿物(图 4-19),若晶体的 Ng 与晶体伸长的方向一致时,则所有的伸长形切面都是正延性;若 Np 的方向与晶体延长方向一致时,则所有的伸长形切面都是负延性;若 Nm 的方向与晶体延长方向一致时,则所有的伸长形切面颗粒的延性可正可负。

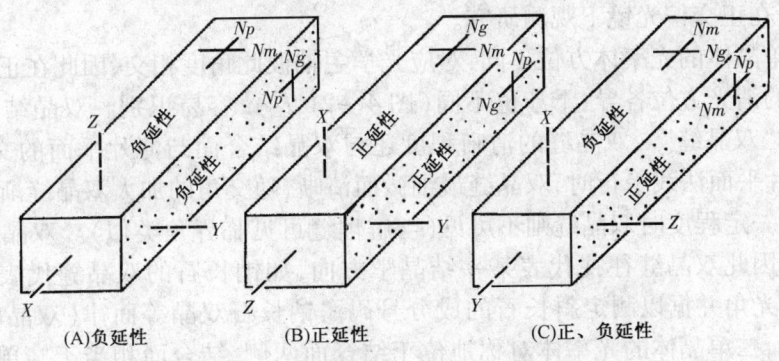

图 4-19 斜方晶系柱状晶习矿物的延性

延性符号的测定与消光角的测定类似，具体步骤如下：

首先，选择矿物伸长形（或具有一组解理）的颗粒，置于十字丝中心并使晶体处于消光位，同时确定矿物的消光类型。

其次，依据消光类型的不同选用不的方法测定延性符号。

矿物伸长形（或具有一组解理）的颗粒为平行消光，则将载物台转动45°至"干涉位"，插入试板观察干涉色的升降情况，确定与矿物晶体伸长方向（或解理缝方向）一致的光率体椭圆切面的轴名，便可定出矿物颗粒的延性符号。如图4-20中黑云母的长条形切面为平消光，Ng与解理缝及颗粒伸长方向平行，为正延性；电气石为平行消光，Np与晶体伸长方向平行，为负延性。

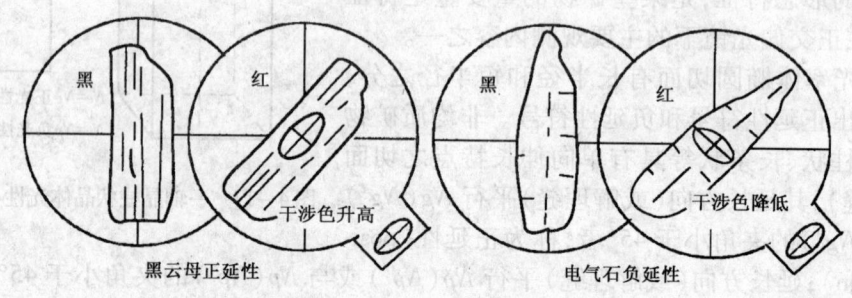

图4-20 正交偏镜下延性符号的测定

矿物的伸长形（或具一组解理）的颗粒是斜消光，则按测定消光角的方法测定消光角。如某角闪石平行于(010)的切面上Ng与晶体伸长方向（及解理缝）的夹角为25°，即该普通角闪石Ng与伸长方向的夹角小于45°，为正延性。按此原则，在已知矿物消光角的条件下，可依据消光角确定矿物的延性符号。

二、双晶的观察

双晶(twin)是两个（或多个）同种矿物晶体，按一定规律彼此连生在一起的现象，其中一个晶体经反映或旋转180°后可与另一晶体平行。

如果组成双晶的两个单晶体各自的对应光学主轴之间彼此平行，这一类双晶在正交偏光镜下将无法辨认，则称其为"不可见双晶"，石英的道芬双晶和巴西双晶即属于此类不可见双晶。如果组成双晶的两个单晶体各自的对应光学主轴之间彼此不平行，这一类双晶在正交偏光镜可被辨认出来，则称其为"可见双晶"。大量的研究表明，自然界中的双晶，几乎都是可见双晶，几乎均可在正交偏光镜下观测研究。

双晶中二单晶体的光率体方位不同，对应光学主轴彼此角度相交，因此在正交偏光镜下表现为二单晶体的消光方位各异、干涉色不同（图4-21左），容易识别。双晶结合面也因此而显现出来，常称"双晶缝"。双晶缝的清晰程度还与双晶结合面与薄片平面的交角有关，当双晶结合面与薄片平面法线平行时，双晶缝最细微而清晰，随交角的加大双晶缝渐次加宽且渐次模糊，交角大至一定程度时双晶缝则不可见（与解理缝可见临界角类似）。双晶结合面常与晶面及晶棱平行，因此双晶缝往往代表某一结晶学方向，如钠长石的双晶缝代表(010)面的方向，常用以测消光角并据以测定斜长石的成分号码。钠长石双晶等面律（双晶轴与双晶结合面垂直的）双晶，二单晶体的光率体对称地位于结合面两侧，结合面相当于二单体之间的"对称面"，当结合面与薄片法线平行时相邻二单体也是对称的，即当双晶缝与十字丝之一平行（或为45°）交角时，两个单体的干涉色及明亮程度相等，此时看不见双晶（图4-21右）。双晶的观测与研究对于长石类矿物有特别重要的意义。

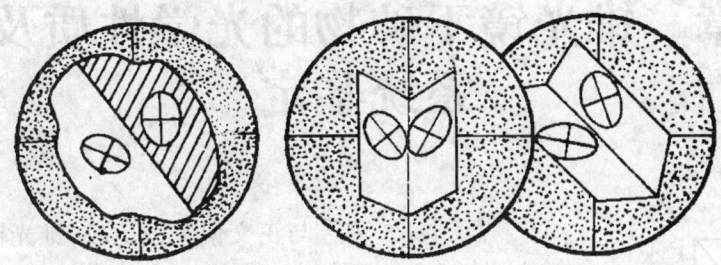

图4-21 正交光下双晶素描图
左,双晶二单体干涉色不同消光位各蒸发量;右,双晶结合
面与薄片法平行时于0°及45°位置时二单体干涉色相同

根据双晶连生的特征,可将双晶分为简单双晶和复杂双晶(图4-22)。

简单双晶是只有两个单体互相连生,在正交偏光镜下一个单体明亮时另一个单体消光,旋转物台时两单体消光与明亮交互出现的双晶。如正长石的卡式双晶(图4-22中A),辉石及角闪石的简单双晶等。

复杂双晶:由三个以上的单体相互连生组成。常见的复杂双晶有以下几种:

联合双晶,双晶结合面彼此以一定的角度相交,形成三连晶、四连晶、六连晶等。如堇青石的六连晶(图4-22中D),当双晶以偶数连生时,对顶的单体同时消光。

聚片双晶,众多单体的双晶结合面彼此平行,在正交偏光下奇数的单体干涉色和消光位一致,偶数单体的干涉色和消光位一致。如斜长石的聚片(或钠长石)双晶(图4-22中B)。

复合双晶,两种以上不同双晶律的双晶类型同时存在时称复合双晶。如斜长石中有时同时存在卡氏双晶及钠长石双晶(称为卡钠复合双晶),微斜长石的格子双晶(图4-22中C)。

图4-22 薄片中矿物的常见双晶(全部为正交偏光,标尺0.5mm)
A—正长石中的卡氏双晶;B—斜长石中的聚片双晶;C—微斜长石中的格子双晶;
D—堇青石的六连晶

第五章 锥光镜下矿物的光学性质及矿物系统鉴定

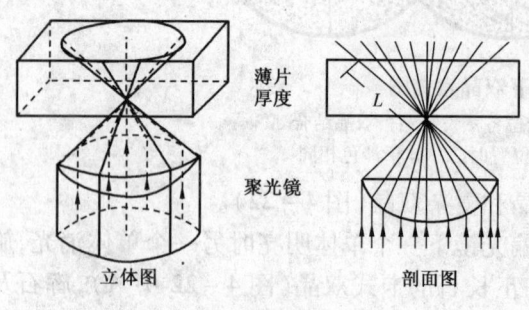

图 5-1 聚光镜示意图

与正交偏光镜比较,锥光镜(系统)具有如下特点:① 在正交偏光的基础上,添加载物台下的聚光镜,使来自下偏光镜的光强烈聚敛,形成锥形偏光。在锥形偏光中,仅中央一条光线垂直射入矿物薄片,其余各条光线都倾斜射入矿物薄片,愈向外倾角越大,在薄片中的光程越长、光程差越大(图 5-1)。② 锥光镜下所观察到的,不是矿物本身的映像,而是锥形的各个方向入射的偏光通过矿物薄片后到达上偏光镜所发生的消光与干涉现象的总和,它构成一些特殊的图形,称为干涉图(interference figure)。使用大光孔角的中、高倍物镜(通常用 40× 或 45×,特殊情况下用 100×),能接纳倾斜角度较大的入射光,使干涉图更完整。③ 添加聚光镜后,物镜的成像平面降低了。为了将物镜成像平面延伸至目镜的焦点平面上,必须添加勃氏镜,勃氏镜与目镜组合,接纳物镜的成像,并加以放大。如果不加勃氏镜(有少数偏光显微镜无勃氏镜),则需去掉目镜,直接观察物镜焦点平面上的实像,此时干涉图很小,但却很清晰。

利用锥光镜下的干涉图还能准确地区分均质体、一轴晶和二轴晶,正确测定光性的正负、确定矿物晶体的切面方位,还能用以测定矿物晶体的光轴角、观测色散现象。因此锥光镜有关操作是薄片观测的重要内容之一。

第一节 一轴晶常见干涉图特征及应用

一轴晶矿物因切片方位不同有三种类型常见干涉图:垂直光轴切面的干涉图、斜交光轴切面的干涉图及平行光轴切面的干涉图,其中垂直光轴切面的干涉图是讨论重点。

一、一轴晶垂直光轴切面干涉图的特征及成因

一轴晶垂直光轴切面的干涉图由一个黑十字和干涉色等色环构成(图 5-2)。黑十字又称消光影(isogyre),由两条等大对称的黑臂(又称黑带)相互正交组成,黑臂分别与上、下偏光振动面方向平行,黑臂的中心部分较细,向两端略为加粗。黑十字的中心为光轴出露点(melatope)。黑臂将视域划分为四个象限,上右为第一象限,上左为第二象限,按逆时针方向排列依次为第三象限和第四象限。

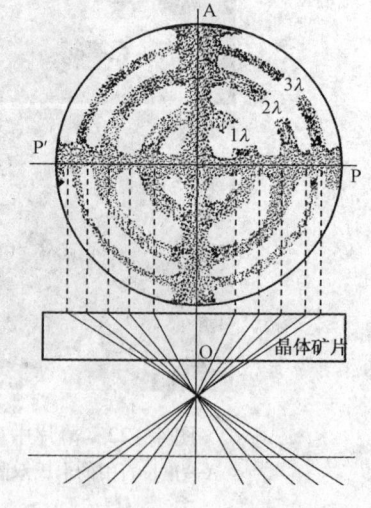

图 5-2 一轴晶垂直光轴切面干涉图

当入射光为白光时,在视域的四个象限中形成以光轴出露点(简称露点)为中心的同心圆状的干涉色等色环。自中心向边缘干涉色级序渐次升高、干涉色等色环的宽度和间距渐次缩小。干涉色在各象限的45°区域最为亮丽,在近黑十字的交界部位较为晦暗并过渡为黑十字。干涉色等色环的多少主要取决于矿物切面双折射率的高低、矿片厚度大小和物镜光孔角的大小。矿物的双折率越大(或矿片的厚度越大或物镜的光孔角越大)干涉色等色环越多,反之双折射率越小干涉色等色环越少,甚至于在黑十字的四个象限内仅出现一级灰干涉色。

如果切面是准确地垂直光轴,在旋转载物台时,黑十字臂、光轴出露点和等色圈的位置始终保持不动。如近于垂直于光轴,则随载物台旋转,光轴露点将绕视域中心旋转,黑十字臂分别平行目镜十字丝上下、左右移动。

为解释干涉图的成因,贝克(Becke)于1905年提出了波向图的概念,其原理是把晶体放在一个理想的球心,将非均质体中各个方向波法线延伸至球面,称波法线在球面上的露点(图5-3中的P点)。将共此波法线的相互正交的二偏光之振动面延伸至球面,再将各偏光振动面在球面上的包络线绘于球的表面,即得波向图的球面投影。把所观察的部分半球直射投影到一个平面上,即为研究切面的波向图(skiodrome)。显然所观察(视域可见)的部分与物镜的数值孔径(N.A.)大小有关,如数值孔径分别为0.65和0.85时,视域可见范围分别如图中的虚线小圆和虚线大圆。

一轴晶波向图在球面上的投影恰似地球仪(图5-3左),光轴相当于地轴,各常光振动面的包络线相当纬线,各非常光振动面的包络线相当经线,在球面上纬线与经线的交点为该方向上波法线的露点P,过露点P作纬线的切线即为常光O的振动面方向,过露点P作经线的切线即为非常光E的振动面方向。垂直于波法线N的光率体椭圆切面的半径分别为No和Ne',当P位于两极时$Ne'=No$,当P位于赤道时$Ne'=Ne$,为极端值。锥光镜下所观察的各种不同方向切面的波向图,就相当于从该切面法线方向所见半球部分在平面上的直射投影(图5-3中)。

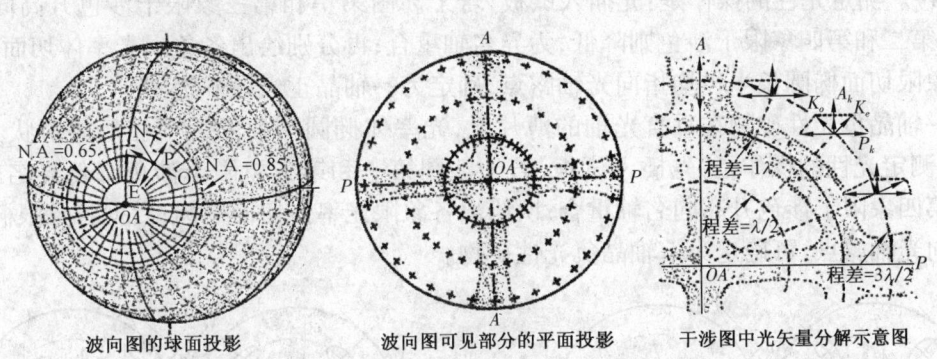

波向图的球面投影　　波向图可见部分的平面投影　　干涉图中光矢量分解示意图

图5-3　一轴晶垂直光轴切面干涉图成因图解

从垂直光轴的切面之波向图可以看出,在显微镜视域范围内,光轴的露点位于视域中心,其他各方向的波法线露点处的常光振动面围绕光轴露点呈同心圆状分布,非常光振动面以光轴露点为中心呈放射状分布(图5-3右)。

在下、上偏光PP和AA的方向上及其紧邻区域内,透过薄片的常光和非常光的振动面方向始终分别与PP和AA平行或垂直,不能同时透过下、上偏光镜,致使目镜十字丝紧邻区域内无光透过而呈现暗黑消光,这即是垂直光轴的切面的干涉图中黑十字的成因。

随着至PP和AA距离的加大,在视域四个象限的范围内,透过薄片的常光和非常光的振动面方向逐渐变得同时与PP和AA斜交,经过二次分解产生光程差并发生光的干涉而使四个象限内呈现明亮程度不同的干涉色,干涉色的级序和色序与光程差直接有关。如前述,在锥形入射光中只有中央一条(锥轴)光线是平行光轴入射的且透过薄片的光程(竖直厚度)最小,其余各条光均斜交光轴入射,越靠外侧倾斜角度越大,透过薄片的光程(倾斜厚度)越大;同时越靠外侧倾斜角度越大的光线,其波法线越近于垂直光轴,相应的双折射率越大。即随着光线远离锥轴,其光程差会很快增大,且等光程差的光线呈同心环状分布。如以单色光为光源则形成同心环状的明暗相间的干涉色等色环,如以白色光为光源,则形成同心环状的彩色干涉色等色环,干涉色级序中心低外缘高。色圈的宽度内疏外密,色圈的多少将随薄片的厚度增大、矿物双折射率的增大和光孔角的加大而增多。

二、一轴晶垂直光轴干涉图的应用

一轴晶垂直光轴切面干涉图是最典型最有用的干涉图。主要用途有:区分光性均质体与垂直光轴切面的非均质体;区别一轴晶和二轴晶;确定光率体的正、负光性;判断切片与光轴的垂直程度,即确定切面的方向。

在单偏光镜下无多色性、在正交偏光镜下全消光的矿物薄片,凡在锥光镜下可呈现形态特殊的干涉图者必是光性非均质矿物,凡在锥光镜下不呈现形态特殊的干涉图者必是光性均质体。

在正交偏光镜下全消光,在锥光镜下呈现黑十字样的干涉图,旋转载物台一周时黑十字的形态与位置均不发生变化不分裂者必是一轴晶垂直光轴切面的矿物。

一轴晶光率体有光性正负之分。当 $Ne > No$,即 $Ne = Ng$ 时为正光性;当 $Ne < No$,即 $Ne = Np$ 时为负光性。由于在一轴晶垂直光轴切面干涉图上,非常光 Ne 振动面的方向总是以光轴露点为中心呈放射状分布,常光 No 振动面方向总是绕光轴露点呈同心环状分布。

一轴晶正光性矿物在垂直光轴的薄片上,光率体椭圆切面的长半径总是呈放射状分布的(图 5-4)。测定光性的操作是:先插入试板,若干涉图第一和第三象限干涉色升高同名轴重合,那么第二和第四象限干涉色则降低,为异名轴重合;再分别绘出各象限光率体切面椭圆,最后据各象限切面椭圆长半径均指向光轴露点,确定为一轴晶正光性矿物。

而一轴晶负光性矿物在垂直光轴的薄片上,光率体椭圆切面的短半径呈放射状分布(图 5-5)。测定光性的操作是:先插入试板,若干涉图第一和第三象限干涉色降低异名轴重合,第二和第四象限干涉色升高同名轴重合;次绘出各象限光率体切面椭圆;后据各象限椭圆的短半径指向光轴露点,可确定为一轴晶负光性矿物。

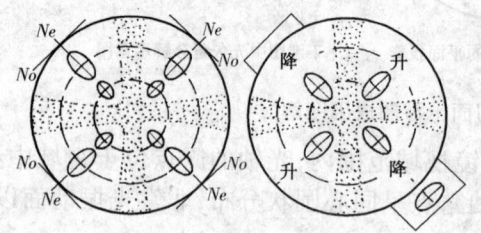
图 5-4 一轴晶正光性测定图解

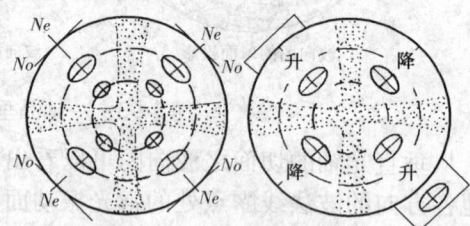
图 5-5 一轴晶负光性测定图解

光性测定中采用什么试板,可以根据情况而定。一般色圈多的用云母试板或石英楔子,色圈少或无色圈的用石膏试板。操作熟练后,用任何试板都可以得到正确结果(图 5-6)。插入石膏试板鉴定色圈少(或无)的干涉图时,黑十字臂变为紫红色,干涉色升高的二个象限由一级灰变为二级蓝,另二个象限则由一级灰变为一级黄。插入云母试板鉴定色圈多的干涉图时,黑十字臂变为灰白色,四个象限中有二个象限干涉色升高,其色圈向内移动,另二个象限干涉色降低,色圈向外移动,并在干涉色降低的二个象限内黑十字臂交点附近出现两个对称的黑点,黑臂两侧的等色环发生错位。缓慢插入石英楔子时,四个象限中,有二个象限干涉色升高,色圈连续向内移动;另二个象限干涉色降低,色圈连续向外移动。

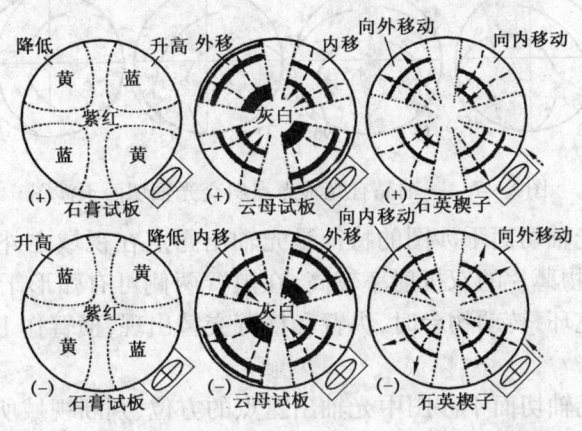

图5-6　一轴晶垂直光轴切面干涉图光性测定素描图

总结上述变化,列于表5-1中。

垂直光轴切面干涉图对于测定光性正负最为有效。为得到垂直光轴干涉图,必须先在单偏光镜及正交偏光镜下选择颗粒。其特点是单偏光镜下无多色性和吸收性,正交偏光镜下全消光。当难于找到垂直光轴切面时,可找近于垂直光轴切面的干涉图,其光轴出露点仍在视域中,这种干涉图,同样能准确定轴性及光性正负。

表5-1　一轴晶垂直光轴切面光性正负测定规律(试板长边为Ng)

光性	干涉图区域	石膏试板(1λ)	云母试板($\lambda/4$)	石英楔子
正光性 ($Ne > No$)	一、三象限 黑十字臂 二、四象限	两个蓝点(升) 紫红色 两个黄点(降)	色圈内移(升) 蓝灰色 色圈外移,两个黑点(降)	色圈内移(升) 变化的彩色 色圈外移(降)
负光性 ($Ne < No$)	一、三象限 黑十字臂 二、四象限	两个黄点(降) 紫红色 两个蓝点(升)	色圈外移,两个黑点(降) 蓝灰色 色圈内移(升)	色圈外移(降) 变化的彩色 色圈内移(升)

垂直光轴切面干涉图也是判断切面与光轴垂直程度最有效的途径,只有当干涉图光轴露点位于目镜十字丝交点,转动载物台时露点和黑十字臂均恒定不动时,切面方向才与光轴准确正交。如若在锥光镜下可见黑十字样的干涉图,但黑十字的中心与目镜十字丝交点不重合,旋转载物台时黑十字中心绕目镜十字丝交点旋转,黑十字臂平行于十字丝上下左右移动,则切面与光轴不完全垂直。随黑十字中心至目镜十字丝交点距离的加大,则变为斜交光轴切面的干涉图。

三、一轴晶斜交光轴切面干涉图的特征及应用

在斜交光轴切面中,光轴的位置是倾斜的,因而光轴出露点不在视域中心,故又称"偏心干涉图"。这类干涉图是岩石薄片中最常见的一类干涉图,按光轴出露点是否在视域内可细

分为有光轴露点斜交光轴切面干涉图和无光轴露点斜交光轴斜切面干涉图两类。

有光轴露点斜交光轴切面干涉图的特征是光轴出露点仍在视域之内(图5-7)，由不完整的黑十字及干涉色等色环组成，载物台转动时，光轴出露点绕十字丝中心旋转，4个象限的位置能够明确分辨，但出露的范围不等，黑臂作上下左右的平行移动。

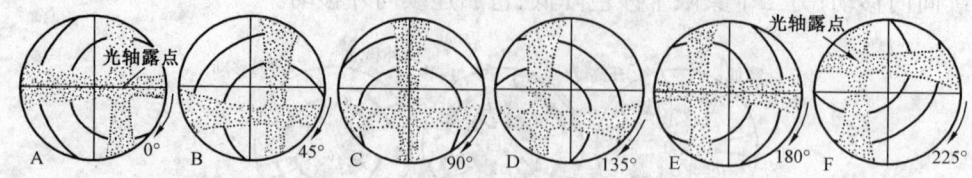

图5-7　一轴晶有光轴露点斜交光轴切面干涉图

无光轴露点斜交光轴切面干涉图的特征是光轴出露点在视域之外，视域中只能见到一条黑臂的一部分，如果矿物薄片的双折射率较高，在黑臂两侧可有弧形干涉色等色环，如矿物薄片折射率较低则不见色环，转动物台时，纵臂和横臂交替出现，横臂作上下平行移动，纵臂作左右平行移动(图5-8)。

确定无露点斜交光轴切面干涉图中光轴出露点的方位、判断视域所见部分干涉图的象限，是此类干涉图的主要观测内容。一般有如下一些标志可利用。

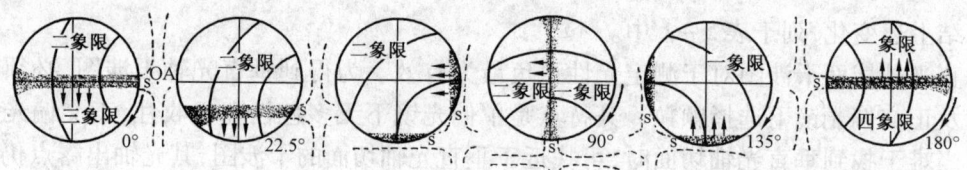

图5-8　一轴晶无露点斜交光轴干涉图

当黑臂附近有弧形干涉色等色环时，弧线曲率半径的方向即光轴露点的方向；当黑臂两端粗细不等时，细的一端指向光轴出露点方向；黑臂总是作上下或左右平行移动，移动的黑臂在视域边缘的两端点中，必有一端点的移动方向与载物台转动方向一致，称这一端为顺端s，顺端s总是位于光轴出露点所在的方向(图5-8)。光轴出露点方位已知，便可以判断视域中的象限。

有露点斜交光轴切面干涉图的特征与垂直光轴切面的干涉图十分类似，可用以确定切面方向，可准确区分一轴晶矿物与二轴晶矿物，也容易确定其光性正负。熟练掌握无露点斜交光轴切面干涉图特征，并正确确定光轴出露点方位和视域象限之后，同样能方便而有效地测定光性的正负与确定切面方向。

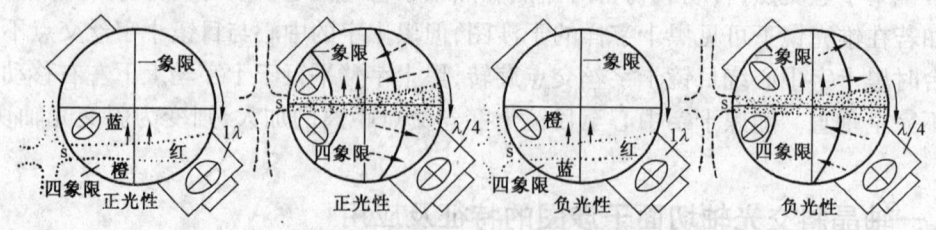

图5-9　一轴晶无露点斜交光轴切面干涉图测光性素描图

测定光性时(图5-9)，对干涉色低者常用石膏试板，对干涉色较高的干涉图常用云母试板或石英楔子。测定光性的操作步骤与前相同：先插入适合的试板，干涉色升高或色圈向光轴露点移动者为同名轴重合，降低者或色圈背离光轴露点移动为异名轴重合；再据此可绘出椭圆切面的方位；然后据各象限椭圆切面的长半径指向光轴出露点，为正光性，如各象限椭圆切面短半径指向光轴出露点则为负光性。

随薄片中晶体的光轴与锥形偏光中轴交角增大，斜交光轴切面的干涉图则逐渐向平行光轴切面的干涉图过渡。

四、一轴晶平行光轴切面干涉图的特征及应用

一轴晶矿物平行光轴的切面即是光率体的主切面（平行光轴面的切面），其椭圆的长短半径分别为 No 和 Ne（或光轴）。当光轴（Ne）与上下偏光之一平行时，视域中为一粗大而模糊的黑十字，几乎充满整个视域，只有四个象限边缘稍有明亮（图 5-10 左）。从平行位置稍微转动物台（约十余度），黑十字即分裂为一对双曲线，并快速逸出视域，黑十字逸出的方向即光轴的方向。因为视域中的干涉与消光现象变化迅速，故称为瞬变干涉图或"闪图（flash figure）"。光轴在 45°位置时，视域最亮丽，四个象限的干涉色分为两套双曲线形干涉色条带，在沿光轴方向的两象限中，干涉色由视域

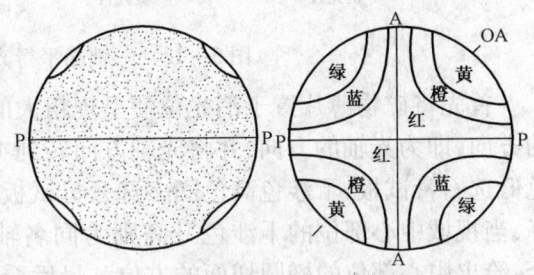

图 5-10　一轴晶平行光轴切面干涉图

中心向外递次降低，在垂直光轴方向的两象限中，干涉色由视域中心向外递次升高（图 5-10 右）。矿片的双折射率越高，双曲线状色环越密集。

一轴晶干涉图，在转动物台时的变化可用波向图来解释（图 5-11 左）。当薄片中矿物的光轴与偏光镜任一振动面方向平行时，常光 O 及非常光 E 的振动面方向绝大多数与上下偏光的振动面方向平行或接近平行，只有 4 个象限的边缘稍许斜交，因而视域中呈现一个粗大模糊的黑十字，在 4 个象限的边缘有少数光透过，视域边部稍许明亮（图 5-11 中），稍稍转动物台，则薄片中绝大多数偏光振动面方向均迅速与偏光镜振动面方向斜交（图 5-11 右），因而黑十字很快分裂逸出视域，当光轴位于偏光镜振动方向的 45°位置时，薄片中常光 O 和非常光 E 的振动面方向同时与上下偏光成 45°夹角，因而视域最明亮。

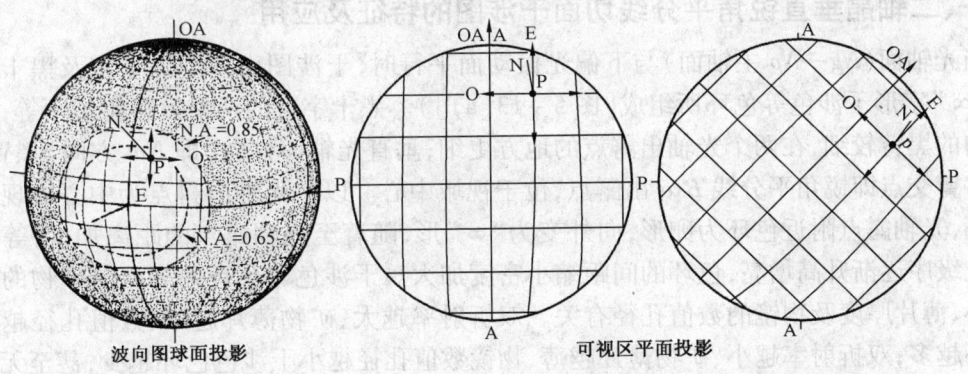

图 5-11　一轴晶波向图球面投影及可视区的平面投影（据 Walstrom，1979，有修改）

一轴晶平行光轴切面的干涉图与二轴晶的闪图十分类似，主要用以确定切面方向平行于光轴面，有最大的双折射率，可准确观测到 Ng 和 Np（或 No 和 Ne）的颜色及多色性、折射率及双折射率。仅仅在已知是一轴晶的情况下，可通过比较 No 和 Ne 的大小，来确定光率体的光性正负，一般按以下步骤进行。

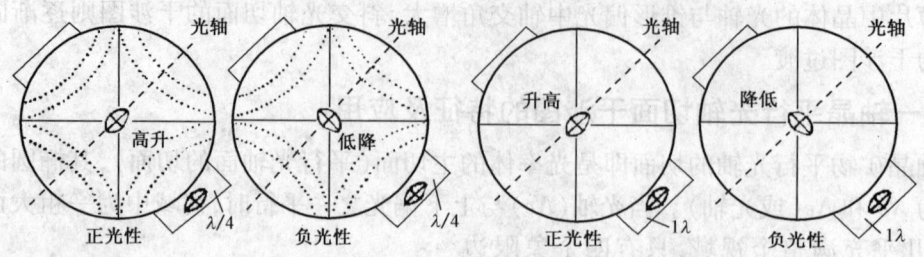

图 5-12　一轴晶平行光轴切面干涉图没光性图解

首先将矿物薄片置于消光位使呈现粗大的黑十字，缓缓转动载物台，观察黑十字分裂逸出的方向，即为光轴的方向，并将光轴方向转到 45°的位置（图 5-12）。而后插入试板，一般干涉色低选石膏试板，干涉色高色圈多选云母试板或石英楔子，着重观察视域中心部位干涉色的升降，当视域中心部位的干涉色升高则为同名轴重合，视域中心部位干涉色降低则为异名轴重合，绘出中心部位的椭圆切面的方位。最后看视域中心部位的椭圆切面长半径与光轴方向的关系，若长半径与光轴平行为正光性，若视域中心部位的椭圆切面短半径与光轴平行为负光性。还可以在光轴的方向确定后，去除锥光镜和勃氏镜在正交偏光镜下，利用光程差叠加原理测定光轴方向的轴名，若光轴方向与 Ng 平行为正光性，若光轴方向与 Np 平行为负光性。

第二节　二轴晶常见干涉图特征及应用

二轴晶有 5 种主要类型的干涉图，即垂直锐角平分线切面、垂直光轴切面、斜交光轴切面、垂直钝角平分线切面以及平行光轴面切面的干涉图。但能简便有效用来鉴定轴性和光性正、负及观察色散现象的，主要是垂直锐角平分线切面干涉图和垂直光轴切面干涉图，因此这两种干涉图是讨论的重点。

一、二轴晶垂直锐角平分线切面干涉图的特征及应用

当光轴面（$Ng—Np$ 主轴面）与下偏光振动面平行时，干涉图由一个黑十字及黑十字臂之间的"∞"字形干涉色等色环所组成[图 5-13(a)]。黑十字臂的两个黑臂粗细不等，沿光轴面方向的黑臂较细，在两个光轴出露点的地方更细；垂直光轴面方向（即 Nm 方向）黑臂较宽。黑十字臂交点即锐角平分线 Bxa 出露点，位于视域中心。以二光轴出露点为中心展现干涉色等色环，光轴露点附近色环为卵形，向外变为"∞"形，随着至光轴露点的距离加大，等色环的干涉色级序逐渐升高增亮，色环的间距缩小密度加大。干涉色等色环的多少与矿物的双折射率大小、薄片厚度及物镜的数值孔径有关。双折射率越大、矿物薄片越厚、数值孔径越大干涉色色环越多；双折射率越小、矿物薄片越薄、物镜数值孔径越小干涉色色环越少，甚至无色环而在黑十字臂四周均为灰白色。

二光轴出露点间的距离与矿物的光轴角（$2V$ 角）的大小有关，还与物镜的数值孔径大小及薄片厚度有关。一般光轴角小，二露点间距小；光轴角为零，二露点重合，二轴晶垂直锐角等分

线切面的干涉图等于一轴晶垂直光轴切面的干涉图。当光轴角达35°~50°时,在 $N.A.=0.65$ 的物镜中即见不到光轴出露点;当光轴角达50°~70°时,即使在 $N.A=0.85$ 的物镜中也不可见光轴出露点。薄片厚度大,光轴出露点间距大,薄片厚度太大时,即使光轴角不太大,视域中也可能见不到光轴出露点。

转动物台,光轴露点绕视域中心(即 Bxa 的露点)转动,黑十字首先从中心分裂成两个弯曲黑臂,视域中心呈现干涉色[图5-13(b)]。当载物台转到为45°时,二弯曲黑臂呈双曲线形,弯曲黑臂突向 Bxa 的出露点。两个弯曲黑臂的顶点即光轴的出露点,二者的连线为光轴面的迹线(即光轴面与薄片的交线),其垂线为 Nm 的方向[图5-13(c)]。

继续转动载物台,弯曲黑臂又逐渐向视域中心移动,至90°时,再次合成黑十字臂,只是粗细黑臂更换了位置[图5-13(d)]。再继续转动,黑十字臂再分裂。在转动物台时,"∞"字形干涉色色环随光轴出露点旋转移动,但形状不发生变化。

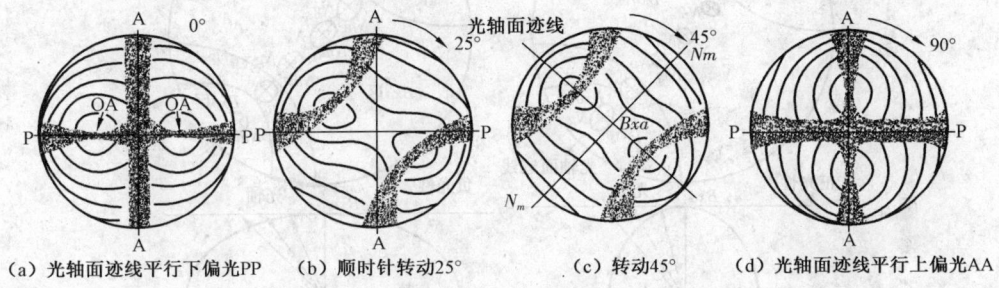

(a) 光轴面迹线平行下偏光PP　　(b) 顺时针转动25°　　(c) 转动45°　　(d) 光轴面迹线平行上偏光AA

图5-13　二轴晶垂直锐角平分线(Bxa)切面干涉图

垂直锐角等分线 Bxa 切面干涉图形复杂,是由于波向图中偏光振动面方向变化规律较复杂所致[图5-14(a)]。从垂直 Bxa 切面的波向图可以看出,当光轴面平行下偏光振动面PP方向时,在十字丝及其近邻区域内的偏光均垂直或平行上下偏光镜振动面而呈现十字形消光影。在 Nm 方向上,振动方向与上下偏光振动面平行或近于平行的光线分布范围较宽,在光轴面的方向上振动方向与上下偏光振动面平行或近于平行的光线分布范围较窄,因而形成 Nm 方向上有较粗的消光影,在光轴面方向上消光影较窄[图5-14(b)]。

转动物台时,视域中心部分偏光的振动面几乎全部与上下偏光振动面斜交,黑十字快速分裂,视域中心变为明亮。物台转到45°位置时,双曲线形消光影的区域,光的振动方向与上下偏光振动面方向平行,因而形成两条双曲线形的黑臂[图5-14(c)及图5-14(d)]。

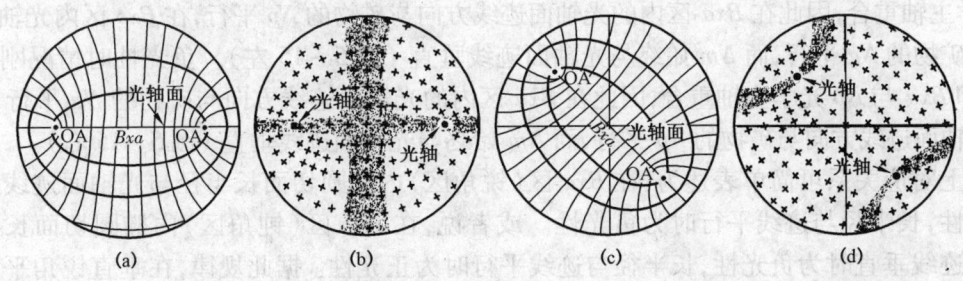

图5-14　垂直锐角平分线切面的波向图及其干涉图的成因(据 Wahlstrom,1979)

在黑臂范围以外出现"∞"字形干涉色等色环,是由于其光波振动面与上、下偏光振动面方向斜交所致。二轴晶有两个光轴,光沿二光轴入射时光程差为零,不发生双折射;斜交光轴的入射光发生双折射,光程差 R 从光轴的零起向外边缘逐渐加大,因而"∞"字形干涉色等色环以二光轴出露点为中心展开,越外干涉色级序越高。又因向 Bxo 方向倾斜入射的光,其双折率与薄片厚度均逐渐加大,光程差增加快;而向 Bxa 方向倾斜入射的光,虽双折率逐渐加大,但薄片厚度却逐渐减少,故光程差增加慢。所以干涉色等色环在 Bxa 方向上间距大而稀疏,在 Bxo 方向上间距小而密集。

应用垂直锐角平分线 Bxa 切面干涉图,可准确测定矿物的光性正与负。如前述,在二轴晶中,$Bxa//Ng$ 为正光性;$Bxa//Np$ 为负光性。只要确定了 Bxa 究竟是 Ng 还是 Np 就解决了二轴晶光性正负的问题。因此测定二轴晶的光性正负,实际上就是确定 Bxa 方向是 Ng 还是 Np 的问题。

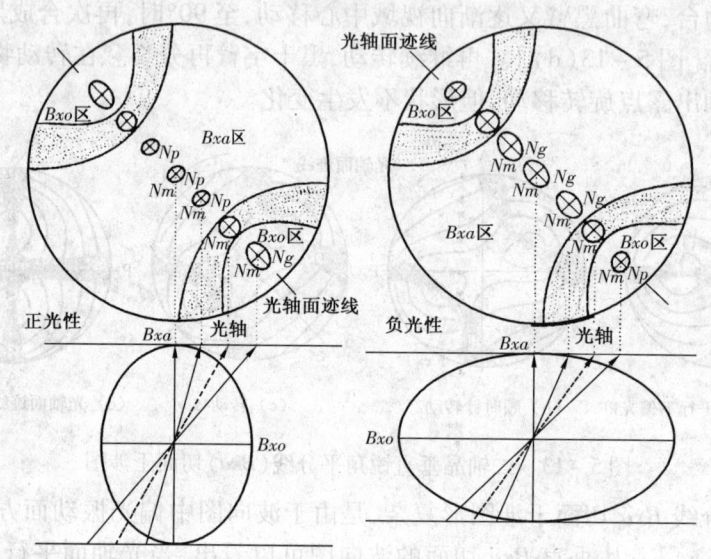

图5-15 二轴晶垂直 Bxa 切面干涉图上光率体切面半径与光性的关系

将垂直 Bxa 切面的干涉图旋转呈双曲线形状,使光轴面迹线与上、下偏光镜振动方向成 $45°$ 角。此时视域中心为 Bxa 出露点,二弯曲黑臂顶点为二光轴的出露点;光轴出露点的连线为光轴面的迹线,垂直光轴面迹线的方向为 Nm。通常称 Bxa 出露点的中心区域为 Bxa 区(又称为锐角区),双曲臂以外的二区域为 Bxo 区(又称为钝角区)。光轴面迹线也被双曲线黑臂分为三段,一段在锐角区,二段在钝角区。实验表明,在 Bxa 区和 Bxo 区的光率体椭圆切面长短半径的位置与矿物的光性正负密切相关,或者说二者间有严格的对应关系。正光性时,Bxa 与 Ng 光学主轴重合,因此在 Bxa 区内的光轴面迹线方向与矿物的 Np 平行,在 Bxo 区内光轴面迹线方向与矿物的 Ng 平行,而 Nm 始终与光轴面迹线垂直(图5-15左)。负光性时情况刚好与此相反,即 Bxa 与 Np 光学主轴重合,因此在 Bxa 区内的光轴面迹线方向与矿物的 Ng 平行,在 Bxo 区内光轴面迹线方向与矿物的 Np 平行,而 Nm 始终与光轴面迹线垂直(图5-15右)。

以上对应关系可简单表述为:在 Bxa 区(锐角区)内椭圆切面长半径与光轴面迹线垂直时为正光性,长半径与迹线平行时为负光性。或者说,在 Bxo 区(钝角区)内椭圆切面长半径与光轴面迹线垂直时为负光性,长半径与迹线平行时为正光性。据此规律,在垂直锐角平分线切面干涉图中锐角(或钝角)区内,应用试板测定光率体椭圆切面半径的名称即可测定二轴晶的光性正负。

确定光性正负的操作如后:① 将垂直 Bxa 切面干涉图转呈双曲线形状,便光轴面迹线置于 $45°$ 位置,确认锐角区的范围和光轴面迹线的方向。② 选择合适的试板,测试 Bxa 区光率体切面半径的方向,绘制切面椭圆。如锐角区干涉色等色环多可选用石英楔子(图 5-16)或云母试板(图 5-17),并缓缓插入石英楔子或云母试板,若 Bxa 区色圈内移,高色序取代低色序,表明 Bxa 区干涉色升高同名轴重合,反之色圈外移,低色序取代高色序干涉色降低为异名轴重合。依据 Bxa 区干涉色的升与降绘制光率体切面椭圆。③ 观测 Bxa 区椭圆切面长短半径的方向,若长半径与光轴面迹线垂直即为正光性,如相反即为负光性。

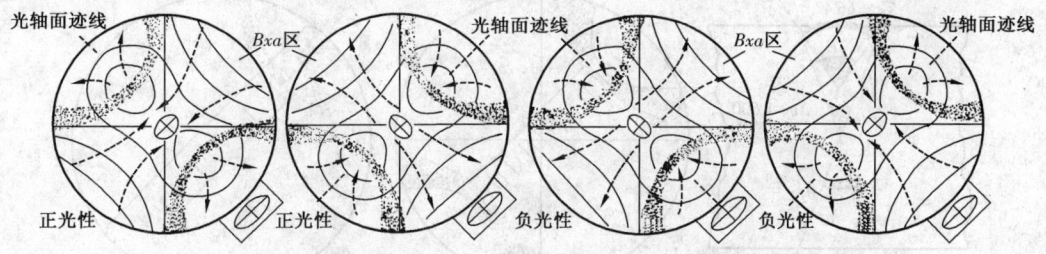

图 5-16　二轴晶垂直 Bxa 切面干涉图上用石英楔子测光性图解

对于无色环者宜用石膏试板,这时黑臂变为红色,当 Bxa 区色序升高而呈二级蓝为同名轴重合,当 Bxa 区椭圆切面长半径与光轴面迹线垂直,为正光性,如相反即为负光性(图 5-17)。用云母试板时黑臂变为灰白色,如果 Bxa 区色环向内(光轴出露点)移动一个色序,Bxo 区色环向外移动一个色序,使黑臂两侧原本对应的色环发生错位,也可确定 Bxa 区干涉色升高同名轴重合,再据椭圆切面长半径与光轴面迹线的关系确定光性。在熟悉的情况下,也可以灵活地依据 Bxo 区干涉色升降及椭圆切面半径与光轴面迹线的关系确定光性正负。

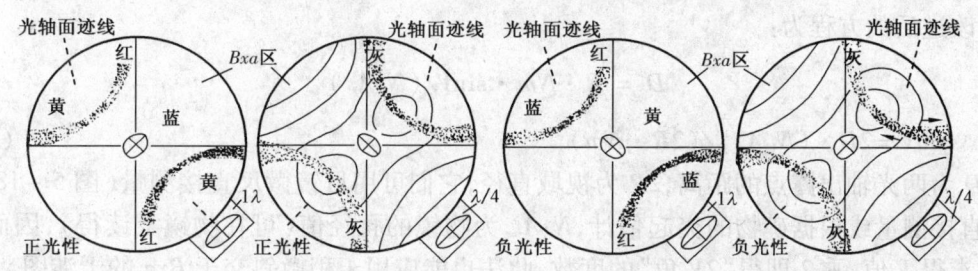

图 5-17　二轴晶垂直 Bxa 切面干涉图上用石膏和云母试板测光性图解

应用二轴晶垂直锐角平分线切面还可计算光轴角($2V$ 角)(马拉尔法)。这是依据光轴面迹线在 $45°$ 位置时,两光轴出露点之间的距离"$2D$"与光轴角"$2V$"的大小成正比(图 5-18 左)。$2V$ 的二边为二光轴的方向,光线沿光轴传播时折射率为 Nm,锐角等分线 Bxa 与任一光轴间的夹角为半光轴角"V";则光轴透出的光线经折射后进入目镜在视域中形成光轴的露点,其夹角为"$2E$",即视域中见到的"视光轴角",且视光轴角"$2E$"总是大于真光轴角"$2V$";Bxa 与似光轴角二边的夹角为"E"。由图中可知,$\theta_1 = E$;$\theta_2 = V$,而 $Nm = \sin\theta_1/\sin\theta_2$,因此 $2E$ 与 $2V$ 间有关系:

$$Nm = \sin E/\sin V \text{ 即 } \sin E = Nm \cdot \sin V$$

对于特定的透镜系统,有如下方程:

$$D = K \cdot \sin E, \text{ 即 } D = K \cdot Nm \cdot \sin V$$

$$\sin V = D/(K \cdot Nm) \tag{5-1}$$

式中 K 称为马拉尔常数,是与透镜系统有关的常数(即每一台配置恒定的偏光显微镜有恒定的 K 值,可预先用已知 $2V$ 和 Nm 值的矿物求解所用显微镜的 K 值);D 为光轴露点间距的一半,可用目镜微尺测定;Nm 可进行实测或用突起进行估算;即可用公式(5-1)计算矿物的半光轴角 V 及光轴角 $2V$ 值。

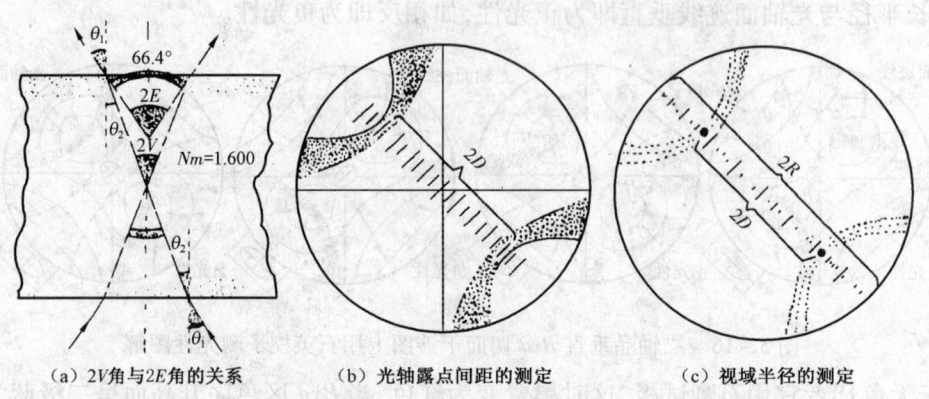

(a) $2V$ 角与 $2E$ 角的关系　　(b) 光轴露点间距的测定　　(c) 视域半径的测定

图 5-18　以拉尔法和托毕法计算矿物的光轴角(据 Wahlstrom,1979)

由于马拉尔法必需预先用已知 $2V$ 及 Nm 的矿物求显微镜透镜系统的 K 值,引起许多不便,托毕(Tobi,1965)经研究发现,显微镜透镜系统的 K 值,与物镜的数值孔径 $N.A.$ 和目镜的半径 R 之间有关系式:$R=K\cdot(N.A.)$ 或者 $K=R/(N.A.)$。于是马拉尔法加以改进,在计算中引进物镜的数值孔径值 $N.A.$ 和目镜的视域半径 R,消去了马拉尔常数 K,简化了操作计算过程。改进后的方程为:

$$D = R\cdot Nm\cdot \sin V/(N.A.)$$

即　　　　$\sin V = 2D\cdot(N.A.)/(2R\cdot Nm)$ 　　　　　　　　　　(5-2)

式中 $2D$ 为两光轴出露点的距离,$2R$ 为视域直径,它们可用目镜微尺直接测量(图 5-18 右),Nm 可直接测量或根据矿物的突起估计,$N.A.$ 为物镜的孔径值(可在物镜上读得),因而可以迅速地求得 V 值,乘 2 即得"$2V$ 角"的度数,此法也能应用于稍微斜交于 Bxa 的干涉图。

二轴晶垂直锐角平分线切面的干涉图除用以确定光性正负和测定 $2V$ 角的大小外,还能在锥光镜下很好地区分一轴晶和二轴晶,也可作为定向切片在单偏光下测定 Nm 的折射率,及与 Nm 垂直的方向上的另一主折射率 Ng(或 Np,由光性正负决定)以及相应主轴方向的多色性公式与吸收性公式。这种切片在正交偏光下的干涉色,介于平行光轴面切面上的最高干涉色与垂直光轴切面上的最低干涉色之间。

二、二轴晶垂直一条光轴切面干涉图的特征及应用

二轴晶垂直光轴切面在正交偏光镜下,显现全消光。近于垂直光轴时出现蓝灰色干涉色。在锥光条件下,此干涉图形相当于垂直 Bxa 切面干涉图的一半(图 5-19)。当光轴面与下偏光振动方向平行时,出现一条平行横丝的直的黑臂和卵形的干涉色等色环(为"∞"字形干涉色等色环的一部分)。黑臂中段较窄而内凹,似凹透镜。转动载物台黑臂发生弯曲,在 45°时弯曲程度最大。弯曲黑臂顶点即光轴出露点,它位于视域中心,黑臂凸出之方向指向 Bxa 出露点,再转动物台至 90°,黑臂又变直,但方向已改变。光轴面在 45°位置时,黑臂的弯曲度与 $2V$ 角的大小有关。

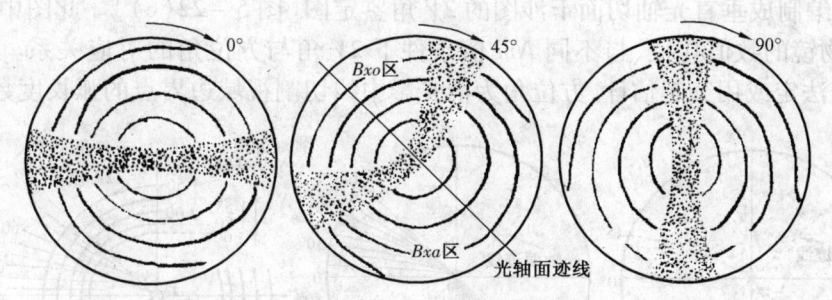

图 5-19 二轴晶垂直光轴切面干涉图

由垂直一个光轴切面的波向图(图 5-20)可知,在光轴面位于 45°时,若 2V 角较小,如 2V=70°,振动面与上下偏光镜平行的光波集中在一弧形区域内,致使消光影呈弧形分布,为双曲线的一枝,2V 角越小弧线曲率半径越小;若 2V=90°,与上下偏光振动面平行的光波集中在一平直的长条区域内,故消光影为一条直的黑臂。

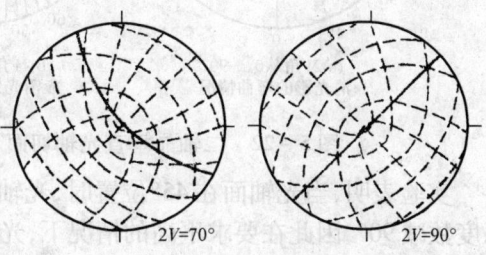

图 5-20 垂直光轴切面的波向图

用二轴晶垂直光轴切面干涉图测定光性正负的原则和方法与垂直 Bxa 切面干涉图相似(图 5-21)。① 将干涉图旋转呈曲线形态,使光轴面迹线与下偏光 PP 方向的夹角成 45°,根据弯曲黑臂顶点的凸向,确定出 Bxa 区和 Bxo 区及光轴面的迹线方向。② 选用适当的试板测定 Bxa 区干涉色的升降,确定光率体椭圆切面长短半径的位置,并绘制椭圆。③ 依据 Bxa 区椭圆切面长半径与光轴面迹线的关系,确定光性正与负。即 Bxa 区椭圆长半径垂直光轴面迹线为正光性,短半径垂直光轴面迹线为负光性。在熟悉的前提下,也用 Bxo 区的干涉色升降及椭圆切面半径与光轴面迹线的关系来确定光性正负。

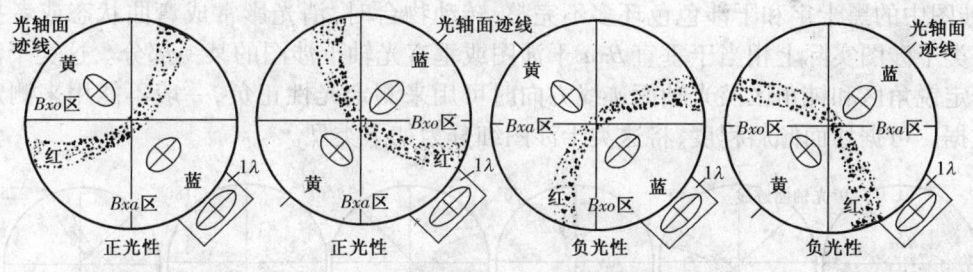

图 5-21 二轴晶垂直光轴切面干涉图测定光性图解

在精度要求不高的情况下,可根据垂直光轴切面干涉图上消光影的弯曲情况估计 2V,因为当光轴面迹线在 45°位置时,黑臂的弯曲度与光轴角的大小有关。光轴角为 0°时黑臂成直角,视域中为一黑十字,等于一轴晶垂直光轴干涉图;当 2V 等于 90°时,黑臂在任何位置都是平直的,转动物台时不发生弯曲,仅以光轴露点为中心发生旋转;光轴角在 0°~90°间,弯曲度也介于直角与平角之间[图 5-22(a)]。根据这一函数关系编绘成矿物 2V 角与干涉图消光影中线位置对应图[图 5-22(b)],比照此图即可根据干涉图消光影中线的弯曲程度确定其 2V 角数值。此对应关系图是以矿物折射率为 1.600 的数据编绘的,所以对于平均折射率高于或低于 1.600 的矿物而言,此图有一定误差,但仅为鉴定矿物而言,此图已可满足精度要求。

凯姆(Kamb,1958)提出了一个新的方程来计算垂直光轴切面干涉图中 2V 角与消光影的对应关系,并编制成垂直光轴切面干涉图的 2V 角鉴定图[图 5-22(c)]。此图中全面准确地标出了常用物镜的数值孔径、与不同 Nm 值条件下 2V 角与方位角的对应关系。其中矿物的 Nm 可用油浸法定或用突起估计,方位角为消光影中线切割视域边界点的弧长度数。

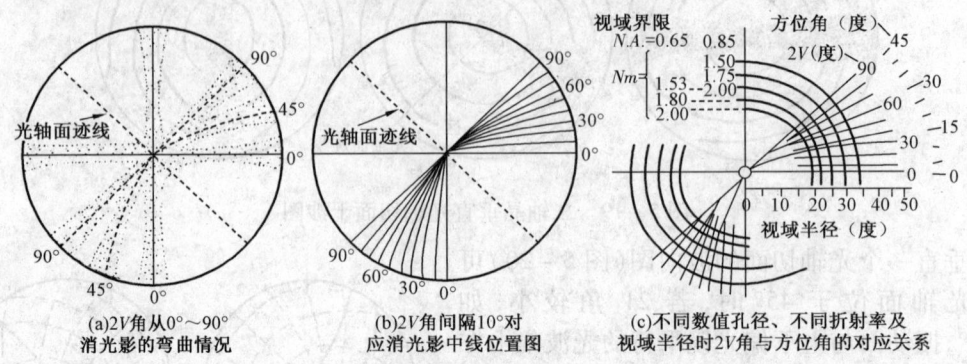

图 5-22 二轴晶垂直光轴切面干涉图上 2V 角的测定(据 Wqhlatrom,1979)

实验表明,当光轴面在 45°位置时,光轴角又约等于弯曲黑臂中线两端点在视域边缘之间的弧度数减 90°,因此在要求不高的情况下,光轴角 2V 可按消光影中线两端点的弧长的度数与 90°的差值来计算,其误差较大,约为 15°。例如在处于 45°位置的垂直光轴切面干涉图中,目测得视域中弯曲黑臂中心线二端点之间的弧长为 150°,则此矿物的 2V 角为 150°-90°=60°。

垂直光轴切面的干涉图因具有典型的图形特征,除用以测定光性正负和测定 2V 角外,还可用来区分一轴晶和二轴晶矿物,区分均质体矿物及垂直光轴切面的非均质矿物,还能准确确定切面方向及观察色散现象。在垂直光轴的切面上干涉色最低,无多色性,可测定 Nm 的折射率和 Nm 方向的颜色和吸收性。

三、二轴晶斜交锐角平分线和斜交光轴切面的干涉图的特征及应用

二轴晶斜交切面的干涉图是矿物和岩石薄片中最常见的干涉图,其类型繁多,共同特征是,干涉图中的黑十字和干涉色色环多不完整,转动物台时,消光影常成弯曲状态或者扫过视域。这类干涉图实际上相当于垂直 Bxa 干涉图或垂直光轴干涉图的某一部分。这类干涉图在准确判定锐角区和钝角区及光轴面迹线方向时可用来测定光性正负,一般不能用来测定其他光学数据。可据切面倾斜程度,将这类干涉图细分为如下类型。

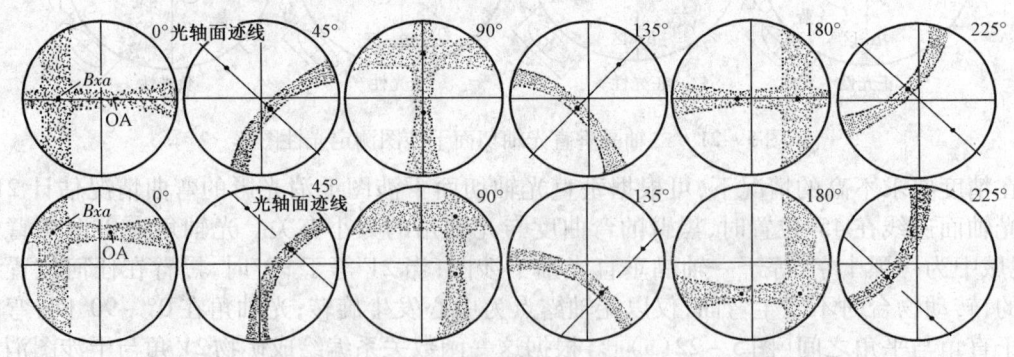

图 5-23 二轴晶 Bxa 露点与光轴露点均在视域内的斜交切面干涉图

Bxa 露点与光轴露点均在视域内的斜交切面干涉图(图 5-23)。当斜切面与光轴及锐角平分线均近于正交时,或者当视域中心至 Bxa 露点与光轴露点的距离均不大时具有此类干涉

图。其特征是 Bxa 露点和光轴出露点均出现在视域中(上图是光轴面迹线通过视域中心,下图是光轴面迹线不通过视域中心)。当光轴面迹线与下偏光 PP 平行时,为不完整的黑十字且较细的一臂与 PP 平行或重合,转动物台时,变为弯曲黑臂,继续转动物台,光轴露点和 Bxa 露点均绕视域中心作圆周运动,不完整的黑十字与弯曲黑臂交替出现。此类干涉图可正确确定 Bxa 区、Bxo 区及光轴面迹线的方向,因此可用以测定光率体的正负,确定切面方向。测定光性正负操作步骤与前述相同,但不能用来测定 $2V$ 角。

光轴露点在视域内斜交切面干涉图(图 5-24)。当斜切面与光轴近于正交而与 Bxa 以较小锐角斜交时,或者视域中心至光轴露点的距离不大而与 Bxa 露点距离较大时具有此类干涉图。其特征是光轴出露点出现在视域中(上图是光轴面迹线通过视域中心,下图是光轴面迹线不通过视域中心)。当光轴面迹线与下偏光 PP 平行时,干涉图为一与 PP 平行或重合的黑臂,转动物台时,变为弯曲黑臂,继续转动物台,光轴露点绕视域中心作圆周运动,直臂与弯曲黑臂交替出现。此类干涉图可正确确定 Bxa 区、Bxo 区及光轴面迹线的方向,因此可用以测定光率体的正负,确定切面方向。测定光性的操作步骤与前述相同,但不能用来测定 $2V$ 角。

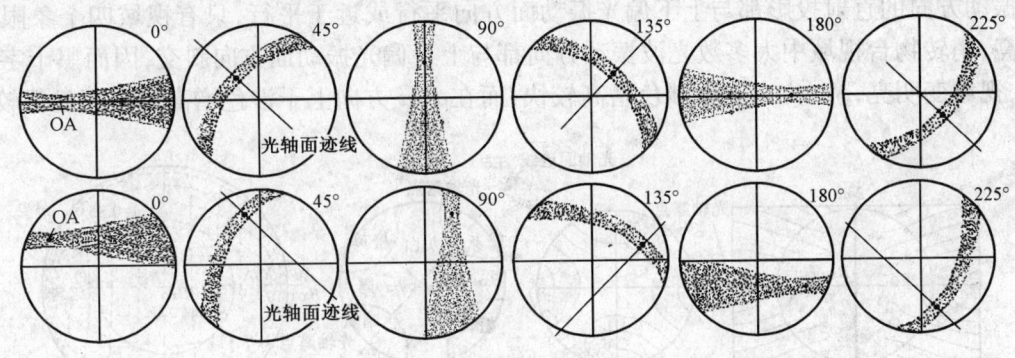

图 5-24 二轴晶光轴露点在视内的斜交切面干涉图

露点均不在视域内斜交切面干涉图。当斜切面以较小锐角与 Bxa 和光轴斜交时,或者视域中心至光轴露点与 Bxa 露点距离均较远时具有此类干涉图。其特点是光轴露点和 Bxa 露点均在视域之外(图 5-25),上图为光轴面迹线通过视域中心,下图为光轴面迹线不通过视域中心)。当光轴面迹线与下偏光 PP 平行时,为一与 PP 平行或重合的清晰程度不同粗直黑臂(视域中心至光轴露点较近时黑臂较清晰且稍细,随距离的加大而越模糊不清越来越粗大),转动物台时,直臂快速退出视域。继续转动物台,直臂与无臂视域交替出现。此类干涉图难以确定 Bxa 区、Bxo 区及光轴面迹线的方向,因此无法准确测定光性正负,不具有鉴定意义。

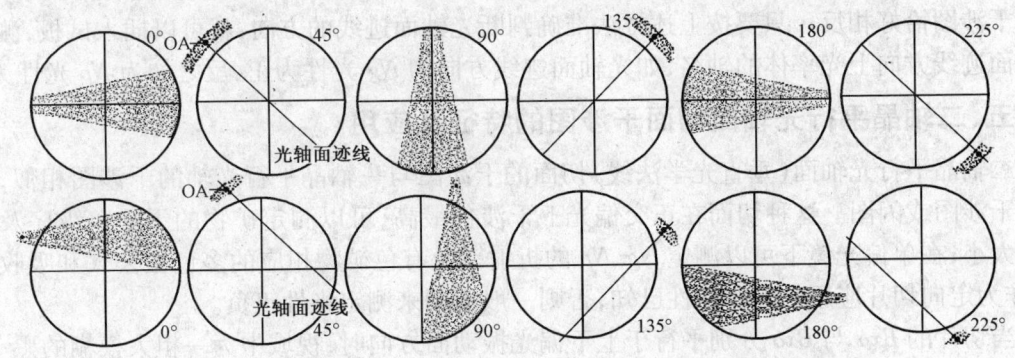

图 5-25 二轴晶露点均不在视域内斜交切面干涉图

四、二轴晶垂直钝角平分线切面干涉图的特征及应用

垂直 Bxo 切面的干涉图与垂直 Bxa 切面干涉图形相似,当光轴面与下偏光振动面方向 PP 平行时,视域中也是一个两条黑臂粗细不等的黑十字,只是黑十字显得更粗大而模糊,较粗的一条黑臂的方向是 Nm 轴的方向,较细的一条黑臂为光轴面迹线的方向,光轴出露点不在视域之内[图 5-26(a)],转动物台 10°~35°时,黑十字很快分裂逸出视域,当光轴面迹线在 45°位置时,视域全部明亮[图 5-26(b) 及图 5-26(c)]。双折射率很大的矿片,视域中能见到两对干涉色级序不同、密度也不等的双曲线状的干涉色等色环。视域中心为 Bxo 出露点,视域中见到的是两光轴之间的钝角范围,因而在 45°位置时,两消光影及光轴出露点均在视域之外,这时只能根据黑影逸出的方位及视域中干涉色等色环分布的情况判断光轴面的迹线及光轴出露点的方位。转动物台,黑影逸出的两象限为光轴面迹线方向与光轴出露点的方位;视域中 Nm 方向上干涉色总是比较高,而光轴面迹线方向总是比较低。

由垂直 Bxo 切面波向图[图 5-26(d)]可知,当光轴面迹线在平行位置时,视域中大多数光波振动方向的直射投影都与上下偏光振动面方向平行或近于平行,只有视域四个象限的边缘明亮,稍转物台视域中大多数光波振动方向都与上下偏光振动面方向斜交,因而黑十字很快分裂,视域变明亮,Nm 方向上干涉色增高较快,而在 Bxa 方向上干涉色增高较慢而显得较低。

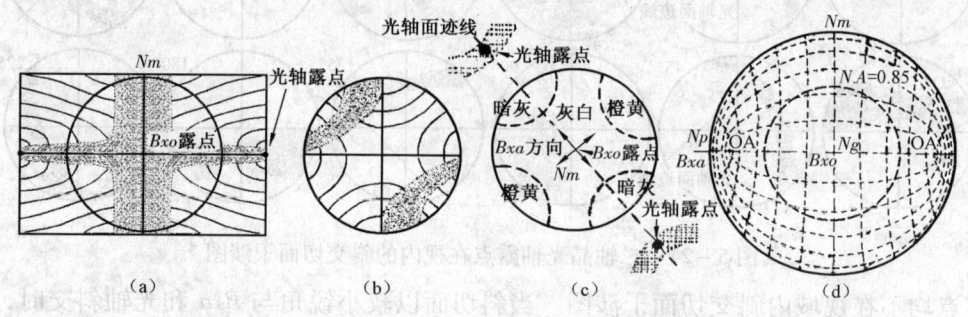

图 5-26 二轴晶垂直 Bxo 切面干涉图及其波向图

在二轴晶的矿物薄片上,当 $2V$ 很大(接近 90°)时,两光轴间的锐角与钝角的大小相近,垂直 Bxo 与垂直 Bxa 干涉图相近。而当 $2V$ 很小时,垂直 Bxo 与平行光轴面的干涉图相近,它们之间不易区别。只有当能够确定切片类型时,垂直 Bxo 的切面的干涉图才能用来测定光性正负。在垂直 Bxo 切面干涉图中,当光轴面迹线在 45°位置时,因为视域中两光轴间的夹角为钝角,视域中心为 Bxo 出露点,故在光轴面迹线上的投影为 Bxa,这与垂直锐角等分线 Bxa 切面的干涉图恰好相反。只要按上述方法准确判断光轴面迹线的方向,就可以插入试板,测定在光轴面迹线方向上光率体的轴名,如光轴面迹线方向为 Ng 光性为正,反之如为 Np 光性为负。

五、二轴晶平行光轴面切面干涉图的特征及应用

二轴晶平行光轴面(垂直光学法线)切面的干涉图与一轴晶平行光轴的干涉图相似,也称瞬变干涉图或闪图。这种切面在正交偏光下干涉色最高,可以测定矿物的干涉色级序及双折射率大小;在单偏光镜下可以测定 Ng、Np 的折射率及有色矿物相应的多色性公式和吸收性公式,作为定向切片应用。除非轴性已知,否则一般不用来测定光性正负。

当切片的 Bxa 与 Bxo 分别平行于上下偏光振动面方向时,视域中为一粗大模糊的黑十字,几乎占满整个视域[图 5-27(a)],稍微转动物台(一般小于 10°),黑十字即分裂并迅速逸出视

域。当 Bxa 及 Bxo 分别处于 45°位置时,视域中最明亮,此时四个象限出现两套干涉色,若矿物的双折射率较高,出现两套双曲线形干涉色等色环带,从中心向外缘,沿 Bxo 方向上的两象限干涉色总是较高,而沿 Bxa 方向上的两象限干涉色总是较低[图 5-27(b)和图 5-27(c)]。

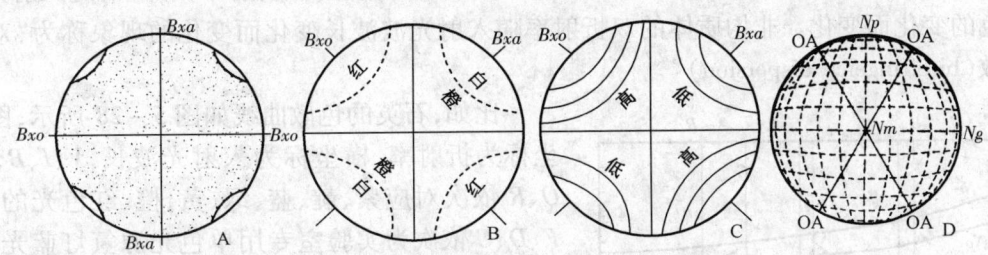

图 5-27 二轴晶平行光轴面切面干涉图及波向图

从平行光轴面切面的波向图中可看出[图 5-27(d)],当 Bxa 与 Bxo 在平行位置时,视域中绝大多数光波振动面方向与上下偏光振动面方向平行或近于平行,因而视域中出现一个宽大模糊的黑十字,几乎占满整个视域,当转动物台时,几乎视域中所有的光波振动面方向都与上下偏光振动面方向斜交,故黑十字很快分裂,逸出视域,视域明亮,且干涉色在 Bxo 方向上级序较高,在 Bxa 方向上干涉色级序较低。

当已确定为二轴晶平行光轴面的干涉图后,二轴晶的闪图也可以用来测定光性正负。转动物台黑十字分裂逸出视域,至 45°位置,视域最明亮,黑影闪出视域的两象限连线的方向为 Bxa 的出露方向,而其垂线方向为 Bxo 的出露方向,Bxa 及 Bxo 的方向确定后即可以插入试板,根据干涉色升降情况判断其中哪一个是 Ng,确定矿物的光性正负。

第三节 矿物色散的观测

物理学研究表明,任何介质的折射率均是随入射光波长变化而变化的,此现象称为色散(dispersion)。或者说,白色光经介质折射后能够被分解为不同颜色光线的现象为色散。表征波长与对应折射率关系的曲线称为介质的色散曲线。

一、均质体矿物的色散

光性均质体矿物具有各向同性的特征,其折射率只与光的波长(或频率)有关,即不同波长色光的折射率各不相同,其色散是由不同色光折射率不同产生的,称其为"折射率色散(refractive index dispersion)"。同一波长色光的折射率恒定,与传播方向无关。即不同波长不同颜色光的光率体均是球形,只是各色光的光率体半径各不相同。通常是波长最短的紫色光的折射率最大,波长最长的红色光的折射率最小。因此通常文献中所指矿物的折射率,如无附加说明时,均是指黄光的折射率。均质矿物的色散还与矿物的种属有关,即不成分不同结构的均质矿物,其不同波长入射光的折射度差值是各不相同的。比如,萤石的色散弱,尖晶石的色散中等。

在单偏光下均质矿物"贝克线"的色散现象(蓝紫色亮光偏向折射率较大介质一侧、红橙色亮光偏向折射率较小介质一侧),即是由均质矿物的折射率色散产生的。要精确区分均质矿物色散的差异,一般须精确测定不同色光的折射率、测定矿物的色散曲线。均质矿物只有一个折射率值,色散曲线只有一条。当均质矿物的折射率色散很微小时,其色散曲线近于一条水平直线;当均质矿物的色性较强时,其色散曲线为一条斜率较大的曲线。

二、一轴晶矿物的色散

一轴晶非均质矿物有 Ne 和 No 两个主折射率,均会随入射光波长与颜色的变化而变化(即每一主折射率均有各自的折射率色散),Ne 和 No 的差值(双折射率)相应的随入射光波长与颜色的变化而变化。非均质体的双折射率随入射光波波长变化而变化的现象称为"双折射率色散(birefringeice dispersion)"。

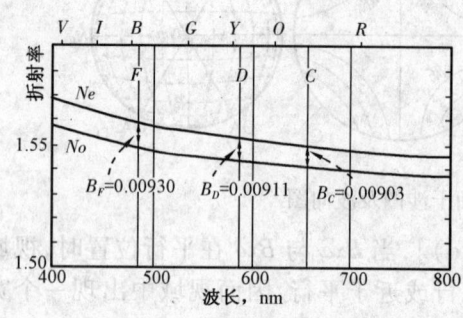

图 5-28 石英的色散曲线

比如,石英的色散曲线如图 5-28 所示,图中纵坐标为折射率,横坐标为入射光波长,V、I、B、G、Y、O、R 依次对应紫、靛、蓝、绿、黄、橙、红色光的波长,F、D、C 依次为实验室专用单色光源氢灯蓝光、钠灯黄光、氢灯红光的波长。图中显示石英在 F(蓝光)时双折射率较大、在 D(黄光)时次之、在 C(红光)时较小。石英的蓝光与红光双折射率差值发生在小数后第四位上,是双折射率色散很微弱的矿物,是 Ne 和 No 的色散曲线近于平行的矿物,也是自然界最常见的矿物。因此,晶体光学中干涉色的级序、色序和色谱表,都是以石英的干涉色为基础建立的。

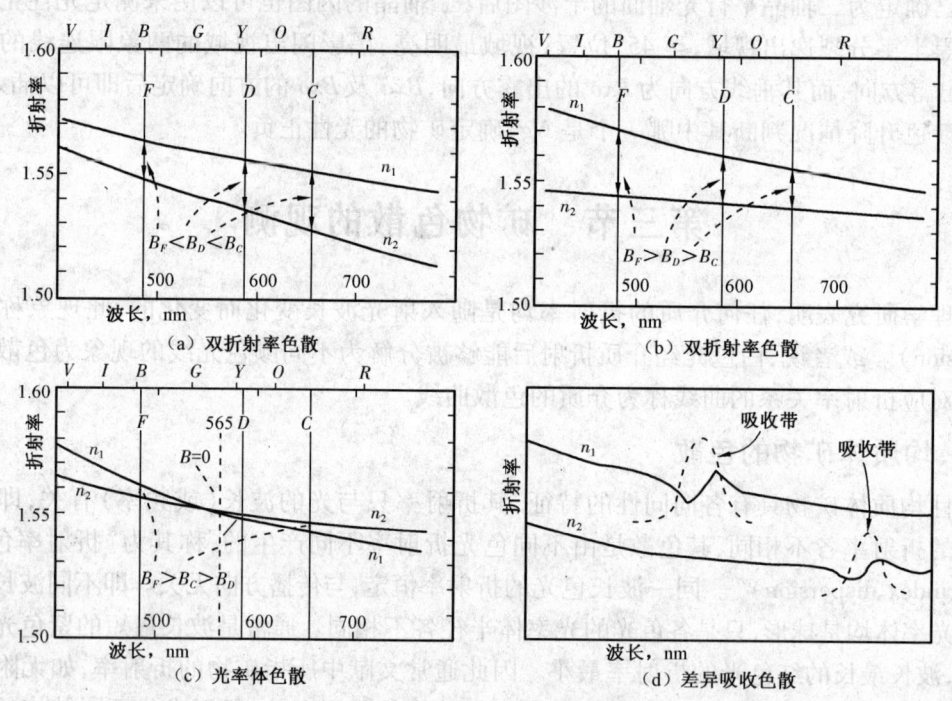

图 5-29 某些一轴晶矿物的色散曲线(据 Wahlstrom,1979)

一轴晶的双折射率色散,与二主折射率 Ne 和 No 色散曲线的差异或变化率密切相关,其双折射率可随波长的增大而增大,也可随波长的增大而减小[图 5-29(a)和图 5-29(b)]。当二主折射率的色散曲线相交时[图 5-29(c)],不仅双折射率有变化,光率体形态还有变化,即随入射光波长的变化,光率体可由正(或负)光性变为球形(均质体)、再变为负(或正)光性,此现象称为"光率体色散(indicatrix dispereion)"。黄长石是一轴晶具有光率体色散的典型矿物,其对黄光而言双折射率为零是均质体,而对其他色光具有不同程度的双折射率,并产生蓝色的异常干涉色。当矿物对某一色光吸收特别强烈,色散曲线局部呈小褶曲状,称为差异吸收色散[图5-29(d)]。

一轴晶矿物色散的精确观测与比较,主要通过色散曲线的测定进行。异常干涉色的观测可从1个侧面认识矿物色散的差异。不同色光双折射率与光率体光性的测定,也可反映矿物色双折射率色散的特征。

三、二轴晶矿物的色散

二轴晶矿物有3个主折射率Np、Nm和Ng,其色散曲线更为复杂。通常对于不同波长的色光,折射率各异、双折射率不同,光率体形态与位置均可发生不同程度的变化。即二轴晶矿物几乎均具有光率体色散(同时具有复杂的双折射率色散和折射率色散)。

大量的观察表明,大多数矿物的色散很微弱而不明显,只有少部分矿物的色散达中等至较强的程度而易于观测,不过这些矿物的色散情况都非常复杂,各色光主轴之间的几何关系因矿物种类和晶系的不同而异。这些色散中不同色光的光轴角$2V$与光轴出露点往往各不相同,且以白光二端元的红光(r)与紫光(v)的差异最大,其余色光的$2V$角与光轴出露点均介于其间。因此文献中常用r代表红光的$2V$角、v代表紫光的$2V$角。假若红光的$2V$角大于紫光的$2V$角则用色散公式$r>V$表示;如果红光的$2V$角小于紫光的$2V$角则用$r<v$表示。

当用白光作光源,在仔细观察某些二轴晶矿物垂直Bxa切面干涉图时会发现,在消光影的边缘可出现彩色的镶边,这种能在干涉图中显现并观测到的色散现象统称为"消光影色散(dispersion of isogyres)"。这是由于不同色光的3个主折射率不同,其光轴的位置及光率体形状也不相同,即不同色光在干涉图中光轴出露点位置各不相同、干涉色等色环的形态与位置各不相同造成的。因此,二轴晶矿物的色散特征,除通过色散曲线和异常干涉色观测比较外,还可通过"消光影色散"来观测比较。典型的消光影色散如后述。

1. 光轴角色散

光轴角色散(disperision of the optic axes)是斜方晶系干涉图中所观察到的最常见色散类型,又称为斜方色散(Rhombic dispersion)。可有$r>v$和$r<v$两种类型。斜方色散的特征是:红光与紫光等各色光的主折射率均分别与三个结晶轴X、Y、Z重合,各色光光轴面位置未变化(相互重合)、折射率大小不等、光轴位置不同,红光光轴角$2V_r$与紫光光轴角$2V_v$分别为光轴角的最大值和最小值,其余各色光的光轴及$2V$角介于其间。

光轴角(斜方)色散可在垂直锐角平分线Bxa的切面上或垂直光轴OA的切面上进行观察到(图5-30)。当光轴面平行PP时,红光光轴露点OAr与紫光光轴出露点OAv虽发生分离,但均位于光轴面的迹线上,消光影附近没有色边产生。在45°位置时由于黑十字分裂为双曲线形消光影,当$r>V$时,红光光轴角较大其光轴露点OAr位于双曲线形消光影的凹侧,紫光光轴露点OAv位于双曲线形消光影的凸侧。白

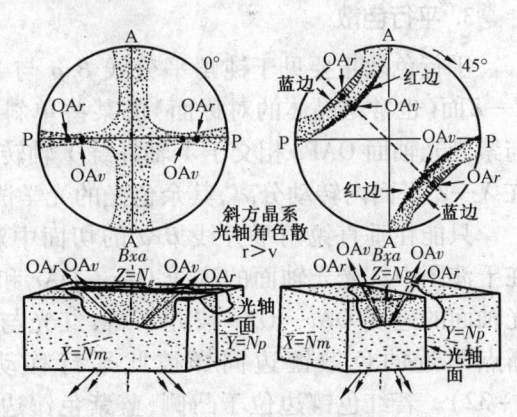

图5-30 光轴角色散

光沿红光光轴射入晶体，红光不发生双折射，其振动方向未发生改变，不能透过上偏光镜而消光，其余各色光均发生双折射，在矿片中产生一定的光程差，其中以蓝紫光波的光程差最大（接近于半波长），到达上偏光镜后，致使红光光轴出露点附近显示蓝紫色镶边。同理，白光沿紫光光轴射入晶体时，紫光不发生双折射不能透过上偏光镜而被消除，其余各光不同程度的干涉叠加，以红橙光最强，故在紫光光轴出露点附近显示橙红色镶边。而且消光影凹侧蓝紫色镶边和凸侧的橙红色镶边的分布，对于光轴面迹线和 $Nm—Bxa$ 主轴面的迹线均是对称的。当 $r<v$ 情况与此相反。

2. 交叉色散

交叉色散主要见于锐角等分线 Bxa 与 Y 轴重合，钝角平分线 Bxo 及光学法线 Nm 位于 $X—Z$ 面（也常是晶体的对称面）的某些单斜晶系的晶体中。色散的特点是红光光轴面 $OAPr$ 与紫光光轴面 $OAPv$ 以 Bxa（即 Y 轴）为交线呈交叉状，其余色光的光轴面介于红光与蓝光光轴面之间（图 5-31）。相应的 Nmv、Nmr、$Bxov$、$Bxor$ 在 $X—Z$ 平面内转动分离，其余色光的光学法线 Nm 和钝角平分线 Bxo 介于其间。

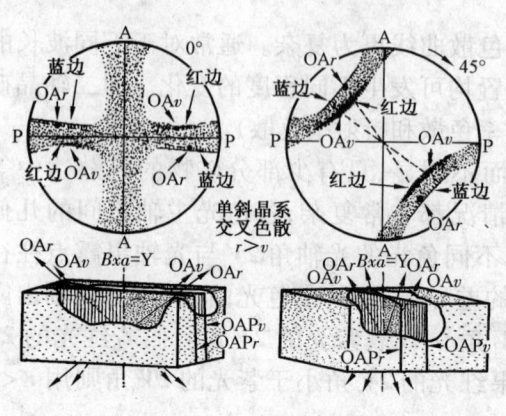

图 5-31 交叉色散

交叉色散只能在垂直锐角平分线 Bxa 的切面中观测到，在干涉图中红光光轴面的迹线 $OAr—OAr$ 和紫光光轴面的迹线 $OAv—OAv$ 也呈交叉状并相交于 Bxa 露点，红光与紫光露点附近的色散镶边同样交错分布。若红色镶边在消光影凸侧并位于一条对角线上，蓝色镶边在凹侧位于另一对角线上，则 $r>v$，反之则 $r<v$。

如在垂直锐角平分线的干涉图中见到交叉色散，即表明该矿物为单斜晶系矿物，其 Bxa 与结晶轴 Y 平行，且切面为垂直于结晶 Y 轴的切面。

3. 平行色散

平行色散主要见于钝角平分线 Bxo 与 Y 轴重合，锐角平分线 Bxa 及光学法线 Nm 位于 $X—Z$ 面（也常是晶体的对称面）的某些单斜晶系的矿物中。色散的特点是红光光轴面 $OAPr$ 与紫光光轴面 $OAPv$ 相交于 Y 轴并绕 Y 轴转动一个不大的角度。相应的 Nmv、Nmr、$Bxav$、$Bxar$ 在 $X—Z$ 平面内转动分离，其余色光的光学法线 Nm 和锐角平分线 Bxa 介于其间。

只能在垂直锐角平分线 Bxa 的切面中观测，在干涉图中红光光轴面的迹线 $OAr—OAr$ 和紫光光轴面的迹线 $OAv—OAv$ 彼此平行，红光与紫光露点附近的色散镶边同样彼此平行移动（图 5-32）。若红色镶边位于凸侧，蓝紫色镶边位于凹侧，即红光 $2V$ 大于紫光 $2V$，属 $r>v$ 型色散。反之则 $r<v$。

当在垂直锐角平分线 Bxa 的干涉图中见到平行色散时，即表明该矿物为单斜晶系且钝角平分线与 Y 轴平行。

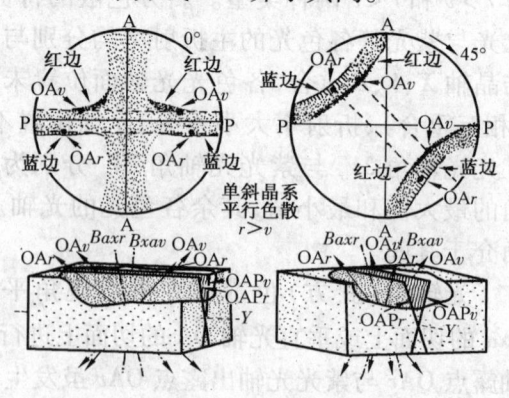

图 5-32 平行色散

4. 倾斜色散

倾斜色散主要见于 Nm 与 Y 轴重合，锐角平分线 Bxa 及钝角平分线 Bxo 位于 $X—Z$ 平面（即晶体的对称面）内的某些单斜晶系的矿物中。色散的特点是红光的 $Bxar$ 及光轴 OAr 与紫光的 $Bxav$ 及光轴 OAv 均在光轴面 O.A.P 内转动分离且 $2V$ 角不等，各色光的锐角平争线及光轴亦在光轴面绕 $Nm(Y$ 轴$)$ 转动分离，并介于其间。

只能在垂直锐角平分线 Bxa 的切面中观测，在干涉图中红光光轴面的迹线 $OAr—OAr$ 和紫光光轴面的迹线 $OAv—OAv$ 彼此重合，但光轴的露点各不相同、间距各异，因此在平行 PP 的位置时不显示色散镶边（图 5-33），于 45° 位置时双曲线消光影宽窄不一，两侧的色散镶边也宽窄不一。显然消光影和色散镶边对于光轴面迹线是对称的，对于光学法线（Nm）和 Bxa 构成的主轴面是不对称的。其色散也有 $r>v$ 和 $r<v$ 之分。

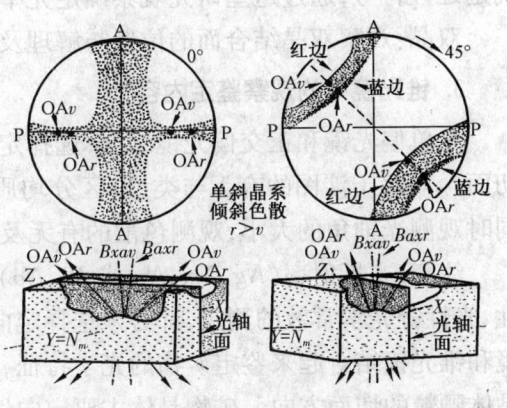

图 5-33　倾斜色散

三斜晶系没有对称轴与对称面，因而色散现象更为复杂。从理论上可以认为，三斜晶系晶体的各个色光的光率体可以在任何位置，在干涉图中产生完全不对称的色边，这可能是上述几种典型色散中的两种或更多种色散类型的组合。三斜晶系的色散类型和公式都只能在垂直 Bxa 切片上观察确定。

第四节　偏光显微镜下常见矿物的系统鉴定

透明矿物利用偏光显微镜进行系统鉴定，是将鉴定矿物岩石磨制成标准厚度的薄片，用不同的偏光显微系统进行研究鉴定。

一、偏光显微镜系统观察鉴定矿物薄片内容

1. 单偏光镜下的观察鉴定内容

晶形形态：矿物晶体的切面形态及各形态切面的出现频率，据此恢复矿物晶体的立体形态，确定矿物的自形程度和结晶习性，确定切面方位及所属的晶系。

矿物解理：解理的完全程度与等级，据不同方向切面上解理出现情况判别解理的组数和方位，选取定向切面颗粒测定解理夹角、解理与晶轴或主轴夹角。

折射率：矿物晶体的边缘、突起、糙面的明显程度和贝克线的移动方向，闪突起的有无与明显程度，测定矿物的突起等级，确定折射率的大小及范围。

颜色及多色性：透射光下矿物的颜色与多色性的有无，颜色与多色性的变化规律，结合正交偏光镜和锥光镜选定同种矿物中特定切面方向的颗粒，测定多色性与吸收性公式。

2. 正交偏光镜下的观察鉴定内容

干涉色和双折射率：结合单偏光镜和锥光镜选定平行光轴面的颗粒，测试矿物的最高干涉

色,测定其干涉色的级序与色序;并测定或标定矿片厚度,计算矿物的双折射率。同时还须观测有无异常干涉色,如果有则描述其特征。

消光类型:全面观察薄片中同种矿物的所有颗粒,根据不同切面颗粒的消光情况确定矿物消光类型;对斜消光的矿物还应选择定向切面测定消光角。

延性符号:对一向伸长及二向延展的矿物应测其延长方向与光率体椭圆切面半径的关系,确定延性符号,通过这些研究观察确定光率体在晶体中的方位。

双晶:观察双晶结合面的位置与解理及其他界线的关系,确定双晶的类型。

3. 锥光镜下的观察鉴定内容

与单偏光镜和正交偏光镜结合,选择定向切面的颗粒(一般选择垂直光轴或垂直 Bxa 的切面),观察干涉图的有无与类型,区分均质体、一轴晶与二轴晶,并确定光率体的光性正负,同时观测光轴角的大小,观测色散的有无及确定色散公式等现象。

注意,主折射率(Ng、Nm、Np 或 Ne、No)、双折射率、最大消光角、多色性吸收公式以及轴性、光性等光学常数的测定,都必须选择定向切面的矿物晶体。为此须将单偏光镜、正交偏光镜和锥光镜结合起来鉴定矿物的光学特征,同时参考矿物晶体的结晶学特征,方可较准地确定晶体颗粒的切面方向。矿物晶体主要定向切片的光性特征如表 5-2 所列。

表 5-2 透明矿物光性系统鉴定表

轴性	切面方向	单偏光			正交偏光		锥形偏光
		折射率	多色性	晶形解理	消光类型	干涉色(双折射率)	干涉图形状
体质体	玻璃及其他非晶质	1个(恒定)	无	无	全消光	无	全黑暗
	等轴晶系						
一轴体	⊥C轴	No	无	各晶系各晶体的晶形与解理各不相同		无	黑十字臂
	//C轴	No、Ne	最强		平行和对称消光	最高(最大)	模糊粗大黑字与对称干涉色(闪图)
	斜交C轴	No、Ne'	中等			最高与最低之间(0与最大之间)	可平行移动的偏黑十字
二轴晶	⊥光轴	Nm	无			无	单一的直或弯曲的黑臂
	//光轴面	Ng,Np	最强		平行、对称和斜消光均有	最高(最大)	模糊粗大黑字与对称干涉色(闪图)
	⊥Bxa	Nm 及 Ng 或 Np	中等			最高与最低之间(0与最大之间)	粗细不等黑十字与双曲线型黑臂
	其他方向	Ng',Np'	中等			最高与最低之间(0与最大之间)	介于上述各干涉图之间

二、常见矿物的鉴定程序

用单偏光镜区分透明矿物与不透明矿物,结合正交偏光镜和锥光镜区分出均质体矿物与非均质体矿物(图 5-34)。继而对均质矿物、非均质矿物和不透明矿物分别逐一进行全面观测鉴定。

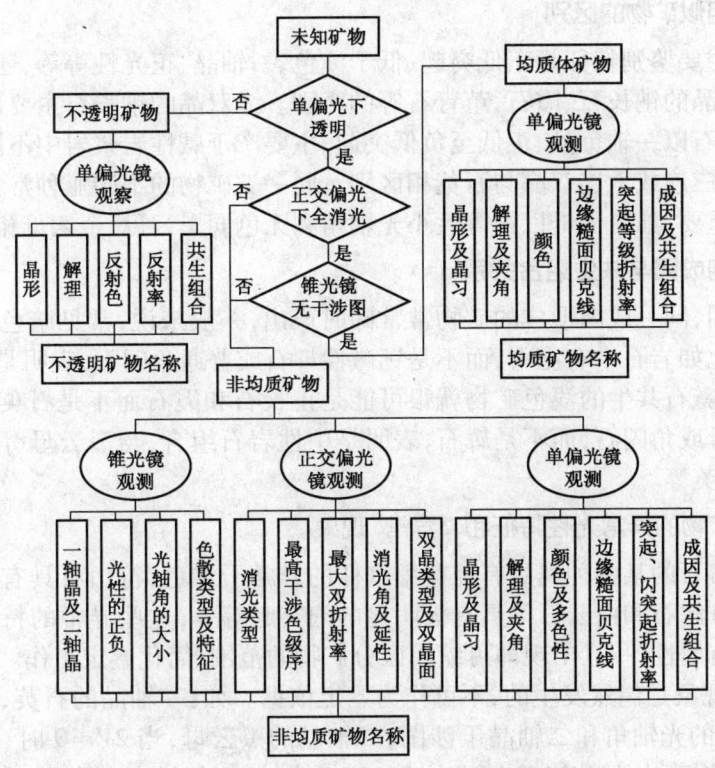

图 5-34 透明矿物鉴定一般流程

均质矿物，在正交偏光镜下全消光，锥光下无干涉图。着重在单偏光下观察晶形，确定结晶习性、自形程度；观测解理，确定解理组数、方向和夹角；观察颜色、糙面、贝克线，确定突起等级和折射率的大小与范围。

非均质矿物，在单偏光镜下观察同种矿物全部颗粒的切面形态及各形态出现的频率，确定晶体的习性、单体形态、自形程度及晶系；全面观察解理，确定其等级、组数、解理夹角；观测颗粒边缘、贝克线、糙面、突起、闪突起，确定最高突起等级等；(结合正交光与锥光)测定多色性与吸收公式；正交偏光下观察消光类型、双晶、干涉色级序，测定最大双折射率，测定延性符号与消光角；在锥光下，选择垂直光轴(及垂直 Bxa 与平行光轴面)的切面，观测干涉图，确定轴性与光性，测定 $2V$ 的大小，观察色散的特征。

不透明矿物，在单偏光镜下观察晶形和解理，在反射光条件下，观察其反射色及反射率（光泽），结合其成因与共生组合关系，大致确定其矿物种类。

依据以上各项观测结果，系统描述矿物的光学性质特征，分析各个典型切面在矿物中的方位，同时注意矿物的共生组合关系，即可定出矿物的名称。

三、提高矿物鉴定准确率和效率的途径

注重基础知识的掌握与积累，是提高薄片鉴定矿物岩石效率的重要途径。

薄片中透明矿物的鉴定是结晶矿物学与晶体光学理论、方法相结合开展矿物的鉴定。

对于初学者，不妨分期分批地掌握透明矿物的鉴定特征。首先掌握最常见的、最广泛分布的透明矿物，如橄榄石、辉石、角闪石、云母、石英、正长石、斜长石、霓石、霞石、方解石、磷灰石、石膏等，着重掌握其最主要的鉴定特征。在继续学习和工作中不断扩充积累，逐渐达到掌握常见矿物鉴定标志、快速准确识别常见岩石的水平。具体方法有：

1. **特别注意相似矿物的区别**

例如石英的主要鉴别特征是正低突起、低干涉色、一轴晶、正光性等等,还必须掌握石英与相似矿物,如无双晶的钠长石、霞石、堇青石等的区别。无双晶的钠长石主要以解理发育、二轴晶区别于石英;霞石以一轴负晶、正低至负低突起、主要产于碱性岩浆岩中不同于石英;堇青石则以二轴晶、发育三连或六连双晶与石英相区别。同一类矿物的不同亚种常常也是相似矿物,掌握其差别十分重要,如白云母以中等大小光轴角和无色同黑云母、金云母相区别。

2. **注意矿物的成因与共生组合关系**

大量研究表明,同一成因形成的矿物常常同时产出,一般来说,常见暗色矿物可以作为判断成因的标志。比如岩石中有霓石,而不是钙碱性辉石或普通角闪石,表明是由碱性岩浆形成的碱性岩组合,与霓石共生的浅色矿物就很可能是正长石和霞石而不是石英和斜长石。再如暗色矿物是黑云母或角闪石,而不是辉石,表明是中性岩石组合,与黑云母等共生的浅色矿物是中长石、少量石英等。

3. **注重某些矿物的异常光性特征和"异常"现象**

绿泥石和黝帘石的某些种属具有纯蓝墨水样的异常干涉色,符山石具有铁锈褐色的异常干涉色,白云母、方解石和白云石等具有极明显的闪突起等等,这些异常的特殊的光学特征均是这些矿物的特有属性,一旦出现即可缩小区分矿物的范围,简化鉴定工作。

有时"异常"现象是偶然发生的,不可作为鉴定依据。如:一轴晶的石英,当受应力作用后可能出现10°左右的光轴角和二轴晶干涉图;二轴晶的黑云母,当$2V \approx 0$时,可出现类似一轴晶的干涉图;当矿物薄片的厚度,比标准的0.03mm略大或略小时,矿物的干涉色可略升高或降低而与鉴定特征有出入;有时矿片粘胶的折射率有变异,可使某些折射率在1.54左右的矿物的突起正负有所变化等。总之,适当地估计到上述这些情况对于正确判别矿物是有益的。

4. **综合分析矿物的鉴定标志**

综合分析矿物的鉴定标志是提高薄片鉴定矿物的重要途径。在偏光显微镜下进行薄片观察鉴别时,所见到的是矿物某个方向切面的晶粒,同种矿物不同方向切面的形状,其光学性质常常略有差异,甚至各不相同。因此必须将各种切面的特征综合起来,把单偏光镜下的与正交偏光下和锥光镜下的特征综合起来,才能全面认识矿物并准确定名。如白云母最重要的鉴别特征是有极完全解理和平行消光,但在近于//(001)的切面上,解理纹不可见、闪突起极不明显,但却可在锥光下见到垂直于Bxa的、有较多色圈的干涉图,并可确定为二轴晶负光性、中等光轴角,经过全面综合分析,就可确定是白云母,尽管在平行于(001)的切面上没有见到完全解理。

5. **学会应用矿物的光性方位图和光学常数表**

熟悉矿物的光性方位图,有助于记忆矿物的光学性质、有助于矿物的相互区别。如从韭闪石和普通角闪石的光性方位图(图5-35)上可以确定:韭闪石只有在平行(001)的横断面上,可观测到清晰的两组解理、观测到对称消光、观测到垂直于Bxa切面的干涉图并测定$2V$角;普通角闪石在平行(100)的纵切面上,可观测到一组较清晰的解理、观测到平行消光、观测到垂直于Bxa切面的干涉图并测定$2V$角;据此可区分两种矿物。依据光性方位区分矿物的方法在斜长石的鉴定中也很

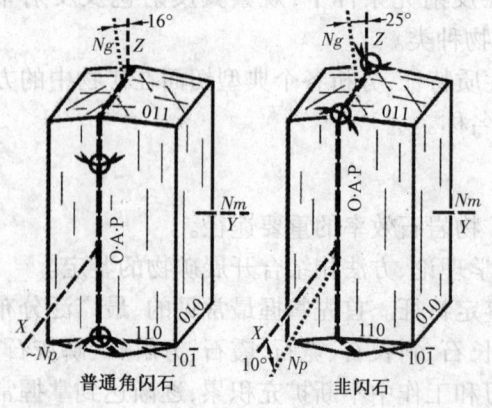

图5-35 普通角闪石与韭闪石的光性方位图

有效。

在显微镜下依据突起和干涉色等特征,即可圈定样品矿物折射率与双折射率的大致范围。对比有关常数的表格,就可确定相应的几种可能矿物,然后再针对几个矿物之间的差异进行鉴别,即可较快速地确定矿物,还能有效地避免遗漏和错误判断。

6. 合理而恰当地应用鉴定程序

合理而恰当地应用鉴定程序是提高鉴定效率的有效途径,具体见表 5-2 和图 5-34。镜下鉴别矿物是从业人员的主观判断,与人的经验和素质息息相关。合理的鉴定程序可以提高效率,更有助于初学者较快地提高辨识矿物的能力。

偏光显微镜光学鉴定矿物与岩石有很多优点,是矿物和岩石鉴定常用而有效的方法,但绝不是万能的方法。对于一些颗粒特别细小的矿物,如黏土矿物,须选用差热分析或 X 射线衍射分析。对于光学性质十分相近的方解石和白云石,也常须配合染色法进行鉴定。因此,矿物薄片的显微镜鉴定,必须与其他鉴定方法配合,弥补其不足,以保证样品鉴定的准确性。

总之,提高样品矿物系统鉴定的效率和准确率,需要厚实的结晶学、矿物学、晶体光学、光性矿物学的理论知识及基本鉴定技能,必须经反复实践训练,方可熟练地掌握。

第六章 岩浆岩的系统鉴定

岩石是各种地质作用形成的天然的矿物集合体,岩浆岩是其中最广泛发育的岩石类型。岩浆岩的系统鉴别有多种途径和方法,岩石薄片的偏光显微镜鉴定是其中最直观、最有效的方法,也是广泛采用的、不可替代的方法。

岩浆岩系统鉴定的内容主要是:手标本的观察与描述;岩石薄片中的矿物种属的鉴定与各矿物含量的测定;详细观察并描述岩石的结构和构造特征,同时对次生变化等微观特征进行相应地观测研究,尤其注意与岩石成因有关结构的研究;依据相应的分类命名原则和方案,并结合野外产状对岩石进行命名。为此,在进行岩石系统鉴定的过程中,必须遵循室内样品分析与野外露头观察并重、微观显微镜鉴定与宏观手标本描述并重、定性观察与定量测定并重、统计学标志与特征性标志并重的原则。

第一节 岩浆岩矿物成分的鉴别

在岩浆岩中出现的矿物达数百种,但是经常可见的矿物不过十余种(表6-1)。其中,石英、正长石等统称为浅色矿物,黑云母、角闪石等统称为暗色矿物,磁铁矿、钛铁矿等统称为副矿物。

表6-1 常见岩浆岩主要矿物的平均含量(体积%)(据 T. Барт,1956)

矿物		花岗岩	花岗闪长岩	闪长岩	正长岩	辉长岩	纯橄榄岩
浅色矿物	石英	25	12	2	—	—	—
	霞石	—	—	—	—	—	—
	正长石	40	15	3	72	—	—
	更长石	26	—	—	12	—	—
	中长石	—	46	64	—	—	—
	拉长石	—	—	—	—	65	—
暗色矿物	黑云母	5	3	5	2	1	—
	角闪石	1	13	12	7	3	—
	单斜辉石	—	—	8	4	14	—
	斜方辉石	—	—	3	—	6	2
	橄榄石	—	—	—	—	7	95
副矿物	磁铁矿	2	1	2	2	2	3
	钛铁矿	1	—	—	1	2	—
	磷灰石	微量	微量	微量	微量	—	—
	榍石	微量	微量	微量	微量	—	—
色率		9	18	30	16	35	100

矿物组合是岩石化学组成与形成条件的宏观表现,因此不同类型的岩浆岩,其矿物组合各不相同且具有规律性的变化。以花岗岩和花岗闪长岩为代表的酸性岩,以石英、长石为主,还有少量黑云母和角闪石;以闪长岩和正长岩为代表的中性岩,以中长石和正长石为主,还有一定量的角闪石、辉石、黑云母及少量石英;以辉长岩为代表的基性岩,以基性斜长石(拉长石)

和辉石为主,还含有少量橄榄石、角闪石、黑云母;以纯橄榄岩为代表的超基性岩,以橄榄石为主,还有数量不等的辉石、角闪石等矿物而不含石英。

因此,正确鉴定矿物的种属并测定含量,是系统鉴别岩浆岩、分析其成因最基本的实验内容之一。

一、岩浆岩中常见浅色矿物的鉴别

岩浆岩中的浅色矿物,又称为硅铝矿物,是岩浆岩中的石英及富含钾、钠的铝硅酸盐矿物的总称。其中以长石、石英、霞石等最为常见,多为岩浆岩的主要矿物或次要矿物,这些矿物的特征如第十章所述,其主要鉴别标志与区别如下述。

石英,以他形粒状、无色透明(因杂质可呈白、灰、红等色)、几乎无多色性及次生变化、无解理有时见裂纹、正低突起、最高干涉色Ⅰ级白色等为特征,可与霞石、长石等矿物相区别。

霞石,以无色(因风化而呈浅灰色)、易发生次生变化、解理极不完全常有无规则裂纹、常见同一晶粒不同方向突起或正或负、干涉色Ⅰ级灰、柱面平行消光负延性、横切面全消光、主要见于碱性及弱碱性岩中为特征,可与石英、长石等矿物相区别。

碱性长石,以无色、因次生产物而呈灰或淡褐灰色、吸收性不明显、解理{001}和{010}完全、负低突起、最高干涉色Ⅰ级灰、常见小角度斜消光、沿解理负延性、多具简单双晶或格子双晶为特征,可与石英、霞石、斜长石相区别。其中微斜长石以在(001)面发育格子双晶、(001)∧(010)=89°40′为特征;正长石只有简单双晶、(001)∧(010)=90°、光轴面垂直(010)、2V>44°为特征;透长石只有简单双晶、(001)∧(010)=90°、光轴面平行(010)、2V<44°、主要见于喷出岩中为特征。

斜长石,以无色、因次生变化而呈灰色、吸收性不明显、解理{001}和{010}完全、突起负低至正低(随号码An增加而略升高)、干涉色白灰至白色、小角度斜消光、沿解理负延性、常见聚片双晶及卡钠复合双晶为特征,与其他浅解矿物相区别。

斜长石中,钠长石以负低突起、最高干涉色Ⅰ级白色、二轴正晶、聚片双晶发育且双晶纹(较更长石)稍宽、多见于酸性岩及碱性岩中为特色;更长石以负低至正低突起(折射率≈树胶而<石英)、常见最细密的聚片双晶、多见于酸性岩为特色;中长石以正低突起(折射率>树胶而≈石英)、常见稍宽的聚片双晶及卡钠复合双晶、常见环带结构、多见于中性岩为特征;拉长石以正低突起(折射率>石英)、二轴正晶、常见聚片双晶、卡钠复合双晶、肖钠双晶,聚片双晶纹较宽、多见于基性岩为特征。

斜长石的光性方位随号码An的变化而规律性的变化。因此,可通过在定向切面中测定消光角的方法,来确定斜长石的号码与种属。其方法很多,这里介绍常用的两种:

其一,垂直于(010)晶带的最大消光角法,又称里特曼晶带法。

本方法是在垂直于(010)晶带,即垂直于钠长石双晶结合面的切面上,测量$Np' \wedge (010)$的最大消光角以鉴定斜长石成分。本方法比较简单且精确,常采用,操作过程如下。

选择⊥(010)晶带切面的晶粒,其特征是,具有以(010)面为结合面的钠长石聚片双晶,双晶纹细微,{010}解理缝也最细密,微微升降

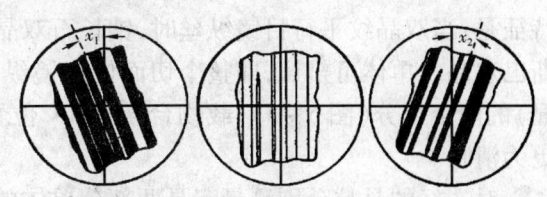

图6-1 ⊥(010)切面上双晶的消光角

镜筒时纹线不发生左右移动,当(010)平行十字丝或与十字丝成45°夹角时(图6-1),双晶两部分亮度相等而不显双晶,在这样的切面上干涉色最高。

对选好的晶粒分别测量双晶两部分单体的消光角$Np' \wedge (010)$。步骤是:① 将选定晶粒

的解理纹(即双晶纹)与目镜纵丝平行,双晶两单体干涉色相同,记下载物台的初始刻度;② 逆时针转动载物台使双晶中一组单体消光,记下刻度,其与初始刻度之差为 x_1;③ 顺时针转动物台至双晶另一组单体消光,记下载物台刻度,其与初始刻度之差为 x_2;④ x_1 与 x_2 的值相等或差值 <5°时(如超限应另选颗粒重新测定),取平均数 $(x_1+x_2)/2$ 为消光角 x;⑤ 从消光位转45°,插入试板确定消光位时与目镜纵丝平行方向的轴名是否为 Np',如非 Np' 时,必须从90°减去 x 才是 $Np' \wedge (010)$ 的消光角;⑥ 当消光角 <17°时,须确定消光角的正、负,方法是比较 Np' 与树胶的折射率,当 Np' 大于树胶折射率时为正角,小于树胶折射率时为负角。⑦ 按上述步骤选测 5~6 个晶粒分别测 X 值,以其中最大值为斜长石 $\perp (010)$ 晶带的最大消光角,再查图 6-2 中的曲线(侵入岩的斜长石查实线,喷出岩的斜长石查虚线),即可得斜长石的号码与名称。

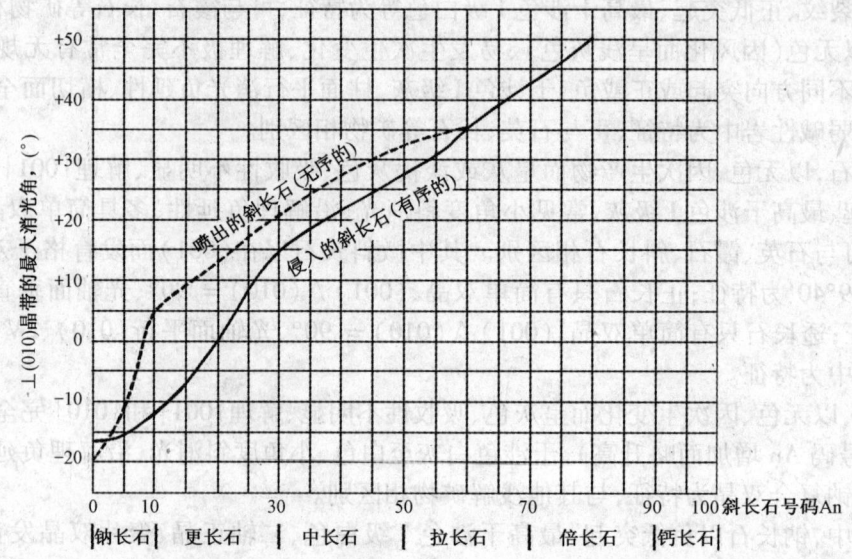

图 6-2 斜长石 $\perp (010)$ 晶带上最大消光角和成分的关系(据 Burri,1967)

显然,当同一岩石薄片中有不同成分的斜长石时,此方法不能分别测出各种斜长石的号码,而只能测出最基性、号码最大的一种斜长石的号码与名称。

其二,卡钠复合双晶消光角法。

整个晶粒按卡斯巴律分为 X 和 Y 二部分,每一部分又按钠长石律形成聚片双晶,分别测定 X 部分和 Y 部分钠长石双晶的消光角 $(010) \wedge Np'$,经查表计算即可确定斜长石成分号码与名称。

应选择同时具有卡钠复合双晶的颗粒,且切面方向与双晶结合面垂直。符合要求颗粒的特征是:当双晶纹平行目镜纵丝时,钠长石双晶带明暗相等而不可辨认,仅可见双晶结合缝;卡斯巴双晶二单体可辨认,即整个切面依目镜纵丝方向呈干涉色明亮度程度略微不同(但不明显)的两个部分(图 6-3);载物台转至45°位置时,钠长石双晶同样不可辨认,但卡斯巴双晶更为清晰。

对选好的晶粒分别测量双晶两部分单体的消光角 $(010) \wedge Np'$。步骤是(图 6-3):① 按前述里特曼晶带法中步骤① 和②,测量卡斯巴双晶 X 部分中钠长石双晶的一组单体的消光角 $(010) \wedge Np'$ 为 x_1;② 按前述特曼晶带法中步骤① 至和③,测量卡斯巴双晶 X 部分中钠长石双晶的另一组单体的消光角 $(010) \wedge Np'$ 为 x_2,即 x_1 与 x_2 的平均值 $x=(x_1+x_2)/2$ 为 X 部分的消光角;③ 同样方法测量卡斯巴双晶 Y 部分钠长石双晶二组单体的消光角 $(010) \wedge Np'$,为

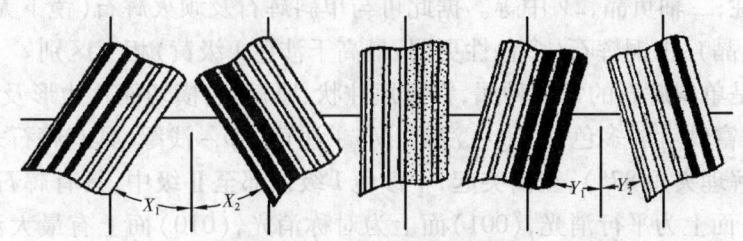

图6-3 卡钠复合双晶消光角法测量程序示意图

y_1和y_2,取平均值$y=(y_1+y_2)/2$;④ 当二个消光角值X、Y都小于16°时需要确定正负,用前述比较折射率的方法确定之;⑤ X部分与Y部分二消光角一般不等,其数值较小者,在图6-4中查纵座标,数值较大者查图内的"S"形曲线,两者相交于一点,再沿此交点垂直向下投影在图底线上,即得斜长石的号码与名称。

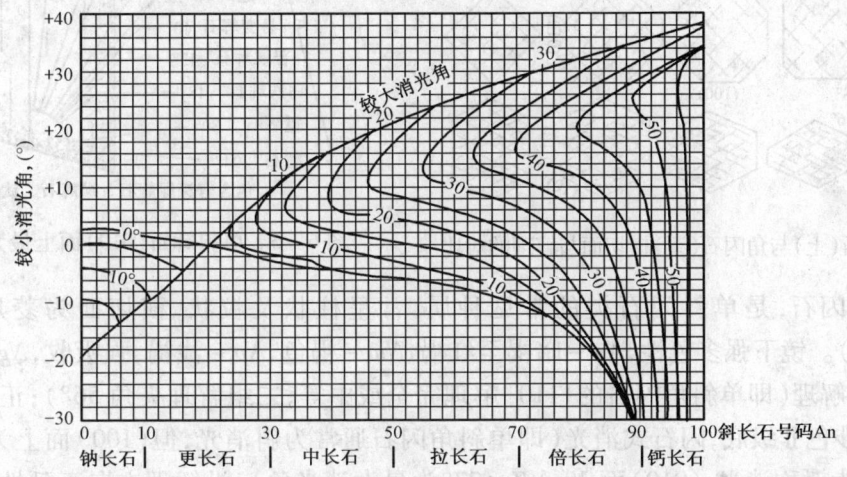

图6-4 斜长石⊥(010)面上卡钠复合双晶的消光角$Np' \wedge (010)$与成分的关系(据Wright)

此方法对于切面的要求比较严格,因此寻找颗粒自然要略为费时费力,但是只要找到一个符合要求的定向切面就可测得较准确的数据。此方法最为突出的优点是可用于鉴定具有环带结构斜长石中各个环带的成分,特别适用于具有卡钠复合双晶的中性及基性斜长石成分号码与名称的测定。

二、岩浆岩中常见暗色矿物与副矿物的鉴别

岩浆岩中的暗色矿物又称铁镁矿物,是指含铁镁成分较多的硅酸盐矿物的总称。以贵橄榄石、普通辉石、普通角闪石、黑云母最为常见,通常是岩浆的主要矿物或次要矿物,这些矿物的特征如第十章所述,其主要识别标志及区别如后述。

贵橄榄石,即通常所称之橄榄石,常呈柱状、厚板状及粒状。镜下无色,多色性不明显,解理不完全,常有不规则裂开,正高突起;最高干涉色Ⅲ级底部;平行消光,延性可正可负,一般不与石英共生,主要见于超基岩以及基性岩等岩石中。据此可与辉石及角闪石类相区别。

紫苏辉石,是斜方辉石的常见种属。常呈短柱及粒状。镜下弱多色性,Np=淡红、Nm=淡黄、Ng=淡绿,解理{210}完全,交角88°,正高突起;最高干涉色Ⅰ级橙,横切面对称消光,柱面

平行消光,正延性;二轴负晶,2V 中等。据此可与单斜辉石及顽火辉石(镜下无色、最高干涉色Ⅰ级浅黄、二轴负晶)、古铜辉石(多色性更弱、最高干涉色Ⅰ级黄)相互区别。

普通辉石,是单斜辉石的常见种属,常呈短柱状、厚板状,横切面八边形及四边形(图6-5上)。镜下无色,富铁者弱多色性,Ng-浅绿、Nm-浅黄、Np-浅绿,具有辉石式解理(即{110}解理完全,二组解理夹角87°),正高突起,干涉色Ⅰ级顶部至Ⅱ级中,具有辉石式消光(即常为斜消光,但(100)面上为平行消光,(001)面上为对称消光,(010)面上有最大消光角$Ng \wedge Z = 39°\sim47°$),延性可正可负。据此可与紫苏辉石及角闪石类相区别,单斜辉石矿物可据(010)面上最大消光角的不同而相互区别(图6-6)。

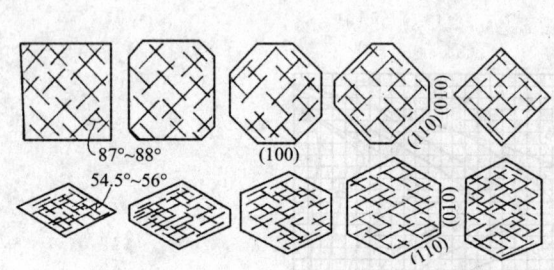
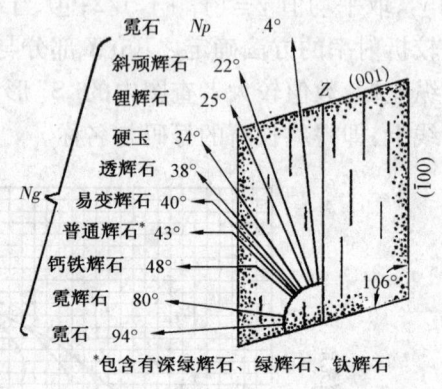

图6-5 辉石(上)与角闪石(下)横切面与解理的对比   图6-6 单斜辉石(010)面上最大消光角

普通角闪石,是单斜闪石类的常见种属,常呈柱状及粒状,横切面为菱形及六边形(图6-5下)。镜下强多色性,Ng-暗褐至红褐、Nm-褐色、Np-浅褐,强吸收,$Ng \geq Nm > Np$;具有闪石式解理(即单斜角闪石的{110}解理完全或中等,二组解理夹角56°);正中至正高突起;最高干涉色Ⅱ级底,闪石式消光(即单斜角闪石通常为斜消光,但(100)面上为平行消光,(001)面上为对称消光,(010)面$Ng \wedge Z < 27°$为最大消光角),沿解理方向正延性;二轴负晶;2V 角中等至大。以{100}为双晶面的简单或聚片双晶较常见,横切面上双晶缝平行菱形解理纹的长对角线。据此可与辉石、橄榄石区别,单斜角闪石之间可依据(010)面上最大消光角的不同而相互区别(图6-7)。

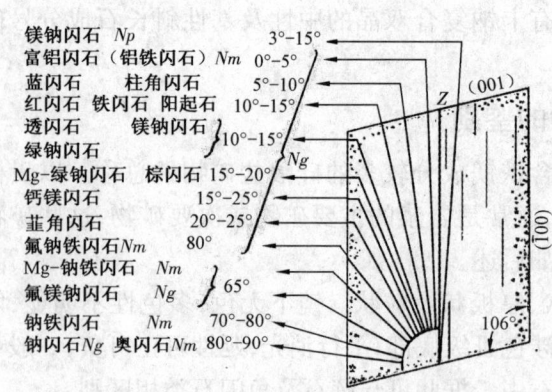

图6-7 单斜角闪石(010)面上最大消光角

黑云母,常呈板片状。镜下多色性极强,$Ng = Nm$ 暗绿、红褐色、Np-浅黄、浅绿色,吸收性极强 $Ng = Nm > Np$,解理{001}极完全,正中突起;干涉色少铁者Ⅱ级、铁云母达Ⅳ级,常被矿物本色混淆,通常平行消光,沿解理方向为正延性;二轴负晶,2V 角小。

副矿物在岩浆岩中经常可见到,均是一些形成时间早的矿物,一般粒度细小而自形程度较高,数量一般少于1%,少数情况可达3%~5%,当其富集时往往形成有用的矿产资源,还是岩石对比、成因分析的重要依据之一,并常作为重矿物存在于沉积岩中。因此,在岩浆岩矿物成分观察时不可忽视对副矿物的鉴定。其主要鉴别标志如后述。

锆石,常有磷灰石等包体;多呈四方柱或带四方双锥的柱状,形态与成因有关。镜下无色或浅色调,极弱多色性,吸收性 $No < Ne$,解理$\{110\}$不完全,正极高突起;最高干涉色Ⅲ至Ⅳ级红,平行消光,正延性;一轴正晶,常见于各种岩浆岩中。

金红石,多呈四方柱状、针状,常见膝状、三连或六连双晶。镜下浅红、浅黄及紫色,No - 黄、褐红、Ne - 褐黄、深红,吸收性 $No < Ne$,解理$\{110\}$完全、$\{100\}$较完全,正极高突起;高级白干涉色,平行消光,沿解理正延性;一轴正晶,多见于酸性岩中。

榍石,多呈信封状、楔形晶体,具菱形及双楔形切面,简单双晶较常见;镜下无色,或 Ng - 红褐、Nm - 浅黄、Np - 无色,吸收性 $Ng > Nm > Np$,解理$\{110\}$完全,正极高突起;高级白干涉色,斜消光;二轴正晶,$2V$ 角小至中等。常见副矿物,酸性及碱性岩中较多。

磷灰石,六方柱状,六边形切面;镜下无色,有时带绿、蓝、黄等极浅色泽并具微弱多色性,解理$\{0001\}$、$\{10\overline{1}0\}$不完全,正中突起;Ⅰ级灰干涉色,沿柱面平行消光,横切面全消光,负延性;一轴负晶,极常见副矿物,酸性及碱性岩中较多。

独居石,板状及短柱。镜下无色,或具弱多色性与吸收性,Np - 亮黄、Nm - 暗绿、Ng - 浅绿黄,$Nm > Np = Ng$,解理$\{100\}$中等$\{001\}$完全,正极高突起;高级白干涉色,斜消光,正延性;二轴正晶,$2V$ 角小;少见,多为正长岩、花岗伟晶岩中副矿物。

尖晶石,八面体、菱面体或不规则颗粒;镜下无色或为绿、红褐等色,无解理有裂纹,正高至正极高突起;均质体全消光;超基性岩中副矿物。

铬铁矿,八面体及他形粒状;镜下几乎不透明,边缘显红、褐红色,无解理;反射光下暗黑色,带有褐色色调,均质体;超基性岩中副矿物。

磁铁矿,八面体和菱形十二面体晶体及他形粒状;镜下黑色不透明,无解理偶见裂开,正极高突起;反射光下钢灰色,均质体;强磁性;常见于各类岩石中。

钛铁矿,板状、叶片状及他形粒状;镜下不透明,边缘微透明,呈暗褐、紫褐色弱多色性,无解理,可有$\{10\overline{1}1\}$和$\{0001\}$裂开,正极高突起;反射光下褐黑色,一轴负晶,弱磁性;各类岩浆岩较常见,片麻岩片岩中也有产出。

三、岩石薄片中矿物含量的测定

岩石中各种矿物的含量是指各种矿物在岩石中的体积百分比。矿物含量是岩石定名的主要依据之一,同时依据矿物的含量还可粗略地计算岩石的化学成分,为岩石的成因分析提供佐证。其原理还可用于"矿石品位"的测定和储层孔隙体积的计算。岩石中矿物含量的测定有多种方法,对粒度较细、结构较均匀的固结岩石,应用薄片在显微镜下进行矿物含量测定,是经典可靠且最常用的方法。因此,矿物含量测定是薄片观测中最主要内容之一,现行石油行业标准《岩石薄片鉴定》(SY/T 5368 — 2000)中明确规定,薄片鉴定时必须进行矿物含量测定,并规定:含量为1% ~3%者绝对误差为1%;含量为3% ~10%者绝对误差为3%;含量为10% ~40%者绝对误差为5%;含量大于40%者绝对误差为7%。

在薄片中测定矿物的含量,有多种方法,相比较以面积类比目测法和直线测定法(或计点法)较为常用。直线测定法可分为手工(计数)法和仪器(计数)法(有六轴计积台、电动计积仪之别)。

直线测定法的基本原理是,在显微镜下岩石薄片中各种矿物颗粒分别所占长度之和与测线总长度的比值,接近于它们各自的体积与岩石总体积之比。即只要测定出薄片中各种矿物颗粒的长度之和,就可换算出它们的体积百分比。

手工统计直线法的测定需利用目镜微尺与机械台配合进行。在要求不高的情况下,也可在薄片上划线并以手工移动薄片进行。其基本操作过程如下:

将机械台安装于载物台上,将薄片固定在机械台上,转动载物台使机械台的纵、横轨道的移动方向分别与目镜纵、横十字丝平行并固定载物台,以保证薄片移动轨迹与目镜微尺重合。机械台的作用就是在薄片上划出彼此平行的、等间距的测线,并保证矿物颗粒在测线上精确地平行移动。显然,各测线的长度与各测线上薄片的宽度相当,也与该测线上各矿物颗粒的长度之和相等。薄片在测线上的移动是按视域直径(目镜微尺长度等于视域直径)为单位进行的,若目镜微尺长度小于视域直径时,则按微尺长度为单位进行移动,以保证测线连续、无重复与遗漏。观测数据可按表6-2的格式进行记录并统计计算。

表6-2 直线法薄片中矿物含量统计记录表

测线编号及含量	各矿物颗粒在微尺上的长度(点数)					测线长度
	矿物 A	矿物 B	矿物 C	矿物 D	矿物 E	
第一测线	① 6,8,7 ② 5,8,9,4 ③ 8,9,6,7 …	① 1,3,2,1 ② 2,2,3,1 ③ 4,1,1,1,2 …	① 5,6,4,3 ② 6,11,8,6 ③ … 	①… ②… ③… 	①… ②… ③… 	259
第二测线 …						…
长度累计	965	682	453	142	298	2540
百分含量	38.0%	26.9%	17.8%	5.6%	11.7%	100.0%

旋动机械台的旋扭使岩石薄片一侧的第一条测线的起点(矿物颗粒边缘)与目镜测微尺一端(如左端)重合,则开始第一测线第① 视域中各矿物颗粒在测线上(长度)点数目的统计。一般只统计微尺测线上各种矿物颗粒(分界线内部)所占微尺的小格数(即微尺小格分界点的点数,只计整数不计小数),若"小格分界点"恰恰位于 A 和 B 二矿物的分界线上则计入 B 矿物(因 A 矿物在测线起点已统计了分界点),将第① 视域中各矿物颗粒在微尺测线上所占据的小格数记录于表6-2中。用机械台的调节螺旋,(向左)移动薄片至第一测线第② 视域,保证前后二视域中微尺首尾端的测量点重合,同法统计第② 视域微尺测线上各矿物所占长度的小格数并记录。继续移动薄片至第③、第④…视域并逐一统计各视域内各矿物在微尺上的长度,直至微尺贯穿整个薄片即完成第一测线的统计。

用机械台的纵向与横向轨道调节螺旋将薄片下移至第二测线的起始端,同法逐一统计各视域微尺上各矿物颗粒所占的长度的分界点的数目,并记录之。而后再进行第三测线、第四测线的统计直到扫描完成整个薄片或达到应有的颗粒数目为止。

最后按记录统计各矿物颗粒的累计长度数(即微尺小格分界点数)和所有测线的总长度,二者的比值为该矿物在薄片中的百分含量,也即该矿物在岩石中的体积百分含量。

直线测定法的精度符合统计学原理,微尺测量过的颗粒为样本,薄片中的全部颗粒为总体,样本越大即统计的颗粒数目越多测线越长,精度越高误差越小,相应其工作量越大。对于一般薄片观测而言,统计颗粒总数达 2000~3000 时可满足精度要求。当要求精度高时颗粒总数相应增多,常须扫描整块薄片,甚而测量统计同一岩石的数块薄片。

测线间距和显微镜的放大倍数也影响测量精度,间距过大和放大倍率过小时,粒径小的矿物出现的几率将降低,放大倍率过大测线间距过小又增加了统计的工作量。一般测线间距与薄片中各矿物的平均粒径相当,即小于平均粒径的颗粒在测上出现的频率是 1 或 0 次,大于平均粒径的颗粒出现的频率是 1 至 2 次或多次,这正是统计学规律的体现。放大倍率须保证小粒径矿物不小于微尺一小格,一般以每视域微尺穿过 10~30 个颗粒为宜。

手工直线法测量矿物含量时,花费时间多,程序比较麻烦,还容易产生人为错误,因此生产科研中常常以电动计积仪来进行薄片中矿物含量测定。

电动计积仪由两个部分组成,一为电力驱动的机械台,装在显微镜载物台上,二为自动控制与记录器,其上有 6~12 个按键,每一个键可代表一种矿物或其他组分,机械台与自动记录器间有电缆相联,按每一次键可使薄片移动一个很小的相等距离,并自动记录在相应按键的记录器上(图 6-8)。测定时将电动机械台安装在载物台上,将各按键读数清零,放上待测薄片,调节机械台使薄片边部 A 矿物颗粒的边缘位于十字丝中心,再(连续)按动代表 A 矿物的键使薄片移动至 A 矿物的另一边缘,移动距离的点数自动记录于 A 按键上。遇 B 矿物时按代表 B 矿物的键,

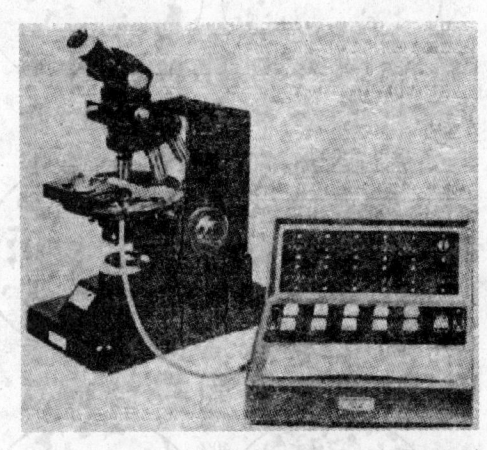

图 6-8 电动计积仪

依次按动各按键移动薄片至第一线测完。按动移线按键使薄片移至第二线起始点、第三线起始点……依次测定,直至测完整块薄片。依据各矿物按键的累计读数,即可计算其在薄片中的百分含量。

电动计积仪测定依然遵循直线测量的原理,其测线间距的确定和放大倍率的选择与手工测定相同。电动计积仪操作相对简便,可在较短时间内测定较多的颗粒,精度也较手动测定更高,在需要矿物准确含量时,常常使用电动计积仪。

面积类比目测法的原理,是某矿物颗粒在显微镜视域中所占面积与视域总面积之比,近似于该矿物在薄片中的百分含量。不过某矿物颗粒在显微镜视域中的面积是靠肉眼与矿物百分含量标准图版(图 6-9)相比较确定的。为使面积类比目测结果更准确,可以按统计学中扩大样本容量的原理来实现。即手工移动薄片,用显微镜视域连续地扫描薄片,并类比目测各个视域中矿物的百分含量,再计算各个视域中各矿物百分含量的平均值,作为薄片中各矿物的面积百分含量。

显然面积目测法简便快捷,但是矿物含量测定的精确程度,与操作人员的素质及经验水平密切相关。不过实践表明,训练有素经验丰富的操作人员应用面积类比目测法,其薄片矿物含量的测定结果完全可以达到有关规范所要求的误差许可范围。常规的、大量的薄片鉴定,均是

采用面积类比目测法测定矿物含量。初学人员要加强面积类比目测的训练,积累经验提高水平,努力达到生产科研的实际要求。

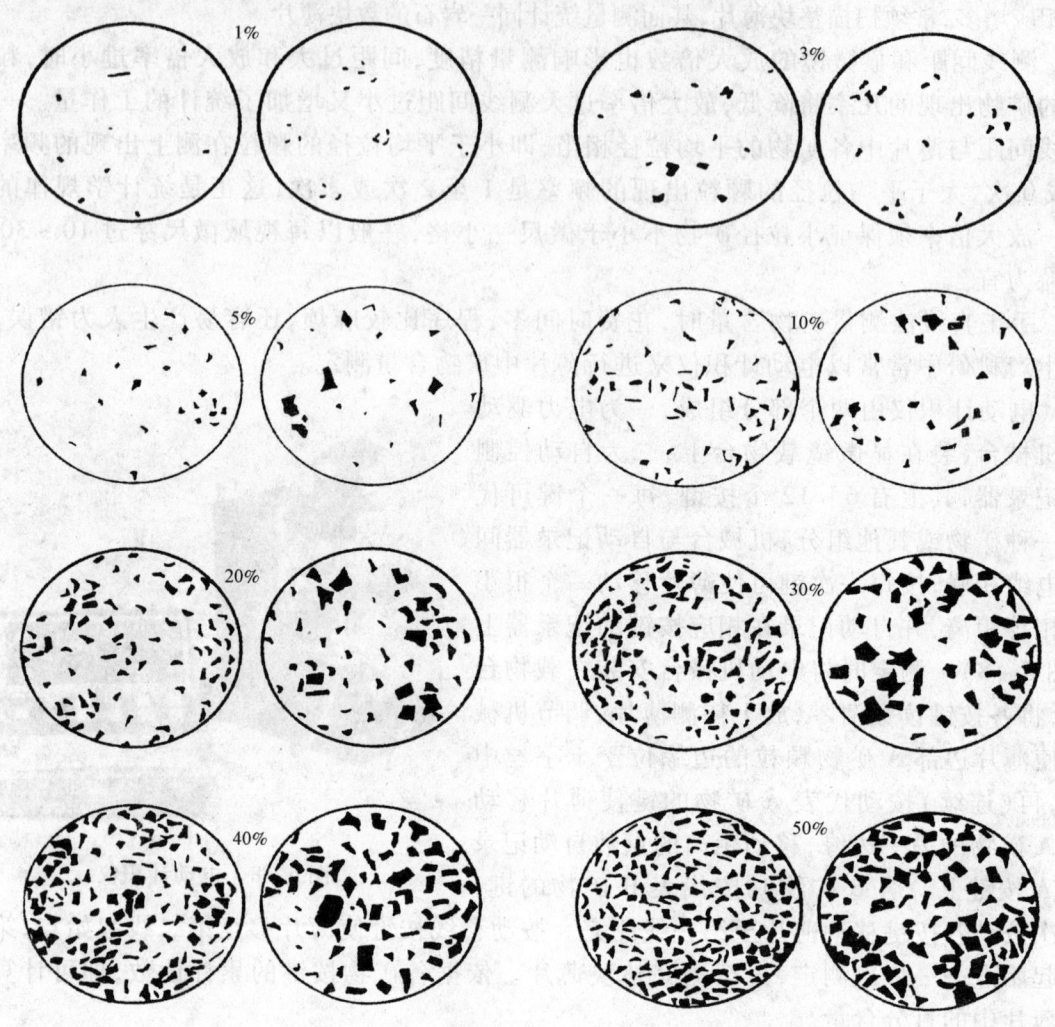

图6-9 矿物面积百分含量标准模版

第二节 岩浆岩结构与构造的鉴别

一、岩浆岩结构的分类

岩浆岩的结构(texture),是组成岩石的矿物(和玻璃质)的结晶程度、颗粒大小、晶体形态以及它们之间的相互关系所呈现的形态外貌特征。一般而言,组成岩石的矿物晶体及玻璃碎屑多属毫米至微米级大小,对其形态、大小及相互关系的观测,常需借助显微镜或放大镜,因此,结构是岩石微观形貌特征的表述。结构是岩石分类命名的重要依据,是岩石形成条件和演化历史的重要佐证,也是岩浆岩系统鉴别的最主要内容之一。

管守锐等1991年提出的岩浆岩结构分类如表6-3所示,可供参考。

表6-3 岩浆岩结构分类表(据管守锐等,1991)

全晶质				半(部分)晶质		玻璃质
按晶粒相对大小			按晶粒相互关系	按脱玻化程度及脱玻化物质排列方向	按微晶排列方式	
等粒		不等粒				
显晶质	隐晶质					
按粒径分为: 粗粒>5mm 中粒2~5mm 细粒2~0.2mm 微粒<0.2mm 按自形程度分为: 全自形粒状结构 半自形粒状结构① 他形粒状结构②	显微晶质结构(霏细结构) 显微隐晶质结构	按斑晶与基质相对大小分为: 似斑状结构 连续不等粒状 斑状结构 按斑晶与基质相对数量分为: 多斑结构 少斑结构	海绵陨铁结构 辉长结构 煌斑结构 间粒结构 文象结构 花斑结构③ 反应边结构 包含结构④ 辉绿结构 次辉绿结构 二长结构	雏晶结构 微晶结构 霏细结构 球粒结构	响岩结构 粗面结构 正斑结构 交织结构 安山结构⑤ 间隐结构 填间结构 玻基辉绿结构	玻璃质结构

注:① 花岗结构是常见的半自形粒状结构;② 细粒结构是常见的他形粒状结构;③ 花斑结构又称为微文象结构;④ 包含结构又称嵌晶结构,常见者为包橄结构;⑤ 安山结构又称为玻基交织结构。

岩浆岩的结构主要表现为结晶程度的差别、颗粒大小的异同、晶体形态的差异和相互关系的不同,这4个方面的表现既是分类的基础,也是观察描述的内容。

显然矿物颗粒大小(粒径)与结晶程度,是结构划分的基础,但粒径的划分与命名,却因文献及作者的不同而有明显差异(表6-4)。GB/T 17412.1—1998的方案还规定,矿物的粒径等于晶粒长轴与短轴长度的平均值,也是与其他划分方案不同的地方。

表6-4 岩浆岩矿物晶体粒径划分对比表

GB/T 17412.1—1998 火成岩岩石分类与命名方案		SY/T 5368—2000 岩石薄片鉴定		常丽华等,2009 火成岩鉴定手册	
粗粒	10~5mm	粗粒	>5mm	粗粒	>5mm
中粒	<5~2mm	中粒	<5~1mm	中粒	5~2mm
细粒	<2~0.2mm	细粒	<1~0.1mm	细粒	2~0.2mm
微粒	<0.2~0.02mm	隐晶质	<0.1mm	微粒	<0.2mm

岩浆岩的结构类型极其繁多,表6-3所列仅是常见主要类型,其中有一些是某些岩石所特有的结构,称其为"专属性结构",如辉长结构、辉绿结构、花岗结构、煌斑结构等分别为辉长岩、辉绿岩、花岗岩、煌斑岩的专属性结构。熟悉并掌握岩浆岩的常见结构与专属性结构的鉴别标志,对岩浆岩的系统鉴定和定名可提供极大的便利。现就常见的和相似结构进行简要讨论。

二、常见相似结构的鉴别

1. 反应边结构(reaction rim texture)和暗化边结构(opacitic border texture)

二者均以一种矿物被其他矿物包围为特征,外貌上有一定的相似性。反应边结构见于全晶质的侵入岩中,可全包围也可为部分镶边,包围矿物成分单一、呈显晶质状、可清楚鉴别矿物种属与名称,还可出现二次反应的镶边,是先形成矿物与岩浆反应的结果。如橄榄石有辉石的反应边,辉石还可同时有角闪石的反应边。暗化边结构见于半晶质的喷出岩(或超浅成侵入岩),一般均为全包围,暗化边为极其细小的隐晶质的磁铁矿、透长石、辉石等矿物组成,成分极复杂,显微镜下难以区分,被包围的多为富含挥发组分的矿物,是由先期矿物遭受氧化作用而形成(图6-10)。

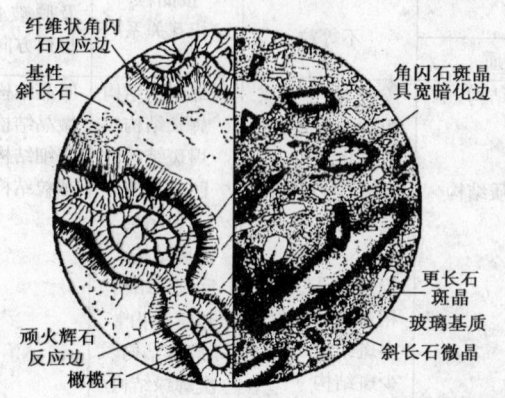

图6-10 反应边(左)和暗化边结构(右)(据孙鼐,1985)

左,紫苏辉石,挪威里卓尔,$d=2.5mm$,单偏光;右,角闪粗面安山岩,安徽当滁,$d=5.2mm$,单偏光

2. 辉长结构(gabbroic texture)和辉绿结构(diabasic texture)

二者均由基性斜长石和辉石等暗色矿物组成的全晶质结构(图6-11)。辉长结构中基性斜长石与辉石等暗色矿物都呈近似等轴粒状,大小相当,均为半自形—他形,互相随机排列,表明二者是几乎同时结晶形成的,主要见于深成侵入的辉长岩中,因此得名。辉绿结构中基性斜长石与辉石颗粒大小相当,但斜长石自形程度明显高于辉石,数量较多的板条状斜长石随机分布,其三角形孔中被单粒辉石充填,主要见于浅成侵入的辉绿岩中,因此得名。如辉石的粒度较大数量较多,较小的板条状斜长石镶嵌于他形的辉石晶体之中,则称嵌晶含长结构(poikilitic texture)。如较小板条状斜长石数量较多,辉石局部包裹斜长石或与斜长石互嵌,则称为次含长结构。嵌晶含长结构和次含长结构均具有斜长石自形程度高的特征,因此有文献将其作为广义的辉绿结构。

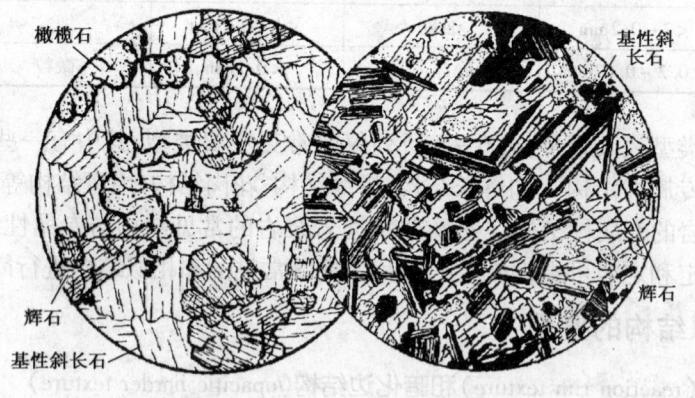

图6-11 辉长结构(左)和辉绿结构(右)(据孙鼐,1985)

左,橄榄辉长岩,山东济南,$d=2.2mm$,单偏光,辉石和斜长石均半自形粒状无规则分布;

右,辉绿岩,苏联鄂木斯克,$d=2.0mm$,正交偏光,他形辉石嵌布在板条状基性斜长石之间

3. 间粒结构(intergranular texture)和间隐结构(intersertal texture)

二者均是自形程度较高的板条状基性斜长石随机或半定向分布(图6-12),如果长石晶粒之间被较细小的数粒辉石、橄榄石及磁铁矿等晶体充填,即称为间粒结构,或称为粒玄结构、粗玄结构;如果长石晶粒之间被玻璃质或隐晶质所充填,则称为间隐结构。显然前者属全晶质结构、后者为半晶质结构的范畴。如果长石晶粒之间既有细小的辉石、磁铁矿晶体,又有玻璃质存在,则称为拉斑玄武结构(tholeiitic texture),或称为间粒—间隐结构、拉玄结构、填间结构。实质上拉玄结构是间粒结构与间隐结构之间的过渡类型。此类结构主要见于喷出的玄武岩中,在向基性岩过渡的安山岩中也有见到。

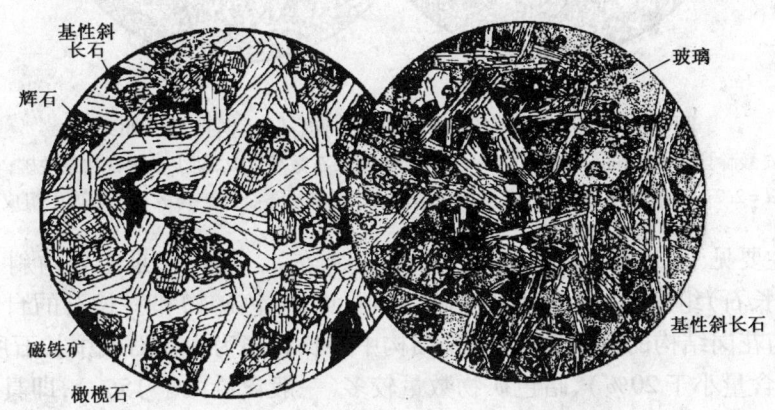

图6-12 间粒结构(左)和间隐结构(右)(据孙蒒,1985)

左,辉绿岩,江苏六合,$d=3.7mm$,单偏光,在板条基性斜长石间充填多粒橄榄石、辉石和磁铁矿;
右,玄武岩,苏联西伯利亚,$d=4.0mm$,单偏光,板条状斜长石间充填玻璃质及其分解产物

间粒结构见于喷出岩,结晶更细(多为细粒—微粒),细小板条状长石晶粒间,被更细小的多粒暗色矿物充填,以此与辉绿结构相区别。

4. 交织结构(pilotaxitic texture)和安山结构(andesitic texture)

交织结构的特征,是中性斜长石的板条状微晶呈平行-半平行排列,遇斑晶环绕而过,辉石、磁铁矿等细小晶体夹杂其间,玻璃质及隐晶质几乎没有,表明岩浆冷却时具有一定的流动方向(图6-13左)。如果中性斜长石微晶杂乱排列、无一定方向,晶粒之间被玻璃质或隐晶质充填,多见于安山岩,故命名为安山结构,或称为玻晶交织结构(图6-13右)。二者区别在于,交织结构中微晶斜长石呈定向分布、且无玻璃质存在,属全晶质结构范畴;安山结构中微晶长石定向性不明显、且有玻璃质存在,属半晶质结构范畴。交织结构与间粒结构的区别在于,前者为中性斜长石、后者为基性斜长石,前者结晶更细小,多为隐—微晶,后者结晶稍粗多为微—细晶。

5. 花岗结构(granitic texture)和二长结构(monzonitic texture)

花岗结构中矿物为全晶质等粒状,矿物的自形程度有明显差异(图6-14右)。暗色矿物数量少但自形程度较高,为自形-半自形状;斜长石自形程度次之,为半自形状,钾长石自形程度再次之,为半自形-他形状,石英自形程度最差,为他形粒状;总体上石英和钾长石呈不规则他形晶充填于斜长石和暗色矿物粒间。此结构常见于深成侵入的花岗岩中,因此得名。显然花岗结构属于半自形粒状结构的范畴,按粒度又有粗、中、细粒之别。

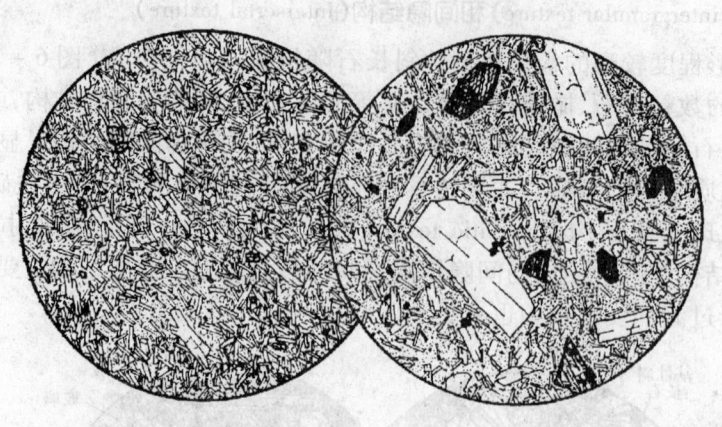

图 6-13 交织结构(左)和安山结构(右)(据孙鼐,1985)

左,安山岩,安徽滁县,$d=2.2mm$,单偏光,由大致平行的斜长石微晶组成,间少量辉石和磁铁矿;右,安山岩,北京西山,$d=2.2mm$,单偏光,斑状结构,基质由斜长石微晶和少量金属矿物散布于玻璃中组成安山结构

二长结构主要见于二长岩中,故名之(图 6-14 左)。其特征是主要由斜长石和钾长石(正长石和微斜长石)组成,并有少量暗色矿物和石英,暗色矿物和斜长石的自形程度高于钾长石和石英。与花岗结构的区别在于:二长结构中斜长石多为中长石或中长石所占比例大,而石英含量较少(含量小于20%),暗色矿物数量较多(一般含量大于15%),即具有明显的中性岩浆岩的特色。花岗结构中酸性斜长石(钠—更长石)及碱性长石为主,石英含量高(含量大于20%),暗色矿物含量低(一般含量小于15%),明显具有酸性岩的特色。

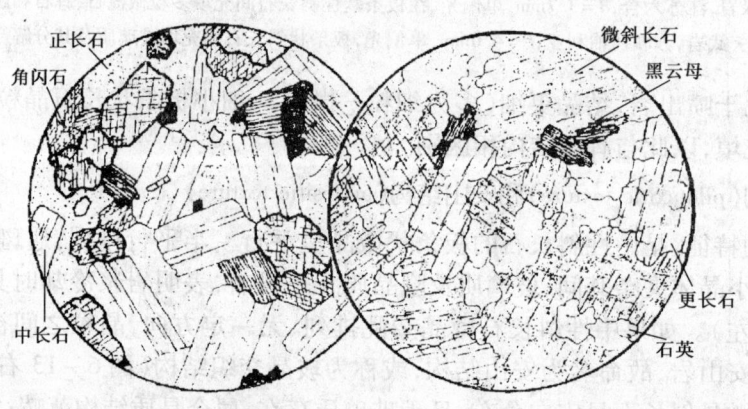

图 6-14 二长结构(左)与花岗结构(右)(据孙鼐,1985)

左,二长岩,意大利蒙召提,$d=2.5mm$,单偏光,斜长石板条状,正长石他形;右,黑云母花岗岩,福建和平,$d=3.7mm$,单偏光,斜长石半自形粒状,微斜长石和石英他形

6. 粗面结构(trachytic texture)和响岩结构(phonolitic texture)

粗面结构主要由碱性长石(透长石、正长石或钠长石)组成,碱性长石的板条状微晶平行或半平行排列,若遇斑晶或旋涡则平行绕过,常见于粗面岩(弱碱性喷出岩)中,因此得名(图 6-15 右)。粗面结构与交织结构类似,区别在于交织结构主要是由中长石微晶组成,暗色矿物数量较多,具典型中性岩的特色,而粗面结构主要为碱性长石微晶。如果在半定向的碱性长石微晶之间有他形的霞石或霓石的细小晶体,则称其为似粗面结构。

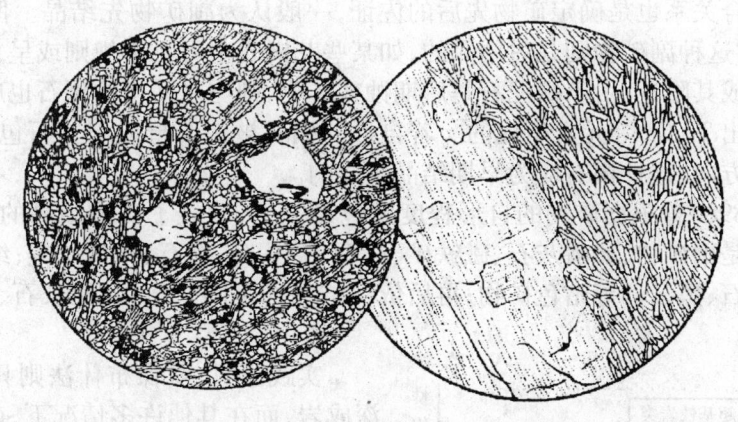

图 6-15 响岩结构（左）粗面结构（右）（据孙鼐,1985）
左,响岩,$d=2.0mm$,单偏光,岩石为斑状结构,基质为由霞石和透长石微晶组成,透长石微晶具半定向性；
右,粗面斑岩,安徽金寨,$d=8.4mm$,单偏光,基质为粗面结构,由半定向的条状钾长石微组成,斑晶为透长石

响岩结构,是碱性喷出岩响岩的特有结构（图6-15左）。是一种特殊的斑状结构,其基质由自形程度较高的副长石类矿物（霞石、白榴石、方钠石等）和部分透长石组成,多为矩形、方形、六边形或长条状形态,多成定向排列,其斑晶是自形程度较高的霞石、霓石等矿物。此结构表明岩浆中 SiO_2 不饱和,冷却过程中形成副长石类矿物,且岩浆黏度较小,因此在较快冷却的情况下仍能有充分的条件使斑晶和基质均形成较好的自形晶体。

响岩结构的特点是副长石类矿物既是斑晶的主要矿物也是基质的主要矿物,自形程度均高,且具有两个截然不同的粒级。其与粗面结构的区别主要在于矿物成分,响岩结构中副长石占绝对多数,而粗面结构几乎均是碱性长石微晶。

三、矿物生成顺序的初步分析

在岩浆岩矿物成分和结构研究基础之上,还可借以判断岩浆岩中矿物的结晶顺序,推测岩浆岩的形成条件和演化过程。矿物生成顺序的确定可遵循以下原则确定：

岩石中矿物颗粒的相对自形程度是确定生成先后顺序的标志。同一种岩石中一般自形程度高的矿物结晶早,自形程度差者结晶晚。如花岗岩中自形晶磷灰石结晶早,他形粒状的石英结晶晚。但应注意：矿物的自形程度更多是取决于结晶结束的早晚,结晶结束早者通常自形程度高,结晶结束晚者常是他形；矿物的自形程度还取决于自身结晶能力的大小,如伟晶岩中的黑电气石,由于结晶能力强,它虽结晶晚于长石,但都比长石自形程度高且穿插于长石之中。再者矿物自形程度不能仅凭个别或少数切面来判断,因为同一矿物当切面方位不同时形状可有很大变化,故必须全面观察矿物颗粒,然后再进行综合判断。

在具有包裹和被包裹关系的结构中,一般认为被包裹的矿物结晶早于包裹它的矿物,如在反应边结构或包含结构中,被包围的橄榄石形成早,其边部（或主晶）的辉石结晶较晚。但是,如温度降低时由固溶体分解而形成的钠长石、文象结构中的石英虽然也都被钾长石包裹,但它们却是同时结晶的。另外有些次生交代矿物,如绢云母、绿帘石交代长石,尽管它们镶嵌于长石之中,形成时间却晚于长石。因此要注意识别真正的包裹关系而非交代关系,一般交代次生矿物常沿裂缝和解理分布,外形多呈不规则状。

矿物晶体大小可作为判定标志,一般认为结晶粗大者比细小的微晶颗粒早结晶,这对于斑状结构的岩石较为适用,但对某些交代斑晶或变斑晶则相反,如某些似斑状结构花岗岩中有较大的钾长石斑晶,往往是后期钾长石化的产物。运用这一原则时须倍加谨慎。

矿物共生组合关系也是确定矿物先后的佐证，一般认为副矿物先结晶。但若副矿物与某些次生矿物共生，这种副矿物则是后结晶的，如某些花岗岩中可见不规则或呈自形的榍石晶体分布于绿泥石中或其附近，由于绿泥石是后期蚀变矿物，则与之共生的榍石也应是黑云母变为绿泥石过程中析出 Ti、Ca 等元素生成的。若自形的榍石被黑云母或斜长石包裹，且晶体延长方向切穿解理缝方向，这种榍石应为早期结晶生成的。

罗森布什(1898)曾根据矿物的自形程度及包裹关系，确立了矿物结晶的如下顺序：最早从岩浆中结晶的是副矿物，如磷灰石、磁铁矿、锆石、尖晶石、榍石、钙钛矿等；继而析出的是橄榄石、辉石、角闪石、黑云母等暗色矿物；再后依次结晶的是斜长石、碱性长石、副长石；最后析出石英和玻璃质。

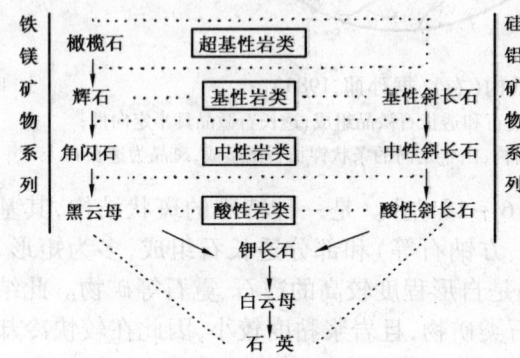

图 6-16 鲍文反应系列（据 N. L. Bowen, 1922）

实践证明，罗森布什法则只适于中酸性的深成岩，而在其他许多情况下，矿物结晶顺序常与此法则不一致或相矛盾，如副矿物在很多情况下是岩浆晚期甚至是岩浆后期的产物。又如石英在某些酸性浅成岩和喷出岩中可先析出而呈斑晶，并非是后期才析出的。

鲍文反应系列也可用于判断矿物的结晶和生成顺序(图 6-16)。一般反应系列上部的矿物结晶早，反应系列最下部的矿物结晶最晚。

总之矿物形成顺序的确定是一件很复杂的事情，有一些规律可循，但这些规律只在一定条件下才可靠，当条件变化时又会有新的规律。因此一定要全面观测薄片，综合分析各种结构特征，方可初步获得合理而可信的矿物形成顺序。

四、岩浆岩构造的鉴别

岩浆岩的构造(structure)是指岩石中"各组成部分"(常为矿物及玻璃质的集合体)的形状、大小及其在空间上的排列、配置与充填方式所呈现的形态外貌特征。岩石的"各组成部分(矿物集合体)"的尺寸一般为厘米至分米级、甚至更大，通常须在野外露头或标本上进行观测，构造主要表现的是岩石的宏观形貌特征。当然，自然是极复杂的，宏观与微观之间并没有严格的分界，而是相互过渡相互渗透的。比如，流纹构造及细小杏仁构造在显微镜下也能观测到；伟晶岩中的晶体形态、大小及相互关系，在裸眼下也能分辨。

岩浆岩的构造与结构，同样是岩石相互区别和分类命名的重要依据，也是分析岩石成因和演化历史的重要佐证，在岩石系统鉴定时，一定要重视岩石构造的观察研究。

岩浆岩的构造主要有三种成因类型：① 结晶作用与组分充填方式形成的构造，含块状构造、带状构造、斑杂状构造、气孔构造、杏仁构造等类型；② 岩浆流动形成的构造，含流纹构造、流面与流线构造、枕状构造等类型；③ 冷凝收缩形成的原生节理构造与柱状节理构造。

在手标本上甚而在薄片中可以辨识的构造，主要有小型条带构造、流纹构造、小型的气孔构造、小型杏仁构造等(图 6-17)，某些显微的原生节理构造也可能出现在岩石薄片中。因此，在岩浆岩系统鉴别时，必须参考野外描述记录，并对手标本及薄片进行认真观察，确定宏观构造类型与可能的微细构造类型，在定性的基础上还应进行定量的测量与统计，如条带的宽度，气孔的大小、数量比例、填充物的多少等，以获取有关构造特征的全面信息，为岩浆岩的划分、命名、对比及成因分析提供尽可能丰富充分的证据。

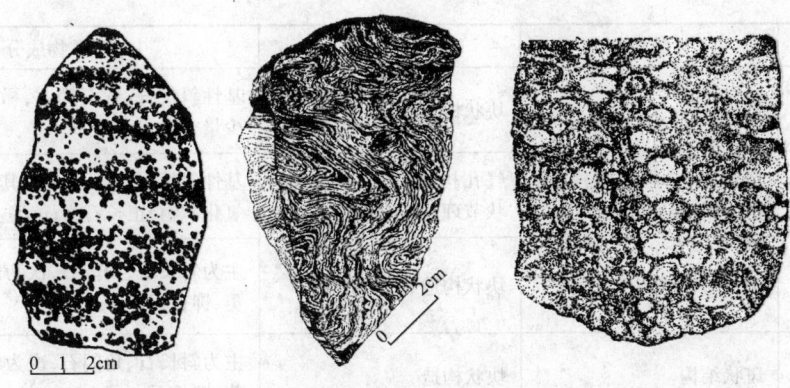

图 6-17 条带构造(左)流纹构造(中)杏仁构造(右)

第三节 岩浆岩的分类与命名

自然界中岩浆岩种类繁多,为更深入地研究和揭示它们之间的联系与内在规律,常常须对其进行科学的分类。不过具体的分类方案与命名原则,因行业的差异与作者的不同而各不相同。现将典型的有代表性的方案列举于后。

一、石油行业标准推荐的分类与命名方案

现行石油行业标准 SY/T 5368—2000 依据矿物组合、结构、构造及 SiO_2 含量,将常见岩浆岩分为超基性岩等四大类,进而细分为橄榄岩等13种类型(表6-5),并列举了这些类型岩石的主要矿物组合、结构与构造特征。此分类与命名方案简单明了,可适用于最常见岩浆岩的分类与命名。

二、国家标准推荐的分类与命名方案

1. 国家家标准对一些术语的定义

国这标准标 GB/T 17412.1—1998 推荐的火成岩岩石分类和命名方案(2004年审定有效)对一些术语给予了明确的定义:

超基性岩(ultrabasic rock),是火成岩的一个大类。指化学成分中二氧化硅(SiO_2)含量小于45%,同时氧化镁(MgO)、氧化铁(FeO)等基性组分含量高的火成岩。

表 6-5 石油行业标准岩浆岩分类特征简表(据 SY/T 5368—2000)

主要类型		结构	构造	矿物成分
超基性岩	橄榄岩	粒状结构、包橄结构	块状构造	橄榄石、辉石为主,少量角闪石、黑云母、斜长石
	金伯利岩	斑状结构、细粒结构	块状构造、角砾状构造	橄榄石、镁铝榴石、金云母为主,铬铁矿、蛇纹石、辉石、碳酸盐等次之
	苦橄岩	斑状结构、微晶结构、嵌晶结构	块状构造	橄榄石、辉石为主,少量角闪石、黑云母、斜长石
基性岩	辉石岩	辉长结构	带状构造、球状构造	基性斜长石、辉石为主,橄榄石、角闪石等少量

续表

	主要类型	结构	构造	矿物成分
基性岩	辉绿岩	辉绿结构	块状构造、带状构造	基性斜长石、辉石为主,橄榄石、角闪石等少量
	玄武岩	斑状结构、间粒结构、间隐结构、填间结构	气孔构造、杏仁构造、柱状节理、枕状构造	基性斜长石、辉石为主,其次橄榄石、铁质氧化矿物、正长石、石英等
中性岩	闪长岩	半自形粒状结构	块状构造、条带状构造	主为斜长石、角闪石,次为辉石、黑云母、石英、钾长石
	闪长玢岩	斑状结构	块状构造	主为斜长石、角闪石,次为辉石、黑云母、石英、钾长石
	安山岩	斑状结构、交织结构、玻基交织结构	气孔构造、块状构造	斜长石、角闪石、辉石、黑云母、石英等
	粗面岩	斑状结构、粗面结构	流纹构造、气孔构造	碱性长石、斜长石、黑云母、霞石等
酸性岩	花岗岩	花岗结构、文象结构	块状构造、斑杂构造	主为石英、钾长石、斜长石,次为黑云母、白云母、角闪石、辉石等
	花岗斑岩	斑状结构、微花岗结构	块状构造	主为石英、钾长石、斜长石,次为黑云母、白云母、角闪石、辉石等
	流纹岩	斑状结构、球粒结构、霏细结构	流纹构造、气孔构造	主为石英、钾长石、斜长石,次为黑云母、角闪石等

超镁铁质岩(ultramafie rock):指镁铁质矿物(以橄榄石、辉石为主)含量达90%以上的一类火成岩。因此,大多数超镁铁质岩就是超基性岩,反之亦然。但有例外,如辉石岩类单矿物岩,镁铁矿物含量在90%以上,但二氧化硅(SiO_2)含量高于45%。所以,它是超镁铁质岩,而不是超基性岩;又如,几乎全由钙长石组成的斜长岩,二氧化硅含量<45%,属超基性岩(当其倍长石及拉长石增多时属基性岩),但不是超镁铁质岩。

基性岩(basic rock):是火成岩的一个大类,二氧化硅(SiO_2)含量为45%~52%。主要矿物成分为辉石、基性斜长石,不含石英或石英含量极少。色深,密度较大。与超基性岩的主要区别除二氧化硅(SiO_2)含量外,在矿物成分上含有相当数量的斜长石,而超基性岩则没有或有很少的斜长石。常见的基性深成岩为辉长岩,浅成岩为辉绿岩,喷出岩为玄武岩。

中性岩(intermediate rock):火成岩的一个大类。二氧化硅(SiO_2)含量为52%~63%。主要矿物成分为角闪石和中性斜长石,可含少量的石英。常见的中性深成岩为闪长岩、石英闪长岩,浅成岩为闪长玢岩、石英闪长玢岩,喷出岩为安山岩、英安岩。正长岩、粗面岩从二氧化硅(SiO_2)含量看,也可作中性岩一类,但是偏碱性的中性岩。

酸性岩(acid rock):火成岩的一个大类。二氧化硅(SiO_2)含量大于63%。色浅,浅色矿物以钾长石、酸性斜长石、石英为主。最大特征是石英大量出现,约占岩石的1/4到1/3。暗色矿物较少,一般为黑云母。常见的酸性深成岩为花岗岩、花岗闪长岩,浅成岩为花岗斑岩,喷出岩为流纹岩和英安岩。

超酸性岩(ultraacid rock):一般指二氧化硅(SiO_2)含量大于75%的岩石。代表岩石为白岗岩和某些白云母花岗岩等。几乎不含暗色矿物，浅色矿物主要为碱性长石和石英。

碱性岩（alkalic rock）：火成岩的一个大类，含二氧化硅较低而碱质较高。主要矿物成分为碱性长石（微斜长石、正长石、钠长石）、各种副长石（霞石、方钠石、钙霞石等）以及碱性暗色矿物（霓石、霓辉石、钠铁闪石、钠闪石等）。深成岩的代表为霞石正长岩，浅成岩为霞石正长斑岩，喷出岩为响岩。

碱度（alkalinity）：是指岩石中碱的饱和程度。确定火成岩碱度的方法常用的是里特曼的组合指数 $\delta = (K_2O + Na_2O)^2/(SiO_2 - 43\%)(m/m)$。$\delta$ 越大，碱性程度越强。$\delta < 3.3$ 者称为钙碱性岩（进一步细分，$\delta < 1.8$ 者，称钙性岩；δ 为 $1.8 \sim 3.3$ 者，为狭义的钙碱性岩）；δ 为 $3.3 \sim 9$ 者为碱钙性岩（弱碱性岩）；$\delta > 9$ 者为碱性岩（过碱性岩）。

脉岩（dike rock）：指呈脉状产出的火成岩，多属浅成—超浅成侵入岩。根据成分可分为两类：与深成岩成分相似的脉岩（称未分脉岩），如花岗斑岩、闪长玢岩、辉绿岩、微晶闪长岩等；与深成岩成分差别大的脉岩（称二分脉岩），若以浅色矿物为主，具细晶结构者为细晶岩，具伟晶结构者为伟晶岩；若以暗色矿物为主，具煌斑结构者称煌斑岩。

斑岩（porphyry）：斑岩是主要含有碱性长石、副长石或石英斑晶的浅成和超浅成岩的通称。如花岗斑岩、流纹斑岩等。为避免和浅成岩命名相混，熔岩不使用"斑岩"名称。

玢岩（porphyrite）：玢岩是具斑状结构的中—基性浅成岩和超浅成岩的总称。斑晶以斜长石和暗色矿物为主，如闪长玢岩、辉绿玢岩、玄武玢岩等。熔岩不使用这一术语。

2. 国家标准岩浆岩分类命名原则与各类岩石的基本名称

国家标准 GB/T 17412.1—1998 火成岩岩石分类和命名方案，提出的岩浆岩分类和命名的一般原则是：① 应尽可能符合岩石生成的物理化学条件，符合自然界的联系；② 分类应尽可能与传统习惯用法一致，岩石命名应遵守自然科学术语从先的惯例；③ 分类应力求简明和便于使用；④ 岩石的命名应根据它们现在是什么，而不是根据它们原来可能是什么。

火成岩岩石分类和命名方案以定量矿物为分类的依据，首先将岩浆岩分为① 黄长岩类、② 碳酸岩类、③ 煌斑岩类、④ 金伯利岩类、⑤ 辉绿岩类、⑥ 细晶岩类、⑦ 伟晶岩类、⑧ 紫苏花岗岩类、⑨ 深成岩类、⑩ 火山熔岩类、⑪ 潜火山岩类、⑫ 火山碎屑岩类等 12 类，每一类再据各自的定量矿物、结构、构造等特征作进一步的细分和命名。其中⑨ 深成岩类和⑩ 火山熔岩类的进一步分类，是采用国际地科联（IUGS）火成岩分类学分委会推荐的深成岩、火山熔岩定量矿物 QAPF 分类双三角图解进行细分类与命名的（图 6-18 和表 6-6）。

在 QAPF 分类双三角图中，Q =

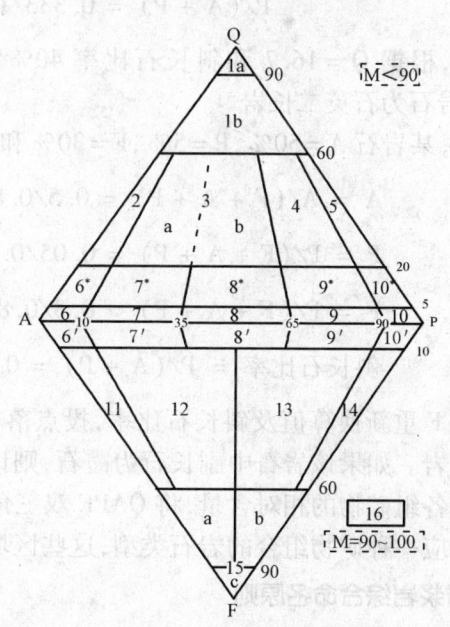

图 6-18 QAPF 定量矿物分类双三角图解（据 IUGS，1972）

Q—石英；A—碱性长石；P—斜长石；F—副长石；M—铁镁矿物

石英、鳞石英、方石英；A = 碱性长石，包括正长石、微斜长石、条纹长石、歪长石、透长石和 An 为 0~5 的钠长石；P = 斜长石（An 为 5~100）和方柱石；F = 副长石类，包括霞石、白榴石、钾霞石、假白榴石、方钠石、黝帘石、蓝方石、钙霞石和方沸石等；M = 镁铁矿物及其有关矿物，如云母、角闪石、辉石、橄榄石、不透明矿物、副矿物（如锆石、磷灰石、榍石等）、绿帘石、褐帘石、黄长石、钙镁橄榄石和原生碳酸盐类等。

以上 Q、A、P、F 组均为长英质矿物，而 M 组为铁镁矿物。Q + A + P + F + M 的总量应为 100%，而对任何一种岩石来说，上述五项中最多只能有四项共存。因为 Q 组矿物和 F 组矿物是互相排斥的，若 Q 存在 F 必缺失，反之亦然。

即深成岩类与火山熔岩类的进一步细分是以实际矿物含量为基础的，并有三种情况：

① M 小于 90% 的岩石，根据其所含长英质矿物进行分类，简称 QAPF 分类（图 6-18）。

② M≥90% 的岩石，属超镁铁质岩石，可按其所含镁铁矿物来分类（见后述）。

③ 当岩石测不到实际矿物含量时，可暂时采用 QAPF 初步分类（供野外使用）图解分类命名（图 6-19）；当有化学分析资料时还可采用"全碱—二氧化硅（TAS）图解"（图 6-24）对火山溶岩进行分类及命名。

在使用 QAPF 分类图解之前，必须重新计算 Q、A、P 和 F 的相对矿物含量和 P/(A + P) 的比率。下面举例说明计算方法。

例如，某岩石的 Q 为 10%，A 为 30%，P 为 20% 和 M 为 40%，则其 Q，A 和 P 的重新换算值如下：

$$Q = Q/(Q + A + P) = 0.1/0.6 = 16.7\%$$

$$A = A/(Q + A + P) = 0.3/0.6 = 50.0\%$$

$$P = P/(Q + A + P) = 0.2/0.6 = 33.3\%$$

$$P/(A + P) = 0.333/(0.50 + 33.3) = 40\%$$

这样，根据 Q = 16.7 和斜长石比率 40%。该岩石投点落在 QAPF 图解的 8* 区内（图 6-18），岩石为石英二长岩。

再如，某岩石 A = 50%，P = 5%，F = 30% 和 M = 15%，其中 A，P 和 F 的相对含量如下：

$$A = A/(F + A + P) = 0.5/0.85 = 58.8\%$$

$$P = P/(F + A + P) = 0.05/0.85 = 5.9\%$$

$$F = F/(F + A + P) = 0.3/0.85 = 35.3\%$$

$$斜长石比率 = P/(A + P) = 0.059/(0.588 + 0.059) = 9.1\%$$

根据 F 重新换算值及斜长石比率，投点落在 QAPF 图解的 11 区（图 6-18）内，岩石为副长石正长岩。如果该岩石中副长石为霞石，则该岩石应命名为霞石正长岩。

依据各组矿物的相对含量，将 QAPF 双三角图划分为 1 至 16 等 30 个区域（图 6-18），每一区域对应一种矿物组合的岩石类型，这些区域对应岩石的基本名称如表 6-6 所列。

3. 岩浆岩综合命名原则

国标 GB/T 17412.1—1998 火成岩岩石分类和命名方案，还规定岩石的全名称由"附加修饰词十基本名称"构成。基本名称与修饰词的选用按以下原则确定。

表 6-6 QAPF 双三角分类图解(图 6-18)中各分区的岩石名称(据 IUGS,1972)

分区号	深成侵入岩	喷出熔岩	分区号	深成侵入岩	喷出熔岩
1a	硅英岩		9	二长闪长岩/二长辉长岩	
1b	富石英花岗岩		9'	含副长石二长闪长岩/含副长石二长辉长岩	浅色玄武岩 (M'>35,SiO$_2$<52%)
2	碱长花岗岩	碱长流纹岩	10*	石英闪长岩/石英辉长岩	暗色安山岩 (M'<35,SiO$_2$<52%)
3a	花岗岩(正长花岗岩)	流纹岩	10	闪长岩/辉长岩、斜长岩	安山岩 (M'>35,SiO$_2$>52%)
3b	花岗岩(二长花岗岩)	流纹岩	10'	含副长石闪长岩/含副长石辉长岩	(M'<35,SiO$_2$>52%)
4	花岗闪长岩	英安岩			
5	英云闪长岩	英安岩			
6*	石英碱长正长岩	石英碱长粗面岩	11	副长石正长岩	响岩
6	碱长正长岩	碱长粗面岩	12	副长石二长正长岩	碱玄质响岩
6'	含副长石碱长正长岩	含副长石碱长粗面岩	13	副长石二长闪长岩/副长石二长辉长岩	响岩质碧玄岩、响岩质碱玄岩
7*	石英正长岩	石英粗面岩			
7	正长岩	粗面岩	14	副长石闪长岩/副长石辉长岩	碧玄岩(Ol>10%)、碱玄岩(Ol<10%)
7'	含副长石正长岩	含副长石粗面岩			
8*	石英二长岩	石英安粗岩	15a	副长石岩	响岩质副长石岩
8	二长岩	安粗岩	15b	副长石岩	碧玄质、碱玄质副长石岩
8'	含副长石二长岩	含副长石安粗岩	15c	副长石岩	副长石熔岩
9*	石英二长闪长岩/石英二长辉长岩	玄武岩	16	超镁铁质深成岩	超镁铁质熔岩

　　岩石的基本名称是岩石分类命名的基本单元,它反映岩石的基本属性及在分类系统中的位置和特点,如辉长岩、闪长岩、花岗岩等。分布最广泛的深成岩类和火山熔岩类的基本名称是依据岩石中 Q、A、P、F 各组矿物的相对含量确定的,其主要基本名称如表 6-6 所列。

　　附加修饰词可以是矿物名称(如黑云母花岗岩)、结构术语(如斑状花岗岩)、化学术语(如富锶花岗岩)、成因术语(如深熔花岗岩)、构造术语(如造山期后花岗岩),或者使用者认为是有用的或合适的并能为普遍认可的其他术语。总之,要视研究地区的具体情况而定,以能区分不同岩石种属,有利于地质调查及找矿等为原则。

　　附加修饰词使用的若干规定是:

　　(1)附加修饰词必须与基本名称的定义无冲突。例如黑云母花岗岩、斑状花岗岩和造山期后花岗岩等,必须在分类意义上仍属花岗岩。

　　(2)如果附加修饰词的词义不能一看就明了的话,使用者应注明其含义。这一点特别适用于地球化学术语,如富锶或贫镁,只有给出量的概念,即注明大于或小于某个值时,才更明确。

　　(3)如果岩石基本名称之前不只一个矿物修饰词,则按少前多后的顺序排列。例如角闪石黑云母花岗岩,岩石中黑云母的含量应比角闪石多一些。

　　(4)主要矿物的不同种属,少数情况下可作附加修饰词,如培长辉长岩。次要矿物常用作区分岩石种属的附加修饰词。特殊矿物作为附加修饰词,其含量不限,一出现即可使用,如绿柱石花岗岩。

　　(5)副矿物需要时也可作附加修饰词,如锆石花岗岩,榍石花岗岩等。

　　(6)所用矿物名称应与国际矿物协会(IMA)所推荐的名称一致。

特别注意,修饰词中用"含"字时,在不同的情况下可有不同的含量值:

(1)在 QAPF 分类图的 QAP 三角图中,5% 是"含石英 Q"的上限。

(2)在 APF 三角图中,10% 是"含副长石 F"的上限;在超镁铁质岩石中,10% 是命名"含斜长石"的上限。

(3)对含玻璃质的火山岩,应用下列的前缀来表明玻璃的含量:玻璃质含量 5%~20% 时的前缀为"含玻(glass—bearing)";玻璃质含量 >20%~50% 时的前缀为"富玻(glass—rich)";玻璃质含量 >50%~80% 时的前缀为"玻质(glassy)"。对含玻璃质大于 80% 的岩石,应用专门的岩石名称,如黑曜岩、松脂岩、珍珠岩等。

(4)根据化学成分用 TAS(全碱—二氧化硅)分类图解命名的火山岩,要用前缀"玻质"加基本名称来表示玻璃质的存在。例如玻质流纹岩,玻质安山岩等。"富玻"一词也可用"玻基"来代替。

关于"微晶"等修饰词的使用规定是:

(1)用前缀"微晶"字来表征比通常颗粒要细的深成岩,而不再另取一个专门名称。例外的是辉绿岩(等于微晶辉长岩),它仍被沿用。但应避免用它来表示古生代或前寒武纪的玄武岩,或者任何地质时代的蚀变玄武岩。

(2)用前缀"变"来表示已变质的火成岩。如变安山岩、变玄武岩等。但只有在火成岩的结构仍保存和能恢复原岩时才能这样使用。

(3)对不能准确测定矿物含量,又没有化学分析数据的隐晶质火山岩,应采用火山岩野外分类法(见图 6-19)来暂时命名。

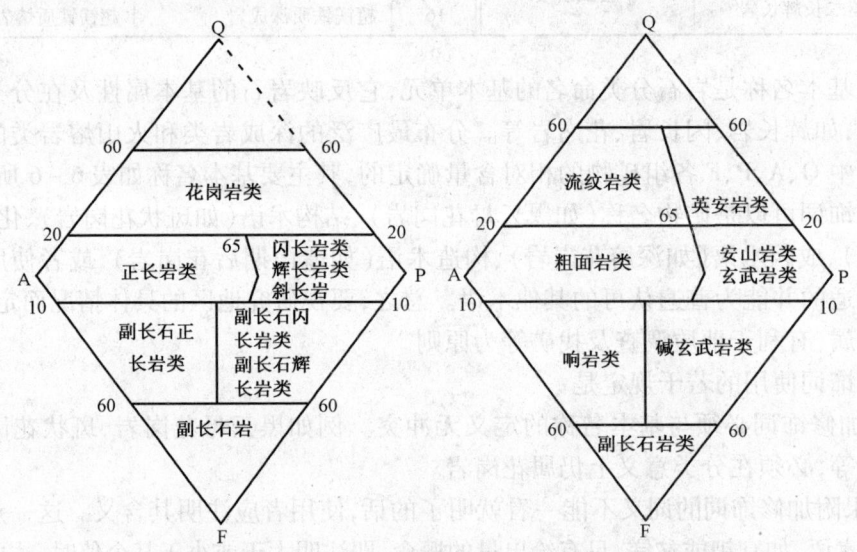

图 6-19　深成岩(左)和熔岩(右)QAPF 初步分类
(供野外使用)与命名图解

关于颜色修饰词的使用规定是:

(1)浅色岩颜色指数 M' 值 0~35。

(2)中色岩颜色指数 M' 值 >35~65。

(3)暗色岩颜色指数 M' 值 >65~90。

(4)超镁铁质岩颜色指数 M' 值 >90~100。并约定,$M' = M$(镁铁矿物及其有关矿物)-

（白云母、磷灰石和原生碳酸盐类等矿物的含量）。

（5）颜色只有在能反映矿物成分、成因和有特殊意义时，可构成岩石的基本名称（如白岗岩）和前缀（如浅色辉长岩）。

关于修饰词的其他规定是：

（1）成分相同而结构构造不同的火成岩，应有其各自特定的名称。

（2）不使用废弃性术语。不要在特定地区以外的地方使用地方性术语。

（3）蚀变作用作为附加修饰词，只有在能恢复原岩时才使用。具体规定见变质岩分类和命名方案（GB/T 17412.3—1998）（见第七章第四节）。

（4）附加修饰词（或前缀）常用的只是一、两种，一般不超过三种。因此要择优而用，其他特征均应放在文字中描述。

（5）附加修饰词（或前缀）在岩石名称中通常的排列顺序如下：蚀变作用—颜色—化学术语—成因术语—构造结构术语—特殊矿物—次要矿物—主要矿物—基本名称。

显然，国家标准GB/T 17412.1—1998推荐的方案，是一个最全面、最详尽、也最庞大的方案，几乎涵盖了所有岩浆岩类型，适合于各部门各行业选择性采用。

本教程将按国家标准GB/T 17412.1—1998推荐的分类与命名方案进行分类与命名。

第四节 岩浆岩系统鉴定的观测内容

岩石薄片主要是在偏光显微镜下进行研究，但也必须同时认真进行手标本的观察与描述。手标本观察描述的意义有二，首先可查明岩石样品的宏观结构构造特征以及野外产状的信息，为显微镜研究和定名提供必不可少的背景素材；其二是薄片与标本结合观察可建立岩石微观特征与宏观面貌之间的映射关系，可极大地提高肉眼识别岩石的能力。而后者正是地质技术从业人员素质和能力的重要表现。初学者对此应给予高度重视，一开始就注意肉眼鉴别与描述能力的训练，积累识别岩石和矿物的经验，以使个人的素质能力尽快达到生产和科研要求的水平。

一、岩浆岩手标本观测与描述的基本内容

手标本观察描述，一般遵循由宏观至微观的顺序进行。

在样品编号、产地或层位、时代确定之后，进行颜色的观测。颜色是岩石最直观而敏感的特征之一，因此颜色是手标本观察描述的首要内容之一。为排除个别矿物颜色的局限，应将标本置于1.0m处观察岩石的整体颜色，再进一步描述整体的颜色。岩浆岩的颜色在很大程度上代表了暗色矿物的含量，即岩石的颜色指数（或色率）。

石油天然气行业标准SY/T 5517—1992野外石油天然气地质调查规范认为，颜色是岩石的主要物理特性之一，应对颜色进行准确、完整的观察和描述。颜色描述的原则规定是：

（1）尽可能用新鲜干燥的岩石描述颜色；

（2）描述潮湿的或风化的岩石时，必须附加说明是潮湿或风化的颜色；

（3）描述颜色的纵向与横向变化规律和均匀程度；

（4）观察颜色和层理的关系；

（5）判断岩石的颜色是原生色还是次生色；

（6）不得用物质的名称来表述颜色，如猪肝色、咖啡色、乳白色等。推荐描述岩石颜色的

单色词是"红、橙、黄、绿、青、蓝、紫、白、灰、棕、褐、黑"等共12个,由此12个单色词中任意2个组成颜色的复色词,且后边的颜色是主色,前边的颜色是次色。如"黄绿色"中,绿色是主色,黄色是次色。还将颜色色调特殊性的表达用词规定为"深、淡、亮、暗、鲜、苍"。此规定有利于颜色的描述与对比,有利于资料的计算机处理,也是手标本描述的重要参考。

构造的观察,需根据岩石中矿物集合体(或其他组成部分)的空间排列和充填方式确定出具体构造名称,如斑杂构造、杏仁状构造等。应进一步指出气孔的形状、大小、气孔在岩石中所占的比例、有无定向排列、有无次生充填物等;条带状构造指出条带的矿物成分、结构构造、颜色、条带宽度及分布等定性及定量特征。

结构的观测,含结晶程度(全晶质、半晶质、隐晶质、玻璃质),颗粒大小(粗、中、细或斑状),应测量其具体尺寸,进而描述颗粒的形状和相互关系。

矿物成分的观察描述,常须借助放大镜、小刀等工具,对岩石中各种矿物尽可能加以识别(可参考本教程第一章有关内容)并目测含量。通常按主要、次要矿物的顺序分别描述每种矿物的颜色、光泽、解理、硬度、大小和含量等特征,由于目测的局限,含量可用主要、次要或"约35%"等术语。

其他特征的观察描述,如岩石的密度、断口性质、细脉穿插及次生变化等。岩浆岩的次生变化是岩石受热液和地表风化作用或脱玻化作用,使岩石发生颜色、结构、构造和矿物成分等各种变化的总称,对分析岩石形成后所经受的外部条件有重要意义。

最后必须依据采用的分类方案和岩石的矿物组成及结构构造特征给岩石定名,大类名称应准确,还常将颜色、结构或构造作为修饰语加在岩石主名之前。

当然由于各人的习惯,也可先微观后宏观,即由小至大进行。不过总须按一定的顺序进行,尤其对于初学者,以保证内容完整全面且条理层次清楚。

二、岩浆岩薄片观测与描述的基本内容

薄片的观察与描述,是岩浆岩室内鉴别的重要工作之一,一般按以下步骤进行。

在确定样品编号、产地、层位等内容之后,着重矿物种属名称的鉴别与描述。一般按先多数后少数的顺序逐一地、全面地进行鉴别与描述。对分类命名有决定意义的长石、石英、副长石和铁镁矿物应着重仔细观测描述,包括矿物种属名称、形态、自形程度、与其他矿物的关系等特征。对于初学者还要求观测记录矿物的颜色与多色性、解理、突起、干涉色、消光类型、延性、轴性、光性等光学性质。一般应鉴定至种属,尽可能测定长石的号码,并逐一记录。

矿物晶粒大小的测定,一般应用目镜测微尺进行。目镜微尺必须进行校正,即标定目镜微尺每一小格所代表的实际长度。方法是将与载玻璃片一般大小的"物台微尺"放于载物台上,用单偏光镜对光、准焦,移动物台微尺使之与目镜微尺平行且起点重合,同时仔细观察两个测微尺的分格线再次重合的部位。例如目镜测微尺50小格与物台测微尺48小格相当,由于物台微尺每小格的长度是标准的0.01mm,于是可计算:目镜测微尺每小格长度 = 48 × 0.01mm/50 = 0.0096mm = 9.6μm。知道了目镜测微尺每小格代表的实际长度,即可用目镜微尺测定岩石薄片中主要矿物晶粒的粒径。若无目镜微尺时,也可根据视域直径来估测矿物晶体的直径。对于近等轴状的矿物,测定其最大直径和主要直径范围即可,对板柱状矿物,须测最大的长径与短径,及主要的长径与短径。如某矿物,最大晶粒长径2.2mm,主要晶粒长径为0.5~1.0mm。

矿物含量的测定与记录,一般应用面积类比目测法逐一测定,以获得准确的百分数值。薄

片矿物含量测定的方法,是经典而有效的方法,因此,薄片观测后必须应有各矿物含量的准确数据,各种组分含量之和须为100%,且应达到有关标准规定的误差基本要求。在薄片观测报告中,用"主要、次要、约35%"等术语来记录矿物的含量,显然是不正确的。

结构特征的观测与描述,在每种矿物的含量、形态、自形程度和大小观测的基础上,须对薄片的主体结构进行观测描述,着重是薄片中占优势的粒度、占优势的自形程度、由矿物间相互关系显现的主体结构的观测与描述,同时不可忽视次要的结构、对成因分析有意义的局部结构。结构观察应全面,如具有斑状结构,斑晶还可有暗化边或反应边,基质也可为安山结构或为粗面结构或玻璃质结构。当岩石各部分不均匀时,各部分的结构(如粗细、自形程度等)也可能不同。

矿物生成顺序应以结构特征全面观测为基础,依据矿物的结晶程度、包含或包裹关系等特征,确定尽可能合理的矿物生成顺序。

岩石构造的观测与描述,以手标本观测为主,但某些构造,如气孔构造、杏仁构造、条带构造等,在薄片中也可能显现,此时也应予以观察并作记录。

次生变化,如果有出现必须进行鉴定与描述记录。

依据相应的分类命名方案与命名原则,对岩石进行命名,即由"附加修饰词 + 基本名称"构成(如前述,国家标准规定的有关内容)。绘制素描图或照相。

第五节 超镁铁质岩的系统鉴别

一、超镁铁质岩矿物成分与结构构造的鉴别

本类岩石以颜色指数 $M' \geq 90$,常呈暗绿色、暗黑色、棕色及绿色,比重较大为特征。化学成分上富铁和镁,绝大多数 SiO_2 含量小于45%,属超基性岩类,部分岩石例外。

橄榄石是主要矿物,贵橄榄石最常见,镁橄榄石(以折射率及突起略小、$2V$ 角略大、二轴正晶区别于贵橄榄石)次之,常呈自形或半自形晶,受熔蚀后多为圆粒状。橄榄石在地表极易发生蛇纹石化,首先沿橄榄石的边缘和裂隙交代,然后遍及整体,最后仅保留橄榄石的假像,所析出的铁质往往沿橄榄石的裂纹或边缘形成次生磁铁矿。浅成岩和喷出岩中橄榄石常变为伊丁石或蒙脱石-绿泥石集合体。

辉石也是主要矿物,可为斜方辉石(顽火辉石、古铜辉石和紫苏辉石)或单斜辉石(透辉石、异剥辉石、普通辉石),有时二者兼有(各辉石的区别见第六节基性岩)。它们通常在橄榄石之后结晶出来,常包围橄榄石呈反应边结构;在两类辉石中,常见片状或针状磁铁矿、钛铁矿或钛磁铁矿沿一定方向平行排列形成"席列结构"。

角闪石和黑云母是常见的次要矿物。角闪石以棕褐色普通角闪石为主,偶尔也可见浅绿色普通角闪石;在某些种属中,角闪石也可代替橄榄石和辉石成为主要矿物。云母主要为富镁黑云母和金云母,多呈棕褐色或红褐色鳞片状至板片状晶体。

副矿物极少,常见磁铁矿、钛铁矿、铬铁矿、尖晶石(铬尖晶石、镁铁尖晶石)、石榴石、磷灰石等。侵入岩的某些种属可含极少的拉长石和培长石(<10%),不含石英。

侵入岩常见自形—半自形粒状结构、反应边结构(图6-10)及包含结构,有时可见海绵陨铁结构、网状结构等。火山熔岩常见斑状结构、玻基斑状结构、半自形细粒结构、微粒结构、隐晶质结构、玻璃质结构等。

海绵陨铁结构，是早结晶形成的自形程度较高的橄榄石或辉石颗粒之间，充填了较多的稍晚形成的磁铁矿、钛铁矿等金属矿物；当金属矿物少时则称为填隙结构。网状结构，是橄榄石经蛇纹石化后形成的次生结构，其特征是蛇纹石呈网脉状，网孔中保留有被交代的橄榄石细小残余晶体，如果若干邻近的橄榄石残余晶体同时消光，表明这些邻近的橄榄石残余晶粒原本属于同一晶体，否则原本是不同的晶体。

侵入岩常见块状构造、层状或条带状构造及流动构造等。喷出岩常见块状构造、气孔状构造、杏仁构造及枕状构造等。

二、超镁铁质岩的细分类与综合命名

国标 GB/T 17412.1—1998"火成岩岩石分类和命名方案"中，超镁铁质岩石属 QAPF 分类图中的 16 区，以铁镁矿物 $M=90\sim100$ 为特征。

对于侵入岩再依据定量矿物橄榄石 Ol、斜方辉石 Opx、单斜辉石 Cpx、辉石 Px、角闪石 Hbl 的不同，将超镁铁质侵入岩按图 6-20 进行细分类与综合命名。主要种属有：

橄榄岩类（peridotite），以橄榄石含量≥40%为特征。根据橄榄石、斜方辉石、单斜辉石及角闪石的含量，可细分为：纯橄榄岩（dunite）、斜方辉石橄榄岩（harzburgite）、二辉橄榄岩（lherzolite）、异剥橄榄岩（wehrlite）、辉石橄榄岩、辉石角闪橄榄岩、角闪橄榄岩等。

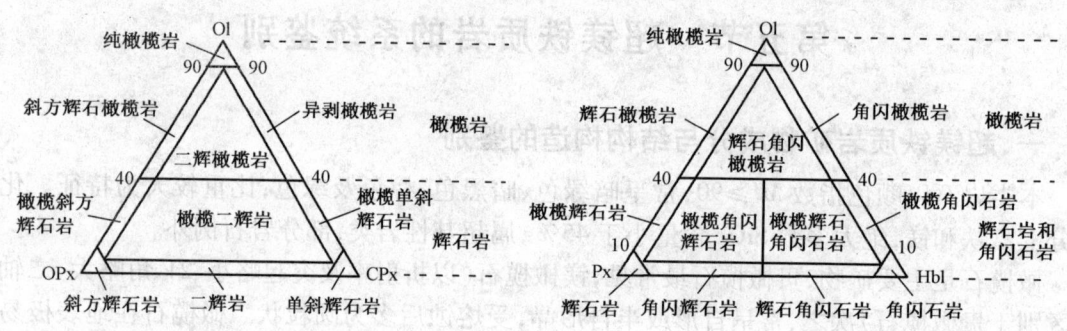

图 6-20 超镁铁质侵入岩细分类及综合命名三角图（据 GB/T 17412.1—1998）

辉石岩类和角闪石岩类，以橄榄石含量小于 40% 为特征。当岩石中橄榄石含量小于 10%（或 5%）时橄榄石不参与命名，而依辉石和角闪石的含量细分为斜方辉石岩（orthopyroxenite）（例如古铜岩）、二辉岩（web-sterite）、单斜辉石岩（clinopyroxenite）（例如异剥岩）、角闪辉石岩、辉石角闪石岩和角闪石岩。当橄榄石 10%（或 5%）~40% 时，据辉石和角闪石种类及含量细分为橄榄斜方辉石岩、橄榄二辉岩、橄榄单斜辉石岩等、橄榄辉石岩、橄榄角闪辉石岩、橄榄辉石角闪岩、橄榄角闪岩等。

石榴石、尖晶石等副矿物较多时应参与命名。当副矿物含量在 1% 与 5% 之间时，则用"含"字。如含石榴石橄榄岩、含尖晶石纯橄榄岩等。当含量不小于 5% 时，则以这些矿物名称作前缀加在基本名称之前，如石榴石橄榄岩、尖晶石纯橄榄岩等。

对于喷出的岩石是根据其主要镁铁矿物来命名。主要岩石种属有：

玻质纯橄岩（meymechite），音译为麦美奇岩，具玻基斑状结构，斑晶为橄榄石，基质主要是火山玻璃，有时在火山玻璃中有少量含钛普通辉石、橄榄石和磁铁矿等的微晶。以不含斜长石和橄榄石含量高区别于苦橄岩。

苦橄岩(picrite)，矿物成分以橄榄石(>30%)，辉石(<40%)为主，可含少量斜长石(<10%)、角闪石和金属矿物等。橄榄石含量可高达50%~70%，具斑状结构，斑晶主要为橄榄石，次为辉石，有时可有角闪石和黑云母。基质具微晶结构、玻基斑状结构，矿物成分为单斜辉石、斜长石、黑云母和玻璃等。

碱性苦橄岩，常与碱性玄武岩、金伯利岩、碳酸岩等伴生。矿物成分主要为橄榄石、碱性辉石，次为角闪石、金云母、碱性长石和副长石(<10%)等。辉石为含钛普通辉石或钛辉石，常见霓辉石边。角闪石多为棕闪石或钠铁闪石。此类岩石也可根据所含特征矿物和结构进一步细分，例如金云母苦橄岩、黄长石辉石苦橄岩、副长石苦橄岩等。

玻基辉橄岩(limburgite)，具玻基斑状结构，斑晶为含钛普通辉石和橄榄石，前者含量一般多于后者，有时还可含少量角闪石、黑云母的显微斑晶。基质为橙黄色—褐色玻璃，其中散布着钛铁矿、磁铁矿及针状斜方辉石微晶，偶有少量斜长石微晶。如果斑晶全部为辉石，则叫玻基辉石岩。

科马提岩(komatiite)，主要由高镁质的橄榄石($Fo=90\sim95$)、辉石及少量金属矿物和基性玻璃组成，常具枕状构造和独特的鬣刺结构。化学成分上以高镁低碱低钛为特征。

对于隐晶质及玻璃质的火山熔岩，还可依据化学分析结果按TAS分类图解进行分类(6-21)。其中：

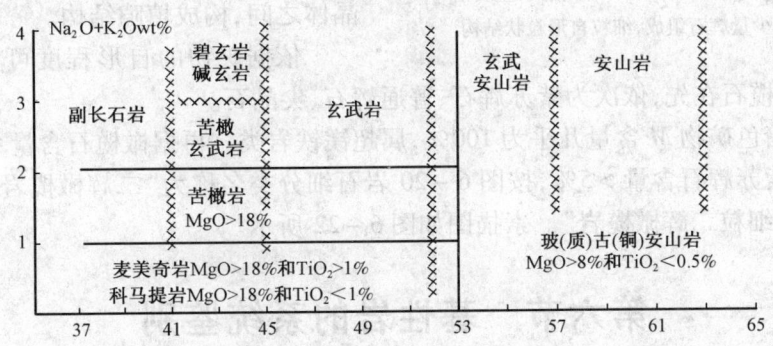

图6-21 高镁熔岩TAS分类图解(据GB/T 17412.1—1998)

玻古安山岩(boninite)，$SiO_2>53\%$，$MgO>8\%$ 和 $TiO_2<0.5\%$；
苦橄岩(picrite)，$SiO_2<53\%$，$Na_2O+K_2O>1\%$（一般>2%）；
科马提岩(komatiite)，$SiO_2<53\%$，$Na_2O+K_2O<1\%$，$TiO_2<1\%$；
玻质纯橄岩(麦美奇岩)(meymechite)，$SiO_2<53\%$，$Na_2O+K_2O<1\%$，$TiO_2>1\%$。

三、超镁铁质岩鉴定描述实例

该实例岩样的样号为AY133-11，产地为吉林，层位是σ_6，野外定名为橄榄岩。

肉眼观察：岩石呈暗绿色，块状构造，全晶质细粒等粒结构，粒径约1.5mm。主要为橄榄石和少量辉石组成，橄榄石，绿色至暗绿色，玻璃光泽，无解理，硬度>小刀，含量约90%；辉石呈暗绿黑色，短柱状、粒状，可见四方形横切面，二组完全解理，硬度>小刀，约占10%。岩石新鲜，次生蚀变不明显，具参差状断口，比重较大。定名：暗绿色细粒橄榄岩。

镜下鉴定：岩石中由橄榄石、普通辉石、紫苏辉石、尖晶石、磷灰石等组成。

橄榄石：切面多呈多边形自形晶，粒径0.8~1.8mm，解理不明显，常见不规则裂纹；正高突起，最高Ⅲ级绿蓝干涉色；含量87%。

普通辉石:切面多呈四边形及八边形状,半自形至自形晶,无色,多色性不明显,粒度1.0~1.8mm;横切面有二组完全解理(柱面可见一组解理),解理夹角87°;正高突起,干涉色Ⅱ级黄绿,在最高干涉色切面上测定其消光角($Ng \wedge Z = 44°$),二轴正晶,$2V$中等;含量7%。

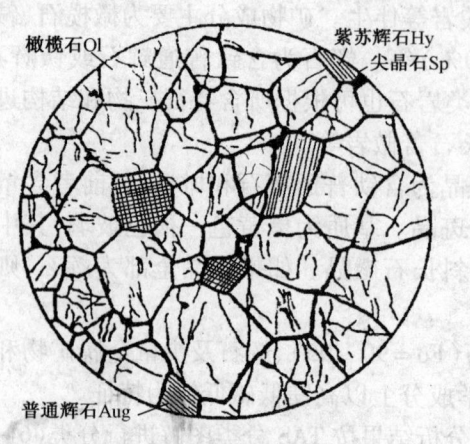

图6-22 二辉橄榄岩素描图
二辉橄榄岩,吉林,$d = 4.8mm$,单偏光,主要由橄榄石和少量辉石组成,细粒自形粒状结构

紫苏辉石:切面多呈平行四边形及八边形状,自形晶;粒径1.1~1.7mm,淡绿-淡红色,多色性弱,Ng-淡绿,Nm-淡黄,Np-淡红色;高正突起,干涉色Ⅰ级黄橙;平行消光,正延性,二轴负晶;含量6%。

尖晶石:他形不规则状,暗绿褐色,半透明,粒径0.1~0.5mm;正极高突起,全消光。含量很少,局部可见。

岩石主要由细粒半自形橄榄石和少量辉石组成,为典型细粒等粒自形粒状结构;局部紫苏辉石呈橄榄石的镶边组成反应边结构;局部他形尖晶石充填于橄榄石及辉石晶体之间,构成填隙结构。

依据矿物的自形程度可以初步确定其形成顺序是,橄榄石在先,依次为紫苏辉石、普通辉石、尖晶石。

样品中的暗色矿物M含量几乎为100%,属超镁铁岩类。再据橄榄石含量>40%,普通辉石含量>5%,紫苏辉石含量>5%,按图6-20岩石细分类名称为"二辉橄榄岩",结合结构特征综合命名为"细粒二辉橄榄岩"。素描图如图6-22所示。

第六节 基性岩的系统鉴别

一、基性岩矿物成分与结构构造的鉴别

基性岩多为黑灰色,颜色指数(色率)M'为40~90,多属暗色岩及中色岩类,少数铁镁矿物含量低、斜长石含量多者属浅色岩,当色率M'小于10时属斜长岩。基性岩SiO_2的含量为45%~52%之间;钙、铝较超镁铁岩高,铁、镁较超镁铁质岩低,钠、钾的含量在2%~6%之间(里特曼指数$\delta > 9$的碱性基性岩除外),一般$Na_2O > K_2O$。

基性岩通常由基性斜长石、单斜辉石、斜方辉石和橄榄石组成,有时见褐色原生角闪石、石英,在偏碱性的变种可见钾长石。通常斜长石和辉石是主要成分,二者含量相近;当岩浆成分变异、向超镁铁质岩(或向中性岩)过渡时,橄榄石(或斜长石)相应成为主要矿物。

基性斜长石常为拉长石或培长石,向中性岩或碱性岩过渡的种属中可出现中长石;常呈板柱状,白—灰色,风化面呈褐灰色,具{001}和{010}完全解理,常有钠长石双晶及卡钠复合双晶,双晶叶片(单晶体)较宽,环带结构少见,常有磁铁矿、钛铁矿、磷灰石等包裹体;常发生黝帘石化、碳酸盐化、绿泥石化。

单斜辉石多为普通辉石、透辉石,薄片中无色至浅绿、浅黄绿色,弱多色性,短柱状或粒状,

具{110}两组解理,交角87°,有时透辉石中发育平行(100)面的细密裂理(称异剥辉石);常见简单双晶、反应边结构、与斜方辉石等组成交生结构。其中透辉石以{100}和{010}裂理更发育、(010)面上消光角小于40°、干涉色略高,可与普通辉石(消光角多大于40°)相区别。斜方辉石为紫苏辉石、古铜辉石和顽火辉石,只出现在某些种属中,以干涉色Ⅰ级、平行消光及对称消光与单斜辉石相互区别。顽火辉石无色、正高突起(低于紫苏辉石)、干涉色Ⅰ浅黄(低于紫苏辉石)、正光性;紫苏辉石弱多色性、正高突起、干涉色Ⅰ级橙、负光性;古铜辉石无色至极弱多色性、突起和干涉色介于二者之间、光性可正可负、2V角大;常有出熔的单斜辉石呈条纹交生,见磁铁矿、钛铁矿的包体规则排列成为"席列结构"。辉石均常发生绿泥石化、皂石化、碳酸盐化等蚀变。

橄榄石多为贵橄榄石,圆粒及自形晶状,在橄长岩中为主要矿物,其余均为次要矿物,在有石英的变种中则无橄榄石。在橄榄石外围常有辉石及角闪石的反应边,常蚀变成蛇纹石、皂石、绿泥石及伊丁石。

普通角闪石,为次要矿物,原生者多为褐色,可呈大晶体包裹橄榄石或辉石,也可呈辉石、橄榄石的反应边。在偏碱性的岩石中可出现棕闪石(红棕色为特征)。次生者为无色或浅绿色的透闪石、纤闪石,后者往往环绕辉石、橄榄石垂直生长。

黑云母,在含石英的岩石中为次要矿物,多呈黑色或棕褐色鳞片状,或为角闪石的反应边。碱性长石,常为正长石,他形粒状,多出现在向碱性岩过渡的种属中。石英,一般很少出现(<5%),只发育在向中性岩过渡的种属中。

副矿物主要有磁铁矿、钛铁矿、钒钛磁铁矿、磷灰石、尖晶石等。

侵入岩常呈中、粗粒状全晶质半自形粒状结构,斑状者少见。典型的是辉长结构,也可见辉绿结构及其过渡类型的嵌晶含长结构、辉长辉绿结构(图6-11)等。喷出岩常见斑状结构、显微斑状结构、聚斑结构、玻基斑状结构,斑晶多为基性斜长石和暗色矿物。基质为微晶结构、细粒至隐晶质结构、玻璃质结构,还常见有间粒结构、间隐结构(图6-12)、填间结构、中空骸晶结构等。

中空骸晶结构(centra absent skeleton crystal texture)是指细长条状斜长石的横切面近方形,中间为空心(多已被绿泥石或玻璃质充填),其边部往往为锯齿状,从而构成中空的骸晶。这是海(湖)相水下熔岩急剧淬火的特征结构之一,陆相熔岩中极少见。

侵入岩常见块状构造、条带状构造、球状构造。喷出岩常见气孔构造、杏仁构造、枕状构造、绳状构造。当气孔大量出现、彼此连通时则形成熔渣状构造,多见于玄武质浮岩中。杏仁体以圆形及不规则状为主,充填物以石英、玉髓、沸石、碳酸盐矿物常见,还常见绿鳞石、绿脱石、蒙脱石、红色铁质等。枕状构造主要见于细碧岩、某些玄武岩中。当熔岩黏度小时,在地表边流动、边冷却、边扭曲呈绳索状而形成绳状构造。

二、基性岩的细分类与综合命名

国标 GB/T 17412.1—1998 中,基性侵入岩在 IUCS 分类方案的 QAP 三角图解(图6-18)中位于10区(辉长岩、斜长岩/闪长岩)、10*区(石英辉长岩、石英斜长岩/石英闪长岩)、9区(二长辉长岩/二长闪长岩)9*区(石英二长辉长岩/石英二长闪长岩)等分区内。其与中性闪长岩类的区别在于,基性岩中斜长石的号码 An 大于50、暗色矿物较多且以辉石和橄榄石为主。该标准还以长石(Pl)、辉石(Px)、橄榄石(Ol)、斜方辉石(Opx)、单斜辉石(Cpx)和角闪石(Hbl)的含量为基础,对辉长岩进一步细分类并综合命名(图6-23)。

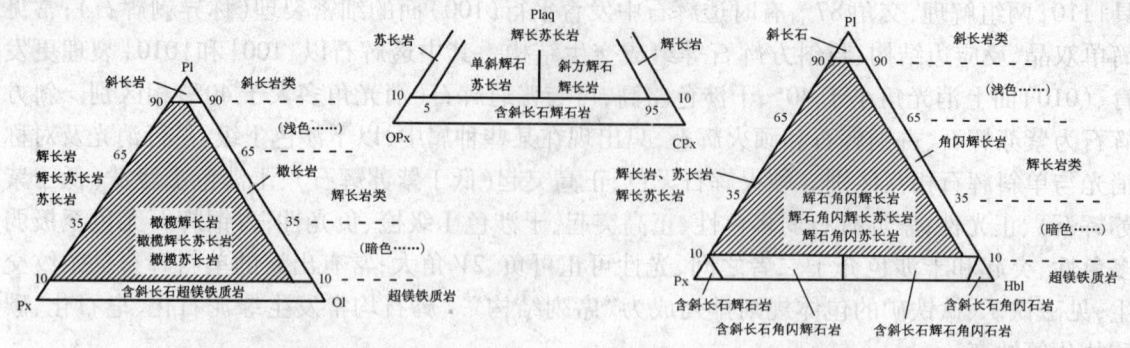

图 6-23 辉长岩细分类与综合命名三角图(据 GB/T 17412.1—1998)

该标准还将基性浅成侵入岩命名为辉绿岩(diabase),其矿物成分与辉长岩类似,具辉绿结构,辉石为普通辉石、易变辉石。辉绿结构中基性斜长石与辉石颗粒大小相当,但斜长石自形程度明显高于辉石,数量较多的板条状斜长石随机分布,其三角形孔中被单粒辉石充填(图6-11)。碱性辉绿岩的特征是含碱性辉石、碱性长石和橄榄石。再根据岩石结构及矿物成分作进一步细分类与综合命名(表6-7)。

表 6-7 辉绿岩类的细分类与综合命名(据 GB/T 17412.1—1998)

结构	辉绿结构			斑状结构		细粒结构
	含填隙石英	粗粒	细粒	基质具辉绿结构	基质具粒状结构	
岩石类型	石英辉绿岩	辉长辉绿岩 碱性辉长辉绿岩	辉绿岩 碱性辉绿岩	辉绿玢岩 碱性辉绿玢岩	辉长玢岩	微晶辉长岩

辉绿岩,还常按次要矿物可划分出石英辉绿岩、橄榄辉绿岩等。其中方沸辉绿岩主要含钛辉石、斜长石、碱性长石和方沸石,次要矿物有棕闪石、富铁黑云母等。当方沸辉绿岩中含橄榄石较多时,则可称橄榄沸绿岩。

注意,在中国辉绿岩与粗玄岩(dolerite)不是同义语。粗玄岩本标准称为"粒玄岩",是玄武岩的一种,矿物粒度较一般玄武岩粗。

该标准中,基性喷出岩与中性喷出岩在 QAPF 双三角图中均位于 9、9*、9′区和 10、10*、10′区,统称为玄武岩和安山岩。并以 $w_{(SiO_2)}$ 52% 为界限,大于者属中性安山岩类,小于者为基性玄武岩类,再以颜色指数(色率 M')35(体积比)及 40(重量比)为界分为玄武岩和浅色玄武岩、暗色安山岩和安山岩。在一般情况下,玄武岩斑晶以橄榄石和辉石为主、长石多为拉长石和倍长石;安山岩斑晶多为中长石、次为角闪石和辉石。当岩石矿物颗粒较粗时,常可据斑晶及基质的矿物成分、结构构造特征确定岩石名称。

当矿物颗粒细小或为玻璃质时,可据化学分析结果按 IUGS 推荐的全碱—二氧化硅 TAS 图解分类命名(图6-24),图中,Q 为石英、Ol 为橄榄石、Hy 为紫苏辉石、Ne 为霞石的标准矿物;在计算标准矿物时,如果全部 Ab 披换算成 Ne,即 Ab=0 时,则该玄武岩称为霞石岩(或橄榄霞石岩);当玄武岩的 Al_2O_3 含量大于 16% 时,该岩石为高铝玄武岩。

细碧岩(spilite):是一种具喷发特征的富钠的玄武质岩石,SiO_2 含量为 45%~52%。矿物成分为钠长石或钠—更长石、普通辉石或透辉石及其蚀变矿物(绿泥石、阳起石、绿帘石和赤铁矿等)、橄榄石缺乏或已变为假象蛇纹石,以具钠长石—绿泥石矿物组合及含较高的 Na_2O

为特征(一般>4%)。常具有中空骸晶结构(钠—更长石板条状晶体边缘呈锯齿状、内部中空并被玻璃质充填)、细碧结构(斜长石含钠高、自形程度略差且边缘呈锯齿状,斜长石格架间充填物多为团块—棉絮状细小辉石及其蚀变的绿泥石、绿帘石、方解石等矿物),有时具球粒结构及辉绿结构。常具枕状构造、气孔—杏仁构造。细碧岩多产于地槽区,常与角斑岩和石英角斑岩共生,组成细碧—角斑岩建造。关于其成因争论较大,可能是交代作用或变质作用所形成,也可能是由细碧角斑岩浆在海底喷出直接冷凝形成。

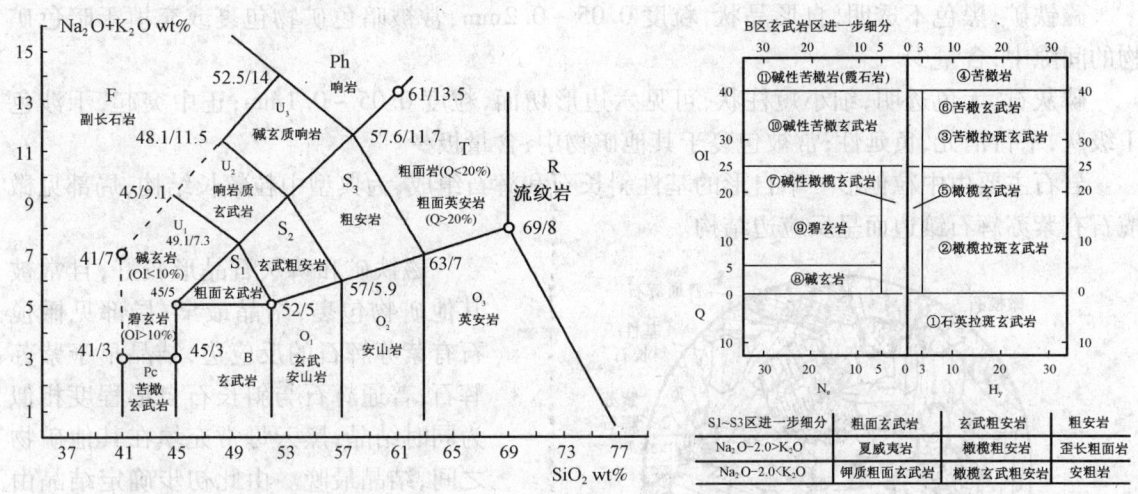

图 6-24　火山熔岩全碱—二氧化硅 TAS 分类图解(据 GB/T 17412.1—1998)

三、基性岩鉴定描述实例

该实例岩样的样号是 CY234-19,产地为山东济南,所属层位是 $\sigma\nu_3^2$,;野外定名为辉长岩。

肉眼观察: 岩石新鲜,次生蚀变不明显,表面粗糙,具参差状断口,比重较大。呈暗黑灰色,块状构造,全晶质中粒等粒结构,粒径约 2.5mm。矿物成分主要为辉石和斜长石。辉石呈暗绿黑色,短柱状、粒状,可见四方形横切面,二组完全解理,硬度>小刀,约占 45%;斜长石,灰白色,板片状、短柱状,常见解理,可见聚片双晶条纹,解理面玻璃光泽,硬度>小刀,约 50%;局部见少量黄绿色粒状橄榄石,玻璃光泽,无解理,硬度>小刀;偶见黑色、具珍珠光泽、薄片状黑云母。定名:暗灰色中粒辉长岩。

镜下鉴定: 岩石中由基性斜长石、普通辉石、紫苏辉石、橄榄石、黑云母、磁铁矿、磷灰石等组成。

斜长石,无色或因浑浊而呈灰色,粒状—板柱状,半自形晶至他形晶,粒度(1.6~2.1) mm ×(1.8~3.5)mm,可见{001}和{010}二组完全解理;正低突起,I 级灰白干涉色,多见聚片双晶和卡钠复合双晶,双晶纹稍宽;用垂直(010)晶带最大消光角法测定 $Np' \wedge (010) = 33°$,其成分为 An58 的拉长石;含量 52%。

普通辉石,浅绿色,不规则粒状及短柱状,他形-半自形,粒度 1.2mm~2.2mm;多色性不明显,柱面解理发育,横切面有二组近正交完全解理;正高突起,干涉色 II 级黄绿,在最高干涉色切面上测定其消光角($Ng \wedge Z = 44°$),二轴正晶,2V 中等;含量 35%。

紫苏辉石,淡绿—淡红色,粒状,粒度 1.1~1.7mm,多色性弱,Ng-淡绿,Nm-淡黄,Np-

淡红色;正高突起,干涉色Ⅰ级黄橙;平行消光,正延性,二轴负晶;含量3%。

橄榄石,无色,他形粒状,粒度0.4~2.5mm,多为1.6~2.2mm,不规则裂纹较发育;正高突起,干涉色可达Ⅲ级;光性可正可负,2V很大;含量8%;部分颗粒的边缘和裂隙被蛇纹石交代。

黑云母,暗黄褐色,板片状,粒度1.2~2.2mm,平行于底面解理极完全;多色性极强,$Ng-Nm$-暗黄褐,Np-淡黄色,干涉色多被本色掩盖,平行消光;含量约为1%。

磁铁矿,黑色不透明,自形晶状,粒度0.05~0.2mm,常被暗色矿物包裹或充填于暗色矿物的间隙中,含量少。

磷灰石,无色透明,细小短柱状,可见六边形切面,粒度0.05~0.1mm;正中突起,干涉色Ⅰ级灰,平行消光,负延性;常被包裹于其他矿物中;含量极少。

岩石主要由中粒他形—半自形的基性斜长石和辉石组成,为典型中粒辉长结构,局部见橄榄石有紫苏辉石镶边而呈反应边结构。

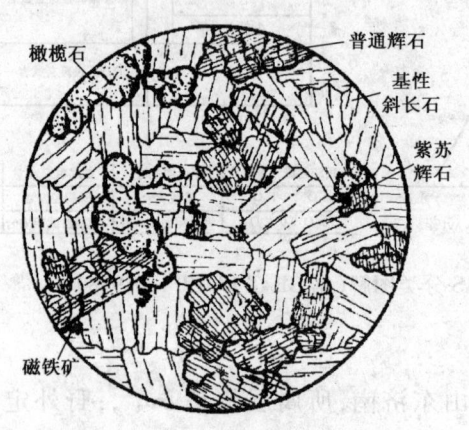

图6-25 橄榄辉长岩素描图
橄榄辉长岩,山东济南,$d=4.8$mm,单偏光,由基性斜长石、普通辉石、橄榄石等组成,中粒辉长结构

磁铁矿和磷灰石晶形较好,且常被其他矿物包裹,结晶最早;局部见橄榄石有紫苏辉石的反应边,结晶早于紫苏辉石;普通辉石与斜长石自形程度相似为同时结晶;黑云母常充填在其他矿物之间,结晶最晚。由此初步确定结晶由早到晚的顺序为:① 磷灰石、磁铁矿,② 橄榄石,③ 紫苏辉石,④ 普通辉石、斜长石,⑤ 黑云母。

样品的矿物组成按国标要求计算:$Q=Q/(Q+A+P)=0\%$;$A=A/(Q+A+P)=0\%$;$P=P/(Q+A+P)=100\%$;$P/(A+P)=100\%$。即此样品按定量矿物分类,位于QAPF双三角图(图6-18)的10区;样品的色率M'为47,斜长石为拉长石,则样品的基本名称为"辉长岩"。再据其中次要矿物橄榄石(>5%)、(斜方的)紫苏辉石(<5%),故综合命名为"中粒橄榄辉长岩"。素描图见图6-25。

第七节 中性岩的系统鉴别

一、中性岩矿物成分与结构构造的鉴别

中性岩,含闪长岩—安山岩类、二长岩—安粗岩和正长岩—粗面岩等岩类。其SiO_2含量介于52%~65%之间;颜色指数M'为15~40,属中色岩及浅色岩类,常呈深灰、灰色、肉红色。正长—粗面岩类的K_2O+Na_2O含量略高,CaO含量略低,属偏碱性的种属。

成分以浅色矿物长石族为主,少量或不含石英,向碱性岩过渡的岩石可有少量似长石;暗色矿物通常为次要矿物,角闪石为主,次为辉石和黑云母。

斜长石,一般为中长石,在闪长岩—安山岩中达60%~70%(主要矿物),在正长岩—粗面

岩中多为次要矿物。环带结构发育，多为正常环带或韵律环带，晶体常呈半自形厚板状；在似斑状浅成岩中，斑晶斜长石号码高于基质中的斜长石，其差值有时可达 20~30 号码；双晶发育，常见有钠长石双晶和卡钠复合双晶；常发生绢云母化和钠黝帘石化，次生变化后环带显得更清楚而双晶则变得不明显。

碱性长石，有正长石、微斜长石、条纹长石等。是正长岩—粗面岩类的主要矿物，可达 60%~70%（主要矿物），在碱性正长岩中可含 An<5 的钠长石。在闪长岩—安山岩类则为次要矿物，含量少，常呈他形粒状充填于其他矿物粒间。

角闪石，一般为普通角闪石，多为绿色、有时为褐色，多呈半自形长柱状晶体，横切面为菱形及六边形。镜下强多色性，强吸收性，具闪石式解理，正中至正高突起；最高干涉色Ⅱ级底，闪石式消光，沿解理方向正延性；二轴负晶，$2V$ 角中等至大。简单或聚片双晶较常见，横切面上双晶缝平行菱形解理纹的长对角线。据此可与辉石、橄榄石区别，单斜角闪石各种属之间可依据(010)面上最大消光角的不同而相互区别（图 6-7）。

在正长岩中多属针状及长柱状的钠闪石、钠铁闪石等碱性角闪石；易蚀变为绿泥石或绿帘石，并析出少量磁铁矿。

钠闪石，常呈长柱状、针状、纤维状晶体；特殊的多色性（Ng-浅黄绿色、Nm-蓝色、Np-深蓝）、特殊的反吸收（$Ng<Nm\leq Np$）；角闪石式的解理与消光；正高突起，干涉色Ⅰ级黄白至黄橙（受本色干扰难以辨认）；(010)面消光角 $Np\wedge Z$ 通常 <5°，负延性；二轴负晶 $2V$ 大。蓝闪石为正延性；钠铁闪石的消光角略大（$Np\wedge Z$ 通常 10°左右）、双折射率略低（0.005~0.012）干涉色Ⅰ级灰黄可以区别。

钠铁闪石，常呈短柱状、板状；多色性显著（Ng-黄绿至蓝灰色、Nm-蓝紫至蓝绿或橘黄、Np-深蓝至深绿），吸收性有变化（一般 $Ng<Nm\leq Np$，有时 $Ng>Nm>Np$）；闪石式解理与消光；正高突起，干涉色Ⅰ级灰至黄，$Np\wedge Z$ 为 10°左右，沿解理负延性；二轴负晶，$2V$ 角中等。蓝闪石为正延性，霓石和霓辉石具辉石式解理，可相互区别。

辉石，次要矿物，常见于与辉长岩共生过渡的闪长岩和二长岩中，主要为无色或带褐、绿色的透辉石和普通辉石，有时偶见少量紫苏辉石；在碱性正长岩中则出现霓石、霓辉石等碱性种属；次生变化产物主要有纤闪石、绿泥石、碳酸盐类矿物等。

霓石（钝钠辉石），以长柱状至针状晶形（柱面有纵纹）、多色性较强（Ng-浅绿至浅绿褐，Nm-黄绿，Np-深绿）、反吸收性（$Ng<Nm<Np$）、正极高突起、干涉色Ⅲ级至Ⅳ级（常被本色掩盖）、负延性（$Np\wedge Z=4°$左右）、二轴晶负光性 $2V$ 角大等为特征。霓辉石（图 10-25），以长柱至板柱状晶体、多色性明显（Ng-黄至浅褐，Nm-绿至黄色，Np-绿至草绿色）、颜色多呈环带分布、正高突起、干涉色Ⅱ级中部到Ⅲ级底部（较霓石略低）、负延性（$Np\wedge Z=15°~38°$较霓石大）、二轴晶光性可正可负、$2V$ 角大（较霓石更大）等为特征，与其他辉石类相区别。

黑云母，次要矿物，常和角闪石相伴生，在偏酸性的岩石中含量略多，往往呈褐色；碱性正长岩中多为红褐色的铁云母或铁锂云母；遭受蚀变后常变为绿泥石或蛭石等。

石英，次要矿物，含量一般小于 5%，他形粒状充填于其它矿物颗粒之间；当石英含量达 5%~20% 时，应参与岩石命名，如石英闪长岩、石英正长岩和石英二长岩等。

某些向碱性岩过渡的岩石，可含少量似长石，多为霞石、方钠石、蓝方石、黝方石等，含量一般不超过 5%。其中蓝方石和黝方石只偶尔出现于超浅成岩石中。

副矿物微量（<1%），主要有磷灰石、榍石、磁铁矿、钛铁矿和锆石等。有些副矿物在一些

岩石中有两期产出,早期形成极细小的自形晶,常被角闪石或斜长石所包裹,晚期的多是因暗色矿物遭受蚀变时形成的,如角闪石绿泥石化的同时可析出少量磁铁矿小晶粒。

中性侵入岩常见半自形粒状结构。一般情况下总是角闪石、黑云母等暗色矿物首先结晶,然后为斜长石,碱性长石和石英最后结晶。在辉长闪长岩中,可出现辉长辉绿结构。浅成岩具细粒结构和似斑状结构,偶见斑状结构。在二长岩中则具有典型的二长结构,其特点是斜长石比碱性长石自形程度高,较自形的板条状斜长石或嵌于他形碱性长石晶体中,或是它形碱性长石分布于斜长石间隙中组成半自形粒状结构(图6-14)。

中性喷出岩常见斑状结构。基质结构类型繁多,有交织结构、安山结构(玻基交织结构)(图6-13)、粗面结构、正边结构、间碱结构、隐晶质结构、霏细结构等;斑晶常有暗化边结构。

粗面结构,由细条状钾长石微晶略呈平行排列,几乎不含玻璃质,为粗面岩的典型结构。正边结构(orthorim texture)是指斜长石斑晶周边具碱性长石环边的现象。间碱结构(interalkali texture)为斜长石微晶之间充填有他形碱性长石微晶集合体的现象,常见于粗面岩和安山岩中。

中性侵入岩常见构造有块状构造、晶洞构造和条带状构造,在同化混染作用发育的地区也可出现斑杂状构造。

常见构造有气孔构造、杏仁构造,有时还见珍珠构造。

二、中性岩的细分类与综合命名

在国标GB/T 17412.1—1998方案的QAPF双三角图中,中性侵入岩位于Q<20%、F<10%的区域内,再依据斜长石P的相对比例划分为不同的岩石类型(图6-18),各区的基本名称如表6-6所列。其中,6区是碱长正长岩、7区是正长岩、8区是二长岩、9区是二长闪长岩、10是闪长岩;当石英Q含量5%~20%时,6*区是石英碱长正长岩,7*区是石英正长岩、8*是石英二长岩,9*区是石英二长闪长岩,10*是石英闪长岩;当副长石含量<10%时,6′区是含副长石碱长正长岩、7′区是含副长石正长岩、8′区是含副长石二长岩、9′区是含副长石二长闪长岩,10′是含副长石闪长岩。中性浅成侵入岩以具有斑状结构为特色,相应的基本名称依次为6区碱长正长斑岩、7区正长斑岩、8区二长斑(玢)岩、9区二长闪长玢岩、10区闪长玢岩等,依次命名。

在国标GB/T 17412.1—1998方案的QAPF双三角图中,中性喷出熔岩位于Q<20%、F<10%的区域内,再依据斜长石P的相对比例划分为不同的岩石类型(图6-18)。其中,6、7、8区依次为碱长粗面岩、粗面岩、安粗岩(表6-6);6*、7*、8*区依次为"石英某某岩";6′、7′、8′区依次为"含副长石某某岩";而9和10区统称为安山岩和暗色安山岩(色率大于35者)。对于隐晶质和玻璃质的火山熔岩还依据化学分析结果,按TAS图解进行分类命名(图6-24)。

角斑岩(keratophyre),是一种海底喷发的富钠质的中性火山岩(粗面岩),SiO_2为52%~65%,主要矿物为钠长石(或更钠长石),次为绿泥石、石英、绿帘石和碳酸盐矿物。斑状结构,斑晶多为钠长石(次为歪长石,偶见正长石,黑云母等暗色矿物斑晶很少);基质为隐晶质(致密似角质),常具粗面结构、微晶结构及霏细结构。角斑岩与碱性钠质粗面岩的主要区别是:角斑岩具特定的产状,和细碧岩、石英角斑岩共生,岩石蚀变交代强烈,此外,角斑岩不含碱性暗色矿物及副长石。

三、中性岩鉴定描述实例

该实例岩样的样号是NG-219,产地为北京十三陵,所属层位是J_2,野外定名为安山岩。

肉眼观察:岩石总体呈紫红色,并具灰白色及暗绿色斑点,致密块状(构造),局部见细小

(0.2mm左右)气孔(构造)。斑状结构,斑晶大小不一,一般为0.5~2.0mm,斑晶成分有灰白色板条状斜长石和暗绿色短柱状角闪石,约占整个岩石的20%;基质为致密隐晶质,断面不平整,新鲜程度中等。定名为角闪安山岩。

镜下鉴定:岩石具斑状结构,斑晶成分为中长石和角闪石,余为基质。

斑晶有:

(1)普通角闪石,黄绿—浅黄色,短柱状,横切面六边形,多为自形晶,粒径0.4~0.9mm;二组解理完全,解理夹角56°;多色性强,Ng-暗绿色,Nm-黄绿色,Np-浅黄色,正吸收$Ng > Nm > Np$;正中突起。最高干涉色Ⅱ级蓝;在最高干涉切面(光轴面)上测得其消光角$Ng \wedge Z = 24°$左右。二轴负晶,$2V = 80°$左右;普遍见暗化边结构,有的颗粒因受熔蚀而呈浑圆状或港湾状,含量13%。

(2)中长石,无色至浅灰色,板柱状,晶体多自形—半自形,粒径0.6mm~1.2mm左右;可见二组完全解理;正低突起。干涉色一级灰,斜消光,负延性。局部见聚片双晶,偶见环带构造;部分遭受绢云化而表面浑浊,含量5%。

基质主要由中长石板片状微晶和玻璃质组成。中长石微晶长0.1~0.2mm,可见解理,正低突起,干涉色Ⅰ级灰。用里特曼晶带法测得$Np' \wedge (010) = 20° \sim 24°$,其成分为An30~35的中长石,含量为45%。玻璃质,浅红褐色,均质体全消光,部分见纤维状雏晶,含量36%。中长石微晶随机分布于玻璃基质中组成安山结构(玻晶交织结构)。

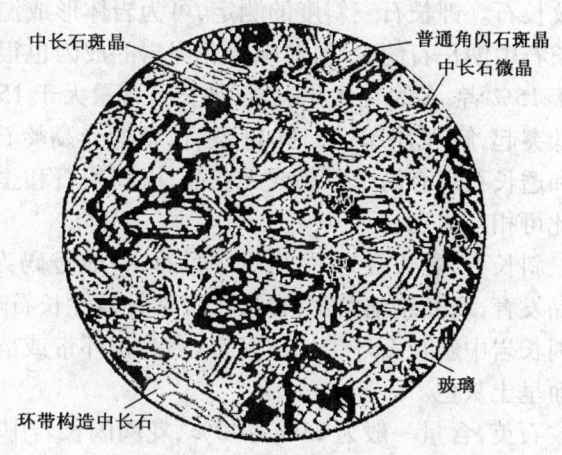

图6-26 角闪安山岩素描图
角闪安山岩,北京十三陵,$d = 2.2$mm,单偏光,基质为安山结构的斑状结构、暗化边结构和环带构造

可见少量短柱状磷灰石和赤铁矿。磷灰石常呈细粒自形晶,无色,柱状,正中突起,干涉色一级灰,平行消光,多包裹于斜长石和角闪石中,含量小于1%。赤铁矿,褐红色,几乎不透明,为极细小颗粒散布于玻璃基质中,含量小于1%。

岩石为半晶质斑状结构,基质为安山结构,角闪石常具有暗化边结构。

初步确定矿物结晶由早至晚的顺序为:① 磷灰石,② 普通角闪石,③ 中长石斑晶,④ 中长石微晶,⑤ 赤铁矿微晶,⑥ 玻璃质。

岩石主要由中性斜长石和普通角闪石组成,色率M'为13(<35),中长石为主,基质具有典型的安山结构,按国标的定量矿物分类,样品位于QAPF双三角图的10区,基本名称为"安山岩"。样品含角闪石斑晶,综合命名为"角闪安山岩"。素描如图6-26所示。

第八节 酸性岩的系统鉴别

一、酸性岩矿物成分与结构构造的鉴别

酸性岩类的SiO_2含量高,一般为65%~78%,属SiO_2过饱和岩石。颜色指数M'小于15,

属浅色岩类。K_2O 和 Na_2O 的含量较高,平均各占 3%~4%;而 MgO、FeO、Fe_2O_3 和 CaO 含量是岩浆中最低的岩石类型,一般均小于 2%~3%。矿物成分表现为以浅色矿物占绝对优势,主要是长石类矿物(碱性长石和斜长石)及石英(>20%)。其次有少量云母、角闪石或辉石等矿物(5%~15%),碱性花岗岩可出现碱性角闪石和碱性辉石;副矿物主要有锆石、磷灰石、磁铁矿、榍石、电气石、萤石等矿物。

碱性长石,包括钾长石和 An < 5 的钠长石,钾长石有单斜晶系的正长石,三斜晶系的微斜长石、条纹长石,还有浅成相及喷出相的透长石及歪长石。钾长石偏离单斜对称的程度,称为三斜度(Δ)。三斜度(Δ)是其形成温度的函数,即产于喷出岩中的多为三斜度低的透长石、歪长石;产于侵入岩中的多为为三斜度较高微斜长石和正长石。三斜度还与岩体的年龄有关,年轻的花岗岩体中多为三斜度 Δ 较小的正长石;古老的花岗岩体多为三斜度较大的微斜长石或条纹长石。钾长石三斜度的测定,可为岩体形成温度和岩体年龄的确定提供间接依据。测定钾长石中钠长石的含量,对确定花岗岩的成因也很有意义。有人认为,钾长石中钠长石的含量小于 15% 者,多为交代花岗岩;钠长石含量大于 15%,多为岩浆成因的花岗岩。碱性长石均为负低突起,解理{010}和{001}发育,常遭受高岭石化而呈淡黄褐色,易与石英等相区别;正长石和透长石只有简单双晶或无双晶,微斜长石和歪长石常有格子双晶、钠长石常有聚片双晶,据此可相互区别。

斜长石,更长石为主,可见中长石,一般号码为 10~35,碱性花岗岩中可见钠长石。聚片双晶发育,双晶纹细而密,自形程度常较碱性长石略高;在花岗岩中斜长石环带较少见,而在花岗闪长岩中斜长石环带比较发育,多为正环带或韵律环带。常见绢云母化、高岭石化、绿帘石化而呈土灰色。

石英,含量一般为 25%~40%,花岗闪长岩中石英含量为 20%~25%;通常是结晶最晚的矿物,无色透明,他形粒状,充填于其它矿物间隙之中,有时也可与钾长石形成规则的文象连生体;在浅成相和喷出相中可呈自形斑晶,并有各种形态的熔蚀现象。石英中常可有气态、液态和某些固态矿物的包裹体。

黑云母,是酸性岩常见的次要矿物,深褐至暗绿色,多色性和吸收性明显,常有绿泥石化或退性现象(有时变为白云母)。在某些富铝的花岗岩中可有原生白云母产出,无色、片状,一组极完全解理,闪突起明显,干涉色达Ⅱ级中。

角闪石,花岗岩中少见,花岗闪长岩中略多,并随斜长石含量增加、黑云母含量减少而有所增加。一般为普通角闪石,在碱性花岗岩中则为碱性角闪石(钠闪石、钠铁闪石等)。普通角闪石常被蚀变为绿泥石或绿帘石。

辉石,少见,多为普通辉石或透辉石,在碱性花岗岩中,则常出现霓石、霓辉石等碱性辉石;紫苏辉石为紫苏花岗岩中的特有矿物。

副矿物:种类繁多,含量极少,一般小于 1%,有时可达 3%,常见的有锆石、磷灰石、榍石、磁铁矿和一些含稀有元素或放射性元素的矿物。

侵入岩常见半自形细粒至粗粒等粒结构,又称花岗结构(图 6-14),还可见似斑状结构和斑状结构,而更长环斑结构则是似斑状结构中的特殊变种,其特点是斑晶中的钾长石边缘有白色更长石的边环。此外,还有钾长石和石英交生形成的文象结构与显微文象结构,以及蠕虫状结构(蠕英结构)。

喷出岩常见斑状结构,斑晶常有各种形态的熔蚀结构或暗化边结构,基质则常见隐晶质结构、霏细结构、球粒结构、轴粒结构、显微嵌晶结构、玻璃质结构等,还可有少斑或无斑玻璃质

(或基质)结构等。球粒结构(spherulitic texture)在流纹岩中常见,在某些浅成岩中也可见及,是由长英质和火山玻璃的纤维放射状丛生的球状形成物构成,纤维大多为负延性,正交偏光下常呈十字形消光;球粒的形态、大小、内部结构均各不相同,有的内部包含早期的细小晶体、有的由多层放射状纤维组成。当纤维体围绕直线或曲线呈羽状、放射状生长时,则构成轴粒结构(流纹岩及珍珠岩中较常见)。

侵入岩石多呈块状构造,岩体边部有时有斑杂构造(是由于含捕虏体或析离体而出现矿物成分、结构或颜色上不均一的结果)。有时可见球状构造(是由放射状分布的长石、石英、黑云母等构成的球形体)、条带状构造以及似片麻状构造(原生片麻状构造,是流动的岩浆对围岩挤压而在岩体边部形成的暗色矿物及浅色矿物断续定向排列的现象)等。喷出岩常见流纹构造,其次为气孔构造、杏仁构造、珍珠构造和石泡构造等。珍珠构造,主要见于玻璃质熔岩中,外貌似珍珠,镜下为同心状裂纹,沿裂纹常有脱玻化现象,而致珍珠与其周围的熔岩成分上略有差异。石泡构造,是酸性熔岩在凝固时,遇气体逸出而收缩形成的一种中空的球形体,一般由同心层状空腔和球粒状结晶层相间排列构成,空腔内可被后生石英、玉髓、沸石等集合体充填。

二、酸性岩的细分类与综合命名

在 GB/T 17412.1—1998 标准中,酸性岩位于 QAP 三角图中 Q=20 线至 60 线之间的位置(图 6-18),其中,斜长石比率小于 10% 的 2 区,基本名称为碱长花岗岩和碱长流纹岩,斜长石比率 10% 至 65% 的 3 区,基本名称为花岗岩(或细分为正长花岗岩和二长花岗岩)和流纹岩,斜长石比率 65% 至 90% 的 4 区基本名称花岗闪长岩和英安岩,斜长石比率大于 90% 的 5 区,基本名称为英云闪长岩和英安岩。对于 Q 大于 60 的 1 区属超酸性岩的范围,基本名称为富石英花岗岩和硅英岩。对于浅成相侵入岩,一般具有斑状结构或细晶结构,通常按结构命名,如花岗斑岩、微晶花岗闪长岩等。

紫苏花岗岩(charnockite),是一种相当于花岗岩或英云闪长岩成分的特殊岩类,常赋存于前寒武系变质岩中,多与苏长岩、斜长岩或麻粒岩相变质岩石伴生。化学成分与中-酸性岩相当。岩石具花岗变晶结构,片麻状构造或块状构造。主要组成矿物有斜长石、钾长石、石英、紫苏辉石、单斜辉石(透辉石、普通辉石)、黑云母等,有时可见少量普通角闪石、镁铁闪石和石榴石。特征是颜色较深暗,含紫苏辉石(或铁橄榄石 + 石英);石英蓝灰色、多受强烈形变、常见定向拉长和波状消光;长石呈暗灰色、多为更长石或中长石;钾长石一般为微斜长石,条纹长石、中条纹长石(主晶与客晶数量相近的条纹长石)或反条纹长石;黑云母主要集中在变形较强部位并与辉石等一起构成条带。这类岩石常有变形和重结晶作用叠加,但仍属岩浆成因的或岩浆岩外貌的岩石。因此,其岩石类型划分应以深成岩 QAPF 双三角图解的上半部分 QAP 三角图(见图 6-18)为基础进行命名。其中,相当于 2、3 区的岩石,以"紫苏花岗岩"为基本名称加前缀进行命名;相当于 4 至 10 区的岩石,以该区岩石名称为基本名称加前缀"紫苏"进行命名。含中条纹长石的紫苏花岗岩称中条纹长石紫苏花岗岩(m-charnockite)。

石英角斑岩(quarty-keratophyre),是一种浅色钠质酸性火山岩,SiO_2 含量大于 65%,矿物成分以钠长石和石英为主,有少量钾长石。岩石为全晶质,结构有两种:一种具斑状结构,斑晶主要是钠长石和石英,基质具显微花岗结构、显微嵌晶结构、霏细结构;另一种为无斑隐晶结构。角斑岩与石英角斑岩的区别是前者石英含量小于 20%,后者大于 20%。

对于隐晶质及玻璃质岩石还常依据分析资料按全碱—二氧化硅 TAS 图解进行分类命名(图 6-24),主要是位于 R 区的流纹岩和 O_3 区的英安岩。

三、酸性岩鉴定描述实例

该实例岩样的样号为 DT54-08,产地为江苏镇江,所属层位是 γ_5^3,野外定名为花岗岩。

肉眼观察:灰白色,块状构造,全晶质中粒等粒结构,粒径约 2.5mm。矿物成分有斜长石、石英、角闪石、钾长石等。斜长石,灰白色,板片状、短柱状,常见解理,可见聚片双晶条纹,解理面玻璃光泽,硬度>小刀,约 40%。石英,粒状,无色透明,油脂光泽,无解理,硬度>小刀,含量约 30%。角闪石暗绿黑色,短柱状、粒状,横切面菱形及六边形,二组完全解理,硬度>小刀,约占 15%。钾长石,粒状,浅肉红色至和灰褐色,玻璃光泽,二组解理完全,硬度>小刀。偶见黑色、金属光泽、细小粒状磁铁矿。岩石新鲜,次生蚀变不明显,表面粗糙,具参差状断口,比重中等。定名:灰白色中粒花岗岩。

镜下鉴定:岩石由斜长石、石英、普通角闪石、正长石、磁铁矿、磷灰石等组成。

斜长石,无色或因次生变化而呈浅灰色,粒状—短板状,自形晶至半自形晶,粒度 (1.0~1.5)mm×(1.8~3.5)mm,可见{001}和{010}二组完全解理;正低突起,一级灰白干涉色,多见聚片双晶和卡钠复合双晶,双晶纹稍宽,环带结构常见;用垂直(010)晶带最大消光角法测定 $Np' \wedge (010) = 18°$,其成分号码为 An35 的中长石;含量 43%。

石英,无色,洁净透明,他形粒状,粒径 1.0~2.5mm,无解理,干涉色Ⅰ级灰白,含量 29%。

正长石,因次生变化而呈灰至浅褐灰色,他形至半自形粒状或板状,粒度 1.5~3.0mm;可见二组近正交完全解理;负低突起,干涉色Ⅰ级白灰,含量 15%。

图 6-27 花岗闪长岩素描图
花岗闪长岩,江苏镇江,$d=4.8$mm,单偏光,由斜长石、石英、正长石、普通角闪石等组成,中粒花岗结构

普通角闪石,短柱状,切面多为菱形、六边形及四边形,自形至半自形状,粒径 0.6~2.0mm;绿—暗绿色,多色明显,Ng-暗绿、Nm-暗绿、Np-浅绿、黄绿色;正高突起,干涉色Ⅱ级黄橙;多为斜消光,正延性,二轴负晶;常见简单双晶;含量 12%。

磁铁矿,黑色不透明,自形晶状,粒度 0.05~0.2mm,常被暗色矿物包裹或充填于暗色矿物的间隙中,含量少。

磷灰石,无色透明,细小短柱状,可见六边形切面,粒度 0.05~0.1mm;正中突起,干涉色一级灰,平行消光,负延性;常被包裹于其他矿物中;含量极少。

岩石主要由中粒自形—半自形的斜长石、正长石、角闪石和他形石组成,为典型中粒半自形粒状结构,并常见中长石的环带结构及正长石的条纹结构。

各种矿物的结晶顺序:磁铁矿和磷灰石晶形较好,且常被其他矿物包裹,故结晶最早;自形程度由高至低依次为普通角闪石、斜长石、正长石和石英。初步确定结晶由早到晚的顺序为:①磷灰石、磁铁矿,②普通角闪石,③斜长石,④正长石,⑤石英。

按国标要求计算:Q = Q/(Q+A+P) = 29/(29+15+43) = 28/87 = 33.33%;A = A/(Q+A+P) = 15/87 = 17.24%;P = P/(Q+A+P) = 43/87 = 49.43%;P/(A+P) = 43/58 = 74.13%。即按定量矿物分类,样品位于 QAPF 双三角图(图 6-18)的 4 区,基本名称为"花岗闪长岩",综合命名为"中粒角闪花岗闪长岩"。素描图见图 6-27。

第九节 碱性岩的系统鉴别

一、碱性岩矿物成分与结构构造的观测

碱性岩是指里特曼指数 $\delta>9$ 的一类岩浆岩，地壳中碱性岩极少见，出露面积仅1%。其特点是：二氧化硅 SiO_2 含量较低而碱质含量较高；铁镁矿物变化大（$M<90$），因岩浆成分和岩石种属不同而异；主要矿物成分为副长石（霞石、方钠石、方沸石、钙霞石等，含量>10%）、碱性长石（微斜长石、正长石、透长石、钠长石）、碱性暗色矿物（霓石、霓辉石、钠铁闪石、钠闪石等）、斜长石，但各种矿物的含量因岩石种属不同而有很大变化；通常含少量副矿物。

霞石，是副长石中最常见的种属。常呈短柱、厚板状或不规则粒状，柱面 $\{10\overline{1}0\}$ 和底面 $\{0001\}$ 解理不完全，折射摔低，负低突起（或同一晶体的一方向负低突起、另一方向正低突起），一轴负晶，易溶于HCl。相似矿物的区别：磷灰石正中突起；正长石负低突起，二组完全解理，常见简单双晶与条纹结构，二轴晶，置于HCl中不溶化；钙霞石负低突起，解理 $\{10\overline{1}0\}$ 完全，干涉色达Ⅱ级底，一轴负晶。

方钠石，多为菱形十二面体及立方体，或为不规则粒状；无色或浅色调，解理 $\{110\}$ 中等；负低突起（$N=1.483\sim1.487$），均质体全消光；粉末加硝酸少许，蒸发后可形成石膏晶体。相似矿物萤石负高突起，解理 $\{111\}$ 完全，可以区别。

方沸石，呈四角三八面体或呈四角三八面体与立方体的聚形，也常呈不规则粒状，无色透明，$\{100\}$ 解理很不完全，负低突起（$N=1.479\sim1.493$），均质体全消光，失水时可有极弱干涉色（双折射率0.001）。相似矿物区别：白榴石为稍高的负低突起（$N=1.508\sim1.511$），无解理，常有聚片双晶、复合双晶及许多包体（方沸石一般无包体）；火山玻璃无解理，突起稍高（$N=1.48\sim1.61$ 为负低突起或正低突起）。

钠闪石，以多色性特殊、特殊的反吸收 $Ng<Nm\leqslant Np$、干涉色低（Ⅰ级黄白至黄橙，受本色干挠难辨）、负延性（$Np\wedge Z$ 通常 $<5°$）为特征。钠铁闪石，以多色性显著、吸收性有变化、干涉色低（Ⅰ级灰—黄，较钠闪石略低）、（010）面上，沿解理负延性（$Np\wedge Z$ 为10°左右，较钠闪石略大）、二轴负晶为特征。

霓石，以长柱及针状晶体、多色较强、反吸收性、干涉色高（Ⅲ顶至Ⅳ底，被本色掩盖）、沿解理负延性（$Np\wedge Z<15°$）为特征。霓辉石，以柱状至板状晶体、多色性明显、干涉色达Ⅱ级中至Ⅲ底（较霓石略低）沿解理斜消光（$Np\wedge Z=15°\sim38°$）为特征。显然，霓石多色性更强、消光角略小、干涉色更高，可以相互区别。普通角闪石，以闪石式解理、多色性更强、吸收性 $Ng>Nm>Np$、干涉色达Ⅱ级中，沿解理正延性，可以区别。

碱性长石和斜长石的含量因岩石种属不同而异，变化大。如在霞石正长岩等中性的岩石类型中，碱性长石常与似长石同为主要成分；在似长辉长岩等基性岩石类型中，中长石、拉长石常与碱性长石、碱性暗色矿物等同为主要成分。

副矿物常见磷灰石、黑榴石、钛铁矿等，某些得岩石类型中副矿物含量可以较多。

侵入岩普遍具半自形粒状结构，还可见到辉长结构、辉绿结构、二长结构、斑状结构、微晶结构，有时还可见文象结构、反应边结构等。喷出岩常见斑状结构、无斑隐晶质结构、玻璃质结构，基本质多为交织结构、似粗面结构、响岩结构等。似粗面结构是碱性长石的细小板片状晶体近于定向平行排列，晶体间有霞石及霓石等晶体充填的结构。响岩结构是较自形的霞石或

白榴石微晶之间,被细小条状透长石、隐晶质及玻璃质充填的结构。

构造常见有块状构造、条带状构造、流动构造、气孔构造、杏仁构造等。

二、碱性岩的细分类与综合命名

GB/T 17412.1—1998 标准中,碱性岩位于 APF 三角形中副长石 F 相对含量大于10%的区域(图6-18),各区的基本名称如表6-6所列。

其中15区的副长石岩类,SiO_2 含量小于45%(一般为38%~43%),属超基性的碱性岩(霓霞岩—霞石岩)类,岩石主要由碱性铁镁矿物和似长石类矿物组成,几乎不含长石。其侵入岩种属有:霓霞岩(ijolite),主要由霞石、霓石或霓辉石、钛辉石组成,霞石含量30%~70%,暗色矿物含量70%~30%,霞石结晶较晚、自形程度较辉石差;磷霞岩(urtite),霞石含量70%~90%,钛辉石、霓石或霓辉石等暗色矿物相应为30%~10%。其喷出岩种属有:霞石岩(nephelinite),呈浅色至暗色,具隐晶质或斑状结构,主要由霞石、霓石、霓辉石、钛辉石或普通辉石组成,可含少量其他似长石及透长石;白榴岩(leucitite),深灰至灰黑色,粒状或全晶质斑状结构,主要由白榴石和霓石、霓辉石及含钛普通辉石组成,不含或极少量长石。

13和14区的碱性岩(霞斜岩—碱玄岩)类,SiO_2 的含量为45%~52%(一般低于正常的辉长岩类),属基性的碱性岩石类型,主要由斜长石、碱性铁镁矿物和似长石类矿物组成。其侵入岩种属有霞斜岩(theralite),由含钛的普通辉石、霓石、霓辉石、基性斜长石和似长石(霞石、方沸石、方钠石等)组成,碱性长石极少或无,有少量黑云母、橄榄石。喷出岩种属有:碱玄岩(tephrite),主要由基性斜长石、钛辉石、霓石、霓辉石及似长石(霞石及白榴石等,含量5%~50%)组成,无橄榄石或极少,可据似长石种类分为白榴碱玄岩和霞石碱玄岩;碧玄岩(basanite),与碱玄岩相似,差异在于富含橄榄石(>5%,甚至达25%),常具斑状结构,斑晶为橄榄石及辉石,似长石主要存在于基质中,可分为白榴石碧玄岩和霞石碧玄岩。

11区的碱性岩(霞石正长岩—响岩)类,SiO_2 的含量为52%~65%(一般为52%~57%),相当于中性的碱性岩石,主要由碱性长石、碱性铁镁矿物和似长石类矿物组成。相对而言是碱性中较常见的类型。还可依据矿物种类及含量细分命名(表6-8)。

表6-8 霞石正长岩细分类及综合命名(似长石>10%)

长石种属	副长石	岩石种属名称	岩石的主要特征
钾长石为主(正长石或微斜长石)	霞石	正霞正长岩	正长石为主,少量霞石、碱性暗色矿物和黑云母,半自形粒状结构
		流霞正长岩	正长石(条纹)、霞石为主,少量碱性暗色矿物,似粗面结构
		云霞正长岩	正长石、霞石为主,少量富铁云母及钠长石,粒状结构,似片麻构造
		暗霞正长岩	正长石为主,含较多铁云母及碱性暗色矿物(>30%),粒状结构
		异性霞石正长岩	正长石霞石为主,含异性石,粒状或似粗面结构
	方钠石 方沸石 钙霞石	方钠正长岩	碱性长石可有歪长石,副长石为方钠石,少量碱性暗色矿物
		方沸正长岩	碱性长石为主,少量方沸石、碱性暗色矿物
		钙霞正长岩	钾长石为主,少量钙霞石、霓石、霓辉石
钠长石为主 歪长石为主	霞石	钠霞正长岩	钠长石、霞石为主,含少量碱性暗色矿物,锆石有时较多
	霞石	歪霞正长岩	歪长石达50%~70%,霞石或方钠石次之,少量碱性暗色矿物

三、碱性岩鉴定描述实例

样号:FT28-02;产地:云南个旧;层位:ξ_5^3;野外定名:霞石正长岩。

肉眼观察：岩石呈带淡褐色调的灰白色，块状构造，全晶质中粒半自形粒结构，粒径 2.5mm 左右。矿物成分有钾长石、霞石、黑云母等。钾长石，厚板状及粒状，淡褐灰色，二组解理完全，解理面玻璃光泽，硬度>小刀，含量约为 65%；霞石，短柱状及粒状，无色透明，油脂光泽，解理不明显，硬度>小刀，含量约为 30%；黑云母，片状，黑色，一组极完全解理，硬度与指甲相当。偶见黑色、金属光泽、细小粒状磁铁矿。岩石基本新鲜，次生蚀变不明显，具参差状断口，比重中等。定名：灰白色中粒霞石正长岩。

镜下鉴定：岩石由正长石、霞石、黑云母、霓石、黑榴石、磁铁矿、磷灰石等组成。

正长石，镜下厚板状及粒状，浅灰色，半自形晶，粒度 1.8~3.2mm，可见$\{001\}$和$\{010\}$二组完全解理，负低突起，干涉色Ⅰ级白灰，条纹结构常见，局部见简单双晶，含量 68%。

霞石，半自形至他形粒状，无色，部分浅灰，粒径 1.5~2.5mm，解理不明显、有裂纹，负低或正低突起，干涉色Ⅰ级灰，含量 27%，局部转变为钙霞石干涉色达Ⅱ级蓝。

黑云母，板片状，半自形至他形，多色性强，Ng-暗红褐、Nm-红褐、Np-褐黄，正中突起，近平行消光，干涉色难以辨认，粒径 0.5~1.5mm，含量 3%。

黑榴石，半自形至他形粒状，大 1.0mm 左右；深红褐色，无解理，正极高突起，局部可见环带结构，均质体全消光，含量 1%。

霓石，柱状，切面四边形，粒径 1.0mm 左右；多色性较强，Ng-浅绿、Nm-黄绿、Np-深绿，反吸收；辉石式解理；正高突起，干涉色达Ⅲ级顶Ⅳ级底，但常被本色掩盖；辉石式消光，负延性；含量<1%。

磁铁矿，黑色不透明，自形晶状，粒度 0.05~0.2mm，常被暗色矿物包裹或充填于暗色矿物的间隙中，含量<1%。

磷灰石，无色透明，细小短柱状，可见六边形切面，粒度 0.05~0.1mm；正中突起，干涉色Ⅰ级灰，平行消光，负延性；常被包裹于其它矿物中；含量极少。

岩石主要由中粒自形—半自形的正长石、霞石等组成，为中粒半自形粒状结构，并常见正长石的条纹结构、可见黑榴石的环带结构。块状构造。

各种矿物的结晶顺序：磁铁矿和磷灰石晶形较好，且常被其他矿物包裹，故结晶最早；暗色矿物黑榴石、霓石、黑云母等一般形成温度较高结晶较早，正长石多为半自形晶，霞石为半自形至他形晶、粒径较正长石略细形成略晚，少量钙霞石为后期交代产物。初步确定结晶由早到晚的顺序为：① 磷灰石、磁铁矿，② 黑榴石，③ 霓石，④ 黑云母，⑤ 正长石，⑥ 霞石，⑦ 钙霞石。

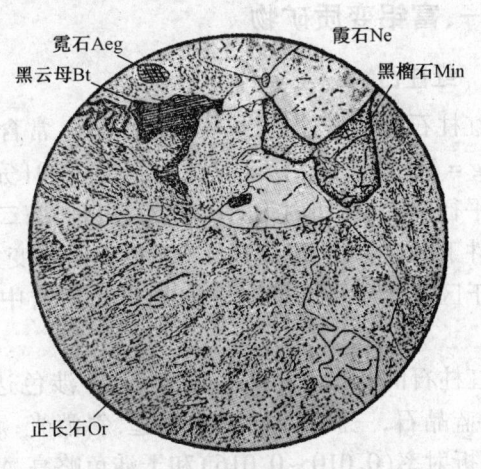

图 6-28 云霞正长岩素描图
云霞正长岩，云南个旧，$d=4.8$mm，单偏光，由正长石、霞石、少量黑云母、霓石、黑榴石等组成，中粒半自粒状结构，块状构造

按国标要求计算：$F=F/(F+A+P)=27/95=28.42\%$；$A=A/(F+A+P)=68/95=71.58\%$；$P=P/(F+A+P)=40\%$；$P/(A+P)=0\%$。即按定量矿物分类，样品位于 QAPF 双三角图（图 6-18）的 11 区，基本名称为"副长石正长岩"，综合命名为"中粒云霞正长岩"。素描图见图 6-28。

第七章 变质岩的系统鉴定

变质岩是地壳中广泛发育的岩石类型之一,并常以岩屑的形式出现在沉积岩及油气储集层中,因此,变质岩的系统鉴定有重要意义。

变质岩系统鉴定的内容与岩浆岩类似,包含手标本的观察与描述、薄片中矿物成分及含量的测定(特别注意变质矿物的观察,即使其数量极少)、岩石的结构与构造的观测描述、按规定的方案与原则进行定名。进而讨论变质作用条件,分析可能的原岩成分。

变质岩的特征和类型,既与原岩化学成分有关,也与变质作用类型和变质强度有关。因此,必须重视了解变质岩产出的地质环境,注意变质岩的矿物成分、共生组合、结构构造等特征与变质条件之间关系的研究,以期达到系统鉴定和全面认识变质岩的目的。

第一节 变质岩矿物成分的鉴别

变质岩的矿物成分,是变质岩分类命名的主要依据,也是分析了解变质作用的物化条件、划分变质带、变质相的主要佐证,还可提供了解变质作用演化历史和恢复原岩的重要信息。因此,矿物成分是变质岩系统鉴别最主要内容之一。

石英、长石等矿物,在岩浆岩和沉积岩中广泛分布,在变质岩中同样广泛分布,所不同的是,在变质岩中常含有或多或少的典型变质矿物,变质矿物的存在是变质岩与其他岩石类型的主要区别之一。常见典型变质矿物的主要鉴别标志与区别如后述。

一、富铝变质矿物

1. 红柱石

红柱石为斜方柱状、粒状、杆状晶体,常含碳质包裹体。镜下无色至浅红—浅绿色,弱多色性($Ng = Nm$ 浅黄绿、$Np =$ 浅红),解理{110}完全(夹角89°12′),正中突起;干涉色Ⅰ级黄白,柱面平行消光、横切面为对称消光,负延性;二轴负晶,$2V$角大。它是富铝原岩在中温低压变质条件下的产物,当温度达620℃以上时转变为硅线石;中温条件下、压力升高转变为蓝晶石。常产于区域变质及接触变质的片岩和角岩中,与堇青石、黑云母、白云母、石英、长石等矿物共生。

红柱石的相似矿物有:硅线石,干涉色达Ⅱ级蓝绿,正延性,二轴正晶,$2V$角小(21°~30°);蓝晶石,三斜晶系,正高突起,斜消光;顽火辉石,正高突起,正延性;紫苏辉石,正高突起,双折射率(0.010~0.016)和干涉色略高,正延性及$2V$角较小(45°~65°)。

2. 蓝晶石

蓝晶石是红柱石的同质多象变体,常为柱状及粒状晶体。镜下无-浅蓝色(不均匀),弱多色性($Ng =$ 浅靛蓝,$Nm =$ 浅蓝,$Np =$ 无色)、吸收性$Ng > Nm > Np$,解理{100}完全及{010}中等(夹角74°)、见{001}裂开,正高突起;Ⅰ级黄—橙干涉色,正延性;二轴负晶,$2V$角大。是富铝原岩在中温中压条件下的常见变质矿物,广布于云母片岩中,与石榴石、十字石、黑云母、白云母、石英等矿物共生,榴辉岩和富铝片麻岩中也有蓝晶石产出,偶尔出现在碎屑沉积物中。

蓝晶石的相似矿物有：硅线石，正中突起，干涉色达Ⅱ级蓝绿，平行消光；紫苏辉石，辉石式解理和消光，$2V$角中（$45°\sim65°$）等；硬柱石，平行消光，二轴正晶。

3. 硅（矽）线石

硅（矽）线石是红柱石的同质多象变体，常为长斜方柱、针、纤维状。镜下无色，薄片厚时有弱多色性（Np-浅褐或淡黄，Nm-褐或浅绿，Ng-暗褐或天蓝）、吸收性$Ng>Nm>Np$，$\{010\}$解理完全，正中-正高突起；最高干涉色Ⅱ级蓝绿（横切面干涉色暗灰色），平行消光，正延性；二轴正晶，$2V$角小（$21°\sim30°$）。多分布于中高级变质的云母片岩、片麻岩和麻粒岩中，也产于接触变质的云母角岩中。

硅（矽）线石的相似矿物有：透闪石，闪石式解理及消光，二轴负晶，$2V$角大（$83°\sim86°$）；黝帘石，正高突起，双折射率小（$0.006\sim0.007$）干涉色低。

4. 十字石

十字石晶体多为短柱及粒状，常有石英、电气石、黑云母、白云母、碳质等包体。镜下金黄色，多色性弱（Ng-金黄色，Nm-淡黄，Np-无色）、吸收性$Ng>Nm>Np$，解理$\{010\}$中等，常见十字形穿插双晶；正高突起，干涉色Ⅰ级黄-红，柱面平行、横切面对称消光，正延性；二轴正晶，$2V$角大。区域变质作用的产物，常呈变斑晶。

十字石的相似矿物有：石榴石，均质体；符山石，无色或褐—灰褐弱多色性，干涉色低（双折率$0.004\sim0.006$），负延性，一轴负晶；镁橄榄石，无色，干涉色较高（双折射率$0.035\sim0.040$），延性可正可负；绿帘石，多色性显著（Ng-Np-无色、浅绿，Nm-绿黄、褐），干涉色Ⅱ至Ⅲ级且常分布不均，延性可正可负；普通角闪石，正中—正高突起，干涉色Ⅱ级底，闪石式解理及消光。

5. 硬绿泥石

硬绿泥石多为假六方板片状或束状，常有磁铁矿、钛铁矿、金红石等包体，并可构成砂钟构造，常见$\{001\}$简单双晶、三连晶和聚片双晶。镜下呈特殊的靛蓝色，强多色性（Ng-无色至浅黄、黄绿，Nm-浅黑蓝至靛蓝色，Np-灰绿到绿）、吸收性$Nm>Np>Ng$，解理$\{001\}$完全、$\{110\}$中等（与$\{001\}$解理近于正交）、有$\{010\}$裂开，正高突起；干涉色Ⅰ级橙红（常有古铜红色或灰绿色异常），条状切面倾斜消光（$Ng\wedge Z=3°\sim30°$），负延性；二轴正晶，$2V$角中等。是低级区域变质的标志矿物，常与绿泥石、白云母、黑云母、石英、长石等矿物共生。在接触变质岩中也有产出。

硬绿泥石的相似矿物有：黑云母，无$\{110\}$解理（与$\{001\}$近于正交）正中突起，干涉色较高（双折射率$0.039\sim0.081$），通常平行消光，正延性；绿泥石类，无$\{110\}$解理，正低至正中突起，干涉色Ⅰ级底，平行或近平行消光；绿脆云母，正中突起，平行消光，正延性。

6. 堇青石

堇青石多为不完整的柱状、粒状，三连晶、六连晶发育而呈假六方状外形，常有锆石、磷灰石等包体，包体边缘常有橙黄色的多色晕。镜下无色—浅蓝色，富铁变种有弱多色性（Ng-紫、淡蓝，Nm-紫、深蓝，Np-无色、黄，吸收性$Nm\geq Ng>Np$），解理$\{010\}$中等；正低或负低突起，干涉色Ⅰ级白-黄，柱面平行消光，负延性；二轴负晶（有时正晶），$2V$角中等至大。形成于中—高温、低压条件下，首次出现是进入中级变质的标志矿物，常与红柱石、白云母、黑云母、石英和长石等矿物共生，常见于片岩及角岩中，片麻岩及麻粒岩中也有产出。

堇青石的相似矿物有：石英，一轴正晶，表面光亮，正低突起，无解理；斜长石，二组解理，无包体多色晕,聚片双晶或卡钠复合双晶,斜消光;正长石,突起略低(负低突起),二组正交完全解理,简单双晶。

7. 硬玉(图10-26)

硬玉晶体少见,多呈粒状、片状、纤维状。镜下无色(含铁、铬者黄绿色,弱多色性(Ng-浅黄,Nm-无色,Np-浅绿)、吸收性$Np>Ng>Nm$,正中至正高突起;Ⅰ级黄-红干涉色,辉石式解理及消光类型({010}面消光角33°～35°),正延性;二轴正晶,$2V$角大。典型的高压变质矿物,产于榴辉岩、角闪岩、蓝闪石片岩、石英硬玉岩等岩石中,与硬柱石、蓝闪石、钠长石、绿泥石、石英等共生。

硬玉的相似矿物有:锂辉石,正高突起,消光角较小($Ng \wedge Z=23°～27°$),产于花岗伟晶岩中;绿辉石,正高突起,干涉色较高(双折射率0.017～0.026);霓石,浅绿至暗绿色,多色性强(Ng-浅绿,Nm-黄绿,Np-深绿),反吸收,正极高突起,干涉色高(双折射率0.040～0.060),负延性;阳起石,角闪石式解理,消光角小($Ng \wedge Z=10°～15°$)。

二、钙质及钙铝质变质矿物

1. 符山石

符山石常为带双锥的柱状晶体,横切面正方形,也常为不规则粒状、棒状、纤维状。镜下无色或浅绿、浅棕色,弱多色性与吸收性($No>Ne$),解理{110}不完全、{001}极不完全,正高突起;干涉色Ⅰ级灰(分布极不均匀,有黄褐、深蓝、浅褐、等异常干涉色),平行消光,负延性;一轴负晶,具光性异常,$2V=17°～33°$。是硅(矽)卡岩中主要矿物,常与透辉石、绿帘石、石榴石、方解石等共生;结晶片岩中少见。

符山石的相似矿物有:绿帘石,干涉色Ⅱ至Ⅲ级,多色性显著;黝帘石,解理发育({100}完全),二轴正晶,$2V=0°～50°$;石榴石,突起略高,无解理,均质或有环带结构;红柱石,正中突起,二组近正交的完全解理,干涉色Ⅰ级灰且无异常,二轴负晶,$2V$角大(71°～86°);磷灰石,正中突起;黄玉,正中突起,{0001}完全解理,二轴正晶,$2V=44°～66°$;黄长石,正中突起(折射率1.632～1.669),干涉色略高(双折射率0.007～0.011)且常有靛蓝异常干涉色,主要产于碱性岩浆岩中。

2. 绿帘石

绿帘石常呈柱、板柱状及粒状,切面六边形,可有微细磁铁矿、石英、绿泥石等包体。镜下黄、绿色,多色性显著(Ng-无色、黄绿,Nm-绿黄、褐,Np-无、浅黄绿)、吸收性$Nm>Ng>Np$,解理{001}完全、{100}差,正高至极高突起;干涉色Ⅱ至Ⅲ级(不均匀,常有灰蓝、姜黄等异常),柱面平行消光、其他斜消光,延性可正可负;二轴负晶,$2V$角大。典型的岩浆期后矿物,广布于区域变质岩、接触变质岩、气液变质岩中,同绿泥石、钠长石、阳起石等共生,在高压相中还与葡萄石、硬柱石、蓝闪石等矿物共生。

绿帘石的相似矿物有:橄榄石,无色,无解理;透辉石,无色,含Fe者浅绿色并有弱多色性(Ng-浅褐绿,Nm-浅绿褐,Np-浅绿),辉石式解理及消光,消光角大((010)面上$Ng \wedge Z=38°～48°$,二轴正晶。

3. 黝帘石

黝帘石晶体呈柱状或粒状,横断面近六边形,有环带结构。镜下无色或灰、灰绿色(富锰变种具多色性),解理{100}完全、{001}不完全、有(010)裂隙,正高突起;Ⅰ级灰干涉色(常有靛蓝或黄褐异常),平行消光,延性可正可负;二轴正晶,$2V$ 角中等至小。为钠黝帘石化的产物,在绿片岩中广泛存在,与阳起石、钠长石、绿泥石等共生,不纯的变质碳酸盐岩中常有产出。中—基性岩浆岩的斜长石经蚀变亦可形成。

黝帘石的相似矿物有:磷灰石,正中突起,一轴负晶;硅线石,干涉色较高(Ⅱ级蓝绿);绿帘石,多色性显著,干涉色达Ⅱ级至Ⅲ级,断面多斜消光,二轴负晶;斜黝帘石,柱面平行消光其他断面为斜消光,二轴正晶,$2V$ 角大($65°\sim90°$,黝帘石的 $2V<50°$)。

4. 硅灰石

硅灰石晶体呈长柱、针、板状等形态,集合体纤维状或放射状。镜下无色(含 FeO 较多时有浅黄色多色性),解理 $\{100\}$ 完全、$\{001\}$ 和 $\{\bar{1}02\}$ 中等,正中突起;干涉色Ⅰ级橙黄色,沿柱面近平行消光、其他斜消光,延性可正可负;二轴负晶,$2V$ 角中等($38°\sim60°$)。典型高温接触变质产物,产于接触变质带中,也见于片岩和片麻岩中。

硅灰石的相似矿物有:透闪石,闪石式解理和消光,正延性(消光角小、$Ng\wedge Z=16°\sim21°$),干涉色较高(Ⅱ级黄),二轴负晶,$2V$ 角大;斜黝帘石及透辉石,均正高突起,二轴正晶。

5. 硬柱石

硬柱石晶体多为板柱状至叶片状,切面菱形或方形。镜下无色到浅蓝色,薄片较厚时有多色性(Np-蓝,Nm-黄,Ng-无色)、反吸收 $Np>Nm>Ng$,解理 $\{100\}$ 和 $\{010\}$ 完全(相互正交)、$\{101\}$ 不完全,正高突起;干涉色Ⅰ级紫红,平行消光,负延性;二轴正晶,$2V$ 角大。是少见的低温变质矿物,见于蓝闪石片岩、绿泥石片岩和大理岩中。

硬柱石的相似矿物有:黝帘石,干涉色Ⅰ级灰且有异常;方柱石,正低—正中突起,一轴负晶;红柱石,突起正中,干涉色Ⅰ级白黄;葡萄石,突起正中,干涉色较高(双折射率 $0.021\sim0.039$);透闪石,闪石式解理及消光;硅灰石,突起正中,干涉色较低(Ⅰ级橙黄),二轴负晶,$2V$ 角中等。

6. 葡萄石

葡萄石晶体为厚板状至短柱状或为细粒、纤维状。镜下无色,解理 $\{001\}$ 完全、$\{110\}$ 不完全,正中突起;干涉色Ⅱ级顶(时有异常),平行消光,沿柱面正延性(板状晶负延性);二轴正晶,$2V$ 角大。是低级变质矿物,常与绿纤石、硬柱石、绿泥石等矿物共生;也是热液蚀变矿物,常交代中、基性斜长石。

葡萄石的相似矿物有:杆沸石,负低突起,干涉色Ⅰ级紫红;硬柱石,正高突起,干涉色低(Ⅰ级紫红);红柱石、硅灰石和黄玉均以Ⅰ级干涉色。

7. 方柱石

方柱石为钠柱石与钙柱石的类质同象矿物的总称,多为四方柱状晶体,常含石英、长石等包体。镜下无色,解理 $\{100\}$ 完全、$\{110\}$ 近于完全(横切面见两两正交的四组解理,柱面上解理呈细小裂纹并常有交代矿物),正低至正中突起(随钙柱石增加而升高);干涉色Ⅰ级暗灰至Ⅱ级顶(随钙柱石增加而升高),平行及对称消光,负延性;一轴负晶(偶有光性异常)。广泛产于矽卡岩、大理岩、绿色片岩、钙质片麻岩中,与葡萄石、绿泥石、绿帘石等共生;还可交代岩浆岩中的斜长石及充填火山的孔隙。

方柱石的相似矿物有:斜长石,斜消光,常有双晶;董青石,常有三连晶及聚片双晶,解理 $\{010\}$ 中等(一组),正低至负低突起,干涉色较低(Ⅰ级黄);石英,无解理,干涉色低,一轴正晶;钙霞石,六方柱晶形,平行柱面三组完全解理,负低突起;磷灰石,六方柱晶形,正中突起,解理很差（{0001}不完全）。

8. 石榴石

石榴石成分复杂，类质同象普遍，钙铝榴石和铁铝榴石是变质岩中常见的种属。晶体多为菱形十二面体、四角三八面体以及其聚形。镜下无色或浅褐—浅黄色，无解理有裂纹，正高至正极高突起；均质体，常见Ⅰ级灰异常干涉色，常具环带结构和双晶（双晶呈锥状，锥顶聚合于晶体中心锥底为晶面）。产于接触变质的矽卡岩及区域变质岩中，与硅灰石、符山石、阳起石、云母、长石、石英等共生，也见于碎屑岩中。

石榴石的相似矿物有：铁铝榴石，镜下浅红—浅褐色，正极高突起；镁铝榴石，玫瑰色，常产于金伯利岩及基性、超基性岩中；石榴石种属的准确鉴别须测折射率、比重、晶胞参数及化学分析方可实现。

三、镁铁质变质矿物

1. 阳起石

阳起石多呈长柱状、针状或纤维状，横断面菱形或六边形。镜下浅黄绿-绿色（随含铁增多而变深），多色性微弱（Ng-浅绿，Nm-浅黄绿，Np-浅黄）、吸收性$Ng>Nm>Np$，{110}解理完全、常见{100}裂开，正中至正高突起（含铁增多而增高）；干涉色Ⅰ级顶到Ⅱ级中，闪石式消光，沿柱面正延性；二轴负晶，$2V$角大。主要产于硅（矽）卡岩中，与绿帘石等共生，浅变质的绿片岩中也有产出。

阳起石的相似矿物有：普通角闪石，颜色更深暗、可呈褐色（阳起石从不呈褐色），多色性与吸收性更强；透闪石与阳起石为连续过渡矿物，透闪石端元矿物无色无多色性。

2. 透闪石

透闪石多呈长柱状、针状或纤维状，横断面菱形或六边形。薄片中无色（含Mn者粉红色），多色性不明显，解理{110}完全、并有{100}裂开，正中突起（随含铁增多而增高）；干涉色Ⅱ级橙黄，闪石式消光，沿柱面正延性；二轴负晶，$2V$角大。主要产于富镁碳酸盐岩与火成岩的接触变质带，也见于某些富Mg的结晶片岩中。

透闪石的相似矿物有：硅灰石，三斜晶系，解理{100}完全、{001}和{\bar 1}02次之，前二者夹角74°，双折射率低（干涉色Ⅰ级橙），延性可正可负，二轴负晶，$2V$角中等；直闪石多为平行消光；镁铁闪石为正光性；阳起石，有弱的绿色的多色性；透辉石，为辉石式解理、(010)面上$Ng \wedge Z=37°\sim44°$、二轴正晶。

3. 直闪石

直闪石晶体为柱状、针状或纤维状，横断面菱形。薄片中无色或很淡褐黄或绿色；铝质和铁质直闪石具多色性，Ng-黄或淡绿，Nm-淡褐，Np-淡黄，吸收性$Ng>Nm>Np$，解理{210}完全（夹角125.5°）、{010}和{100}不完全，正中至正高突起（随铁的含量增加而加大）；干涉色Ⅰ级橙至Ⅱ级绿，纵切面平行消光，横切面对称消光；沿解理方向正延性；二轴正晶（富铁铝）或负晶（富镁）；无双晶。产于富镁的片岩、蛇纹岩和接触变质岩石中，铝直闪石主要见于泥质岩的接触变质带中。

直闪石的相似矿物有：透闪石，斜消光；紫苏辉石，辉石式解理、弱多色性、突起略高（正高突起）、干涉色略低（Ⅰ级橙）。

4. 蓝闪石

蓝闪石多呈柱状、粒状、纤维状晶体。镜下蓝或紫色，多色性显著（Ng – 深天蓝色，Nm – 红紫或蓝色，Np – 无色、浅黄绿或浅蓝色），吸收性 $Ng > Nm > Np$，闪石式解理，正中突起（随铁增加而增高）；于涉色 I 级（因本色而不易辨识），闪石式斜消光，沿解理为正延性；二轴负晶，$2V$ 角小至中等。典型高压低温变质矿物，产于蓝闪石片岩、片麻岩、结晶片岩中。

蓝闪石的相似矿物有：钠闪石，典型反吸收、正高突起、沿解理负延性；钠铁闪石，多为反吸收、正高突起、沿解理负延性。

5. 镁橄榄石

镁橄榄石的晶体呈柱状、短柱及厚板状（完好自形晶少见）。镜下无色，多色性不明显，解理不完全，正中至正高突起；最高干涉色 II 级顶部，平行消光，延性可正可负；二轴正晶，$2V$ 角大。产于接触变质矽卡岩及白云大理岩中，与金云母、透辉石、钙铝石榴石等共生；常蚀变为不含磁铁矿的蛇纹石及伊丁石，有时变为滑石、碳酸盐等。

镁橄榄石的相似矿物有：透辉石，具辉石式完全解理与消光，$2V$ 角较小（$50°\sim63°$）；贵橄榄石，干涉色达 III 级底、正高突起（略高于镁橄榄石）；铁橄榄，正极高突起、干涉色达 III 级顶；硅镁石，镜下无色至浅黄、弱多色性、反吸收、解理$\{100\}$和$\{001\}$不完全、正中突起、干涉色 II 级至 III 级底、光轴面与解理缝平行（橄榄石光轴面与解理正交）、二轴正晶，$2V$ 角中至大。

6. 蛇纹石

蛇纹石多呈叶片状、纤维状隐晶质集合体，镜下无色或浅绿色（含铁者具弱多色性），解理$\{001\}$完全，正低（或负低）突起；干涉色 I 级灰至黄（无异常干涉色）；多为二轴负晶。纤维蛇纹石呈纤维状、正低—负低突起；利蛇纹石和叶蛇纹石多为叶片状或板状、正低突起；各蛇纹石间的准确区分需用电镜及 X 射线衍射分析。蛇纹石多分布在富含镁质的碳酸盐岩和超镁铁质岩的低级变质岩系中。

蛇纹石的相似矿物有：绿泥石，多为不同色调的绿至黄色、多色性弱至显著（均较蛇纹石明显）、突起正低至正中、干涉色一般 I 级（时有异常干涉色）、光性与延性相反；透闪石，正中突起，干涉色 II 级中，闪石式解理及消光；直闪石，正中—正高突起，干涉色可达 II 级绿色。

7. 滑石

滑石晶体呈薄片状、板状、纤维状、致密状。镜下无色，解理$\{001\}$极完全，正低突起；最高干涉色可达 III 级橙色（底面切片 I 级灰），平行消光（或 $2°\sim3°$ 斜消光），沿解理正延性；二轴负晶，$2V$ 角小。主要是富镁的岩石（橄榄岩、蛇纹岩、白云岩）经热液蚀变形成，常与菱镁矿共生，区域变质作用也可以形成滑石片岩。

滑石的相似矿物有：叶蜡石，干涉色略高（双折射率 $0.046\sim0.062$），$2V$ 角中等（$53°\sim60°$）；白云母，干涉色略低（双折射率一般 <0.045），$2V$ 角中等（$35°\sim50°$）；水镁石，干涉色 I 级橙红（有红褐色异常干涉色）、负延性、一轴正晶；微细的滑石晶体与绢云母的光性极为相似，可用化学试验测 Mg，Mg 高者为滑石。

8. 金云母

金云母常呈假六方板状、不规则叶片状及长条状，常含针状金红石、电气石等包体。镜下无色至浅黄褐，弱多色性（$Ng = Nm$ – 黄褐，Np – 浅黄或无色），$\{001\}$解理极完全，正低—正中突起（含铁增加而增高）；III 级底干涉色，几乎平行消光（消光角 $<5°$），正延性；二轴负晶，$2V$

角小。产于白云质碳酸盐岩的接触带,与透辉石、镁橄榄石等共生,在金伯利岩、蚀变超基性岩及煌斑岩中也有产出。

金云母的相似矿物有:黑云母,色深且多色性与吸收性更强;白云母,无色,2V 角中等 (35°~50°)。

9. 绿泥石类

绿泥石为长条状及板片状晶体,镜下呈浅绿至绿色,多色性明显,{001}解理完全,正低突起(铁多者突起略高);常为 I 级干涉色(时有异常干涉色),二轴晶 2V 角小(0°~40°);正光性者吸收性 $Np = Nm > Ng$、负延性、色散 $r < v$;负光性者吸收性 $Ng = Nm > Np$,正延性,色散 $r > v$。其中:叶绿泥石,有靛蓝色或锈褐色异常干涉色、多正延性、负光性(铁低镁高时为负延性、正光性)、平行消光(正光性例外);斜绿泥石,干涉色绿灰—黄绿灰(本色重叠之故)、负延性、正光性、近平行消光;蠕绿泥石呈深草绿至暗绿色、突起正中至正低为特色;鲕绿泥石以特殊球形(鲕状)、较高的折射率(正中突起)、产于沉积铁矿及沉积岩中为特色;鳞绿泥石以颜色深(橄榄绿—暗绿)、折射率和双折射率较高(正中突起,双折射率 0.014)及多色性显著为特色。

叶绿泥石、斜绿泥石和蠕绿泥石主要产于低级变质岩(如绿片岩)中,经常和绿帘石、阳起石、钠长石、绢云母等共生;还是常见的热液蚀变矿物,与阳起石、绿帘石等矿物共生。鲕绿泥石和鳞绿泥石主要见于沉积铁矿及沉积岩中。

绿泥石类的相似矿物有:云母类矿物,折射率和双折射率均较高(正中突起,II 级以上干涉色);滑石,无色无多色性,干涉色达 III 级橙;高岭石,无色无多色性,无异常干涉色。

第二节 变质岩结构与构造的鉴别

变质岩的结构与构造是变质岩主要特征之一,是变质岩分类命名的重要依据,也是查明原岩类型、划分矿物世代、判断形成条件、揭示变质岩演化历史的重要依据。熟悉变质岩主要结构与构造的类型及其特征,掌握观察、描述结构的方法,是变质岩系统鉴别的主要工作之一。

一、变质岩结构的分类

变质岩的结构,主要与变质作用的类型和变质作用的强度有关,原岩的成分和结构也有一定的影响,尤其是对变质程度低的岩石。通常按变质成因和变质强度,将变质岩的结构分为变余结构、变晶结构、交代结构和碎裂结构四大类,再按矿物晶体大小、晶习与形状、相互包含穿插反应关系进行细分(表 7-1)。

表 7-1 变质岩结构分类表(据陈曼云等,2009,略改)

成因	细分标志	结构名称			
变余结构	原岩为沉积岩	变余角砾结构 变余泥质结构	变余砾状结构 变余生物碎屑结构	变余砂状结构	变余粉砂结构
	原岩为岩浆岩	变余半自形粒状结构 变余辉长辉绿结构 变余溶蚀结构 变余玻屑结构	变余斑状结构 变余嵌晶含长结构 变余火山碎屑结构 变余熔结结构	变余辉绿结构 变余间粒结构 变余晶屑结构	变余辉长结构 变余交织结构 变余岩屑结构

续表

成因	细分标志	结构名称			
变晶结构	矿物绝对大小	粗粒变晶结构(>3mm)	中粒变晶结构(1~3mm)	细粒变晶结构(1~0.1mm)	
		显微变晶结构(0.1~0.01mm)	隐晶质变晶结构(<0.01mm)		
	矿物相对大小	等粒变晶结构	不等粒变晶结构	斑状变晶结构	角岩结构
	晶习与晶体形状	粒状变晶结构	镶嵌粒状变晶结构	齿状粒状变晶结构	鳞片变晶结构
		柱状变晶结构	纤状变晶结构	放射状变晶结构	束状变晶结构
		扇状变晶结构	粒状片状变晶结构	粒状柱状变晶结构	片状柱状变晶结构
	包含穿插反应关系	包含嵌成变晶结构	筛状变晶结构	残缕结构	旋转结构
		雪球结构	穿插变晶结构	变质反应边结构	环礁状结构
		冠状结构	后成合晶结构		
交代结构	相互关系及交代强度	交代残余结构	交代蠕虫结构	交代净边结构	交代穿孔结构
		交代条纹结构	交代反条纹结构	交代蚕食结构	交代假象结构
		交代斑状结构	交代镶边结构	交代网状结构	
动力变质结构	显微变形	波状消光	变形纹	变形带	扭折带
		机械(变形)双晶	亚颗粒	核幔结构	动态重结晶
		静态重结晶	S-C面	矿物(云母)鱼	压力影
	碎裂结构	碎裂结构	压碎角砾结构	碎斑结构	碎粒结构
		碎粉结构			
	断层及糜棱结构	断层角砾结构	糜棱结构	超糜棱结构	碎斑玻基结构

二、常见变余结构

在变质作用轻微、原岩组分活动性极弱、重结晶不易进行的条件下,原岩的结构特征明显地保留下来,即形成各种变余结构(palimpsest texture)。对变余结构的观察应以原岩结构特征为基础,同时应注意变晶和形变等变质改造的标志,只有在保留原岩结构特征的同时,又有变质改造的标志,方可称其为变余结构。

正变质岩中的变余结构,可从长石形态等特征入手进行观察。正变质岩中长石类矿物常见,其来源有二:一是来自岩浆岩的"变余长石",二是来自变质作用的"变晶长石"。变余长石的特征是:自形程度一般较高,常具有或残存有长条状或板状形态;可有卡钠复合双晶;可具有熔蚀及碎裂边界的粗大(斑)晶体等。变晶长石的特征是:多呈不规则他形粒状;多呈镶嵌或呈缝合状接触关系(图7-1右)。

副变质岩中的变余结构,如某些云母片岩、变粒岩等,应特别注重碎屑和砾屑的特征。在变质作用下,原来的胶结物较易转变为细小的云母类等矿物,原岩中碎屑(石英、岩屑等)较难改变而常残存浑圆或棱角状的碎屑特征,有时还可辨认砂粒表面的氧化铁薄膜及自生加大边,据此可确定变余砂状结构或变余角砾结构(图7-1左、中)。

变余结构的命名是在原结构名称之前,加上"变余"二字即可(表7-1)。

变余结构主要发育在低级变质岩中,随着变质作用的加强,变余结构将演化为变晶结构。

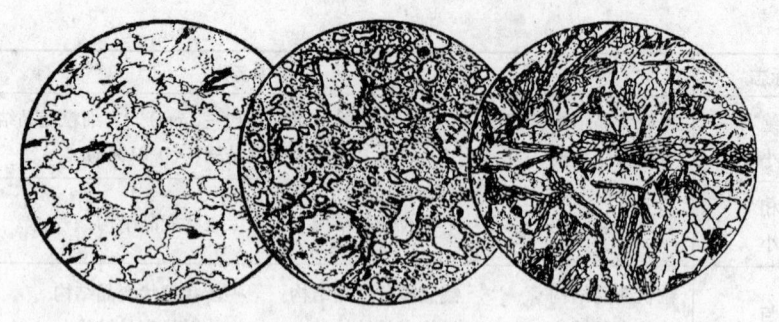

图7-1 变余砂状结构(左)变余砾屑结构(中)变余辉绿结构(右)

左,黑云变粒岩,河北迁安,$d=2.3mm$,单偏光,变余砂状结构,可见氧化铁膜及自生加大的痕迹;中,黑云变粒岩,河北迁安,$d=5.6mm$,单偏光,变余碎裂及角砾明显可见;右,斜长角闪岩,河南桐柏,$d=2.3mm$,单偏光,原岩中斜长石已被细小的斜长石所代替,角闪石部分被蚀变,但原辉绿结构仍可明显辨认

但某些不易被改造的粗大的角砾,有时也可出现在某些中高级变质岩石中,这些变余结构,对恢复中高级变质岩体的原岩类型和成因分析有重要意义。

三、常见变晶结构

基本上是在封闭的系统之中,通过系统内物质的重新分配组合而形成的结构,称为变晶结构(crystalloblastic texture),是区域变质岩和接触变质岩最主要的结构类型,在其他类型的变质岩中也广泛发育。

变质岩的变晶结构与岩浆岩的结晶结构非常相似,但二者却是迥然不同的两类结构。区别主要表现为:

(1)变质岩结构中常常含有或多或少的典型变质矿物,如红柱石、蓝晶石、十字石、硬绿泥石等,这些矿物多是分子体积小的岛状结构的硅酸盐矿物;岩浆岩的结构中一般无这些典型变质矿物而可出现高温的或SO_2不饱和的矿物,如β石英、透长石、霞石、白榴石等。

(2)变晶结构的矿物中常有多种固相包体而无气相及液相包体;岩浆岩结构的矿物中常含有气相及液相的包体。

(3)变晶结构的矿物是全晶质的,板片状、长柱状和纤维状矿物比例大,其长宽比常常较大,即使石英、长石等典型粒状矿物在变晶结构中也有不同程度拉"拉长"现象;岩浆岩结构中可有非晶质矿物,粒状矿物较多,板片状矿物的长宽比较小。

(4)变晶结构中的矿物常具有明显定向排列的特色或趋势;岩浆岩结构中定向排列较少见。

(5)变晶结构中矿物常有程度不同的波状消光或其他光性异常现象;岩浆岩结构中这些光性异常很少或无。

(6)具变晶结构的岩体的产状与岩浆岩的产状各不相同。依据上述这些矿物的、岩石的和岩体的特征不难将二者明确区分。

按变晶粒径的绝对大小,以3.0mm、1.0mm、0.1mm和0.01mm为分界,划分为粗粒、中粒、细粒、显微和隐晶质变晶结构。按相对大小分为等粒、不等粒、斑状变晶结构和角岩结构。按晶习和晶形,分为粒状、片(鳞片)状、纤维状等变晶结构(表7-1)。为准确表述变晶结构在粒径、自形程度和形态等方面的差异,在具体应用时常采用复合命名的方法。如细粒镶嵌粒状变晶结构、细粒缝合(或齿状)粒状变晶结构(图7-2中、右)。

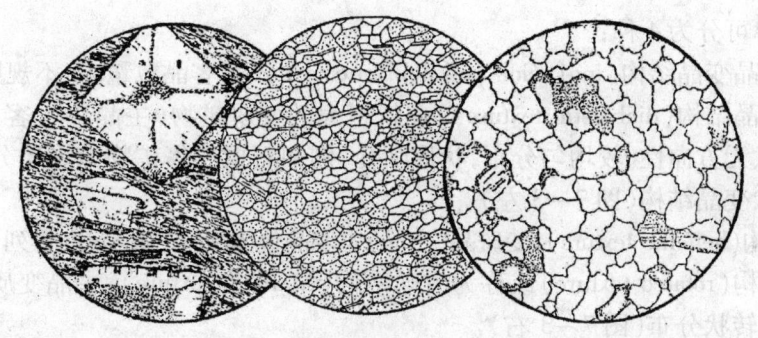

图 7-2　斑状变晶结构(左)细粒镶嵌粒状变晶结构(中)细粒缝合粒状变晶结构(右)(据 A. 哈克尔,1974)
左,空晶石板岩,坎伯特(英),$d=2.5mm$,单偏光,空晶石为变斑晶,基质中黑云母定向排列;中,白
云石大理岩,瑞士瓦莱,$d=3.2mm$,单偏光,方解石组成细粒镶嵌粒状变晶结构;右,石英岩,珀恩郡
(英),$d=2.0mm$,单偏光,石英组成细粒缝合粒状变晶结构,有少量白云母和黑云母

在手标本或在显微镜下观察变晶结构时,尤其应特别注意变斑晶的观测,即使其数量极少,也应作为观察的重点,因为变斑晶常常是结晶能力很强的特征变质矿物。首先应据变斑晶的有无,将其分为"斑状变晶结构"和(无斑)"变晶结构"。对后者按矿物由多至少的顺序和形态、大小、相互关系的序列依次进行观察描述。对前者要对变斑晶和基质分别进行观察描述。最后可根据变晶结构的分类定名原则,对变晶结构进行复合命名,岩石中无斑晶时复合命名的排列顺序一般为:"粒度—次要矿物形态—主要矿物形态—变晶结构";当两种粒径并存或两种形态并存时,按前少后多的形式复合命名,如"中细粒(或细中粒)"、"柱状粒状(或粒状柱状)";岩石中有变斑晶时复合命名的排列顺序一般为"基质为粒径—次要矿物形态—主要矿物形态—变晶结构的斑状变晶结构"或描述为"斑状变晶结构,基质为粒度—次要矿物形态—主要矿物形态—变晶结构"。

如某变质岩石的结构特征为:有少量石榴石变斑晶,基质中矿物以白云母和黑云母为主,石英次之,有少量长石,基质矿物的粒径 0.3~1.5mm,细粒居多。根据上述观察内容和变晶结构的定名原则,该岩石结构定名是"基质为中细粒粒状鳞片变晶结构的斑状变晶结构"或者"斑状变晶结构,基质为中细粒粒状鳞片变晶结构"。如上述变质岩中无石榴石变斑晶,则命名为:"中细粒粒状鳞片变晶结构"。

在变晶结构定名时应特别注意:

(1)不可将岩石中的变斑晶忽略而只写基质结构,即使岩石中变斑晶数量很少也不可省略。为此,在显微镜观察时,应先用低倍镜浏览整个岩石薄片,再用中、高倍镜详细观察,以免发生上述遗漏。

(2)不可把"粒度"和"粒状"两个具不同含义的术语混为一谈而略去"粒状"一词,如将"中细粒粒状鳞片变晶结构",描述为"中细粒鳞片变晶结构",这显然是一个错误的描述(此定名表明岩石中不含石英和长石等粒状矿物,与实际情况并不符合)。

(3)变晶结构的"变晶"两字不可遗漏,如将"斑状变晶结构"、"中粒变晶结构",误写为"斑状结构"、"中粒结构",则与岩浆岩的结构混为一谈,因此是错误的。

矿物之间相互包含、穿插及反应形成的变晶结构,较为多样,典型的如后述。

包含变晶结构(inclusion blastic texture),是在变质矿物中,特别是结晶力较强的变斑晶中,包含着粒度细小的包裹体,大的矿物晶体称为主晶,其中的细小包裹体称为客晶。按客晶数量及分布规律可分为4种：
(1)包含嵌晶变晶结构(inclusion poikiloblastic texture)，客晶数量少，不规则无方向分布。
(2)筛状变晶结构(diablastic texture)，在较粗大的变质矿物(主晶)中，客晶包体细小、浑圆状、数量较多、无方向性、较均匀分布，状似筛孔，例如石榴石等矿物中均匀分布着众多细小石英构成的筛状变晶结构(图7-3左)。
(3)残缕结构(helicitic texture)，变斑晶(主晶)中客晶包体断续分布、定向排列(图7-3中)。
(4)旋转结构(rotated texture)或称为雪球结构(snowball texture)，主晶变质矿物中客晶包体呈"S"型或旋转状分布(图7-3右)。

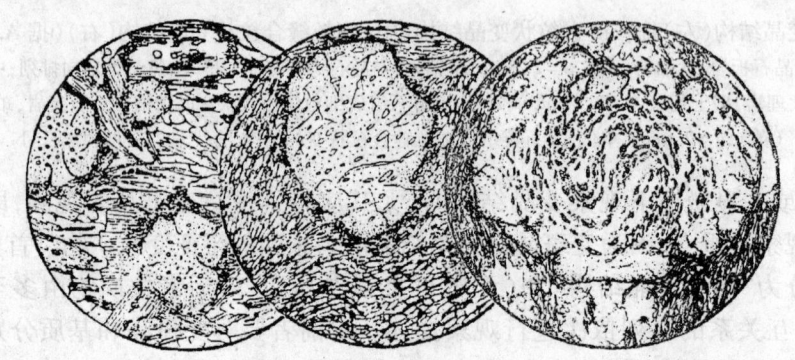

图7-3 筛状变晶结构(左)残缕结构(中)旋转结构(右)
左，二云母片岩，山西中条山，$d=2.5mm$，单偏光，变斑晶石榴石中有石英的包体组成筛状变晶结构，黑云母被绿泥石交代组成交代假象结构；中，石榴石云母片岩，$d=5.6mm$，单偏光，石榴石变斑晶中有定向分布的石英包体与片理断续相连残缕结构；右，石榴石黑云母片岩，山东新泰，$d=2.5mm$，单偏光，石榴石变斑晶中的石英包体呈"S"形分布构成旋转结构或雪球结构

残缕结构和旋转结构中客晶包体的排列方向与岩石中叶(或片)理方向之间的关系，可以帮助判别变斑晶矿物与构造变形之间的先后序次。一般认为具有旋转结构的变斑晶矿物是与岩石中叶理同时形成的同构造变斑晶。

穿插变晶结构(interpenetration blastic texture)，两种矿物相互穿插，组成嵌晶体，二者分别有各自的光性特征(如颜色、干涉色和消光位等)。

变质反应边结构(metamorphic reaction rim texture)，是变质反应不彻底，在早期的被反应矿物的周围有晚期的反应生成矿物，也称反应边结构(reaction rim texture)。可细分为以下几种：

(1)环状结构(collar texture)或称环礁状结构(atoll texture)，是早期被反应的矿物几乎完全被晚期的一种生成矿物所包围的变质反应边结构。

(2)冠状结构(corona texture)，早期被反应矿物的周围，有两种或多种晚期的生成矿物呈环状分布的变质反应边结构。

(3)后成合晶结构(symplectic texture)，早期被反应矿物的周围，有两种及多种晚期细小的生成矿物呈紧密交生状的变质反应边结构。

反应边结构既有早期被反应矿物的残留，也有晚期反应生成矿物围绕其生长，是变质岩石经受不同变质条件改造的依据，也是变质作用演化历史的部分记录。

上述包含变晶结构和变质反应边结构，只发生在变质岩的矿物晶体之间，通常只是局部的结构。在特殊情况下，如榴辉岩中的绿辉石和石榴石几乎均被晚期的闪石类和斜长石交生体所置换形成后成合晶结构时,才成为变质岩的主要结构类型。

四、常见交代结构

由交代作用所形成的结构统称为交代结构(metasomatic texture)。交代作用发生在开放体系中,即新生成矿物的部分物质(或全部)来源于体系之外,同时被交代矿物的部分物质(或全部)将从体系内部带出。因此交代作用和交代结构常沿破碎带或与之有关的蚀变带发育。交代结构中常常是新生成矿物与被交代矿物并存。交代矿物与被交代矿物的数量比例、形态特征、相互关系是交代结构的分类依据。常见交代结构如后述。

交代残余结构(metasomatic relict texture),是交代作用强烈,原有矿物绝大部分被新矿物取代,仅少部分呈细小、零星、不规则状晶体残留于新矿物中的结构。这些零星的原矿物细小晶体常保持着同时消光和统一解理等特征,以此与包含变晶结构相区别。

交代蠕英结构(metasomatic myrmekitic texture),是交代作用形成的新矿物呈细小、圆滑的"蠕虫"状嵌晶产出的结构。最常见的是在斜长石和钾长石接触带附近的斜长石晶体边缘带中,有石英呈细小蠕虫状嵌晶产出,这些细小石英嵌晶具有相同的干涉色和消光位,则称为交代蠕英结构。在横断面上,蠕虫状石英呈菜花状同心环状分布,一个蠕英结构可由一组或几组相同消光位的石英"蠕虫"组成,有时也可出现分层的现象,此时内侧的石英"蠕虫"较粗大而稀疏,外侧的较细长而密集(图7-4中)。

图7-4 交代穿孔结构(左)交代蠕英结构(中)交代净边结构(右)

左,混合花岗岩,河北迁安,$d=2.3mm$,正交偏光,石英呈浑圆状交代并分布于长石中为交代穿孔结构;中,混合花岗岩,河北迁安,$d=2.3mm$,正交偏光,微斜长石交代斜长石在斜长石的边缘出现蠕英石而成交代蠕英结构;右,阴影状混合岩,福建,$d=1.1mm$,正交偏光,斜长石边缘为钠长石的净边呈交代净边结构

关于蠕英石的成因有多种解释:

(1)An>16的斜长石交代钾长石析出多余的SiO_2形成;

(2)钾长石交代An<16的斜长石析出多余的SiO_2,在斜长石与钾长石接触的有限边缘部分形成蠕虫状次变边;

(3)石英交代斜长石形成;

(4)变质过程中生成的钠长石和石英两种不混溶的溶液分别而同时结晶形成;

(5)在应力作用下斜长石的分子体积缩小并析出SiO_2在斜长石中形成蠕英石,蠕英石的数量与斜长石的成分有关,酸性斜长石比中基性斜长石的为多。

交代净边结构(metasomatic edulcoration border texture),是交代矿物环绕(或部分环绕)被交代矿物边缘分布,二者成分相同或相近界线渐变的结构,如斜长石与微斜长石接触时,在斜长石的边部出现一圈仅数十微米宽的洁净亮边,成分比中心部分的斜长石更富含钠长石分子。

通常认为是钾长石交代斜长石过程中,局部产生残余的钠质流体沿颗粒边部活动,重新替代了斜长石中的少部分钙质和一些次生产物(如绢云母、泥质等)而形成的(图7-4右)。交代净边结构常伴随其他交代结构同时出现,很少单独存在。

交代穿孔结构(metasomatic perforation texture),是新生矿物沿原矿物的解理或其他超显微裂隙自内向外交代原矿物而形成的结构。新生(交代)矿物数量较少,呈细小的圆滴—乳滴状或不规则状,大小不一、分布不规,成分多样(可以是钾长石、斜长石、石英等),可有裂隙与外部矿物相通,穿孔的各颗粒消光位通常不一致(图7-4左)。

交代条纹结构(metasomatic perthitic texture),是钾长石晶体(主晶)中包裹了细小的不规则状的斜长石(客晶)而形成的结构。主晶和客晶两者交生状产出,各自具有不同的光学特征与消方位。当不规则的客晶斜长石条纹还与被交代的斜长石残余晶体相连时,是晚期钾长石交代早期斜长石形成的交代条纹结构。晚期斜长石沿早期钾长石的解理、缝隙交代亦可形成交代条纹结构。

交代反条纹结构(metasomatic antiperthitic texture),是斜长石晶体(主晶)中包裹细小的不规则状钾长石微晶(客晶)形成的结构。两者交生状产出、各具不同光学特征。

交代条纹结构与交代反条纹结构与岩浆成因的条纹结构十分相似,区别在于交代成因的条纹形态十分多样,有网脉状、枝叉状、线状、雁行状、串珠状、补片状、斑块状、云翳状,且条纹的大小、形态、条纹在主晶内的分布状况、条纹与主晶的数量比例均很不规则;在同一薄片的不同晶粒中有明显的差异。

图7-5 交代蚕蚀结构(左)及交代假象结构(右)
(据 A. 哈克尔)

左,混合花岗岩,斜长石被微斜长石交代,接触线犬牙交错,零星岛状斜长石残余散布微斜长石;中,内蒙丰镇,正交偏光,$d=2.3mm$;右,变质煌斑岩,英国阿伦自形角闪石被细粒黑云母集合体交代,长石表面开始变化,磷灰石未受波及,正交偏光,$d=2.4mm$

交代蚕蚀结构(metasomatic corrosion texture),是新生矿物交代原矿物时,两者间的接触界面呈锯齿、港湾或波状的交代结构,通常接触界线的尖角指向被交代矿物,也称为交代港湾结构。是交代发生初期交代作用微弱的产物(图7-5左)。

交代假象结构(metasomatic pseudomorphic textuxe),是交代作用十分强烈,原有矿物几乎全部被新矿物取代,仅保留原矿物的晶形、解理痕迹或"幻影"的结构(图7-5右)。

交代斑状结构(metasomatic porphyritic texture),由交代作用形成的新矿物,其晶体尺寸比周围其他矿物大许多的结构。多种矿物均可形成交代斑晶,常见者是碱性长石及酸性斜长石,多由碱质溶液沿岩石的裂隙及晶粒间渗入,在交代过程中与原岩的惰性组分结合,并不断地排出原岩的交代残余物质逐渐取得自己的空间位置和晶形,形成粗大的斑晶晶体。交代斑晶在混合岩中常见,可以是单晶,也可是集合斑晶(聚斑晶)。大小从几毫米至数厘米不等,晶形可以是自形板状晶,也多有呈卵状、豆状、眼球状、枣核状者。

交代镶边结构(metasomatic cyclopean-border texture),是长石、云母等矿物被其他矿物交代后,新矿物呈镶边状出现且依原晶体生长与主体矿物消光一致的结构,属同轴交代现象。如更长石晶体外缘出现的钾长石镶边,某些混合岩中黑云母也常可见钾长石、白云母或绢云母的镶边结构。与交代净边结构相似,交代净边结构属于交代残留结构的范畴,净边矿物与被交代矿物成分相同或相近。

交代网状结构(replacement reticulated texture),是新生矿物沿原矿物的不规则裂纹及两组以上解理逐步交代,将原矿物分隔成棱角状的结构。当交代进一步进行,使原矿物成为具有圆滑边缘的残留碎块时,可称为网环结构。

五、常见动力变质结构

当刚性的矿物及岩石所受应力超过其强度极限时,岩石本身及其中的矿物晶体均会发生晶格变形、破裂、移动,从而形成各种显微变形结构和各种碎裂结构。碎裂结构是动力变质岩最典型的结构类型,主要发育在地壳浅表层的断裂带和破碎带内。显微碎裂—变形结构的分布非常广泛,遍布各种变质岩及其他岩石类型中。

滑移是在应力作用下,矿物的晶格发生塑性错动,沿滑移面的位移是离子间距的整数倍,滑动前后晶格总体排列不变,但晶体的微观大小、形状及光性却有细微而明显的变化。常表现为:

(1)波状消光(undulatory extinction),是消光时的"灰黑色泽"在矿物表面呈不规则而变幻的波纹形、扇形或放射形分布的现象,在受应力作用的石英、方解石、长石等矿物内广泛发育;

(2)变形纹(deformation lamella)是发育在石英等矿物内的狭窄、密集、面状或透镜状的条纹,在单偏光、正交偏光下都可见到。

扭折带(膝折)(kink band)是在应力作用下发生晶格塑性扭动滑移从而在晶体内部形成方位不同的条带。扭折带中相邻区的界面清晰鲜明(图7-6中A)。

亚颗粒(subgrain structure)是正交偏光下转动物台时,矿物呈现特殊的不均匀消光现象,即一个颗粒被分割成许多错位很小(<5°)的不同消光区域。亚颗粒多见于石英、长石和橄榄石等矿物内(图7-6中B)。

压力影结构(pressure shadow)(图7-6中C),是在压性或压扭性应力作用下,较硬的矿物晶体抗住负荷压力,造成局部应力不均匀分布,与应力垂直的刚性晶体表面应力大而溶解(即压溶现象),与应力平行的晶体侧面及附近可形成张性空隙,压溶的物质就充填或沉淀于张性空隙中,而形成的眼球状或椭球形的结构。

碎斑结构(porphyroclastic texture),是较强的应力作用下,在破碎的岩石中残存少量较大的矿物碎屑如同"斑晶"状的结构(图7-6中D和图7-7中)。碎斑结构可明显分为碎斑和碎基两部分:其粗大的碎屑称为碎斑,多呈不规则透镜状、眼球状、豆荚状、拉长的菱形或不规则的撕裂状,多有不同程度的圆化,形态十分特殊,其长轴常具定向排列的趋势,碎斑内有显微碎裂纹及波状消光;碎斑周围的细小碎屑、粉末及糜棱物质称为碎基。这类结构有时与片理化相伴随,而使碎基部分具有一定程度的片理。

碎斑有时与变斑晶、变余斑晶和交代斑晶相混。

变斑晶是由变质反应和重结晶作用形成的颗粒相对粗大的矿物晶体,一般自形程度较好,可有或多或少的基质矿物的包体,多为结晶能力强的石榴石、蓝晶石、红柱石、十字石等,容易与碎斑互区别。

变余斑晶常具有岩浆岩斑晶的某些特征,如常具有较好的晶形、可有熔蚀结构的残留、晶体中大多没有基质矿物的包体。原岩是中酸性岩浆岩的变余斑晶多是石英、长石、角闪石和黑云母等,原岩是基性岩浆岩的变余斑晶多是斜长石和辉石、橄榄石等暗色矿物,经变质作用后,

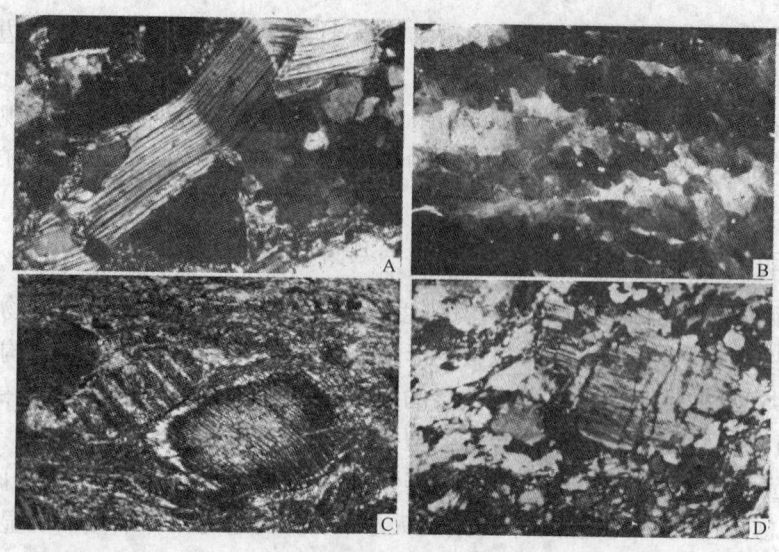

图7-6 常见的显微碎裂—变形结构(据张树业等,1985)

A,白云母石英岩,安徽枞阳,$d=0.7mm$,正交偏光,白云母扭折,扭折带内解理发生扭转;B,石英岩,河北蓟县,$d=2.97mm$,正交偏光,每个石英颗粒内出现不均匀消光区,包含若干个亚颗粒,亚颗粒聚集为平行串珠状条带;C,大理岩,安徽庐江,$d=1.86mm$,正交偏光,在应力作用下透镜状方解石斜列,侧面次生有对称生长(浅色区)形成的压力影结构;D,碎斑岩,新疆富蕴,$d=1.24mm$,正交偏光,斜长石碎斑被碎粒化的石英、长石及云母包围,碎斑内张裂纹发育,形成碎斑结构

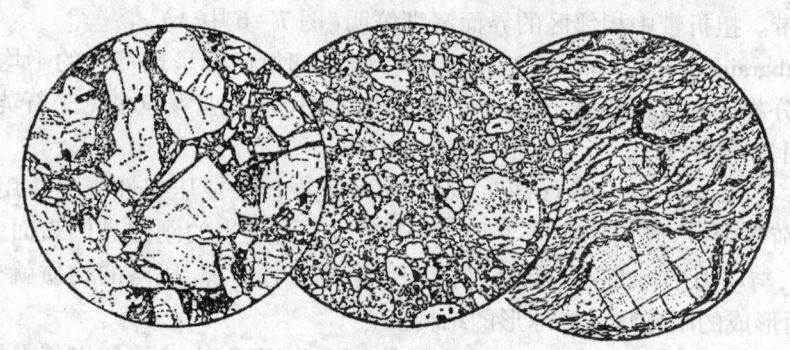

图7-7 碎裂结构(左)碎斑结构(中)及糜棱结构(右)(据A.哈克尔)

左,碎裂辉长岩,典型碎裂结构;中,花岗碎裂岩,典型碎斑结构;
右,花岗糜棱岩,典型糜棱结构;英国斯凯,单偏光,$d=2.48mm$

暗色矿物经常转变为蛇纹石、阳起石、绿泥石、绿帘石和方解石等蚀变矿物,在岩石中经常杂乱分布,据此可相互区别。

交代斑晶是由交代作用形成的相对基质颗粒粗大的矿物,交代斑晶比基质矿物形成晚,在岩石中分布不均匀,有时密集分布呈串珠状,经常有基质矿物的包体,包体的排列方向与基质定向构造一致。混合岩中的交代斑晶常常是长石,而在气液变质岩或矽卡岩中的交代斑晶多是各种变质矿物,据此可与碎斑相区别。

碎裂结构(cataclastic texture),是岩石受到较大应力作用,使岩石及矿物晶体发生裂隙,形成不规则的带有棱角的碎屑,碎屑之间有少量破碎形成的细粒及粉末的结构类型(图7-7左)。其中的细粒及粉末称为碎基,碎基的含量一般在10%~50%之间。在显微镜下观察,可见矿物的双晶有弯曲或位移、石英颗粒的波状消光等现象。若破碎作用再进一步加强，岩石几乎全部由细小碎屑或粉末组成，则称为碎粒结构和碎粉结构。

糜棱结构（mylonitic texture），是应力作用十分强烈时形成的结构，特点是原岩矿物几乎全部被破碎成微粒至粉末状的碎基，整体呈条带状或条痕状，常可见貌似"流纹"的"线理"及"条带"。有时可残存少量有变形、圆化和旋转迹象的透镜状或"眼球"状外貌的"碎斑"（图7-7右）。

六、变质岩构造的分类与典型构造的鉴别

变质岩的构造是指岩石中各组成部分的形态、在空间的分布和排列方式所显现的特征。一般依据其成因可分为三大类（表7-2）。

表7-2 变质岩常见构造分类表（据陈曼云等，2009）

变余构造		变成构造				混合岩构造
副变质岩有关	正变质岩有关	斑点状构造	瘤状构造	角砾状构造		网脉状构造
变余层理构造	变余杏仁构造	板状构造	千枚状构造	碎块状构造		细脉状构造
变余粒序构造	变余气孔构造	片状构造	片麻状构造	层或条带状构造		布丁状构造
变余斜层理构造	变余枕状构造	皱纹状构造	块状构造	褶皱构造		肠状构造
变余波痕构造	变余流纹构造	粒块状构造	条带状构造	眼球状构造		析离状构造
变余泥裂构造	变余条带构	条纹状构造		斑痕状构造		云雾状构
变余生物遗迹构造						

1. 变余构造

变余构造（palimpsest structure），是在变质作用微弱、或原岩组分的活动性极小变质作用不易进行的条件，原岩的矿物成分变化不大、原岩构造特征明显地保留下来，即形成各种变余构造。变余构造主要发育在低级变质岩中，但某些不易被改造、厚度较大、成分差异明显的变余层理，有时可出现在中高级变质岩石中。常见的变余构造有：

变余层理构造（blasto bedding structure），在副变质岩中常见，其特征是岩石中不同（矿物成分、结构和颜色）的部分之间具有平行的突变或渐变的界面。当原岩具粒序层理，受轻度变质改造即可形成变余粒序层理。

变余气孔构造（blasto vesicular structure）及变余杏仁构造（blasto amygdaloidal structure）是变质火山岩的特征构造之一。变余枕状构造（blasto pillow structure）原岩是水下火山岩的特征构造。

2. 变成构造

变成构造（metamorphic structure），是在岩石变质作用过程中，在内、外因素影响下经重结晶等变质作用而形成的构造。变成构造既受原岩化学组成的控制，又受变质作用因素所左右。常见的变成构造有如下一些类型：

斑点构造（spotted structure），是指低级接触变质岩中，由碳质、铁质及红柱石、堇青石等矿物的雏晶聚合而成的细小斑点。镜下为某些组分相对集中或粒度较周围有略粗的浑圆状或不规则状圆斑，散布于隐晶质基质之中。再经变晶与重结晶作用后，这些雏晶长大成微晶、集合体相应增大而在岩石表面呈小豆状突起时，则形成瘤状构造。斑点构造和瘤状构造是低温热

接触变质岩中轻微变质岩石的标志构造。

板状构造(或板状劈理)(slate structure or slate cleavage),是板岩的标型构造。黏土岩、凝灰岩等柔性岩石,在较强应力作用下形成的一组平行的破裂面(或称劈理),称为板状构造。其特征是:可沿板状劈理面剥离成平整而光滑的大块的薄板及薄片;原岩组分基本没有重结晶,仅有少量绢云母、绿泥石等新生矿物,使劈理面呈弱丝绢光泽;是在温度低而应力强的条件下形成,板状劈理面大多平行于原岩的层理,但在一些褶皱强烈的地区也可出现斜交层理或片理的局部滑劈理(图7-8)。

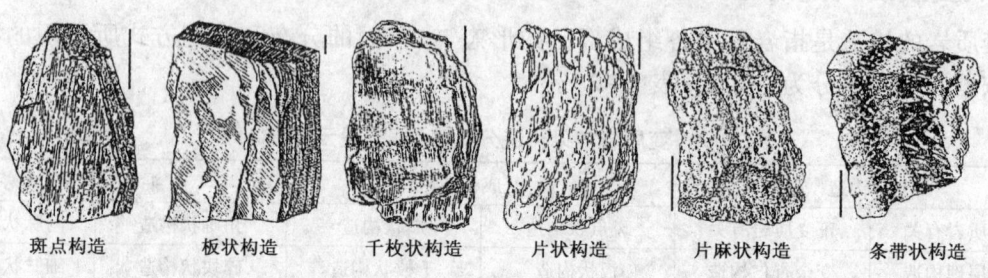

斑点构造　板状构造　千枚状构造　片状构造　片麻状构造　条带状构造

图7-8　变质岩常见构造素描图(图中标尺均为2cm)

千枚构造(phyllitic structure),是千枚岩的典型构造,常由黏土岩、粉砂岩和一部分凝灰岩等,在低级区域变质或区域动力变质作用下形成。其特征是:岩石中有关组分已经大部分重组合结晶成为细小的新矿物(如绢云母、绿泥石、石英、长石等);新生成矿物初具定向性排列;新矿物晶体细小肉眼难以辨认(粒度一般小于0.1mm);片理面上有强烈的丝绢光泽;有时可见具微小褶皱的微层理,其褶皱轴面相互平行,称为显微褶皱构造。千枚状构造以新生矿物数量多、片理面有强烈丝绢光泽、不能剥离成光滑的大块薄板、常可见微小褶皱与板状构造相区别。

片状构造(schistose structure),或称为片理(schistosity),是片状、柱状矿物数量多且定向排列所形成的构造(有时石英、长石等粒状矿物定向拉长也可形成片状构造)。组成片理的矿物粒径一般大于0.1mm,肉眼已能辨认。片理面有的平直,有的呈波状弯曲,仅可小范围剥离成片。柱状矿物平行排列且一向延长者称线理(lineation)。某些岩石可同时具有线理和片理构造,如角闪片岩。片理兼具皱纹者称为皱纹片状构造。片状构造以新生矿物晶体粒径肉眼可辨认(晶体粒径一般大于0.1mm)与千枚岩相区别;以新生矿物数量多、晶粒肉眼可辨认、不能剥离成光滑的大块薄板与板状构造相区别。

片麻状构造(gneiss structure),是在大量的粒状矿物之中,散布着少量片、柱状矿物,片、柱状矿物呈断续的定向排列所形成的构造,又称为片麻理。有时粒状的长英质矿物也会在定向应力的作用下被拉长,形成片麻状构造。原岩为泥质、泥灰质及中基性凝灰岩的区域变质岩中常出现片麻状构造。片麻构造以粒状矿物为主、长石居多、矿物晶体粒度较粗大、不能剥离成光滑的大薄板,与片状、千枚状、板状构造相区别。

条带状构造(striped structure),是变质岩的定向构造之一,以相同的矿物组合、结构、构造、颜色等相对集中和大致层状展布相间排列为特征,但组成条带的矿物既可以是定向排列的,也可以是不定向排列。如磁铁石英岩即由粒状磁铁矿和石英分别相对富集而形成薄的互层状条带(图7-8)。条带状构造的成因十分多样:可以是原岩的层理经变质作用形成;在应力作用下,片、柱状矿物在垂直压应力方向上相对集中分布也可形成;长英质矿物由于压溶作用发生熔融分异,再经重结晶可形成。在中深变质岩中条带状构造十分发育。条带构造与变余层理相似,后者仅见于较浅变质的副变质岩中、层面规整稳定、延伸方向与区域构造线方向无关、常伴有与沉积有关的变余结构,据此可相互区别。

块状构造(massive structure),以岩石中不见片理和片麻理等定向性构造、矿物成分及结构构造均匀分布、呈致密块状为特征。若变质岩主要由无定向分布的粒状矿物组成,则称为粒块状构造(nodular structure)。性质均匀的原岩在应力作用较弱、重结晶作用较强的条件下常可形成块状构造。

3. 混合岩的构造

混合岩的构造主要由浅色长英质脉体与暗色基体的形态和数量比例而显现,常和混合岩化作用的强度相联系,是混合岩分类的主要依据之一。常见的混合岩构造有:

眼球状构造(augen structure),是由浅色长英质沿片理呈眼球状团块、断续分布而形成的构造。眼球常由碱性长石、石英组成,大小不一,当眼球含量增多时,可成串珠状连接排列,并逐渐过渡为条带状构造(图7-9中d)。

当长英质脉体不规则地穿切基体,呈细脉状、分支状、网状分布时,则称网脉状构造(mesh-vein structure)。但脉体数量较少,宽窄不定,有时尖灭(图7-9中b)。

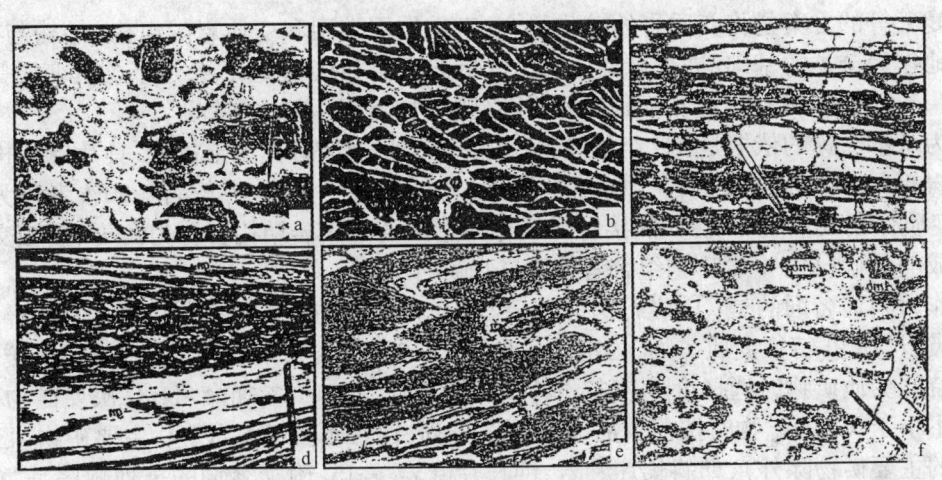

图7-9 混合岩常见构造类型素描图
a—角砾状构造;b—网脉状构造;c—条带状构造;d—眼球状构造;e—肠状构造;f—云雾状构造

当长英质脉体将基体分割包围,基体呈"角砾状"散布于脉体中则称为角砾状构造(brecciated structure)(图7-9中a)。在野外岩石露头上,角砾状可过渡到其他混合岩化的构造类型。原来变质岩受构造变动后成角砾,再经混合岩化作用,脉体贯入也可形成角砾状构造。

当淡红色或灰白色长英质成分呈条带定向展布相间排列时则形成条带状构造(图7-9中c)。混合岩化作用形成的条带状构造,均是由浅色的脉体和暗色的基体相间分布组成的,条带之间的界线较清楚,宽窄不一(细者数毫米、宽者数十厘米不等),变化不定(同一条带时宽时窄,相邻条带时而合并时而分开,与其他混合岩构造相邻并相互过渡转变),与岩浆岩中的条带构造容易区别。当长英质成分增多、基体被改造,暗色组分呈隐约可见的细纹状时,称为条痕构造。

肠状构造(ptygmatic structure)是混合岩地区特有的构造之一(图7-9中e),其特征是长英质脉体成复杂的"揉皱肠状"存在于基体中,在露头上常呈蛇形弯曲,弯曲方向多与基体的片理揉皱相一致。当肠状细密时,则称皱纹状构造。

云雾状构造（shady structure），也称为阴影状构造（图7-9中f），其特征是基体与脉体之间的界线已完全不清楚，有时只见交代残留的某些轮廓，成斑杂状或阴影状分布，进一步发展可成均质状的结构构造。

总之，混合岩的构造较为复杂多变，常在"野外露头"范围内就有多种不同的构造类型并存，并并相互过渡转换。据此容易与变成构造、变余构造和岩浆岩的构造相区别。

第三节 变质岩的分类命名与系统鉴定的观测内容

变质岩类型极其多样复杂，其分类与命名方案很多，并多有争议。在此仅对典型的有代表性的分类命名方案加以讨论。

一、陈曼云等的变质岩分类与命名方案

陈曼云、金巍、郑常青于2009年在"变质岩鉴定手册"中提出的变质岩分类与命名方案（表7-3）很有代表性。

陈曼云等的方案是将变质岩的矿物组合、变质作用类型和变质岩的组构（结构与构造）特征并列地作为分类的基础，进行分类。对于区域变质岩和接触变质岩，还依据其变质等级与程度作进一步细分。该方案对岩石命名的原则是"附加名词+基本名称"。

作为基本名称的依据是：① 组构特征，如具千枚状构造者称为千枚岩、具片麻状构造者称为片麻岩等；② 矿物组合与含量，如石英含量>50%者称石英岩、方解石>50%者称为大理岩等；③ 变质作用及地质环境，如热接触变质作用形成的具角岩结构者称为角岩、接触交代变质作用形成的具硅（矽）卡岩矿物组合者称为硅（矽）卡岩等。

可作为附加名词的是：① 岩石的颜色、粒度和特殊构造，如灰白色中细粒大理岩、条带状磁铁石英岩等；② 特征变质矿物，约定其含量小于3%时称"含某某"，大于3%时直接命名，当有多种特征变质矿物时选择含量较多、能反映变质条件的矿物参加命名；③ 次要矿物，当有多种含量不小于5%的矿物时按前少后多的顺序排列，通常不多于5种；④ 主要矿物（已成为基本名称的主要矿物除外），如斜长片麻岩、钾长片麻岩等；⑤ 附加名词的排列顺序是"（颜色+特殊构造+粒度）+特征变质矿物+次要矿物+主要矿物+基本名称"。

陈曼云等分类方案的突出特点是：

（1）将变质作用类型、变质岩的物质成分（化学成分和矿物成分）与变质岩的结构构造特征等三个要素全部置于一个分类表中，作为分类的主要依据，使分类表包含了更多有关变质岩的内容和信息。

（2）首次将区域变质岩、接触变质岩、部分气液变质岩、混合岩和动力变质岩综合列于同一分类表中，不同变质岩类之间的特性和共性在分类表中得以充分的显示。对不同变质岩类的矿物成分、组构特征具有较全面的总体概念。并解决了不同变质作用形成相同的矿物成分和组构特征的岩石命名问题（如白云母石英岩和云英岩、绿岩和青磐岩）。

（3）此方案分类表涵盖了自然界中绝大多数的主要变质岩石。

（4）作为鉴定变质岩石最重要的标志如矿物成分、组构特征等，在此变质岩分类表中较突出，在变质岩的鉴定中具有可操作性和实用性。但不同岩石类型的矿物含量分界线不十分明确，当岩石矿物组成处于"过渡带"时，分类命名则可有争议。

总之，陈曼云等的变质岩的分类与命名方案，是很全面完备的方案，但分类的依据及指标很多，野外现场应用不够简便，更适合室内研究应用。

表 7-3 变质岩分类表（据陈曼云等，2009）

化学类型	变质岩类型	矿物成分	区域变质岩		接触变质岩		部分气液变质岩	混合岩	动力变质岩	
				变余组构、变晶结构		变余组构、变晶结构、斑状和斑杂构造			碎裂组构	糜棱组构
				板状、千枚状、片状、片麻状、块状	块状	板状、千枚状、片状、片麻状	变余组构		角砾状组构	变晶糜棱组构，千枚状、片状、片麻状
泥质变质岩类		常见矿物：云母类、石英、长石，特征矿物：红柱石、蓝晶石、矽线石、十字石、堇青石、硬绿泥石、绿泥石、刚玉、方辉石	泥质板岩、绢云母千枚岩、云母片岩	白云母-二云母片岩、黑云母片岩、富铝片麻岩、长英质麻粒岩	角岩结构	斑点板岩、云母（云英云母）角岩、钾长、云母接触片岩、云母接触片麻岩	云英岩、绢英岩、黄铁绢英岩	交代结构、变余结构、变晶结构、混合岩和斑块状和斑杂构造	角砾状混合岩、脉状混合岩、条带状混合岩	碎裂岩化岩石（碎基<10%）、碎裂××岩（基质10%~30%）	糜棱岩化岩石（糜棱岩基质<10%）、初糜棱岩（基质10%~50%）、千糜岩
长英质变质岩类		主要矿物：石英、长石，次要矿物：白云母、黑云母、闪石类、辉石类、石榴石，有时含有红柱石、蓝晶石、矽线石、符山石、磁铁矿（赤铁矿）、石墨	砂质板岩、绢云母石英千枚岩、石英片岩、长英片岩、长英质麻粒岩	石英岩、长英变质砂砾岩	变质砂岩、粉砂岩	角岩化（或变质）砂岩及中酸性侵入岩和火山岩	砂卡岩	碎块（残块）状混合岩、层状条带状混合岩、雾迷（阴影）状混合岩	碎裂岩（碎基30%~50%）、碎裂角砾岩（碎基50%±）	糜棱岩（基质50%~90%）、超糜棱岩（基质>90%）
钙质变质岩类		以方解石、白云石为主，含方解石、白云石、透闪石、镁橄榄石、蛇纹石	片状大理岩	大理岩	接触大理岩	结晶灰岩		少见	碎斑岩（碎斑50%~70%）	糜棱片麻岩
钙镁硅酸盐变质岩类		方解石、白云石、透闪石、斜长石、符山石、钙铝榴石含有的岩石含蓝闪石、钙镁硅酸盐岩	钙质板岩、钙质千枚岩、钙镁硅酸盐岩	钙镁硅酸盐岩	钙镁硅酸盐角岩、片岩及片麻岩				碎粒岩（基质70%~90%）	
镁铁质（基性）变质岩类		绿帘石、阳起石、斜长石、石榴石、角闪石类、有时含方碳酸盐岩有蓝闪石、硬柱石、绿纤石、葡萄石、黑硬绿泥石	绿泥石、阳起石、绿帘绿泥片岩、斜长角闪片岩、斜长角闪岩、镁铁麻粒岩	绿泥岩、阳起岩、绿帘岩、绿片岩、角闪片岩	镁铁质接触片岩	角岩化或变质镁铁质火成岩、镁铁质泥灰岩	青磬岩	角砾状混合岩、脉状混合岩（复杂）、碎块状（条带状）混合岩、层状阴影状雾迷混合岩	碎粉岩（基质>90%）	
镁质（超铁镁）变质岩类		滑石、蛇纹石、透闪石、镁铁闪石类、金云母、镁美矿、辉石类、镁橄榄石	滑石片岩、蛇纹石片岩、蛇纹岩、直闪（透闪）片岩	滑石岩、蛇纹片岩、辉岩、镁橄榄岩	镁质基性岩屑砂岩	镁铁质角岩、镁铁质超镁铁岩	蛇纹石化岩	少见	当岩石具有玻璃质结构，碎斑玻基结构，假玄武玻璃，形成玄武玻璃	

— 193 —

二、国家标准推荐的变质岩分类与命名方案

中华人民共和国国家标准,变质岩岩石的分类和命名方案(GB/T 17412.3—1998)也是当前有代表性的变质岩分类命名方案。该方案的突出特色是:

首先,提出变质岩分类命名的一般原则是:

(1)变质岩的分类和命名,应以变质岩的岩石特征为基础。一定的变质岩石类型,应具有一定的矿物组成、含量及结构、构造等特征。

(2)同一变质岩石类型可以是多成因的。例如,片岩、片麻岩可以由区域变质作用形成,也可以由热接触变质作用,动力变质作用等形成。

(3)变质岩的分类和命名,既要划分标志和界限明确,又要符合自然界的内在联系;既要有科学性和系统性,又要简明实用。

(4)变质岩的分类和命名,应尽可能地与传统习惯用法一致,尽量采用国内外已通用的岩石名称。特定成因的变质岩类型,仍按传统习惯沿用。例如,角岩,硅(矽)卡岩等。

其次,变质岩石全名由"附加修饰词+基本名称"构成。基本名称反映岩石基本特征:矿物组成、含量及结构、构造特征。附加修饰词用以说明岩石的某些重要附加特征。可作为附加修饰词的有次要矿物、特征变质矿物、结构、构造及颜色等。

次要矿物作为附加修饰词的规定是:

(1)矿物含量为5%~10%时,用"含"字作前缀。

(2)矿物含量大于10%时,直接作为附加修饰词。

(3)当数种矿物含量都大于10%时,选择2至3种(最多不超过5种)比较重要的矿物,按含量增加的顺序(少前多后)排列,作为附加修饰词。

特征变质矿物作为附加修饰词的规定是:

(1)矿物含量小于5%时,加"含"字前缀。有些重要特征变质矿物含量小于5%,也可直接作为附加修饰词,如:空晶石、蓝闪石、紫苏辉石等。

(2)矿物含量大于5%时,直接作为附加修饰词。

(3)当岩石中含有两种以上特征变质矿物,而且其生成顺序符合一般规律时,选择生成最晚或具有最重要意义的矿物作为附加修饰词。例如,含有蓝晶石、十字石、石榴石的黑云母片麻岩,称为蓝晶黑云片麻岩。

参加岩石命名的矿物名称简化的规定是:

(1)在不引起误解的情况下,参加岩石命名的矿物名称,可以简化为两个汉字或一个汉字。如:斜长石简化为"斜长",微斜长石简化为"微斜",黑云母简化为"黑云",十字石简化为"十字",石榴石简化为"石榴"或"榴",绢云母简化为"绢云"或"绢",电气石简化为"电气"或"电",紫苏辉石简化为"紫苏"或"苏"等。

(2)简化后容易引起误解的矿物名称不能简化。如:白云母、白云石等矿物名称不能简化。

(3)岩石名称前附加修饰词的字数以偶数为宜。因此,有时由两个汉字组成的矿物名称不宜简化。例如:滑石片岩、云母片岩、辉石麻粒岩等岩石名称中的矿物名称不宜简化。

(4)附加修饰词"含"字后矿物名称应用全名,不要简化。

其三,国家标准以岩石的矿物成分、含量及结构、构造等基本特征为基础,将常见和比较常见的变质岩石划分为如下20类:① 轻微变质岩类(slightly metamorphic rocks);② 板岩类

(slates)；③ 千枚岩类(phyllites)；④ 片岩类(schists)；⑤ 片麻岩类(gneisses)；⑥ 变粒岩类(leptynites)；⑦ 石英岩类(quartzites)；⑧ 角闪岩类(amphibolites)；⑨ 麻粒岩类(granulites)；⑩ 榴辉岩类(eclogites)；⑪ 铁英岩类(magnetite quarzite)；⑫ 磷灰石岩类(apatitolites)；⑬ 大理岩类(marbles)；⑭ 钙硅酸盐岩类(calc-silicate rocks)；⑮ 碎裂岩类(cataclastic rocks)；⑯ 糜棱岩类(mylonites)；⑰ 角岩类(hornfels)；⑱ 矽卡岩类(skarns)；⑲ 气—液蚀变岩类(pneumato-hydrothermal altered rocks)；⑳ 混合岩类(migmatites)。每一类型变质岩再依据其特征作进一步细分类与综合命名。

显然，国标(GB/T 17412.3—1998)的变质岩分类命名方案较为简便，各类岩石的矿物组合都有明确的含量界限，可操作性强，因此获得较广泛的应用。本教程即采用此分类命名方案。

三、变质岩系统鉴定的观测内容与要求

变质岩系统鉴定的观察描述与岩浆岩类似，必须遵循手标本观察与薄片鉴定并重、野外观测与室内分析并举的原则。

1. 手标本的观察与描述

与岩浆岩类似，从宏观到微观的顺序逐一进行。具体内容是：

(1) 样品编号、产地层位、野外定名。

(2) 颜色的观测描述，可按"SY/T 5517—1992"的规定(见第六章第四节)，使用推荐的术语和方式进行描述记录。

(3) 构造的描述，注意主体构造与局部构造并重、定性描述与定量测定并重。

(4) 结构的观测，注意主体结构与局部结构并重、定性描述与定量测定并重。

(5) 矿物成分的观测，对主要矿物、特征变质矿物、次要矿物逐一进行，描述各矿物的形态、颜色、解理、硬度等主要特征，测定其粒径与含量。

(6) 其他特征，如比重、次生变化等。

(7) 岩石定名。

2. 薄片的观测与描述

薄片观测描述内容与岩浆岩类似，从微观到宏观的顺序逐一进行。对矿物成分的观测，总体上按由多至少的顺序进行。但特征变质矿物是变质岩极重要的标志，应该特别关注。因此，即使特征变质矿物的数量不多，或者含量极微，必须优先全面详尽的观测描述，这是变质岩薄片观测描述须注意的地方。

这一步的具体内容是：

(1) 样品编号、产地层位、野外定名(与手标本同)。

(2) 矿物成分的鉴别与描述，对特征变质矿物、主要矿物、次要矿物逐一进行，描述其形态、解理、颜色及多色性、突起、干涉色、消光特性等主要特征，测定其粒径与含量。

(3) 结构的观测，注意主体结构与局部结构并重、定性描述与定量测定并重。

(4) 构造的描述，着重微观构造的观测与描述。

(5) 确定岩石名称，由"附加修饰词+基本名称"组成。绘素描图或照相。

最后，初步分析判断矿物之间关系、确定矿物共生组合，初步分析变质条件、变质相带、变质等级(低级、中级、高级)及原岩类型。但是，对于每一件变质岩样品与薄片，均要求确定其变质条件、恢复原岩类型，往往是十分困难的，甚至是不可能的。如石英岩和大理岩，在任何变

质条件下均能稳定存在,其变质条件只可根据岩石的野外产状、与之共生的其他变质岩石的特征等资料,经过综合分析后才能确定。当然,依据样品的特征作出一些初步分析判断仍是必要的和可能的。

四、变质岩系统鉴定实例

该实例岩样的编号为 BY3725 号,产地为山西省中条山,野外定名为十字石白云母片岩。

1. 手标本描述

岩石新鲜面呈亮白色,风化面灰黄色。片状矿物白云母连续定向分布,形成典型片状构造。典型斑状变晶结构,变斑晶为十字石、石榴石和黑云母,基质为细粒粒状片状变晶结构。

特征变质矿物为十字石和石榴石,主要矿物为白云母和石英,次要矿物为黑云母。

其中:① 十字石,暗褐色,短柱状,横断面有时呈六边形和尖菱形,有时见十字形贯穿双晶,晶体长径可达 2cm 左右,含量约为 9%。② 石榴石,暗红褐色,粒状,粒径为 1mm 左右,含量为 5% 左右。③ 白云母呈亮白色,片状,一组解理完全,在岩石中连续定向分布,粒径小于 1mm,含量约为 53%。④ 石英,无色,油脂光泽,无解理,粒径小于 1mm,含量约为 30%。⑤ 黑云母,暗褐色,片状,一组解理完全,粒径 1mm 左右,含量为 3% 左右。

岩石综合定名,白色细粒石榴十字白云母片岩。

2. 显微镜下描述

特征变质矿物为十字石和石榴石,主要矿物为白云母、石英,次要矿物黑云母、斜绿泥石、叶绿泥石、钠长石,副矿物为电气石和磁铁矿。

十字石:自形晶,短柱状,横断面为菱形或六边形,粒度短径 2～4.6mm,长径 6～14mm。具鲜明的金黄色多色性,有一组不完全解理,正高突起;干涉色一级橙黄,平行消光,正延性;二轴晶负晶,$2V$ 角较大。在十字石晶体中有很多不规则细小石英包体,构成典型的筛状变晶结构。有的十字石晶体中的石英包体定向排列,其方向与基质的片理方向一致,形成残缕结构。十字石中偶见石榴石和黑云母的包体,含量 8%。

石榴石:自形—半自形粒状,粒度 0.34～2mm。浅褐色,无解理、裂纹发育,正高突起,均质体全消光。含有少量石英包体;沿晶体边缘和裂缝有极少量叶绿泥石分布,含量 3%。

白云母:半自形细小鳞片状,粒度短径 0.03～0.3mm,长径 0.3～0.14mm。无色,一组完全解理,具明显的闪突起;干涉色Ⅱ级红,平行消光;二轴负晶,$2V$ 角中等;含量 54%。

石英:粒状,粒度 0.04～0.18mm。无色且纯净透明,正低突起;常见波状消光,干涉色Ⅰ级灰白,石英颗粒间界线平直,有的呈 120°接触关系,有的石英稍有拉长,含量 31%。

黑云母:半自形片状、板状,板片的端面界线弯曲状,粒度 (0.3～1.1)mm × (0.6～2.4)mm,强多色性,$Ng = Nm$ - 黄褐色、Np - 浅黄色,一组解理极完全,正中突起;干涉色达Ⅲ级红,平行消光。在黑云母中有极少量石英包体。沿黑云母边缘及解理有少量叶绿泥石分布。在黑云母和石榴石晶体外围都有推开片理现象,有时可见压力影,反映黑云母和石榴石大多形成于结晶片理同时或稍早,含量 3%。

斜绿泥石:长条状,粒度 0.4～0.9mm;浅绿色,多色性不太明显,具一组完全解理;正低突起,干涉色呈Ⅰ级绿灰色(绿色是其本身颜色影响所致),斜消光,负延性。在斜绿泥石中有石英包体。斜绿泥石长条状晶体穿切片理,反映斜绿泥石形成于结晶片理之后,也晚于十字石、石榴石、黑云母、白云母和石英等矿物,含量 1%。

岩石中偶尔可见钠长石,以其二组完全解理、负低突起、聚片双晶可与石英区别。

副矿物电气石呈长柱状,横断面呈细小的球面三角形,绿褐色,正中突起,平行消光,负延性。铁矿物多为黑色不透明,不规则粒状,零星分布于岩石中,两者含量都很少。

蚀变矿物叶绿泥石,含量极少,具浅绿色多色性,呈蓝灰色异常干涉色,它大多是由黑云母转变而成,少量是由石榴石转变而来,为晚期退变质作用的产物。

岩石具斑状变晶结构、基质为细粒粒状鳞片变晶结构。十字石晶体中很多石英的包体,且无定向分布而形成筛状变晶结构。斜绿泥石和部分十字石变斑晶中石英包体定向排列,形成残缕结构。黑云母和石榴石变斑晶中有石英包体,数量少,分布无方向性,形成包含嵌晶变晶结构。石英常具有波状消光;局部石榴石和黑云母有推开片理的现象形而形成压力影结构。叶绿泥石交代黑云母和石榴石形成交代(蚕蚀)结构。

具片状构造,主要由细小白云母连续定向排列而成。

岩石定名:按国家标准,岩石主要由片状矿物白云母石英等矿物组成,片状矿物含量大于50%,长石数量极少,具有典型片状构造,基本名称为"白云母片岩",结合特征变质矿物的含量,综合命名为"石榴十字白云母片岩"。素描图见图7-10。

据岩石主要由白云母、石英组成并含有特征变质矿物十字石和石榴子石,反映其原岩化学成分中 Al_2O_3 和 SiO_2 的含量较高,并含少量 FeO 和 MgO,推测原岩类型可能为富铝系列的粉砂质粘土岩类。

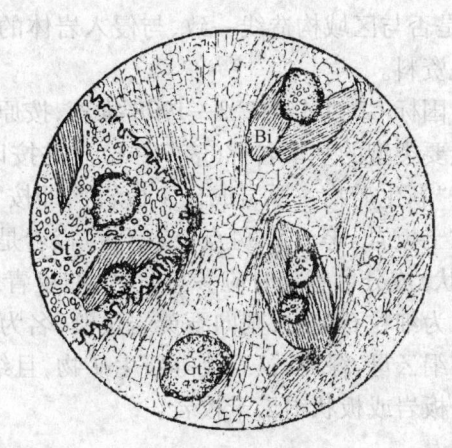

图7-10 石榴十字白云母片岩(据陈曼云,1990)
山西中条山,$d=5mm$,单偏光,变斑晶有十字石、石榴石、黑云母等,十字石具筛状变晶结构,基质为细粒粒状片状变晶结构

从矿物之间的关系分析,十字石、石榴石、白云母、石英及黑云母等矿物均彼此接触,应属于同一平衡共生的矿物组合。由于未见有红柱石、堇青石(同层位的相邻薄片有蓝晶石)推测可能形成于中温中压条件下。晚期低温矿物叶绿泥石和斜绿泥石的存在,反映后期有退化变质作用(相当于绿片岩相)的叠加。

第四节 区域变质岩主要岩石类型的鉴别

区域变质岩是自然界分布最为广泛的变质岩类型,由于原岩类型极其多样、变质因素十分复杂、地质环境各异,其岩石类型相应极其多样复杂。

一、板岩类的鉴别与综合命名

板岩(slate)是具有板状构造(板劈理)的低级变质岩石。板岩的主要特征是:

(1)是由黏土岩、粉砂岩、中酸性凝灰岩等细结构的柔性岩石,经轻微变质作用使原岩脱水而硬度增高所形成。

(2)矿物成分基本上没有重结晶或只有部分重结晶,基本保持原有的致密隐晶质状态,矿物组成与原岩类型有关,多为黏土矿物、粉砂级长石和石英等,少量新生矿物为细小石英、绢云母、绿泥石等(多集中于劈理面上),还可有少量杂质(碳质、钙质、硅质等)。

(3) 常具有变余泥质结构、变余粉砂结构、变余凝灰结构等不同的变余结构(与原岩类型有关)。

(4) 具有典型板状构造,劈(板)理面暗淡光泽到弱丝绢光泽,新生绢云母、绿泥石等越高,丝绢光泽越明显;可具有余层理构造、斑点构造、瘤状构造等多种变余构造及变成构造,劈理面与变余层理面的方向可一致、也可角度斜交(与变质时的应力方向和强度有关)。

板岩,是分布最为广泛的变质岩类型之一,在区域变质岩与热接触变质岩中均有大量产出。对板岩的观测,必须遵循手标本、野外现场观测与薄片鉴定并重的原则。以达到标本和薄片描述全面、定名准确,同时为成因分析提供详细的依据。

标本和薄片的观测描述内容,按本章第三节第三项的叙述进行。鉴于板岩的特殊性,尤其应注意变余结构、变余构造、特征变质矿物的观测与鉴别;还应注意野外产状的观测,含展布范围、是否与区域构造线一致、与侵入岩体的关系、相邻岩石的类型等,或者详尽收集野外产状的有关资料。

国标 GB/T 17412.3—1998 推荐,按原岩类型和构造特征的不同划分板岩的主要类型、确定主要类型的基本名称(表 7-4)。并按以下原则进行细分类与综合命名:① 板岩的综合命名是"新生矿物 + 原岩成分 + 板岩",即按"新生矿物 + 基本名称"的形式进行综合命名,如"绢云黏土板岩"等。② 斑点(或瘤状)板岩是同时具板状构造和斑点(瘤状)构造的板岩,若斑点(瘤状)成分可鉴定时应参与命名,如堇青斑点(瘤状)板岩。③ 硅质板岩中硅质 >80% 并已结晶为细粒石英时,则向石英岩过渡,名为石英板岩或板状石英岩。④ 当变质程度增高、出现较多绢云母、绿泥石、石英等新生矿物,且绢云母片略大、具弱千枚状构造时,可命名为千枚状绢云板岩或板状绢云千枚岩。

表 7-4 板岩主要类型的特征及基本名称(据 GB/T 17412.3—1998)

岩石类型	矿物成分	结构	原岩类型
黏土板岩	隐晶质黏土组成,有少量绢云母等	变余泥质结构	泥质岩
硅质板岩	隐晶质黏土组成,含硅质较多	变余硅质泥质结构	硅质泥质岩
粉砂质板岩	主要由粉砂级的长石、石英组成	变余粉砂结构	粉砂岩,泥质粉砂岩
钙质板岩	含钙质较多,可见显微粒状方解石	变余钙质泥质结构	钙质泥质岩,泥灰岩
碳质板岩	含较多碳质,部分转变为半石墨	变余碳质泥质结构	碳质泥岩,碳质页岩
凝灰质板岩	火山灰组成,少数被绢云母绿泥石替代	变余凝灰结构	中-酸性凝灰质岩石
斑点板岩	新生矿物雏晶集合体呈斑点状分布	变余泥质结构	泥岩,含钙泥岩

二、千枚岩类的鉴别与综合命名

千枚岩(phyllite)是具有千枚状构造的低级变质岩石。千枚岩的突出特征是:

(1) 原岩通常为细结构的柔性岩石,如泥(页)岩、含硅质(钙质、碳质)泥质岩、粉砂岩、中—酸性凝灰岩等。

(2) 是经区域低温动力变质作用或区域动力热流变质作用在低绿片岩相阶段所形成,在热接触变质条件下经低温重结晶作用也可形成。

(3) 原岩成分重结晶作用明显,主要由细小的绢云母、绿泥石、石英、钠长石等新生成的矿物组成,常含少量金红石、电气石、磁铁矿及碳质、铁质等,有时含少量黑云母、方解石、白云石微晶及硬绿泥石、锰铝榴石、绿帘石、蓝闪石、阳起石等细小变斑晶。

(4)具显微鳞片变晶结构、显微粒状鳞片变晶结构、显微鳞片粒状变晶结构、斑状变晶结构等结构类型(粒径小于0.1mm裸眼难以辨认)。

(5)具有千枚状构造,镜下片柱状矿物定向明显,片理面上具强丝绢光泽,剖面上常有细小褶皱。

(6)千枚岩的变质程度比板岩稍高,主要由绿泥石、绢云母等新生矿物组成,这些矿物在镜下可明显辨认区别,具多种变晶结构和千枚状构造,不能剥离成平整的大薄板,容易与典型板岩相区别。当然,也存在千枚岩与板岩、千枚岩与片岩之间过渡性质的岩石。

千枚岩,是分布最为广泛的变质岩类型之一,在区域变质岩类中广泛分布,在热接触变质岩等岩类中也有产出。千枚岩手标本和薄片的观测描述内容,按本章第三节第三项的叙述进行。鉴于千枚岩的特殊性,尤其应注意千枚状构造的发育特征,注意变余结构和变余构造的有无与类型,注意特征变质矿物的种类与数量,注意野外现场观测千枚岩的展布范围、是否与区域构造线一致、与侵入岩体的关系、与之共生的相邻岩石的类型等,或者详尽收集野外产状的有关资料。遵循野外现场观测、手标本观测、薄片鉴定紧密结合的原则,以达到观测全面、描述详尽、岩石定名准确、成因分析合理的目的。

国标 GB/T 17412.3—1998 推荐,按主要矿物成分和结构特征划分千枚岩的主要类型并确定基本名称(表 7-5)。

表 7-5 千枚岩主要类型的特征及基本名称(据 GB/T 17412.3—1998)

岩石类型	矿物成分	结构	原岩类型
绢云千枚岩	绢云母(>50%)、绿泥石、石英,可有少量钠长石、红柱石、硬绿泥石等	显微鳞片变晶结构,斑状变晶结构	泥质岩、酸性凝灰质岩等
绿泥千枚岩	绿泥石(>50%)、绢云母、钠长石、榍石(白钛矿),可有硬绿泥石、绿帘石、微晶黑母、蓝闪石、阳起石等	显微鳞片变晶结构,显微粒状鳞片变晶结构	中基性凝灰质岩石
石英千枚岩	绢云母、绿泥石、石英(>50%)、钠长石等	显微鳞片粒状变晶结构	粉砂岩、泥质粉砂岩
钙质千枚岩	方解石或白云石(富含)、绢云母、绿泥石,有时含石墨	显微粒状鳞片变晶结构或显微鳞片粒状变晶结构	钙质泥岩、泥灰岩、泥灰质白云岩等
碳质千枚岩	绢云母、石英、富含半石墨及石墨	显微鳞片变晶结构	碳质泥质岩

国标还推荐,依据特征变质矿物、次要矿物等按下述原则进行细分类与综合命名:

(1)绢云千枚岩、绿泥千枚岩和石英千枚岩的命名按"特征变质矿物+主要鳞片状矿物+(粒状矿物)+千枚岩"进行命名(表 7-6),如"绢云石英千枚岩"等。

(2)钙质千枚岩和碳质千枚岩的命名,依据矿物组合按"次要矿物(或杂质成分)+主要矿物+千枚岩"进行命名。如"方解绢云千枚岩"、"碳质绢云千枚岩"等。

(3)当出现特征变质矿物时直接参加命名,如"蓝闪钠长绿泥千枚岩"等。

(4)当岩石中出现铁铝榴石、十字石等特征变质矿物,或基质中出现大量云母类矿物,而仍具有千枚状构造时,可称为"千枚状片岩"(千枚岩与片岩之间的过渡类型岩石)。

表7-6 绢云千枚岩、绿泥千枚岩和石英千枚岩的细分类及综合命名(据 GB/T 17412.3—1998)

粒状(石英+钠长石)		绢云母	绿泥石	绢云母>绿泥石	绢云母<绿泥石
<50%①		绢云千枚岩	绿泥千枚岩	绿泥绢云千枚岩	绢云绿泥千枚岩
≥50%②	石英>钠长石	绢云石英千枚岩	绿泥石英千枚岩	绿泥绢云石英千枚岩	绢云绿泥石英千枚岩
	石英<钠长石	绢云钠长千枚岩	绿泥钠长千枚岩	绿泥绢云钠长千枚岩	绢云绿泥钠长千枚岩

注:① 适用于绢云千枚岩类和绿泥千枚类的细分类,共同特征是片状矿物(柱状矿物极少)含量不小于50%、粒状矿物含量小于50%,以片状矿物命名,两种片状矿物共存时按前少后多排列参与命名。② 适用于石英千枚岩类的细分类,以粒状矿物含量不小于50%、片状矿物含量不小于30%(柱状矿物极少)为特征,主要粒状矿物和片状矿物均参与命名,两种片状矿物并存时按前少后多的形式参与命名。

三、片岩类的鉴别与综合命名

片岩是具有明显片状构造的低—中级变质岩石。其突出特征是:

(1)原岩类型多样,可有泥岩、粉砂岩、基性硬砂岩、凝灰岩、泥灰岩、泥质云岩、基性熔岩、酸性熔岩等细粒至中粒结构的岩石,多样的原岩造就了片岩的多样性。

(2)经区域低中温动力变质作用或区域动力热流变质作用于绿片岩相至角闪岩相阶段所形成,低温高压变质作用在蓝片岩相阶段也可形成,热接触变质中温重结晶作用还可形成。

(3)主要由白云母、绿泥石、黑云母、滑石、蛇纹石、普通角闪石、石英等组成,还常含有红柱石、蓝晶石、堇青石、十字石、石榴石、硬绿泥石、绿帘石、直闪石、阳起石、蓝闪石等特征变质矿物,并含少量钠长石、斜长石、方解石、白云石、菱镁矿、磷灰石、锆石、榍石等。不同种类的片岩,矿物组合类型有很大变化(与原岩类型有关),但其片状及柱状矿物的含量高(一般大于50%,至少大于30%),长石的含量低(小于25%)。

(4)重结晶作用强烈,新生成矿物均达细晶(少数达中晶),常具有细粒鳞片变晶结构、细粒粒状鳞片变晶结构、细粒鳞片粒状变晶结构、斑状变晶结构等结构类型。有时出现交代结构和应力作用产生的结构类型。

(5)具有片状构造,片柱状矿物定向明显。在特殊条件下也可有变余构造。

(6)片岩的变质程度比千枚岩高,主要由绿泥石、白云母、黑云母、角闪石等新生的片状及柱矿物组成,矿物粒径一般大于0.1mm,裸眼容易辨认,具有多种细粒至中粒的变晶结构和片状构造,是与典型的千枚岩及板岩区别的重要特征。当然,还存在介于片岩与千枚岩、片岩与片麻岩之间的过渡类型岩石,需要通过野外产状与显微镜下特征的综合分析,才能合理地确定其类型和成因。

片岩是分布最为广泛类型最为多样的变质岩类型之一,在区域变质岩类中广泛发育,在热接触变质岩等岩石类型中也有产出。片岩手标本和薄片的观测描述内容,按本章第三节第三项的叙述进行。鉴于片岩的特殊性,尤其应注意片状构造的发育特征、变余构造的有无与类型;注意新生成矿物的组合类型与特征变质矿物的种类与数量;注意变晶结构的类型与特征,注意交代结构、应力结构和变余结构等的有无与类型;注意野外现场观测片岩的展布范围、是否与区域构造线一致、与侵入岩体的关系、与之共生的相邻岩石的类型等,或者详尽收集野外产状的有关资料。遵循野外现场与室内观测并重、手标本宏观鉴别与薄片微观鉴定紧密结合的原则,以达到观测全面、描述详尽、岩石定名准确、成因分析合理的目的。

国标 GB/T 17412.3—1998 推荐,按主要矿物成分划分片岩的主要类型,确定各主要类型的基本名称(表7-7)。

表7-7 片岩主要类型的特征及基本名称(据 GB/T 17412.3—1998)

岩石类型	矿物成分	结构	原岩类型
云母片岩类	由白云母、黑云母、石英、长石组成,可含红柱石、蓝晶石、铁铝榴石、堇青石、十字石等	粒状鳞片变晶结构	泥岩、泥质砂岩、粉砂岩、酸性熔岩和凝灰岩等
钙硅酸盐片岩类	由方解石、云母①组成,可有一定数量的绿泥石、硬绿泥石、黑云母、石榴石、白云石等	中细粒粒状鳞片变晶结构	钙质泥岩、泥灰岩、泥质白云岩、英安质凝灰岩
绿片岩类	由绿泥石等②绿色矿物(>40%)、钠长石、石英等组成,可有少量云母类、碳酸盐类及榍石、磷灰石、锆石、磁铁矿等	鳞片变晶结构、粒状鳞片变晶结构或纤状变晶结构	基性熔岩、凝灰岩、基性硬砂岩及富铁质白云质灰岩等
镁质片岩类	由蛇纹石、绿泥石、滑石等组成,次要矿物有阳起石、帘石、菱镁矿、石英等③	鳞片变晶结构或纤状变晶结构	超镁铁岩、极富镁的碳酸盐岩等
闪石片岩类	由普通角闪石、直闪石、透闪石、阳起石和石英组成,少量斜长石、绿帘石、黑云母等	柱状、柱粒状或纤状变晶结构	基性火山岩、铁镁质泥灰岩等
蓝闪片岩类	由蓝闪石、铝铁闪石、钠闪石、钠铁闪石、硬柱石、硬玉、硬玉质辉石、石英、绿纤石④	细粒鳞片变晶结构或纤状变晶结构	基性火山熔岩、凝灰岩、基性硬砂岩等

① 含珍珠云母、白云母、钠云母等矿物;② 含绿帘石、黝帘石、阳起石;③ 随着变质程度增高,可出现透闪石、镁铁闪石和直闪石等;④ 还有绿泥石、方解石、文石组成,有时有钠长石、绿帘石、阳起石、石榴石、黑硬绿泥石、红帘石等矿物,以含蓝闪石或硬柱石、硬玉等低温高压变质矿物为特征。

国标 GB/T 17412.3—1998 还推荐,依据特征变质矿物和次要矿物等的不同,对各主要片岩类型进行细分类及综合命名:

(1)云母片岩类,根据片状矿物与粒状矿物的相对含量,按"片状矿物+(粒状矿物)+片岩"的形式综合命名(表7-8),如"长石二云母片岩"等。

表7-8 云母片岩类的细分类及综合命名(据 GB/T 17412.3—1998)

粒状矿物(%)		片状矿物含量不小于30%		
石英+长石含量	长石含量	白云母	黑云母	白云母+黑云母
≤50	<10	白云母片岩	黑云片岩	二云片岩
	10~25	长石白云母片岩	长石黑云母片岩	长石二云片岩
>50	<10	白云母石英片岩	黑云石英片岩	二云石英片岩
	10~25	长石白云母石英片岩	长石黑云母石英片岩	长石二云石英片岩

注:长石>25时过渡为云母片麻岩。定名时应写明长石种类,如"更长黑云片岩"、"钠长二云片岩"

(2)钙硅酸盐片岩类、镁质片岩类及蓝闪片岩类,根据矿物组合按"次要矿物+主要矿物+片岩"的形式综合命名,如"绿帘云母方解片岩"、"滑石蛇纹片岩"、"绿帘硬柱蓝闪片岩"等。

(3)绿片岩类,按"次要矿物+含量最多的绿色矿物+片岩"的形式进行命名。如"钠长绿帘绿泥片岩"等。

(4)闪石片岩类,按"次要矿物+闪石种类+片岩"的形式命名(表7-9),如"斜长透闪片岩"等。

(5)当有特征变质矿物时按规定参加命名。如"十字二云片岩"等。

表7-9 闪石片岩类的细分类及综合命名（据 GB/T 17412.3—1998）

粒状矿物含量(%)		闪石含量>40%			
		角闪石	透闪石	阳起石	直闪石
斜长石+石英≤50	斜长石<10	角闪片岩	透闪片岩	阳起片岩	直闪片岩
	斜长石≥10	斜长角闪片岩	斜长透闪片岩	斜长阳起片岩	斜长直闪片岩

注：本类岩石中的斜长石多为钠长石或更长石，定名时应写明长石的种类，如钠长阳起片岩

四、片麻岩类的鉴别与综合命名

片麻岩是具有片麻状构造的中—高级变质岩石。片麻岩的突出特征是：

（1）原岩类型多样，可有富铝（富钙）泥（页）岩、粉砂岩、长石砂岩、硬砂岩、钙质砂岩、凝灰岩、基性至酸性熔岩等细粒至中粒结构的岩石，形成了片麻岩类型的多样性。

（2）经区域中高温动力变质作用或区域动力热流变质作用于角闪岩相至麻粒岩相阶段所形成，在热接触变质条件下经中高温重结晶作用也可形成。

（3）主要由钾长石、酸性至基性斜长石、石英等组成，不同程度含有特征变质矿物：硅（矽）线石、蓝晶石、石榴石、董青石、刚玉、透辉石、紫苏辉石等，次要矿物常有黑云母、白云母、普通角闪石、方解石、绿帘石、电气石等。不同的片麻岩类型，矿物组成有较大的变化，但其片状与柱状矿物的总含量低，<30%，长石与石英的总量居多（至少>50%），且长石的含量>25%。

（4）重结晶作用强烈，变晶粒径一般>0.5mm，常可达到中晶至粗晶粒径，发育中粒粒状变晶结构、中粒片状粒状变晶结构、中粒柱状粒状变晶结构、斑状变晶结构等结构类型，也常见交代结构、应力作用形成的结构等。

（5）具有片麻状构造，其中少量分散的片状柱状矿物定向性明显，长石和石英等粒状矿物常沿片理方向不同程度的"拉长"，特殊条件下可有多种变余构造类型。

（6）片麻岩以矿物粒径一般大于0.5mm、长石含量高（大于25%）、片状矿物含量小于30%（柱状矿物含量小于40%），具有典型片麻状构造，容易与典型的片岩及千枚岩、板岩相区别。在一定条件下，也可形成片麻岩与片岩等岩石过渡的岩石类型。

片麻岩，是最常见的变质岩类型之一，在区域变质岩中广泛分布，在热接触变质岩类中也有产出。片麻岩手标本和薄片的观测描述内容，按本章第三节第三项的叙述进行。鉴于片麻岩的特殊性，尤其应注意片麻状构造的发育特征、变余构造的有无与类型；注意特征变质矿物的种类及数量、长石与石英特征与比例；注意变晶结构、交代结构、应力有关的结构和变余结构和的有无与类型；注意野外现场观测，片麻岩的分布范围、与区域构造线及与侵入岩体的关系、与之共生的相邻岩石的类型等，或者详尽收集野外产出状况的有关资料。遵循野外现场调查、手标本观测与薄片微观鉴定紧密结合的原则，以达到观测全面、描述详尽、岩石定名准确、成因分析合理的目的。

国标 GB/T 17412.3—1998 推荐，按主要矿物成分划分片麻岩的主要岩石类型，确定其基本名称（表7-10）。

表7-10 片麻岩主要类型的特征及基本名称（据 GB/T 17412.3—1998）

岩石类型	矿物成分	结构	原岩类型
云母片麻岩类（富铝片麻岩）	由钾长石、中酸性斜长石、石英和云母组成，常有矽线石、蓝晶石，硅不足时有刚玉	鳞片粒状变晶结构，斑状变晶结构	富铝的泥质岩石

续表

岩石类型	矿物成分	结构	原岩类型
碱长(二长)片麻岩类	由钾长石、酸性斜长石、石英及少量黑云母或角闪石组成，有时有石榴石、电气石等	鳞片粒状变晶结构	长石砂岩、酸性熔岩、凝灰岩、花岗岩
斜长片麻岩类	由中酸性斜长石、石英、黑云母、普通角闪石或透辉石、紫苏辉石等组成	鳞片粒状变晶结构，变晶粒度变化较大	中酸性熔岩、凝灰岩、粉砂岩或硬砂岩
角闪片麻岩类	主要由普通角闪石、斜长石、石英及少量黑云母、辉石等组成	柱状粒状变晶结构	中基性火山岩、凝灰岩及相当的沉积岩
透辉片麻岩类（钙质片麻岩类）	由透辉石、中基性斜长石、石英及角闪石、黑云母、紫苏辉石组成，常含钙铝榴石、方柱石、方解石、绿帘石等	柱状粒状变晶结构	钙质页岩、钙质砂岩及砂质灰岩

国标还推荐，依据长石类型、片状和柱状矿物的不同按如下原则进行细分类与综合命名：

（1）云母片麻岩类（含碱长片麻岩类和斜长片麻岩类之中有黑云母的种属），按表7-11进行细分类并综合命名。

表7-11 云母片麻岩的细分类及综合命名（据 GB/T 17412.3—1998）

粒状矿物(%)		片状矿物 10% ~ 30%		
总计	长石种类	白云母	黑云母	白云母+黑云母
长石+石英>50 长石>25	钾长石 斜长石 钾长石+斜长石	白云母钾长片麻岩 白云母斜长片麻岩 白云母二长片麻岩	黑云钾长片麻岩 黑云斜长片麻岩 黑云二长片麻岩	二云钾长片麻岩 二云斜长片麻岩 二云二长片麻岩

注："二云"或"二长"表示两种云母或两种长石含量相近或均大于10%；具体命名时应写明长石种类，如二云微斜片麻岩、黑云更长片麻岩等。

（2）角闪片麻岩类，根据角闪石和斜长石含量进行细分类，有二种情况：其一，角闪石含量不小于斜长石含量者，称为斜长角闪片麻岩；其二，角闪石含量小于斜长含量者，称为角闪斜长片麻岩。命名时区分斜长石种类，如"中长角闪片麻岩"、"角闪更长片麻岩"等。

（3）各类型片麻岩中的次要片、柱状矿物和特征变质矿物可按"特征矿物＋次要矿物＋基本名称"的形式进行综合命名，如"紫苏黑云角闪斜长片麻岩"、"蓝晶角闪黑云斜长片麻岩"、"石榴透辉中长片麻岩"等。

根据原岩类型不同，片麻岩还可分为正片麻岩和副片麻岩两种类型。随着变质程度的加深，二者的区分较为困难。在恢复原岩性质时，应着重参考以下标志：

（1）副片麻岩常呈层状产出，其片理、条带常与两侧浅变质岩或沉积岩的层理基本一致，并逐渐过渡；而正片麻岩则常呈规则的封闭外形，与围岩接触界线不规则，片理产状很不固定。

（2）副片麻岩即使变质很深时，原有交错层、韵律层或某些重矿物形成的细层仍可不同程度地保存；正片麻岩则无这些特点，但可残留部分流纹、气孔、杏仁等构造。

（3）副片麻岩常夹有薄层或透镜状的大理岩、石英岩或石墨片岩等副变质岩，正片麻岩一般不与这些岩石共生。

五、变粒岩类的鉴别与综合命名

变粒岩是指主要由长石和石英组成的细粒粒状变质岩石。变粒岩的突出特征是：

(1) 原岩主要为细结构的富硅铝而贫铁镁的岩石，如粉砂岩、长石砂岩、硬砂岩、凝灰岩、中酸性熔岩等。

(2) 是经区域低中温动力变质作用或区域动力热流变质作用所形成，在热接触变质条件下经低中温重结晶作用也可形成。

(3) 主要由钾长石、酸性至中性斜长石、石英等组成，多少有一定量的特征变质矿物硅（矽）线石、石榴石、堇青石、透辉石、紫苏辉石等，次要矿物常有黑云母、白云母、普通角闪石、方解石等。不同的变粒岩其矿物组成有较大的变化，但其片状与柱状矿物的总含量低，总含量<30%，长石与石英的总量居多（至少>50%），且长石的含量均>25%。

(4) 重结晶作用较强，变晶粒径一般0.1~0.5mm，有时达1mm以上，常发育细粒粒状变晶结构、细粒鳞片粒状变晶结构，也可见交代结构、应力成因的结构等。

(5) 经常具有块状构造，有时具有弱片麻状构造（少量分散的片状柱状矿物，具有不十分明显的定向性），特殊条件下有多种变余构造类型。

(6) 变粒岩以长石含量高（>25%）、片状及柱状矿物含量低（<30%），具典型块状构造，容易与典型的片岩、千枚岩、板岩相区别；以矿物粒度较细（粒径一般小于0.5mm）、具块状构造或弱片麻状构造与片麻岩相区别。变粒岩常可形成向片麻岩过渡或向片岩过渡的岩石类型，这些过渡类型岩石的区别，则须从矿物组合及含量、结构构造特征与野外产状等综合判断才可确定。

变粒岩是区域变质岩中最常见的岩类型之一，在热接触变质岩类中也有产出。变粒岩手标本和薄片的观测描述内容，按本章第三节第三项的叙述进行。鉴于变粒岩的特殊性，尤其应注意长石的含量与类型、片状与柱状矿物含量与类型、特征变质矿物的种类与数量；注意块状构造、弱片麻状构造、片麻状构造及片状构造的区别；注意变晶结构的晶粒大小、交代结构与应力成因结构的有无与类型；注意野外现场观测变粒岩的分布范围与方向、是否与区域构造线一致、与侵入岩体的关系、与之共生的相邻岩石的类型等，或者详尽收集野外产状的有关资料。遵循野外现场观测、手标本观察与薄片微观鉴定紧密结合的原则，以达到观测全面、描述详尽、岩石定名准确、成因分析合理的目的。

国标还推荐，据特征变质矿物及次要矿物的种类进行细分类及综合命名：

(1) 变粒岩类，按"片、柱状矿物+长石种类+变粒岩"的形式细分类并综合命名（表7-13）。

(2) 浅粒岩类，按"长石种类+浅粒岩"的形式综合命名，如"微斜浅粒岩"等。

(3) 次要矿物和特征变质矿物，分别按"特征变质矿物+次要矿物+基本名称"的形式综合命名，例如"黑云角闪更长变粒岩"、"硅线二长浅粒岩"等。

国标GB/T 17412.3—1998推荐，根据矿物组合及含量将变粒岩划分为两类，并以变粒岩和浅粒岩为基本名称（表7-12）。

表7-12 变粒岩主要类型的特征及基本名称（据GB/T 17412.3—1998）

岩石类型	矿物成分(%)			结构与构造	原岩类型
	长石+石英	长石	片、柱状矿物		
变粒岩类	70~90	>25	10~<30	细粒粒状变晶结构，鳞片粒状变晶结构，块状或弱片麻状构造	粉砂岩，岩屑砂岩，中酸性火山熔岩和凝灰岩等
浅粒岩类	>90	>25	<10	细粒粒状变晶结构，块状构造	长石砂岩，酸性火山熔岩和凝灰岩等

表 7-13 变粒岩的细分类及综合命名(据 GB/T 17412.3—1998)

(长石十石英)≥70% 长石＞25%	片柱状矿物＜30%			
	白云母十黑云母	黑云母	角闪石	透辉石
钾长石	二云钾长变粒岩	黑云钾长变粒岩	角闪钾长变粒岩	透辉钾长变粒岩
斜长石	二云斜长变粒岩	黑云斜长变粒岩	角闪斜长变粒岩	透辉斜长变粒岩
钾长石十斜长石	二云二长变粒岩	黑云二长变粒岩	角闪二长变粒岩	透辉二长变粒岩

注:"二云"或"二长"表示两种云母或两种长石含量相近或均大于10%;当片、柱状矿物含量5%~10%时须加"含",如含黑云钾长变粒岩、含角闪斜长变粒岩等;具体定名时应写明长石种类,例如黑云更长变粒岩、二云微斜变粒岩等。

六、石英岩类的鉴别与综合命名

石英岩是主要由石英(含量大于75%)组成的粒状变质岩石。石英岩的突出特征是:

(1)原岩主要为富硅而贫铁镁铝的岩石,如石英砂岩、长石石英砂岩、硅质沉积岩等。

(2)是经区域变质作用及热接触变质作用形成,可出现在各种不同的变质相带中。

(3)主要由石英组成,还可有少量长石、云母、绿泥石、海绿石、角闪石、辉石、电气石、石榴石、磁铁矿、石墨等矿物。

(4)重结晶作用从弱至强,变晶粒径自微晶至中晶均可见及,与变质环境有关。常具典型粒状变晶结构和波状消光现象,偶可见交代成因的结构。

(5)经常具有块状构造,特殊条件下可有多种变余构造类型。

(6)石英岩以石英＞75%、片状柱状矿物总量＜10%、无明显片状构造与片岩及变粒岩相区别;以石英＞75%、长石＜25%、无明显片麻状构造与片麻岩相区别。区域变质作用形成的石英岩,与热接触变质作用形成的石英岩常难以区别,这时需结合野外产状、空间分布特征加以区别。热变质石英岩形成于岩浆岩体的周围,分布比较局限,多与其他典型接触变质岩共生;而区域变质作用下形成的石英岩则成较稳定的大面积区域性分布,多与其他典型区域变质岩共生。

石英岩是最常见变质岩类型之一,在区域变质岩和热接触变质岩中广泛分布,在各种变质相带中都常有产出。石英岩手标本和薄片的观测描述内容,按本章第三节第三项的叙述进行。鉴于石英岩的特殊性,尤其应注意块状构造的发育特征、变余构造的有无与类型;注意特征变质矿物的种类及数量、长石及片状柱状矿物的类型与数量;注意变晶结构的类型与特征,交代结构、应力形成的结构和变余结构的有无与类型;注意石英岩在野外的分布范围、与区域构造线及与侵入岩体的关系、与之共生的相邻岩石的类型等,或者详尽收集野外产出状况的有关资料。遵循野外现场调查、手标本观测与薄片微观鉴定紧密结合的原则,以达到观测全面、描述详尽、定名准确、成因分析合理的目的。

国标 GB/T 17412.3—1998 推荐,根据石英和长石的含量将石英岩分为二类,并以"石英岩(纯石英岩)"和"长石石英岩"为基本名称(表7-14)。再按次要矿物及特征变质矿物的类型进行细分类,并"次要矿物+石英岩"的形式综合命名(表7-15)。

表 7-14 石英岩主要类型的特征及基本名称(据 GB/T 17412.3—1998)

岩石类型	石英	长石	片柱状矿物	结构	原岩类型
石英岩(纯石英岩)	≥90%	＜10%	＜10%	粒状变晶结构	石英砂岩,硅质沉积岩
长石石英岩	≥75%	10%~25%	＜10%	粒状变晶结构	长石石英砂岩

注:石英岩和长石石英岩均具块状构造、有时具弱定向构造。

表7-15　石英岩的细分类及综合命名（据 GB/T 17412.3—1998）

石英	长石	其他矿物 <5%	其他矿物 5%~10%	其他矿物 >10%
≥90%	<10%	纯石英岩	含××石英岩	××石英岩
<90%~75%	10%~25%	长石石英岩	含××长石石英岩	××长石石英岩

注：表中××表示片、柱状矿物或粒状暗色矿物，常有黑云母、角闪石、辉石、绿泥石、海绿石、电气石、石墨等；具体命名时应写明长石种类，例如斜长石英岩、微斜石英岩等；特征变质矿物应参与命名，例如堇青石英岩、石榴斜长石英岩等。

七、大理岩类的鉴别与综合命名

大理岩是主要由碳酸盐类矿物（方解石、白云石）组成的变质岩石。大理岩的突出特征是：

（1）原岩为富钙或富镁而贫硅铁铝的钙质—镁质碳酸盐岩石。

（2）是经区域变质作用及热接触变质作用形成，可出现在各种不同的变质相带中。

（3）主要由方解石和白云石组成，因原岩成分的差异和变质条件的不同，还常含有或多或少的钙硅酸盐、钙镁硅酸盐、钙铝硅酸盐类矿物，如硅灰石、滑石、透闪石、透辉石、镁橄榄石、方柱石、方镁石、云母、斜长石、石英等。这些次要矿物，特别是其中的特征变质矿物，是岩石综合命名的依据，更是判别变质程度与形成温度的重要依据。一般在低级变质条件下，可形成含蛇纹石、滑石、绿帘石；中级变质时，可出现含透闪石、阳起石、钙铝榴石等；高级变质条件下，则出现透辉石、镁橄榄石等。

（4）重结晶作用从弱至强，变晶粒径自微晶至中粗晶均可见及，与变质环境有关。常具典型等粒粒状变晶结构，偶可见交代成因的结构及应力有关的结构。

（5）经常具有块状构造、条带状构造，特殊条件下可有多种变余构造类型。

（6）大理岩以方解石、白云石等碳酸盐矿物含量高为特色，容易与其他变质岩相区别。区域变质的大理岩与热接触变质的大理岩的岩性十分类似，此时常可依据野外产状、空间分布及岩石组合等特征进行区别。

大理岩是最常见变质岩类型之一，在区域变质岩和热接触变质岩中广泛分布，在各种变质相带中都常有产出。大理岩手标本和薄片的观测描述内容，按本章第三节第三项的叙述进行。鉴于大理岩的特殊性，尤其应注意块状构造、条带状构造的发育特征、变余构造的有无与类型；注意特征变质矿物的种类及数量，碳酸盐矿物的类型、区别与数量；注意变晶结构、交代结构、应力形成的结构和变余结构的类型与特征；注意大理岩在野外的分布范围、展布方向、与区域构造线及与侵入岩体的关系、与之共生的相邻岩石的类型等，或者详尽收集野外产出状态的有关资料。遵循野外现场调查、手标本观测与薄片微观鉴定紧密结合的原则，以达到观测全面、描述详尽、岩石定名准确、成因分析合理的目的。

注意，白云石与方解石等碳酸盐矿物，在手标本和在显微镜下都十分相似，常用以下的方法加以区别：

（1）遇冷的稀盐酸方解石起泡剧烈、白云石无明显反应。

（2）用10%~12%的 $FeCl_3$ 作用矿物25秒左右后用水冲洗，再加 $(NH_4)_2S$ 作用数秒种后用水冲洗，方解石呈黑色、白云石不染色；

（3）用稀盐酸冲洗样品，后加茜素红溶液染成红色者为方解石，白云石无色；

（4）矿物粉末加"镁试剂"的碱性溶液，白云石呈蓝色，方解石无色。

（5）在偏光显微镜下，白云石的聚片双晶发育程度稍差（方解石更好）；

(6)白云石聚片双晶纹平行于菱形解理纹短对角线(方解石平行长对角线);

(7)在闪突起显著、双晶纹清晰(双晶纹近于直立)的切面上测 $Np' \wedge$ 双晶纹的夹角,白云石为 $20°\sim40°$,方解石 $>55°$;

(8)用"茜素红与铁氰化钾混合液"进行"染色"操作,染红色者方解石,不染色者白云石。

国标 GB/T 17412.3—1998 推荐,根据岩石中主要碳酸盐矿物的种类含量划分为两种主要类型,并以"大理岩、白云石大理岩"为基本名称(表 7-16)。再据大理岩中非碳酸矿物种类及构造、颜色等特征,进行细分类,并按"非碳酸盐矿物+碳酸盐矿物种类+大理岩"的形式进行综合命名(表 7-17)。

表 7-16 大理岩主要类型的特征及基本名称(据 GB/T 17412.3—1998)

岩石类型	矿物成分(%)		结构与构造	原岩类型
	方解石	白云石		
大理岩(方解石大理岩)	≥90	<10	粒状变晶结构,块状构造及条带状构造	钙质-镁质碳酸盐岩
白云石方解石大理岩	≥50	<50		
方解石白云石大理岩	<50	≥50		
白云石大理岩	<10	≥90		

表 7-17 大理岩类的细分类及综合命名(据 GB/T 17412.3—1998)

非碳酸盐矿物	碳酸盐矿物	
	方解石含量大于50%	白云石含量大于50%
<5%	大理岩(方解石大理岩)	白云石大理岩
5%~10%	含××大理岩	含××白云石大理岩
10%~50%	××大理岩	××白云石大理岩

注:表中"××"表示钙硅酸盐、钙镁硅酸盐、钙铝硅酸盐等非碳酸盐矿物,常见有硅灰石、透闪石、透辉石、镁橄榄石、方柱石、方镁石、滑石、云母、斜长石、石英等;特殊构造和颜色可以参加命名,如"条带状大理岩"、"浅橙红色大理岩"等。

八、角闪岩、麻粒岩类及榴辉岩类的鉴别与综合命名

1. 角闪岩的鉴别与综合命名

角闪岩类岩石主要是由普通角闪石和斜长石组成的中—高级变质岩石。角闪岩的突出特征是:

(1)原岩为铁镁含量高的基性及超基性侵入岩、喷出岩、凝灰岩,及与之成分相当的硬砂岩、富铁白云岩、泥质白云岩、含杂质石灰岩等。

(2)是经区域中高温动力变质作用或区域动力热流变质作用于角闪岩相至麻粒岩相阶段所形成。

(3)矿物成分以角闪石和斜长石为主(二者含量相近或者角闪石多于斜长石),可含有特征变质矿物透辉石、紫苏辉石、铁铝榴石、绿帘石等,以及石英、黑云母等矿物。角闪石等暗色矿物含量大于90%者已属(变质)超镁铁岩类型(其原岩也为超基性岩类型)。

(4)重结晶作用强烈,变晶粒径达细粒至粗粒,常见柱状变晶结构、粒状柱状变晶结构,有时见交代成因的结构及应力有关的结构。

(5)经常具有块状构造。

(6)本类岩石以角闪石含量大于40%区别于角闪斜长变粒岩;以不具明显定向构造而不

同于斜长角闪片麻岩(具片麻状构造、角闪石小于30%)及角闪片岩(具典型片状构造、长石含量小于25%)。

角闪岩,是典型的中高级变质岩类型之一。角闪岩手标本和薄片的观测描述内容,按本章第三节第三项的叙述进行。鉴于角闪岩的特殊性,尤其应注意角闪石、绿帘石、透辉石、紫苏辉石、石榴石、黑云母、长石等矿物的鉴别与含量测定;注意变晶的粒径、形态、自形程度、确定正确的结构名称,同时注意交代结构、应力产生结构的观测;注意角闪岩在野外的分布范围、与区域构造线及与侵入岩体的关系、与之共生的相邻岩石的类型等。遵循野外现场调查、手标本观测与薄片微观鉴定紧密结合的原则,进行观测、描述与定名,并尽可能对成因进行分析讨论。

国标 GB/T 17412.3—1998 推荐,按矿物及含量,将角闪岩类划分为二类,并以"角闪岩"和"斜长角闪岩"为基本名称(表7-18)。再按特征变质矿物、次要矿物的不同细分类,并按"特征变质矿物+次要暗色矿物+斜长石种类+角闪岩"的形式综合命名(表7-19)。在具体命名时,应写明长石的种类,如"绿帘中长角闪岩"、"透辉拉长角闪岩"等。

表7-18 角闪岩主要类型的特征及基本名称(据 GB/T 17412.3—1998)

岩石类型	矿物成分(%)		结构与构造	原岩类型
	角闪石	斜长石		
角闪岩	>90	<10	柱状变晶结构,块状构造	镁铁岩及含杂质的石灰岩和白云质灰岩
斜长角闪岩	90~40	10~60	粒状柱状变晶结构,块状构造	基性火成岩、凝灰岩,基性硬砂岩、泥质白云岩及富铁白云质泥岩

表7-19 角闪岩类的细分类及综合命名(据 GB/T 17412.3—1998)

斜长石(%)	角闪石	次要暗色矿物	
		5%~10%	>10%
<10	角闪岩	含××角闪岩	××角闪岩
10~60	斜长角闪岩	含××斜长角闪岩	××斜长角闪岩

注:表中××表示含量少于角闪石的暗色矿物,常见有云母、绿帘石、透辉石、紫苏辉石等;斜长角闪岩具体命名时应写明长石种类,例如透辉拉长角闪岩、二辉角闪岩等;特征变质矿物按前述规定参加命名,例如石榴斜长角闪岩。

2. 麻粒岩的鉴别与综合命名

麻粒岩类是在麻粒岩相变质条件下形成的含有紫苏辉石等高温变质矿物组合的区域高级变质岩石。麻粒岩的突出特征是:

(1)原岩为富含铁镁的超基性及基性侵入岩、喷出岩、凝灰岩等,及与之成分相当的岩石。

(2)是经区域高温动力热流变质作用于麻粒岩相阶段所形成。

(3)矿物成分以长石和无水铁镁矿物为主,可有少量石英、硅线石、蓝晶石,无或少量含水铁镁矿物。长石以斜长石为主,钾长石较少。无水铁镁矿物多为紫苏辉石和(次)透辉石,有时有石榴石、橄榄石等。含水铁镁矿物以普通角闪石为主,有时有少量黑云母。

(4)重结晶作用强烈,变晶自形程度高、粒径较粗,常具典型"多边形粒状镶嵌变晶结构",偶可见交代成因的结构及应力作用形成的结构。

(5)经常具有块状构造,有时石英呈拉长状具不十分明显的方向性排列(具片麻状趋势或称弱片麻状构造)。

(6)本类岩石分布局限,多呈不规则层状夹于深变质的岩石中,以紫苏辉石及斜长石含量高、无或少角闪石及黑云母、典型"多边形粒状镶嵌变晶结构"为特征,与其他岩石相区别。

国标 GB/T 17412.3—1998 认为,麻粒岩和麻粒岩相不能作为同义语而混淆,即不是所有麻粒岩相的岩石都是麻粒岩。比如,经历过麻粒相变质作用的变超基性岩类、接触变质岩、铁英岩、石英岩(浅粒岩)、大理岩、某一些单矿物岩石(这些岩石也可能含有紫苏辉石),按习惯用法,都不称为麻粒岩。有些含紫苏辉石的具片麻状构造的长英质岩石,仍称为片麻岩,而不归入麻粒岩类。产于麻粒岩相带中的不含紫苏辉石的斜长透辉石岩,也不应称为斜长透辉麻粒岩。

麻粒岩与紫苏花岗岩(第六章第七节)不能作为同义词使用。虽然二者都经受过麻粒岩相变质,但二者的成因和岩石学特征并不完全相同,应分属于不同的岩类。

国标 GB/T 17412.3—1998 推荐,按定量矿物组合对麻粒岩进行分类并确定基本名称(图7-11):

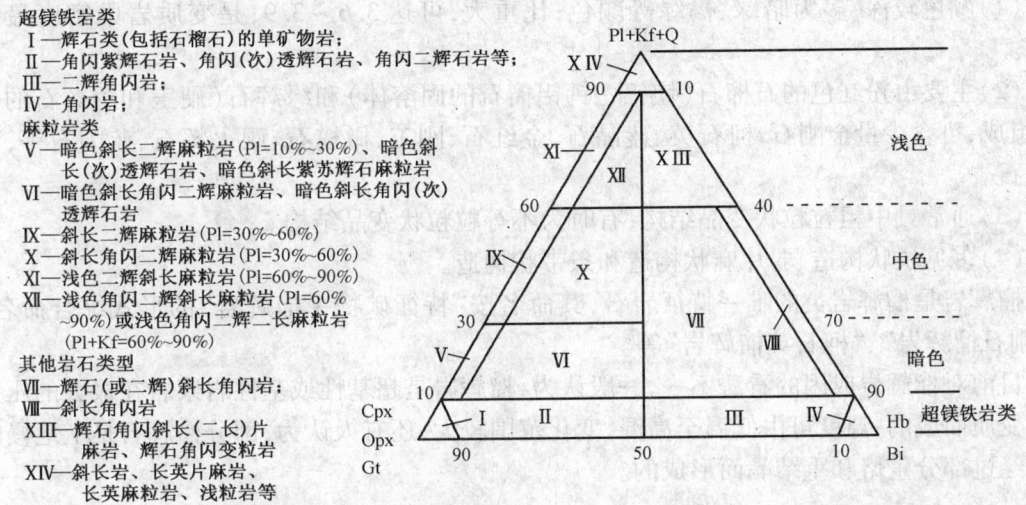

图 7-11 麻粒岩及有关岩石的分类图解(据国标 GB/T 17412.3—1998)

(1)图 7-11 中,Pl+Kf+Q 为斜长石+钾长石+石英端元组,Cpx+Opx+Gt 为单斜辉石+斜方辉石+石榴石端元组,Hb+Bi 为角闪石+黑云母端元组。

(2)属麻粒岩的区域及基本名称是:Ⅴ区的暗色斜长二辉麻粒岩、暗色斜长紫苏辉石麻粒岩;Ⅵ区的暗色斜长角闪二辉麻粒岩;Ⅸ区的斜长二辉麻粒岩;Ⅹ区的斜长角闪二辉麻粒岩;Ⅺ区的浅色斜长二辉麻粒岩;Ⅻ区的浅色角闪二辉斜长麻粒岩或浅色角闪二辉二长麻粒岩。

(3)注意,麻粒岩以含有紫苏辉石等高温变质矿物为特色,图中Ⅴ区的暗色斜长石(次)透辉石岩和Ⅵ区的暗色斜长角闪(次)透辉石岩,因无紫苏辉石而不能称为(不属)麻粒岩。

(4)图中Ⅰ区、Ⅱ区,以暗色矿物≥90%为特色,属变超镁铁质岩类,以矿物名作为基本名称,依次分别为辉石(石榴石)岩,角闪紫辉石岩(角闪透辉石岩、角闪二辉石岩)。

(5)Ⅲ区、Ⅳ区、Ⅶ区、Ⅷ区属角闪岩类,依次称为二辉角闪岩(透辉角闪岩、石榴角闪岩),角闪岩(黑云岩),辉石(或二辉)斜长角闪岩,斜长角闪岩。

(6)图中ⅩⅢ区、ⅩⅣ区,依次称为辉石角闪斜长片麻岩(有片麻状构造),辉石角闪斜长变粒岩,(变)斜长岩[长英质片麻岩、浅粒岩、石英岩,当含有紫苏辉石(≥1%)、具粗粒粒状变晶结构者,也常称为"长英麻粒岩"]。

国标还推荐,依据暗色矿物的比例(色率)、特征变质矿物类型、次要矿物种类、结构和构

造特征进行细分类并综合命名,其原则是:

(1)斜长石10%~30%、暗色矿物90%~70%者称为"暗色某某麻粒岩",斜长石60%~90%、暗色矿物40%~10%者称"浅色某某麻粒岩"(即"中色"不参加命名)。

(2)次要矿物和特征变质矿物,按前述规定参加命名,如"钾长斜长二辉麻粒岩"、"蓝晶斜长角闪二辉麻粒岩"等。但交代成因的条纹钾长石(证明属原生者例外)不参加命名、少量蚀变矿物一般不参加命名。

(3)构造原因形成的眼球状构造、豆荚状构造、盘状构造、糜棱构造等,可作为附加修饰词冠于岩石名称之前。

3. 榴辉岩的鉴别与综合命名

榴辉岩是一种主要由绿辉石和含钙的铁镁铝榴石组成的高级区域变质岩石。榴辉岩的特征是:

(1)颜色较深,多为暗绿、褐绿等颜色;比重大,可达3.6~3.9,是变质岩中密度最大的岩石。

(2)主要由粉红色的石榴石(镁铝—钙铝榴石的固溶体)和绿辉石(硬玉和透辉石的固溶体)组成,可含少量金刚石、柯石英、蓝晶石、金红石、刚玉、橄榄石、顽火辉石、蓝闪石等,不含斜长石。

(3)通常具中粗粒粒状变晶结构,有时为不等粒粒状变晶结构。

(4)多见块状构造、弱片麻状构造和条带状构造。

榴辉岩是榴辉岩类的唯一特征岩石,其命名按"特征矿物+榴辉岩"的形式综合命名,如"金刚石榴辉岩"、"柯石英榴辉岩"等。

目前对榴辉岩成因的看法不一,一般认为,榴辉岩是超基性或基性岩浆岩在极大的压力条件下变质而成的,温度可由低温至高温,变化范围较大;还有人认为,部分榴辉石是上地幔的橄榄岩经过部分重熔和重结晶而形成的。

第五节 其他变质岩类的鉴别

一、角岩类的鉴别与综合命名

角岩是具有细粒粒状变晶结构(角岩结构)和块状构造的热接触变质岩石,也是最典型的分布最广泛的热接触变质岩类型之一。角岩的突出特征是:

(1)原岩主要为细结构的岩石,如泥岩、泥质粉砂岩、长石石英砂岩、长石砂岩、凝灰岩、中酸性熔岩、泥灰岩、蛇纹岩、硅质白云岩等。

(2)是在应力较低的热接触变质条件下,经中温至高温重结晶作用形成的变质岩。

(3)组成矿物有长石、石英、角闪石、少量云母及绿泥石,或多或少的特征变质矿物红柱石、石榴石、董青石、硅线石、刚玉、透辉石、阳起石、镁橄榄石、紫苏辉石、镁铁闪石等组成。因原岩成分的差异、变质条件的不同,不同类型的角岩其矿物组成有较大的变化。

(4)重结晶作用较弱至强,原岩成分基本上全部发生了重结晶作用或变质结晶作用,具有典型的角岩结构,没有明显的应力作用和交代作用。角岩结构(hornfelsic texture),是一种细粒至显微等粒粒状变晶结构,组成岩石的粒状矿物(石英、长石、辉石等)和少量片状柱状矿物(云母、角闪石等)均彼此紧密镶嵌接触,无明显定向特性,其中的片状柱矿物同样随机分布,是角岩的典型结构。特殊条件下可见细粒等粒鳞片粒状变晶结构、斑状变晶结构。

（5）经常具块状构造，即使是片状柱状矿物也没有明显定向排列的趋势。

（6）角岩主要发育分布在侵入岩体的接触带及附近，以典型角岩结构和块状构造为特征，容易与片岩、千枚岩、板岩、片麻岩等相互区别。

角岩手标本的观测，应正确描述颜色，正确描述构造特征，同时尽可能观测描述结构特征及矿物矿物组合。还须观测或收集角岩的野外产状、空间分布及岩石组合等特征，这是接触变质岩与区域变质岩的重要区别。

镜下应着重对矿物种属鉴别，区分相似矿物，准确测定各矿物的含量。同时全面观测岩石的结构，既确定结构名称，还描述晶体粒径、形态、自形程度、相互关系等定量特征。以此为基础即可正确分类命名、确定变质类型、划分变质程度与等级、推测原岩性质。

国标 GB/T 17412.3—1998 推荐，按主要矿物成分与结构、构造特征，将角岩划分为五类，其基本名称为：云母角岩、长英角岩、钙硅角岩、基性角岩和镁质角岩等（表7-20）。再按特征变质矿物、次要矿物和主要矿物的不同进行细分类并综合命名。其中：

表7-20 角岩主要类型的特征及基本名称（据 GB/T 17412.3—1998）

岩石类型	矿物成分	结构构造	原岩类型
云母角岩	主为云母、长石和石英（云母鳞片状、杂乱分布），常有红柱石、堇青石、石榴石、矽线石、刚玉等	细粒等粒鳞片粒状变晶结构，块状构造	泥质岩，泥质粉砂岩
长英角岩	主为长石和石英，可含少量云母、红柱石、堇青石、石榴石、矽线石、透辉石等	角岩结构，块状构造	长石石英砂岩，长石砂岩，凝灰岩
钙硅角岩	常为石榴石（钙铝榴石—钙铁榴石）、透辉石、透闪石、阳起石、斜长石、符山石、石英、方解石等	角岩结构，块状构造或条带状构造	泥灰岩
基性角岩	主为透辉石、基性斜长石、石英，时有少量石榴石、黑云母、角闪石，较低温时有阳起石、帘石等	角岩结构，偶斑状变晶结构，块状构造	基性和中性火山岩
镁质角岩	主为镁橄榄石、紫苏辉石、直闪石、镁铁闪石、堇青石、斜绿泥石等	角岩结构，块状构造	蛇纹岩，硅质白云岩

注：长英角岩与区域变质成因的浅粒岩和变粒岩在矿物成分和结构构造上相类似，而钙硅角岩的矿物成分与接触交代变质成因的矽卡岩或区域变质作用形成的钙硅酸盐岩石相同，应主要根据地质产状和成因来区分。

（1）云母角岩和长英角岩（主要矿物已参与命名）按"特征变质矿物+次要矿物+基本名称"的形式综合命名，如"红柱云母角岩"、"硅线长英角岩"等；

（2）（主要矿物未参与命名的）钙硅角岩、基性角岩和镁质角岩按"特征变质矿物+次要矿物+主要矿物+角岩"的形式综合命名，如"石榴符山角岩"、"斜长透辉角岩"、"紫苏镁橄角岩"等。

当泥质岩石、粉砂岩及凝灰岩等原岩位于远离侵入体的外带时，只受低温的影响，重结晶极微弱，只有一些次要组分（杂质）发生变化，则变质形成斑点板岩、瘤状板岩等低级变质岩类型。当原岩为灰岩及白云岩时，受热接触变质作用也会形成大理岩和白云质大理岩。这些板岩和大理岩与区域变质成因的板岩和大理岩十分相似，区别在于热接触变质成因的板岩和大理岩均分布于侵入体的外接触带、常与角岩等典型接触变质岩共生。

二、矽卡岩类的鉴别与综合命名

硅（矽）卡岩是主要由钙、镁硅酸盐矿物组成的接触交代变质岩石。矽卡岩的突出特征是：

(1) 是在富含挥发组分的中酸性侵入岩体与碳酸盐岩的接触带上，经由接触交代变质作用而形成的岩石。富含挥发组分的中酸性侵入体和碳酸盐岩围岩，是形成硅卡岩的前提条件，硅卡岩一经形成，必位于接触带及附近。因此，硅卡岩的分布远比热接触变质岩小得多。

(2) 矽卡岩，常常由石榴石（钙铝榴石—钙铁榴石）、辉石（透辉石—钙铁辉石）及其他富钙（或富镁）硅酸盐矿物（绿帘石、硅灰石等）组成，也常常有透闪石、阳起石、石英、方解石等矿物，还常常有或多或少的（含铁、铜、铅、锌等的）金属矿物。其岩性非常复杂，各种矿物含量变化很大。

(3) 结构类型多样复杂，常具有细粒至巨粒、等粒至不等粒、粒状或柱（纤维、放射、束）状变晶结构，还常常有多种多样交代成因的结构，各类结构在空间上随机分布相互穿插。

(4) 构造类型多样复杂，常有致密块状构造、斑杂构造、条带状构造，还常有一些大小不等的空洞或空隙而构成"疏松多孔状构造"，孔洞常被一些不规则状、被膜状或晶簇状的次生矿物所充填。

(5) 硅卡岩体形态多样复杂，常呈分枝脉状、穿插柱状、复杂囊状、不规则状等形态。这是因为硅卡岩体同时受接触带（面）、断裂系统和交代作用等多种因素控制的结果。

(6) 硅卡岩中含较多的石榴石，岩石比重较大；含多种金属矿物及色素离子，常呈浅褐、红褐和暗绿等色泽。

(7) 硅卡岩以复杂的矿物组合与岩性、复杂多样的结构与构造、复杂多变的形态、仅分布于接触带及附近、多彩鲜明的颜色及较大的比重，容易与其他变质岩类相互区别。

对硅卡岩的观测，必须手标本、野外现场与薄片相结合，方可达到全面认识硅卡岩、正确分类命名、解释成因的目的。手标本着重在观测描述硅卡岩的颜色、构造、主要结构及主要矿物；野外现场着重在于观测岩体形态、产状、分布、与岩体及围岩的关系等内容；薄片着重在于矿物鉴别、含量测定、结构的观测、细微构造的鉴别等内容。

国标 GB/T 17412.3—1998 推荐，按化学成分将硅卡岩分为钙质硅卡岩（简称硅卡岩）和镁质硅卡岩两大类，再依据主要矿物的不同，将硅卡岩分为八种基本类型，并以主要矿物的名称作为八种类型的基本名称（表 7 - 21），并规定：

(1) 将硅卡岩的次要矿物名称作为修饰语，按"次要矿物 + 基本名称（主要矿物 + 硅卡岩）"的形式进行综合名称。如"透辉石榴硅卡岩"、"尖晶镁橄硅卡岩"等。

(2) 当硅卡岩经后期热液交代作用，原石榴石、透辉石等矿物，被透闪石、阳起石、帘石类、斧石、硅硼钙石、绿泥石、方解石以及某些金属矿物交代，形成复杂硅卡岩和含矿硅卡岩时，交代的新生矿物及金属矿物等，应作为（次要矿物）修饰语参与综合命名，如"绿帘石榴硅卡岩"、"磁铁透辉硅卡岩"等。

表 7 - 21　硅卡岩主要类型的特征及基本名称（据 GB/T 17412.3—1998）

岩石类型		矿物成分	结构构造	原岩类型
钙质硅卡岩类	石榴硅卡岩	主由钙铝榴石—钙铁榴石系列的石榴石组成，较大的石榴石晶体常具光性异常和环带结构	细、中、粗、巨粒状变晶结构	中酸性侵入岩与钙质碳酸盐岩接触带
	透辉硅卡岩	主由透辉石—钙铁辉石系列的辉石组成	细—巨粒状变晶结构或柱状、放射状变晶结构	

续表

岩石类型		矿物成分	结构构造	原岩类型
钙质硅卡岩类	符山硅卡岩	主要由符山石组成	柱状、帚状或放射状变晶结构	中酸性侵入岩与钙质碳酸盐岩接触带
	硅灰石硅卡岩	主要由硅灰石组成	柱状、放射状、束状或纤状变晶结构	
	锰质硅卡岩	主由锰、铁、钙硅酸盐矿物组成,常见锰铝榴石、锰钙辉石、蔷薇辉石、锰次透辉石、锰钙铁辉石、锰黑柱石、锰硅灰石等	柱状、粒状变晶结构	
镁质硅卡岩类	镁橄榄石硅卡岩	全由镁橄榄石组成者少见,镁橄榄石常呈浸染状分布,并与透辉石、硅镁石、尖晶石等伴生	粒状变晶结构,斑杂状构造	中酸性侵入岩与镁质碳酸盐岩接触带
	粒硅镁石硅卡岩	由粒硅镁石(或斜硅镁石、硅镁石)单矿物组成者少见,常伴有镁橄榄石、透辉石、顽火辉石、尖晶石等	粒状变晶结构,斑杂状构造	
	尖晶石硅卡岩	一般不形成单矿物尖晶石矽卡岩,而常与镁橄榄石、透辉石等矿物伴生	粒状变晶结构,斑杂状构造	

三、碎裂岩类的鉴别与综合命名

碎裂岩是原岩在脆性状态下,经较强动力变质作用,发生不同程度的破裂、粉碎所形成的变质岩石。其特点是:

(1)原岩主要是位于地壳浅表层的塑性较低、脆性较高的各种岩浆岩、沉积岩和变质岩。

(2)不十分强烈的碎裂作用,是主要变质因素。原岩以脆性变形为主,但碎裂作用主要发生在矿物的边缘,尚未达到糜棱阶段,还残留部分较大的矿物晶体及岩石碎块。

(3)常具有多种碎裂结构及碎斑结构,无或极少有重结晶作用和相应的变晶结构。

(4)通常具无定向(或块状)构造,有时(长条或板片状碎屑)略具定向分布。

(5)碎裂岩均分布断裂破碎带上,原岩特征被部分被保留下来,容易判断原岩的类型及名称。

国标 GB/T 17412.3—1998 推荐,按碎裂程度和结构构造特征划分碎裂岩的主要类型,并规定主要类型的基本名称(表 7-22)。碎裂岩的综合命名按以下原则进行:

(1)压碎角砾岩的综合命名,是以"原岩成分性质"作为修饰语,按"原岩成分性质 + 压碎角砾岩基本名称"的形式进行,如"安山质压碎角砾岩"、"花岗质圆化角砾岩"等。

(2)碎裂岩及碎裂化岩的综合命名,按"次生结构 + 原岩名称"的形式进行,如"碎裂化花岗岩"、"碎裂闪长岩"。

(3)碎斑岩、碎粒岩和超碎裂岩的综合命名,按"主要矿物成分(或原岩成分) + 基本名称"的形式进行,如"花岗质碎斑岩"、"长英质碎粒岩"、"流纹质超碎裂岩"等。

表 7-22　碎裂岩主要类型的特征及基本名称（据 GB/T 17412.3—1998）

岩石类型		碎块粒径,mm	碎基含量,%	结构构造	原岩类型
压碎角砾岩类	压碎角砾岩*	>2		压碎角砾结构,角砾呈尖棱角状大小悬殊杂乱排列,胶结物常为铁质、硅质、碳酸盐等。无定向构造	各种岩浆岩、沉积岩和变质岩。即碎裂岩主要受断裂体系的控制,与原岩类型关系不明显
	圆化角砾岩**	>2		圆化角砾结构,角砾呈次棱角状-次圆状,胶结物为碾碎得更细的碎屑和碎粒物质。有时略显定向构造	
碎裂岩类	碎裂化岩	>2	<10	碎裂化结构,轻微破碎裂纹较多、裂隙中充填物较少,原岩结构尚能辨认。无定向构造	
	碎裂岩	>2	10~50	碎裂结构,碎块间无明显相对位移、外形相互适应,裂隙常为磨细物质或次生铁质、硅质、碳酸盐充填。无定向构造	
	碎斑岩	2~0.5	>50~90	碎斑结构,残留的较大矿物碎斑常孤立地被碎粒物质包围。无定向构造	
	碎粒岩	0.5~0.02	>90~100	碎粒结构,岩石中矿物几乎全部被碾碎成碎粒级(0.1~0.02mm)物质。无定向构造	
	超碎裂岩	0.02	>90~100	碎粉结构,岩石几乎全被碾碎成碎粉级(<0.02mm)物质。无定向构造	

注：*压碎角砾岩,又称为断层角砾岩或构造角砾岩；**圆化角砾岩,又称为断层磨砾岩。

四、糜棱岩类的鉴别与综合命名

糜棱岩是原岩在较高温度和剪切应力作用下,主要经韧性变形作用、恢复作用和重结晶作用,所形成的粒度极细小（微粒至粉末）的动力变质岩。糜棱岩与碎裂岩类的显著区别是：

(1) 几乎均由极细小的（<0.5mm）、较均匀的破碎颗粒（碎基）组成,有时有少量变形的、圆化的眼球状碎斑,碎斑的长轴多平行于断层错动方向。

(2) 岩性坚硬致密,有时甚至很像硅质岩石,可有压力影,根据压力影的对称情况可判断应力是压性或压扭性。

(3) 常具带状构造和眼球纹理构造,纹理系由矿物颗粒大小、颜色、成分的不同以及碎屑颗粒定向排列而形成。

(4) 常见绿泥石、绢云母、白云母、滑石、蛇纹石、绿帘石等新生矿物,这些矿物常作定向排列,致使条带构造更趋明显。

国标 GB/T 17412.3—1998 推荐,按糜棱岩化程度和结构构造等特征划分糜棱岩的主要类型,并规定主要类型的基本名称（表 7-23）。糜棱岩的综合命名按以下原则进行：

(1) 糜棱岩化岩石的综合命名,按"糜棱岩化 + 原岩岩名称"的形式进行,如"糜棱岩化花岗岩"、"糜棱岩化闪长岩"。

(2) (初、超)糜棱岩等岩石的综合命名,按"主要矿物或矿物组合或原岩性质 + 岩基本名称"的形式进行,如"花岗质初糜棱岩"、"长英质糜棱岩"、"碳酸盐质超糜棱岩"等。

(3) 千糜岩的综合命名,按"新生矿物或矿物组合 + 千糜岩"的形式进行,如"绢云千糜岩"、"绿泥千糜岩"等。

表 7-23 糜棱岩主要类型的特征及基本名称(据 GB/T 17412.3—1998)

岩石类型	碎基含量,%	结构构造	原岩类型
糜棱岩化岩	<10	糜棱岩化结构、残留原岩结构,糜棱岩化碎细物质沿碎斑透镜体之间分布;定向构造	各种岩浆岩、沉积岩和变质岩。即糜棱岩主要受断裂体系的控制,与原岩类型关系不明显
初糜棱岩	10~50	糜棱结构、残留原岩结构,碎斑不同程度圆化、常孤立地分布在碎细物组成的条纹或条带之中;定向构造(条带状,眼球状构造)	
糜棱岩	50~90	糜棱结构、碎斑结构;碎斑呈眼球状、透镜状,矿物的变形结构构造发育;碎基质常呈不同颜色、粒度和矿物成分的条纹、条带或透镜条带,显示流动构造;定向构造(眼球状、片麻状构造)	
超糜棱岩	90~100	超糜棱结构、无或很少碎斑,碎屑<0.02mm 呈霏细状,具不同颜色和成分的条纹或条带、显强烈流动构造;定向构造(流动构造)	
千糜岩		显微鳞片粒状变晶结构、千糜结构,新生较多绢云母、绿泥石、透闪石、阳起石、绿帘石等含水矿物,碎细的粒状矿物常聚集成条带或透镜体分布;千枚状构造	
玻状岩(假玄武玻璃)		玻璃结构或部分脱玻化结构,深褐色玻璃或为隐晶质;条痕状或条纹状构造	

五、气—液蚀变岩类的鉴别与综合命名

气—液蚀变岩又称气—液变质岩,是指岩浆期后析出的挥发组分及热水溶液作用于先期的岩石,使其化学成分、矿物成分及结构构造发生变化所形成的一类变质岩石。气—液变质岩常常与多种矿产资源有关,因此倍受人们的重视。气-液变质岩的突出特征是:

(1)原岩主要为超镁铁质岩、酸性至基性火山岩(含熔岩、火山碎屑岩、潜火山岩等)、蛇纹岩、花岗岩、碳酸盐岩等。这些岩石以活性较高、稳定性较低为特色。

(2)是岩浆期后的挥发组分及热水溶液,经由交代作用所形成的岩石,主要发育在断裂系统内及附近,还发育在侵入体接触带上及附近。

(3)矿物组分复杂多样,受热液温度、成分及围岩性质控制。总体上以富含"挥发组分及水"的云母类、绿泥石类、黏土矿物类、蛇纹石类、帘石类、闪石类、电气石类、碳酸盐类及明矾石、水铝石、黄玉、红柱石等矿物常见,还常见叶腊石、滑石、磷灰石、萤石、金属氧化物、金属硫化物等矿物,石英、玉髓、蛋白石、长石等也可出现。不同的气—液变质岩的矿物组成差异极大。

(4)结构类型多样,各种交代结构、多种变晶、多种变余结构均广泛发育。

(5)构造类型多样,以块状构造、角砾状构造、片状构造常见,多种变余构造、斑杂构造也常可见及。

(6)岩体形态极其复杂多变,常见分枝脉状、变形透镜状及复杂不规则形态。

(7)气—液变质岩以复杂而特殊的矿物组合、复杂的结构构造、特殊的形态与产状,容易与其他岩石相区别。气—液变质岩还与围岩岩石形成过渡性岩石。

国标 GB/T 17412.3—1998 推荐,以蚀变矿物或蚀变矿物组合为基础,划分主要气—液蚀变岩类型,各类型的特征及基本名称如表 7-24 所示。推荐,气—液蚀变岩类岩石的综合命名的原则:

(1)可恢复原岩的气—液蚀变岩,按"蚀变作用种类+原岩名称"的形式进行综合命名,其中蚀变作用种类按强弱程度划分为四个等级(表7-25)。

表7-24 气—液蚀变岩主要类型的特征及基本名称(据 GB/T 17412.3—1998)

岩石类型	蚀变矿物	结构构造	原岩类型	蚀变性质
蛇纹岩类	主为叶蛇纹石、纤蛇纹石、胶蛇纹石等,次为磁铁矿、钛铁矿、水镁石、尖晶石、透闪石、阳起石、直闪石、金云母、滑石及碳酸盐矿物	交代残留结构、交代假象结构、网环结构等	超镁铁质岩、白云岩、白云质灰岩等	蛇纹石化,属中低温小于400℃热液蚀变
滑石菱镁岩类	主要由滑石、菱镁矿、铁白云石、白云石、方解石等和石英组成,有少量蛇纹石、透闪石、铬云母、尖晶石、磁铁矿、黄铁矿等	鳞片粒状变晶结构;块状构造、有时片状构造	超镁铁质岩或蛇纹岩	富含CO_2热液交代
青磐岩类	主为绿泥石、绿帘石、阳起石、钠长石、方解石、白云石、铁白云石等,次有绢云母、石英、黄铁矿及其他金属硫化物	显微细粒变晶结构、变余结构①;块状构造	中—基性火山岩	青磐岩化,属中—低温热液蚀变①
云英岩类	主由浅色的白云母、锂云母、铁锂云母等和石英、黄玉、萤石、锡石、电气石、磷灰石等矿物组成	粒状鳞片或鳞片粒状变晶结构;块状构造	花岗岩类	云英岩化,属气成—高温热液蚀变
黄铁绢英岩类	主由绢云母、石英和黄铁矿组成,有时含钾长石、钠长石、绿泥石、铁白云石等	细粒至显微粒状鳞片结构;块状构造	酸—中酸性浅成岩、超浅成岩	黄铁绢英岩化,属中—低温热液蚀变
次生石英岩类	主为石英及绢云母、明矾石、高岭石、红柱石、水铝石、叶腊石,次有刚玉、黄玉、电气石、蓝线石和氯黄晶等②	细粒粒状变晶结构②;致密块状构造	中酸性火山岩或潜火山岩	火山喷气和热液影响下的硅化作用
热液粘土岩类	主为蒙脱石、高岭石、埃洛石等,次有绢云母、绿泥石、绿脱石、叶腊石、钠云母、方解石、白云石、铁白云石、蛋白石、玉髓、石英等	变余斑状结构③;块状构造、变余角砾构造	中—酸性浅成岩、熔岩、火山碎屑岩	热液粘土化,属低温热液蚀变

① 青磐岩常有变余斑状结构、变余安山结构、变余火山碎屑结构等多种变余结构,青磐岩化也是钠长石化、阳起石化、绿帘石化、绿泥石化及碳酸盐化等的综合作用;② 次生石英岩矿物组合的特征是富铝矿物和含硼、氟、氯、磷等气成矿物多,不含酸性介质中易分解的钠质和钙质矿物,常具显微鳞片粒状变晶结构、细粒粒状变晶结构及交代假象结构等等结构类型;③ 还有变余凝灰结构、变余碎裂结构、交代假象结构、显微鳞片变晶结构等结构类型。

表7-25 气—液蚀变岩类岩石的综合命名(据 GB/T 17412.3—1998)

岩石类型	新生矿物	原岩结构构造	命名方式	举例
弱蚀变岩类	≥5%~25%	基本保留	弱××化+原岩名称	弱蛇纹石化方辉橄榄岩
中蚀变岩类	>25%~50%	大部分保留	××化+原岩名称	蛇纹石化方辉橄榄岩
强蚀变岩类	>50%~90%	部分保留	强××化+原岩名称	强蛇纹石化方辉橄榄岩
全蚀变岩类	>90%	交代假象结构	全××化+原岩名称	全蛇纹石化方辉橄榄岩

(2)不能或很难恢复原岩的气—液蚀变岩(全蚀变岩类),可按主要蚀变矿物或矿物组合直接命名,如"叶蛇纹石岩"、"磁铁金云蛇纹岩"。

(3)具有专用名称(基本名称)的气—液蚀变岩,不能或很难恢复原岩时,按"主要蚀变矿物或蚀变矿物组合+蚀变岩基本名称"的形式命名,如"绿帘青盘岩"、"刚玉红柱次生石英岩"。

六、混合岩类的鉴别与综合命名

混合岩类岩石,是确认经"混合岩化作用"所形成的一种特殊的变质岩类。岩石是由原来的变质岩"基体",和主要是局部熔融所形成的浅色"脉体"相混杂而组成。"基体"一般为残留的角闪岩相或麻粒岩相变质岩石,"脉体"则为花岗质、伟晶质、细晶质和长英质脉等。"脉体"与"基体",以不同比例、不同形式相混合,从而构成了各种类型的混合岩。混合岩的特点是矿物成分和结构构造不均匀,原来变质岩的镶嵌粒状变晶结构被破坏,发育各种交代结构。随着交代作用的增强,"脉体"与"基体"之间的界线渐趋消失,最终形成比较均匀的花岗质岩石。因此,就其实质来说,混合岩是位于变质岩和岩浆岩,尤其是和花岗岩类之间的过渡岩类。

国标 GB/T 17412.3—1998 推荐,按残留的原来变质岩"基体"和新生成的浅色的花岗质"脉体"之间的量比及其交生关系所反映的结构构造特征,将混合岩分为混合质变质岩类、混合岩类和混合花岗岩类等三类(表 7-26)。

表 7-26 混合岩主要类型的特征及基本名称(据 GB/T 17412.3—1998)

岩石类型	脉体	结构构造	混合岩化程度
混合质变质岩类	<15%	基本保留原来变质岩的结构、构造,原岩矿物成分变化不大。特点是出现组分活化和交代作用,零星分布有长英质、伟晶质、花岗质等细脉或交代斑晶。常见肠状、网脉状构造	弱
混合岩类	≥15%	原变质岩的镶嵌粒状变晶结构一般已被破坏,出现各种交代结构。按"脉体"与"基体"间的数量比例及交生关系,常出现角砾状、眼球状、条带状、条痕状、片麻状等构造形态	中等强烈
混合花岗岩类		结构和组分较均匀,具各种交代结构。可见残留的阴影构造和不明显的片麻状构造。常含有原变质岩的残留体	很强烈

国标还推荐,混合岩类岩石的综合命名原则:

(1)混合质变质岩的综合命名,按"脉体+混合质+原变质岩名称"的形式进行,如"长英质细脉混合质黑云片岩"。

(2)混合岩的综合命名分两种情况。其一,当混合岩化作用较弱(脉体含量小于50%)、"脉体"和"基体"界线清楚或比较清楚时,按"脉体+基体+构造形态+混合岩"的形式进行,如"长英质斜长角闪角砾状混合岩"。其二,当混合岩化作用比较强烈(脉体含量大于50%)、"基体"已不保留原有矿物成分和结构构造特征(即"脉体"和"基体"之间界线趋于消失)时,按"暗色矿物+构造形态+混合岩"的形式进行,如"黑云条带状混合岩"。

(3)混合花岗岩的综合命名,按"暗色矿物+长石种类+混合花岗岩"的形式进行,如"黑云二长混合花岗岩"。

第八章 碎屑岩的系统鉴定

沉积岩是由母岩风化产物及火山碎屑等其他原始物质,经过搬运、沉积和成岩作用而形成的一类岩石。碎屑岩是沉积岩中最常见、分布最广泛的岩石类型,其中蕴藏着丰富的石油和天然气资源,碎屑岩的系统鉴定有重要的理论和实际意义。

第一节 沉积岩分类及常见沉积构造的鉴别

一、沉积岩和沉积构造的分类

沉积岩类型多样,一般按其原始物质来源和成因进行分类(表8-1)。

表8-1 沉积岩分类表(据冯增昭等,1993)

主要由母岩风化产物组成的沉积岩		主要由火山碎屑组成的沉积岩石	主要由生物遗体组成的沉积岩
陆源碎屑(沉积)岩	化学(沉积)岩		
砾岩　　砂岩 粉砂岩　　黏土岩	碳酸盐岩　　硫酸盐岩 卤化物岩　　硅岩 其他(铁、铝、锰、磷)化学岩	火山碎屑岩	可燃有机岩 非可燃有机岩

沉积岩的构造是沉积物沉积时和沉积之后,由于物理作用、化学作用及生物作用形成的。沉积岩构造类型极其多样复杂,是沉积岩相互区别的重要标志,是判断沉积岩形成条件和确定沉积环境的重要标志之一,是沉积相研究的最主要内容之一,也是沉积岩系统鉴定的重要内容之一。通常依据沉积岩构造的成因将其分为物理成因(或机械成因)的构造、化学成因的构造和生物成因的构造,次一级分类是按构造的形态进行(表8-2)。下面仅就常见的典型沉积构造作简要讨论。

表8-2 沉积构造的分类(据冯增昭等,1993)

	机械成因的				化学成因的	生物成因的
	流动成因的	侵蚀成因的	同生变形成因的	曝露成因的		
波痕	风成波痕　流水波痕 浪成波痕　干涉波痕	槽模 侵蚀模 冲刷充填构造 侵蚀面	负荷构造 球枕构造 包卷构造 滑塌构造 碟状构造 砂岩岩脉和岩床	泥裂 雨痕 冰雹痕	盐晶痕 冰晶痕 结核	生物遗迹构造 生物扰动构造 植物根痕
层理	水平层理　平行层理 波状层理　交错层理 压扁层理　透镜状层理 递变层理　韵律层理 块状层理					

二、常见典型层理构造

层理是碎屑沉积岩中最典型、最常见的沉积构造之一,是通过碎屑岩石中的矿物成分、结构、颜色等特征,沿垂向发生变化而显现出的成层构造。

1. 层理的分级

为了便于层理的描述和观测,常将层理分为如下次级单位。

纹层(图8-1),也称细层,是组成层理的最基本最小的单位,是在一定条件下同时沉积的结果,其厚度甚小,一般为毫米级大小,少数可达厘米级大小。层系,是由许多同类型纹层平行叠置而成,是在相同沉积条件下一段时间水动力条件相对稳定的产物。层系组,也称层组,是由两个或多个相同性质的层系叠覆而成,其间无明显间断。岩层,简称层,是地层的基本单位,由成分基本一致的岩石组成,一个层内可包括一个或多个纹层、层系、层系组。

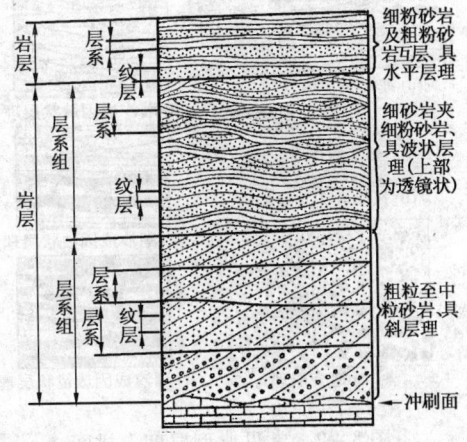

图8-1 层理的基本术语及部分层理类型

2. 水平层理及平行层理

水平层理、平行层理是碎屑岩中常见而相似的层理类型。水平层理的特点是,在剖面上纹层的界面呈直线状、彼此互相平行且平行于岩层层面、纹层厚度固定、一般1~2mm或更薄、在平面上分布稳定、多由粉砂和泥质沉积物组成,是静水或深水环境沉积的产物。平行层理的宏观形态与水平层理极相似,差别是平行层理主要见于细砂及中砂岩内,纹层厚度较大(一般数毫米至数厘米)、侧向延伸较差,多由粒度大小不同的纹层叠覆而成,沿层理面剥开可见具有明显方向性的剥离线理构造,是在高流态平坦床砂水流机制下形成的。

3. 波状层理

波状层理是常见的层理类型,其特点是在剖面上纹层呈对称或不对称波曲状,其总的方向平行于岩层层面,多由粉砂和泥质沉积物组成。主要是由振荡运动的波浪造成,也可由单向水流的前进运动形成,前者常呈对称的波曲状,后者常呈不对称的波曲状。多形成于海、湖的浅水粉砂和泥质交互带、河漫滩及海湾、潟湖等环境中。

4. 交错层理

交错层理(又可称为斜层理)是砂岩中最典型最复杂的层理类型。基本特征是纹层的界面与层系的界面角度相交,即由一系列纹层斜交于层面或层系界面的层系叠置构成。按纹层和层系界面形态可分为板状、楔形和槽状交错层理;按层系厚度可分为小型(小于3cm者,又称为沙纹层理)、中型(3~10cm)和大型(大于10cm)交错层理。按成因可分为风成的、流水成因的、波浪成因的、风暴浪成因的和潮汐成因的等类型。风成交错层理以层系厚度大(可达数厘米至十数米)、纹层倾角陡(40°左右)为特色;流水成因交错层理以相邻层系的(前积)纹层倾向基本是同一个方向、层系厚度数至数十厘米、产于砂质沉积物中为特色;浪成交错层理以相邻层系的(前积)纹层多倾向二个相反方向、层系厚度为厘米级、产于砂岩中为特色([图8-2(a)];风暴成因的交错层理以层系界面近于平行、层系内纹层呈圆丘形且倾向四周、与层系底界平行为特色[图8-2(b)];潮汐成因交错层以砂泥互层、相邻砂层中(前积)纹层倾向常相反为特色,依砂泥比例可细分为脉状、波状、透镜状、羽状等次级类型[图8-2(d)、(e)(f)]。交错层理在各类砂岩、颗粒石灰岩中常见,对于判断介质性质、水动力强弱、沉积环境均有重要意义。

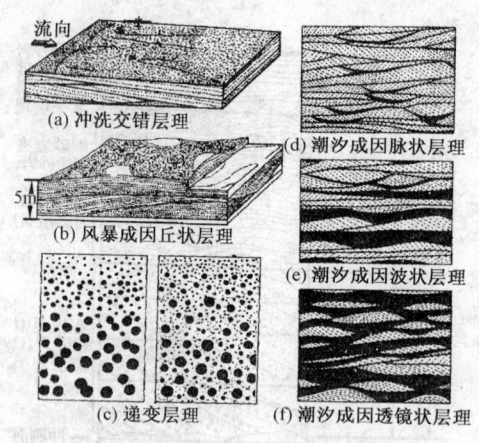

图 8-2 常见典型层理素描图

5. 其他层理类型

递变层理又称粒序层理,特色是在垂直岩层面的方向上粒度有明显的变化,即沉积物粒度一般自下而上由大变小,除粒度变化外无明显纹层。就其内部特征可分两种基本类型,其一是颗粒全部向上渐细,表明是在水流强度逐渐减弱的环境中沉积形成[图8-2(c)左];其二是仅由粗粒物质向上渐细、细粒物质在下部和上部都有分布,表明是悬浮物质在流速降低时因重力分异而整体堆积的结果[图8-2(c)右]。此外偶尔可见粒度自下而上由小变大的反(逆)递变层理。递变层理多是沉积物重力流以悬浮、递变悬浮搬运和沉积作用所形成,具独特的指相意义,在河流、海流等其他环境中也可孤立的零星形成。

韵律层理是由成分、结构或颜色等不同类型纹层有规律重复出现而构成的层理。如由砂泥间互组成的韵律层理主要见于湖泊环境和河流环境。

均质层理或称块状层理,其特点是岩层内部物质分布较均匀、基本不显纹层。是碎屑物质快速补偿、快速沉积所致,也可因强烈生物扰动作用形成。

三、常见层面构造

1. 波痕

波痕是岩石层面上常见的沉积构造。是由风、水流或波浪等介质的运动,在沉积物表面所形成的一种波状起伏的层面构造,常见于砂岩、粉砂岩岩层表面。波长与波高之比(L/H)称为波痕指数,缓坡水平投影长度与陡坡水平投影长度之比(L_1/L_2)称为不对称指数。系统测定波峰走向和陡坡倾向可编制波痕倾向与走向玫瑰花图,有助于判断古水流方向和古海、湖岸线的延展方向。按成因波痕可分为浪成的、流水的、风成的和复杂的四种类型(图8-3)。浪成波痕以波峰尖锐波谷圆滑、对称或近于对称(不对称指数近于1)、波痕指数多为6~7为特色;流水波痕以峰谷均较圆滑、不对称状(不对称指数>2)、波痕指数大多为8~15或更大为特色;风成波痕多为谷宽峰窄、极不对称状(不对称指数很大)、波痕指数一般在15~20以上为特色;复杂波痕含干涉波痕、削顶

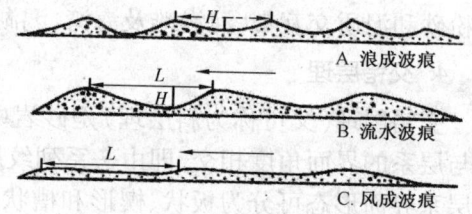

图 8-3 波痕剖面素描图

波痕、双峰波痕等,多为两种或多种波痕叠加的结果。波痕多发育在砂岩、粉砂岩和颗粒石灰岩中,波痕在剖面上常表现为各种交错层理。研究波痕,可了解岩石的形成条件、判断介质性质、确定古水流方向、划定岸线位置,因而具有重要意义。

2. 干裂、雨痕及雹痕

干裂又称泥裂,是分布在泥岩岩层上表面的一种多边形的多被砂质充填的干涸收缩缝。典型者在层面上呈龟裂状多边形(一般大数厘米至数十厘米),剖面上呈V字形(深数毫米至数厘米),V字形裂纹内均被上覆砂质物质充填。雨痕和雹痕是雨滴或冰雹降落在泥质沉积

物表面所形成的椭圆或不规则形凹穴,少见。此3种构造均是干旱的古气候和曝露古地理环境的重要标志,也可指示岩层的顶底。

3. 冲刷面

冲刷面是泥质或粉砂泥质沉积物表面经水流或波浪、潮汐冲刷作用造成的凹凸不平的表面,当其被砂屑及砾石等沉积物所充填时则构成冲刷—充填构造。冲刷面是水流强度突然增大达到"上部流态"时侵蚀先期细粒沉积物而形成;如在细粒沉积物遭受侵蚀的同时,有较粗的砂屑与砂石的沉积充填,则形成冲刷—充填构造。这类多见于浊流、河流、潮坪等环境中。

4. 槽模

槽模是分布在砂质岩层底层面上向下突出的一种舌形隆起,突起高一般小于2cm,长1cm至十几厘米,多成群出现,长轴方向彼此平行,浑圆突起端迎着水流方向。沟模是分布在砂质岩层底面上向下突出的脊状隆起,脊高通常只有1cm至几毫米,长数十厘米至数米,常成组出现(图8-4)。主要见于浊流环境,可用以确定浊流水流机制和流向。

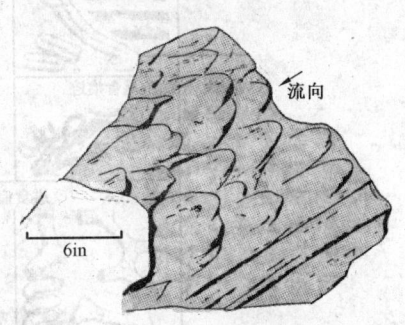

图8-4 岩层底面上槽模沟模素描图

四、变形构造

变形构造或称同生变形构造、软沉积物变形构造。是富含孔隙水的砂泥互层沉积物在固结成岩之前,受重力、滑动、流水及地震等因素作用而形成的层内及层面的变形构造。

当砂质层向其下泥质层不均匀下陷时,在砂质层底面可出现瘤状或丘状的隆起形态,突出深度从几毫米至几厘米甚至十几厘米,且大小不一、分布不均、无方向性,这些隆起形态则称为"重荷模",又称"负载构造"。当下陷的瘤状体继续向泥质层陷落,最终完全脱离砂层底面,这些沉陷于泥质沉积物内的、大小不一的球形或枕状砂质体则称为"沙球"或"沙枕"。与其伴生的常有包卷层理和火焰构造。

当饱含孔隙水的较厚砂层受到不均匀压实作用时,孔隙水会向上运动同时穿透砂层内的纹层并使纹层变形,于是在砂层剖面上会出现一些向上弯曲的、大致平行的、若断若续的、模糊的弧形或碟状纹层,直径多为数厘米,则称其为"碟状构造"。碟间尖峰处常有模糊的管状痕迹,直径几毫米至十几毫米,则称为"泄水管构造"。当砂层液化、其中超高压的孔隙水上泄时也常形成碟状和泄水管构造。常发育在重力流沉积环境中。

沉积于水下斜坡或阶地上的砂泥沉积物在重力作用下由于滑动而形成的一种变形构造,称为"滑塌构造"。其特征是变形、揉皱、撕裂、破碎、岩性混杂,还常伴有小断裂。主要分布在坡脚地带或同沉积断层下降盘,该构造指示深水—半深水斜坡环境,有时也见于三角洲前缘。

五、生物成因的构造

生物在沉积物内部或表层活动时,会破坏原来的沉积构造,同时遗留下各种生物痕迹,这些统称为生物成因构造,包括生物痕迹构造,生物扰动构造和植物根痕。

生物在沉积物中生活或活动将留下各种痕迹,即"生物痕迹构造",又称为生物痕(遗)迹化石。塞拉克按生物习性特征将其分为五种组合(图8-5):①停息痕迹;②爬行痕迹;③觅食痕迹;④进食痕迹;⑤穴居痕迹。习惯上又将沉积物内的生物痕迹称为"潜穴",层面上的生

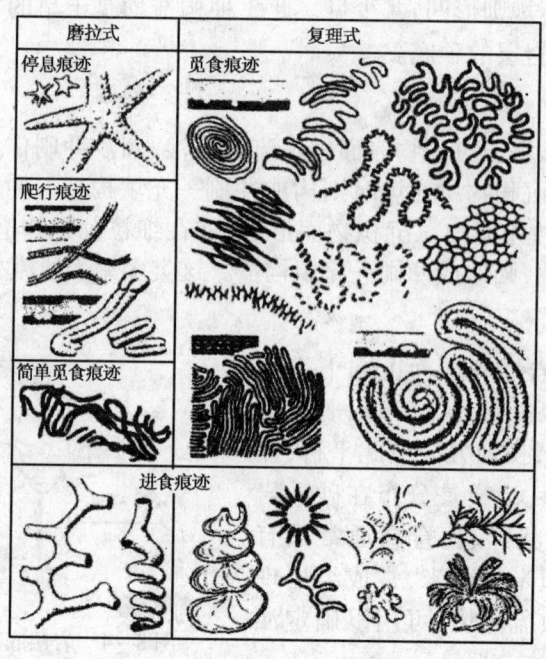

图 8-5　遗迹化石的基本类型（据裴蒂庄等，1972）

物痕迹称为"虫迹"。生物痕迹构造可出现在各种环境之中，不过其特征各不相同。

生物在沉积物中活动还可使沉积物中原有的各种构造形态遭受破坏和改造，则形成"扰动构造"。根据层理的破坏程度分为规则层、不规则层、明显斑点、模糊斑点和均一层（图8-6），相应的扰动级别是无扰动、弱扰动、中等扰动、较强扰动和强扰动。

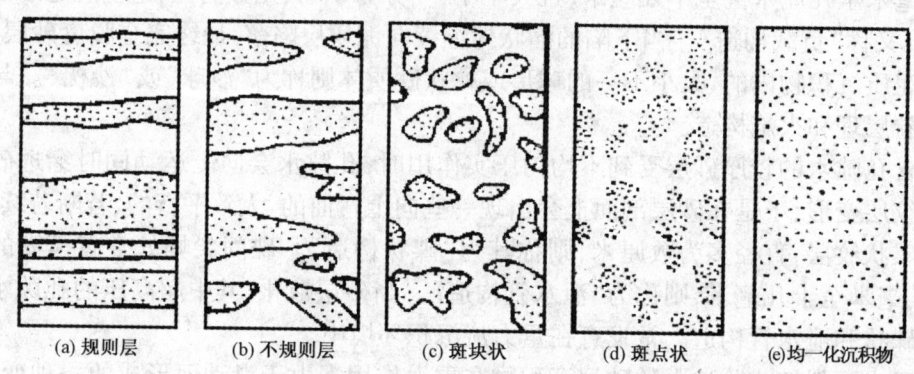

(a) 规则层　　(b) 不规则层　　(c) 斑块状　　(d) 斑点状　　(e) 均一化沉积物

图 8-6　各种生物扰动构造及其演变

植物根迹是生长在沉积物中的植物在原地所留下来的痕迹，常见者是植物的根系，故又称"根土岩"。是潮湿气候曝露环境的标志，常见于沼泽、河漫滩、三角洲平原等环境。

六、化学成因的构造

化学成因构造是沉积物形成过程中经化学作用所形成的构造，常见的有：

"晶体印痕"是在泥质沉积物内或其表面形成的盐类的结晶物质，经交代置换作用留下原来的晶体的假像。如产于红色泥岩、页岩中的石盐晶体假晶或印痕，可指示干旱气候。

"结核"是分布在砂泥岩中的化学成因的结核状矿物集合体，可呈球状、饼状、扁豆状或串珠状等形态,形状大小不一,成分多为碳酸盐、硫酸盐、硫化物、氧化硅或铁锰质等,在岩层内可单个产出,或成群成带出现。视其与层理的关系和产出状态分为同生结核、成岩结核和后生结核。结核可以指示沉积岩的形成阶段及化学变化过程。

对沉积构造的观察研究,在定性定名的同时,还应从"量"上进行研究,如层理中的细层和层系、藻叠层中纹层的厚度,交错层理中纹层间交角的大小,波痕指数,槽模高宽及密集度,冲刷面、缝合线等的起伏规模,干裂的垂直深度和水平宽度,晶痕、鸟眼、结核、虫孔的大小多少等等。对各种层理、冲刷、滑塌、包卷层理、鸟眼、结核、藻叠层等构造,还应注意其颜色、粒度和成分等特征,以获取系统、全面的信息。

第二节 陆源碎屑岩结构组分与结构特征的鉴别

陆源碎屑岩常简称为碎屑岩,是主要由母岩风化产物(含碎屑物质和新生成的黏土矿物)经机械搬运、机械沉积和成岩作用形成的一类沉积岩。碎屑岩结构组分与结构特征鉴别,也是碎屑岩系统鉴定的主要内容之一。碎屑岩的成分常分为碎屑颗粒和填隙物两类。

一、碎屑岩中骨架颗粒成分特征

骨架颗粒,按其成分与结构特征,常可分为矿物碎屑和岩石碎屑。

1. 矿物碎屑

从理论上讲,母岩中的全部矿物均可能以碎屑的形式出现在碎屑岩中,由于各种矿物抗风化的能力相差悬殊,常在碎屑岩中出现的矿物约20余种。按矿物的密度常将碎屑岩中的矿物(碎屑)分为轻矿物和重矿物两类:相对密度大于2.86者为重矿物,多是母岩中抗风化能力强的副矿物和暗色矿物;相对密度小于2.86者为轻矿物。重矿物数量一般很少(常小于1%),在薄片中偶尔可见,须采用"人工重砂"的方法进行研究。在薄片中常见的轻矿物碎屑有石英、正长石、微斜长石、钠长石、更长石、黑云母及白云母等,其主要区别是:

石英在薄片中无色、透明(表面无风化产物),无解理,正低突起,干涉色一级灰白;正长石无色,因风化物(多为高岭石)而常显浅褐灰色,二组{001}和{010}正交完全解理,负低突起,无双晶或有简单双晶,常有条纹结构,干涉色一级灰;微斜长石与正长石相似,多以(001)(此切面上仅可见一组解理)上纺锤形格子双晶与正长石相区别;钠长石无色,常有风化物(多为绢云母)而显灰色,负低突起,常有聚片双晶;更长石与钠长石相似,以负低—正低突起、聚片双晶纹细密与之区别。黑云母在薄片中暗褐至暗绿色,风化后颜色变浅,一组极完全解理,强多色性,正中突起,干涉色达Ⅱ级至Ⅲ级(常被本色掩盖),近平行消光,负延性;白云母,无色多色性,一级完全解理,闪突起明显,干涉色级鲜艳。

在鉴定轻矿物时,应注意其包裹体、溶蚀、自生加大、双晶等"标型特征"的观察,以判断母岩的性质。一般认为有气、液相包裹体的石英(或长石)屑是来自岩浆岩的;无气、液相包裹体或有变质矿物包裹体的石英(长石)是来自变质岩的;有熔蚀边缘或有β石英假象的石英是来自火山岩的;有自生加大边残余的石英(长石)是来自沉积岩的(图8-7)。

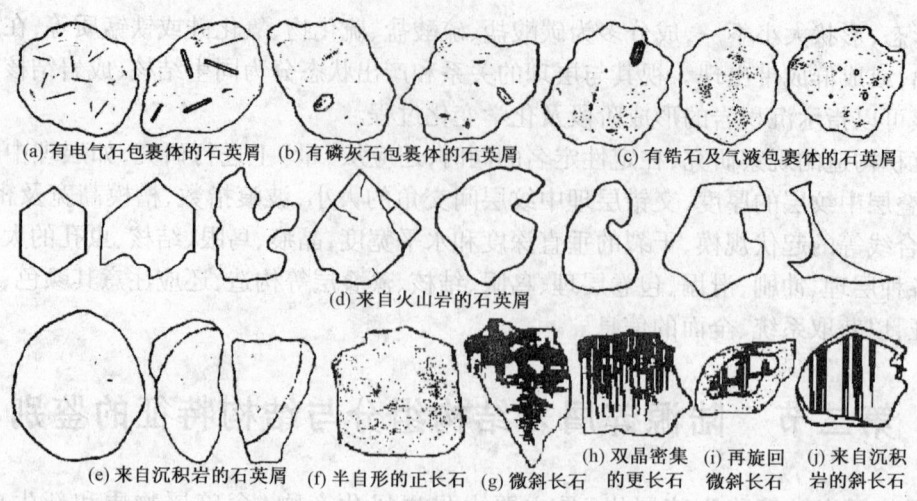

(a) 有电气石包裹体的石英屑　(b) 有磷灰石包裹体的石英屑　(c) 有锆石及气液包裹体的石英屑
(d) 来自火山岩的石英屑
(e) 来自沉积岩的石英屑　(f) 半自形的正长石　(g) 微斜长石　(h) 双晶密集的更长石　(i) 再旋回微斜长石　(j) 来自沉积岩的斜长石

图 8-7　石英和长石的标型特征

2. 岩石碎屑

岩屑即母岩的碎块,其数量的多少与母岩抗风化能力有关,还与碎屑岩的粒度及形成环境条件有关。一般砾岩中岩屑数量大,并常可见花岗岩、玄武岩等多种类型的粗结构与细结构的岩屑;砂岩、粉砂岩中岩屑数量变化较大,与源区母岩性质及沉积条件有关,相对而言多为燧石岩、石英岩、流纹岩、千枚岩等细结构岩石的岩屑。

薄片中岩屑主要依据其结构特征和矿物组成来鉴别(表 8-3),一般应首先区分岩浆岩、变质岩和沉积岩岩屑,而后再进一步细分。其中岩浆岩屑以富含板条状长石、石英和长石多有气液包裹体、常见岩浆岩的典型结构(花岗结构、间粒结构、粗面结构等)为特征[图 8-8 中(a)至(g)];变质岩岩屑以富含云母类矿物、石英和长石多为拉长状、多波状消光、多变质矿物包体而无气液包裹体、多定向构造为特征[图 8-8 中(h)至(l)];碎屑岩岩屑以富含石英、长石和岩屑、具碎屑结构(由骨架颗粒和填隙物组成)、常有自生加大现象为特征[图 8-8 中(m)(n)];燧石岩屑多浑圆状、由微晶石英及玉髓组成、呈显微粒状结构及放射球粒结构为特征;泥岩屑均由黏土矿物及少量粉砂组成,典型泥质结构为特征[图 8-8 中(p)]。

表 8-3　薄片中常见岩屑的识别标志(据冯增昭等,1993)

岩屑	单偏光镜下特征	正交偏光镜下特征	与相似岩屑区别
花岗岩屑	岩屑不规则,长石、石英为主,少量黑云母、角闪石,矿物颗粒近等轴状,长石常风化为土状	典型花岗结构,钾长石和斜长石常有明显的双晶	晶粒粗、无磨蚀痕迹,彼此镶嵌接触无填隙物,可与沉积矿物碎屑相区别
细晶岩屑	由细粒长石、石英组成,无色透明,因长石高岭石化常使表面呈云雾状	显微文象结构或细晶结构,前者钾长石中石英微粒光性一致	以细晶结构,与花岗岩及石英岩区别
酸性喷出岩屑	主要由玻璃质组成,因铁等杂质浸染而呈灰色或红褐色,偶可见长石、石英斑晶或流纹构造。玻璃质折射率小于树胶	常见明显的霏细结构和放射状球粒结构	与硅化长石相混,后者常有长石的假象且常有绢云母化
中性喷出岩屑	因含铁常被染成红褐甚而不透明,玻璃基质中有透明针状长石微晶,偶可见板条状中长石斑晶	典型玻晶交织结构,长石微晶定向排列,双晶隐约可见,斑晶中钠长石双晶清晰可见	无斑晶时易与基性喷出岩屑相混,前者长石微晶细小、定向排列

续表

岩屑	单偏光镜下特征	正交偏光镜下特征	与相似岩屑区别
基性喷出岩屑	因含铁常被染成红褐，玻璃基质较少，板条或小柱状长石微晶较粗大且较多	典型粗玄结构或间粒结构，长石微晶呈三角架状分布，其间有暗色矿物或磁铁矿充填	以板条状长石微晶较粗较多、粗玄结构、间粒结构为特征与其他岩屑区别
碱性喷出岩屑	色浅，由大量细小板条状长石微晶及少量玻璃质组成，偶见黑云母、角闪石及长石斑晶	具粗面结构，碱性长石细小微晶定向排列，暗色矿物常有绿泥石化、方解石化	安山岩屑以中长石微晶（正低突起）为主，粗面岩屑以钾长石微晶（负低突起）为主
凝灰岩屑	岩屑透明，常有红褐色云雾状物质，常有弯弓形玻屑和棱角状熔蚀状晶屑	典型凝灰结构，较多的玻屑和晶屑（多为长石及石英）	以特殊形态的玻屑和凝灰结构为特征
脉石英屑	无色透明，几乎全为石英晶体，折射率大于树胶，多汽、液包裹体	伸长柱状，多镶嵌成栉状，呈"鸡冠状"消光	以气、液包裹体及栉状排列与变质石英岩相区别
变质石英岩屑	无色透明，折射率大于树胶，几乎全由石英组成，其他矿物极少	花岗变晶结构，石英粒状或拉长状，镶嵌状或缝合状接触、常具波状消光现象	石英多波状消光，无汽、液包裹体，花岗变晶结构为特色
千枚岩屑	褐或灰色，主要由极细粒的绢云母、绿泥和石英等组成，片状矿物定向排列	微粒粒状鳞片变晶结构，片状矿物近同时消光	以矿物颗粒细小（常小于0.1mm）与片岩相区别
片岩岩屑	灰或褐色，由石英、白云母、绿泥石、黑云母及长石等组成，偶见变质矿物	细粒粒状鳞片变晶结构，片状矿物定向排列、近同时消光	以变晶较粗大区别于千枚岩
燧石岩屑	无或暗灰色，透明，多浑圆状，表面光洁，折射率近于树胶，偶见环状构造	石英呈显微粒状结构（小米粒状），玉髓呈放射球粒结构	以透明、光洁、外形多浑圆状与其他岩屑相区别
石英砂岩岩屑	无色，主要由石英、长石及岩屑组成，典型碎屑结构，碎屑间常见填隙物	石英碎屑常有自生加大现象	典型的碎屑结构易与其他岩屑区别
泥岩页岩岩屑	表面污浊，呈土褐色，常有黑色碳质混入物，主要由黏土矿物组成，页岩岩屑可见微细层理，常有塑性变形	土状，矿物晶体极细小，仅见有光性难辨晶体形态，干涉色低	易与全高岭石化长石相混，后者多呈长石假象、常有一级灰干涉色的背景

二、碎屑岩骨架颗粒结构特征

碎屑颗粒（骨架颗粒）的结构特征，表现为粒度的大小，分选性的好坏，圆度和球度的高低，形态及表面特征的差异。在固结岩石的薄片中所能观测到的结构特征有粒度、分选性和圆度。

粒度是碎屑颗粒的大小，薄片中所见实际上是碎屑颗粒的切面形状，由于碎屑颗粒堆积的随机性，切面上碎屑的长径常小于或等于其最大长度，称为视长径。薄片中碎屑的粒度以视长径表示，单位为 D 值（长径的毫米数）和 ϕ 值（$\phi = -\lg_2 D$）。生产和科研中常将碎屑分为砾、砂、粉砂和泥，但不同行业、不同作者因各自目的的不同其分级的具体标准与尺度往往各不相同，现行石油行业标准 SY/T 5368—2000 和国家标准 GB/T 17412.2—1998 的分级标准如表8-4。本教程按"SY/T 5368—2000 岩石薄片鉴定"的标准执行。

分选性是碎屑颗粒的均匀程度，在一般薄片观测时常常依据主要粒级的相对百分含量将

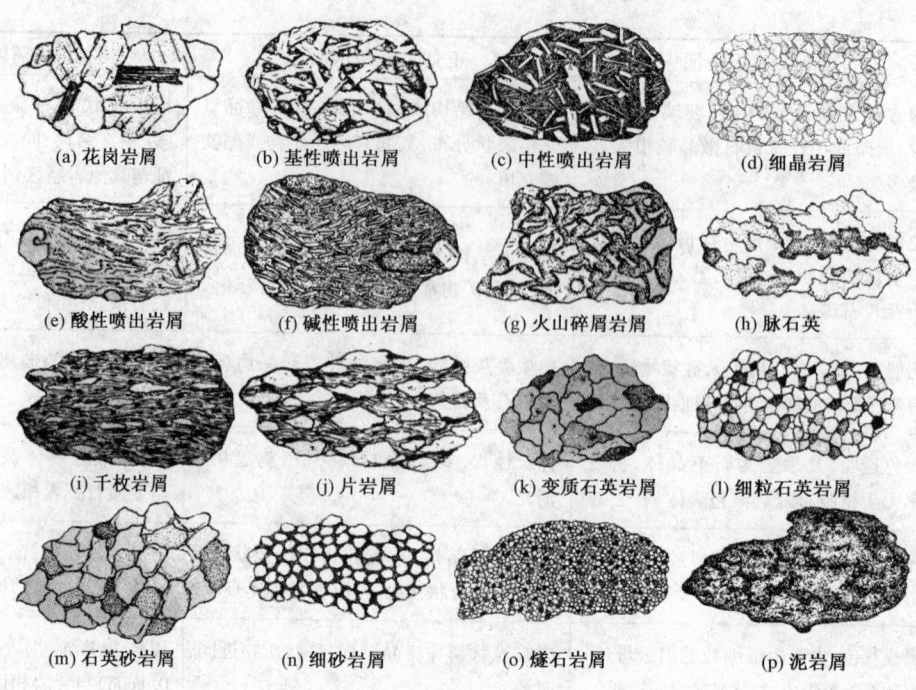

图 8-8 常见岩屑素描图（据冯增昭等，1993）

其分为三级：分选好，主要粒级含量大于碎屑总量的 75%；分选中等，主要粒级含量 50%~75%；分选差，碎屑粒级集中趋势不明显，即没一个粒级的碎屑含量均 >50%。也可依显微镜视域中碎屑颗粒分布情况与"模板"比较确定（图 8-9 上）。当进行了粒度分析时，则用分选系数或标准偏差来表征分选性的等级。

表 8-4 碎屑颗粒的粒度分级表

SY/T 5368—2000 岩石薄片鉴定				GB/T 17412.2—1998 沉积岩岩石分类和命名方案			
粒级		粒径 D(mm)	φ 值	粒级		粒径 D(mm)	φ 值
砾	砾	≥2	≤-1	粗碎屑（砾）	巨砾	≥128	≤-7
					粗砾	<128~32	>-7~-5
					中砾	<32~8	>-5~-3
					细砾	<8~2	>-3~-1
砂	巨砂	<2~1	>-1~0	中碎屑（砂）	粗砂	<2~0.5	>-1~1
	粗砂	<1~0.5	>0~1		中砂	<0.5~0.25	>1~2
	中砂	<0.5~0.25	>1~2		细砂	<0.25~0.06	>2~4
	细砂	<0.25~0.125	>2~3				
	极细砂	<0.125~0.0625	>3~4				
粗粉砂		<0.0625~0.0313	>4~5	细碎屑（粉砂）	粗粉砂	<0.06~0.03	>4~5
					细粉砂	<0.03~0.004	>5~8
细粉砂、泥		<0.0313	>5	泥		<0.004	>8

圆度（又称磨圆度），是碎屑颗粒在最大投影面上接近于圆形的程度。同一种矿物的圆度能反映碎屑颗粒在搬运过程中磨蚀圆化的程度，在 SY/T 5368-2000 中将其分为棱角状、次棱

角状、次圆状、圆状、极圆状等五级,常用目测比较法确定(图8-9下)。

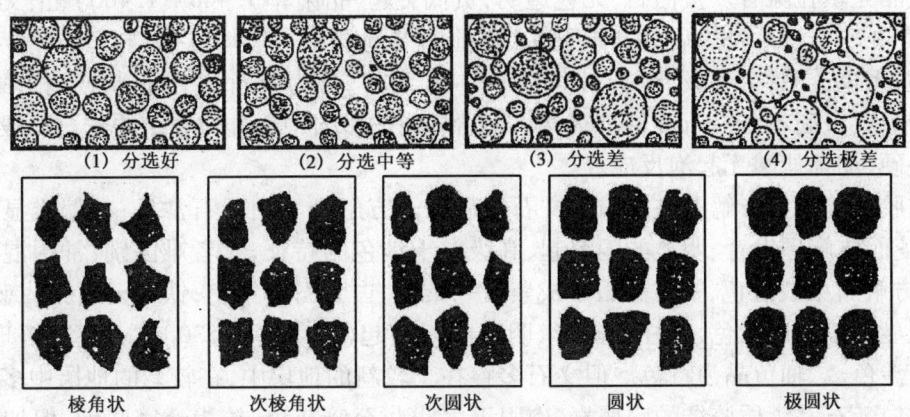

图8-9 碎屑颗粒的分选性目测图(上)和磨圆度目测图(下)(据SY/T 5368—2000)

三、碎屑岩中填隙物特征

填隙物通常分为杂基和胶结物以及孔隙等次级类型。

1. 杂基

杂基是充填在碎屑颗粒之间空隙中的细小碎屑物质,其特征是:

(1)比碎屑颗粒细小许多,对砂岩而言小于0.03mm,对于砾岩而言杂基的粒径可达砂级大小;

(2)与碎屑颗粒同时沉积形成;

(3)以机械方式沉积受机械因素控制,杂基的数量与存在方式反映沉积时介质的水动力条件;

(4)在同一薄片成分多样复杂,以细小黏土矿物为主,同时有石英、长石、云母等极细小碎屑;

(5)杂基数量变化很大,与介质性质等有关,可多于碎屑颗粒甚而单独成岩(黏土岩)。

在标准薄片的厚度内常有多粒杂基矿物叠合,在显微镜下仅可辨其有光性(与非晶质有别),难以辨别其具体的矿物组成,因此将杂基作为一种结构组分统计含量而不再细分。

2. 胶结物与孔隙

胶结物是充填颗粒孔隙的化学沉积物质,其特征及与杂基的区别在于:

(1)形成时间比颗粒晚,一般胶结物在沉积后形成;

(2)是从孔隙溶液中以化学方式沉积形成的,受化学因素控制,其类型和数量反映成岩阶段孔隙水的性质;

(3)同一薄片中胶结物较单一;

(4)充填于碎屑颗粒之间,粒度一般大于0.03mm,有时还可大于碎屑颗粒,显微镜下可明确鉴别其矿物成分;

(5)常具有一定的排列分布方式;

(6)胶结物数量一般少于碎屑颗粒,与杂基有互为消涨的关系,即当杂基多时胶结物则少,当杂基少时胶结物常可能较多。常见可成为胶结物的矿物之特征如后述。

硅质胶结物多为石英、玉髓、蛋白石等矿物。石英最常见,多为碎屑石英的自生加大边,也常见呈微晶充填孔隙者。蛋白石,无色透明,负低突起(折射率1.440~1.460),正交光下全消光,主要存在于新近系及之后的新地层中,之前的老地层中一般均已重结晶为玉髓和(或)石英。玉髓,无色透明,突起极低(折射率1.530~1.543),常为微晶、十字花状或扇形集合体,Ⅰ级灰干涉色。玉髓和蛋白石多见于富含火山岩岩屑的砂岩中。硅质胶结的岩石一般呈灰白色且致密坚硬、加稀盐酸无起泡反应。

钙质胶结物多为方解石、白云石、文石等矿物。方解石和白云石常见,在偏光显微镜下均以无色、菱面体解理发育、明显的闪突起、高级白干涉色为特征,二者难区别,常用混合液染色法区分(方解石染成红色,铁方解石染成紫红—紫色,白云石不染色,铁白云石染成蓝色)。文石在偏光显微镜下以无色、针柱状晶形、明显的闪突起(折射率1.530~1.686)、解理不完全、高级白干涉色、二轴负晶为特色。但文石多存在于较新的地层中,在较老的地层中多已转变为方解石或白云石。钙质胶结的碎屑岩,肉眼下多浅灰至暗灰色、较为致密坚硬,但加稀盐酸时方解石和文石剧烈起泡,白云石反应微弱、加热时反应加剧,白云石遇"镁试剂"的碱性溶液染成蓝色。

铁质为赤铁矿、褐铁矿和菱铁矿等,多呈黄褐—紫红色(未风化菱铁矿为黑色),比重较大且致密坚硬,但易风化成褐铁矿,风化后硬度降低。偏光显微镜下铁质胶结物呈不透明至微透明状,容易区别。

海绿石,呈鲜艳的绿色,填隙状或粒状,小刀可以刻划,显微镜下呈较鲜艳的绿色,因晶体极细小而多为集合消光。常氧化为褐铁矿而呈褐色斑,严重时如同铁质胶结。

黏土矿物为高岭石、伊利石、蒙脱石、绿泥石等。高岭石以鳞片状或假六方形、无色、一组极完全解理、正低突起、Ⅰ级灰干涉色为特征。伊利石以鳞片状、无色、一组极完全解理、正低突起、Ⅱ级中干涉色(极薄鳞片为Ⅰ级顶)为特色。蒙脱石以鳞片状、无色、一组极完全解理、负低突起、Ⅰ级灰干涉色为特色。绿泥石以绿—浅褐色、弱多色性、正中突起、一组完全解理、干涉色Ⅰ级灰—灰白为特征。通常黏土矿物粒径极细小,须应用X射线衍射分析等实验方法进行分析鉴别。

硫酸盐有石膏、硬石膏、天青石等。石膏,单斜晶系,以板柱状(或粒状、纤维状)、无色、{010}解理完全{100}和{110}解理中等、负低突起、一级黄白干涉色、二轴正晶为特色。硬石膏,斜方晶系,以板柱状或纤维状、无色至浅色(浅色者有弱多色性)、三组相互正交的完全解理、正低突起、三级干涉色、二轴正晶为特色。天青石,斜方晶系,以板柱状(或粒状、纤维状)、无色或浅色(浅色者有多色性)、解理完全或中等、正中突起、一级灰白干涉色、二轴正晶为特色。

长石、沸石类、重晶石等矿物均可成为碎屑岩的胶结物。如上述可以成为胶结物的矿物有十数种至数十种之多,不过在同一岩层和岩石样品中,可以见到的主要胶结物只有一种矿物,次要胶结物不过1至2种矿物。

除胶结物外,在碎屑岩中还常常可以有少量以化学方式形成的自生矿物,如自生重晶石、天青石、萤石、石盐、钾盐、磷灰石等,这些自生矿物常为零星、孤立的细小自形晶体,对岩石不起(主要)胶结作用,但对成岩环境的解释有重要的意义。

孔隙是碎屑颗粒之间被气体或液体占据的空间,是碎屑岩中很有意义的结构组分。孔隙在普通薄片中表现为,单偏光下纯净透明、正交偏光下全消光。一般须制作"铸体薄片"进行研究。

四、填隙物结构与胶结类型

1. 填隙物的结构

杂基的结构主要表现为重结晶程度,如杂基没有明显的重结晶,则称为原杂基,如有明显的重结晶则称为正杂基。注意各种似杂基(外杂基、淀杂基和假杂基)与杂基的区别。

胶结物的结构比较多样:一般按结晶程度分为非晶质胶结物和结晶质胶结物;后者按晶粒大小分为隐晶质胶结物、显晶质胶结物和连生胶结物;显晶质胶结物又按晶粒形状和排列方式分为镶嵌状胶结物、薄膜状胶结物、次(自)生加大胶结物和丛生(栉状)胶结物;还按胶结物分布的均匀程度分为均一的胶结物和非均一(凝块状)的胶结物(图8-10)。

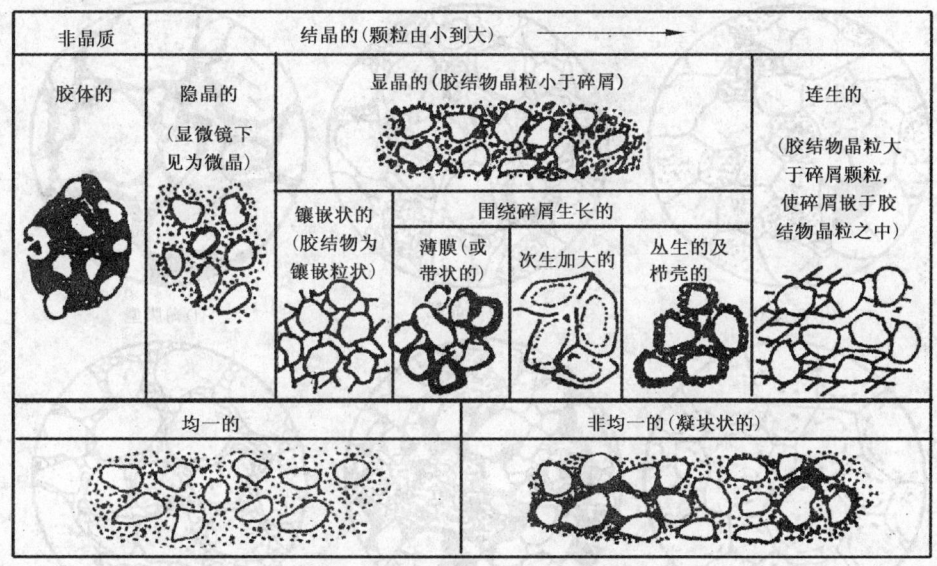

图8-10 胶结物的结构特征

2. 胶结类型

胶结类型是指由岩石的支撑方式、颗粒彼此之间的接触关系、填隙物(胶结物和杂基)自身结构差异及在岩石中分布状况所显现的特征。

支撑方式是碎屑颗粒占据空间的方式,当碎屑颗粒彼此不相接触而呈游离状,粒间均被杂基充填时称为杂基支撑型;当碎屑颗粒彼此相接触形成支架结构,颗粒间留下孔隙或充填杂基和胶结时称为颗粒支撑型。

接触关系,指碎屑颗粒间相互接触的紧密程度,是成岩过程中压实—压溶作用强度的反映,一般分为:

(1)点接触,颗粒之间呈点状接触;
(2)线接触,颗粒之间呈线状接触;
(3)凹凸接触,颗粒之间呈曲线状接触;
(4)缝合线接触,颗粒之间呈缝合线状接触(图8-12)。

在"SY/T 5368—2000 岩石薄片鉴定"规范将胶结类型划分为9种类型(图8-11):

(1)基底型,碎屑颗粒呈飘浮状分布于填隙物中,而互不接触;
(2)孔隙型,碎屑颗粒呈支架状接触,填隙物分布在颗粒间之孔隙中;

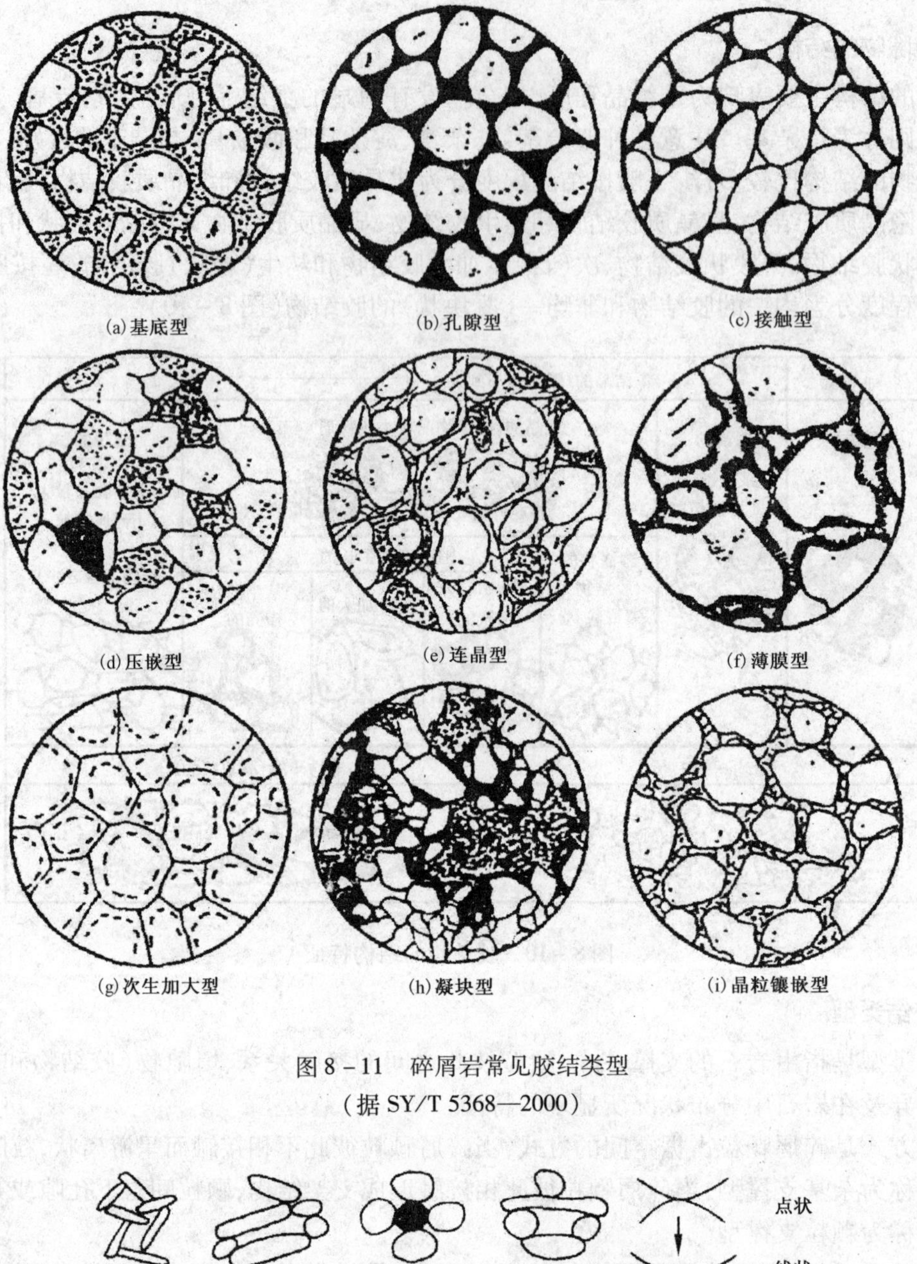

(a) 基底型　　(b) 孔隙型　　(c) 接触型
(d) 压嵌型　　(e) 连晶型　　(f) 薄膜型
(g) 次生加大型　　(h) 凝块型　　(i) 晶粒镶嵌型

图 8-11　碎屑岩常见胶结类型
（据 SY/T 5368—2000）

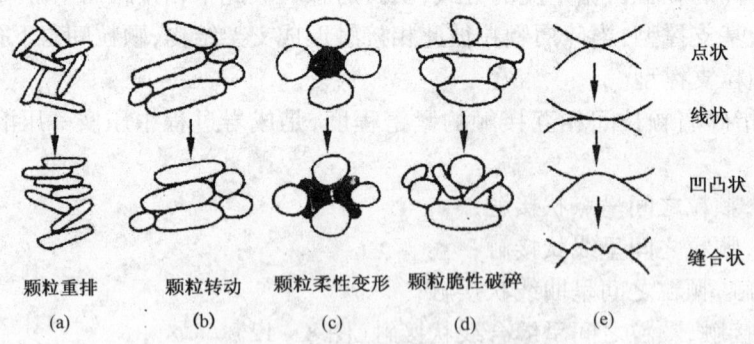

颗粒重排　颗粒转动　颗粒柔性变形　颗粒脆性破碎
　(a)　　　(b)　　　(c)　　　　(d)　　　　(e)

点状
线状
凹凸状
缝合状

图 8-12　压实作用(a-d)和
压溶作用(e)的镜下标志

(3)接触型,碎屑颗粒呈支架状接触,填隙物分布在颗粒接触处;
(4)压嵌型,碎屑颗粒呈凹凸状或缝合线状接触,胶结物少,仅分布于未被嵌合的部位;
(5)连晶型,胶结物呈大片状连晶结构;
(6)薄膜型,胶结物呈薄膜状分布于颗粒周围,薄膜厚度较均一;
(7)次生加大型,胶结物围绕碎屑加大生长.两者光性方位一致;
(8)凝块型,砂岩中支撑类型变化大,填隙物呈斑块状不均匀分布;
(9)晶粒镶嵌型,胶结物由镶嵌接触的晶粒组成。

孔隙是碎屑岩中被气体和液体所占据的空间,也即是可能储集油气的空间。"SY/T 5368—2000 岩石薄片鉴定"规范,据孔隙大小和形态将孔隙分为三大类 13 个亚类(表 8-5)。

表 8-5 碎屑岩孔隙及储集空间类型分类表(据 SY/T 5368—2000)

类	亚类		空间大小	特征
孔	原生	粒间孔隙	小于 2mm	为粒间原生及其残留孔隙
		粒内孔隙		岩屑和生物等颗粒内沉积前固有的孔隙
		微孔隙		杂基微晶间小孔隙
	次生	粒内溶孔		如长石和岩屑等颗粒的局部溶解
		粒间溶孔		如方解石胶结物全部或局部溶解
		颗粒溶孔		如碎屑颗粒几乎全部被溶解
		超大孔隙		填隙物与颗粒一起溶解,溶蚀孔径大于碎屑粒径
		铸模孔 粒模孔		颗粒溶解而保留外形
		铸模孔 晶模孔		晶体溶解而保留外形
		铸模孔 生物模孔		生物或生屑溶解而保留外形
		晶间孔隙		如晚期形成的高岭石、白云石等晶间孔
		收缩孔隙		杂基和胶体矿物失水收缩形成、外形不规则
洞	次生	溶洞	不小于 2mm	与淋滤作用有关
缝	原生	层间隙		沉积作用控制的沿层面的裂缝
	次生	成岩缝及其溶蚀		无方向性、缝细、延伸短、有的贴粒分布形成贴粒缝
		构造缝及其溶蚀		受应力控制、组系分明、平整延伸、切割力强

五、碎屑岩成岩作用标志

碎屑岩成岩作用主要有压实和压溶作用、胶结作用、交代作用、重结晶作用、溶解作用、矿物多形转变作用等。它们都是互相联系和互用影响的,其综合效应影响和控制着碎屑岩的发育历史,并对碎屑岩储层的物性有重要的影响。

压实作用是沉积物沉积后在其上覆水体或沉积层的重荷下,或在构造形变应力的作用下,发生水分排出、孔隙度降低、体积缩小的变化过程。其标志是在沉积物内部发生颗粒的滑动、转动、位移、变形、破裂,进而导致颗粒的重新排列和某些结构构造的改变[图 8-12 中(a)至(d)]。压实作用的结果使岩石孔隙度降低,资料表明,当埋深达 3000m 时石英砂岩的孔隙度将自 40% 左右降低至 10% ~ 30%。

压溶作用是一种物理—化学成岩变化过程。随埋藏深度的增加,碎屑颗粒接触点上所承受的来自上覆层的压力或来自构造作用的侧向应力超过正常孔隙流体压力时,颗粒接触处的溶解度增高而使接触点处的晶格变形和溶解,颗粒接触部位的形态,依次由点接触变为线接触、凹凸接触和缝合接触[图8-12中(e)]。薄片中常见的相邻石英颗粒呈凹凸-缝合状接触,都是压溶作用的结果。压溶作用一般发生在埋深较大的条件下,并进一步降低岩石的孔隙度。

胶结作用是从孔隙溶液中沉淀出矿物质(胶结物),将松散的沉积物固结起来的作用。胶结作用是沉积物转变成沉积岩的重要作用,也是使沉积层中孔隙度和渗透率降低的主要原因之一。碎屑岩的胶结作用主要发生在早成岩作用时期,在其余时期胶结作用很微弱。

图8-13 压实作用、胶结作用溶解作用标志显微照片

左,巨粒质粗粒岩屑砂岩,由石英屑、石英岩屑、花岗岩屑及少量长石(及泥岩、粉砂岩)屑等组成,自生加大石英胶结物及少量杂基填隙,局部发育粒间溶孔,偶见铸模孔及粒内溶孔,管束状喉道为主,连通性差,石灰沟,单偏光;右,含粗粒中粒石英砂岩,由石英屑及少量长石屑、石英岩屑、流纹岩屑组成,少量自生加大石英及杂基填隙,部分矿物受挤压形成粒内微裂缝,粒间孔及粒间溶孔发育,局部见粒内溶孔,多片状、点状喉道,连通性好,渤海东堂组,单偏光。(铸体薄片,暗灰色为孔隙)

胶结物的出现和松散沉积物的固结即是胶结作用的直接证据。从孔隙溶液沉淀出的胶结物的种类很多,但就数量而言,常见的胶结物有氧化硅和碳酸盐两类,其他较常见的胶结物有氧化铁、石膏和硬石膏等。此外自生粘土矿物也是碎屑岩中常见的一类胶结物。

交代作用是一种矿物代替另一种矿物的现象。交代作用可以发生于成岩作用的各个阶段。交代矿物可以交代颗粒边缘使其成锯齿状或鸡冠状等不规则形状,也可以完全交代碎屑颗粒形成其"假象",再后来的矿物还可以再交代早期的交代矿物。

碎屑岩中常见的交代作用有石英与方解石间的相互交代、方解石交代长石或黏土矿物、黏土矿物交代长石、各种粘土矿物之间的相互交代等。

交代作用在显微镜下的标志主要有:

(1)矿物假象,即被交代矿物的原始成分虽已被交代,但其晶体外形仍较好保存的现象(同于变质岩中的交代假象结构);

(2)幻影构造,即矿物受到强烈的交代作用,原矿物颗粒的成分和内部结构甚至其边缘均已消失,但其内部的包体或其他难被交代的组分尚残存而显示被交代矿物的模糊轮廓,则称为"幻影",如硅化鲕粒、强白云化岩石中的生物骨壳等;

(3)交叉切割现象,即矿物或颗粒被自形晶体或镶嵌结构的晶体切割或溶(侵)蚀(类似于交代网格结构);

(4)残留的矿物包体,即零星分布在新生成的交代矿物之中的被交代矿物的细小残余,残留矿物包体表示外面矿物是交代矿物,被包裹的矿物是被交代矿物(即变质岩中的交代残余结构)。

由此可见,碎屑岩中交代作用的标志与变质岩中的各种交代成因结构十分类似。

当碎屑岩发生了多期矿物交代作用时,可以根据矿物间的切割、侵蚀以及包裹现象来判断其交代生成顺序。

重结晶作用和矿物的多形转变主要发生在碎屑岩的填隙物中。碳酸盐胶结物的重结晶作用,可使砂岩的胶结物形成特征的连晶或嵌晶结构,正杂基的形成也是重结晶的结果。

矿物的多形转变是一种较复杂的广义的重结晶作用。在一般情况下,当一种矿物转变为另一种更稳定的矿物相时,只发生晶格形状及大小的变化。在碎屑岩中常见的是文石胶结物向方解石的转化及非晶质蛋白石向玉髓及石英的转化。

隐晶质的胶磷矿转变为显晶质的磷灰石,隐晶质的高岭石转变为鳞片状或蠕虫状的结晶高岭石,也是常见的矿物多形转变现象。

在一定成岩环境中,先期的组分(碎屑及填隙物)都可以不同程度地被溶解,此种现象即为溶解作用。溶解作用的直接结果是形成碎屑岩中的次生孔隙,因此次生孔隙的识别即是在岩石薄片中确定溶解作用的标志。

次生孔隙的微观识别标志有:胶结物部分溶解、印模、颗粒的不均一排列、特大(超粒)孔隙、漂浮颗粒、伸长状(贴粒)孔隙、颗粒的部分溶解、晶内孔隙、粒内溶孔以及颗粒及岩石中的破裂缝(图8-14)。

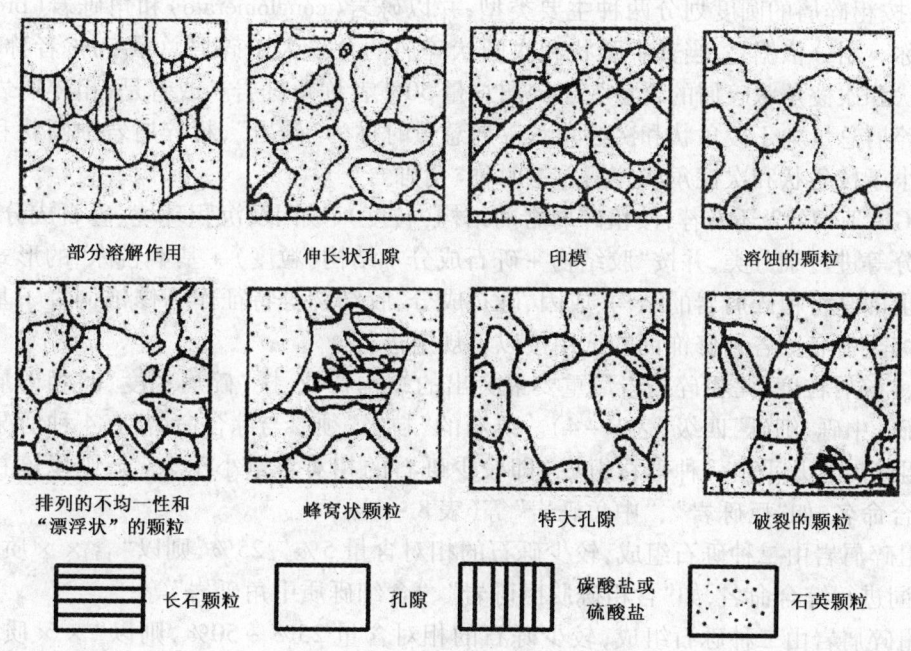

图8-14 次生孔隙的识别标志

次生孔隙是世界上许多储集层的主要储集空间,我国许多中—深层油气储集层也多与次生孔隙发育带有关。因此在薄片研究时应高度重视溶解作用和次生孔隙的观察研究。

应指出的是,岩石地层的成岩作用类型与特征,不可能在一块薄片或一件样品中全部表现出来。相反,在一件岩石样品和薄片中常常仅只可见到有限的甚致少量的成岩作用标志。但是只有在每一薄片样品中都仔细观测,发现已经出现的标志,才能在有限的系统样品的观测中获得目的岩层的全面成岩作用特征,并得出正确的结果。

第三节 陆源碎屑岩的分类与命名

陆源碎屑岩通常分为砾岩、砂岩、粉砂岩和泥岩四大类(表8-1)。但是,具体的分类标准与方案,不同作者、不同行业却有很大的差异。

一、国家标准推荐的分类与命名方案

中华人民共和国国家标准 GB/T 17412.2—1998"沉积岩岩石分类和命名方案"推荐,以 2.0mm、0.06mm 和 0.004mm 为分界线,将陆源碎屑按"粒级"划分为粗碎屑、中碎屑、细碎屑和泥四级(表8-4)。再将陆源碎屑岩按碎屑"粒级"大小相应地划分为粗碎屑岩(砾岩)、中碎屑(砂岩)、细碎屑岩(粉砂岩)和泥质岩等4种主要类型。

1. 粗碎屑岩(砾岩和角砾岩)

国家标准 GB/T 17412.2—1998 规定,粗碎屑岩(砾岩和角砾岩)是"主要由粒径≥2mm 的粗碎屑(砾)级的陆源碎屑所组成的沉积岩石"。即粗粒级陆源碎屑含量与碎屑总量之比不小于50%的沉积岩,称为粗碎屑岩(砾岩和角砾岩)。同时推荐,粗碎屑岩按以下原则进行分类与命名。

首先,按粗碎屑的圆度划分两种主要类型,并以砾岩(conglomerate)和角砾岩(breccia)作为基本名称。划分依据是,当其中圆状和次圆状碎屑的含量大于碎屑总量50%者称砾岩,当其中棱角状和次棱角状碎屑的含量大于碎屑总量50%者称角砾岩。或者是,粗碎屑岩中圆状和次圆状碎屑总量大于棱角状和次棱角状碎屑总量时称为"砾岩",粗碎屑岩中圆状和次圆状碎屑总量小于棱角状和次棱角状碎屑总量时称"角砾岩"

国标 GB/T 17412 还推荐,按粗碎屑岩的结构(粒度)、成因及沉积环境、砾石成分及岩性、胶结物成分等进行细分类,并按"胶结物 + 砾石成分 + 结构(粒度) + 基本名称"的形式进行综合命名。也即是将粗碎屑岩的结构、成因、砾石成分、胶结物等特征作为修饰词置于基本名称之前进行综合命名。各种修饰词的选用按以下规定进行。

首先,"碎屑粒度"是粗碎屑岩最重要最突出的结构特征,按"碎屑粒度"将粗碎屑划分为"巨砾、粗砾、中砾、细砾"四级(表8-4)。砾石的"粒级"须参与综合命名,有4种情况:

(1)粗碎屑岩几乎由一种砾石组成(即较少砾石的相对含量小于5%),则以该粒级作饰词进行综合命名,如"巨砾岩"、"中角砾岩"等(表8-6);

(2)粗碎屑岩由二种砾石组成,较少砾石的相对含量5%~25%,则以"含××质"作为附为加修饰词进行综合命名,如"含粗砾质巨砾岩"、"含细砾质中角砾岩"等;

(3)粗碎屑岩由二种砾石组成,较少砾石的相对含量25%~50%,则以"××质"作为附加修饰词综合命名,如"粗砾质巨砾岩"、"细砾质中角砾岩"等;

(4)粗碎屑岩由三(或多)种砾石组成,没有一种砾石的相对含量不小于50%,则以"不等粒"为修饰词综合命名,如"不等粒砾岩","不等砾角砾岩"等。

其次,碎屑的岩性(碎屑的母岩类型)常作为修饰词参与综合命名。有4种情况:

(1)粗碎屑的岩性单一(同种岩石的粗碎屑的相对含量在75%及以上,属单成分砾岩),

直接参加命名。

(2) 粗碎屑的岩性较复杂(有多种岩石的岩屑,属复成分砾岩),以其占粗碎屑总量50%以上的粗碎屑岩性作为附加修饰词。

(3) 无任何一种岩性的粗碎屑含量超过粗碎屑总量的50%,则以相对含量最多的两种粗碎屑岩性,用"—"号连接作为附加修饰词。

(4) 粗碎屑的岩性有3种或多种,其相对含量相近,则以"复成分"作为附加修饰词,如"石英岩质粗砾岩"、"石灰岩—石英岩质含中砾质粗砾岩"、"复成分粗砾质中砾岩等"。

再次,当胶结物占岩石总量的10%以上,以"××质胶结"作为附加修饰词,否则不参与命名。如"钙质胶结石灰岩—石英岩质含中砾质粗砾岩"、"复成分中砾岩"等。

其四,粗碎屑岩成因是多种多样的,如"残积"、"沉积"、"同生"、"成岩后生"等,沉积的又可分为"河流"、"滨湖"、"滨海"、"重力流"、"冰碛"、"泥石流"等类型(表8-6)。命名时应该突出反映成因,如"钙质胶结石灰岩—白云岩质不等粒岩溶角砾岩"等。

表8-6 按成因划分的粗碎屑岩类型及综合命名(据 GB/T 17412.2—1998)

成因	岩性特点与岩石类型的基本名称			
残积	残积角砾岩			
沉积	正砾岩	杂基含量<15%	粗碎屑中稳定组分含量≥90%	石英岩质砾岩
			粗碎屑中稳定组分含量<90%	岩块质砾岩(如花岗岩质砾岩)
	副砾岩	杂基含量≥15%	纹层基质	纹层状泥质砾岩
			非纹层基质	冰碛砾岩、泥石流砾岩
同生	同生砾岩和同生角砾岩(如砾屑灰岩、砾屑泥岩)滑塌角砾岩			
成岩后生	岩溶角砾岩、盐溶角砾岩			

2. 中碎屑岩(净砂岩和杂砂岩)

国家标准 GB/T 17412.2—1998 规定,主要由粒径2mm至0.06mm的砂级陆源碎屑所组成的沉积岩,称为中碎屑岩(净砂岩和杂砂岩)。即砂级陆源碎屑的含量与碎屑总量之比不小于50%的沉积岩,称为中碎屑岩(净砂岩和杂砂岩)。同时推荐,中碎屑岩按以下原则进行分类与命名。

国标推荐,首先按杂基的多少将中碎屑岩分两种主要类型,并以为净砂岩(简称砂岩,杂基含量小于15%)和杂砂岩(杂基含量大于15%者)作为基本名称。

同时推荐,按碎屑成分,将其分为Q组(含石英碎屑、燧石岩屑及其他硅质岩屑)、F组(含长石碎屑、花岗岩屑及花岗片麻岩类岩屑)、R组(除Q、F中岩屑以外的其他岩屑及碎屑云母和绿泥石),并按三者的相对百分含量(以10%、25%、50%为分界),将中碎屑岩划分为14种类型,各类名称分别为"石英砂岩"、"石英杂砂岩"等(图8-15)。也即是以1至7个区域的碎屑"组合"名称为修饰词,置

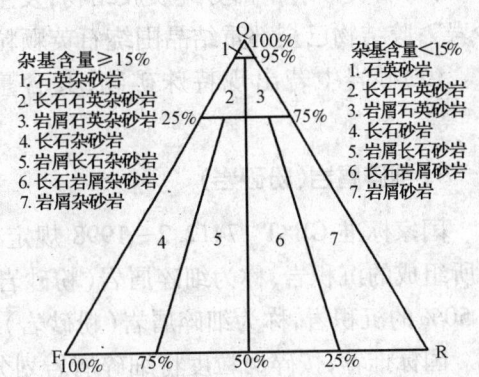

图8-15 国标推荐砂岩碎屑组分分类三角图
(据 GB/T 17412.2—1998)

于基本名称之前为十四种岩石类型的综合名称。

国标特别推荐,中碎屑岩按"胶结物+粒度+碎屑成分+基本名称"的形式进行综合命名,即以岩石的胶结物、粒度、碎屑成分等特征,作为修饰词置于基本名称之前进行综合命名。各修饰词的选用按以下原则进行。

首先,碎屑的粒度是中碎屑最突出的特征,国标以 0.5mm 和 0.25mm 为界,将粒度划分为"粗砂、中砂、细砂"三种类型(表 8-4)。粒度的"粗、中、细"应作为修饰词参与综合命名。有 4 种情况:

(1)岩石几乎由一种碎屑组成(即次要碎屑的相对含量 <5% 时,则以主要碎屑粒度为修饰词综合命名,如"中粒长石石英砂岩"、"细粒岩屑杂砂岩"等;

(2)岩石由二种碎屑组成,次要粒级相对含量 5%~25% 时,以"含××"作为附为加修饰词综合命名,如"含粗粒中粒长石石英砂岩"、"含中粒细粒岩屑杂砂岩"等;

(3)岩石由二种碎屑组成,次要粒级碎屑相对含量 25%~50% 时,以"××质"作为附加修饰词综合命名,如"粗粒质中粒长石石英砂岩"、"中粒质细粒岩屑杂砂岩"等;

(4)岩石由三(或多)种碎屑组成,没有一个粒级相对超 50% 时,以"不等粒"为修饰词综合命名,如"不等粒长石石英砂岩"、"不等粒长石杂砂岩"等。

其次,胶结物占岩石总量的 10% 以上,以"××质胶结"作为附加修饰词;小于 10% 时不能与命名。如"钙质胶结粗粒质中粒长石石英砂岩"、"中粒质细粒岩屑杂砂岩"等。

其三,岩屑砂岩和岩屑杂砂岩中的岩屑成分(岩屑的岩性)应参与综合命名。有 3 种情况:

(1)岩屑成单一(一种岩石碎屑的相对含量大于 75%),直接参加命名,如"石英岩质岩屑砂岩"等;

(2)岩屑成分较复杂,以其占岩屑总量 50% 以上的岩屑成分参加命名,如"玄武岩质岩屑杂砂岩"等;

(3)岩屑成分较复杂,其中两种岩屑含量占优(近于岩屑总量的 50%),则以该两种岩屑成分用"—"号连接参加命名,如"粉砂岩—流纹岩质岩屑砂岩"等;

(4)岩屑具 3 种或多种岩屑成分且含量相近,则总称岩屑作为附加修饰词。

最后,修饰词的其他用法有两种:

(1)石英砂岩中部分硅质胶结物,发生次生加大成为再生石英,具砂状结构,称"石英岩状砂岩";胶结物已全部重结晶围绕石英颗粒呈次生加大边,称"沉积石英岩"。

(2)砂岩中若出现特殊矿物,其含量小于 5% 也应参加命名,如"海绿石细粒石英砂岩"等。

3. 细碎屑岩(粉砂岩)

国家标准 GB/T 17412.2—1998 规定,主要由粒径 0.06mm 至 0.004mm 的粉砂级陆源碎屑所组成的沉积岩,称为细碎屑岩(粉砂岩)。即粉砂级陆源碎屑的含量与碎屑总量之比不小于 50% 的沉积岩,称为细碎屑岩(粉砂岩)。

国标推荐,按碎屑粒度将细碎屑岩划分二主要类型,其基本名称为粗粉砂岩(coarse - siltstone)和细粉砂岩(fine - siltstone)。粗粉砂岩的碎屑粒径主要为 0.06mm 至 0.03mm,细粉砂岩的碎屑粒径主要为 0.03mm 至 0.004mm。

还推荐,细碎屑岩按图 8-15 所示的"碎屑岩碎屑成分划分原则"进行细分和综合命名。

国标特别推荐,细碎岩综合命名,按"胶结物+结构+基本名称"的形式进行,即将细碎屑的胶结物、结构特征作为修饰词置基本名称之前进行综合命名。

修饰词的用法是:

(1)细碎屑岩岩石中的泥质物不作杂基处理,当岩石中泥质含量大于10%时,以"泥质"作为附加修饰词,如"泥质粗粉砂岩"等。

(2)混入其他粒级陆源碎屑的命名,含量不小于10%时以"含××质"为修饰词,如"含细砂质粗粉砂岩"等;含量不小于25%时以"××质"为修饰词,如"细砂质粗粉砂岩"等。

4. 泥质岩

国家标准 GB/T 17412.2—1998 规定,主要由黏土矿物及泥级碎屑所组成的沉积岩,称为泥质岩。

国标推荐,按有无纹层和面理构造,分为泥岩(黏土岩)(纹层不发育)和页岩(纹层发育)两大基本类型。泥质岩还常按黏土矿物成分进行划分并命名(表8-7)。

国标特别推荐,泥岩与页岩的综合命名按"颜色+混入物+黏土矿物成分+基本名称"的形式进行。各修饰词的选用按以下规定进行。

其一,混入物为钙质(碳酸盐矿物)、铁质(含三价或二价铁的氧化矿物)、硅质(含游离二氧化硅矿物),其含量较多、但不超过50%时,以"×质"作修饰词。如"钙质泥岩"、"铁质页岩"等。

其二,混入物为陆源粉砂屑等,须参与命名,有两种情况:粉砂含量5%~25%时,以"含××质"为修饰词,如"含粉砂钙质泥岩"等;粉砂含量25%~50%时,以"××质"为修饰词,如"粉砂质铁质页岩"等。

表8-7 泥质岩类按黏土矿物成分的划分及命名(据 GB/T 17412.2—1998)

黏土矿物族	岩石类型
高岭石	高岭石黏土岩,地开石黏土岩,珍珠陶土黏土岩等
埃洛石	埃洛石黏土岩,变埃洛石黏土岩等
蒙脱石	蒙脱石黏土岩,拜来石黏土岩,绿脱石黏土岩,皂石黏土岩
水云母	水云母黏土岩,海绿石黏土岩
绿泥石	绿泥石黏土岩(绿泥石岩)
海泡石—凹凸棒石	海泡石黏土岩,凹凸棒石黏土岩
混层矿物	水云母—蒙脱石黏土岩,绿泥石—蒙脱石黏土岩,水云母—绿泥石黏土岩,水云母—蒙脱石—绿泥石黏土岩等
水铝英石	水铝英石黏土岩

其三,混入有机质须参与命名,有3种类型:含有较多的均匀分布的炭化的细分散状有机质、摸之污手者,称为"碳质泥(页)岩";含有较多有机质与细分散状硫化铁而显黑色、但摸之不污手者,称为"黑色泥(页)岩";含有一定数量(4%~20%、最高达30%)碳氢化合物的棕色至黑色、有纹层、具油味者,称"油页岩"。

其四,已进行黏土矿物分析,黏土矿物须参与命名,有3种情况:泥岩中黏土矿物成分单一,直接参加命名(表8-7);主要由两种黏土矿物组成,按前少后多的顺序参加命名;如黏土矿物成分复杂多样或未作黏土矿物分析时不参与命名。

二、石油行业标准推荐的分类与命名方案

石油行业标准 SY/T 5368-2000 "岩石薄片鉴定",以2mm、0.0625mm 和 0.0313mm 为界线,将陆源碎屑划分为砾、砂、粗粉砂、泥(及细粉砂)四级(表8-4),并依据碎屑岩中主要(相对含量≥50%)碎屑的粒级,将陆源碎屑岩划分为砾岩(或角砾岩)、巨砂岩、粗砂岩、中砂岩、细砂岩、极细砂岩、粗粉砂岩和泥质岩(表8-8)。同时推荐了各类碎屑岩的分类命名原则。

砾岩,是碎屑粒径不小于2mm的陆源碎屑相对含量不少于50%的一类沉积岩。按砾石的含量细分命名:

(1)碎屑粒径4mm~2mm的陆源碎屑相对含量不少于90%时,称为"细砾岩(或细角砾岩)";

(2)碎屑粒径4mm~2mm的陆源碎屑相对含量不少于75%时,称为"砂质砾岩(或砂质角砾岩)";

(3)碎屑粒径4mm~2mm的陆源碎屑相对含量不少于50%时,称为"砂砾岩"。

同时推荐按"填隙物+砾石成分+结构+基本名称"的形式进行综合命名。如"钙质花岗岩质细砾岩"等。

表8-8 按碎屑粒径划分碎屑岩的类型及名称(据 SY/T 5368—2000)

岩石名称	碎屑组成	岩石名称	碎屑组成
(角)砾岩	≥2mm 者≥50%	细砂岩	0.25mm~0.125mm 者≥50%
巨砂岩	2mm~1mm 者≥50%	极细砂岩	0.125mm~0.0625mm 者≥50%
粗砂岩	1mm~0.5mm 者≥50%	粗粉砂岩	0.0625mm~0.0313mm 者≥50%
中砂岩	0.5mm~0.25mm 者≥50%	泥质岩	<0.0313mm 者≥50%

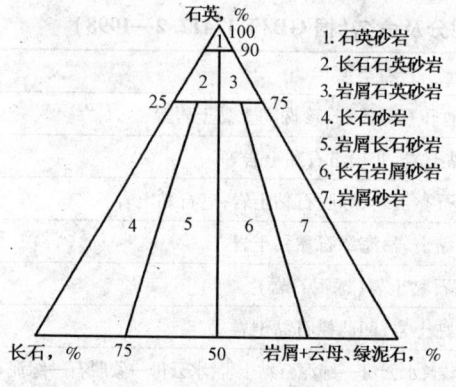

砂岩,是碎屑粒径2~0.0625mm的陆源碎屑相对含量不少于50%的一类沉积岩。推荐按碎屑成分进行分类。即将砂岩的碎屑分为石英(含石英与燧石)组、长石组和岩屑(含各种岩屑、云母和绿泥石等)组,计算各组的相对百分含量,并以10%、25%、50%为界线,将砂岩分为石英砂岩、长石石英砂岩等七类(图8-16和表8-9)。

图8-16 砂岩碎屑成分分类三角图
(据 SY/T 5368—2000)

表8-9 岩石薄片鉴定推荐砂岩碎屑成分分类表(据 SY/T 5368—2000)

三角图位置	岩石名称	石英+燧石	长石/岩屑
1	石英砂岩	≥90%	
2	长石石英砂岩	75%~90%	>1
3	岩屑石英砂岩	75%~90%	<1

续表

三角图位置	岩石名称	石英+燧石	长石/岩屑
4	长石砂岩	<75%	≥3
5	岩屑长石砂岩	<75%	≥1～<3
6	长石质岩屑砂岩	<75%	≥1/3～<1
7	岩屑砂岩	<75%	<1/3

并推荐，砂岩按"填隙物+粒级+碎屑成分"的形式进行综合命名。砂岩综合命名各修饰词的选用原则如后述。

其一，砂岩中的填隙物须参与综合命名，有4种情况：
（1）某种填隙物含量10%～25%时，以"含××"为修饰词，如"含石膏长石石英砂岩"等；
（2）填隙物含量25%～50%时，以"××质"为修饰词，如"方解石质长石砂岩"；
（3）同类填隙物不同矿物可合并参与命名，如"碳酸盐质岩屑砂岩"等；
（4）特殊胶结物成分不受上述含量界线限制可直接参与命名，如"沸石长石砂岩"、"海绿石石英砂岩"等。

其二，砂岩中的碎屑粒度须参与综合命名，有以下几种情况：
（1）砂岩中某粒级相对百分含量>50%时定主名；相对百分含量25%～≥50%定副名；含量小于25%的粒级不参与命名；
（2）砂岩中三个粒级相对百分含量均在25%以上时，命名为"不等粒砂岩"；
（3）当其中砾石相对百分含量≥10%～>25%时命名为"含砾砂岩"；
（4）当其中砾石相对百分含量≥25%～>50%时命名为"砾质砂岩"。

其三，砂岩中其他成分参与综合命名的规定是：
（1）当含<2mm的火山碎屑物，含量10%～50%时，以"凝灰质"作修饰词；
（2）当火山碎屑物质>50%，按火山碎屑岩标准命名（见本章第五节）。
（3）当碳酸盐、磷酸盐等成分的含量为10%～25%时，以"含××"作修饰词；
（4）当碳酸盐、磷酸盐等含量为25%～50%时，以"××质"作修饰词；
（5）当碳酸盐、磷酸盐等含量≥50%时，以相碳酸盐岩、磷酸盐岩命名。

粗粉砂岩，是碎屑粒径0.0625mm～0.0313mm的陆源碎屑相对含量≥50%的一类沉积岩。行业标准推荐，按"填隙物+粒级+粗粉砂岩"的形式进行综合命名。修饰词的选用与砂岩相同，如"钙质极细砂质粗粉砂岩"等。与砂岩不相同的是，粗粉砂岩的碎屑不进行分组、不统计各组碎屑的相对含量、碎屑成分不参与命名。

泥质岩，是黏土矿物与泥级碎屑的相含量≥50%的一类沉积岩，当发育纹层时称页岩，不发育纹层时称泥岩。推荐泥岩和页岩的综合命名按"颜色+混入物+黏土矿物成分+基本名称"的形式进行。其中：

（1）有大于0.03mm的陆源碎屑等混入物，碎屑含量10%～25%时，在基本名称前加"含××"作附加修饰词；碎屑含量在25%～50%时，在基本名称前加"××质"作附加修饰词。如含粉砂泥岩、粉砂质页岩等。

（2）含有较多碳质、铁质、硅质、钙质、有机质等混入物及自生矿物时，在基本名称前加"××质"作附加修饰词。如"碳质页岩"、"钙质泥岩"等。

第四节　陆源碎屑岩观测内容与主要岩石类型的鉴别

一、陆源碎屑岩观测描述内容

碎屑岩薄片观察描述内容与岩浆岩和变质岩相似，一般也是从手标本的观察描述开始。按 SY/T 5368—2000 的要求，碎屑观测应包括标本的肉眼观测与岩石薄片偏光显微镜鉴别两方面的内容。

碎屑岩标本肉眼观察应包括：岩石颜色、沉积构造和结构特征，组成岩石的结构组分（矿物和岩石的碎屑、杂基和胶结物、孔隙）的特征及含量，同时观察岩石的次生变化（风化情况）及坚硬致密程度等内容。对于手标本颜色的观测与描述，应按 SY/T 5517—1992 的要求进行（见第六章第四节所述）。在碎屑岩标本观察时，常使用稀盐酸帮助判断胶结物（或碎屑）是否含碳酸盐。在 SY/T 5368—2000 标准中将碎屑岩致密程度分为三级，即致密（用手指不能搓下颗粒）、中密（用手指只能搓下少量颗粒）和疏松（手指能搓下大量颗粒）。既定性，同时定量（如碎屑大小的具体尺寸与含量等）。最后进行定名，以此作为薄片鉴定的基础。

薄片的显微镜观察鉴定，一般先用低倍或中倍物镜对薄片全局进行概略观察，确定碎屑和填隙物的种类、数量和分布基本情况。再选用适合倍率的物镜对各种结构成分及其结构特征逐一进行观察描述。按"SY/T 5368—2000 岩石薄片鉴定"的推荐，可按碎屑颗粒（骨架颗粒）、填隙物、结构特征和孔隙特征 4 个方面进行观测描述（表 8-10）。

碎屑颗粒的观测，一般按石英屑、燧石屑、钾长石屑、斜长石屑、云母屑、绿泥石屑及重矿物屑、岩浆岩屑、变质岩屑、沉积岩屑、火山碎屑岩屑等顺序进行。每一类颗粒应准确测定含量；石英应区分不同来源的标型特征及光学性质的观测，钾长石、斜长石、云母等还须区分正长石、微斜长石、条纹长石、更长石、钠长石、黑云母、白云母等矿物的数量比例；各种岩屑还应区分花岗岩屑、酸性喷出岩屑、中性喷出岩屑、石英岩屑、千枚岩屑、片岩屑、粉砂岩屑、细砂岩屑、泥岩屑等种属，分别描述各种岩石碎屑的矿物组成、结构特征与含量（或数量比例）。如有植物碎屑、煤屑应测定含及描述特征，但不参与碎组分的分组统计。

填隙物的观测，杂基和胶结物分别进行。杂基可区分黏土与地层微粒，分别统计含量。胶结物应区分石英、长石、方解石、黏土等，测定杂基与每种胶结物的含量，描述胶结物的结构特征，是自生加大、镶嵌还是连晶等。如有有机质充填物同样观测记录。

结构（含显微构造）观测部分，包括致密程度、风化程度、最大粒径、主要粒径、分选性等级与各粒级的百分含量、圆度、支撑方式、碎屑间接触方式、胶结类型。还应对各粒组碎屑的含量进行统计，对显微构造等微观特征等，逐一观测描述。

孔隙特征（或称储集空间）主要是在铸体薄片中观测，应区分孔隙类型（原生、次生及缝洞）、喉道类型、孔径与喉道的大小、连通情况等特征，并测定各类孔隙的面孔率和薄片的总面孔率。对于普通岩石薄片中的孔隙，难以观测且误差很大，一般不作要求。当然普通岩石薄片中孔隙可以辨别时也不可忽略。

对教学而言，还须详细观测矿物碎屑及胶结矿物的光学性质、岩屑的类型与特征、成岩作用类型与成岩作用标志。

以此为基础，按选定的分类命名方案进行综合命名，并绘素描图。

最后，对岩石的形成条件与沉积环境进行必要的分析。

表 8-10 石油行业标准推荐碎屑岩薄片鉴定表（据 SY/T 5368—2000）

分析号：　　　地区：　　　剖面(井号)：　　　鉴定日期：　　　年　月　日　第　页　共　页

样品编号	分析号	井深 m	层位	碎屑%			岩屑%				内碎屑%	火山碎屑%	填隙物%				结构								储集空间			总面孔率%
				石英	钾长石	斜长石	岩浆岩	变质岩	沉积岩	火山碎屑岩 总量			杂基 黏土	胶结物 方解石		总量	致密度	风化蚀变程度	最大粒径 mm	主要粒径 mm	分选性	磨圆度	支撑类型	接触方式	胶结类型	原生孔隙%	次生孔隙%	裂缝%	
样号																													
定名																													

特征描述

鉴定：　　　　　审核：

碎屑岩薄片观测与岩浆岩不同的是,碎屑岩是以结构组分为观察描述的基本单元,不能仅局限于矿物的观察鉴别,因为同种矿物,如石英,可以是矿物碎屑,可以是岩浆岩屑的组成部分,也可以呈杂基的形式出现,还可以是胶结物,各种石英的成因、形成时间、意义均各不相同。

在薄片观测程中,一定要定性与定量并重,尤其是各结构组分的含量必须按测线法或面积目测法系统全面地进行测定。按(绝对)含量测定的原理可知,同一薄片中各种碎屑颗粒与各种填隙物(含孔隙)的含量之和应为100%,否则是不合理的、不正确的。当然各种含量的测定也是有误差的,在SY/T 5368—2000中要求,面积目测法测定含量的绝对误差符合表8-11的要求。

表8-11 薄片鉴定含量测定误差要求(SY/T 5368—2000)   %

组分含量	绝对误差	组分含量	绝对误差	组分含量	绝对误差	组分含量	绝对误差
1~3	1	3~10	3	10~40	5	40	7

二、观察描述实例

1. 砾岩的描述实例

该实例岩样的样号为41,产地为克拉玛依,所属层位是中三叠统下克拉玛依组,野外定名为砂砾岩。

标本描述(肉眼观察):灰褐色,致密,砂质砾状结构,块状构造,滴酸无反应,无明显层理特征,分选较差,砾石颗粒相对含量55%,砂质颗粒相对含量23%,泥质和粉屑22%。碎屑颗粒成分:花岗岩岩屑,灰白色,次圆—次棱角状,主要粒径1~4mm;石英屑,乳白色,油脂光泽,断口为贝壳状,粒状结构,主要粒径0.2~3mm。

标本定名:含泥砂质砾岩。

薄片鉴定:岩石碎屑颗粒按粒径主要包括砾石和砂质,砾石颗粒为58%,砂质颗粒为20%,砂砾比20∶58,填隙物含量约为18%,面孔率约为4%。

砾石颗粒类型主要为:

(1)花岗岩岩屑38%,绝大多数为小砾,主要粒径2~3.5mm,岩屑由石英和酸性长石等矿物组成,具有典型的花岗结构,次圆~次棱角状,粒内微裂缝较常见;

(2)凝灰岩岩屑,15%,颗粒粒径1.6~8mm,主要由糜粒或者隐晶质石英颗粒组成,可见少量的玻璃质组分,呈褐色,未见明显的晶屑和玻屑。

(3)泥砾5%,由泥质成分组成,多为塑性颗粒,与其他碎屑颗粒呈镶嵌接触,颗粒粒径1.75~4mm。

砂质颗粒大小多为中砂至巨砂,主要粒径0.25~2mm,颗粒类型主要为:

(1)石英11%,单偏光下干净透明,正交偏光下一级灰白干涉色,无解理,磨圆为次圆~次棱角状;

(2)长石6%,以正长石和斜长石为主。正长石在单偏光下表面较模糊,高岭石化较为常见,正交偏光下干涉色为一级灰,磨圆为次圆~次棱角状;斜长石正交偏光下为一级灰干涉色,次圆~次棱角状,具有典型的双晶特征。长石颗粒沿解理被溶蚀后在压实作用下破碎特征明显,粒内溶蚀孔隙发育。

(3)花岗岩岩屑3%,基本特征见砾级花岗岩岩屑描述。

填隙物成分主要为泥质杂基(16%)和碳酸盐胶结物(2%),泥质杂基在单偏光下为暗色和褐色,分布不均,成团块状和粒间充填等形式分布。碳酸盐胶结物呈团块状不均匀分布在岩石中,偶见放射状、结核状菱铁矿。

结构:岩石颗粒大小不一,粒径主要集中分布在 0.5~3.5mm,为砂质砾状结构,绝大多数颗粒磨圆为次圆~次棱角状,分选差,颗粒之间多为点~线接触,呈杂基支撑,胶结类型为基底~孔隙胶结。岩石以粒内溶孔和残余粒间孔为主,见少量长石等矿物的解理微孔,孔喉连通性差。

成岩作用:

(1)压实与压溶作用,岩石整体压实作用不强,以长石碎屑破碎和颗粒呈线接触为典型压实作用的标志;没有明显的压溶作用标志。

(2)交代作用,长石等颗粒高岭石化,以及方解石胶结交代骨架颗粒和杂基。

(3)溶解作用,长石和凝灰岩岩屑等颗粒被溶蚀形成粒内溶孔。

(4)凝灰岩岩屑玻璃质大部分已经脱玻化,重结晶形成隐晶质的石英。

命名:碎屑颗粒分组,砾石颗粒相对含量 = 58/78 = 74.4%,砂质颗粒相对含量 = 20/78 = 25.6%,填隙物中杂基绝对含量为 16%,碳酸盐胶结物绝对含量 2%,按照 SY/T 5368—2000 综合定名为含泥砂质砾岩。镜下图见图 8-17。

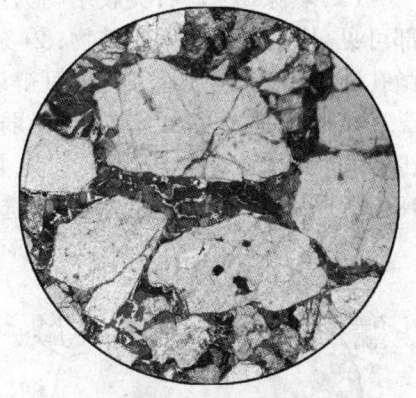

图 8-17 含泥砂质砾岩素描图
岩石主要由花岗岩砾石、凝灰岩砾石、泥砾、石英砂屑、长石砂屑组成,泥质填隙,有少量碳酸胶结物,见少量粒内溶孔,克拉玛依,克下组,单偏光,$d = 5.5mm$

2. 砂岩的描述实例

该实例岩样的样号为 BY135,产地为唐山,所属层位是下寒武统,野外定名为长石砂岩。

标本描述(肉眼观察):浅褐红色,致密,块状层理。粗粒砂屑结构(粒度 0.2~1mm,少数颗粒达 3mm),粗砂屑 70%,其余为中砂屑、巨砂、细砾石,分选中等。

碎屑成分:石英、烟灰色,油脂光泽,粒状,约 65%;正长石,浅红色,次圆状—次棱角状,约 35%;另见少量白云母。

加稀盐酸无反应,属硅质胶结。

标本定名:浅褐红色含中粒粗粒长石砂岩。

薄片鉴定:岩石由碎屑颗粒与填隙物组成。

碎屑颗粒特征如下:

(1)石英屑,含量 58%,次圆粒状,粒度 0.1~0.8mm,纯净透明,部分可见气液包体,或见波状消光现象,无解理,正低突起,Ⅰ级灰白干涉色,波状消光不常见。

(2)燧石屑,含量 2%,圆粒状,粒度 0.1~0.6mm。由微晶石英及玉髓镶组成,具显微晶粒结构,局部具放射或扇状结构。

(3)钾长石屑,含量 25%,次圆粒状,粒度 0.2~1.2mm。以正长石为主,含少量微斜长石及条纹长石:① 正长石,弱高岭石化,部分碎屑表面略混浊,浅红褐色,可见两组解理,负低突起,Ⅰ级灰干涉色,偶见简单双晶;② 微斜长石较清洁明亮,负低突起,Ⅰ级灰干涉色,常具特征的纺锤形格子双晶;③ 条纹长石,主晶为弱高岭石化正长石。

(4)斜长石屑,含量 3%,粒度 0.2~1.2mm。见聚片双晶,有极弱绢云母化及高岭石化,负低或正低突起,干涉色Ⅰ级灰,应属钠-更长石。

(5)白云母屑,少量,粒度0.8mm左右。无色,一组解理完全,正中突起,可见闪突起,干涉色Ⅲ级底。

(6)磷灰石(重矿物),极少量,粒度0.06mm左右,短柱状,中正突起,Ⅰ级灰干涉色,平行消光。

(7)变质岩岩屑,含量3%,次圆粒状,粒度0.5~2.8mm,有①石英岩屑为主,由石英镶嵌而成、具细粒缝合粒状变晶结构,石英晶粒常具波状消光现象;②脉石英偶见,无色透明,由伸长状石英细小晶体近平行(栉状)排组成,有"鸡冠状"消光;③千枚岩屑,偶见,由绢云母等细小片状矿物组成,具微粒鳞片变晶结构、千枚状构造,常发生塑性变形呈"假杂基"状。

(8)沉积岩岩屑,含量1%。粉砂岩屑少量,由粉砂级石英、长石及泥质组成,含泥粉砂碎屑结构。泥岩偶见,泥质及少量粉砂屑统组成,含粉砂泥质结构,常塑性变形呈"假杂基"状。

(9)填隙物:①石英胶结物为主,含量6%,主要呈自生加大胶结物;长石胶结物少量,局部可见,均呈自生加大胶结物;②杂基2%,散布于碎屑颗粒之间,局部粒间孔内较为富集;③微孔隙为主,未发现显微镜下可辩认的孔隙与裂缝。

结构特征:岩石致密,风化微弱。最大粒径2.8mm,主要粒径0.4~0.9mm。次圆状为主,少数圆状;颗粒支撑,线状接触为主、部分凹凸接触;孔隙式胶结类型。粗砂屑为主,中砂屑18%,巨砂屑8%,细砾石2%,分选性中等,含中粒粗粒砂屑结构。

成岩作用:压实作用,表现为云母片的弯曲,剥离;压溶作用,表现为局部颗粒间的凹凸面状接触;胶结作用,颗粒间的胶结物主要有两种,即石英的加大边以及长石次生加大边;交代作用,偶见黏土交代长石等碎屑颗粒边缘。

命名:按SY/T 5368—2000 碎屑颗粒分组,石英组=(石英+燧石)/92=65.2%,长石组=28/92=30.4%,岩屑组=4/92=4.4%。定名为长石砂岩,综合命名为浅褐红色含中粒粗粒长石砂岩。素描图8-18。

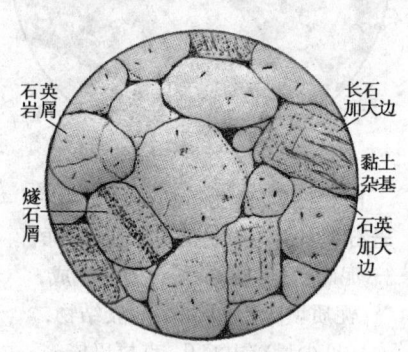

图8-18 长石砂岩素描图
岩石由石英、长石及少量岩屑组成,
自生加大石英及少量自生加大
长石胶结,含中粒粗粒砂屑结构,
d=2.2mm;单偏光

依据样品粒径粗、长石含量较高、分选性中等、石英屑部分具气液包体或波状消光等特征判断,可能为搬运距离中等的河流环境的产物,物源区为富钾长石的岩浆岩为主,其次为沉积岩和变质岩等岩石。

三、砾岩的鉴别

砾岩的突出特征是:

(1)由骨架颗粒与填隙物(含孔隙)组成,骨架颗粒以不小于2mm的砾石级碎屑为主(砾石的相对含量≥50%),并有数量不等的砂级碎屑。不同成因不同环境形的砾岩,骨架颗粒的类型、填隙物的含量相差很大。

(2)砾石的岩性和组成,受物源区母岩岩性及搬运距离控制。近源的冰碛砾岩、洪积扇砾岩等,以砾石粗大、岩石碎屑为主。远物源的滨海砾岩等,以砾石细小、岩石碎屑及矿物碎屑为主、岩石类型较为简单,稳定的岩屑含量高、填隙物含量低。

(3)填隙物成分复杂、数量变化很大,杂基多为泥质、粉砂及细砂屑,胶结物多钙质、硅质、铁质及泥质。

(4)具有典型的砾(或角砾)屑结构,砾石的圆度、形态、粒级分布等结构特征,主要与沉积环境及搬运距离有关。

(5)砾岩常具块状构造、递变层理、冲刷—冲填构造,细砾岩及小砾岩可发育斜层理构造。

(6)砾岩的产出状态(含厚度、接触关系、在剖面中的位置、岩体形态、岩体展布方向等)变化很大,与环境条件有关。

对砾岩的观测,尤其是中—巨砾岩的观测,应以野外现场及手标本观测为主,并辅以不同类型砾石及填隙物的薄片。手标本及薄片的观测描述内容,按本节第一项的要求进行。依据砾岩的特征,尤其应注意:碎屑颗粒的岩性及各种碎屑颗粒的含量;填隙物的类型及含量;碎屑颗粒及填隙的结构特征;沉积构造及时野外产出状态。遵循宏观与微观结合、室外内与野外结合、定性与定量结合的原则,才能获得砾岩较全面的特征、正确的分类与命名,并合理分析判定其形成环境条件。

四、砂岩的鉴别

砂岩的突出特征是:

(1)骨架颗粒以砂级碎屑(粒径范围与分类方案有关,通常$<2mm$)为主(砂屑的相对含量$\geq 50\%$)。

(2)砂屑有石英屑、长石屑及岩屑等多种类型,岩屑的岩石类型常常是稳定性较高的和细结构的岩石碎屑,不同类型砂屑的相对百分含量,是砂岩分类的重要标志,碎屑颗粒的组合特征与源区母岩性质有关,也与沉积环境及改选程度有关。

(3)填隙物数量一般不多,杂基多为泥质、泥级的石英与岩石等的极细碎屑,胶结物多为钙质、硅质、黏土质、铁质。

(4)具有典型的砂屑结构,砂屑的圆度、粒度与粒级分布等结构特征,主要与沉积环境及搬运距离有关。

(5)当砂岩向泥岩过渡时,杂基含量可以较多,当砂岩向砾岩过渡时,砾石及不稳定岩屑数量可以较多。

(6)砂岩常发育多种斜层理及递变层理、韵律层理、变形层理、冲刷—充填构造等多种沉积构造。

(7)砂岩是陆源碎屑岩中分布较为广泛的岩石类型,在地层中多呈砂岩体产出,在剖面上砂岩体常呈层状及透镜状产出,在平面上砂岩体多呈席状、带状、分枝状、透镜状产出。砂岩往往是石油天然气的优质储集层,还常常有铜、铁等矿产富集。

野外及手标本,着重观测颜色、致密程度与风化程度、沉积构造、碎屑组成、岩层的产状、与其他岩层的组合关系和接触关系。

薄片观测描述内容:

(1)着重分析碎屑颗粒的类型及不同类型碎屑的含量,必须区分石英、燧石、钾长石、斜长石、岩浆岩屑、沉积岩屑、变质岩屑、火山岩屑及内碎屑等的特征及含量;还要尽可能区分正长石、微斜长石、条纹长石、花岗岩屑、细晶岩屑、酸性喷出岩(流纹岩)屑、中性喷出岩(安山岩)屑、基性喷出岩(玄武岩)屑、石英岩屑、片岩屑、千枚岩屑、片麻岩屑、脉石英屑、泥岩屑、粉砂岩屑等岩石碎屑,并测定各种碎屑的含量。

(2) 杂基的含量与分布；胶结物的类型、含量与分布情况；胶结类型及特征。

(3) 测定碎屑颗粒的粒径（最大的粒径与主要粒径的范围），需测定不同粒级碎屑的相对含量；碎屑颗粒的分选性等级、圆度等级、碎屑之间的接触关系与支撑类型、确定砂岩的胶结类型。

(4) 根据成岩作用类型，找出各种成岩作用的标志，初步分析成岩作用与孔隙演化间的关系，初步划分成岩作用阶段。

(5) 尽可能（铸体薄片必须）观测孔隙与裂隙类型、喉道类型、连通情况与面孔率。

(6) 镜下微观沉积构造不得遗漏，比如生物扰动等。

综合宏观、微观鉴定特征，初步分析沉积环境与沉积条件。

砂岩的观测描述，应该定性与定量并重、镜下微观与标本宏观并重。在薄片观测基础之上，按选定的分类命名方案进行命名。综合命名时要注意，同一样品同一薄片，选用不同的分类命名方案可能会有不同的岩石名称。原因在于，不同分类方案中碎屑成分的分组观点不同、"三角图"中各区的含量分界线不统一、名称称谓不一致的结果。

如某砂岩样品由石英屑49%、燧石2%、钾长石5%、斜长石3%、花岗岩屑2%、流纹岩屑2%、石英岩屑9%、千枚岩屑3%、片岩屑1%、泥岩屑2%、粉砂岩屑1%、云母屑少量、石英加大胶结物7%、方解石胶结物2%、杂基12%等组成，中粒砂屑结构。此砂岩按国标GB/T 17412—1998推荐方案分组：Q = 49 + 2 + 9 = 60%，F = 5 + 3 + 2 = 10%，R = 2 + 3 + 1 + 2 + 1 = 9%，石英组相对含量 = 60/79 = 75.95%，长石组相对含量 = 10/79 = 12.66%，岩屑组 = 9/79 = 11.39%，相应综合命名为"长石石英中（粒）砂岩"。如按SY/T5368 - 2000推荐方案分组：Q = 49 + 2 = 51%，F = 5 + 3 = 8%，R = 2 + 2 + 9 + 3 + 1 + 2 + 1 = 20%，石英组相对含量 = 51/79 = 64.56%，长石组相对含量 = 8/79 = 10.13%，岩屑组 = 21/79 = 25.31%，相应综合命名为"含泥长石岩屑中（粒）砂岩"。即砂岩岩石定名，是按各种碎屑成分的相对含量进行划分命名，薄片鉴定统计碎屑颗粒、填隙物和面孔率时，使用的是绝对含量，不要简单的用绝对含量替代相对相含量。

五、粗粉砂岩的鉴别

粗粉砂岩的突出特征是：

(1) 骨架颗粒以粉砂级碎屑（粒径0.0625 ~ 0.0313mm）为主（粉砂屑的相对含量≥50%）。

(2) 粉砂屑的粒径细小，以稳定程度高的石英屑、燧石屑、云母屑等为主，重矿物屑的含量常常比砂岩略多，有少量的粉砂级长石屑及细结构的岩石屑。石油行业标准SY/T5368 - 2000推荐，粉砂岩不进行碎屑成分"分组"、不统计各"组"碎屑的相对含量，即不按碎屑成分细分类与综合命名。

(3) 填隙物数量一般较多，杂基多为泥质及"泥级"的极细碎屑（<0.03mm的地层微粒），胶结物多钙质、硅质、铁质及泥质。

(4) 具有典型的粉砂屑结构、含泥（或泥质）粉砂碎屑结构、含极细砂粉砂结构，粉砂屑的圆度一般较低（多棱角至次棱角状），分选性较好。

(5) 常发育小型斜层理构造、波状层理、变形层理等及其他沉积构造。

(6) 常与泥岩或极细砂岩相互过渡，常呈较稳定的层状产出，在多种水动力条件较弱的环境中形成。

粉砂岩的观测鉴定与砂岩类似。手标本着重观测颜色、致密程度与风化程度、结构组分类型、结构特征、沉积构造,了解岩层的产状、与其他岩层的组合关系和接触关系等。

粉砂岩薄片观测:

(1) 着重在于碎屑颗粒与填隙物的鉴别及含量测定;尽量鉴别碎屑颗粒的成分,区别石英屑、燧石屑、云母屑、长石屑及其他岩屑的类型及含量。

(2) 自生矿物类型和含量。

(3) 测定碎屑颗粒的粒径(最大的粒径与主要粒径的范围)、不同粒级碎屑的含量。

(4) 注意观测显微层理、钻孔等沉积构造的有无与特征。

(5) 岩石颗粒细小,要全面观察成岩作用标志较困难。

(6) 如果是使用铸体薄片,须观测孔隙与裂隙类型、喉道类型、连通情况与面孔率。

根据宏观、微观鉴定特征,根据选定的分类方案,对岩石进行综合命名,并照相和做素描图。

六、泥质岩的鉴别

泥岩与页岩的突出特征是:

(1) 主要是由黏土矿物和泥级碎屑矿物组成,碎屑矿物包括石英、长石、方解石等,黏土矿物包括高岭石、伊利石、绿泥石、蒙脱石、水云母等。不同碎屑矿物和黏土矿物含量的不同是导致不同页岩差异明显的主要原因。

(2) 有一定量的粉砂屑、生物碎屑等混入物泥质岩中,常常有钙质、硅质、碳质、微晶黄铁矿等自生矿物,有时可能含有较多有机质,比如富天然气的泥页岩。含钙质(方解石)较多时,与稀盐酸反应剧烈、镜下可见较多方解石微晶,称为钙质泥(页)岩;含硅质较多者,硬度较大而致密坚硬,镜下见石英(或玉髓)微晶,称为硅质泥(页)岩;含碳质较多时,颜色暗黑且容易污手,镜下可见无定形的不透明碳质,称为碳质泥(页)岩;含较多有机质或黄铁矿物微晶,颜色暗黑、不污手、镜下可见不透黄铁矿微晶,称为黑泥(页)岩;含铁多时,颜色褐红、镜下可见不透明褐铁矿,称为铁质泥(页)页;含有机质(碳氢化合物)较多时,颜色棕至黑色、具油味、纹层特别发育,称为油页岩。

(3) 国家标准将粒径小于 $2\mu m$ 的颗粒称为黏土,但是与黏土同时沉积的泥级~粉砂级陆源碎屑也是非常细小,显微镜一般难以区分各类颗粒和粘土矿物的类型,须借助 X—射线仪、X—射线荧光、(能谱)电镜、热分析仪等多种手段,综合测定泥页岩中各种矿物的种类及含量。

(4) 常具有典型的泥质结构、含粉砂(或粉砂质)泥质结构、含生物泥质结构等结构类型。

(5) 泥质岩石常发育水平层理构造、变形层理构造、生物钻孔或生物扰动构造、块状层构造等构造类型。

(6) 野外泥页岩常与粉砂岩、泥晶灰岩互层出现,呈较稳定的层状产出,是在弱水动力环境中形成的。

泥质岩的观测描述,应按本节第一项的要求进行。基于泥质岩的特殊性,着重沉积构造的观测,区分泥岩与页岩、钻孔构造与扰动构造;观测陆源碎屑的类型并测定含量,区分结构类型与特征;观测颜色、致密坚硬程度、污手程度、与盐酸反应与否及镜下特征,区分钙质泥(页)岩、黑色泥(页)岩、铁质泥(页)岩等岩石类型;生物颗粒的鉴别与含测。以此为基础,按选定的分类命名方案完成综合定名(参考表 8 - 7);并分析可能的形成环境。

第五节 火山碎屑岩的鉴别

火山碎屑岩是由火山喷发出的各种碎屑物质堆积后再经成岩作用形成的一类沉积岩,主要发育在板块边缘及深大断裂等火山活动区及附近区域,并常与其他沉积岩相互过渡,是一类特殊的沉积岩类型。当其孔隙发育时也可成为油气的储集层,并与某些矿产关系密切。火山碎屑岩的特点在于具有特殊的结构成分、结构类型与构造类型,这也是火山碎屑岩系统鉴定的主要内容。

一、火山碎屑岩主要结构组分的鉴别

火山碎屑岩主要由火山碎屑物质组成,也可有一些正常沉积物、熔岩物质等。

岩屑,含刚性岩屑、半塑性岩屑和塑性岩屑三种类型。

刚性岩屑,常简称岩屑,是早先凝固的熔岩和火山通道的围岩、以及火山基底岩石的碎屑,多呈不规则状和棱角状。正常陆源碎屑岩的岩屑与刚性岩屑的区别是:(1)刚性岩屑均为原始的棱角状,未发生明显磨蚀与圆化,大小悬殊、混杂随机堆积,毫无分选性;(2)刚性岩屑多为先期的熔岩或先期火山碎屑岩的碎屑,其中常有 β 石英、透长石等高温矿物,还常具有熔岩和火山碎屑岩特有的典型结构构造。

半塑性岩屑,常见者为火山弹和浮岩(石)屑[图 8-19(b)、(c)]。火山弹是具有纺锤形、椭圆形、面包壳状或其它近于旋转的形态,粒径大小悬殊,一般大于 5cm;其内部多数为玻璃质结构,可含少量斑晶和微晶,普遍具气孔构造。一般认为,火山弹是由火山爆发时喷射的"岩浆碎块",在空中旋转飞行时铸成各种旋转状形态并冷却,当其降落地面时都已固结,埋藏后仍具有旋转形态。浮岩(石)屑是具有大量球形气孔的、玻璃质的、棱角状的岩石碎屑块。一般认为是火山爆发期喷射到空中"富挥发组分的熔浆碎块",飞行中形成大量球形气孔、同时冷凝成固态玻璃,炸裂成碎块或落地时破裂埋藏而形成。火山弹和浮岩屑均在飞行时保持塑性、落地时已固结的典型半塑性岩屑。

塑性岩屑又称火焰石,是具有大量变形气孔的、呈透镜—焰舌状等塑性变形特征和撕裂尖棱形态的、玻璃质岩石的碎屑[图 8-19(a)],常可含有斑晶有时还可见杏仁体。一般认为,是火山喷射出的富含挥发分的"熔浆碎块",飞行时呈塑性状形成大量球形气孔,降落地面堆积时尚未凝固,而被压扁拉长、撕裂,而形成的富含变形气孔的、具塑变特征和撕裂尖棱形状的玻璃质岩屑。

晶屑,是火山爆发时形成的矿物晶体的碎屑。其特征是:多为地下熔浆早期析出的斑晶矿物、多为火山通道围岩中的矿物、多为透长石等高温矿物,一般毫米级大小,常呈棱角状形态,常因骤然冷却而具有裂纹,有时可见熔蚀现象[图 8-19(d)、(e)]。

玻屑,是浮岩等玻璃质岩石的细小(一般小于 2mm)碎屑。当玻屑呈边弧形角尖棱的撕裂状、弯弓状、枝叉状等刚性形态,有时具少量细小球形气孔者,称刚性岩屑(可简称玻屑)[图 8-19(e)、(f)]。当玻屑受上覆堆积物的压力和热力作用、或玻屑在热塑状态下发生堆积时,可发生塑性变形,而使气孔及外形被拉长压扁呈透镜状、揉皱状,则称塑性玻屑。

在国标 GB/T 17412.1—1998 中规定,在碎裂作用以后的原始堆积运移过程中,它们(火山碎屑物质)的形状必须没有受到后来再堆积作用的改造,否则只能称为"再沉积火山碎屑"。如果碎屑的火山成因不能确定时,就称为"外生碎屑"。

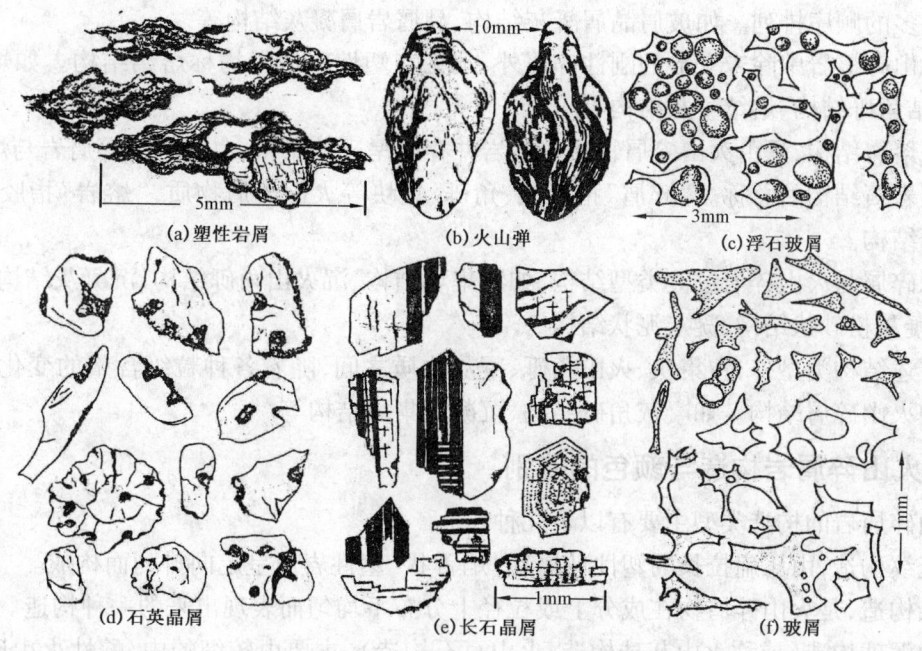

图 8-19 典型火山碎屑素描图

二、火山碎屑岩结构的鉴别

火山碎屑物质基本是在原始棱角状下就地堆集而形成的,相对陆源碎屑沉积物而言,可谓毫无磨蚀与分选的。其结构的差异着重表现为粒径的不同,即火山碎屑物质通常按粒度进行划分。一般分为火山集块、火山角砾、火山灰、火山尘,但具体的划分界线,常因行业和作者的不同而有差异(表8-12),本教程按 GB/T 17412.1—1998 的粒级分界执行。火山集块通常由粗大的岩块、火山弹、粗大的浮岩和粗大的火焰石组成。火山角砾常由较细小的火山角砾、较小的火山弹、较小的浮岩碎块及较小的火焰石组成。火山灰主要由晶屑、玻屑、塑性玻屑、毫米级大小岩屑、毫米级大小的浮岩屑及毫米级大小的火焰石组成。火山尘主要由泥级的极细小的玻屑、晶屑、岩屑、浮石屑等组成。

表 8-12 火山碎屑类型与粒级划分

碎屑类型	GB/T 17412.1 的粒级分界	朱筱敏等,2001 的粒级分界	常丽华等,2009 的粒级分界
火山集块	≥64mm	≥100mm	≥64mm
火山角砾	64mm~2mm	100mm~2mm	64mm~2mm
火山灰	2mm~0.05mm	2mm~0.01mm	2mm~0.05mm
火山尘	<0.05mm	<0.01mm	<0.05mm

火山碎屑岩的结构类型,是依据火山碎屑类型的相对含量划分的。主要有如下类型。

当火山集块的含量≥50%时,称为火山集块结构;当火山角砾的含量≥50%时,称为火山角砾结构;当火山灰的含量≥50%时,称为火山凝灰结构。

对火山凝灰结构而言,如其中一种火山灰的含量≥50%时,以该种碎屑命名,如玻屑(或晶屑或岩屑)凝灰结构;当无≥50%者时,属于复屑结构,此时以含量≥25%的火山灰命名,并按前少后多的顺序排列。如玻屑晶屑凝灰结构、晶屑岩屑凝灰结构等。

当火山碎屑岩中除未变形的刚性碎屑外,凡见有塑性碎屑者均称熔结结构。如熔结集块结构、熔结角砾结构、熔结凝灰结构等。

碎屑熔岩结构,是由火山碎屑物质与熔岩并存时呈现的结构,也是火山碎屑岩与熔岩之间过渡类型岩石结构的总称。"碎屑"指凝灰、角砾、集块等火山碎屑物质,"熔岩"指胶结物,如凝灰熔岩结构。

陆源碎屑与火山碎屑过渡类型结构,如沉集块结构、沉火山角砾结构、沉凝灰结构、凝灰砂状结构、凝灰粉砂状结构、凝灰泥状结构。

除上述结构类型外,在集块、火山角砾、凝灰物质之间,随着各种粒级含量的变化,还有一些过渡型火山碎屑结构。如凝灰角砾结构、沉凝灰集块结构等。

三、火山碎屑岩构造与颜色的鉴别

火山碎屑岩的构造类型主要有以下几种。

假流纹构造,由压扁拉长的塑性玻屑和"焰舌状"塑性岩屑呈定向排列而构成。

斑杂构造,是火山碎屑物在成分上或粒径上分布不均匀而表现出来的一种构造。

火山泥球构造(或称火山灰球构造、火山豆石构造),主要由较细的中、酸性火山碎屑物所组成,混有一些陆源物质和硅质物,呈球形、椭球形和扁豆状,或具有同心纹。

层理构造,多见于水携、风携或气携及水下降落的火山碎屑沉积物之中,大气降落沉积物中也可见到层理,多为小型和大型交错层理及平行层理构造。

递变层理构造,主要出现在沉积物重力流火山碎屑岩类中,系陆上或水下火山碎屑重力流以悬浮和递变悬浮搬运和沉积作用所致,可有正递变、反递变以及叠覆递变层理,多见于重力流水道微环境中。

平行构造,泛指由伸长形的火山碎屑物,如透镜体、饼状体、熔岩团块和条带等定向排列所组成的构造,它的连续性与平行性不及假流纹构造。

除上述构造外,有时还见气孔、杏仁构造等,甚至在某些火山细屑岩中还见有生物扰动构造及实体化石。

火山碎屑岩常具有特殊鲜艳的颜色,如浅红、紫红、嫩绿、浅黄、灰绿等,它是野外鉴别火山碎屑岩的重要标志之一。颜色主要取决于物质成分,中基性火山碎屑岩色深,为暗紫红、墨绿等色;中酸性者色则浅,常为粉红、浅黄等色。其次取决于次生变化,如绿泥石化则显绿色,蒙脱石化则显灰白或浅红色。

四、火山碎屑岩的分类与命名

分类方案较多,以现行国标 GB/T 17412.1—1998 中火山碎屑岩的分类与命名方案应用较广泛。该方案根据成因、组分含量、成岩方式及碎屑粒度等,将火山碎屑岩分为三大类五个亚类(表 8-13)。

国标的火山碎屑岩的分类和命名,纯粹是描述性的(不涉及成因等问题),它适用于空气坠落堆积、火山碎屑流堆积和涌流堆积,还可适用于火山泥流、近地表和火山通道堆积。分类的术语应当与其他术语相配合,才能表达成因上的信息。

表 8-13　火山碎屑岩类岩石的分类（据 GB/T 17412.1）

类	火山碎屑熔岩类	正常火山碎屑岩类		火山-沉积碎屑岩类		火山碎屑粒径 mm
亚类	火山碎屑熔岩	熔结火山碎屑岩	火山碎屑岩	沉积火山碎屑岩	火山碎屑沉积岩	
火山碎屑	10%~75%	>75%		75%~50%	50%~25%	
胶结类型	熔浆胶结为主	熔结为主	压结为主	压结和水化学胶结		
基本岩石名称	集块熔岩	熔结集块岩	集块岩	沉集块岩	凝灰质巨角砾岩（凝灰质巨砾岩）	≥64
	角砾熔岩	熔结角砾岩	火山角砾岩	沉火山角砾岩	凝灰质角砾岩（凝灰质砾岩）	64~2
	凝灰熔岩	熔结凝灰岩	凝灰岩	沉凝灰岩	凝灰质砂岩	2~0.05
					凝灰质粉砂岩	0.05~0.005
			细火山灰凝灰岩（火山尘凝灰岩）		凝灰质泥岩 凝灰质页岩	<0.005

　　火山碎屑物质的数量是分类的基础。其中（正常）火山碎屑岩类以火山碎屑物质含量多（>75%）为特色，还可以含少量熔岩组分和"外生碎屑"组分。当其溶岩组分含增多、火山碎屑减少时，则过渡火山碎屑溶岩类。同样，当火山碎屑数量减少，外生碎屑或陆源碎屑增多时，则过渡为火山—沉积碎屑岩类。

　　火山碎屑的粒径是最重要的结构特征，应参与命名，有如下规定：

　　（1）火山碎屑按粒级分为"集块（岩块）、角砾、凝灰"三级。岩石命名均以全岩中相应粒级火山碎屑大于50%者作岩石基本名称。例如火山碎屑岩中，集块级火山碎屑物含量大于50%者，称为集块岩；角砾级火山碎屑物含量大于50%者，称为火山角砾岩；凝灰级火山碎屑物含量大于50%者，称为凝灰岩。

　　（2）当有多粒级的火山碎屑并存时，按少前多后的原则用复合术语来命名，例如角砾凝灰岩、集块角砾岩等。

　　火山碎屑的岩性，如玻屑、晶屑、流纹质、安山质、火山弹、浮石等必须参与命名，并以下规定进行：

　　（1）凝灰岩由单一火山灰成分（含量>50%）组成时，以该成分命名，如"晶屑凝灰岩"（未固结则称"晶屑火山灰"）（图8-20）。

　　（2）凝灰岩由两种火山碎屑组成时，应按前少后多的原则进行命名，如"玻屑晶屑凝灰岩"、"晶屑岩屑凝灰岩"等。

　　（3）凝灰岩中玻屑、晶屑和岩屑三种火山碎屑含量相近且均>20%时，称复屑凝灰岩。

　　（4）与火山碎屑物相当的"熔岩岩性"能够确定时，用此"岩性"作为基本名称的修饰词，例如"流纹质晶屑凝灰岩"、"安山质火山角砾岩"、"英安质火山弹集块岩"、"粗面质熔结凝灰岩"等。

　　（5）若与火山碎屑物相当的熔岩有两种以上岩性，数量都不少，可用术语"复成分"作前缀

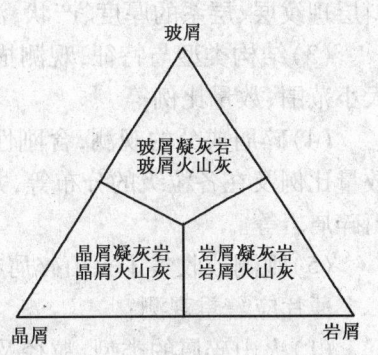

图 8-20　单成分凝灰岩分类图
（据 SY/T 5368—2000）

进行命名。如"复成分火山角砾岩"、"复成分岩屑凝灰岩"等。

（6）当异源碎屑较多而又需反映这一特点时,可用"异源"作前缀进行命名。如"异源火山角砾岩"、"异源岩屑凝灰岩"等。

（7）当火山碎屑主要由特定形态和内部构造的火山弹、火山渣或浮岩组成时,可以火山弹、火山渣,浮岩作前缀进行命名。如"火山渣角砾岩"、"火山弹集块岩"、"浮岩角砾凝灰岩"等。

火山碎屑岩中有特殊的构造、有特殊的产状等时,这些特征须参与命名：

（1）当具有特征的结构构造时,可将特征的结构构造作前缀进行命名。如"火山泥球凝灰岩"、"球泡熔结凝灰岩"等。

（2）如需反映特定的堆积条件,例如成层性,可在岩石基本名称之前加"层状"作前缀。如"层状玻屑凝灰岩"、"层状晶屑岩屑凝灰岩"等。

（3）如需反映产状时,也可在岩石基本名称之前加相应产状作前缀,如"岩颈角砾岩"、"岩墙熔结凝灰岩"等。

（4）火山碎屑岩也可根据需要用其他合适的前缀加以修饰,例如"空落凝灰岩"、"灰流凝灰岩"、"湖积凝灰岩"、"钙质沉凝灰岩"、"火山口集块岩"等等。也可用纯成因术语来代替,如"底部涌流堆积岩","火山泥流凝灰岩"等。

五、火山碎屑岩系统鉴定描述内容及实例

1. 火山碎屑岩的观测描述内容

各类火山碎屑岩的观测,应手标本（及野外现场）观测与薄片观测并重。对于粗结构的火山集块熔岩、火山集块岩、火山角砾等粗结构岩石,更应以标本和野外观测为重点,辅以必要的岩屑与熔岩或火山灰部分的薄片。

手标本和野外现场观测：

（1）岩石的颜色,按 SY/T 5517-1992"野外石油天然气地质调查规范"的要求进行观测描述。

（2）沉积构造的类型及特征,在定性定描述的同时,还须对构造的定量特征进行测定,如斜层理纹层、层系的厚度、产状,泥球的大小、含量等等。

（3）结构类型与特征,观测描述时定性指标与定指标并重,如火山集块与火山角砾的具体大小范围、数量比例等。

（4）碎屑成分的观测,含刚性岩屑、半塑性岩屑、塑性岩屑、晶屑、玻屑等碎屑成分的有无、数量比例及在各粒级的分布等,并确定火山碎的岩性,是流纹岩、玄武岩还是先期的安山质火山碎屑岩等。

（5）观测或收集了火山碎屑在空间上的分布规律及产出状态。

薄片应着重观测：

（1）火山碎屑的类型、粒径及含量等特征（对火山灰及细小角砾的成分鉴别最有效）;对其中的岩屑还须确定其岩性与结构构造,区分刚性岩屑、半塑性岩屑和塑性岩屑,并分别统计含量;对晶屑须确定矿物种属与光学性质,同时注意裂纹、溶蚀的发育程度;对玻屑须区分刚性的与塑性的。在凝灰岩中一些毫米级大小的塑性岩屑与极细小玻屑及火山尘容易混淆。塑性岩屑（火焰石）常有较多拉长的气孔、具塑变特征的撕裂形态、成分与色泽均匀;玻屑色泽均匀、典型弧边棱角形态;火山尘无固定形态、无可辨气孔、常混有各种杂质而不均匀。

(2) 对熔岩应观测其矿物成分、结构、构造、含量与分布特征,确定熔岩的岩性(是安山岩还是其他什么溶岩)。

(3) 陆源碎屑须按陆源碎屑岩的要求进行观测。注意陆源成因的岩屑与火山碎屑中岩屑的区别,前者岩屑类型与母区岩性有关、总有程度不同的磨蚀圆化,后者多为各种熔岩及火山碎屑岩的碎屑、磨蚀圆化程度差、常有玻屑相伴。注意陆源矿物碎屑与火山碎屑晶屑的区别,前者多为稳定性较强的矿物(石英、正长石、微斜长石等)的碎屑、有明显的磨蚀圆,后者多为斑晶矿物和高温矿物(透长石、β 石英、具暗化边的闪石及黑云母等)、多熔蚀港湾等特征。

(4) 须确定火山碎屑岩的固结成岩方式,是压结、熔结还是化学胶结。确定岩石的结构类型与特征,在确定岩石总体结构与主导结构的同时,不可忽视局部结构的观测征收描述,注意过渡性结构的界定与描述。薄片中可见的微观构造同样不遗漏。

(5) 还应尽可能对脱玻化作用、重结晶作用、后期交代作用等进行观测。

(6) 应特别注意,火山来源的岩屑与陆源岩屑的区别,注意晶屑与陆源矿物屑的区别。

在全面观测薄片的各项特征的基础之上,结合标本及野外特征,按选定的分类命名方案,对岩石进行综合命名,并绘素描图。

2. 火山碎屑岩鉴定描述实例

该实例岩样的样号为 K21-19,产地为张家口,所属层位是白垩系,野外定名为凝灰岩。

手标本描述:暗紫红色,致密坚硬、表面具粗糙感,块状层理构造,几乎全由火山碎屑物质组成,可见长石、石英及细小玻屑,碎屑粒度 0.1~1.2mm,为典型凝灰结构。手标本定名,暗紫红色晶屑玻屑凝灰岩。

镜下特征:主要由玻屑、晶屑、岩屑及火山尘组成,有褐红色铁质浸染。

玻屑,无色及浅褐色,弯弓状、三叉状、弧面棱角状,粒度 0.08~0.14mm,负低突起,正交光下有微弱纤维状光性,表明多已发生沸石化,随机分布无方向性,含量48%。

晶屑有多种:

(1) 酸性斜长石,无色透明,可见二组解理,突起负低为主(少数正低突起),棱角状,局部有熔蚀边或裂纹,一级灰干涉色,见聚片双晶,粒度 0.2~0.8mm,含量 15%;

(2) 石英屑,无色透明,不规则棱角状,局部有熔蚀边缘,无解理,正低突起,一级灰白干涉色,粒度 0.1~0.6mm,含量 9%;

(3) 黑云母屑,暗褐红色,撕裂板片状,多色性强,一组极完全解理,常有暗化边缘,干涉色二级中,多被本色掩盖,粒度 0.3~0.8mm,含量 1%。

岩屑见火焰石及安山岩屑。前者无色透明,长边波曲状、短边撕裂状,内有拉长状孔隙,玻璃质,全消光,粒径 1.2mm×0.8mm 左右,含量为 5%;安山岩屑,由长石微晶与玻璃质组成,安山结构,棱角状,粒径 0.3mm 左右,含量为 1%。

火山尘,为红褐色极细小的玻屑及晶屑,镜下仅微弱光性不辨形态和大小,含量 21%。

典型的玻屑凝灰结构,压结固结成岩。玻屑多发生沸石化,黑云母发生暗化边化。

按 GB 17412.1—1998 的方案,本样品中未见熔岩组分,未见到陆源碎屑,也未见到火山角砾与火山集块,全由火山灰及火山尘组成,属正常凝灰岩类。各组分相对含量是:玻屑 = 48/(48+25+6) = 60.76%;晶屑 = 25/(48+25+6) = 31.65%;岩屑 = 6/(48+25+6) = 7.59%;其中玻屑相对含量>50%,属单屑凝灰岩类。

定名:暗紫红色玻屑凝灰岩。素描图见图 8-21。

六、火山碎屑岩主要类型的鉴别

1. 火山碎屑熔岩的鉴别

火山碎屑熔岩类的突出特征是：

（1）是由火山碎屑（含量10%~75%）与火山熔浆（含量90%~25%）混合冷凝形成的岩石。

（2）火山碎屑以岩石屑和晶屑居多，玻屑少见，岩屑的粒径变化很大，自火山灰至火山集块均可发育；岩屑成分以各种熔岩及先期的火山碎屑岩居多；晶屑多为结晶较早的斑晶矿物或高温矿物。

图8-21 晶屑玻屑凝灰岩素描图
张家口，$d=2.1mm$，单偏光

（3）熔岩充填于火山碎屑之间，或火山碎屑"悬浮"于熔岩之中；熔岩常具有与熔成分相适的结构与构造。

（4）火山碎屑经溶岩的"胶结"作用形成固结岩石，即具典型的火山碎屑熔岩结构，常具有斑杂构造、气孔构造，还可出现熔岩有关的结构构造。

（5）火山碎屑熔岩主要发育在火山通道及火山口附近。

（6）其形成方式主要有两种，一是火山喷发时的爆破作用，将通道围岩和底板岩石破碎形成碎屑，并混入熔浆中形成，其碎屑含量变化大且碎屑岩性与熔岩的岩性常有差异；二是熔浆溢流并形成硬壳后，再发生爆破，将自身形成的硬壳破碎形成碎屑，其碎屑数量一般较少，且碎屑岩性常与溶岩相同。

火山碎屑熔岩的鉴别可按前述观测描述内容进行，鉴于其特征，应特别注间：

（1）熔岩物质与火山碎屑物质的数量比例；

（2）火山碎屑物质与熔岩物质的岩性是否一致；

（3）火山碎屑溶岩的野外产出状态（含岩体形态、空间展布、与相邻岩层（或岩石）的关系等。

2. 正常火山碎屑岩的鉴别

正常火山碎屑岩类的突出特征是：

（1）主要由火山碎屑（含量>75%）组成，还可以有少陆源碎屑等其他组分。

（2）火山碎屑类型多样，岩屑的粒径变化很大，有一定的分布规律性。火山集块、火山角砾、火焰石、塑性玻屑等主要发育在火山口内及附近，且随着到火山口距离的增加碎屑粒径逐渐变小，在离火山口较远的地区火山灰相对更为富集。

（3）岩屑的岩性以火山熔岩和火山碎屑岩居多；晶屑以先期结晶的斑晶矿物和高温矿物居多。

（4）火山碎屑通过压实作用、或通过塑性岩屑与塑性塑玻屑的"焊接作用"固结成岩；具有典型的火山碎屑结构或熔结结构，且在火山口及附近，多为火山集块结构、火山角砾结构和各种熔结结构，在远火山口的地区以凝灰结构为主。

（5）沉积构造多样，与沉积条件及环境有关。如降落型堆积，可发育面状的平行层理及递变层理；水携型堆积，可有较多陆源碎屑及"外生碎屑"混入，常发育多种斜层理、波痕等沉积构造；陆上火山碎屑流堆积，多有熔结构。

（6）集块岩、火山角砾岩和熔结火山碎屑岩多分布在火口附近，火山凝灰岩多发育于远离火山口的地区。

正常火山碎屑鉴别时可按前观测描述内容进行，还应特别注意：

（1）火山碎屑的粒径及不同粒径碎屑的量比；

（2）火山碎屑的岩性特征，区分塑性的火焰石、半塑性的火山弹与浮石、刚性的先期岩石碎屑、晶屑、玻屑及相当的原始岩浆的类型等；

（3）火山碎屑岩的野外产状。以保证分类命名的正确，并为初步成因分析提供资料。

3. 火山—沉积碎屑岩的鉴别

火山-沉积碎屑岩类的突出物征是：

（1）由火山碎屑（含量25%~75%）与正常陆源碎屑及"外生碎屑"（含量75%~25%）组成。属于火山碎屑岩向正常沉积岩过渡的岩石类型。

（2）火山碎屑类型多样，以较细的火山灰更常见、分布亦更广泛。

（3）岩屑的岩性以火山熔岩和火山碎屑岩居多；晶屑以先期结晶的斑晶矿物和高温矿物居多。

（4）常常通过水化学沉淀矿物的胶结作用固结成岩，在火山碎屑较多时也可通过压实作用固结成岩；通常具有各种典型的过渡性质的火山—碎屑沉积结构，如"沉集块结构"、"沉火山角砾结构"、"沉凝灰结构"、"凝灰砂状结构"、"凝灰粉砂状结构"、"凝灰泥状结构"等；有一定规律，火山口附近地区，火山碎屑含量较高、粒径较粗、多沉集块结构和沉火山角砾结构，随至火山口距离增加，火山碎屑数量渐少、粒径渐小，沉凝灰结构、凝灰粉砂结构和凝灰泥状结构更为常见。

（5）多种沉积成因的沉积构造常见，如各种斜层理、波痕等。

（6）沉集块岩和沉角砾岩多发育在距火山口较近的区域，沉凝灰岩、凝灰质角砾岩、凝灰质砂岩、凝灰质粉砂岩、凝灰质泥岩等依次发育于远离火山口的地区。

鉴别时，应按前述观测描述内容进行，还须特别注意：

火山碎屑与陆源碎屑的数量比例；火山碎屑与陆源碎屑的粒径、岩性等；岩石的沉积构造特征；野外产出状态（含岩体形态、空间展布、与相邻岩层的关系等）。

第九章 碳酸盐岩的系统鉴定

碳酸盐岩是主要由方解石、白云石等碳酸盐矿物组成的沉积岩类型,是母岩风化形成的溶解物质,经由化学沉积作用以及生物沉积作用、机械沉积作用、交代作用等多种途径堆积形成。碳酸盐岩在地壳中分布相当广泛,所蕴含的石油及天然气资源,与碎屑岩中的含量不相上下。碳酸盐岩薄片系统鉴定,是碳酸盐岩研究最常用的方法之一,包括其矿物成分、结构、构造、成岩后生变化和孔隙裂隙的观察与鉴定,以及岩石的分类定名,进而分析成因、判断并恢复沉积和成岩环境、了解其与成岩和与油气的关系。为保证认识的全面性与合理性,微观的薄片研究应和手标本观测密切结合、室内分析应与野外观察密切配合。因此在碳酸盐岩薄片研究时应注重手标本的观察,并将二者紧密结合起来。

第一节 碳酸盐岩构造与矿物成分的鉴别

碳酸盐岩的沉积构造极其多样复杂,前述碎屑岩的各种层理构造、层面构造、变形构造等都有广泛发育。此外,碳酸盐岩还发育一些独有的构造类型。

一、碳酸盐岩特有构造的鉴别

1. 叠层石构造

叠层石构造也称为叠层藻构造,简称为叠层石。叠层石是由富藻纹层与富碳酸盐纹层交替叠置组成。富藻纹层,又称为暗层,藻类组分含量多,有机质含量较高,碳酸盐沉积物较少故颜色较暗;富碳酸盐纹层,又称为亮层,藻类组分含量较少,有机质含量较少,故色浅。

图9-1 现代潮间带叠层石
(据冯增昭等,1993)

叠层石中的藻组分主要是丝状或球状的蓝绿藻。根据现代碳酸盐沉积物中蓝绿藻的观察研究得知,这些藻类主要生活在潮间浅水地带(图9-1),营光合作用而生长,不断地分泌黏液,在风暴期或高潮期水流带来的碳酸盐质点和泥,被这种富含黏液的藻类捕获而沉积,形成富碳酸盐的纹层;相反,在非风暴期,则主要形成富藻的纹层。也有另外的观察表明,在白天,藻类光合作用兴旺,主要形成富藻纹层;在夜间,则主要形成富碳酸盐物质而贫藻的纹层。

叠层石的形态十分多样,基本形态为层状的(包括波状的等)和柱状的(包括锥状的等),其他形态都是这两种基本形态的过渡或组合。一般说来,层状形态叠层石生成环境的水动力条件较弱,多属期间带上部的产物;柱状形态叠层石生成环境的水动力条件较强,多为潮间带下部及潮下带上部的产物。

叠层石构造的外貌与水平层理有某些相似,二者实为完全不同的二类沉积构造。叠层石有藻类的参与,属生物成因的范畴;发育于潮间带;单一纹层的厚度常有变化,在露头、甚至在"薄片"的范围之内,常有局部加厚或减薄、波曲与隆起、分枝与合并的现象。水平层理是纯物理成因,发育在深海深湖等低能环境中,纹层厚度与成分稳定,无分枝与合并现象,可在很大的范围内追踪对比。

2. 鸟眼构造

鸟眼构造是在泥晶至细粉晶的石灰岩中,出现的毫米级大小的、多呈定向排列的、多为方解石或硬石膏充填(或未充填)的孔隙(图9-2右)。因其形似鸟眼,故称为鸟眼构造;又因其形似窗格,故也称为窗格构造;又因这样充填或半充填的孔隙呈白色,似雪花,故也称为雪花构造。其实,这是一种孔隙类型,把它归入结构范畴为宜。一般认为鸟眼构造是潮上带的标志。具体地说,这种鸟眼构造乃是一种非钙化的藻类,经溶解、腐烂或干涸后,被其后的亮晶方解石充填而成。

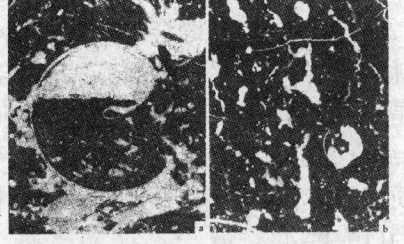

图9-2 示顶底构造(左)与鸟眼构造(右)
(据冯增昭等,1993)
左,腹足体腔中的示底构造,湖北,P_2,单偏光,×25;右,泥晶灰岩中鸟眼构造,毫米级大小,亮晶充填,贵州,D,×10

3. 示顶底构造

示顶底构造是指由沉积作用在碳酸盐岩层中形成的可指示岩层顶底关系的特殊沉积构造。其特点是,在碳酸盐岩同期的各类孔隙中,如鸟眼孔、生物体腔孔等孔隙,同时被亮晶与泥晶所充填,所有孔隙的下部(或同一侧)均为暗色的泥晶方解石,所有孔隙的上部(或另一侧)均被浅色的亮晶方解石充填,暗色泥晶与浅色亮晶之间的分界面为平面(断面上呈直线),且各孔隙中的这种分界面彼此平行(图9-2左)。

这两种不同的孔隙充填物代表两个不同时期的充填作用。底部或下部的泥粉晶充填物常是上覆盖层遭受淋滤作用时由淋滤水沉淀的,或者是在同生期由渗流粉砂充填形成,上部或顶部的亮晶方解石则是后期充填的。两者之间的平直界面代表沉淀时的沉积界面,与水平面是平行的。因此,根据这一充填孔隙构造,可以判断岩层的顶底,故称为示顶底构造,也可简称为示底构造。

4. 虫孔及虫迹构造

属于生物成因构造,它包括生物穿(钻)孔、生物潜穴(或生物掘穴、虫穴)、生物爬行痕迹等,这里说的生物主要是没有硬体的蠕虫动物或软体动物等。

生物穿(钻)孔是指生物的活动,在固结或半固结的岩石或生物组分中通过穿孔方式所形成的一种孔状或管状构造。生物潜穴(或生物掘穴、虫穴)是指在尚未固结的沉积物中,由于生物的生活活动所造成的一种洞穴、孔穴、管穴构造。生物爬行痕迹是指生物在尚未固结的沉积物表面上爬行的痕迹。

虫孔及虫迹构造可以指示生物特征及其活动情况,是很有用的环境分析标志。

5. 缝合线构造

缝合线构造是碳酸盐岩中常见的一种裂缝构造。在岩层的剖面上,它呈现为锯齿状至波纹状的曲线,此即称为缝合线;在平面上,即在沿此裂缝破裂面上,它呈现为参差不平凹凸起伏的面,此即缝合面;从立体上看,它呈现为凹下或凸起的大小不等的柱体,称为缝合柱。在这三种表现形式中,以缝合线最常见(图9-3)。

在岩石剖面上观测:缝合线上下凹凸起伏的幅度差别巨大,大者达十几厘米甚至达数十厘米,小者小于1mm,甚至仅在显微镜下才能辨认;缝合线的起伏形态各不相同,有的呈尖锐锯齿折线状,有的呈梯形齿状,有的呈不规则圆滑波曲状,有的呈近于直线状;缝合线的延展方向各不相同,有的与岩层界线平行,有的斜交,有的近于垂直;同一条缝合线不同区段的形态、凹凸起伏幅度、延展方向往往各不相同;还常见缝合线有分枝、复合及消失的现象。即缝合线的形态,没有规律性、只有随机性。

关于缝合线的成因,大致可分为原生论及次生论两种观点。

原生论者认为,缝合线是在沉积作用过程中生成的,其证据有:缝合线被构造裂缝或方解石脉切割;缝合面平行层面;或者缝合面就是层面或沉积间断面等。次生论者认为,缝合线构造是在成岩作用至后生作用阶段经压溶作用形成的,其证据是:缝合线的形成受构造裂缝控制;缝合线切割构造裂缝、方解石脉、生物化石及颗粒等;在缝合面上常有泥质、有机质等难溶物质富集。目前看来,原生的缝合线构造是存在的,但大多数缝合线构造是经由压溶作用而形成的(图9-4)。

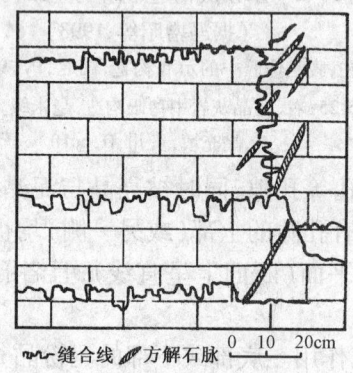
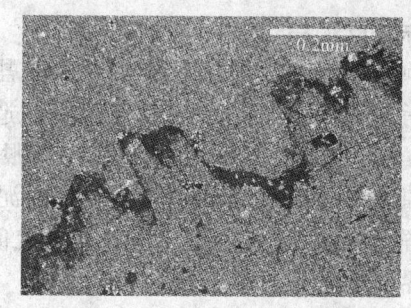

图9-3 缝合线露头素描图　　　　图9-4 缝合线显微镜照片(单偏光)

缝合线构造是一种裂缝构造,可以成为油、气、水运移的通道。已有许多证据证明,缝合线在油气的运移和聚集上起有积极的作用。

二、常见碳酸盐矿物的鉴别

碳酸盐矿物,是碳酸盐岩的主要矿物成分,以方解石和白云石最常见,在某些条件下还可形成菱铁矿、文石、菱镁矿等碳酸盐矿物。方解石和白云石,以及其他碳酸盐矿物,物理性质十分相似,但仍可通过染色法及一些光学常数加以区别。

方解石(图10-81),纯净者无色或白色,含杂质可呈灰、黄、浅红等多种浅颜色。薄片中无色,$\{10\bar{1}1\}$菱面体解理完全,在薄片中常可见到两组斜交直线(或菱形)状解理纹,突起正中至负低(闪突起十分显著)。干涉色高级白,在具有菱形解理纹的切面上对称消光,负延性,一轴负晶。常见沿$\{0\bar{1}12\}$的聚片双晶,薄片中常见双晶纹平行于菱形解理纹的长对角线。遇冷的稀盐酸(<5%)反应剧烈、大量起泡。在沉积岩中晶形差,多呈泥晶至微晶的他形粒状。方解石中可含少量$MgCO_3$分子(<4mol%)(或称为低镁方解石),当方解石中$MgCO_3$分子含量大于10mol%时称为"镁方解石"(或称高镁方解石),镁方解石极不稳定,仅存在于现代沉积物及某些生物体中,均会自发地转变为方解石。因此,在古代的碳酸盐沉积岩中不存在高镁方解石。当方解石中含少量FeO时则称铁方解石。

方解石以闪突起(负低至正中)十分显著、聚片双晶常见(在"矿物切面"上双晶纹与菱形解理面纹的长对角线平行)、高级白干涉色、一轴负晶、与冷稀盐酸反应剧烈为特色,容易与椭石(正极高突起、无闪突起、二轴正晶)等矿物相区别。

白云石(图10-82),纯净者无色或白色,含铁者呈灰至淡褐色。薄片中无色,有时呈混浊的灰色,菱面体$\{10\bar{1}1\}$解理完全,薄片中常可见两组斜交直线(或菱形)状解理纹,突起正高至负低(闪突起十分显著)。干涉色高级白,沿解理纹方向对称消光,负延性,一轴负晶。可见沿菱形面$\{02\bar{2}1\}$的聚片双晶,薄片中双晶纹多平行于菱形解理纹的短对角线。在沉积岩中多呈半自形至自形的细小晶体,常有雾心亮边结构。遇冷的稀盐酸($<5\%$)不起泡,粉末及热的稀盐酸起小泡。现代沉积物中还有所谓"原白云石"存在(组成与化学计量白云石相近的无序的白云石),原白云石不稳定,均会自发转变为白云石。因此,古代的碳酸盐岩中不存在原白云石。当白云石中含少量 FeO 时则称为铁白云石。

白云石以闪突起十分明显(负低至正高突起)、菱面体解理完全、高级白干涉色、在具菱形解理纹的切面上对称消光、负延性、一轴负晶、遇冷稀盐酸不反应为特色。

白云石与方解极为相似,区别在于:

(1)白云石的聚片双晶发育程度稍差(方解石更好);

(2)白云石的聚片双晶纹平行菱形解理纹的短对角线(方解石的聚片双晶纹平行于菱形解理纹长对角线);

(3)在闪突起显著、双晶纹清晰(双晶纹近于直立)的切面上测 $Np'\wedge$ 双晶纹夹角,白云石为 $20°\sim40°$,方解石为大于 $55°$;

(4)在碳酸盐岩中白云石晶形通常较好(方解石差);

(5)白云石与冷稀盐酸($<5\%$)不反应、方解石反应剧烈;

(6)用 $10\%\sim12\%$ $FeCl_3$ 作用矿物 25s 左右后用水冲洗,再加$(NH_4)_2S$ 作用数秒种后用水冲洗,方解石呈黑色、白云石不染色;

(7)粉末加"镁试剂"的碱性溶液,白云石呈蓝色,方解石无色。

菱铁矿(图10-83),新鲜者灰白至浅黄色,风化后黄褐至深褐色。镜下无色、青灰色或浅黄褐色,吸收性 $Ne<No$,菱面体$\{10\bar{1}1\}$解理完全,闪突起不显著(突起正极高至正中突起)。干涉色高级白,薄片边缘可呈现较鲜艳的色彩,在具有菱形解理纹的切面上对称消光,负延性。有时出现$\{01\bar{1}2\}$聚片双晶,双晶纹与菱形解理纹长对角线平行。与冷稀盐酸不反应。

菱铁矿以突起略高(Ne 突起正低)、闪突起不明显、晶体边缘常有氧化铁外壳、聚片双晶有时可见、与稀盐酸不反应,可与方解石和白云石区别。

菱镁矿(图10-84),白色或无色,含铁者浅黄至浅褐色。镜下无色,有色变种吸收性 $Ne<No$,菱面体$\{10\bar{1}1\}$解理完全,突起负低至正高,闪突起明显。干涉色高级白,沿解理纹对称消光,负延性;一轴负晶。未见聚片双晶。与稀盐酸无反应。菱镁矿以较高的折射率、闪突起明显、无聚片双晶、不与稀盐酸反应为特征与其他碳酸盐矿物相区别。

文石,斜方晶系,无色或浅黄、浅绿色,解理$\{010\}$不完全、$\{110\}$少见。闪突起十分明显(负低至正高)。高级白干涉色,沿解理纹平行消光,负延性,二轴负晶。可沿结合面$\{110\}$形成聚片双晶或轮式双晶(呈假六方形)。与冷稀盐酸反应剧烈,与 $Co[NO_3]_2$ 溶液迅速被染成紫色。文石以无菱面体解理而有平行双面解理(少见斜方柱解理)、闪突起(负低至正高)十分明显、高级白干涉色、沿解理纹平行消光、负延性、二轴负晶、可有轮式双晶、与冷稀盐酸反应剧烈为特色。文石主要存在于现代沉积物及生物体中,会自发地转变为方解石,因此古代的碳酸盐岩中不存在文石。

碳酸盐矿物及相似矿物还常可采用染色法进行区分鉴别。染色的方法有多种,石油行业标准 SY/T 5368—2000 推荐采用"茜素红与铁氰化钾混合液染色法"区分薄片中的白云石与方解石,并测定含量。

石油行业标准"岩石薄片鉴定"推荐的混合液配方是:先配茜素红—S 溶液,即将 0.1g 的茜素红—S 粉末溶解于 100mL 浓度为 0.2% 的稀盐酸(0.2mL 浓盐酸加入 99.8mL 蒸馏水);次配铁氰化钾溶液,即将 2g 铁氰化钾粉末溶于 1.5% 的稀盐酸(1.5mL 浓盐酸加入 98.5mL 蒸馏水);再将三份茜素红—S 溶液与两份铁氰化钾溶液混合,即得区分方解石和白云石的混合液。染色操作是:未加盖玻片也未涂胶的碳酸盐岩薄片光面上滴加新配混合液 2~4 滴,静置 40~60s(与气温有关),用清水轻轻冲洗,晾干后即可用显微镜观察。染色效果是:

方解石(FeO 含量 <0.5%),呈粉红—红色;

铁Ⅰ方解石(FeO 含量 0.5~1.5%),呈淡紫色;

铁Ⅱ方解石(FeO 含量 1.5~2.5%),呈浅紫—紫色;

铁Ⅲ方解石(FeO 含量 2.5~3.5%),呈深紫色;

白云石不染色;铁白云石呈浅蓝—深蓝色。

方解石和白云石的含铁量可以反应其形成环境的氧化还原程度(Eh 值)。在氧化环境中,铁以 Fe^{3+} 存在,无 Fe^{2+} 离子,而 Fe^{3+} 不能进入方解石和白云石晶格中而形成无铁的方解石和白云石;在还原环境中,铁以 Fe^{2+} 存在,Fe^{2+} 可以进入方解石和白云石晶格中,形成含铁方解石和铁白云石。铁方解石和铁白云石常作为成岩矿物出现在胶结物中。深部成岩环境、晚期成岩环境往往是还原环境,经常出现含铁碳酸盐矿物。一般而言,方解石和白云石中 Fe^{2+} 含量越多,表明该矿物形成时间越晚、埋藏深度越深。

三、碳酸盐岩中其他矿物的鉴别

碳酸盐岩,除大量存在的方解石、白云石等碳酸盐矿物外,还常有少量自生的非碳酸盐矿物及陆源碎屑矿物。当自生的非碳酸盐矿物增多时,碳酸盐岩则向相应的内源沉积岩类过渡;当陆源碎屑增多时则向陆源碎屑岩过渡。

非碳酸盐的自生矿物,常见的有石膏、硬石膏、天青石、重晶石、萤石、石盐、钾石盐、玉髓、自生石英、黄铁矿、赤铁矿、海绿石、胶磷矿等。

石膏,镜下无色,解理{010}极完全、{100}和{011}清楚。负低突起,干涉色常为Ⅰ级灰白至Ⅰ级淡黄;垂直于(010)的切面平行消光,其余切面上为斜消光,延性可正可负;二轴正晶,$2V$ 角中等。常见以{100}为结合面的燕尾双晶,遇稀盐酸无反应,容易与碳酸盐矿物区别。

硬石膏,薄片中无色透明,解理{010}、{100}及{001}三组解理完全,并互相正交成假正方解理,正低突起。干涉色常达Ⅲ级绿色,沿解理纹平行消光,延性可正可负,即平行或近于平行(100)面为正延性,而在(001)面上为负延性;二轴正晶,$2V$ 角中等。沿{101}呈简单双晶、聚片双晶或三连晶。以无色、三组相互正交的完全解理、干涉色Ⅲ级中、沿解理平行消光为特色,容易与石膏及方解石等其他矿物相区别。

对石英等硅质矿物的鉴别,要特别注意区分是陆源的矿物屑还是自生的矿物晶体。自生硅质矿物常具有完好晶形、没有磨蚀痕迹、纯净透明、可含有周围碳酸盐矿物的包裹体。自生硅质矿物有三种形成方式:

(1)孤立的、完好的晶体充填于孔隙中,不交代其他矿物;

(2)交代其他碳酸盐矿物(颗粒或胶结物)或充填于裂隙中,交代碳酸盐矿物的硅质矿物中常见被交代矿物的细小包体;

(3)作为硅质胶结物,在淡水潜流带或渗流带的特殊环境中,常可形成石英胶结物,并且可以显示世代现象。此三种自生硅质矿物,在我国华北中—上元古界碳酸盐岩中普遍存在,以自生石英居多,蛋白石和玉髓也有产出。

陆源碎屑常有石英、长石、岩屑(黏土岩、燧石、石英岩、碳酸盐岩等)以及重矿物等。观测时应该描述其大小、外形特征(形态、氧化膜的有无与多寡等)、圆度、分布状况以及在岩石中的含量。陆源黏土矿物粒度细,常为隐晶质,透明度低而昏暗,镜下不易鉴定黏土矿物的种类,可合并为黏土矿物统计百分含量。

第二节 碳酸盐岩结构组分的鉴别

从结构的角度看,碳酸盐岩主要是由颗粒、泥、胶结物、生物骨架和晶粒五种结构组分组成。此外,还有一些次要的结构组分,如陆源碎屑物质、其他化学沉淀物质、有机质等;还有一些派生的结构组分,如孔隙等。这些次要的和派生的结构组分,虽然对油气的运移和储集甚为重要,对岩石的成因和环境分析有重要意义,但数量一般很少。因此,上述5种结构组分,还是组成碳酸盐岩的基本结构组分,是碳酸盐岩的重要鉴定标志及分类命名的依据。

一、颗粒的鉴别

颗粒是流水成因碳酸盐岩最常见最重要的结构组分之一,按成因可分为盆内颗粒和盆外颗粒。盆外颗粒指陆源碎屑颗粒,一般数量少,但是当颗粒碳酸盐岩向陆源碎屑岩过渡时,陆源碎屑的含量可能较多,陆源碎屑颗粒的特征在第七章碎屑岩部分已作讨论。盆内颗粒(简称内颗粒)指在沉积盆地或沉积环境内形成的碳酸盐颗粒。这种颗粒可以是化学沉积作用形成的,也可以是机械破碎作用形成的,还可以是生物作用形成的,或者是这些作用的综合产物。在碳酸盐岩中,凡提到颗粒,只要不特别注明是陆源的,均指内颗粒。内颗粒不仅仅见于碳酸盐岩中,在其他化学沉积的硅质岩、铝质岩的铁质岩石中也有发育。内颗粒的类型多种多样,在岩石薄片中常见者有以下类型:

1. 内碎屑

内碎屑主要是在沉积盆地中沉积不久的、半固结或固结的各种碳酸盐沉积物,受波浪、潮汐水流、风暴流、重力流等的作用,破碎、搬运、磨蚀、再沉积而形成的碎屑。

内碎屑的内部结构与原有的先期沉积物类型有关。先期的颗粒灰岩形成的内碎屑,可含有化石、鲕粒、球粒以及先期形成的内碎屑等,其磨蚀的边缘常切割它所包含的化石、鲕粒等颗粒。先期的泥晶灰岩形成的内碎屑,可有纹层、极少细小生物化石,或仅具泥晶结构,其磨蚀边界可切割纹层。依此可与其他颗粒相区别。

根据内碎屑粒径的大小,可把内碎屑划分为砾屑、砂屑、粉屑和泥,砾屑、砂屑和粉屑还可进一步细分。划分标准因行业与作者的不同多有差异(表9-1)。一般认为,内碎屑的粒径直接与水动力条件有关,砾石级内碎屑主要形成于潮汐通道、风暴浪等强水动力环境之中,分布较为局限,中国北方寒武系及奥陶系中分布的"竹叶状砾屑"就是最好的实例。砂级的和粉砂级的内碎屑,可在较强及中等强度的水动力环境中形成,分布较为广泛,在各种颗粒碳酸盐岩中是常见颗粒类型之一。

内碎屑的观察描述,要从内碎屑的大小(一般以长径表示,有时可同时用长径与短径来表示)、形状、圆度、表面特征(是否具氧化膜、生物钻孔)、分选、内部结构、矿物组成与原岩类型、在岩石中的百分含量等方面进行。

表9-1 内碎屑的粒度分级表

SY/T 5368—2000 岩石薄片鉴定			GB/T 17412.2—1998 沉积岩分类与命名方案		
内碎屑名称	粒径 D(mm)	φ值	内碎屑名称		粒径 D(mm)	φ值
砾屑	≥2	≤-1	砾屑	巨砾屑 粗砾屑 中砾屑 细砾屑	≥128 128~32 32~8 8~2	≤-7 -7~-5 -5~-3 -3~-1
砂屑 极细砂屑	2~0.125 0.125~0.0625	-1~3 3~4	砂屑	粗砂屑 中砂屑 细砂屑	2~0.5 0.5~0.25 0.25~0.06	-1~1 1~2 2~4
粗粉屑	0.0625~0.0313	4~5	粉屑	粗粉屑 细粉屑	0.06~0.03 0.03~0.004	4~5 5~8
细粉屑-泥屑	<0.0313	>5	泥屑		<0.004	>8

2. 鲕粒

鲕粒是具有核心和包壳结构的球状—椭球形颗粒,可简称为"鲕"。鲕粒是碳酸盐中最特征最易于识别的的颗粒之一。鲕粒还常出现在铝质岩、硅质岩和铁质岩等化学沉积岩石类型中。

鲕粒的粒径大小,一般在 0.25mm 至 2mm,尤其以 0.5mm 至 1mm 居多,大于 2mm 和小于 0.25mm 的鲕粒较少见。鲕粒形态多呈圆球形、椭球形,在尚未固结时受应力作用可呈塑变形态。鲕粒的核心可以是内碎屑、化石(完整的或破碎的)、球粒、陆源碎屑颗粒,还可以是先期的鲕粒等;包壳常为同心层状的泥晶方解石(现代海洋环境中的鲕粒主要由文石组成),还可以是泥晶白云石。有的鲕粒包壳具有放射状结构,此放射结构可以穿过整个同心层,也可只限于几个同心层中。

根据鲕粒的结构和形态特征可划分为以下几种类型:

(1)正常鲕:其同心层厚度大于核心的直径,呈球形。一般所说的鲕粒都是指这种正常鲕粒(图9-5中A)。

(2)表皮鲕(或表鲕):同心层厚度小于其核心直径,有的表皮鲕甚至只有一层同心层,即一层皮壳(图9-5中B)。

(3)复鲕:在一个鲕粒中,包含两个或多个小的鲕粒(图9-5中F)。

(4)椭形鲕:正常的鲕大都呈球形,但也有些鲕呈椭球形,这主要是由其核心的形状决定的。核心为长条形的鲕常呈椭球形(图9-5中C)。

(5)放射鲕:即具有放射结构的鲕粒,这种放射结构多是后来重结晶作用的产物。

(6)单晶鲕及多晶鲕:整个鲕粒基本上由一个球形的外壳和其中的一个或数个方解石晶体构成,其同心层已不复存在,这种鲕粒多是先形成的鲕粒在成岩作用早期遭受淡水淋滤作用、其核心及同心层被溶解、然后又被充填的结果(图9-5中D)。

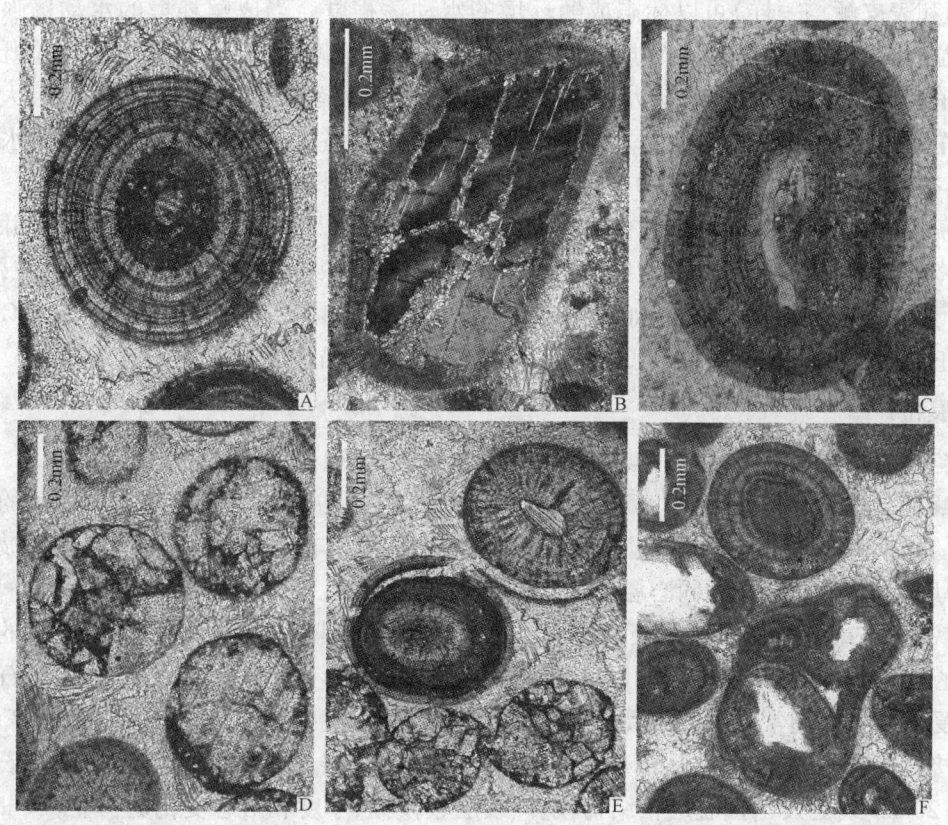

图 9-5 常见鲕粒类型显微照片

A. 亮晶鲕粒灰岩,正常鲕,鲕核为砂屑,同心层多而密,具放射结构并切穿同心,单偏光,旺苍;B. 亮晶鲕粒灰岩,表鲕,核心为斜长石,正交偏光,青海;C. 亮晶鲕粒灰岩,椭球鲕,核心为三叶虫,单偏光,山东张夏;D. 亮晶鲕粒灰岩,单晶鲕及多晶鲕,鲕袜核心及同心层几乎被全溶解,后被单粒或多粒方解石充填,单偏光,北碚;E. 亮晶鲕粒灰岩,变形鲕,鲕粒未固结时受力发生塑性变形同,后再溶解充填成多晶鲕,鲕粒固化后受应力作用发生剥离变形,单偏光,旺苍;F. 亮晶鲕粒灰岩,复鲕,核心为三个小鲕粒,鲕粒内局部受溶蚀后被石英充填,单偏光,青海

(7) 负鲕:即核心与同心层的大部或全部已被溶蚀的鲕粒,基本上只剩下一个外壳层,故也称为空心鲕,实际上这是一种鲕粒内的溶蚀孔隙。

(8) 变形鲕:是在同生期鲕粒尚未固结时受受应力作用而发生塑性变形的鲕粒,其内部结构仍然清楚。注意某些以长条形生物颗粒作为核心的鲕粒,其外形随核心而呈长椭球形,仍然属于原生沉积鲕范畴不是变形鲕(图9-5中E)。

(9) 残余鲕:鲕粒经强烈白云石化、硅化等交代作用或经受强重结晶作用,其内部结构被破坏,仅剩隐约可见的鲕粒轮廓的残余。

一般认为,鲕粒是在 $CaCO_3$ 饱和且动荡的浅水环境中形成的。其搬运水流的强度控制鲕粒核心的大小,其动荡的强度控制鲕粒的大小。当成鲕环境中的水动荡强度大于搬运水流强度时,所有颗粒都处于反复的运动状态,正常鲕或表皮鲕都可形成。假如全是正常鲕,则说明水的动荡强度远大于搬运水流的强度;当正常鲕与表皮鲕并存,则说明水的动荡强度仅略大于搬运水流的强度,这时,鲕粒(多为表皮鲕)的最大核心可以标志搬运水流强度,最大的鲕粒

（正常鲕和表皮鲕均一样）可以标志成鲕环境的水动荡程度。当成鲕环境的水动荡强度小于最大颗粒的搬运水流强度而又大于最小颗粒的搬运水流强度时，成鲕环境中的颗粒既有鲕粒也有非鲕粒，鲕粒多为表皮鲕，最大的非鲕粒粒径可作为搬运水流强度的"量度"，最大的鲕粒粒径可作为动荡水流强度"量度"。当成鲕环境的水动荡强度小于最小颗粒的搬运水流强度时，就没有鲕粒形成。足见鲕粒的核心与包壳等特征均不同程度的与环境条件有关。

对鲕粒的观测描述，应从鲕粒的直径、形态、核心、包壳及含量等几个方面入手，并确定鲕粒的具体类型，为沉积环境与成因解释提供基础数据与资料。应指出的是，同一鲕粒，按不同的特征可同时属于不同的类型。如图9-5中B的表鲕，同时又是椭形鲕；图9-5中C同为椭形鲕和正常鲕；图9-5中E同为变形鲕和多晶鲕等，观测描述时应注意。

3. 藻粒

藻粒即与藻类有成因联系的颗粒，包括藻鲕、藻灰结核、藻团块。

藻鲕是在蓝藻参与下形成的鲕粒，其同心层是藻丝体粘附灰泥形成的。这种鲕的直径一般为1~2mm，其核心常有所偏离。藻鲕与正常鲕粒的区别在于，藻鲕的同心层多呈波状或梅花状，厚度变化大，而鲕粒的同心层厚度均匀且平滑。

藻灰结核（或称核形石），与藻鲕类似也是蓝绿藻黏液捕捉碳酸盐沉积物而形成的具有核心和同心层结构的颗粒，同心层的厚度变化较大、形态明显不规则（图9-6）。核形石在生长过程中受水动力作用常间歇性滚动，处于静止状态时与海底接触部分的同心层基本停止生长，与水体接触部分则继续生长，从而形成不规则的同心增长层。与藻鲕的区别是，核形石直径较大（10~20mm或更大），同心层粘结物较多、纹层较模糊、厚度和形态变化更明显。

藻团块也是藻类粘结增长而成的颗粒，但它不具同心层结构。藻团块的形态大小与内碎屑有些类似，但藻团块是凝聚成因、常有藻的痕迹而无磨蚀的标志（图9-7）。

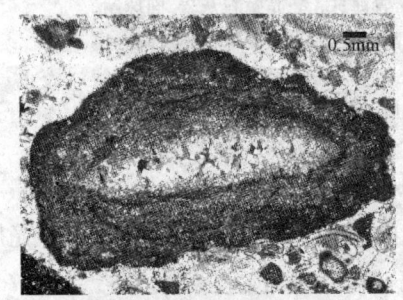

图9-6　核形石镜下照片

亮晶核形石灰岩，单偏光，宜昌

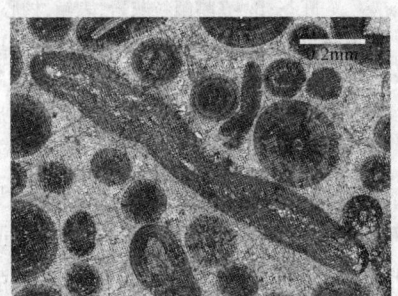

图9-7　藻团块镜下照片

亮晶鲕粒灰岩，单偏光，张夏

藻粒主要形成在有蓝绿藻参与的、水动力较强的浅水环境中。藻粒的观测与描述，须从形态、大小、成分、核心及包壳的特征、类型及含量等入手，注意与鲕粒、内碎屑的区别。

4. 球粒

球粒是较细粒的（粗粉砂级或砂级）、由灰泥组成的、不具有特殊内部结构的、球形或卵形的、分选较好的颗粒。

球粒的成因有两种。一种是机械成因，即是一些分选和磨圆都较好的粉砂级或砂级的内碎屑。另一种是生物成因，即是由一些生物排泄的粒状粪便形成的，这种成因的球粒亦称为粪球粒。在古代和现代沉积物中绝大部分球粒都是粪球粒(图9-8)。

粪球粒呈卵形或椭球形,大小形均一,有机质含量一般较高,在薄片中呈灰黑至暗黑色,这是鉴别粪球粒的重要特征。由于粪球粒刚形成时是松软的,极容易破碎或变形,因此只有在石化较快且能量低的环境(如潮坪)中才能保存下来,在能量较高的环境中少见。

对球粒的观测与描述,须包含颜色、形态、粒径、均一程度、含量等内容,还须注意区分普通球粒与粪球粒,区分球粒与砂屑。

5. 生物颗粒

生物颗粒(skeleta grain)是生物的骨骼及其碎屑,也可称为"生屑"、"生物"、"骨屑"、"化石"等,其类型包括腕足类、棘皮类、腹足类、头足类、瓣鳃类、三叶虫、介形虫、有孔虫、层孔虫、海绵、珊瑚、绿藻等多门类多种属的生物化石。生物颗粒的鉴别标志及常见生物颗粒的鉴别特征,见本节第四项和第五项所述。

生物颗粒是碳酸盐岩最复杂最重要的结构组分之一,分布极为广泛,在硅质岩、泥质岩、砂岩等岩石类型中也有分布,具有重要的指相意义。对生物的观测描述,必须确定生物的门类与种属,还应确定生物的矿物组成、内部微细结构、完好与破碎程度,区分原地沉积的、还是异地搬运的,并测定各种生物的含量。

二、泥和胶结物的鉴别

1. 泥

"泥"是碳酸盐岩中与颗粒相对应的另一种结构组分,是泥级的碳酸盐质点。碳酸盐岩中的"泥"与泥质岩及泥质粉砂岩中的"泥",在粒径与形成方式是相当的,均是"泥级"的质点,均是在低能至静水环境中方可大量堆积(也可在砂岩和颗粒石灰岩中少量沉积)。不同的是,泥质岩石中的"泥"主要是黏土矿物,碳酸盐岩中的"泥"主要是方解石、白云石等碳酸盐矿物的极细微晶体。因此,碳酸盐岩中的"泥",常称为"微晶"、"泥晶"、"泥屑"。根据矿物成分,可分为"灰泥"和"云泥"。由于碳酸盐"泥"与陆源黏土矿物的沉积条件十分相似,因此,在碳酸盐"泥"中常常混有或少或多的黏土矿物及"泥级"的陆源碎屑,在碳酸盐岩向陆源碎屑岩过渡的岩石类型如泥灰岩中,混入黏土矿物的含量还可以较高。

关于泥与颗粒的界限,尚无统一标准,或者说是因作者而异的。如现行石行业标准 SY/T 5368—2000 将粒径小于 0.0313mm(或 >5ϕ)的碳酸盐微晶划为"泥";国标 GB/T 17412.2—1998 将粒径小于 0.004mm(或 >8ϕ)的碳酸盐微晶划为"泥"(表9-1);赵澄林等的《沉积岩石学》将粒径小于 0.005mm 的碳酸盐矿物微晶划为"泥"。

灰泥主要有三种成因:一是化学沉淀作用生成的灰泥,如现代海洋沉积物中的针状文石泥;二是机械破碎磨蚀作用生成的灰泥;三是生物作用生成的灰泥,如仙掌藻和笔藻中,含有大量的针状文石,氧的同位素资料也证明这些灰泥是生物成因的。灰泥的质点极微小,只有在低能至静水条件下才能沉积。因此,在文献中常将灰泥的含量,作为水动力条件强弱的"量度",即灰泥含量高水动力条件弱,灰泥含量低则水动力条件强。云泥的成因,看来比灰泥的成因还要复杂,可能几乎都是交代成因的。

"泥"在薄片中多呈深灰至暗灰色,散布于颗粒之间,无确定的形态与边界(图9-9)。对"泥"的观测,着重准确测定含量,并依据染色结果和光学特征,区分灰泥、云泥和黏土矿物。如有必要还须应用 X 射线衍射分析等方法测定"泥"的矿物组成。

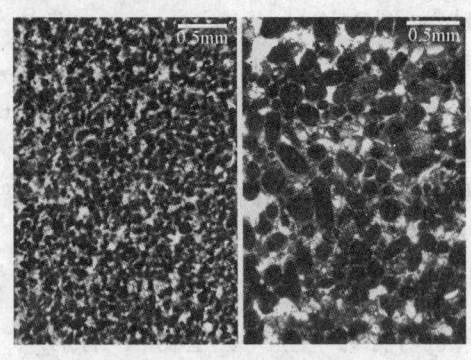

图9-8 球粒(左)与粪球粒(右)的镜下照片
（据 Peter. A. Scholle 等，2003）
左．球粒灰岩，美纽约州，单偏光；
右．粪球粒灰岩，澳大利亚，单偏光

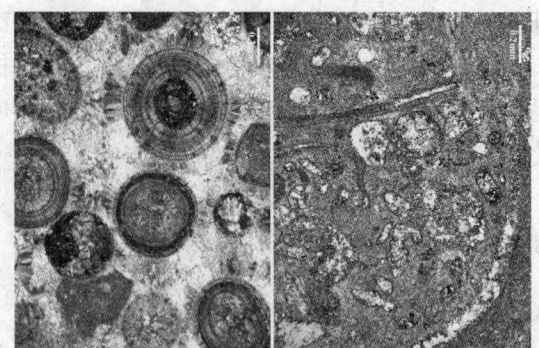

图9-9 胶结物(左)和灰泥的(右)的镜下照片
左．亮晶鲕粒灰岩，方解石胶结物，有二世代，一世代为纤状贴栉粒生长，二世代(发育差)粒状充填于残余粒间孔中，旺苍，T，正交光；右．生物灰泥灰岩，生物碎屑散布于灰泥之中，北碚，T，单偏光

2. 胶结物

胶结物主要是孔隙溶液中沉淀于颗粒之间的结晶方解石或其他矿物，与砂岩中的胶结物相似。这种方解石胶结物的晶粒一般都比碳酸盐"灰"的晶粒粗大，按 SY/T 5368—2000 推荐通常直径大于 0.0313mm（或 $<5\phi$）（按 GB 17412.2—1998 推荐亮晶粒径大于 0.004mm 或小于 8ϕ）。由于其晶体一般较清洁明亮，故常称为"亮晶方解石"、"亮晶白云石"或"亮晶"。

胶结物在镜下的特征是常有明显的世代关系。初期从粒间水沉淀的方解石晶体常围绕颗粒表面呈栉壳状或马牙状分布，这即通常所说的第一世代的胶结物。第一世代胶结物未充填满的残余粒间空隙，有时仍然空着，有时又被第二世代的多呈嵌晶粒状的亮晶方解石胶结物充填（图9-9）。亮晶方解石胶结物与粒间灰泥的区别在于：

(1) 亮晶晶粒较粗大，灰泥则较微小；
(2) 亮晶较清洁明亮，灰泥则较污浊浑暗；
(3) 亮晶胶结物常呈现出栉状等特征的分布排列状况，灰泥则随机地充填于颗粒之间。

当岩石发生重结晶作用时，灰泥常变为较大晶体，这时，要把灰泥重结晶的泥晶方解石晶体与亮晶方解石区分开，就有一定困难。在重结晶作用不太强烈时，亮晶方解石与重结晶灰泥之间的区别如表9-2所列。

表9-2 亮晶胶结物与重结晶灰泥的区别

特征	亮晶胶结物	重结晶灰泥
明亮程度	晶体较明亮，明亮程度较均一	晶体较污浊，明亮程度较差，不均一
世代现象与结构	常具世代，第一世代栉壳状结构，第二世代亮晶方解石的形态结构因成岩环境而异，一般具粒状镶嵌结构。有的在生物表面呈其轴增生	不具世代现象和栉壳状结构，常具不等粒的似花岗变晶结构
接触关系	晶粒边缘接触界线大多平直，贴面结合	接触界面弯曲，不规则，三重结合
自形与大小	自形，边界多平直，晶粒直径大于 0.005mm（或大于 0.03mm）	自形差，晶粒一般直径小于 0.005mm（或小于 0.01mm）
与颗粒之间的关系	与颗粒接触界线清楚，不破坏颗粒边缘	与颗粒接触界线不清楚，可破坏颗粒边缘或嵌入颗粒中，晶粒常呈不规则港湾状

续表

特征	亮晶胶结物	重结晶灰泥
分布特点	多见于颗粒碳酸盐岩的填隙物中,分布位置取决于粒间孔隙	与颗粒同时沉积下来,尤其重结晶后大小分布常不均一
含量	通常小于30%~40%,即少于颗粒数量	含量从0~100%,即可多于颗粒数量

灰泥和胶结物的成因是根本不同的。灰泥是在低能至静水环境中沉积的;胶结物则是颗粒沉积以后,粒间水的化学沉淀产物,它存在的前提是必须有粒间空隙。假如在沉积过程中,水动力条件较强,灰泥被冲洗走,各种颗粒之间的孔隙基本上空着,胶结物才有可能生成;如果沉积过程中的水动力条件较弱,颗粒灰泥同时沉积,粒间孔隙基本上被灰泥全充填,当然就不会再有胶结物生成了。即碳酸盐岩中胶结物与"泥"之间明显存在着"互为消涨"的关系。

在碳酸盐岩中,胶结物的矿物成分,除方解石、白云石外,还可以有石膏、石英等胶结物。关于这些矿物的成因,应具体分析。

在碳酸盐岩中,胶结物的结构,除上述的栉壳状胶结外,还有晶粒胶结或嵌晶胶结(也称为似花岗胶结)、连晶胶结等。晶粒胶结常是重结晶作用的产物。另外,在现代和古代的潮上带"砂堤"和"浅滩"沉积中,胶结物常具淡水胶结结构和新月形重力胶结的特征。在观测鉴别胶结物时,应确定胶结物的矿物名称、观测晶体的形态和大小、排列与组合方式,确定胶结物的结构名称,并测定各种胶结物的含量。

三、晶粒和生物格架的鉴别

1. 晶粒

晶粒即碳酸盐矿物的晶体颗粒,是晶粒碳酸盐岩(结晶灰岩与白云岩)的主要结构组分,是岩石经过强烈的重结晶作用、交代作用,使原始结构完全消失而形成的碳酸盐矿物的晶粒,或者原来就是晶粒结构后经重结晶加大后的晶体颗粒。

晶粒一般按大小进一步细分为巨晶、粗晶、中晶、细晶、粉晶和泥晶(表9-3),不过划分的标准会因作者不同而异,可按晶体自形程度划分为自形晶、半自形晶和他形晶,还可按相对大小划分出等粒晶、斑晶(比周围的晶体更为粗大)和包含晶(粗大晶体中包含有小晶体)等结构类型。本教程按SY/T 5368—2000执行。

表9-3 晶粒大小分级命名

赵澄林等的《沉积岩石学》		SY/T 5368—2000《岩石薄片鉴定》		GB/T 17412.2—1998《沉积岩分类与命名方案》	
粒径(mm)	晶粒名称	长轴长度(mm)	晶粒名称	长轴长度(mm)	晶粒名称
>2.0	砾晶	≥2	巨晶	≥2	巨晶
2.0~1.0	极粗晶	2~0.5	粗晶	2~0.5	粗晶
1.0~0.5	粗晶	砂晶			
0.5~0.25	中晶	0.5~0.25	中晶	0.5~0.25	中晶
0.25~0.1	细晶	0.25~0.1	细晶	0.25~0.06	细晶
0.1~0.05	粗粉晶	0.1~0.03	粉晶(微晶)	0.06~0.03	粉晶
0.05~0.005	细粉晶	粉晶		0.03~0.004	微晶
<0.005	泥晶	<0.03	泥晶	<0.004	泥晶

在观察和描述晶粒时,应注意观察晶体的绝对大小、相对大小、自形程度、不同级别晶粒的含量,还应注意晶粒之间的相互穿插和包裹关系,确定晶粒结构的类型与名称。同时注意"晶粒"与沉积成因的方解石等碳酸盐矿物晶体的区别。"晶粒"是重结晶和交代作用形成的晶体颗粒,晶体粒径较粗(粉晶及以上为主)、自形程度较高(多为半自形至自形),多具晶粒镶嵌结构、交代结构、雾心亮边结构等,常沿裂隙、孔隙及附近发育分布,常侵蚀颗粒、层理、纹层的边界。原生沉积的及准同生的方解石和白云石晶体,通常是"泥晶"及"细粉晶"级的晶体,常常受层理、纹层、颗粒、孔隙边界的控制,局限于"边界"之内。胶结物的晶体有时较大,是从孔隙溶液中沉淀形成的,有特殊形态与排列方式,有世代与期次,局限于孔隙内,不侵蚀孔隙边界,只能称为胶结物,不能称为"晶粒"。

2. 生物格架

生物格架,主要是原地生长的群体生物(如珊瑚、苔藓、海绵、层孔虫等),在原地保留的坚硬的钙质骨骼。另外一些藻类,如蓝藻和红藻,其黏液可以粘结其它灰泥、颗粒、生物碎屑等碳酸盐组分从而形成粘结格架,如各种叠层石以及其他粘结格架。

骨骼格架及粘结格架都是生物格架,它们是礁碳酸盐岩的必不可少的结构组分。

生物格架和生物颗粒都是生物成因的,但二者是两个截然不同的概念,前者是群体生物(其存活期及死亡后均具有抗浪性),原地保存的硬体;后者多为单体(不具抗浪性),常为异地堆积(也可原地或近地堆积)。生物格架一旦破碎、搬运后即变为生物碎屑(颗粒),其粗大者还可称为礁(角)砾,细小者还可称为礁碎屑。

生物格架是礁灰岩特有的结构组分,观察描述生物格架,应注重生物门类和种属的鉴别,同时注意是否保持原始生长状态。只有保持原始生长状态的群体生物的硬体(化石)才能称为生物格架,一经破碎、倾倒、滚动、搬运后均称礁角砾或生物(礁)碎屑。

碳酸盐岩种类繁多,但均是由上述5种结构组分按不同的比例组合而成的。由颗粒、灰泥和亮晶组成的结构,称为"粒屑结构",具此类结构的颗粒碳酸盐岩常是油气储集层而最受到关注;主要由灰泥组成的结构,称为泥晶结构,具有此种结构的泥晶灰岩分布相当广泛,常可成为生油层及盖层而受到重视。主要由晶粒组成的结构称晶粒结构,常见于白云岩和结晶灰岩中。礁灰岩,是由生物格架与礁角砾、礁碎屑、生物碎屑、泥、亮晶等多种结构组分组成的岩石,其孔隙发育,常常是油气及其他矿物储集体,因此倍受重视。

四、生物颗粒的鉴别标志

1. 生物颗粒的矿物成分

生物颗粒的矿物成分是相互区别的重要标志之一。研究表明生物颗粒的矿物组成有钙碳酸盐(钙质)、钙磷酸盐(磷质)、氧化硅和有机化合物。钙质为绝大部分无脊椎动物和藻类植物的造骨物质:其中低等门类的蓝藻、红藻的管孔藻科等,高等门类中较低级的床板珊瑚、四射珊瑚、苔藓虫、腕足类、竹节石类、三叶虫、甲壳纲等主要为低镁方解石($MgCO_3 < 4 mol\%$);高镁方解石($MgCO_3 > 4 mol\%$)主要组成棘皮动物、珊瑚藻、粟米虫和八射珊瑚的硬体;文石($MgCO_3 < 1 mol\%$)主要组成绿藻、软体动物、水螅、六射珊瑚、裸松藻和某些有孔虫。

磷质为脊椎动物和牙索动物骨骼的成分,也见于无脊椎动物高等门类的低级纲目中。有机质主要为几丁质壳,发育于节肢动物、无铰纲和某些原生动物中。硅质矿物蛋白石(沉积后常转变为玉髓甚至石英)是低等生物如硅藻、放射虫、及海绵骨针等的造骨矿物。

2. 生物硬体的微细结构

生物颗粒内部的微观结构是相互区别的最重要标志之一。不同生物骨骼的微观结构是各不相同的,且容易保存也较易识别,常是鉴别生物种属的重要依据。骨骼结构是指组成生物骨骼的矿物晶体的形状、大小、排列以及晶粒间的相互关系所显现的特征。按晶体形态与空间分布特征常分为粒状、纤状、片状和柱状这 4 种类型。

粒状结构,是由大致等粒状的方解石或文石晶粒组成,是低等生物的主要结构类型,分为 5 种类型:

（1）胶粒或粘结结构,由微晶碳酸盐胶结稍大的方解石、石英、长石粉砂和碳酸盐颗粒组成(图 9-10)。

（2）隐粒结构,由粒径 0.5~1μm 的碳酸盐微粒组成,薄片中色暗不透明。

（3）微粒结构,由粒径 1~5μm 的碳酸盐颗粒组成,微透明。

（4）晶粒结构,由粒径大于 5μm 的方解石晶粒镶嵌组成,光性杂乱,薄片中透明。

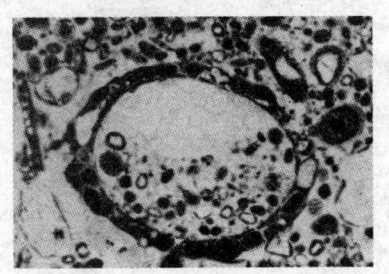

图 9-10　胶粒结构(据戴永定)
圆笠虫,弦切面,日喀则,单偏光

（5）单晶结构,骨片全部或部分由单一晶体组成,有时为双晶或个连晶组成。单晶实际上由光性方位基本一致的或两组相互正交的隐晶组成,前者称为连生单晶(海百合),后者称为网格单晶(海胆),为棘皮类动物的特征结构(图 9-11)。个别科属的软体动物、有孔虫、隐口目苔藓虫虫室的间壁—中隔等也由单晶组成。

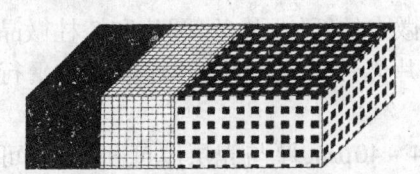

图 9-11　连生单晶(左)与网格单晶(右)
(据戴永定等,1977)

纤状结构,由平行或放射状排列的方解石和文石纤状晶体组成,晶体 Z 轴与延向一致。按纤体生长基础的几何形态、生长方式和大小,分为 5 种次级类型 [图 9-12 中(a)至(e)]。

层纤结构是碳酸盐纤体垂直基面生长,并随基面弯曲而改变方向,又称正纤,纤体常分阶段生长形成层状构造。在垂直切面中,单偏光下纤体与下偏光位垂直时界限清晰,这一点可与叶片结构相区别;正交偏光下呈前进波状消光。在横切面中,似微粒状,但透亮、呈不均消光,与微粒结构不同。常见于正形贝目、腕足类、苔藓中心、软体动物等。

柱纤结构的纤体主要为文石,少数为方解石,纤体沿基线向上向外生长,交角逐渐增大,形成束状或喷泉状。生长基线的粒状结构可因重结晶而消失。纵切面上纤柱呈长条形,并呈前进波状消光;横切面呈圆形或多角形,显十字消光;常见于瓣鳃及腹足等。

球纤结构的纤体由基点向周围放射状生长,并相互嵌结。可分全球纤和锥球纤二种,横切面均显放射状十字消光,锥球纤纵切面呈扇状消光。球纤多由文石组成,主要发育于某些水螅、六射珊瑚和某些红藻中。

柱层纤的纤体周期性向一个方向辐射生长形成纤层,并叠积成柱状。与柱纤不同的是有生长层纹;与层纤不同的是弯曲度很大,有辐射纹。在正交光下,纵切面呈放射状波状消光,横切面呈十字消光。常见于头足类、瓣鳃和腹足类的外层。

玻纤结构的纤体宽度小于 0.5μm,垂直壳面、随壳面作平行或放射状排列。单偏光下透

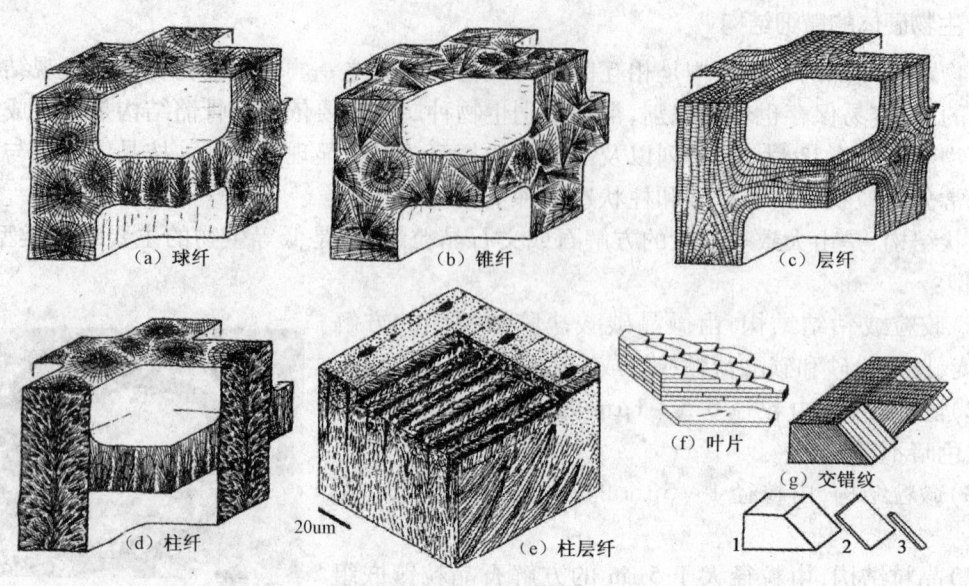

图9-12 生物骨骼内部微结构主要类型素描图(据戴永定等,1977)

亮、因富含有机质而呈浅棕黄色;正交偏光下中均匀的波状消光。玻纤结构是三叶虫、介形虫的主要特征,也可在某些竹节石、腹足、瓣鳃等中出现。

片状结构,由近于平行的、厚度小于$1\mu m$的方解石或文石片状晶体叠积组成。可分为叶片状、交错片状和珍珠结构三种次级类型。

叶片结构,由方解石或文石小片叠积而成,小片由更微小的纤体、片条、圆片和棱柱微晶平行邻接形成,左右相接的小片光性一致,上下相相邻的小片光性方位不同,叶片大多数平行壳面分布[图9-12(f)]。常见于苔藓虫、腕足等。

交错纹结构[图9-12(g)],"纹"呈楔形或板状,宽$4\sim40\mu m$,厚与壳层厚度相当,长可达数毫米。纹多与壳面斜交,也可直立(径向)或近于平行(弦向)。纹(图中1)是由片(图中2)叠置而成,片是由方石纤针或片条(粗或厚$0.3\sim1\mu m$、长$3\sim30\mu m$)(图中3)叠置而成。常构成头足类、竹节石、双壳类和现代软体动物壳层的主体。

珍珠层结构由六边形、圆形或椭圆形小片组成,小片厚$0.3\sim1\mu m$,宽$5\sim10\mu m$(图9-13)。珍珠片由文石针垂直片面排列而成。在单偏光下透明均匀;在正交光下呈大面积一致消光。现代高级软体动物头足类的壳层主体和某些瓣鳃、腹足类的中层和内层由珍珠层构成。

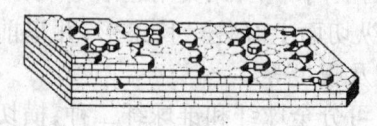

图9-13 珍珠层结构立体示意图
(据小林祯一,1971)

柱状结构,是由短轴大于$5\mu m$、横切面为多边形、长轴垂直或倾斜于壳面组成的结构。柱体为单独的消光单位,其光性方位杂乱。主要组成腕足类、瓣鳃类、腹足类等的肌泌层,某些腕足类、瓣鳃类、腹足类的外层也发育柱状结构。

上述基本结构类型之间,还可有过渡型结构。如五房贝,主壳层形态为纤状,水平面排列成片,光性同片状,可称为片纤层。总体上还存在随生物由低级向高级演化,骨骼微细结构有顺序为粒状至纤状和片状的趋势。

3. 生物硬体的形态

生物为适应各自的生活环境与生活方式,常常有各不相同的身体构造及硬体形态,因此生物的宏观形态是各种生物相互区别最重要的标志之一。不过在碳酸盐岩中的生物颗粒,多是硬体遭受破碎改造后的产物,因此,生物碎屑的形态常与其原始形态大相径庭,在磨制薄片时又会因切面方向的不同而变化(图9-14)。不过,生物碎屑的形态及生物颗粒在薄片中的形态,还与其原始形态和硬体构造密切相关,在熟悉生物原始形态的前提条件下,生物碎屑的形态与在薄片切面中的形态,仍是鉴定生物的重要依据之一。

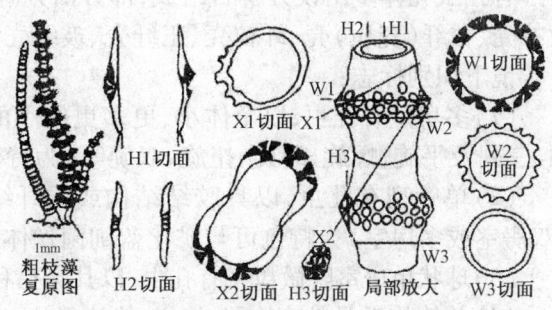

图9-14 生物颗粒的镜下形态与切面方向的关系
(据 Peter A. Scholle 等,2003)

4. 生物生存的地质年代

随着自然环境的变迁,生物也会相应进化发展,在地质历史的长河之中,经常有不同生物的兴起、发展与消亡,即不少生物都仅仅生活一定的地质历史阶段(表9-4)。因此,熟悉不同生物生存的地质时期、熟悉不同地质时期生物共生组合规律,也会为生物颗粒的鉴别提供极大的方便,或者说生物在各地质历史时期的分布特点,是碳酸盐岩生物颗粒鉴别不可忽视的标志之一。

表9-4 显生宇碳酸盐岩薄片中常见的主要生物群组的分布[据(德)福里格,略有修改]

年代	钙质藻	有孔虫	放射虫	海绵	珊瑚	苔藓	腕足	瓣鳃	腹足	头足	竹节石	三叶虫	介形虫	海百合	海胆
第三纪	丰	丰	常	常	常	丰	常	丰	丰	少	无	无	丰	常	丰
白垩纪	丰	丰	常	丰	丰	丰	常	丰	丰	常	无	无	丰	常	丰
侏罗纪	丰	丰	常	丰	丰	丰	丰	丰	丰	丰	无	无	丰	丰	丰
三叠纪	丰	丰	常	丰	丰	丰	常	丰	丰	常	无	无	丰	丰	丰
二叠纪	丰	丰	常	丰	丰	常	丰	丰	丰	少	无	无	常	常	常
石炭纪	丰	丰	常	丰	丰	常	丰	丰	常	少	无	少	丰	丰	丰
泥盆纪	常	常	常	丰	丰	常	丰	常	常	常	常	常	丰	丰	常
志留纪	丰	常	常	丰	丰	常	丰	常	常	常	常	常	丰	丰	丰
奥陶纪	丰	常	常	丰	丰	常	丰	少	少	丰	无	丰	丰	常	丰
寒武纪	常	常	少	常	少	少	少	少	少	少	少	丰	常	少	无

注:丰即地层中丰富,常即地层中常见,少即地层中少见,无即地层中不含。

五、常见生物种属的鉴别

1. 有孔虫

有孔虫外形呈球形、半球形、锥形、盘形、瓶形等多种形态(图9-15)。个体长度一般为0.5~2mm,最小者仅0.05mm。壳壁包围的空间称房室。最先形成的房室称为初房。在多房室有孔虫中,将前后相邻的两房室分开的"壁"叫隔壁。两房室连接处在壳表面显示为缝合线。房室顶端的开口称为口孔或壳口。大多数为多房室,少数为单房和双房室。多房室有孔虫是由球形初房及随后的一系列房室组成。根据其排列方式分为单列、双列、三列及平旋、螺旋、缠旋、扭旋、双旋等。

有孔虫壳体多由镁方解石组成,部分由方解石、偶尔由文石组成。壳壁结构有:胶结壳、隐微粒壳、粒纤(瓷质)壳、纤粒壳、正纤壳、玻纤壳和单晶壳。

镜下识别标志:

(1)多房室有孔虫,以个体小、更多更细小的房室和隔壁、房室规律的排列方式(单列、双列、三列及平旋、螺旋、缠旋、扭旋、双旋等)为特征。

(2)单管型有孔虫,以具胶结结构或层纤结构、管径和管壁细小(0.1~0.5mm)、有隔壁(双房室或多房室)为特色可与矿化蓝细菌丝体(管径小于0.1mm)、三叶虫刺相区别。

(3)球状单房室隐微粒壳有孔虫,以其穿孔和直径大于50μm,可与沟鞭藻钙质孢囊区分开。

(4)单管旋卷晶粒壳有孔虫,以其管径小于0.5mm、具有隔壁,可与头足类(管径远大于0.5mm)、腹足类壳和龙介栖管(无隔壁)相区别。

有孔虫自寒武纪至现代均有发育,以石炭—二叠纪最发育,种属多,䗴目大量出现;白垩纪古近纪是第二繁盛期,以轮虫目为主,在多地区成为造岩生物。

2. 介形虫

介形虫,常是介形类的简称。介形虫壳体侧视呈圆形、椭圆形、肾形等。一般长0.4~2mm,壳厚20~100μm,两壳大小不等(少数相等)并形成叠覆(大壳瓣活动缘嵌接或包于较小壳瓣的活动缘之上)。

介形虫表面有的光滑无饰,有的具各种壳饰。现代介形虫由几丁质组成,钙化由外层向内层进行,主要由镁方解石或方解石组成,一般为单层层纤或玻纤结构,钙化弱时呈球纤结构,有时可以有无数的细穿孔。

介形虫在镜下的突出特征是:一般壳体细小,曲板状(有时卵形双壳具叠覆现象),厚度薄(一般小于0.1mm)且变化不大,弯曲平缓无反折,单层层纤或玻纤结构。据此可与腹足类、双壳类、腕足、三叶虫(玻纤结构、常有反折弯曲)等相区别(图9-16)。

介形类最早出现于早寒武世中期,整个地史时期乃至现代均有广泛的分布,是地层划分对比和生态研究的重要化石。

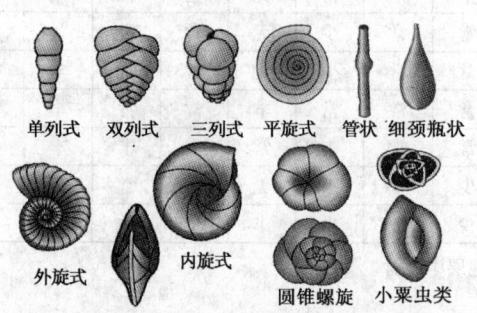

图9-15 常见有孔虫的形态
(据Peter A. Scholle等,2003)

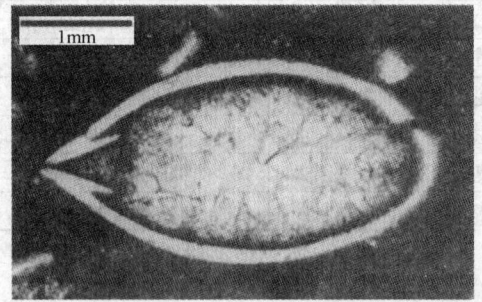

图9-16 介形虫镜下照片
(据erik flugel,2004)

3. 三叶虫

三叶虫由许多体节组成,其背面覆盖坚固的甲壳,腹面仅具柔软的薄膜。甲壳多呈宽扁、上隆的椭圆形。个体长一般为30~100mm,壳厚0.1~1mm。背壳被两条轴沟纵向分为"轴叶"和的"肋叶";自前到后又可分为头甲、胸甲和尾甲(图9-17)。三叶虫有一对颊刺,许多对肋刺和一条很长的尾刺,多数三叶虫背甲表面光滑,少数具有大小不同的瘤和刺,特别是在轴部,有的三叶虫还具线纹。

三叶虫多由镁方解石组成,一般呈玻纤结构。在镜下,三叶虫的切面以飘带状(或弯钩状、之字形等)形态、厚度一般大于0.1mm、壳边缘弯曲平缓、个体大为特征、玻纤结构、特征的浅棕黄色、波状消光为特色,而与其他生物碎片相区别(图9-18,不同种属有差异)。介形虫壳厚一般小于0.1mm,壳形弯曲平缓或中间平而两边陡;轮虫目有孔虫一般个体小于3mm,有隔壁(横板),壳形弯曲度均匀。腕足类壳刺叶片结构,三叶虫壳刺玻纤结构。

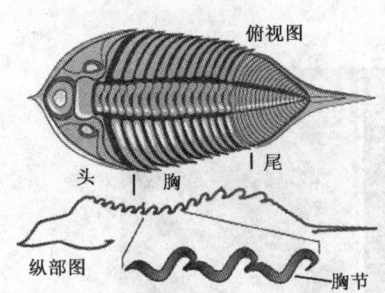

图9-17 三叶虫形体视图
(据Peter A. Scholle 等,2003)

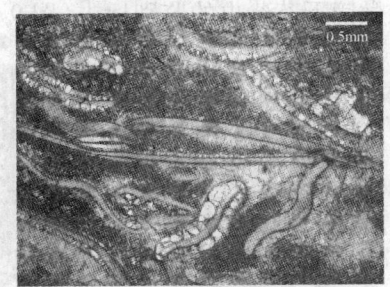

图9-18 三叶虫镜下照片
三叶虫泥晶灰岩,三叶虫呈之字状弯钩状,
玻纤结构,局部孔隙亮晶充填,华北,O,单偏光

三叶虫在镜下的特征是:切面以飘带状(或弯钩状、之字形折曲等)形态,玻纤结构,特征的浅棕黄色,波状消光,壳厚一般大于0.1mm,壳边缘弯曲平缓,个体大(图9-18)。与其他生物碎片相区别是:介形虫壳厚一般小于0.1mm,壳形弯曲平缓或中间平而两边陡;轮虫目有孔虫一般个体小于3mm,有隔壁(横板),壳形弯曲度均匀;腕足类壳刺为叶片结构(三叶虫壳刺玻纤结构)。

三叶虫从早寒武世出现,晚寒武世达顶峰,是寒武纪地层的标准化石,奥陶纪仍很繁盛,志留纪开始衰落,泥盆纪只剩少数几科,二叠纪末全部绝灭。

4. 苔藓虫

苔藓虫是具有三胚层的群体动物。群体大1mm至数百毫米,群体有半球形、扇形、树枝状、网状等多种形态。群体由许多直径小于1mm、紧密排列的个体组成,体包括虫室(硬体)和虫体(软体)两部分。仅外肛亚门有硬体可成化石,细分为窄唇纲(含泡孔目、隐口目、变口目、环口目)和裸唇纲(含栉口目和唇口目)。

虫室有管状和盒状(或梨状)两种,虫室之间为体壁及中间孔,虫室顶端的开口称为室口。有的苔藓虫有钙质口围(peristome)、口围结核和月牙构造(lunarium)等室口保护器官;有些具钙质或角质口盖;有的长的虫室有横板(diaphragm)、泡状板(cystiphragm)和半隔板。异形虫室(heterozooecium)为具有特殊功能的变态个体的骨壳,是某些苔藓虫的重要特征。常见的有间隙孔、中棱结核、瘤状结核、鞭器、泡状组织、卵胞、鸟头器、附根和支根等。此外虫室壁内还有刺孔等穿过,充填杆体以加固室壁(图9-19)。

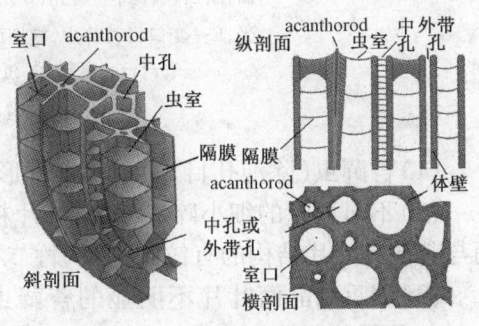

图9-19 变口目苔藓虫的形态特征
(据Peter A. Scholle 等,2003)

苔藓虫硬体成分主要为镁方解石,仅唇口目部分属种存在文石体壁或前壁表层。硬体有叶片、微粒和柱纤或正纤等三类结构,以叶片为主。苔藓虫虫室壁一般有内外壁之分。群体外壁为群体外套膜分泌,生长于角质表皮之上,向外加厚。内壁由虫体外胚层分泌,从内部与外壁或另一内壁并列,包围虫体。这样把从角质表皮上单向生长的钙化壁,称为单壁,常由微粒或纤状+叶片层组成;而把不与角质表皮接触的两向生长的钙壁称为双壁,由叶片+微粒(或纤状)+叶片组成。变口目、泡孔目和隐口目为双壁型,唇口目多为单壁型。环口目仅中生代开始发育有双壁型。

显微镜下苔藓虫的鉴别标志(图9-20):

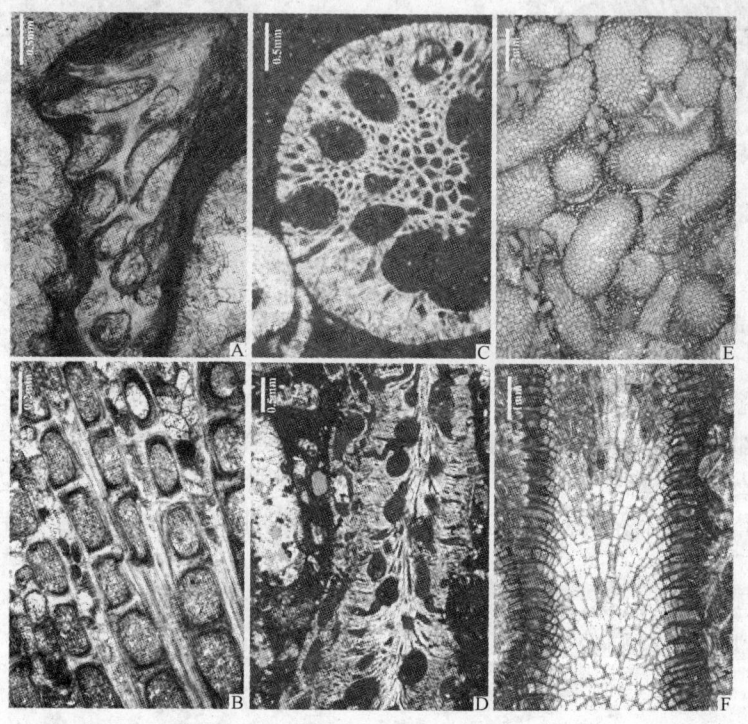

图9-20 苔藓虫显微镜下照片

A—隐口目网格苔藓虫,斜切面,美国新墨西哥州,P_2,单偏光;B—网格苔藓虫,纵切面,美国伊利诺斯州,C_2,单偏光;C—环口目苔藓虫,横切面,新西兰,E_3,单偏光;D—环口目苔藓虫,纵切面,新西兰,E_3,单偏光;E—变口目苔藓虫,横切面,加拿大安大略省,O_2,单偏光;F—变口目苔藓虫,纵切面,美国俄亥俄州,O_3,单偏光

(据Peter A. Scholle等,2003)

(1)苔藓虫(除泡孔目外)以其群管形态和叶片结构而与其他生物碎片相区别。

(2)不显群管的细小碎片,以其叶片粗而短、褶曲较剧、有毛毯状面貌、色调较深等特征,而与其他具叶片结构的有铰腕足类、竹节石等相区别。

(3)因重结晶而叶片不明显的苔藓虫,以大小适中(0.1~0.5mm)的虫管,与个体大于0.5mm的纤状群管体的横板珊瑚和个体小于0.1mm的微粒群管体的红藻(珊瑚藻科和管孔藻科)相区别。

(4)苔藓虫的异形虫室(间隙孔、结核、卵胞等)和刺杆或放射杆等附属构造也是与腔肠动物的区别特征。泡孔目和大多数变口目,两者内带呈微粒结构,不象腔肠动物呈纤状结构;泡口目外带具柱纤或正纤壁、壁厚变化大、有泡沫组织和口围,与具有层纤壁的横板珊瑚不同。

苔藓虫自晚寒武世至新生代均有发育,奥陶至志留纪时期栉口、变口、隐口等大量发育,二叠纪至三叠纪环口目极大发展,白垩纪至新生代环口目和唇口目占统治地位。

5. 腕足类

腕足类动物为具体腔、不分节、两侧对称的三胚层动物,一般海生底栖,单体群居。具有两瓣大小不等的硬壳,个体长1~37cm。正视外形有圆、长卵、三角、五角、方及横椭圆等形态;侧视两壳呈双凸、平(背)凸、凹凸、凸凹和双曲等形状。分腹背两瓣,腹壳较大,后端有茎孔,背壳一般较小(图9-21)。腕足类大多数具壳饰,包括同心排列的纹、线、层和皱,及放射排列的纹、线和褶。放射壳饰和同心壳饰可彼此交会形成网格状壳饰,有的在网格交点形成瘤或刺,壳刺一般为长而圆的锥管形,有的背壳前端常有中隆(fold),腹壳前端相应地有中槽(Sulcus)。

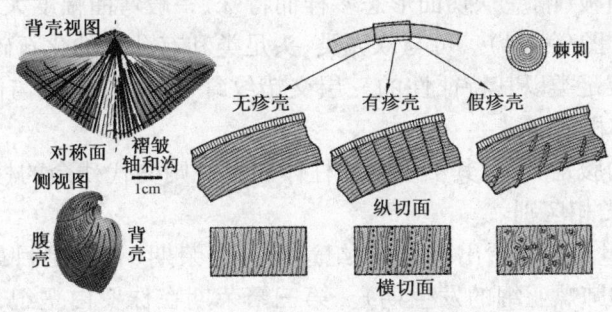

图9-21 腕足类形态及壳体结构
(据 Peter A. Scholle 等,2003)

腕足动物分为无铰纲和有铰纲两类。无铰钢壳质为磷灰石或为镁方解石,并含有一定量有机质;有铰纲腕足类为方解石骨壳,有机质含量很低。

无铰纲钙质壳外层薄为层纤结构,内层厚,为叶片结构,与壳面低角度斜交。有铰纲外层薄、层纤结构,内层叶状结构,有的具柱状第三层;多有壳刺、内疹孔或假疹孔,壳刺与壳面垂直、倾斜、甚至平行。

在显微镜下钙质腕足类以具矩形、菱形或刀片状断面的曲板壳、具有与壳面低角度斜交的细长平直叶片结构、(有铰钢)多刺多疹孔或假疹孔、叶片随"疹"弯曲包绕为特征。苔藓虫的叶片粗短弯曲;双壳类的叶片常相互交错、穿孔不引起叶片弯曲,可与腕足类相区别。磷质无铰纲以其曲(平)板层纤壳(Z轴垂直壳层)为其鉴定特征,可与鱼鳞片(Z轴平行壳层)的叶片壳相区别(图9-22)。

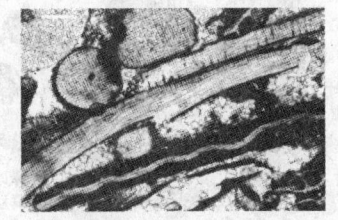

图9-22 腕足类镜下照片
(据 Peter A. Scholle 等,2003)
腕足曲板状壳均具有低角度斜交的叶片状结构;
上部见有疹孔、中部见薄的层纤状外层、
下部为波状扭曲的无疹壳

腕足类磷质壳可能在震旦纪已经出现。寒武纪无铰纲大量发育、有铰纲开始出现,奥陶纪达鼎盛期,志留纪至现代,有的科目绝灭、有的科目繁荣。

6. 腹足类

腹足类,通常是软体动物门腹足纲的简称。壳体最小小于1mm,最大200mm;侧视形态呈锥、塔、卵、球和板等形状(图9-23)。壳体多锥状旋转,少数平旋;相邻两螺环的接触线称为缝合线,有时下凹。多数螺壳内壁相互接触,形成坚实的"壳轴(collumella)";少数壳内壁不接触而在轴部留下一小圆锥形空隙,称为脐(umbilicus)。

腹足类壳的切面形状多样。旋壳的轴切面,一般显示左右交叉,逐渐增大的成对空洞(图9-23中A)。在垂直旋轴的横(旋)切面中,一般显圆形,中心多有壳轴时,壳轴与壳壁间有"隔壁"相连接(图9-23中B)。

腹足类大多数由文石组成(少数具方解石外层、或方解石与文石混合的外层)。交错纹纤结构是大多数腹足类的唯一结构;一般分为3层,外层和内层的纹近于垂直壳面;中层的纹近于平行壳面。此外还可见到柱纤(柱状)+交错纹纤结构、玻纤(柱层纤)+珍珠结构、叶片+交错纹纤结构、玻纤结构等类型。但地层中的腹足类化石碎屑多已转化为晶粒结构,或受溶蚀再充填成为晶粒结构。

腹足类镜下鉴别标志:

(1)以锥旋壳无横板(隔壁)、切面形态多样而特殊、一般弯曲幅度大、厚度变化大、多呈方解石晶粒结构为特征(图9-24)。可与双壳类、头足类和有孔虫的化石碎片相区别。

(2)大多数现生腹足类以其特征性的三层交错纹纤壳、垂直层纹与倾斜层纹的交替等特征,而与其他软体动物相区别。

(3)具柱状外层的腹足类,以其不规则的柱体和不规则交代残余的柱纤或柱层纤结构,而与具柱状外层的双壳类相区别。

腹足类从早寒武世早期开始出现,奥陶纪达第一繁荣期(古腹足目最发育),石炭纪为第二繁荣期(后鳃亚纲和肺螺亚纲的发生期)。第三繁荣期在侏罗白垩纪,为新腹足目、后鳃亚纲和肺螺亚纲(Pulmonata)的发展期。第四繁荣期在新生代,为各纲目腹足类的全盛期,淡水和陆上生活的很发育。

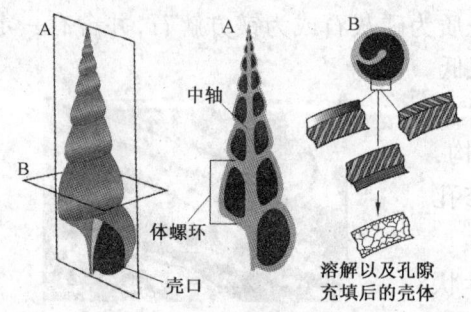

图9-23 腹足类形态及壳体结构
(据 Peter A. Scholle 等,2003)

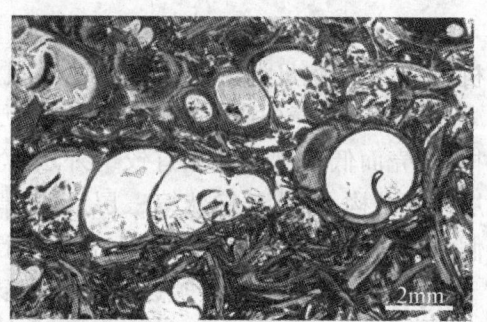

图9-24 腹足类镜下照片
(据 Peter A. Scholle 等,2003)
腹足的纵切面与横切面,美怀俄明州,E2,单偏光

7. 瓣鳃类

瓣鳃类又称双壳类(或斧足纲),是软体动物门双壳纲的通称。壳体最小小于2mm,最大大于2m。壳体扁平,两壳对称、大小一致、凸度相同(少数为不等壳),但壳前后端不对称。壳常呈圆形、椭圆形、心形、卵形、肩形、三角形等形态。通常具有同心纹、同心脊(或褶)(少数壳光滑);或具放射线、放射脊(或肋);有的同时具有同心与放射两类壳饰,相交呈网状;有的还具瘤、节、刺。

双壳类大多数全由文石组成(少数为方解石及方解石与文石混层)。壳体以交错纹结构最发育,其次为柱纤和珍珠层结构,再次为叶片和玻纤结构,柱层纤和层纤较少。因双壳纲壳层由2~3层组成,每层又可能出现不同的结构,因而双壳类的壳层结构十分复杂,并随种属不同而异。双壳类的化石及碎屑因成岩作用影响,多已转化为晶粒结构,或受溶蚀再充填成为晶粒结构(图9-25)。

瓣鳃类的镜下鉴别特征:两壳相等、文石质(多已转变为方解石)、含有机质少,多为晶粒结构、偶尔具有多层复杂纹片,中等厚度、平缓弯曲,无疹孔、假疹孔及分叉的管孔(丝体)(图9-26)。相似生物:腹足类与头足类的壳体呈圆弧形弯曲;松藻科多细小分叉的管孔;腕足类具有低角倾斜叶片、疹孔或假疹孔;介形虫具玻纤或层纤结构、细小单层壳。

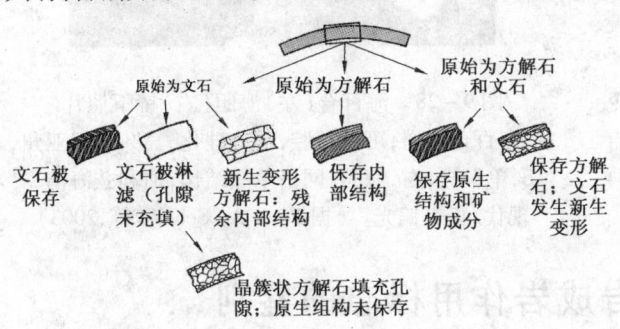

图9-25 双壳类壳层结构示意图
(据Peter A. Scholle等,2003)

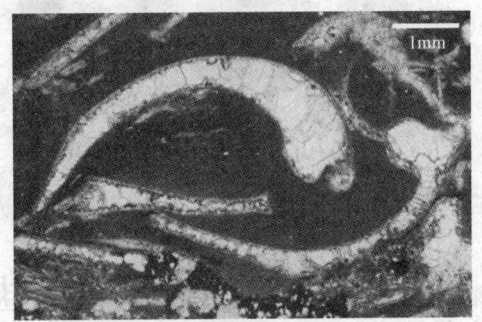

图9-26 双壳类镜下照片
(据Peter A. Scholle等,2003)
晶粒结构曲板状无分叉为特征,波兰,T2,单偏光

双壳类自寒武纪至现代都广泛分布,但不同地质时期的种属各不相同。

8. 棘皮类

棘皮类动物以其骨板覆以皮膜,骨板和皮膜具有许多疣突和棘刺而得名。壳形有球、梨、花蕾、瓶、心、黄瓜和星形等。壳内体腔中有与外界相通的极其复杂的"水管系统"。棘动物可分为海参纲、海胆纲、海百合纲、海星纲、海林檎纲等次级类型,以海胆和海百合在碳酸盐岩中较常见。

棘皮动物硬体都由镁方解石组成,在石化过程中镁方解石虽然变为方解石,但内部结构得以保存。

棘皮类的骨板均呈单晶结构。单晶实际上是由许多显微镜观察不到的微细晶体组成网格构架,其网孔充填的镁方解石,其Z轴与原来构架的镁方解石Z轴一致,形成共轴(连生)单晶。只有海胆生矿体网格构架内充填的镁方解石Z轴与原来构架镁方解石Z轴相互垂直,形成共轭(网格)单晶。

海胆壳球形、椭球形,少数呈扁平的圆盘形等。它由数以百计的小骨板在表面紧密镶嵌而成。海百合包括冠(萼加腕)、茎和根三部分(图9-27)。海百合茎一般长几十厘米到几米,由许多形态相同或近似的茎板叠置而成。茎板中央有孔,上下两面都有放射沟,孔和放射沟有胶原纤维附着。茎板和茎孔断面有圆形、椭圆形、正方形、五角形和六方形等。有的茎底部生根,用以固定海底使身体飘浮。萼为软体所在处,腕位于辐板之上,由许多腕板组成。

棘皮类的鉴别标志:由镁方解石组成,呈单晶结构,网格构架,含有机质较高。在偏光显微镜下硬体一致消光、连生加大现象发育。因有机质残留而显"尘点"或网格面貌,因多孔隙而显灰色色调(图9-28)。根据上述特征,棘皮类容易与其他生物碎屑及无机成因单晶体相互区别。

棘皮动物从前寒武纪至现代都有发育分布,但不时地质时期种属有明显变化。

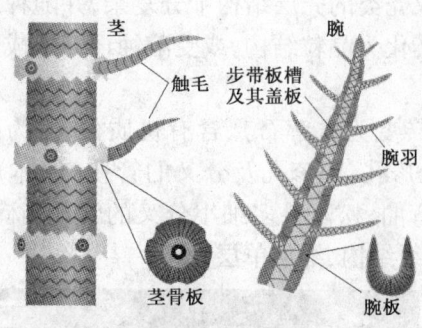

图9-27 典型海百合的构造
（据 Peter A. Scholle 等，2003）

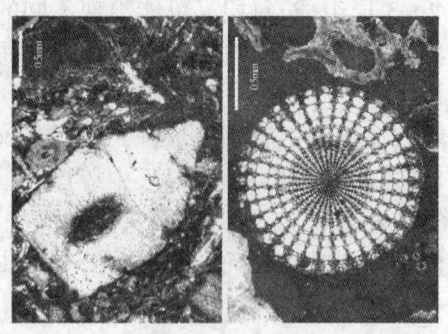

图9-28 海百合（左）海胆（右）镜下照片
左，海百合碎屑，可见轴腔，部分硅化，宾久法尼亚州，S，单偏光；右，海胆，网格单晶结构，伯利兹海湾，现代，正交偏光。（据 Peter A. Scholle 等，2003）

第三节 碳酸盐岩成岩作用标志的鉴别

碳酸盐岩的成岩作用有胶结、交代、溶解、矿物转化、重结晶、压实和压溶等类型。碳酸盐矿物是地壳中活动性很强矿物之一，因此，与碳酸盐矿物有关的各种成岩作用，可在不同成岩时期、多种成岩环境和矿物之间发生，因而显得更加复杂。

一、胶结作用

胶结作用是从孔隙水中通过化学方式沉淀结晶出新矿物，使松散的碳酸盐沉积物固结成岩石的过程与结果，也是胶结物形成的过程与结果。在胶结过程中，随着胶结物的沉淀结晶，原始孔隙水逐步排除，孔隙体积同时相应减少甚至消失。许多矿物都可成为碳酸盐岩的胶结物，其中以文石、方解石和白云石最为常见，石膏和硬石膏、石英、菱铁矿等次之。碳酸盐岩的胶结作用可发生在多个成岩时期和不同成岩环境中，不同时期不同环境中形成的胶结物成分和结构常不一样，这是分析成岩环境和成岩阶段的重要依据，也是薄片观察描述的重点之一。

同生期浅海海底成岩环境中的胶结物主要是等厚环边的文石。快速结晶时形成混晶状文石；缓慢结晶时，形成针状、纤维状文石。常为第一世代栉壳状结构，有时可出现棘屑的共轴生长环边，各种碳酸盐颗粒表面还常有泥晶套、泥晶化边缘（图9-29）。同生期深海海底的胶结作用比较微弱，胶结物结晶比较缓慢，主要是纤维状、叶片状高镁方解石和文石，成岩转化后形成泥晶或微晶方解石，或呈置换的纤维状组构。

同生期大气淡水渗流带也可形成一定的胶结物，此种胶结物的特色是：无铁方解石，晶体洁净明亮，等轴粒状或呈新月型和重力悬挂结构，也可沿某方向发生共轴生长（量少、不对称、不完全包围颗粒）。渗流粉砂、粒内溶孔也是淡水渗流带的重要标志（图9-30）。

淡水潜流带可形成的胶结物，其特色是：无铁方解石；粒间、粒内孔隙均有世代现象，第一世代为细小菱面体或叶片状组成的等厚环边，第二世代为洁净明亮粗大等粒的镶嵌结构，具贴面结合，胶结物常充满溶模孔隙形成铸形；共轴生长发育，但加大部分无泥晶套；常有自生石英、混合白云石化等现象伴生（图9-31）。

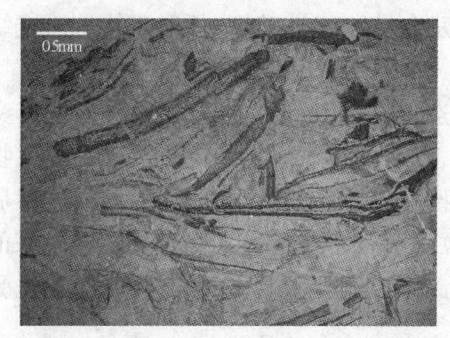
图9-29 泥晶套及压实断裂的镜下照片
介屑灰岩,由双壳类及泥晶组成,部分双壳屑
具泥晶套或泥晶化边缘,并可见压实
断裂、错位现象,北碚,单偏光

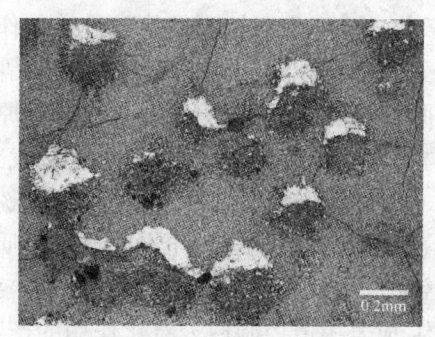
图9-30 溶模孔及渗流分砂镜下照片(据侯方浩等)
微粉晶白云岩,含硬石膏溶模孔,孔下部
已被渗流粉砂及细晶白云石部分充填、
上部被方解石充填,陕52井,O_2马五段,单偏光

晚成岩期深埋藏成岩环境中,当孔隙水流动时也有胶结作用发生。在大陆深埋藏环境中地下水补给复杂,多种来源的混合水可在剩余孔隙中形成等粒粗大贴面结合的铁方解石胶结物;在海底深埋藏成岩环境中,孔隙水为深部卤水可在孔隙中心形成他形粒状具三重结合的铁方解石。深埋环境中胶结物的物质来源大多与压溶作用有关,因此胶结作用和缝合线构造紧密伴生。泥晶重结晶和生物碎屑的共轴交代边也可作为该环境的识别标志。

表生期表生成岩环境孔隙水为富O_2和CO_2的淡水,胶结物为方解石,有时也出现自生石英,充填晶洞和裂隙,形成晶簇状方解石和裂隙方解石脉。

二、交代作用

在碳酸盐岩中交代现象十分普遍,常见的有白云化作用和去白云化作用、石膏化和硬石膏化作用与去膏化作用等。

白云化作用是形成白云石和白云岩的主要原因,有多种类型,可发育于各成岩阶段及多种成环境之中。

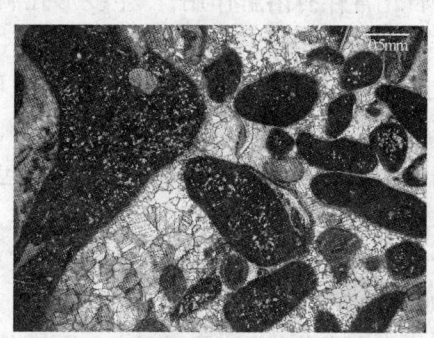
图9-31 亮晶砂屑灰岩的镜下照片
由砂屑、少量砾屑及生物、亮晶
组成,第一世代为细小菱面体方解石
等厚环边胶结,第二世代为粒状镶嵌
胶结,四川石柱,单偏光

同生期白云化,形成在蒸发潮坪、浅水泻湖、内陆盐湖等高盐度环境中,发生白云化作用后常形成白云岩。这些白云岩通常具有大小均一的微晶结构,纹层状或块状构造,常有干裂、鸟眼、石膏和石盐假晶、藻叠层、沙纹交错层理等构造伴生,有时可有下伏灰岩的内碎屑,化石稀少或无。如果有清晰的泥晶白云质鲕粒、内碎屑、藻粒或其他白云质颗粒,说明白云化作用发生在沉积之前或同时,并已形成白云岩。这种保持原始结构和沉积构造特征的颗粒白云岩,有的文献将其称为(划入)原生白云岩。

早成岩期浅-中埋藏成岩环境白云化作用,其特征是:白云石晶粒较粗(0.1~0.3mm),常呈自形的菱面体,多具雾心亮边结构,白云石晶体常破坏原始沉积结构及微细层理构造。当白云化作用微弱时,灰岩中仅零星出现自形白云石,晶粒常常破坏原颗粒内部结构和颗粒边界(如鲕粒内部白云化);当白云化强烈时,仅局部残留少量(各种)方解石质颗粒的云雾状阴影;

当白云化进一步发展特别是伴随重结晶作用时,各种残余结构将被破坏,便形成均一镶嵌结构的白云岩,如具砂糖状结构的细晶-中晶白云岩。

早成岩期白云化作用受原岩成分和原生结构、构造等因素控制。白云石化首先选择交代高镁方解石质的生物及颗粒,其次是交代文石质生物、颗粒或基质,最后交代方解石质生物及颗粒。经过早期转化的碳酸钙矿物,白云石化首先选择交代原始方解石质生物及颗粒,然后交代由高镁方解石或文石转化来的方解石质生物及颗粒。白云石化还受孔隙及渗透性较好的灰岩层控制,受层面、缝合线、虫孔等控制。我国北方寒武系和奥陶系中豹斑灰岩可能就是受沉积结构、成岩构造控制白云石化作用的产物。

晚成岩深埋藏成岩环境的白云化作用,与深部岩层中孔隙水的运动有关,因此,埋藏白云石化作用和热液白云石化作用等常沿岩层面、沿构造运动产生的断层、裂隙、褶曲轴部或沿着压溶作用形成的缝合面及其附近产生。其特征是:晶粒粗大,纯净透明,具典型结晶结构,沿断层、裂隙、褶曲轴部、缝合面、层面发生,有较好的方向性,常切割层理。所形成的白云岩晶间孔发育,具有一定的储集意义。

去白云石化(白云石被方解石交代)作用,主要发生在表生期和表生成岩环境。去白云化形成的岩石常略带红色,保留不太发育的刀砍纹,具粗-细晶结构,溶解孔隙发育,常见方解石充填的小晶洞。镜下特征:① 方解石晶粒粗大,形成特征的嵌晶结构,其中有白云石残余或阴影;② 方解石呈白云石菱形晶体假象;③ 方解石内有白云石菱面体的氧化铁环带;④ 去白云石化常伴有溶解作用,产生菱形孔洞,也可增加孔隙度。

石膏化和硬石膏化作用,是石膏和硬石膏交代碳酸盐矿物或组分的过程与结果。这是硫酸盐化作用中最常见的类型。其发生可能与含硫酸盐的孔隙水活动有关。在地下石膏将被硬石膏交代。交代成因的石膏和硬石膏,一般都具有被交代矿物或颗粒的假象。交代不完全时,晶体中保留有残余颗粒的包体,这种包体在反射光下常呈混浊状到褐色。

自生石膏和硬石膏常为板状晶体,或为纤维状、长柱状或粒状,分散或放射状分布于碳酸盐岩中,也常成层分布或呈结核状或"鸡雏"状构造产出。后者溶蚀后常使围岩显现很特征的"鸡笼铁丝"状构造(图9-32)。

去石膏化作用,是硬石膏和石膏的晶体被碳酸盐矿物交代的现象。去石膏化常与地表淡水和细菌的作用有关。在地下,还原硫细菌与硫酸盐产生下列反应:

$$6CaSO_4 + 4H_2O + 6CO_2 \rightarrow 6CaCO_3 + 4H_2S\uparrow + 11O_2\uparrow + 2S$$

上式表示硫酸盐被细菌还原,产生硫化氢和硫,同时还伴生有方解石交代石膏的作用,硫或被水带走,或留下富集成自然硫矿床。

地表淡水去白云化作用可同时伴生去石膏化作用。

四川三叠系石膏质石灰岩常见的去石膏化的特征是,粒状方解石或舌状、束状及放射状方解石或白云石具有石膏晶体的假象或石膏结核的假象。

三、溶解作用

溶解作用是岩石中的组分进入溶液被带走而形成次生孔隙的过程与结果。碳酸盐岩的溶解作用可发生在沉积后作用的各个阶段(图9-33)。

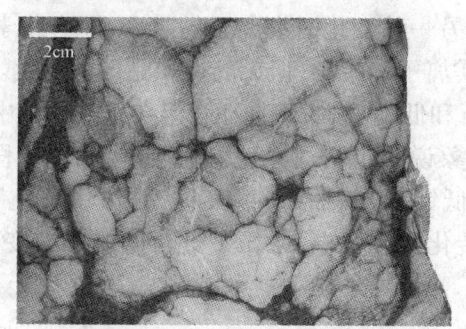

图9-32 鸡笼铁丝状构造
泥质白云质硬石膏岩,具典型
鸡笼铁丝状构造,陕130井,
O_2马五段(据候方浩等)

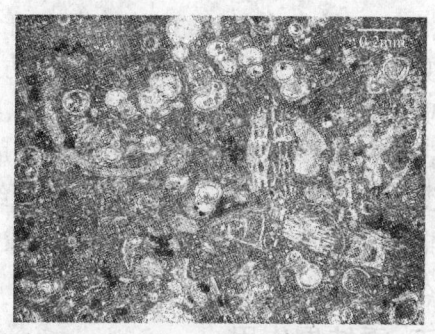

图9-33 粒内溶孔及粒间溶孔的镜下照片
泥晶生物灰岩,由有孔虫、介形虫等及泥晶
方解石组成,发育生物体腔孔、粒间溶孔及
粒内溶孔,铸体片,灰白色为孔隙,单偏光

同生期和成岩早期的溶解作用常具有选择性的特点,海底和大气淡水成岩环境中的不稳定组份,很容易被溶解形成各种溶蚀孔隙,这是文石和高镁方解石的生物骨骼以及文石质的颗粒比方解石易受溶解而造成的。这类颗粒溶解后常常形成特征的溶模孔隙。古代碳酸盐岩中能完好地保存溶模孔隙,可能是由于颗粒选择性溶解而基质相对难被溶解所致,也可能是由于颗粒最外层的泥晶皮或泥晶套的保护作用的结果。因此,岩石中的溶(铸)模孔的存在是早期选择性溶解作用的证据。

晚成岩期和表生期,由于不稳定组份已经转变为低镁方解石,其溶解作用多不具选择性。富含CO_2和O_2的淡水沿节理、裂隙和孔隙流动,产生不受沉积结构和构造控制的次生溶孔、溶缝、溶沟和溶洞,有时也可见菱铁矿、铁白云石等被溶解形成的晶洞。

溶解作用最明显的结果是形成各种次生孔隙,除此外还有或多或少的原生孔隙存在。石油行业标准SY/T 5368—2000将碳酸盐岩中孔隙分为粒内孔、粒间孔、晶间孔等多种类型(表9-5)。

表9-5 碳酸盐岩的储集空间类型(据SY/T 5368—2000)

类	亚类		空间大小
孔隙	原生孔隙	粒间孔、粒内孔、生物孔、生物钻孔、晶间孔、鸟眼孔	<2mm
	次生溶孔	粒间溶孔、粒内溶孔、铸模孔(粒模孔和晶模孔)、晶间溶孔、晶内溶孔、非组构溶孔	<2mm
洞	次生溶洞	溶洞	≥2mm

在薄片观测时,特别是在铸体薄片观测时,应注意观察孔隙的类型、大小、数量、成因和形成阶段,描述裂隙的方向、组数、大小、充填情况等内容。为此应在显微镜下对薄片中的孔隙和裂隙进行定量测定和统计,如孔隙的类型、孔隙的大小和分布、喉道的类型及大小和分布、配位数、裂缝的宽度长度和频数(频率)、面孔隙度的测定和统计等参数,为储层评价提供丰富的基础资料。

四、矿物的转化作用

矿物的转化作用,是不稳定矿物(如文石、高镁方解石等)向稳定矿物转化的过程与结果。常有两种情况:一种是矿物发生同质多象转化时,仅发生晶格和晶形的变化,并无化学成分的变化,如文石转变为(低镁)方解石即属于这种类型;另一种变化时有离子的带出,即有化学成分的变化,如高镁方解石转化为(低镁)方解石时有镁离子的带出,但无晶格和晶形的变化。

现代浅海的碳酸钙沉积物是由文石、高镁方解石和低镁方解石组成的,但在相应环境中形成的古代石灰岩却都由(低镁)方解石组成。这一现象说明,文石和高镁方解石在成岩过程中已转变为(低镁)方解石,由于转变的最终产物是(低镁)方解石,所以又称为"方解石化"作用。根据大量现代沉积的研究资料,碳酸钙矿物的转化是在常温、常压下进行的湿态转变,且主要发生在早期成岩作用阶段。

五、重结晶作用

重结晶作用又称为新生变形作用,在碳酸盐岩中十分普遍,通常表现为进变新生变形,特殊情况下也可出现退变新生变形。

进变新生变形表现为:

(1)共轴生长边,如棘屑周围灰泥重结晶成为棘屑的共轴边,在具有玻纤结构的介形虫周围常可形成针状共轴边。

(2)颗粒重结晶增大的晶粒可破坏颗粒内部结构、构造,如残余鲕、放射鲕、具晶粒结构的软体生物碎屑。

(3)颗粒灰岩填隙物中泥晶重结晶后出现粒状镶嵌的方解石斑块,此种方解石的特征是:晶粒内含泥晶包体,颜色深暗,边界弯曲,粒间多三重结合,不具世代,常破坏颗粒边界。

(4)微亮晶灰岩,由泥晶方解石重结晶而成。

(5)似斑块结构,泥晶石灰岩重结晶形成不等粒结构。

退变新生变形作用:主要指微泥晶化作用。

六、压实作用和压溶作用

碳酸盐沉积物在上覆物重力的作用下,发生的孔隙流体排除、孔隙体积缩小的过程和结果,称为压实作用。颗粒碳酸盐岩中常见的压实作用的标志有:颗粒点接触频率升高、颗粒定向和变形、颗粒间线状接触或曲面接触、塑性颗粒变形、颗粒断裂或破裂、颗粒错断或分离、颗粒表皮撕裂、颗粒表部揉皱、颗粒内部构造形变、颗粒在应力作用下发生粉碎性碎裂和有机质破碎变形为不规则细脉等(图9-29)。压实作用从同生期就开始进行,而明显的压实作用是在早成岩期阶段初,随胶结作用进行和沉积物的固结而渐弱。

碳酸盐岩在负荷或应力作用下,在颗粒、晶体和岩层之间的接触点上,受到最大应力和弹性应变,化学势能不断增加,使"应变矿物"接触点处的溶解度提高,导致在接触处发生局部溶解的过程与结果称为压溶作用。常见压溶作用的标志是:

(1)缝合线的形成,是压溶作用的特征标志;

(2)颗粒间的微缝合线,即颗粒之间的缝合线接触;

(3)黏土和石英粉砂含量高(大于10%)或含有机质较丰富的石灰岩和晶粒较细白云岩中发育的"细密缝"。压溶作用主要出现在晚成岩期及深埋藏成岩环境。

应该注意,上述的各种成岩作用类型,往往不可能同时出现在一块薄片或一个样品之中。为此,建议在薄片观测时,可以上述六类成岩作用类型为纲,逐一查找可能的成岩作用标志,积累尽可能丰富的素材与资料,为本样品薄片的正确解释,也为整个层段的成岩历史及成岩环境的正确分析提供保障。

七、成岩阶段与成岩环境

在 SY/T 5478—2003《碳酸盐岩成岩阶段划分》中,对有关成岩的术语定义如下:

成岩阶段(diagenetic stage),是"碳酸盐沉积物沉积之后至碳酸盐岩变质之前的无机组分和有机组分在各种成岩环境中发生变化的历史阶段称为成岩阶段"。

该标准推荐,成岩阶段划分为以下 5 个次级阶段:

(1)同生成岩阶段(syndiagenetic stage),是"沉积物沉积之后至被埋藏前的作用与变化的时期称为同生成岩阶段"。

(2)早成岩阶段(early diagenetic stage),是"沉积物被埋藏并脱离海水、大气水和混合水的影响之后,在浅-中埋藏成岩环境中固结成岩且伴之形成生物气的阶段称为早成岩阶段"。

(3)中成岩阶段(middle diagenetic stage),是"碳酸盐岩曾经或正处于中-深埋藏成岩环境,发生物理、化学变化,有机质深化达到形成原油-凝析油的阶段称为中成岩阶段"。

(4)晚成岩阶段(late diagenetic stage),是"碳酸盐岩曾经或正处于深埋藏成岩环境,有机质深化形成干气,岩石发生物理、化学变化并破裂直至变质前的阶段称为晚成岩阶段"。

(5)表生成岩阶段(epidiagenetic stage),是"因地壳运动反升或海平面下降,合曾处于早成岩阶段至晚成岩阶段的碳酸盐岩出现一次或多次暴露及接近地表的成岩环境,发生物理、化学、生物风化(淋滤、溶蚀、侵蚀、剥蚀等)作用的时期称为表生成岩阶段。

该标准推荐,成岩阶段划分的依据是:

(1)有机质热演化的阶段性;

(2)古温度,含流体包裹体的均一温度、由镜质体或沥青反射率(R_o)计算的古温度、由气稳定同位素计算的古温度;

(3)镜质体反射率(R_o);

(4)岩石学标志,包括碳酸盐自生矿物和非碳酸盐自生矿物的分布、组构特征及生成顺序等;

(5)成岩环境;

(6)次生孔隙类型。

成岩阶段是成岩作用发育和演化的过程,是时间的顺序。成岩环境是成岩作用发生和引起岩石变化的场所。某种成岩环境只出现于一定的成岩阶段,某种成岩阶段只能发育于一定的成岩环境,两者间存在明显的内在联系,其对应关系见表 9-6。由于成岩阶段与成岩环境有着内在的对应关系,因此岩石学特征既是成岩阶段的主要划分标志之一,也是成岩环境的主要鉴别标志。

表 9-6 成岩阶段与成岩环境的对应关系(据 SY/T 5478—2003)

成岩阶段	同生成阶段	早成岩阶段	中成岩阶段	晚成岩阶段	表生成岩阶段
成岩环境	海水(海底、潮上)成岩环境,湖底成岩环境,混合水成岩环境、大气淡水成岩环境	埋藏成岩环境			表生成岩环境
		浅—中埋藏成岩亚环境	中—深埋藏成岩亚环境	深埋藏成岩亚环境	

海底、潮上、湖底、混合水、大气淡水成岩环境的相互位置关系如图 9-34 所示。

碳酸盐沉积物和碳酸盐岩,在其漫长的演化过程中,会发生各种成岩作用及各种成岩变化,这些成岩作用与成岩变化发育和演化的顺序称为"成岩序列"。显然成岩序列受多种因素

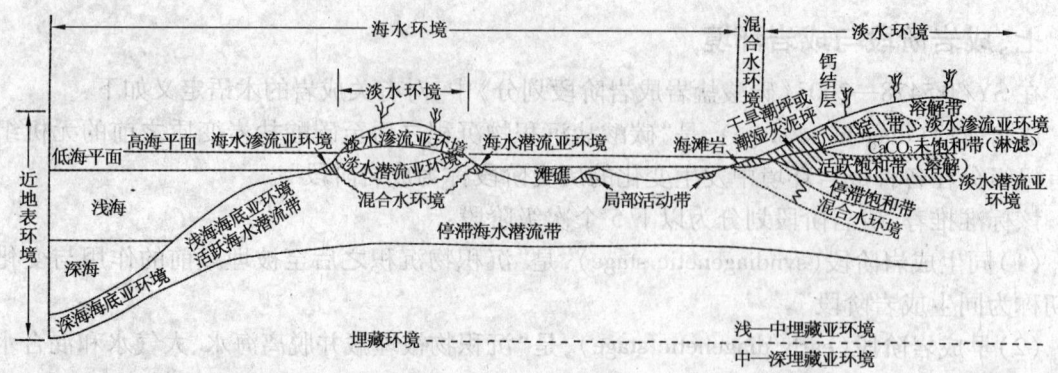

图9-34 碳酸盐沉积物(岩)近地表成岩环境—埋藏成岩环境分布示意图(据方少仙等,2010)

的控制:其中沉积物(岩)是物质基础;沉积环境是主要控制因素;盆地构造运动及动力学机制是主要动力条件。这些因素可引起海进海退,或使海盆基底持续沉降变深沉积物渐次被深埋,或使之抬升暴露于陆上,从而演化出不同的成岩阶段、不同的成岩环境与不同成岩作用的组合,形成不同类型的成岩序列。其中常见的典型的成岩序列及其发育的成岩作用类型,如图9-35所示。

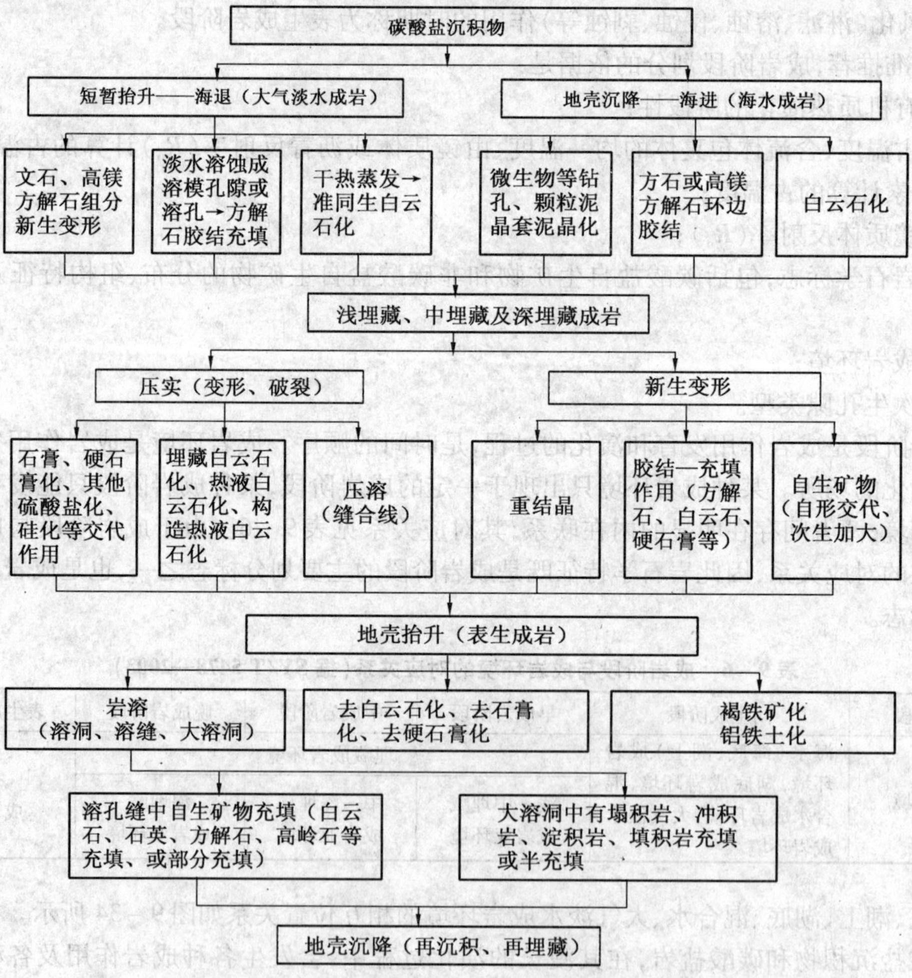

图9-35 碳酸盐沉积物(岩)的成岩序列框架图(据王英华等,1994)

第四节 碳酸盐岩的分类命名与典型岩石的鉴别

与碎屑岩一样,碳酸盐岩的分类命名方案很不统一,不同行业不同作者的分类方案常不相同,其中有代表性的方案如下述。

一、国家标准推荐的碳酸盐岩分类与命名方案

国标 GB/T 17412.2—1998"沉积岩岩石分类与命名方案"中规定,石灰岩和白云岩,系指分别由 50% 以上的方解石、白云石组成的沉积岩岩石。它们常与陆源碎屑及黏土物质等组成各种过渡性的岩石类型。

国标 GB/T 17412.2—1998 推荐,石灰岩和白云岩首先按结构组分类型、含量及成因划分岩石的主要类型,确定岩石基本名称(表9-7 和表9-8)。

表 9-7 石灰岩类按结构成因划分的主要类型及岩石基本名称(据 GB/T 17412.2—1998)

粒屑(%)		≥50		25~50	10~25	<10
填隙物(%)		亮晶含量 > 泥晶含量	泥晶含量 > 亮晶含量	泥晶含量≥50	泥晶含量≥75	泥晶含量 ≥90
粒屑 类型	内碎屑	亮晶内碎屑灰岩	混晶内碎屑灰岩	内碎屑泥晶灰岩	含内碎屑泥晶灰岩	泥晶 灰岩
	生物屑	亮晶生物屑灰岩	泥晶生屑灰岩	生屑泥晶灰岩	含生屑泥晶灰岩	
	鲕粒	亮晶鲕粒灰岩	泥晶鲕粒灰岩	鲕粒泥晶灰岩	含鲕粒泥晶灰岩	
	团粒	亮晶团粒灰岩	泥晶团粒灰岩	团粒泥晶灰岩	含团粒泥晶灰岩	
	团块	亮晶团块灰岩	泥晶团块灰岩	团块泥晶灰岩	含团块泥晶灰岩	
	粒屑>3 种	亮晶粒屑灰岩	泥晶粒屑灰岩	粒屑泥晶灰岩	含粒屑泥晶灰岩	
原地固着生物类型		生物礁灰岩、生物层灰岩、生物丘灰岩				
化学及生物化学类型		石灰华、钟乳石、钙质层、泥晶灰岩				
重结晶类型		巨晶灰岩、粗晶灰岩、中晶灰岩、细晶灰岩、不等晶灰岩				

注:内碎屑细分按表9-1 规定,下同;生物屑细分按生物门类,如贝(壳)屑、虫屑、棘屑等;原地固着生物类型按主要生物细分,如珊瑚、海绵、层孔虫等;鲕粒直径 >2mm 者称为豆粒;重结晶型晶粒粒级划分按表9-3 的规定进行。

表 9-8 白云岩类按结构成因划分的主要类型及岩石的基本名称(据 GB/T 17412.2—1998)

原生结 构类型	粒屑灰岩白云石化				内碎屑 白云岩	生物 白云岩
	白云石化强度					
	弱白云石化 (白云石≥5%)	中等白云石化 (白云石≥25%)	强白云石化 (白云石≥50%)	极强白云石化 (白云石≥90%)		
内碎屑	弱白云石化 内碎屑灰岩	白云石化 内碎屑灰岩	残余内碎屑 灰质白云岩	细晶白云岩、 中晶白云岩、 粗晶白云岩、 巨晶白云岩、 粉屑白云岩、 泥屑白云岩、 不等晶白云岩	砾屑白 云岩、 砂屑白 云岩、 粉屑白 云岩、 泥屑白 云岩	叠层石 白云岩、 层纹石 白云岩、 核形石 白云岩、 凝块石 白云岩
生物屑	弱白云石化 生物屑灰岩	白云石化 生物屑灰岩	残余生物屑 灰质白云岩			
鲕粒	弱白云石化 鲕粒灰岩	白云石化 鲕粒灰岩	残余鲕粒 灰质白云岩			
团粒	弱白云石化 团粒灰岩	白云石化 团粒灰岩	残余团粒 灰质白云岩			

续表

原生结构类型	粒屑灰岩白云石化				内碎屑白云岩	生物白云岩
	白云石化强度					
	弱白云石化（白云石≥5%）	中等白云石化（白云石≥25%）	强白云石化（白云石≥50%）	极强白云石化（白云石≥90%）		
团块	弱白云石化团块灰岩	白云石化团块灰岩	残余团块灰质白云岩	细晶白云岩、中晶白云岩、粗晶白云岩、巨晶白云岩、不等晶白云岩	砾屑白云岩、砂屑白云岩、粉屑白云岩、泥屑白云岩	叠层石白云岩、层纹石白云岩、核形石白云岩、凝块石白云岩
微晶	弱白云石化微晶灰岩	白云石化微晶灰岩	残余微晶灰质白云岩			
原地固着生物灰岩白云石化	白云石化生物礁灰岩、白云石化生物层灰岩、白云石化生物丘灰岩		残余生物礁灰质白云岩、残余生物层灰质白云岩、残余生物丘灰质白云岩			
准同生白云岩	泥晶白云岩、微晶白云岩，粉晶白云岩					

注：准同生白云岩指沉积物生成后仍处于疏松状态时，在沉积环境中由白云石化作用生成的白云岩；极强白云石化岩石中，晶粒粒级的划分按表9-3的规定进行。

国标同时推荐，石灰岩和白云岩类按"成岩后生变化+结构+次要矿物+基本名称"的形式进行进行综合分类命名。其中修饰词的使用有以下规定。

其一，粒屑灰岩受白云石化后，按白云化强度命名（表9-8），其中"弱白云石化"、"白云石化"、"残余"为修饰词，极强白云石化用矿物晶粒粒级命名。

其二，粒屑含量占岩石总量50%以上时，以粒屑为主要结构，填隙物为次要结构，按"次要的置前主要的置后"的顺序排列，有：

（1）鲕粒、生物等"粒屑类型"的命名规定是：粒屑中某种粒屑类型≥粒屑总量50%时，以该粒屑作为主要结构名称，如"亮晶鲕粒灰岩"等；两种粒屑类型合量≥粒屑总量75%时，按前少后多的顺序排列粒屑（颗粒）名称作为主要结构名称，如"亮晶砂屑鲕粒灰岩"等；具三种以上粒屑类型且含量相近时，总称粒屑作为主要结构名称，如"亮晶粒屑灰岩"等。

（2）填隙物已重结晶时，按表9-3的晶粒粒级名称作为次要结构名称，如"细晶鲕粒灰岩"等。

其三，粒屑含量为岩石总量50%至25%时，粒屑作为次要结构，填隙物作为主要结构，按"次要的置前主要的置后"的顺序排列，有：

（1）鲕粒等"粒屑类型"的命名规定是：某种粒屑类型含量≥粒屑总量50%时，以该粒屑类型作为次要结构名称，如"鲕粒泥晶灰岩"等；两种粒屑类型合含量≥粒屑总量75%时，以其两种粒屑类型联合作为次要结构名称，如"生屑泥晶灰岩"等；具三种以上粒屑类型且含量相近，则总称粒屑作为次要结构名称，如"粒屑泥晶灰岩"等。

（2）填隙物已重晶，按表9-3矿物晶粒粒级名称作为主要结构名称，如"鲕粒细晶灰岩"等。

其四，粒屑含量更低时，按以下规定命名：

(1)岩石中粒屑总量为25%至不大于10%,粒屑作为次要结构名称,并冠以"含"字,如含砂屑泥晶灰岩;填隙物已重晶,按表9-3矿物晶粒粒级名称作为主要结构名称,如"含砂屑细晶灰岩"等。

(2)岩石中粒屑总量小于10%,粒屑不参与命名。

其五,其特征的修饰词的规定如后:

(1)岩石中的陆源碎屑、泥质(黏土)等混入物,<5%不参与命名,5%~25%以"含××质"作修饰词,25%~50%以"××质"修饰词,如"含泥质泥晶生物灰"、"泥质泥晶生物灰岩"等。

(2)岩石重结晶,以一种晶粒粒级为主体,则以该粒级名称参加命名;以两种粒级为主,含量≥岩石总量75%时,按前少后多排列参与命名;三种以上粒级并存且含量相近,则总称不等晶参加命名。

(3)岩石中孔隙率≥5%时,以孔隙类型的名称作为附加修饰词参加命名,置于岩石名称之首。岩石中有几种孔隙类型并存,则总称多孔。

二、石油行业标准推荐的碳酸盐岩分类与命名方案

石油行业标准 SY/T 5368—2000《岩石薄片鉴定》推荐,首先按碳酸盐岩的矿物成分进行分类并确定基本命名(图9-36)。

基本名称命名原则:

(1)某种矿物含量大于50%者,作为岩石的主名,定为"某岩";

(2)某矿物含量在25%~50%者,作为岩石的次要名称,加于基本名称之前,以"某质"表示。

(3)某种矿物含量小于25%者,不参加定名;但特殊需要时且某矿物含量在10%~25%时,在基本名称之前冠以"含××"。

(4)当含有陆屑时,陆屑的矿物成分统计在矿物栏中,并按上述原则参加成分命名;陆屑还兼作颗粒,并统计在粒屑栏目中,仍按上述原则参加结构命名。

(5)由交代作用形成的矿物,含量达到定名界线时,则在该矿物名称后注"化"字或"去××"化。

石油行业标准 SY/T 5368—2000 推荐,碳酸盐岩按"(构造)+结构组分+矿物组分(基本名称)"的形式进行综合命名。各修饰词的使用有如下规定:

其一,按结构组分的类型及数量,对碳酸盐岩细分类,并用结构组分的名称(如粒屑、鲕粒、晶粒和格架结构等)作修饰词(表9-9)。结构组分名称应简化,简化的粒屑名称大多取全称的字头,如砂级内碎屑简称"砂屑"、砾级内碎屑简称"砾屑"、陆源碎屑简称"陆屑"、生物碎屑简称"生屑";棘皮碎屑简称"棘屑"、腹足类简称"螺"等。

其二,按颗粒与泥的相对含量参与命名的规定是:

(1)粒屑含量<25%者,不参加定名,基本名称为"泥晶灰(云)岩";

(2)粒屑含量在≥25%~50%者,作为次要名称,称为"颗粒(或鲕粒或砾屑等)泥晶灰(云)岩";

(3)颗粒含量≥50%,"颗粒"为主名,颗粒间的亮晶>泥晶时"亮晶"为次要名称,颗粒间亮晶<泥晶时"泥晶"为次要名称(图9-37)。

表 9-9 碳酸盐岩按结构组分细分类型及综合命名（据 SY/T 5368—2000）

颗粒含量	泥晶与亮晶相对含量	颗粒结构类型								礁型角砾	晶粒结构	原地生物生长组构		
		内碎屑	生物	鲕粒	球粒	藻团块	核形石	变形粒	多种粒屑			生物粘结障积作用	生物粘结包壳缠绕	生物生长造成格架
≥50%	泥晶<亮晶	亮晶颗粒灰（云）岩								漂浮或接触状角砾岩	晶粒岩	障积岩	粘结岩	骨架岩
	泥晶>亮晶	泥晶颗粒灰（云）岩												
50%~25%	泥晶为主	颗粒泥晶灰（云）岩												
<25%		泥晶灰（云）岩												

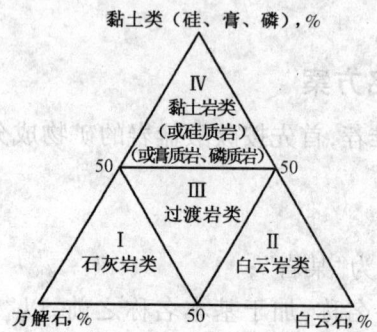

图 9-36 矿物成分分类三角图
（据 SY/T 5368—2000）

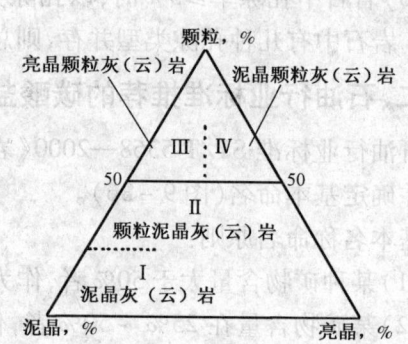

图 9-37 粒屑结构碳酸盐岩分类三角图
（据 SY/T 5368—2000）

其三，鲕粒等颗粒类型参与命名的规定是：

（1）一种颗粒占优势时，该颗粒参与命名，如"鲕粒泥晶灰（云）岩"、"亮晶鲕粒灰（云）岩"等；

（2）两种颗粒含量占优势时，此二颗粒按前少后多排列作为修饰语参与命名，如"砂屑鲕粒泥晶灰（云）岩"、"亮晶砂屑鲕粒灰（云）岩"等；

（3）当多种颗粒并存且相当时，以"粒屑"参与命名，如"颗屑泥晶灰（云）岩"、"亮晶粒屑灰（云）岩"等。

其四，生物格架参与命名的规定是：

（1）原地生物生长组构，以占优势的组构参与命名，如"障积岩"、"粘结岩"等；

（2）当某种造架生物占优势时应参加命名，如"珊瑚骨架岩"、"海百合障积岩"等；

（3）某种自成粘结组构占优势时应参与命名，如"层纹粘结岩"、"绵层粘结岩"等。

其五，其他特征参与命名的规定是：

（1）当某种沉积构造为显著标志时应参与命名，如"生物扰动砂屑泥晶灰岩"、"花斑状细晶云岩"等。

（2）晶粒的划分见表 9-3，晶粒粒径应参与命名，如"细晶云岩"、"中晶云岩"等。

（3）有残余结构存在时，尽可能辨别出原始岩石类型，并以原岩为基本名称，以"残余"为次要名称,如"残余砂屑鲕粒细晶云岩"等。

本教程碳酸盐岩分类命名选用 SY/5 368—2000"岩石薄片鉴定"推荐的方案。

三、碳酸盐岩系统鉴定观测描述内容

行业标准 SY/T 5368—2000"岩石薄片鉴定"推荐,碳酸盐岩系统鉴定内容应包括标本的肉眼观测与岩石薄片偏光显微镜鉴别两方面的内容,将宏观与微观结合,以获取尽可能全面的资料。

碳酸盐岩手标本观测,通常须借助放大镜、小刀和稀盐酸进行观察描述。应包括:岩石颜色、沉积构造、结构组分(颗粒类型、胶结物、泥、晶粒及生物格架等)的特征及含量、矿物组成及含量等,同时观察岩石的次生变化(风化情况)及坚硬致密程度等内容。对于手标本颜色的观测与描述,应按 SY/T 5517—1992 的要求进行(见第六章第四节所述)。宏观的颜色、沉积构造、结构组分的类型是手标本观测的重点,应全面详细,矿物组成与结构组分含量的测定多是相对结果,可供参考。最后进行定名,以此作为薄片鉴定的基础。

薄片的显微镜观察鉴定,按 SY/T 5368—2000《岩石薄片鉴定》的推荐,可按矿物组成、结构组分(含粒屑和填隙物)、储集空间这 3 个方面进行观测描述(表 9 – 10)。

表 9 – 10　石油行业标准推荐碳酸盐岩薄片鉴定表(据 SY/T 5368—2000)

分析号:　　　地区:　　　剖面(井号):　　　鉴定日期:　年　月　日　　　第　页共　页

样品编号	层位	井深 m	岩石名称	矿物组成 %				结构组分 %													储集空间 %				总面孔率
				矿物成分			陆源碎屑	粒屑								球粒	鲕粒	内碎屑	合计	填隙物				裂缝		孔隙	
								生物												泥晶		亮晶					
			方解石	白云石	泥质	石英	有孔虫	介形虫	瓣鳃类	腹足类	棘皮类	红绿藻类							成分	含量	成分	含量	条数	类型	充填物	类型	

样号	定名	特 征 描 述

鉴定:　　　审核:

碳酸盐岩薄片鉴定,一般先采用"混合液染色"后鉴别其矿物成分组成,区分白云石、方解石、泥质及陆源碎屑矿物,测定其含量,以确定岩石的基本名称是"灰岩"、"白云质灰岩"、"泥质灰岩"等。再采用低—中倍镜全面观测、中—高倍镜针对性观测的方式,对各种结构组分与孔隙逐一观测描述。

颗粒是碳酸盐岩中最特殊的组分,必须区分鲕粒、内碎屑、藻粒、球粒及生物。鲕粒和藻粒还须从核心、包壳、形态、大小等方面观测描述并测定含量。内碎屑须从粒径、形态、圆度、分选性、原岩类型等方面观测描述并测定含量。生物须从矿物组成、微细结构、形态特征和时代分布等方面来确定门类及种属,观测破碎与完好程度并测定含量。球粒须观测颜色、大小、形态

等特征,区分粪球粒及球粒,并测定含量。

填隙物应区分胶结物与碳酸盐泥。胶结物须区别矿物成分是白云石、方解石或是其他矿物,观测晶体形态、排列方式,划分世代与期次,并测含量。碳酸盐泥须确定矿物成分,区分灰泥或云泥,并测含量。

还须注意"晶粒"的有无、形态、分布特征及含量。

储集空间须分别观测裂缝与孔隙。裂缝须统计条数、类型及充填情况;孔洞须区分类型,并测定面孔率。裂缝及孔隙的分类见表9-5所列。

从教学角度出发,还须观测描述(晶粒、胶结物、陆屑等)矿物的光学性质,观测描述成岩作用类型与成岩作用标志等内容。

以此为基础,按选定的分类命名方案进行综合命名,并绘素描图。

最后,对岩石形成条件、沉积环境等进行必要的分析。

碳酸盐岩薄片鉴定与碎屑岩不同的是,既要观测统计岩石的矿物组成,又要全面系统观测描述结构组分的类型与特征。与碎屑岩系统鉴定相同的是,须定性与定量并重,各种矿物组分的含量、各种结构组分的含量,必须仔细测量,以保证其误差在规定的范围内。

四、碳酸盐岩鉴定描述实例

该实例岩样的样号为KB029,产地为辽宁本溪,所属层位是寒武系,野外定名为红色鲕粒灰岩。

手标本描述:暗红色,块状层理,少数伸长形颗粒略有定向,鲕粒(粒屑)结构。滴稀盐酸强烈起泡,矿物成分主要是方解石,少量铁质使岩石呈紫红色。颗粒含量约70%,几乎全为鲕粒,粒径1~1.5mm;填隙物含量占30%,亮晶方解石为主,孔隙式胶结类型。岩石定名为:暗红色亮晶鲕粒灰岩。

薄片观察描述:薄片染色区鉴别矿物组分为:方解石含量大于98%,白云石1%,黏土1%,铁质及其他矿物微量。结构组分:颗粒(65%)、亮晶方解石(32%)、晶粒1%、泥晶(2%)组成。岩石致密,胶结作用强,溶蚀作用微弱,镜下未见可辩认的孔隙,以微孔隙为主。

(1)颗粒组分特征:鲕粒为主(60%),偶见生屑(3%)和砂屑(2%)等。① 正常鲕占绝大部分,少量表鲕、椭形鲕、变形鲕、复鲕等。正常鲕,粒度0.6~1.3mm,常以棘皮类、三叶虫及砂屑等为核心,同心层细密,包壳厚度大,主要由泥晶方解石组成,偶见白云石晶体切割同心层。表鲕,同心层厚度小于核心半径,有的表鲕以棘皮类生物碎屑为核心,仅有一层表皮(包壳)。变形鲕的同心层破裂、剥离,但内部结构仍然清楚。复鲕,其核心是2个及以上的小鲕粒。② 生屑为棘皮类,0.5mm左右,单晶结构,正交光镜下全消光、高级白干涉色;砂屑为泥晶灰岩质颗粒,粒径1.4~0.5mm。

(2)晶粒特征:白云石晶粒,1%,自形粒状,0.03mm左右,随机分布于鲕粒内或其边缘。

(3)填隙物特征:① 亮晶胶结物(32%),矿物成分为方解石,较洁净;具世代现象,第一世代为纤维状方解石,绝对含量10%,呈栉壳状围绕鲕粒边缘分布,宽0.05~0.2mm不等;第二世代铁方解石半自形粒状,绝对含量19%,晶粒间接触界线较平直,晶体粒径0.1~0.2mm不等,充填于粒间孔隙中。② 泥晶,含泥晶方解石及泥质,绝对含量2%,不均匀分布于粒间,局部呈不规则"斑点",重结晶成微亮晶。

(4)成岩作用及成岩环境初步分析:① 胶结作用,同生期海底环境形成第一世代栉壳状纤维状文石质等厚环边胶结物,埋藏环境形成第二世代粒状含铁方解石胶结物(铁质氧化后新岩石染成红色)。② 新生变形作用包括矿物的转化作用和重结晶作用。转化作用指第一世代纤维状文石质胶结物和鲕粒同心层中的文石转化为方解石,这种作用主要发生在早成岩期。重结晶作用指填隙物中泥晶方解石通过进变新生变形作用成微亮晶,这种作用主要发生在晚成岩期。③ 白云石化形成白云石细小自形晶体,无选择性白云岩化应属晚成期的产物。④ 同生期压实作用不强,鲕粒大部分未变形、点接触,仅偶见变形鲕。早成岩期发生压实作用,局部鲕粒发生片状剥离,伴生张裂缝。在晚成岩期深埋藏成岩环境鲕粒压溶成缝合状接触,岩石具有缝合线构造。无选择性的白云化作用应属晚成岩期的产物。⑤ 薄片可见少数鲕粒内发育少量藻钻孔(后被泥晶方解石充填),局部可见构造微缝切穿颗粒和填隙物,并被方解石充填。

(5)沉积环境初步分析:鲕粒大多为正常鲕,粒径大,较均一,同心层层数多而密,以三叶虫、棘皮类和砂屑为核心。表明其形成于高能的鲕粒滩或潮汐砂坝环境。亮晶填隙,,泥晶及泥质极少,冲洗作用强,介质能量高,可能属于高能鲕粒滩环境。

岩石综合定名:按行业标准方案定名为暗红色亮晶鲕粒灰岩。镜下素描见图9-38。

五、颗粒石灰岩的鉴别

颗粒石灰岩(或颗粒灰岩)的突出特征是:

(1)主要由颗粒(相对含量≥50%)、少量亮晶方解石及灰泥组成。

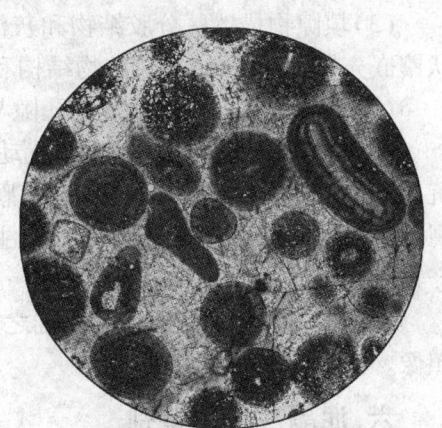

图9-38 亮晶鲕粒灰岩
主要由鲕粒、亮晶等级成,亮晶具二个世代,典型亮晶鲕粒结构,张夏,$D=5.5mm$,单偏光

(2)颗粒有内碎屑、陆源碎屑、鲕粒、藻粒、球粒、生物等多种类型,其中的内碎屑和陆源碎屑多为砂屑及砾屑,生物多为破碎状;岩石发育的颗粒类型及各类型颗粒的百分含量,是颗粒石灰岩进一步分类的重要依据,也是分析沉积环境与沉积条件的重要标志。

(3)胶结物和灰泥的数量一般不高,二者的相对含量是灰岩分类命名的重要标志,也是判定环境水动力强弱的有力证据。

(4)亮晶胶结物多为方解石和白云石,一定条件可为石膏、硬石膏、硅质或铁质等自生矿物。胶结物矿物的种类、胶结物的结构特征是岩石相互区别的重要标志,也是分析成岩史与成岩环境的重要标志。

(5)具有典型的粒屑结构,不同类型颗粒的结构特征有明显的差异;比如鲕粒的核心大小与类型、包壳的厚度及与鲕核半径的比例、鲕粒粒径与形状等结构特征,这些结构特征从不同的侧面反映环境条件的差异。

(6)常发育多种斜层理、递变层理、冲刷冲填等沉积构造。

(7)在剖面上多呈层状及透镜状产出、在平面上呈席状、带状、分枝状、透镜状,直接与环境条件有关。

颗粒石灰岩是碳酸盐岩中分布较为广泛的岩石类型,对颗粒石灰岩的鉴别,应该既重视岩石薄片的观测,又重视野外及手标本的观测。野外及手标本着重观测颜色、致密程度与风化程度、沉积构造、岩层的产状、与其他岩层的组合关系和接触关系,同时尽可能确定颗粒类型与组合、矿物成分及含量等内容。

薄片观测描述的主要内容:

(1)在薄片的"混合液染色"区判断岩石的矿物成分,确定岩石的基本名称,明确岩石是石灰岩或者白云岩,以及过渡类型岩石。

(2)对颗粒、胶结物与灰泥的特征及含量进行观测描述。颗粒要求区分是内碎屑、鲕粒、生物碎屑、藻粒、球粒、陆源碎屑等,并测定各种颗粒大小和含量;生物碎屑还需进一步辨别生物的种属和破碎程度;内碎屑和陆源碎屑需要描述颗粒的圆度、分选性等结构特征;鲕粒与藻粒的描述包括类型、同心纹包壳与放射纹包壳、核心大小及类型、核半径与包壳厚度等结构特征。

(3)填隙物描述区分胶结物和灰泥,亮晶胶结物包括矿物成分、纤维或马牙枥状排列、粒状镶嵌充填、连晶胶结等胶结物结构和含量;灰泥的分布及含量。

(4)如果是铸体薄片须观测孔隙与裂隙类型、喉道类型、连通情况与面孔率。

(5)岩石的显微构造(如生物扰动、钻孔等),成岩作用类型与标志;初步分析沉积环境与沉积条件以及成岩环境。一般而言,颗粒之间以亮晶为主、灰泥数量极少时,是浅滩、障壁岛等高能环境的产物;颗粒之间以灰泥为主、亮晶很少时,是深水滩及滩间海等较低能沉积环境的产物。

在标本与薄片观测描述的基础之上,按选定的分类命名方案进行综合命名并绘素描图或照像。

六、泥晶灰岩的鉴别

泥晶灰岩的突出特征是:

(1)主要由灰泥(相对含量≥50%)、少量颗粒组成。

(2)颗粒多为有孔虫、介形类等较为完好的细小生物化石及破碎的生物碎屑;也常有细砂及粉砂级的内碎屑、陆源碎屑、球粒等颗粒;在特殊条件下(如风暴浪或重力流)可含有砾屑及异地的粗大生物化石;颗粒类型及各颗粒的百分含量,是泥晶石灰岩进一步分类的重要依据,也是分析沉积环境与沉积条件的重要标志。

(3)一般无亮晶方解石胶结物,特殊条件下,如有体腔孔、遮蔽孔存在时,可出现亮晶方解石充填。如果存在早期选择性溶解,可出现亮晶方解石充填,这些胶结物或充填物可具有世代与期次。

(4)具有典型泥晶结构、或含颗粒泥晶结构,泥晶方解石常有不同程度的重结晶。

(5)常发育水平层理、生物钻孔、生物扰动、块状层理、鸟眼、沙纹层理等构造类型。

(6)在剖面上呈层状产出,有时(如潮坪环境)也呈薄层或薄透镜状。在平面上多呈席状,如半深至深湖亚相沉积的泥晶灰岩。

泥晶灰岩是碳酸盐岩中分布最为广泛的岩石类型,对泥晶灰岩的鉴别,应以岩石薄片鉴定为主,手标本及野外现场为辅。野外及手标本着重观测颜色、致密程度与风化程度、沉积构造、岩层的产状、与其他岩层的组合关系和接触关系,同时尽可能观测确定灰泥与颗粒的数量比例、颗粒的类型与组合、矿物成分及含量等内容。

薄片观测描述的主要内容:

(1)在薄片的"混合液染色"区判断岩石的矿物成分,确定岩石的基本名称,即明确岩石是白云质泥晶灰岩、泥晶灰岩、泥晶白云岩或其他类型岩石。

(2)对泥晶与颗粒的数量比例,亮晶方解石的有无及分布进行观测描述。

(3)对于颗粒的描述请参考颗粒石灰岩薄片鉴定要求。

(4)泥晶方解石是否重结晶、岩石重结晶程度、重结晶颗粒的结构特征等进行观察和描述;如果有亮晶方解石,应对其分布、结构与成因进行观测描述;确定岩石的结构类型属泥晶结构,还是含生物(或颗粒)泥晶结构等等。

(5)铸体薄片须对孔隙与裂缝类型、喉道类型、孔喉连通性、面孔率等进行描述。

(6)成岩作用类型与标志,以及显微构造进行观测描述。

(7)初步分析沉积环境与沉积条件、成岩环境。一般情况而言,泥晶灰岩是深海、半深海、深湖等低能环境的产物,当其生物等颗粒含量较多时,多为浅海、浅湖、低能潮坪等环境的产物。

在标本与薄片观测描述的基础之上,按选定的分类命名方案进行综合命名并绘素描图或照像。

七、晶粒白云岩的鉴别

白云岩,按其结构组分的不同,可分为具有粒屑结构的白云岩和具有晶粒结构的白云岩。前者主要由颗粒、亮晶和泥晶组成的颗粒白云岩和泥晶白云岩,多为同生期和准同生期白云化作用的产物,也可能是原生沉积的产物,其主要特征与颗粒(石)灰岩及泥晶(石)灰岩相同,观测描述内容相同,此不再讨论。后者主要是由白云石晶粒所组成的晶粒白云岩,多为成岩期及后生期白云化作用产物,是晶粒碳酸盐岩中较为常见的岩石类型。

晶粒白云岩的突出特征是:

(1)主要由不同粒径的白云石晶粒(相对含量≥50%)组成,有时可有一定量的生物、鲕粒等残余结构组分,残余组分的数量可反映白云化作用的强度。

(2)白云石晶粒的粒径一般为"粉晶"、"细晶"级以及更粗大的粒级,多为半自至自形晶体,多为等粒状,有时也可为"斑状"或"不等粒"状;还常可见"雾心亮边"结构、交代残余结构、交代假象结构等交代结构类型。

(3)交代残余物的类型多与原岩性质有关,如原岩为生物灰岩,则可有生物碎屑残余或生物屑的假象。

(4)常常可见或多或少的晶间孔及其他次生孔隙。

(5)通常具有块状层理构造,当交代作用不强时,可出现各种残余构造。

(6)晶粒白云岩的产状比较复杂,与白云化的方式及成岩环境有关。

对晶粒白云岩的鉴别,应该既重视岩石薄片综合鉴别,又重视野外及手标本的观测。野外及手标本着重观测颜色、致密程度与风化程度、沉积构造、岩层的产状、与其他岩层的组合关系和接触关系,同时尽可能鉴别矿物组成、晶粒大小及含量、残余结构组分的有无与含量等内容。

薄片观测描述的主要内容:

(1)在薄片的"混合液染色"区判断岩石的矿物成分,确定岩石的基本名称。

(2)对白云石晶粒进行观测描述,包括晶粒的粒径、自形程度、均一程度(等粒、斑状或不等粒)、含量等进行观测描述。

(3)对残余结构组分的类型、特征及含量等进行观测描述。

(4) 注意雾心亮边结构、交代假象结构等交代结构的观测描述。
(5) 对可能的显微残余层理构造等构造类型的观测描述。
(6) 如果是铸体薄片，须对孔隙类型、喉道类型、连通情况、面孔率等进行观测描述。
(7) 对成岩作用类型与标志进行观测描述，初步划分成岩作用阶段、确定成岩环境，尽可能恢复原岩类型。

在标本与薄片观测描述的基础之上，按选定的分类命名方案进行综合命名，并绘素描图或照像。

第十章 常见矿物的鉴定特征

第一节 硅酸盐类矿物的鉴定特征

一、岛状硅酸盐类矿物的鉴定特征

1. 锆石(zircon)

化学组成 $Zr[SiO_4]$,有时含 Fe、Hf、Th、U、Nb、Ta、Y、H_2O 等杂质。某些变种可能有 P 代换 Si,并以稀土元素进入结构取得电价平衡。

结构与形态 四方晶系,L^44L^25PC 晶类;$D_{4h}^{19}-I4_1/amd$(空间群的编号,后同)。$a=0.659nm$,$c=0.594nm$,$Z=4$(晶胞内所含式分子数,后同)。多为四方柱$\{110\}$和$\{100\}$、四方双锥$\{111\}$、复四方双锥$\{311\}$的聚形。晶习与成因有关,在碱性岩中柱面不发育而近于双锥状,在基性岩中多呈长锥柱状,在酸性岩中柱与锥均发育而呈锥柱状。多呈细小自形晶体。

光学性质 浅红褐、黄灰或无色;当含 U、Th 时颜色呈环带状分布;条痕无色;玻璃至金刚光泽;透明。解理$\{110\}$不完全;$D=4.6\sim4.7$,$H=6.5\sim7.5$。$No=1.923\sim1.960$,$Ne=1.968\sim2.015$;$Ne-No=0.044\sim0.062$(图10-1);光性有时异常,$2V=0°\sim10°$。

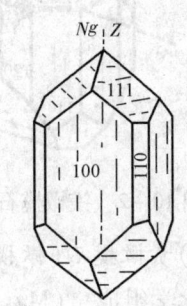

图10-1 锆石光性方位图

镜下特征 无色、浅黄及淡橙等浅色调;极弱多色性,薄片略厚时较明显;吸收性 $No<Ne$;正极高突起;较大晶体可见$\{110\}$不完全解理。最高干涉色Ⅲ~Ⅳ级红、绿、蓝色;平行消光;正延性。一轴正晶;色散很强。可见磷灰石、磷钇矿等包体。

产状及其他 岩浆岩和变质岩中常见副矿物,也是沉积岩中常见重矿物,特殊条件可富集成砂矿。常同褐帘石、独居石、黑稀金矿、铌钇矿、绿柱石等伴生。

2. 橄榄石族(olivine group)

橄榄石族是二价阳离子构成的正硅酸盐,具有典型的孤立硅氧四面体结构,一般式为 $R_2[SiO_4]$,$R=Mg^{2+}$、Fe^{2+}、Mn^{2+} 以及 Ca^{2+}、Zn^{2+}。可分为3个类质同象系列:① 镁橄榄石 $Mg_2[SiO_4]$—铁橄榄石 $Fe_2[SiO_4]$;② 锰橄榄石 $Mn_2[SiO_4]$—铁橄榄石 $Fe_2[SiO_4]$;③ 钙镁橄榄石$(Ca,Mg)[SiO_4]$—钙铁橄榄石$(Ca,Fe)[SiO_4]$。

完全类质同象的镁橄榄石(Fo)—铁橄榄石(Fa)系列,在自然界分布最为广泛。依据其端元的含量细分为:① 镁橄榄石(Fo%=100~90);② 贵橄榄石(Fo%=90~70);③ 透铁橄榄石(Fo%=70~50);④ 镁铁橄榄石(Fo%=50~30);⑤ 低铁镁铁橄榄石(Fo%=30~10);⑥ 铁橄榄石(Fo%=10~0)。锰—铁橄榄石系列的主要种为锰橄榄石和铁橄榄石。钙镁—钙铁橄榄石系列更少见,主要为钙镁橄榄石。均属 SiO_2 不饱和矿物,一般不与石英共生。

本族矿物均为斜方晶系,$3L^23PC$ 晶类;$D_{2h}^{16}-Pbnm$;$a=0.476\sim0.482nm$,$b=1.020\sim1.040nm$,$c=0.528\sim0.611nm$,$Z=4$。晶体沿 Z 轴呈柱状或短柱状,有时沿(100)呈厚板状。

常见平行双面$\{100\}$、$\{010\}$、$\{001\}$、斜方柱$\{110\}$、$\{102\}$、$\{011\}$、$\{101\}$及斜方双锥$\{111\}$等的聚形。常为粒状集合体，完好自形晶少见。

本族矿物一般呈无、黄绿、绿至绿黑色；条痕无色；透明至半透明；玻璃光泽。解理$\{010\}$、$\{100\}$不完全；$D=3.2\sim4.35$，$H=6\sim7$。少见到双晶面为(100)、(011)、(012)的简单双晶。随铁含量增加颜色变深、比重增大、折射率增高、双折射率略加大。主要矿物种的特征如后述。

1）镁橄榄石（Forsterite）

化学组成　$Mg_2[SiO_4]$，含铁橄榄石$0\%\sim10\%$，含少量Na_2O、K_2O和Al_2O_3等杂质。

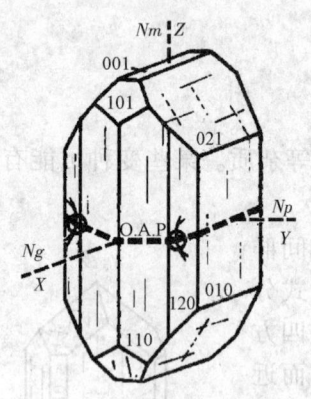

光学性质　浅绿、浅黄至无色。$Np=1.635\sim1.640$，$Nm=1.651\sim1.660$，$Ng=1.670\sim1.680$；$Ng-Np=0.035\sim0.040$；$(+)2V=85°\sim88°$；$Ng\sslash X$，$Np\sslash Y$，$Nm\sslash Z$（图10-2）。色散$r<v$明显。

镜下特征　薄片中无色，多色性不明显；正高突起；解理不完全。最高干涉色Ⅱ级顶部；平行消光；延性可正可负。二轴正晶，$2V$角很大。

产状及其他　产于接触变质白云岩及白云大理岩中，与金云母共生。偶尔与尖晶石、辉石等共生于某些火山喷出物中。陨石中也有产出。经热液蚀变为不含磁铁矿的叶蛇纹石，有时变为滑石、碳酸盐等矿物。

图10-2　镁橄榄石光性方位图

2）贵橄榄石（橄榄石）（chrysolite）

化学组成　$(Mg,Fe)_2[SiO_4]$，含铁橄榄石$10\%\sim30\%$，有时含NiO、MnO、Cr_2O_3、TiO_2等杂质。

光学性质　绿色，受蚀变可呈黄、褐或红色。$Np=1.657\sim1.694$，$Nm=1.674\sim1.715$，$Ng=1.692\sim1.732$；$Ng-Np=0.037\sim0.041$；$Ng\sslash X$，$Np\sslash Y$，$Nm\sslash Z$；$Fo\%=90\sim85$者$(+)2V=88°\sim90°$、色散$r<v$，$Fo\%=85\sim70$者$(-)2V=90°\sim83°$、色散$r>v$明显（图10-3）。

镜下特征　薄片中无色，多色性不明显。正高突起。解理不完全（火山岩中者有时$\{010\}$解理较好），常有不规则裂开；最高干涉色Ⅱ级顶～Ⅲ级底部；平行消光；延性可正可负。二轴负晶（仅$Fo>85\%$时正光性），$2V$角近于$90°$。常可见环带结构，一般外圈较内圈富铁；常见反应边结构，一般中心为橄榄石，边缘为斜方辉石、单斜辉石或为角闪石、黑云母等。

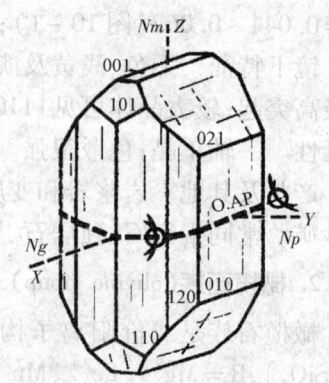

图10-3　贵橄榄石光性方位图

产状及其他　是超基性和基性岩的主要矿物；某些煌斑岩及碱性岩、结晶灰岩、白云岩、陨石中也可出现。橄榄石极不稳定，常蚀变为伴生磁铁矿的叶蛇纹石或伊丁石，蚀变往往沿边缘开始，继而深入裂隙中，最后是整个颗粒而呈橄榄石假象；还可变为透闪石和滑石、黑云母、菱镁矿等矿物。

3）铁橄榄石（fayalite）

化学组成　$Fe_2[SiO_4]$，含镁橄榄石$0\sim10\%$，并可含少量MnO、微量的Fe^{3+}、Zn^{2+}等杂质。

可同锰橄榄石构成类质同象系列。

光学性质 绿黄、琥珀黄色,当铁氧化时,染成红褐至黑色。$Np = 1.805 \sim 1.835$,$Nm = 1.838 \sim 1.877$,$Ng = 1.847 \sim 1.886$;$Ng - Np = 0.042 \sim 0.051$;$(-)2V = 47° \sim 54°$;$Ng // X, Np // Y, Nm // Z$(图10-4)。色散 $r > v$ 弱。

镜下特征 薄片中橙黄至浅黄色;多色性明显,$Ng =$ 浅黄,$Nm =$ 橙黄,$Np =$ 浅黄;吸收性 $Nm > Np > Ng$。正极高突起。解理不完全。干涉色可达Ⅲ级顶部;平行消光;延性可正可负。

产状及其他 较少见,出现于酸性及碱性火山岩,如流纹岩晶洞或黑曜岩"石泡"中,也作为高温变质矿物见于富铁变质岩如榴辉铁橄岩中。

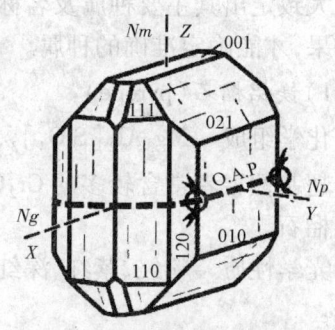

图10-4 铁橄榄石光性方位图

3. 石榴石族(garnet group)

本族矿物可用 $A_3B_2[SiO_4]_3$ 表示,式中 A 代表二价阳离子钙、铁、镁、锰等,B 代表三价阳离子铝、铁、铬等。三价阳离子半径相似,彼此间常有类质同象替代;二价中镁、铁、锰离子半径相差很小,其间多有类质同象替代,而二价钙离子半径较大,很难与二价的镁、铁、锰离子发生类质同象替代。因此,本族常分为铝质榴石和钙质榴石二系列。前者含① 镁铝榴石(Pyrope) $Mg_3Al_2[SiO_4]_3$、② 镁铁榴石(Rhodolite)$(Mg, Fe)_3Al_2[SiO_4]_3$、③ 铁铝榴石(Almandite) $Fe_3Al_2[SiO_4]_3$、④ 锰铝榴石(Spessartite) $Mn_3Al_2[SiO_4]_3$;后者包括⑤ 钙铝榴石(Grossularire) $Ca_3Al_2[SiO_4]_3$、⑥ 钙铁榴石(Andradite)$Ca_3Fe_2[SiO_4]_3$、⑦ 钙铬榴石(Uvarovite)$Ca_3Cr_2[SiO_4]_3$;还有一些少见的端元,如⑧黑榴石(Melanite)$Ca_3(Fe,Ti)_2[SiO_4]_3$ 等。同一系列的二矿物之间还可形成完全类质同象替代,不同系列的二矿物之间也可形成有限类质同象替代。

本族均为等轴晶系,$3L^4 4L^3 6L^2 9PC$ 晶类;$O_h^{10} - Ia3d$;$a = 1.146 \sim 1.205\text{nm}$,$Z = 4$。晶体为棱形十二面体$\{110\}$、四角三八面体$\{211\}$单形及二者的聚形(图10-5)。常见完好自形晶体,多有晶面条纹。集合体致密粒状或致密块状。

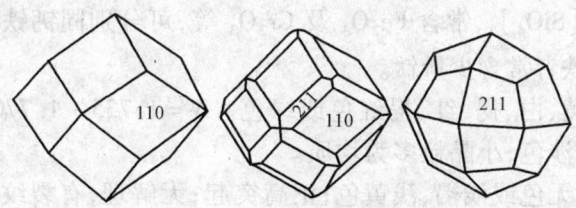

图10-5 石榴石的晶形

本族矿物一般呈深红、褐、黄、绿、暗紫红及黑色,变化较大且无严格规律;条痕无色;玻璃光泽,有时近于金刚光泽,断口油脂光泽;透明至半透明。无解理,常有$\{110\}$裂理。$H = 6.5 \sim 7.5$;$D = 3.5 \sim 4.2$(随阳离子原子量增加而加大)。折射率 $N = 1.704 \sim 2.01$(钛榴石),与成分和结构有关。

石榴石大量产出于变质岩中,也产于伟晶岩及岩浆岩(如橄榄岩)中,还常呈重矿物见于沉积岩及现代沉积积物中。主要用做磨料,透明纯净者可制作宝石和工艺品。

自然界的石榴石几乎都是几个端元的混晶，显微镜下根据光性、共生组合及产状等特征，只能大致定出其主要种属及名称。通常必须准确测定折射率、比重和晶胞参数，并结合化学分析结果，才能确定准确的种属。

1) 镁铝榴石(pyrope)

化学组成　$Mg_3Al_2[SiO_4]_3$，常含钙、铁、铬等杂质，常有铁铝榴石和钙铝榴石分子存在。产于超基性岩者常含较多的 Cr_2O_3，当 Cr_2O_3 为 1%～4% 时称含铬镁铝榴石、大于 4% 时称铬镁铝榴石。

光学性质　粉红、紫红、深红色，含铬多时为橙黄至暗紫色。$N = 1.704 \sim 1.750$；均质体全消光。

镜下特征　薄片中浅红至淡红褐色；正高突起，随 Fe 含量增加而升高，为石榴石族中折射率与突起最低的种属；无解理，裂纹发育；全消光。产于金伯利岩者常可见次变边结构，即镁铝榴石有棕褐、灰绿色的次变边外壳，其成分主要为绿泥石、蛇纹石、铬云母及碳酸盐矿物和铁锰矿物，可能是它与邻近矿物相互作用的产物。

产状及其他　主要产于金伯利岩、橄榄岩、蛇纹岩和榴辉岩，也产于玄武岩，常与橄榄石、金云母、铬透辉石、镁钛铁矿、铬尖晶石等共生。富 Cr_2O_3 的紫红色的铬镁铝榴石或含铬镁铝榴石，与镁钛铁矿、铬透辉石、钙钛矿等矿物的共生组合，是"追索"金伯利岩的重要标志。变质岩中也可有镁铝榴石(很少含铬)，常为重矿物存在于陆源碎屑岩中。

2) 铁铝榴石(贵榴石)(almandine)

化学组成　$Fe_3Al_2[SiO_4]_3$，成分中常含有镁铝榴石和锰铝榴石的分子。

光学性质　褐色、浅红、深红色。$N = 1.776 \sim 1.830$；均质体。

镜下特征　薄片中浅红至浅褐色；常见规则的多边形轮廓；正极高突起；无解理；全消光。产于片岩中者，内部常包含石英及其他矿物的包裹体而构成筛状结构。

产状及其他　是最常见的石榴石变种，广泛分布于片岩、片麻岩、角闪岩、榴辉岩、麻粒岩中。铁铝榴石与其矿物组合是划分变质相带的标志之一。沉积岩碎屑矿物中的石榴石绝大多数为铁铝榴石。花岗岩中少见，为"同化"泥质围岩的产物。

3) 钙铝榴石(grossular)

化学组成　$Ca_3Al_2[SiO_4]_3$，常含 Fe_2O_3 及 Cr_2O_3 等，可分别同钙铁榴石、钙铬榴石形成连续类质同象系列，较富铁者常含少量钛。

光学性质　亮黄、黄、白、褐、红、褐红色或绿色。$N = 1.735 \sim 1.770$，是钙系列中最低者；常有光性异常及异常干涉色，小晶粒多为均质。

镜下特征　薄片中无色或浅褐、浅黄色；正高突起；无解理，有裂纹。常见 I 级灰干涉色。常见同心环带结构和锥状双晶，锥顶聚合于晶体中心锥的底部就是晶面，切面上为角顶聚合于晶体中心的几个三角形。原因可能是：① 与外部应力有关；② 与结晶温度有关，如将接触交代变质的钙铝榴石晶体加热至 700℃ 以上则异常消失，而在岩浆岩中的石榴石几乎不见异常现象；③ 与成分有关，晶体内部以钙铁榴石均质为主，外部以钙铝榴石为主，从而呈现环带。

产状及其他　是早期矽卡岩的主要成分，常与辉石、硅灰石、符山石等矿物共生，可被晚期矽卡岩矿物如阳起石、绿帘石等交代。钙质岩石经区域变质作用也可产出钙铝榴石。在霞石正长岩中偶尔可见。

水钙铝榴石　(Hydrogrossular) $Ca_3Al_2[SiO_4]_{3-x}(OH)_{4x}$，其中的 $[SiO_4]^{4-}$ 部分被 $(OH)_4^{4-}$

所替代,含水多时(可达15%)称为水榴石(Hibschite)$Ca_3Al_2[SiO_4]_2(OH)_4$。成分中含镁、钛、铬等元素。呈白、灰绿、无色,薄片中无色,混浊状。$N=1.710\sim1.729$。某些晶体有微弱干涉色,并可见扇形双晶。主要产于辉绿岩与灰岩的接触带,与硅灰石、钙铝黄长石、鱼眼石等共生;也产于变质泥灰岩中,与透辉石及钠长石共生。

4) **钙铁榴石** (andradite)

化学组成 $Ca_3Fe_2[SiO_4]_3$,是含铁量最多石榴石,并含钙铝榴石及少量镁铝榴石分子;常含有较多的钛,当 TiO_2 含量达 $1\%\sim5\%$ 时称为黑榴石,当 TiO_2 达 20% 左右时称为钛榴石。

光学性质 褐、黄、红色,较其他石榴石为深(与钛、锰含量有关)。$N=1.811\sim1.895$,黑榴石和钛辉石的 $N=1.94\sim2.01$。多有异常干涉色,可达Ⅰ级灰。

镜下特征 薄片中褐、黄、红色,是石榴石中色最深、折射率最大的种属;正极高突起;无解理。有异常干涉色达Ⅰ级灰(约800℃变为均质性)。常见环带结构与双晶。

产状及其他 是矽卡岩的重要矿物之一,常与透辉石、钙铁辉石共生。在复杂矽卡岩中,常被晚期的绿帘石、阳起石所交代。黑榴石和钛榴石主要产于碱性岩中。可变化为绿帘石、绿泥石、蛇纹石、褐铁矿、方解石等。风化作用可使钙铁榴石变为绿脱石。

4. **蓝晶石**(kyanite)

化学组成 $Al_2[SiO_4]O$,含少量 Fe^{3+}、Fe^{2+}、Cr^{3+}、Ca^{2+}、Mg^{2+} 和 Ti^{4+} 等类质同象混入物。

结构与形态 三斜晶系,C 晶类:$C_i^1-P\bar{1}$,$a=0.71nm$,$b=0.774nm$,$c=0.557nm$,$\alpha=90°06'$,$\beta=101°02'$,$\gamma=106°45'$,$Z=4$。晶体沿 c 轴呈柱状,或沿(100)呈板状。为平行双面 $\{100\}$、$\{010\}$、$\{001\}$、$\{110\}$、$\{\bar{1}10\}$、$\{011\}$ 的聚形。常见以(100)或(001)为双晶面的双晶。有时呈放射状集合体。常有金红石、硅线石、白云母、石榴石、石英等包体。

物理性质 蓝至无色,也可有灰、绿、黄、淡橙红至黑色,颜色分布不均;条痕无色;玻璃光泽,解理面珍珠光泽;透明至半透明。解理$\{100\}$完全,$\{010\}$中等,见$\{001\}$裂开;$D=3.53\sim3.65$;硬度与方向有关,$H(//Z)=4\sim4.5$,$H(\perp Z)=5\sim7$。$Np=1.706\sim1.718$,$Nm=1.714\sim1.723$,$Ng=1.719\sim1.734$;$Ng-Np=0.012\sim0.016$;$(-)2V=69°\sim85°$;$Ng\wedge Z=30°$,在(100)面上 $Ng'\wedge Z=27°\sim32°$,在(010)面上 $Ng'\wedge Z=5°\sim8°$,在(100)面 $Np'\wedge X=0°\sim3°$,光轴面 O.A.P 近于垂直(100)(图10-6)。色散 $r>v$ 极弱。

镜下特征 无至浅蓝色;弱多色性,Ng-浅靛蓝,Nm-浅蓝,Np-无色;吸收性,$Ng>Nm>Np$;解理$\{100\}$完全,$\{010\}$中等,见$\{001\}$裂开,解理夹角$\{100\}\wedge\{010\}=74°$;正高突起。Ⅰ级黄橙干涉色,正延性。二轴负晶,$2V$ 角大。可见简单双晶及聚片双晶。

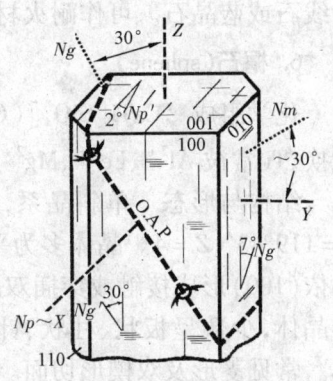

图 10-6 蓝晶石光性方位图

产状及其他 中温中压条件下的常见富铝变质矿物,产于片麻岩、榴辉岩、粒变岩、蓝晶石片岩中,与石榴石、十字石、白云母、黑云母、绿泥石、矽线石、堇青石、金红石等共生。蓝晶石性质稳定,常出现在碎屑沉积物中。在岩浆岩中从未发现过。蓝晶石可用作耐火材料。

5. **红柱石**(andalusite)

化学组成 $Al_2[SiO_4]O$,Al 可部分被 Fe^{3+}、Mn^{3+} 代换,Si 也可少量被 Ti^{4+} 代换。还有少量 Ca、Mg 及微量 K、Na。红柱石、硅(矽)线石、蓝晶石为同质三相变体。

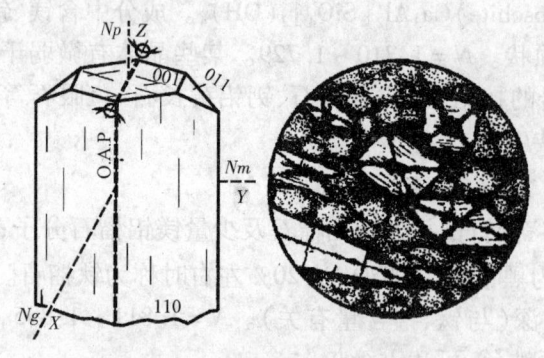

图10-7 红柱石光性方位及晶形

结构与形态 斜方晶系，$3L^23PC$晶类；D_{2h}^{12} - Pnnm；$a = 0.778$nm，$b = 0.792$nm，$c = 0.557$nm，$Z = 4$。晶体常沿Z轴延伸成斜方柱状，横断面近正方形（柱面夹角89°12′），为斜方柱{110}、{101}、平行双面{001}的聚形。晶体中含十字形碳质包裹物，称空晶石。以(101)为双晶面的双晶少见。常见不规则粒状、杆状、束状、纤维状、放射状集合体。

物理性质 浅黄橙、灰、白、黄、红、紫、绿色，含锰变种暗红色；条痕无色；玻璃光泽；透明至半透明。解理{110}完全，{100}不完全；$D = 3.1 \sim 3.2$；$H = 7 \sim 7.5$。$Np = 1.629 \sim 1.642$，$Nm = 1.633 \sim 1.646$，$Ng = 1.638 \sim 1.653$；$Ng - Np = 0.009 \sim 0.011$；$(-)2V = 71° \sim 86°$；$Ng // X$，$Nm // Y$，$Np // Z$，光轴面$//$(010)（图10-7）。色散$r < v$弱，偶见$r > v$。

镜下特征 薄片中无、浅红、浅绿色，分布不均；具微弱多色性，$Ng \approx Nm$ - 浅黄绿、浅红色，Np - 浅红、无色；解理{110}完全，{100}不完全，$(110) \wedge (1\bar{1}0) = 89°12′$；正中突起（折射率和双折射率随$Fe^{3+}$的含量增加而增大）。干涉色Ⅰ级灰白至黄；柱面平行消光，横切面为对称消光，某些斜切Z轴的切面为斜消光；负延性。二轴负晶，2V角大。

产状及其他 多见于泥质岩和花岗岩的接触变质带，也见于泥质的结晶片岩中，与硅线石、蓝晶石、堇青石、石榴石等共生。红柱石易变为绢云母，当温度和压力升高时，也可转变为矽线石或蓝晶石。可作耐火材料。

6. 榍石(sphene)

化学组成 $CaTi[SiO_4](O, OH, Cl, F)$，其中，$Ca$常可被TR(钇>铈)、$Mn^{2+}$、$Sr^{2+}$、或$Ba^{2+}$代换，$Ti$常被$Al^{3+}$、$Fe^{3+}$、$Mg^{2+}$、$Fe^{2+}$、$Nb^{5+}$等替代。

结构与形态 单斜晶系，L^22P晶类；C_{2h}^6 - C2/c；$a = 0.656$nm，$b = 0.872$nm，$c = 0.744$nm，$\beta = 119°43′$，$Z = 4$。晶体多为平行双面{001}、{100}、{102}与斜方柱{111}、{110}等的聚形。常依(100)形成接触或穿插双晶，晶面常有不规则裂纹。晶体形态多样，常见信封状、菱形、楔形晶体，少数呈板状、柱状、针状粒状集合体。常见菱形及双楔形切面。

物理性质 无色或黄、绿、褐、黑色；条痕无色；金刚光泽至玻璃光泽；透明至半透明。解理{110}完全；$D = 3.29 \sim 3.66$；$H = 5 \sim 5.5$。$Np = 1.843 \sim 1.950$，$Nm = 1.870 \sim 2.034$，$Ng = 1.943 \sim 2.110$；$Ng - Np = 0.100 \sim 0.192$；$(+)2V = 17° \sim 40°$；$Np \wedge X = 21°$，$Nm // Y$，$Ng \wedge Z = 51°$，光轴面$//$(010)（图10-8）。色散$r > v$极强。

镜下特征 薄片中无色到浅黄褐、淡

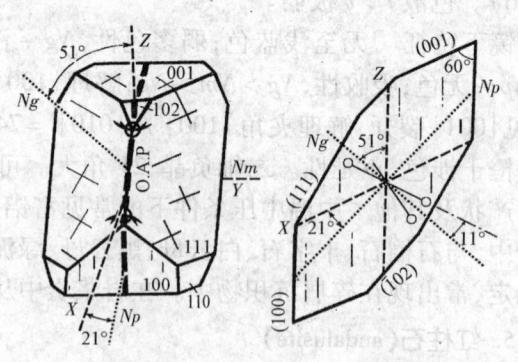

图10-8 榍石的光性方位图

绿色;有色颗粒显多色性,Ng – 红褐,Nm – 浅黄,Np – 无色;吸收性 $Ng > Nm > Np$;{110}解理完全;正极高突起,糙面极显著。高级白干涉色;斜消光。二轴正晶,$2V$ 角小至中等。简双晶较常见。

产状及其他 是岩浆岩中常见副矿物,在酸性岩和碱性岩中含量较多。也见于结晶片岩、变质石灰岩和片麻岩中。化学性质稳定,可出现于重砂中,在沉积岩中也可呈自生矿物产出。

7. 十字石族(staurolite)

化学组成 $(Fe^{2+},Mg)_2(Al,Fe^{3+})_9[SiO_4]_4O_7(OH)$,其中 Fe^{2+} 可被 Mg^{2+}($\leq 4\%$)替代,Al^{3+} 可被 Fe^{3+}($\leq 5\%$)替代;偶尔可被 Co^{3+}($\leq 8.48\%$)、Zn^{2+}($\leq 7.44\%$)、Mn^{3+}($\leq 11.6\%$)、Ni^{2+}、Cr^{3+}、Ti^{3+} 等替代。富钴者可称为钴十字石,富锰者可称为锰十字石。

结构与形态 单斜晶系,L^2PC 晶类;C_{2h}^3 – $C2/m$;$a = 0.781$ nm,$b = 1.662$,$c = 0.565$,$\beta = 90°\pm 3'$,$Z = 2$。由于 β 近于 $90°$,可视为斜方晶系。单晶呈柱状,为斜方柱{110}、{101}及平行双面{001}、{010}的聚形;常以(032)或(232)为双晶面形成"十"字形穿插双晶,故称"十字石"(图 10–9 右)。也可呈粒状集合体。

物理性质 黄褐、深褐、红褐色;条痕白色或灰色;玻璃光泽;透明。解理{010}中等;$D = 3.75 \sim 3.83$;$H = 7 \sim 7.5$。$Np = 1.739 \sim 1.747$,$Nm = 1.753 \sim 1.723$,$Ng = 1.752 \sim 1.762$;$Ng – Np = 0.013 \sim 0.015$;(+)$2V = 79° \sim 90°$;$Nm // X$,$Np // Y$,$Ng // Z$,光轴面 O.A.P // (100)(图 10–9)。色散 $r > v$ 弱至强。

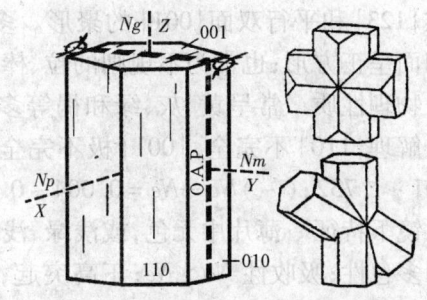

图 10–9 十字石的光性方位与双晶

镜下特征 薄片中无至黄色;弱多色性,Ng – 黄至橙黄色,Nm – 淡黄,Np – 无色;吸收性 $Ng > Nm > Np$;正高突起;解理{010}中等。I 级黄橙干涉色;柱面平行消光,横切面对称消光;正延性。二轴正晶,$2V$ 大,随铁的增加而减小,有的样品为负光性。常可见十字形及斜十字形贯穿双晶;常含石英、石墨、云母、电气石等包体,形成筛状变晶结构和残缕结构。

成因产状 是区域变质作用的产物,常呈变晶与蓝晶石、石榴石、白云母、石英等伴生。此外,成为重矿物出现于碎屑沉积岩中。受蚀变可成为绿泥石、绢云母、褐铁矿等。

8. 黄玉(黄晶)(topaz)

化学组成 $Al_2[SiO_4](OH,F)_2$,其中,F 与 OH 可相互替代,F 最高达 20.7%,F:OH 值与形成条件及温度有关,伟晶成因 OH 极低,云英岩中 OH 增加至 $5\% \sim 7\%$,热液成因者二者比值接近 1。有时有微量的 Fe^{2+}、Fe^{3+}、Mg^{2+}、Ca^{2+}、Ti^{3+} 等。常含气、液包裹体。

结构与形态 斜方晶系,$3L^23PC$ 晶类;D_{2h}^{16} – Pbnm;$a = 0.465$ nm,$b = 0.880$ nm,$c = 0.840$ nm,$Z = 4$。单晶呈沿 Z 轴的柱状,常为斜方柱{110}、{120}、{021}、{041}及斜方双锥{111}、{221}、{223}、{431}与平行双面{001}、{010}等的聚形;柱面有纵纹;常呈不规则柱状、不规则粒状或块状集合体。

物理性质 无色、浅黄、亮白、黄褐、红黄色;条痕白色;玻璃光泽;透明。解理{001}完全;$D = 3.46 \sim 3.6$;$H = 8$,随 OH 含量增加而减小。$Np = 1.606 \sim 1.635$,$Nm = 1.609 \sim 1.637$,$Ng = 1.616 \sim 1.644$;$Ng – Np = 0.008 \sim 0.009$;(+)$2V = 44° \sim 66°$;$Np // X$,$Nm // Y$,$Ng // Z$,光轴面

O.A.P∥(010)(图10-10)。色散 $r>v$ 清楚。

镜下特征 薄片中无色,多色性不明显;正中突起;解理{010}完全。干涉色Ⅰ级灰白,薄片厚时达Ⅰ级黄;柱面平行消光,菱形横切面对称消光;沿解理负延性,沿柱面正延性。

产状及其他 多产于高温热液矿脉和伟晶岩中,常与锡石、电气石、白云母、萤石、石英、黑钨矿物等共生;也可成为碎屑岩中的重矿物。作研磨材料及仪表轴承,色彩美丽而透明者为宝石原料,称黄晶。

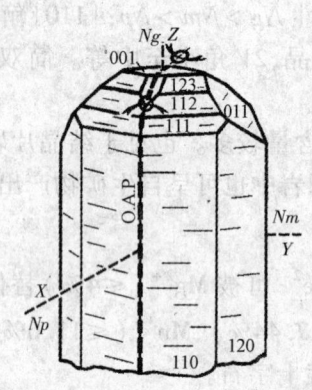

图10-10 黄玉的光性方位图

9. 符山石(idocrase, vesuvianite)

化学组成 $Ca_{10}(Mg,Fe)_2Al_4[Si_2O_7]_2[SiO_4]_5(OH,F)_4$,类质同象复杂,常含有 Fe、Mg、Ti、Be、B、Mn、Na、K、Cr、Zn 等组分。

结晶特点 四方晶系,L^44L^25PC 晶类;$D_{4h}^4 - P4/nnc$;$a=1.566nm$,$c=1.185nm$,$Z=2$。具混合型岛状结构,常为四方柱{110}、{100}、复四方柱{210}、四方双锥{111}、{101}、复四方双锥{123}和平行双面{001}的聚形。多呈带四方双锥的柱状晶体,柱面上有不连续的纵纹,横切面呈正方形;也常为不规则的粒、棒状或为放射状、纤维状集合体。

物理性质 常呈黄、灰、绿和褐等多种颜色,与成分及价态有关;条痕无色;透明,玻璃光泽。解理{110}不完全,{001}极不完全;$D=3.33\sim3.45$;$H=6.5$。$No=1.705\sim1.738$,$Ne=1.701\sim1.732$;$(-)No-Ne=0.004\sim0.006$;$Np=Ne∥Z$(图10-11)。色散强。

镜下特征 薄片中无色,或浅绿、浅棕、浅红、浅紫色;有色者显弱多色性;吸收性 $No>Ne$;正高突起,糙面显著;解理{110}不完全,{001}极不完全。干涉色Ⅰ级灰,分布极不均匀,可有黄褐、深蓝、浅褐、浅紫或混浊白色的异常干涉色;平行消光;负延性。通常为一轴负晶,少数为一轴正晶;常具光性异常而呈二轴晶,$2V=17°\sim33°$。具环带状结构的符山石,中心呈浅红色的区域为一轴晶负光性,外部黄色带则为二轴晶正光性,$2V$ 角可达60°左右。

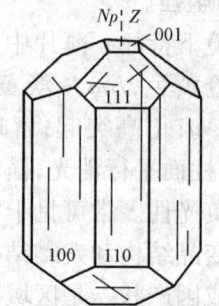

图10-11 符山石光性方位图

产状及其他 为硅(矽)卡岩主要矿物之一,常与石榴石、透辉石、硅灰石、方解石、绿帘石、榍石以及磁铁矿、萤石、绿泥石等矿物共生。结晶片岩较少见到。

10. 绿帘石族(epidote group)

本族矿物可用通式 $A_2B_3[SiO_4][Si_2O_7]O(OH)$ 来表示。式中,$A=Ca^{2+}$、Ce^{3+}、Sr^{2+}、Pb^{2+},$B=Al^{3+}$、Fe^{3+}、Mn^{3+}、V^{3+}、Cr^{3+};其中 Ca 可以部分为 La^{3+}、Y^{3+}、Fe^{2+}、Mn^{3+} 代换,$(OH)^-$ 可部分为 O^{2-} 和 F^- 代换。主要包括黝帘石、斜黝帘石、绿帘石、红帘石、褐帘石等。绿帘石和斜黝帘石可构成类质同象系列,绿帘石和褐帘石之间不形成连续类质同象系列。

本族矿物的晶体结构属于孤立的$[SiO_4]$和$[Si_2O_7]$双四面体混合型的岛状结构。除黝帘石为斜方晶系外,其余均为单斜晶系。晶体呈柱状,常沿 b 轴延长,横断面具假六边形。

本族矿物呈灰白至黑色等多种颜色;条痕无色至绿色,随含铁量增加而变深;玻璃光泽;透明。解理{001}完全,{100}不完全;$D=3.25\sim4.20$,$H=5.5\sim6.5$。折射率较高,均随成分与结构而变化。多为岩浆期后矿物,也见于较浅的区域变质岩中。

1) 黝帘石(zoisite)

化学组成 $Ca_2AlAl_2[SiO_4][Si_2O_7]O(OH)$,常含少量的铁,$Fe_2O_3<5\%$ 者称 α-黝帘石,$Fe_2O_3>5\%$ 者称 β-黝帘石(即 Pseudozoisite)。尚含微量 MnO、MgO、Na_2O、Cr_2O_3、SrO、BaO。当 Mn 高时称锰黝帘石。黝帘石和斜黝帘石为同质二象矿物。

结构与形态 斜方晶系,$3L^23PC$ 晶类;D_{2h}^{16}-$Pnma$;$a=1.624nm$,$b=0.558nm$,$c=1.01nm$,$Z=4$。晶体为平行双面{100}、{001}、斜方柱{101}、{210}的聚形。多呈沿 Y 轴延伸的柱状,常有晶面条纹,亦常呈柱状、粒状的集合体。

光学性质 灰、浅绿、绿、褐等色。α-黝帘石:$Np=1.701$,$Nm=1.702$,$Ng=1.707$;$Ng-Np=0.006$;(+)$2V=20°\sim50°$;$Nm//X$,$Np//Y$,$Ng//Z$,光轴面//(100);色散 $r<<v$ 极强。β-黝帘石:$Np=1.695$,$Nm=1.696$,$Ng=1.702$;$Ng-Np=0.007$;(+)$2V=0°\sim30°$;$Np//X$,$Nm//Y$,$Ng//Z$,光轴面//(010);色散 $r>v$ 强(图 10-12)。

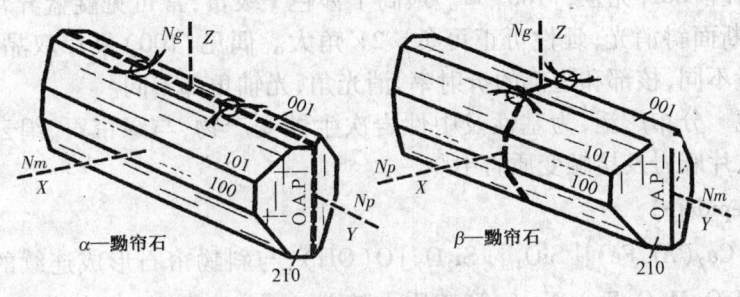

图 10-12 黝帘石光性方位图

镜下特征 薄片中无色,厚度大者则呈灰、灰绿色;富锰变种具多色性;正高突起;解理{100}完全,{001}不完全,有//(010)的裂隙。干涉色 I 级灰至灰白;但 α-黝帘石常具靛蓝、黄褐色的异常干涉色;平行消光;α-黝帘石负延性,β-黝帘石延性可正可负。二轴正晶,$2V$ 角中等至小。未见双晶。可具有环带结构,因含铁的不同内带与外带的干涉色、$2V$ 角和延性符号等均有差异。

产状及其他 是中-基性岩浆岩经钠黝帘石化的产物,与斜长石、阳起石、绿泥石、绢云母、绿帘石等矿物共生。含泥灰质砂岩经区域变质作用形成黝帘石,并与角闪石等共生。黝帘石的分布远远少于绿帘石、斜黝帘石,而 α-黝帘石较 β-黝帘石常见。

锰黝帘石(Thulite),斜方晶系。通常含 $MnO<1\%$,但 MnO 的存在使它具有特征的粉红、玫瑰红色,具多色性:Ng-浅黄、黄,Nm-无色或淡粉红,Np-浅玫瑰红至暗粉红。$Np=1.690\sim1.703$,$Nm=1.693\sim1.705$,$Ng=1.700\sim1.725$,$Ng-Np=0.010\sim0.022$,$2V$ 角近于 $0°$,正光性。Np(或 Nm)$//X$,Nm(或 Np)$//Y$,$Ng//Z$,光轴面//(010)。产出在伟晶岩以及变质的不纯石灰岩、白云岩中,在蚀变的花岗质岩石和片麻岩中也有产出。

2) 斜黝帘石(clinozoisite)

化学组成 $Ca_2AlAl_2[SiO_4][Si_2O_7]O(OH)$,斜黝帘石同绿帘石可构成连续的类质同象系列。随着 Fe^{3+} 代换 Al 的增加,渐次变为绿帘石。可有少量 MgO、TiO_2 等混入物。

结构与形态 单斜晶系,L^2PC 晶类;C_{2h}^2-$P2_1/m$;$a=0.887\sim0.888nm$,$b=0.559\sim0.561nm$,$c=1.015nm$,$\beta=115°31'\sim115°26'$,$Z=2$。常呈沿 Y 轴延长的柱状,多为平行双面{100}、

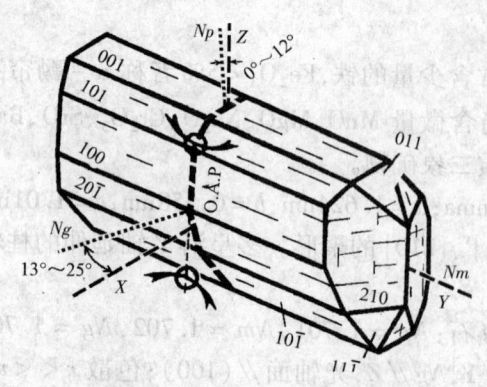

图 10-13 斜黝石光性方位图

$\{001\}$、$\{101\}$、$\{10\bar{1}\}$、$\{20\bar{1}\}$、斜方柱$\{011\}$、$\{210\}$、$\{11\bar{1}\}$的聚形。有时见//(100)的聚片双晶,常呈粒集合体。

光学性质 无色、淡黄、灰和绿色,含Fe^{2+}较多者浅黄、浅橙红、淡绿色。$Np=1.697\sim1.714$,$Nm=1.679\sim1.722$,$Ng=1.702\sim1.729$;$Ng-Np=0.005\sim0.015$;(+)$2V=65°\sim90°$;$Ng\wedge X=13°\sim25°$,$Nm//Y$,$Np\wedge Z=0°\sim12°$,光轴面//(010)(图10-13)。色散$r<v$强。

镜下特征 薄片中无色,多色性不明显;含铁多者具黄、浅红、浅绿色多色性;正高突起,糙面显著;解理$\{001\}$完全,$\{100\}$差。最高干涉色Ⅰ级黄,常可见靛蓝异常干涉色;沿b轴方向平行消光,断面斜消光;延性可正可负。$2V$角大。偶见(100)聚片双晶。有时具环带结构,由于含Fe量不同,核部和边部的折射率、消光角、光轴角都不同。

产状及其他 分布广泛,为基性及中性岩次生蚀变产物,与绿帘石、绢云母、次闪石等共生;也见于片岩、片麻岩及接触变质岩中。

3) 绿帘石(epidote)

化学组成 $Ca_2(Al,Fe)_3[SiO_4][Si_2O_7]O(OH)$,与斜黝帘石形成连续的类质同象系列。成分中尚含有MgO、MnO、SrO、Na_2O等杂质。随着Al被Mn^{3+}、Fe^{3+}的代换,可变为红帘石。Cr也可少量代换Al。

结构与形态 单斜晶系,L^2PC晶类;$C_{2h}^2-P2_1/m$;$a=0.888\sim0.898nm$,$b=0.561\sim0.566nm$,$c=1.015\sim1.030nm$,$\beta=115°24'\sim115°25'$,$Z=2$。晶体形态与斜黝帘石相同,横切面六边形,常呈粒状、偶呈放射状集合体。绿帘石还可有微细磁铁矿等不透明矿物以及石英等矿物的包体。

光学性质 黄绿、黄、灰等色,随含铁量增多而变深。$Np=1.715\sim1.751$,$Nm=1.725\sim1.784$,$Ng=1.734\sim1.797$;$Ng-Np=0.019\sim0.046$;(-)$2V=90°\sim64°$;$Ng\wedge X=25°\sim30°$,$Nm//Y$,$Np\wedge Z=0°\sim5°$,光轴面//(010)(图10-14)。色散$r>>v$强。

镜下特征 黄、绿色;多色性显著,Ng-浅绿、淡黄绿,Nm-绿黄、褐,Np-无色或浅黄、浅绿;吸收性,$Nm>Ng>Np$;正高至极高突起,糙面显著;解理$\{001\}$完全,$\{100\}$差。通常Ⅱ至Ⅲ的鲜艳干涉色,同一切面干涉色常分布不均匀;在Ⅰ级干涉色的切面上常有灰蓝、姜黄等异常干涉色;柱面平行消光,其他切面斜消光;延性可正可负。二轴负晶,$2V$角大。偶见聚片双晶。由成分差异常形成环带结构。

产状及其他 广泛分布于接触变质与热液蚀变的岩石与矿脉中,常是富钙的斜长石和富钙的暗色矿物如辉石等的蚀变产物。也常见于片岩区

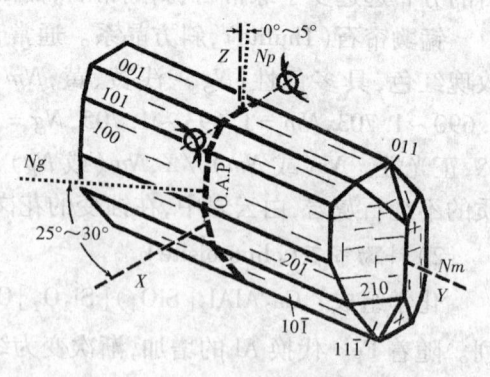

图 10-14 绿帘石光性方位图

域变质岩中,同黑云母、石榴石、斜长石等共生。化学性质稳定,也可出现于碎屑岩中。

4) 褐帘石(Allanite, Orthite)

化学组成 $(Ca, Ce, Y)_2(Al, Fe)_3[SiO_2O_7][SiO_4]_3O(OH)$,成分复杂,变化较大。Ca 可被 K^+、Na^+、Mg^{2+}、Be^{2+}、Fe^{2+}、Ti^{3+}、La^{3+} 及钇族元素替代;Al 可被 Fe^{3+}、Mg^{2+}、Ti^{3+}、Sn^{4+} 等替代;O^{2-}、F^- 可代换(OH);而 (PO_4) 可代换 SiO_4;还有少量的 Th、U 存在,故大多数褐帘石有弱放射性;还可有较多的 H_2O。

结构与形态 单斜晶系,L^2PC 晶类;$C_{2h}^2 - P2_1/m$;$a = 0.898nm$, $b = 0.575nm$, $c = 1.023nm$, $\beta = 115°0'$, $Z = 2$。晶体呈沿 Y 轴的柱状,横切面六边形。多为平行双面$\{100\}$、$\{001\}$、$\{\bar{1}02\}$、$\{\bar{2}03\}$、$\{\bar{1}01\}$、$\{\bar{2}01\}$、斜方柱$\{110\}$、$\{011\}$、$\{111\}$、$\{\bar{1}11\}$的聚形。偶见//(100)的聚片双晶。常呈针状、柱状、厚板状晶体及粒状集合体。褐帘石的周围常有绿帘石镶边;还常与绿帘石、斜黝帘石、黝帘石、红帘石平行连生。

光学性质 红褐、褐黑至黑色。$Np = 1.690 \sim 1.791$, $Nm = 1.700 \sim 1.815$, $Ng = 1.706 \sim 1.828$; $Ng - Np = 0.013 \sim 0.036$; $2V = (-)40° \sim (+)57°$; $Ng \wedge X = 60°$, $Nm // Y$, $Np \wedge Z = 35°$,光轴面 //(010)(图 10-15)。色散 $r \gg v$ 很强,也有 $r < v$ 者。

镜下特征 薄片中常为褐黄或褐色,同一切面颜色分布不均;多色性显著,Np-无色、浅黄、浅黄褐、淡红、淡绿褐,Nm-黄褐、淡红褐、暗红褐、淡绿褐、深褐,Ng-淡黄、褐黄、褐绿、绿、深褐黑;吸收性 $Nm \geqslant Ng > Np$ 或 $Ng \geqslant Nm > Np$;正高至正极高突起;解理$\{001\}$完全,$\{100\}$及$\{110\}$差。干涉色 Ⅱ级,但常被矿物本身颜色掩盖而呈褐色;平行于 Y 轴的切面平行消光,其余切面斜消光。二轴负晶;$2V$ 角中等;光性异常时二轴正晶(光轴面⊥(010))。常见环带结构,一般外带色较浅、折射率较低。当放射性元素较多时干涉色降低,甚而近于均质体。

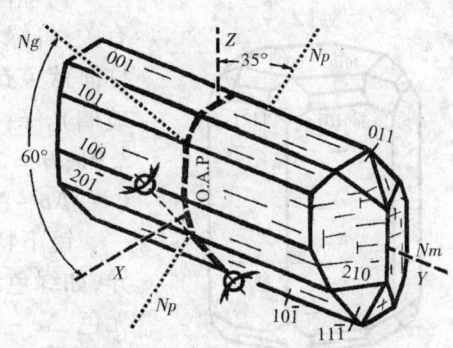

图 10-15 褐帘石光性方位图

产状及其他 常作为副矿物产于花岗岩、伟晶岩及、碱性岩中,在矽卡岩及酸性喷出岩中也有产出。常与黑云母,钛铁矿、锆英石、独居石等。

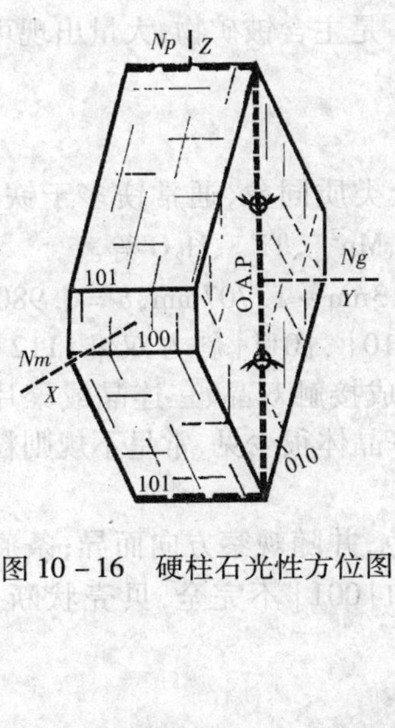

11. 硬柱石(lawsonite)

化学组成 $CaAl_2[Si_2O_7](OH)_2 \cdot H_2O$,常有少量的 Fe^{3+}、Mg、Na 等。

结构与形态 斜方晶系,$3L^23PC$ 晶类;$D_{2h}^{17} - Ccmm$;$a = 0.89nm$, $b = 0.576nm$, $c = 1.333nm$, $Z = 4$。晶体平行 Z 轴呈柱状、板状及粒状,或成叶片状;横切面呈菱形,纵切面为长方形的柱状。

物理性质 无色、白色、浅蓝、淡橙红色;条痕无色;半透明;玻璃至油脂光泽。解理$\{100\}$、$\{010\}$完全,$\{101\}$不完全。$D = 3.0 \sim 3.10$; $H = 6$。$Np = 1.663 \sim 1.665$, $Nm = 1.674 \sim 1.673$, $Ng = 1.684 \sim 1.686$; $Ng - Np = 0.019 \sim 0.021$; $(+)2V = 79° \sim 85°$; $Nm // X$, $Ng // Y$, $Np // Z$,光轴面 //(100)(图 10-

图 10-16 硬柱石光性方位图

16)。色散 $r>v$ 很强。

镜下特征　薄片中无色至浅蓝色,较厚时有多色性,Np - 蓝,Nm - 黄,Ng - 无色;吸收性 $Np>Nm>Ng$;正高突起;解理{100}和{010}完全,{101}不完全。干涉色最高Ⅰ级紫红;平行消光;负延性。二轴正晶,$2V$ 角大。{101}简单或聚片双晶较常见。

产状及其他　是一种低温变质矿物,较少见。在蓝闪石片岩中常见,在某些钠黝帘石化的基性岩中也可产出。常与蛇纹石、蓝晶石、阳起石、绿帘石等共生。

二、环状硅酸盐类矿物的鉴定特征

1. 绿柱石(beryl)

化学组成　$Be_3Al_2[Si_6O_{18}]$,常含有 K、Na、Rb、Cs、Li 等碱金属。未受交代者碱金属含量 ≤0.5%,常呈长柱状;交代型伟晶岩绿柱石中碱金属可达 7% 以上,常呈短柱状。

结构与形态　六方晶系,$L^6 6L^2 7PC$ 晶类;$D_{6h}^4 - P6/mmm$;$a=0.921$ nm、$c=0.917$ nm、$Z=2$。常呈六方柱状单晶体产出,多是六方柱{10$\bar{1}$0}、{11$\bar{2}$0}、平行双面{0001}及六方双锥{10$\bar{1}$1}、{11$\bar{2}$1}的聚形(图 10 - 17)。

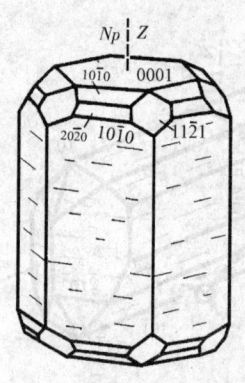

图 10 - 17　绿柱石光性方位图

物理性质　浅绿、黄绿、淡橙红、深绿色或无色等,与混入物有关;鲜绿色者称祖母绿(含 Cr_2O_3 (0.12~0.25%)),鲜蓝色者称海蓝宝石(含 ZrO_2 (0.80%) 和 Na_2O_5 (1.75%));条痕无色;玻璃光泽;透明。解理{10$\bar{1}$0}和{0001}不完全;$D=2.63$~2.91;$H=7.5$~8。$No=1.568$~1.608,$Ne=1.564$~1.600;(-)$No-Ne=0.004$~0.008。色散弱。

镜下特征　薄片中无色;较厚时有微弱多色性,且随颜色而异,如绿色绿柱石 No - 绿、Ne - 浅绿,蓝色绿柱石 No - 绿蓝至无色、Ne - 蓝色等;将绿柱石加热到 800℃ ~ 1025℃,许多均变成白色不透明,且折射率随之变低;正低至正中突起,一般含碱较多折射率较大;解理不完全。干涉色Ⅰ级灰白,薄片厚时达Ⅰ级黄白;平行消光;负延性,但板状晶体为正延性。一轴负晶。垂直柱面的切面常见环带结构,其中部为一轴晶而边部则为二轴晶,(-)$2V=0°$ ~ 10°,有时外环带因含有较多的铁而显浅黄绿色,折射率也较内带高些。

产状及其他　主要见于伟晶岩、花岗岩、云英岩、高温热液矿脉中,常与石英、长石、白云母、锂云母、黄玉、锂辉石、锡石、电气石、黑钨矿、辉钼矿等共生。是主含铍矿物,大量出现可作为矿石。

2. 堇青石(cordierite)

化学组成　$(Mg,Fe)_2Al_3[AlSi_5O_{18}]$,镁和铁可以形成完全类质同象,通常镁多于铁,含 FeO 达 11%~15% 者称铁堇青石。有少量 Ca^{2+}、Na^+、K^+、Fe^{2+}、Mn^{2+}、Ti^{3+}、H_2O 等。

结构与形态　斜方晶系,$3L^2 3PC$ 晶类;$D_{2h}^{20} - Cccm$;$a=1.713$ nm ~ 1.707 mm,$b=0.980$ nm ~ 0.973 nm,$c=0.935$ nm ~ 0.929 nm,$Z=4$。晶体多为斜方柱{110}、{011}斜方双锥{112}及平行双面{001}、{010}等的聚形;常以双晶面(110)或(130)形成接触双晶、三连晶或聚片双晶(图 10 - 18)。常呈沿 Z 轴的柱状,有时呈假六方形晶体,完好晶体很少见,常呈不规则粒状集合体。

物理性质　无色或各种不同色调的浅蓝、浅紫、浅黄、浅褐色,并随观察方向而异;条痕无色;玻璃光泽,断口油脂光泽;透明。解理{010}中等,{100}和{001}不完全,贝壳状断口。

$D = 2.57 \sim 2.76$, $H = 7 \sim 7.5$, $Np = 1.530 \sim 1.560$, $Nm = 1.535 \sim 1.574$, $Ng = 1.538 \sim 1.578$, $Ng - Np = 0.008 \sim 0.018$, $2V = (-)42° \sim (+)76°$; $Nm // Z$, $Ng // Y$, $Np // Z$, 光轴面 // (100)(图10-18左)。色散 $r < v$ 弱,也见有 $r > v$ 者。

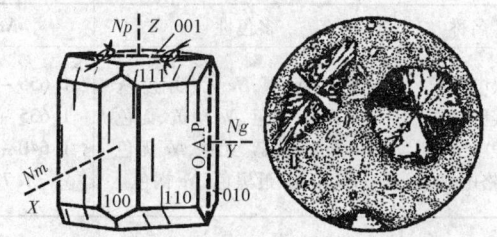

图10-18 董青石光性方位及双晶

镜下特征 薄片中无色、浅蓝;厚度较大时显弱多色性:富铁者 Ng - 紫或淡蓝、Nm - 紫或深蓝、Np - 无色或黄;富镁者 Ng - 浅蓝或紫、Nm - 浅蓝、Np - 浅黄或绿色;吸收性 $Nm \geq Ng > Np$。突起可正可负。解理 {010} 不完全。干涉色常见 I 级黄;柱面上平行消光;常见六联、三联及聚片双晶,具六连晶的切面上对顶的单体同时消光;负延性。常见二轴负晶,有时为二轴正晶,$2V$ 角中等至大。色散弱,常为 $r < v$,有时为 $r > v$。常含矽线石、十字石、锆石、磷灰石等矿物包体,包体处多有黄色多色晕。

产状及其他 是富铝及镁的泥质岩石经高温热变质的典型产物,多以变斑晶出现于角岩、片岩及片麻岩中,常与矽线石、石榴石、紫苏辉石、黑云母等共生。

3. 电气石(tourmaline)

化学组成 是含硼的环状铝硅酸盐矿物,化学成分复杂,类质同象很发育,可表示为 $WX_3Y_6[Si_6O_{18}][BO_3]_3(OH)_4$,其中 $W = Na^+$, Ca^{2+}; $X = Li^+$, Mg^{2+}, Fe^{2+}, Fe^{3+}; $y = Al^{3+}$, Fe^{3+}, Cr^{3+}。常见的端员矿物有:

(1) 黑电气石(铁电气石,Schorlite),$NaFe_3^{2+}Al_6[Si_6O_{18}][BO_3]_3(OH)_4$;

(2) 镁电气石(dravite),$NaMgAl_6[Si_6O_{18}][BO_3]_3(OH)_4$;

(3) 锂电气石(elbaite),$Na(Li,Al)_3Al_6[Si_6O_{18}][BO_3]_3(OH,F)_4$;

(4) 布格电气石(buergerite),$NaFe^{3+}Al_6[Si_6O_{18}][BO_3]_3O_3F$。

黑电气石与镁电气石之间、黑电气石与锂电气石之间均是完全类质同象,镁电气石与锂电气石之间是不完全类质同象。此外,$R = Mn$ 称为钠锰电气石,Cr^{3+} 和 Fr^{3+} 也可进入 R 的位置,其中,铬电气石中 Cr_2O_3 可达 10.86%。

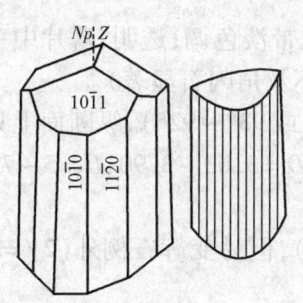

图10-19 电石的光性方位图

结构与形态 三方晶系,$L^3 3P$ 晶类;$C_{3v}^5 - R3m$;$a = 1.586 \sim 1.603nm$, $c = 0.709 \sim 0.722nm$, $Z = 3$。晶体常为三方柱 $\{01\bar{1}0\}$、六方柱 $\{11\bar{2}0\}$、三方单锥 $\{10\bar{1}1\}$ 和 $\{02\bar{2}1\}$ 等的聚形。单晶常呈沿 Z 轴的柱状,柱面有纵条纹,柱体横断面常呈弧边三角形(图10-19);也多见呈针状、棒状、放射状以及致密块状、隐晶质块状集合体。

物理性质 颜色随成分而变化,黑电气石呈黑色,镁电气石呈黄色或褐色,锂电气石呈玫瑰红色或蓝绿色;条痕灰白色;玻璃光泽;透明。无解理,常有 {001} 裂开;$D = 3.03 \sim 3.25$; $H = 7.0$。具压电性和热电性。$No = 1.635 \sim 1.675$, $Ne = 1.610 \sim 1.650$, $No - Ne = 0.017 \sim 0.034$。折射率与干涉色均随铁锰含增加而升高。主要种属的特征如表10-1所列。

表 10-1　电气石主要变种光性特征

名称	多色性	No	Ne	No－Ne	密度
黑电气石	No 灰、蓝、黑，Ne 无、浅蓝、灰	1.655~1.675	1.625~1.65	0.025~0.034	3.10~3.25
镁电气石	No 黄褐、无色，Ne 淡黄、无色	1.635~1.661	1.610~1.632	0.021~0.026	3.03~3.15
锂电气石	No 淡红、淡蓝、无色，Ne 无色	1.640~1.655	1.615~1.620	0.017~0.024	3.03~3.10
布格电气石	No 暗褐、近黑色，Ne 褐色	1.735	1.655	0.080	3.31

镜下特征　薄片中颜色及多色性如表 10-1；吸收性 $No > Ne$；无解理，有$\{001\}$裂开；正中突起。干涉色Ⅱ级；平行消光；负延性。一轴负晶。准确鉴别须光学常数及其他方法。

产状及其他　主要产于伟晶岩和气成热液矿脉或蚀变围岩中，也产于变质岩中，还是碎屑岩中的常见重矿物。压电性良好的晶体可用于电子行业，色美者可作宝石。

三、链状硅酸盐类矿物的鉴定特征

1. 辉石族（pyroxene group）

辉石族矿物化学成分可用 $XY[Si_2O_6]$ 通式表示，其中，$X = Na^+$、Ca^{2+}、Mg^{2+}、Fe^{2+}、Mn^{2+}，$Y = Mg^{2+}$、Mn^{2+}、Fe^{2+}、Fe^{3+}、Cr^{3+}、Al^{3+}、Ti^{3+} 等，在还原条件下铬与钛呈 Cr^{2+}、Ti^{3+} 形式。每一类阳离子间都有类质同象代替，少数矿物络阴离子中的 Si^{4+} 可被 Al^{3+} 代替。

本族矿物可分为斜方辉石亚族和单斜辉石亚族。前者主要是顽火辉石（En）$Mg_2[Si_2O_6]$ 与斜方铁辉石（Fs）$Fe_2[Si_2O_6]$ 的完全类质同象系列，按二者比例分为① 顽火辉石（En = 100%~90%）、② 古铜辉石（En = 90%~70%）、③ 紫苏辉石（En = 70%~50%）、④ 铁紫苏辉石（En = 50%~30%）、⑤ 尤莱辉石（En = 30%~10%）、⑥ 斜方铁辉石（En = 10%~0%）等。后者类质同象更复杂，常见有透辉石—钙铁辉石系列、斜顽辉石—透辉石系列，透辉石-霓石-硬玉系列，主要有：① 透辉石 $CaMg[Si_2O_6]$，② 钙铁辉石 $CaFe[Si_2O_6]$，③ 普通辉石 $Ca(Mg, Fe, Al, Ti)[(Si, Al)_2O_6]$，④ 霓石（纯钠辉石）$(NaFe)[Si_2O_6]$，⑤ 锂辉石 $LiAl[Si_2O_6]$，⑥ 硬玉（翡翠）$NaAl[Si_2O_6]$ 等十余种。

本族矿物的共同特征是：

(1) 常为短柱状，少数为略扁的板状晶体，横断面一般八边形及四边形；碱性辉石种属（如霓石）则为长柱状或针状晶体。

(2) 深绿、褐、黑色，含铁少者如透辉石为灰白色；条痕无色及带淡色调；透明；薄片中一般无色至浅色，多色性不明显，但碱性种属黄至绿色，多色性明显（不及角闪石显著）。

(3) 均发育斜方柱完全解理，横切面上解理交角为 87°~88°（或 93°~92°），纵断面上只可见平行 Z 轴的柱状解理。有时可见$\{100\}$、$\{010\}$ 和 $\{001\}$ 裂开。$D = 3.03 \sim 3.90$；$H = 5 \sim 7$。

(4) 高正突起，糙面显著。

(5) 大部分属种为二轴晶正光性，$2V$ 中等至较大（一般 $>50°$），但易变辉石例外（$2V = 0 \sim 30°$），碱性属种和紫苏辉石为负光性。

(6) 斜方辉石平行消光，单斜辉石一般斜消光（(100) 切面除外），消光角一般较角闪石大。消光角的大小可作为鉴别单斜辉石各种属的重要依据。

(7) 大多数辉石为正延长（碱性辉石为负延长）。

(8) 常见以$\{100\}$ 为结合面的简单双晶；砂钟和环带结构较为多见。

(9) 由于出溶作用所造成的平行连生现象（出溶页理）较常见。

1) 顽火辉石(顽辉石)(enstatite)

化学组成 $Mg_2[Si_2O_6]$,常含少量的 Fs 分子(<10%),还常含少量 CaO、MnO、NiO、Al_2O_3 和 Fe_2O_3 等杂质。

结构与形态 斜方晶系,$3L^2 3PC$ 晶类;D_{2h}^{15} – Pbca;$a = 1.822 \sim 1.824nm$,$b = 0.882 \sim 0.884nm$,$c = 0.517 \sim 0.519nm$,$Z = 16$。晶体多为平行双面{100}、{010}、斜方柱{102}、{210}的聚形。多沿 Z 轴呈短柱状、粒状,少数呈板状。也可呈橄榄石反应带。

光学性质 白、灰、绿、黄色。解理{210}完全。$Np = 1.657 \sim 1.667$,$Nm = 1.659 \sim 1.672$,$Ng = 1.665 \sim 1.677$;$Ng - Np = 0.008 \sim 0.010$;(+)$2V = 60° \sim 80°$;$Nm // X$,$Np // Y$,$Ng // Z$,光轴面//(100)(图10-20)。色散 $r < v$ 弱。

镜下特征 薄片中无色透明,多色性不明显;正中至正高突起;解理{210}完全,横切面二组解理交角88°与92°,纵切片可见//Z 轴的解理。最高干涉色Ⅰ级浅黄;横切面对称消光,柱面平行消光;正延性。二轴正晶,2V 角大。偶见{100}简单或聚片双晶;常与单斜辉石平行连生。

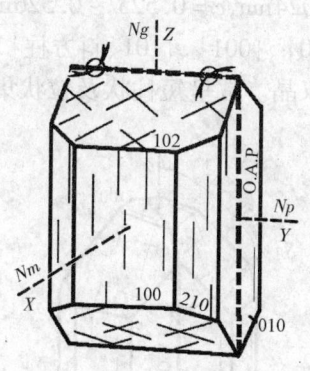

图10-20 顽辉石光性方位图

产状及其他 分布于超基性、基性侵入岩中,基性及中性火山岩中少见,也曾见于超基性的麻粒岩中。常变为蛇纹石,有时可变为滑石和纤维状角闪石。

2) 紫苏辉石(hypersthene)

化学组成 $(Mg,Fe)_2[Si_2O_6]$,含 Fs 分子 $30 \sim 50\%$,还常含少量 MnO、CaO、Al_2O_3、Fe_2O_3 和 TiO_2 等杂质。

结构与形态 斜方晶系,$3L^2 3PC$ 晶类;D_{2h}^{15} – Pbca;$a = 1.824 \sim 1.839nm$,$b = 0.884 \sim 0.905nm$,$c = 0.519 \sim 0.523nm$,$Z = 16$。晶体多为平行双面{100}、{010}、斜方柱{102}、{210}的聚形。多沿 Z 轴呈短柱状、板状或粒状。常见磁铁矿、钛铁矿等物的包体,多定向分布而呈席列结构。还常见平行排列的透辉石或普通辉石的叶片,这是离熔作用形成的。

光学性质 灰绿至黑褐色。解理{210}完全,并有{100}、{010}裂开。$Np = 1.689 \sim 1.711$,$Nm = 1.698 \sim 1.724$,$Ng = 1.702 \sim 1.727$;$Ng - Np = 0.010 \sim 0.016$;(-)$2V = 45° \sim 65°$;$Nm // X$,$Np // Y$,$Ng // Z$,光轴面//(100)(图10-21)。色散 $r > v$ 弱。

镜下特征 薄片中淡绿至淡红色;多色性弱或不明显,Np-淡红,Nm-淡黄,Ng-淡绿;正高突起;解理{210}完全,横切面二组解理交角88°与92°,纵切片可见一组解理。最高干涉色Ⅰ级橙红;横切面对称消光,柱面、轴面平行消光;正延性。二轴负晶,2V 角中等。偶见{100}简单或聚片双晶。常与单斜辉石平行连生。

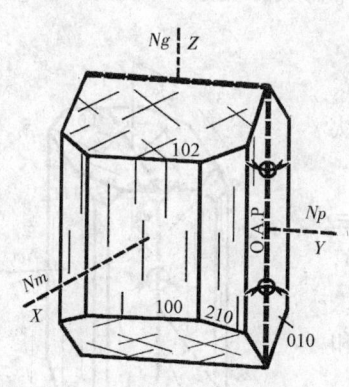

图10-21 紫苏辉石光性方位图

产状及其他 主要见于超基性、基性岩浆岩,某些中酸性岩浆岩中也可见,在紫苏榴辉岩、紫苏角岩及片岩中也有产出。常与橄榄石、透辉石、尖晶石、顽火透辉石、斜长石、石榴石、黑云母等矿物共生。常转变为蛇纹石、滑石、纤维角闪石等矿物。

3) 透辉石(diopside)

化学组成 $CaMg[Si_2O_6]$，其中 Mg 常被 Fe^{2+} 置换，构成透辉石—钙铁辉石类质同象系列。随钙铁辉石分子的增加，可成次透辉石、低铁次透辉石、钙铁辉石。透辉石中还可能有 Fe^{3+}、Al^{3+}、Cr^{3+}、Mn^{3+}、V^{3+}、Na^+ 等杂质。

结构与形态 单斜晶系，L^2PC 晶类；$C_{2h}^6 - C2$；$a = 0.975 \sim 0.985$nm，$b = 0.8900 \sim 0.9024$nm，$c = 0.525 \sim 0.526$nm，$\beta = 104°44′ \sim 105°38′$，$Z = 4$。晶体多为平行双面{100}、{010}、{001}、{101}、斜方柱{110}、{111}、{$\overline{2}$21}的聚形。常见(100)和(001)简单双晶及聚片双晶。常呈短柱状及粒状集合体。

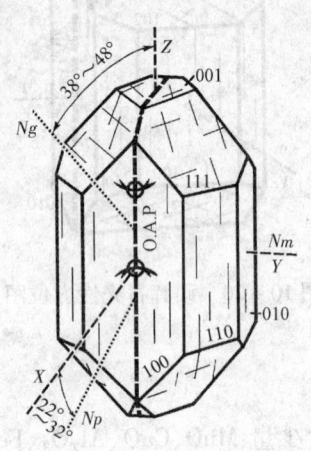

图 10-22 透辉石光性方位图

光学性质 白、浅绿或暗绿色，含 Mn 者暗红色。$Np = 1.665 \sim 1.699$，$Nm = 1.672 \sim 1.706$，$Ng = 1.696 \sim 1.728$；$Ng - Np = 0.029 \sim 0.031$；$(+)2V = 50° \sim 63°$；$Np \wedge X = 22° \sim 32°$，$Nm // Y$，$Ng \wedge Z = 38° \sim 44°$，光轴面//(010)(图 10-22)；色散 $r > v$ 弱至中等。

镜下特征 薄片中无色，多色性不明显；含 Fe^{2+} 的次透辉石及低铁次透辉石为浅绿色，多色性弱，Ng-浅褐绿，Nm-浅绿褐，Np-浅绿；正高突起；解理{110}完全，(110)∧($1\overline{1}0$) = 87°；有{100}、{010}裂理。具鲜艳的Ⅱ级干涉色；斜消光，横断面上对称消光，(100)面上平行消光，(010)面 $Ng \wedge Z = 38° \sim 44°$；二轴正晶，$2V$ 角为 $50° \sim 63°$。常见{100}或{001}的简单或聚片双晶。

产状及其他 常见于超基性岩及基性岩中，在矽卡岩、片麻岩或片岩中也有分布，与石榴石、符山石、硅灰石等共生。常可转变为蛇纹石、滑石及角闪石。

4) 普通辉石(augite)

化学组成 $(Ca,Na)(Mg,Fe^{2+},Fe^{3+},Al,Ti)[(Si,Al)_2O_6]$，成分复杂，可视为 $CaMgSi_2O_6$、$Mg_2Si_2O_6$、$Fe_2Si_2O_6$、$MgAl_2SiO_6$、$FeAl_2SiO_6$、$MgFe_2SiO_6$、$FeFe_2^{3+}SiO_6$ 等组分的类质同象混合物。有时还含有 Ti、Mn、Cr、Ni 等杂质，以及微量元素 V、Co、Cu、Zr、Y、La、Li 等。含钛高者(TiO_2 达 3%~5%)称钛辉石。

结构与形态 单斜晶系，L^2PC 晶类；$C_{2h}^6 - C2/c$；$a = 0.970 \sim 0.982$nm，$b = 0.889 \sim 0.903$nm，$c = 0.524 \sim 0.525$nm，$\beta = 105° \sim 107°$，$Z = 4$。晶体多为平行双面{100}、{010}、{001}、斜方柱{110}、{011}、{111}等的聚形。常见(100)和(001)简单双晶及聚片双晶。常呈短柱状及粒状集合体。

光学性质 灰褐、暗绿或绿黑色。$Np = 1.674 \sim 1.743$，$Nm = 1.672 \sim 1.750$，$Ng = 1.694 \sim 1.772$；$Ng - Np = 0.024 \sim 0.029$；$(+)2V = 42° \sim 60°$；$Np \wedge X = 23° \sim 31°$，$Nm // Y$，$Ng \wedge Z = 39° \sim 47°$，光轴面//(010)(图 10-23)。色散 $r > v$ 弱至

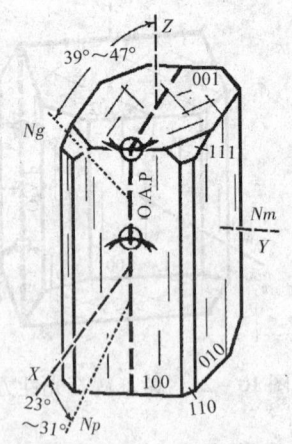

图 10-23 普通辉石光性方位图

中等。

镜下特征 薄片中无色、浅褐或浅黄;富 Fe 和 Ti 的变种具弱多色性,Ng – 浅绿、灰绿,Nm – 浅黄、绿,Np – 浅绿、浅黄、绿;正高突起;解理{110}完全,横切面上二组解理夹角 87°(93°);具{100}和{010}裂理。干涉色 I 级顶部至 II 级中;横断面上对称消光,(100)切面平行消光,其余切面斜消光,(010)切面上 $Ng \wedge Z = 39° \sim 47°$,含 Fe 和 Ti 高的变种消光角可达 55°以上。二轴正晶,$2V$ 角中等。常见{100}简单双晶或聚片双晶。

产状及其他 最常见的辉石种属,多见于基性岩及超基性岩中,在某些中性岩、酸性岩及正长岩中也有出现,还见于某些结晶片岩中。常变为绿泥石、纤闪石、黑云母。

5)霓石(钝钠辉石)(aegirine)

化学组成 $NaFe[Si_2O_6]$,霓石与透辉石、普通辉石能够形成系列的过渡关系,故成分中常有 Ca、Fe、Mg、Mn、Al 以及 K、Ti、Be、Zr 等杂质。

结构与形态 单斜晶系,L^2PC 晶类;C_{2h}^6 – $C2/c$;$a = 0.966nm,b = 0.878nm,c = 0.529nm,\beta = 107°24',Z = 4$。状晶多为平行双面{100}、{010}、$\{\bar{1}01\}$ 斜方柱{110}、{111}、{221}、{461}等的聚形。常见(100)简单双晶及聚片双晶。常呈长柱状、针状及放射状集合体,柱面上有纵纹。

光学性质 暗绿至绿黑色;多色性较强。$Np = 1.750 \sim 1.776,Nm = 1.780 \sim 1.820,Ng = 1.800 \sim 1.836;Ng – Np = 0.040 \sim 0.060;(-)2V = 60° \sim 70°;Ng \wedge X = 9° \sim 17°,Nm // Y,Np // Z = 0° \sim 8°$,光轴面 //(010)(图 10 – 24)。色散 $r > v$ 中等至强。

镜下特征 薄片中浅绿、暗绿及黄绿色;多色性较强,Ng – 浅绿、浅绿褐,Nm – 黄绿,Np – 深绿;反吸收性 $Ng < Nm < Np$;正极高突起,糙面显著;解理{110}完全,交角 87° ~ 93°;具{100}裂理。干涉色 III 级至 IV 级,常被本身的颜色所掩盖;横断面上对称消光,(100)面上平行消光,其斜消光,(010)面上 $Ng \wedge X = 9° \sim 17°,Np \wedge Z < 15°$;负延性。二轴晶负光性,$2V$ 角大。常见{100}简单或聚片双晶。

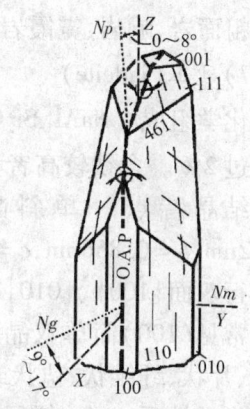

图 10 – 24 霓石的光性方位图

产状及其他 是碱性岩的特征矿物,常见于霓霞岩、霞石岩、霞石正长岩等岩石中,与钠铁闪石、黑榴石、霞石、钾长石等矿物共生。

锥辉石(Acmire) 成分与霓石相同,但含较多的 Mn 及 Zr、Ce 等。与霓石的晶形相似,唯柱状晶体顶端晶面相交成尖锥。因含 Mn 高常呈褐色,也可呈绿、黑色;薄片中褐色、绿色,多色性较弱,Np 暗褐,Nm 黄色,Ng 浅绿黄。有时含片状赤铁矿包体。锥辉石常作为霓石的外带产出,也产于蚀变的含铁页岩及铁燧石或锰矿中,与碳钠钙石等矿物共生。

6)霓辉石(aegirine – augite)

化学组成 $(Na,Ca)(Fe^{3+},Fe^{2+},Mg,Al)[Si_2O_6]$,霓辉石是霓石与透辉石类质同象系列的中间产物,也是霓石与普通辉石类质同象系列的中间产物,其化学成分复杂。

结构与形态 单斜晶系,L^2PC 晶类;C_{2h}^6 – $C2/c$。$a = 0.976nm,b = 0.894m,c = 0.526nm,\beta = 105°49',Z = 4$。晶体多为平行双面{100}、{010}、斜方柱{110}、$\{\bar{1}11\}$、{461}等的聚形。常见(100)简单双晶及聚片双晶。常沿 Z 轴呈长柱状、板柱状晶体,有时呈不规则粒状,有时与透辉石构成环带,核心富透辉石(亦有相反的情况)。

光学性质 暗绿至黑色；多色性明显。$Np = 1.700 \sim 1.750$，$Nm = 1.710 \sim 1.780$，$Ng = 1.730 \sim 1.800$；$Ng - Np = 0.030 \sim 0.050$；$2V = (+)70° \sim (-)72°$；$Ng \wedge X = 16° \sim 46°$，$Nm // Y$，$Np \wedge Z = 0° \sim 30°$，轴面$//(010)$（图10-25）。色散$r > v$中等至强。

镜下特征 薄片中绿或浅黄色，多呈环带状分布，自中心向边部绿色愈深（边缘含霓石分子愈高，有时相反）；多色性明显，Ng-黄或浅褐，Nm-绿或黄色，Np-橄榄绿或草绿色；正高突起；解理{110}完全，横切面上二解理夹角87°及93°；具{100}裂理。干涉色Ⅱ级中部到Ⅲ级底部；横断面上对称消光，(100)面上平行消光，其余斜消光，(010)上$Np \wedge Z = 0° \sim 30°$；负延性。二轴晶，光性可正可负，$2V$角大。常见{100}简单或聚片双晶。

产状及其他 碱性岩浆岩中的特征矿物，产于霞石正长岩、碱性粗面岩、响岩、霓霞岩、霞石岩等岩石中，与霞石、霓石、正长石等碱性矿物共生。

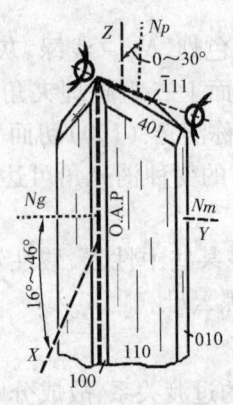

图10-25 霓辉石光性方位图

7）硬玉(jadeite)

化学组成 $NaAl[Si_2O_6]$，成分常有MgO、CaO、FeO和Fe_2O_3、Cr_2O_3等杂质，但其含量一般不超过2%。含铁较高者称暗硬玉。

结晶特点 单斜晶系，L^2PC晶类；$C_{2h}^6 - C2/c$；$a = 0.942nm$，$b = 0.856nm$，$c = 0.522nm$，$\beta = 107°35'$，$Z = 4$。晶体多为平行双面{100}、{010}、{001}、{$\bar{1}$01}、斜方柱{110}等的聚形。常见(100)简单双晶及聚片双晶。单个的晶体少见，多呈粒状、片状、纤维状、毡状或致密状集合体。

光学性质 白、鲜绿、绿蓝色。$Np = 1.654 \sim 1.658$，$Nm = 1.657 \sim 1.663$，$Ng = 1.665 \sim 1.674$；$Ng - Np = 0.011 \sim 0.016$；$(+)2V = 68° \sim 72°$；$Np \wedge X = 16° \sim 18°$（至22°~30°），$Nm // Y$，$Ng \wedge Z = 33° \sim 35°$，光轴面$//(010)$（图10-26）。色散$r < v$中等到强。

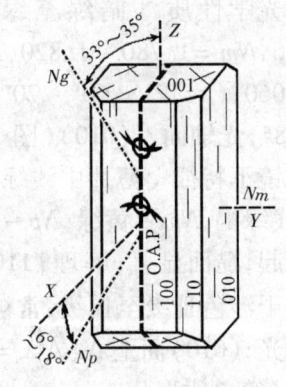

图10-26 硬玉光性方位图

镜下特征 薄片中无色，含铁、铬者黄绿色；弱多色性，Ng-浅黄，Nm-无色，Np-浅绿；吸收性$Np > Ng > Nm$；正中至正高突起；解理{110}完全，二级解理夹角87°及93°。干涉色Ⅰ级黄白至Ⅰ级红；横断面上对称消光，(100)面上为平行消光，其余斜消光，(010)上$Ng \wedge Z = 33° \sim 35°$；正延性。二轴正晶，$2V$角较大。

产状及其他 属典型的高压矿物，主要产于榴辉岩、角闪岩、蓝闪石片岩及石英-硬玉岩等岩石中。伴生矿物经常有钠长石、硬柱石、蓝闪石、绢云母、绿泥石等。有些硬玉与蛇纹石和方解石共生。硬玉俗称翡翠，为名贵玉石。

8）硅灰石(wollastonite)

化学组成 $Ca[SiO_3]$，常含一定量的Fe、Mn、Mg，并混有Al和Na。硅灰石和钙蔷薇辉石的成分与光学性质可能有某种关系。

结构与形态 三斜晶系，C晶类；$C_i^1 - P\bar{1}$；$a = 0.794nm$，$b = 0.732m$，$c = 0.707nm$，$\alpha = 90°18'$，$\beta = 95°24'$，$\gamma = 103°24'$，$Z = 2$。晶体多为平行双面{100}、{001}、{110}、{540}、

$\{\bar{1}02\}$、$\{101\}$等的聚形。可依$\{100\}$和$\{001\}$形成双晶。晶体常沿 Y 轴延伸的长柱状、针状、杆状、板状、纤维状,常构成放射状集合体,有时为片状、叶片状,横切面近似长方形。有时具环带,核部的光性与边部不同。

物理性质 通常带灰或浅红色调白色,有时肉红、浅绿色;条痕无色;玻璃光泽;透明。解理面珍珠光泽。解理$\{100\}$完全,$\{001\}$和$\{\bar{1}02\}$中等。$D = 2.75 \sim 3.10$;$H = 4.5 \sim 5$。$Np = 1.616 \sim 1.640$,$Nm = 1.628 \sim 1.650$,$Ng = 1.631 \sim 1.653$;$Ng - Np = 0.013 \sim 0.014$;$(-)2V = 38° \sim 60°$;$Ng \wedge X = 34° \sim 39°$,$Nm \wedge Y = 3° \sim 5°$,$Np \wedge Z = 28° \sim 34°$;光轴面近于$//(010)$(图 10-27)。色散 $r > v$ 清楚,倾斜色散。

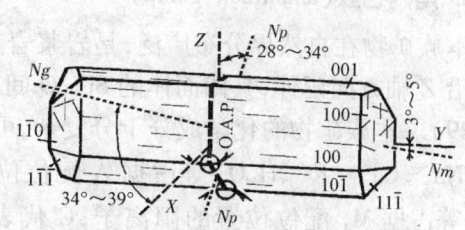

图 10-27 硅灰石光性方位图

镜下特征 薄片中无色,含 FeO 较多时则有浅黄色多色性;正中突起,折射率随 Fe^{2+} 的增加而增大;解理$\{100\}$完全,$\{001\}$、$\{102\}$中等。干涉色 I 级橙黄色,在柱面上则略低,为 I 级灰白到黄白;在$//Y$ 轴切面上近平行消光($<5°$)或平行消光,垂直 Y 轴切面为斜消光;延性可正可负。二轴负晶,$2V$ 角中等。$\{100\}$简单双晶,有时为聚片双晶。

产状及其他 为典型高温接触变质矿物,主要产于石灰岩与酸性岩浆岩的近接触带,常与透辉石、钙铝榴石、绿帘石共生,也见于深带的富钙质结晶片岩和片麻岩中。近年来,硅灰石在工业上的用途日益广泛,已成为重要的工业矿物,值得注意。

9) 蔷薇辉石(rhodonite)

化学组成 $(Mn,Fe,Ca)[SiO_3]$,成分中 Mn 为主,可含少量 Fe^{2+} 和 Ca^{2+},如 Ca 占优势则成为钙蔷薇辉石。还可有少量的 Mg、Fe^{3+}以及微量的 Al。

结构与形态 三斜晶系,C 晶类;$C_i^1 - P\bar{1}$;$a = 0.768$nm,$b = 1.182$m,$c = 0.671$nm,$\alpha = 92°21'$,$\beta = 93°57'$,$\gamma = 105°20'$,$Z = 2$。晶体为平行双面$\{100\}$、$\{010\}$、$\{001\}$、$\{110\}$、$\{2\bar{2}1\}$、$\{\bar{1}10\}$、$\{\bar{1}11\}$、$\{\bar{2}21\}$、$\{\bar{2}01\}$等的聚形。可依$\{010\}$形成聚片双晶。完好晶体少见,有时呈平行(001)的厚板状或粒状,常呈致密的粒状集合体产出。时有方解石、石英、透辉石等的包体。

物理性质 暗红至红褐色,表在氧化后呈褐黑或黑色(锰的氧化物所致);条痕无色;玻璃光泽,解理面珍珠光泽;透明。解理$\{110\}$和$\{\bar{1}10\}$完全,$\{001\}$中等;$(110) \wedge (\bar{1}10) = 92°50'$。$(001) \wedge (110) = 68°45'$,$(001) \wedge (1\bar{1}0) = 88°23'$;$D = 3.6$;$H = 5.5 \sim 6.5$。$Np = 1.711 \sim 1.738$,$Nm = 1.716 \sim 1.741$,$Ng = 1.723 \sim 1.752$;$Ng - Np = 0.012 \sim 0.014$;$(+)2V = 58° \sim 76°$;$Np \wedge X = 5° \pm$,$Nm \wedge Y = 20° \pm$,$Ng \wedge Z = 25° \pm$(图 10-28)。色散 $r < v$ 弱,交叉色散。

镜下特征 薄片中无色或略带橙粉色;较厚的薄片可显多色性,Np 淡黄红,Nm 粉红,Ng 浅红黄;正高突起,随 Fe^{2+} 的增加和 Ca 的减少而增大;解理$\{110\}$完全,$\{001\}$差。最高干涉色 I 级橙黄色;斜消光,消光角较小;正延性或负延性。

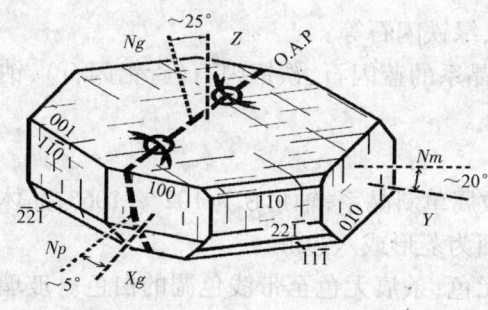

图 10-28 蔷薇辉石光性方位图

二轴正晶,$2V$ 角大($58°\sim76°$)。少见\{010\}聚片双晶。

产状及其他　主要见于含锰灰岩的接触带,与石英、菱锰矿、锰铝榴石、铁闪石、锰三斜辉石、磁铁矿等共生。大块的蔷薇辉石可作细工石材,有的可做工艺品原料。

2. 角闪石族(amphibole group)

本族矿物在自然界分布广泛,是岩浆岩和变质岩的主要造岩矿物。在结构上,硅氧四面体双链沿 Z 轴方向延伸,其四面体的 Si—O 间以共价键为主,双链之间的空隙被阳离子占据(图 10-29)。本族矿物的化学成分十分复杂,可用 $A_{0-1}B_2C_5[T_4O_{11}]_2(OH,F,Cl)_2$ 表示。其中:A 代表 Na^+、Ca^{2+}、K^+、H_3O^+ 等占据 A 配位位置的阳子;B 为 Na^+、Li^+、K^+、Ca^{2+}、Mg^{2+}、Fe^{2+}、Mn^{2+} 等占据 M_4 配位位置的阳离子;C 代表 Mg^{2+}、Fe^{2+}、Mn^{2+}、Al^{3+}、Fe^{3+}、Cr^{3+}、Ti^{4+} 等占据 M_1、M_2、M_3 配位位置的阳离子;T 代表 Si^{4+}、Al^{3+}、Fe^{3+}、Ti^{4+} 等位于硅氧四面体中心的阳离子,以 Si 为主,Al/Si 一般不大于 1/3,其他离子极少;A、B、C 组离子内部及之间的类质同象替代十分普遍,并形成许多类质同象系列。

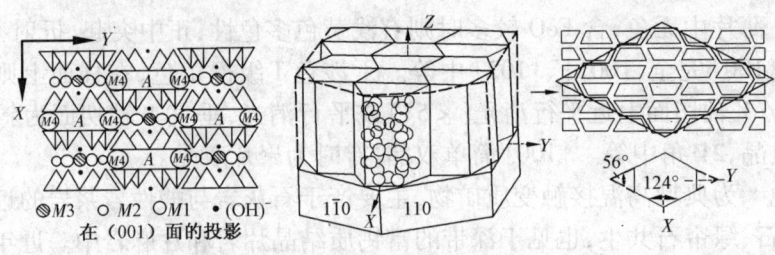

图 10-29　角闪石晶体结构及解理的形成

1978 年国际矿物协会新矿物和矿物名称委员会(IMA—CNMMN)批准的《角闪石命名法》,是采用化学成分结合晶体结构来分类的。即首先根据化学式中 B($=M_4$)位置中钙、钠的原子数分为四个亚族,然后根据硅、$Mg/(Fe^{2+}+Mg)$ 比以及某些特征元素的原子数作进一步细分。

其一,铁镁锰质角闪石亚族,$(Ca+Na)_B<1.34$。包括斜方晶系的直闪石、铝直闪石、锂蓝闪石,和单斜晶系的镁铁闪石、镁锰闪石、斜锂蓝闪石等。

其二,钙质角闪亚族,$(Ca+Na)_B\geq1.34$,且 $Na_B<0.67$,$Ca_B\geq1.34$。包括单斜晶系的透闪石、阳起石、冠以前缀的普通角闪石各亚种、钙镁闪石、浅闪石、韭闪石,绿钠闪石(富铁钠闪石)、钛角闪石等。

其三,钠钙质角闪石亚族,$(Ca+Na)_B\geq1.34$,且 $Na_B=0.67\sim1.33$,$Ca_B=0.67\sim1.33$。包括单斜晶系的蓝透闪石、冻蓝闪石、碱锰闪石、红闪石、绿铁闪石等。

其四,碱性角闪石亚族类,$Na_B\geq1.34$。包括单斜晶系的蓝闪石、铁铝闪石(青铝闪石)、钠闪石、氟镁钠闪石、钠铁闪石、锰钠闪石等。

本族矿物一般具有以下共同特征。

除斜方晶系的直闪石、铝直闪石等而外,绝大多数属单斜晶系;轴角 β 为 $102°\sim106°$,晶体常沿 Z 轴延伸,多呈长柱状、针状、以至纤维状,横断面为菱形或六边形。

多呈褐、暗绿至绿黑色,含铁量少者多为灰白至无色;条痕无色至带浅色调的白色。玻璃光泽。透明至半透明。薄片中常呈绿、黄褐、蓝、粉红及无色等色泽;多色性和吸收性一般都很强,某些无色的种属不明显。

单斜晶系闪石常具有{110}完全解理,斜方晶系者具{210}完全解理;横切面上两组解理夹角124°~125.5°或54.5°~56°;纵切面上仅见∥Z轴的解理。单斜闪石多具有{100}简单或聚片双晶。$D=2.86~3.90$;$H=5~6$。

本族矿物一般正中突起,正延性(碱性种属正高突起,负延性);斜方闪石多为平行消光,单斜闪石多为斜消光,在(010)面上$Ng \wedge Z$是鉴定单斜闪石的重要标志。

1) 直闪石—铝直闪石(anthophyllite-gedrite)

化学组成 $(Mg,Fe^{2+})_7[Si_4O_{11}]_2(OH,F)_2$—$(Mg,Fe^{2+},Al)_7[(Al,Si)_8O_{22}](OH,F)_2$,是斜方晶系的镁铁硅酸盐,还有Mn、Ca、Na和Ti等。当$Mg/(Mg+Fe^{2+})=0.10~0.89$时,若$Si \geqslant 7.00$,为直闪石,$Si<7.00$,六次配位的$Al^{VI} \geqslant 0.50$,为铝直闪石($Al_2O_3$达23.79%);若$Mg/(Mg+Fe^{2+}) \geqslant 0.90$则冠以"镁—";若$Mg/(Fe^{2+}+Mg)<0.1$则冠以"铁—"。如镁—直闪石、铁—铝直闪石等。

结构与形态 斜方晶系,$3L^23PC$晶类;$D_{2h}^{16}-Pnma$;$a=1.850~1.860nm$,$b=1.770~1.810nm$,$c=0.527~0.532nm$,$Z=4$。晶体多为平行双面{100}、{001}、斜方柱{210}等的聚形。晶体多呈柱状、针状或纤维状,横断面呈菱形。解理{210}完全,{010}、{100}不完全。

光学性质 白、灰、绿、褐等色。$Np=1.596~1.694$,$Nm=1.605~1.710$,$Ng=1.615~1.722$;$Ng-Np=0.013~0.028$;

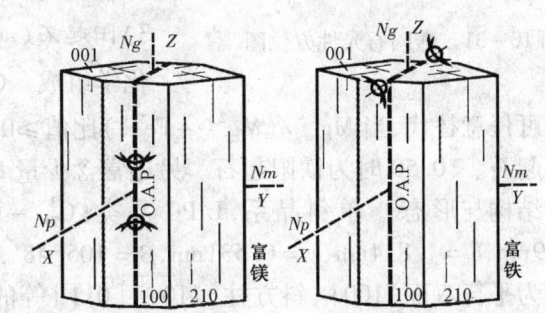

图10-30 直闪石光性方位图

富Mg者$(-)2V=65°~90°$,富Fe者$(+)2V=60°~90°$;$Np \parallel X$,$Nm \parallel Y$,$Ng \parallel Z$,光轴面∥(010)(图10-30)。色散$r>v$弱,或$r<v$。

镜下特征 薄片中无色或很淡的褐黄或绿色;铝直闪石具多色性,Ng-黄或淡绿,Nm-淡褐,Np-淡黄;吸收性$Ng>Nm>Np$;正中至正高突起,折射率一般随($Fe^{2+}+Fe^{3+}+Ti+Mn$)的含量增加而加大;解理{210}完全,{010}、{100}不完全,{210}解理夹角125.5°。干涉色一般为Ⅰ级橙色,最高达Ⅱ级绿色;纵切面为平行消光,横切面为对称消光;沿解理方向正延性。无双晶。

产状及其他 主要产于富镁的片岩、蛇纹岩和接触变质岩石中,常与镁铁闪石共生。铝直闪石主要见于泥质岩的接触变质带,也可见于碎屑岩中。易变为滑石和蛇纹石。

2) 透闪石(tremolite)

化学组成 $Ca_2Mg_5[Si_4O_{11}]_2(OH)_2$,含少量Fe(<4%)以及Na、K、Mn、F、Cl等,含铁增多则过渡为阳起石。

结构与形态 单斜晶系,L^2PC晶类;C_{2h}^3-C2/m;$a=0.984nm$,$b=1.805nm$,$c=0.527nm$,$\beta=104°22'$,$Z=2$。晶体多为平行双面{100}、斜方柱{110}、[011]等的聚形。有时见{100}为双晶面的聚片双晶。晶体多呈沿Z轴的长柱状、针状或纤维状集合体。横断面呈菱形或六边形,解理{110}完全,并有{100}裂开。形态呈纤维状者称透闪石石棉,呈浅色隐晶质致密块状集合体者称为"软玉"。

光学性质 白色或浅灰色。$Np=1.599~1.619$,$Nm=1.612~1.630$,$Ng=1.622~1.640$;

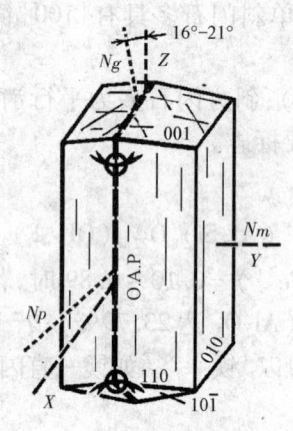

$Ng-Np=0.021\sim0.023$；$(-)2V=86°\sim83°$；$Ng\wedge Z=16°\sim21°$，Nm∥Y，光轴面∥(010)（图10-31）。色散$r<v$弱。

镜下特征　薄片中无色，含Mn者呈粉红色；多色性不明显；正中突起，随含铁量增多而增高；{110}解理完全，常见{100}裂理。最高干涉色Ⅱ级橙黄；横切面对称消光，(100)面平行消光，其他切面均为斜消光；沿柱面正延性。二轴负晶，$2V$角大。较常见{100}简单或聚片双晶，双晶缝平行菱形的长对角线。

产状及其他　是典型的变质矿物，主要产于白云质碳酸盐岩与火成岩的接触变质带，也见于某些富Mg的结晶片岩中。假象纤闪石产于基性、超基性岩浆岩中，它经常是辉石的蚀变矿物。透闪石石棉是常用的工业石棉，软玉是工艺石材。

图10-31　透闪石光性方位图

3) 阳起石(actinolite)

化学组成　$Ca_2(Mg,Fe)_5[Si_4O_{11}]_2(OH)_2$，其中$Mg^{2+}$与$Fe^{2+}$可任意替代，当$Mg^{2+}/(Mg^{2+}+Fe^{2+})$比值≥0.90时为透闪石、该比值等于0.50~0.89时为阳起石、<0.50时为铁阳起石。另还常含少量Mn、Al、Na等杂质。

结构与形态　单斜晶系，L^2PC晶类；C_{2h}^3-C2/m；$a=0.989nm$，$b=1.814nm$，$c=0.531nm$，$\beta=105°48'$，$Z=2$。晶体多为平行双面{100}、斜方柱{110}、[011]等的聚形。有时见{100}为双晶面的简单或聚片双晶。晶体多呈沿Z轴的长柱状、针状，或纤维状放射状集合体。横断面呈菱形或六边形，解理{110}完全，并有{100}裂开。形态呈纤维状者称阳起石石棉，呈浅色隐晶质致密块状集合体者称为"软玉"。

光学性质　浅绿至暗绿色，铁阳起石深绿至黑绿色。$Np=1.619\sim1.688$，$Nm=1.630\sim1.697$，$Ng=1.640\sim1.705$；$Ng-Np=0.021\sim0.027$；$(-)2V=83°\sim65°$；$Np\wedge X=5°$，Nm∥Y，$Ng\wedge Z=10°\sim15°$，光轴面∥(010)（图10-32）。色散$r<v$弱。

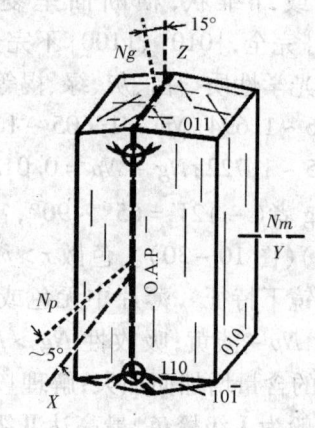

图10-32　阳起石光性方位图

镜下特征　薄片下经常呈浅黄绿、绿色，随含铁量增多而变深；多色性微弱，Ng-浅绿或绿色，Nm-浅黄绿，Np-浅黄；吸收性，$Ng>Nm>Np$；正中至正高突起，折射率随含铁量增多而增高；{110}解理完全，并常发育{100}裂开。最高干涉色Ⅰ级顶部到Ⅱ级中部；横切面为对称消光，(100)为平行消光，其余切面为斜消光；沿柱面方向为正延性。二轴负晶，$2V$角大。常见{100}简单或聚片双晶。

产状及其他　是典型的变质矿物，主要产于矽卡岩中，常与绿帘石化伴生，在区域变质岩中阳起石属浅变质的绿片岩相。阳起石易变为滑石、蛇纹石、绿泥石等矿物。

4) 普通角闪石(hornblende)

化学组成　$(Ca,Na)_2(Mg,Fe)_4(Al,Fe)[(Si,Al)_4O_{11}]_2(OH)_2$，成分很复杂，类质同象种类很多，不属于任何端员成员。Al以两种方式存在，铝的含量、Fe^{2+}/Mg^{2+}、Fe^{3+}/Al^{3+}变化很

大,有时 K > Na,常含 TiO_2(0.1~1.25%)。无 Fe^{3+} 者称浅闪石。

结构与形态 单斜晶系,L^2PC 晶类;$C_{2h}^3 - C2/m$;$a \approx 0.9 > 9nm$,$b \approx 1.790nm$,$c \approx 0.528nm$,$\beta \approx 105°31'$,$Z = 2$。晶体多为平行双面{100}、{010}、斜方柱{110}、[011]等的聚形。有时见{100}为双晶面的接触双晶。晶体多呈沿 Z 轴的长柱状、针状、杆状,或短柱状、纤维状。解理{110}完全,并有{001}裂开。有时可具环带构造,还可有锆石、褐帘石、磷灰石、榍石等矿物的包体。还可见有同镁铁闪石呈平行连生。

光学性质 黑绿至黑色。$Np = 1.620 \sim 1.681$,$Nm = 1.630 \sim 1.691$,$Ng = 1.638 \sim 1.701$;$Ng - Np = 0.018 \sim 0.020$;$(-)2V = 85° \sim 53°$;$Ng \wedge Z = 13° \sim 34°$,$Nm // b$;光轴面$//(010)$(图10-33)。色散 $r > v$ 或 $r < v$。

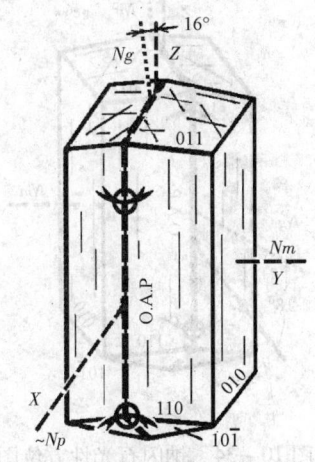

图10-33 普通角闪石光性方位图

镜下特征 薄片中含 Fe^{3+} 高者褐色,含 Fe^{2+} 高者绿色;多色性强,Ng - 暗褐至红褐(或深绿至深蓝绿),Nm - 褐色(或绿~黄绿),Np - 浅褐(或浅绿~浅黄绿);吸收性强,$Ng \geqslant Nm > Np$。正中至正高突起(随含铁量增多而增高);{110}解理完全,有{001}裂开。最高干涉色Ⅱ级底部(但受矿物本身颜色的干扰而不易辨别);横切面对称消光,(100)平行消光,其余的切面为斜消光,在(010)面上最大消光角通常小于 27°;沿晶体延长和解理方向为正延性。二轴负晶,$2V$ 角中等至大。{100}简单或聚片双晶比较常见,横切面上双晶缝平行菱形的长对角线。

产状及其他 普通角闪石分布极广泛,尤其在角闪岩、角闪斜长片麻岩、结晶片岩等变质岩中大量出现。也是中性岩浆岩的特征矿物,在喷出岩中则多以斑晶或晶屑形式产出。也见于碎屑岩中。浅闪石主要产于白云质灰岩的接触带。

纤闪石(uralite)是由辉石蚀变而形成的一种角闪石,其成分有人认为多与普通角闪石相当,也可以与阳起石和透闪石相似。纤闪石在薄片中呈淡绿色至草绿色,解理缝常常略显弯曲。它很少呈单独晶体出现,往往是以纤维状集合体形式置换辉石,通常沿辉石晶体边缘呈镶边状环生,有时整体置换辉石并体留其完好轮廓而形成辉石的假象,此时又称为假象纤闪石。

5) 钠闪石(riebeckite)

化学组成 $Na_2Fe_3^{2+}Fe_2^{3+}[Si_4O_{11}]_2(OH)_2$,为富 Na 和 Fe^{3+} 碱性闪石,成分中常混有少量的 Mg、Ca 和 Al 等。

结构与形态 单斜晶系,L^2PC 晶类;$C_{2h}^3 - C2/m$;$a = 0.981nm$,$b = 1.802nm$,$c = 0.532nm$,$\beta = 103°46'$,$Z = 2$。晶体多为平行双面{100}、{010}、斜方柱{110}、{011}等的聚形。有时见{100}为双晶面的接触双晶。晶体多呈沿 Z 轴的长柱状、针状、纤维状,有时呈集合体。解理{110}完全,并有{001}裂开。青石棉是钠闪石的纤维状变种。

光学性质 深蓝至黑色。$Np = 1.654 \sim 1.7101$,$Nm = 1.662 \sim 1.711$,$Np = 1.668 \sim 1.720$;$Ng - Np = 0.014 \sim 0.016$;$(-)2V = 80° \sim 90°$;$Ng \wedge X = 18°$,$Nm // Y$,$Np \wedge X = 3° \sim 21°$;光轴面$//(010)$(图10-34)。色散 $r > v$ 或 $r < v$ 强。

镜下特征 薄片中蓝色;多色性强,Ng - 浅黄绿,Nm - 蓝,Np - 深蓝;典型的反吸收

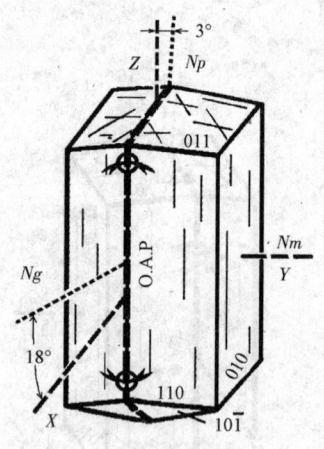

图 10-34 钠闪石光性方位图

$Ng<Nm\leqslant Np$;正高突起;角闪石式{110}解理完全。干涉色Ⅰ级灰白至黄橙,受矿物蓝颜色干扰而不易分辨;大多数纵切面斜消光,(100)面为平行消光,(010)面上$Np\wedge Z$通常小于5°;沿柱面或解理方向为负延性。二轴负晶,$2V$角大。{100}简单双晶少见。

产状及其他 主要产于富钠的碱性岩中,在花岗岩、石英正长岩、正长岩、霞石正长岩中,也产于浅成岩中和富Na的流纹岩、粗面岩中,在片岩中也有产出。常与霓石,霓辉石,棕闪石等共生。青石棉常产于高度硅化的变质岩中。

6) 钠铁闪石(arfvedsonite)

化学组成 $Na_3Fe_4^{2+}Al[Si_4O_{11}]_2(OH,F)_2$。为富含$Fe^{2+}$和$Mg^{2+}$的碱性闪石,另外含少量$Ti^{3+}$、$Ca^{2+}$等。钠铁闪石与镁钠铁闪石成类质同象系列,光性有规律的变化。

结晶特点 单斜晶系,L^2PC晶类;C_{2h}^3-C2/m;$a\approx 0.99nm$,$b\approx 1.80nm$,$c\approx 0.53nm$,$\beta\approx 104°$,$Z=2$。晶体多为平行双面{010}、斜方柱{110}、[011]等的聚形。有时见{100}为双晶面的聚片双晶。晶体多呈沿Z轴的短柱状或平行(010)的板状(图10-35)。

光学性质 蓝至黑色。$Np=1.674\sim 1.700$,$Nm=1.679\sim 1.709$,$Ng=1.686\sim 1.710$;$Ng-Np=0.005\sim 0.012$;$(-)2V=30°\sim 70°$;$Ng//Y$,$Np\wedge Z=0°\sim 10°$,光轴面上(010)。色散$r<v$,等分线色散很强。

镜下特征 薄片中黄绿、褐绿、灰绿或灰紫等色;多色性显著,Ng-黄绿、黑、浅褐绿、蓝灰,Nm-黄褐、灰紫、绿、蓝绿,Np-深蓝绿、黄、深绿;吸收性$Np\geqslant Nm>Ng$,少见$Ng>Np>Nm$;正高突起;{110}解理完全,有{010}裂理。干

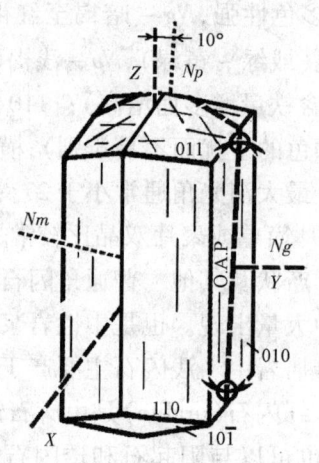

图 10-35 钠铁闪石光性方位图

涉色Ⅰ级灰至黄,且常被矿物本身颜色混淆;大多数纵切面斜消光,最大可达20°±,而(100)切面为平行消光,因色散很强难于达到完全消光;沿解理方向负延性。二轴负晶,$2V$角中等。少见{100}简单或聚片双晶。

产状及其他 主要产于碱性岩中,与霓石、霓辉石、绿钠闪石等共生。在碱性变质岩石中,还常和棕闪石、红钠闪石形成连晶。

7) 蓝闪石(glaucophane)

化学组成 $Na_2(Mg,Fe)_3Al_2[Si_4O_{11}]_2(OH)_2$,碱性角闪石的常见种属,富钠和铝为特色。成分变化较大,还常含类质同象混入物Fe^{3+}和Ca^{2+}等。

结构与形态 单斜晶系,L^2PC晶类;C_{2h}^3-C2/m;$a\approx 0.954nm$,$b\approx 1.774nm$,$c\approx 0.529nm$,$\beta\approx 103°40'\pm 1'$,$Z=2$。晶体为平行双面{010}、斜方柱{110}、{011}等的聚形。偶见{100}为双晶面的简单或聚片双晶。多呈柱状、粒状、纤维状或放射状集合体。

光学性质 蓝色至蓝黑色。$Np=1.606\sim 1.661$,$Nm=1.622\sim 1.667$,$Ng=1.627\sim 1.670$;

$Ng - Np = 0.008 \sim 0.022$；$(-)2V = 50° \sim 0°$；$Ng \wedge Z = 4° \sim 14°$，$Nm \approx Y$，光轴面 $/\!/(010)$（图 $10-36$）。色散 $r < v$ 中到强。

镜下特征　薄片中蓝或紫色；多色性显著，Ng - 深天蓝色，Nm - 红紫或蓝色，Np - 无色、浅黄绿或浅蓝色；吸收性，$Ng > Nm > Np$。正中突起，随 Fe^{3+} 的增加与 Al 的减少而增高。解理 $\{110\}$ 完全，夹角 $56°$ 与 $124°$。干涉色 Ⅰ 级，常因本身的蓝紫色而不易辨识；多数纵切面斜消光，横切面为对称消光，(100) 切面为平行消光，沿解理方向为正延性。二轴负晶，$2V$ 角小至中等。偶见 $\{100\}$ 简单双晶。

产状及其他　是典型高压低温变质矿物，产于蓝闪石片岩、片麻岩、结晶片岩中，常与绿辉石、石榴石、绿帘石、白云母、榍石等共生。

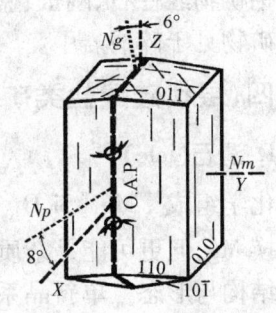

图 $10-36$　蓝闪石光性方位图

3. 硅(矽)线石(sillimanite)

化学组成　$Al_2O[SiO_4]$，为红柱石的同质多象变体。其中的 Al 可被 Fe^{3+} 少量替代，Fe_2O_3 含量可达 $2 \sim 3\%$，还可有微量的 Ca、Mg、Ti、H_2O。

结构与形态　斜方晶系，$3L^23PC$ 晶类；D_{2h}^{16} - Pbnm；$a = 0.743nm$，$b = 0.758nm$，$c = 0.574nm$，$Z = 4$。晶体为平行双面 $\{010\}$、$\{100\}$、斜方柱 $\{110\}$、$\{230\}$ 等的聚形。常呈沿 Z 轴的长柱状、针状、纤维状，两端不具晶面；也常呈束状、放射状、毛发状集合体，纤维常弯曲而细密，晶面有纵纹。可含尖晶石和黑云母等包体。

物理性质　灰色、白色或为浅褐、浅绿、浅蓝绿色；条痕无色；玻璃光泽；透明。解理 $\{010\}$ 完全，可有 $\{001\}$ 裂开；$D = 3.23 \sim 3.27$；$H = 6 \sim 7$。$Np = 1.654 \sim 1.661$，$Nm = 1.658 \sim 1.662$；$Ng = 1.673 \sim 1.683$；$Ng - Np = 0.019 \sim 0.022$；$(+)2V = 21° \sim 30°$；$Np /\!/ X$，$Nm /\!/ Y$，$Ng /\!/ Z$，光轴面 $/\!/(010)$（图 $10-37$）。色散 $r > v$ 强。

镜下特征　薄片中无色；厚切片有弱多色性，Np - 浅褐黄，Nm - 褐或浅绿，Ng - 暗褐或天蓝；正中至正高突起，折射率可能因 Fe^{3+} 增加而加大；$\{010\}$ 解理完全，有 $\{001\}$ 裂理。最高干涉色 Ⅱ 级蓝绿，横切面的干涉色为暗灰色；平行消光；正延性。二轴正晶，$2V$ 角小。

产状及其他　典型变质矿物，常产于副变质的片麻岩、中至高级泥质接触的变质岩中。常

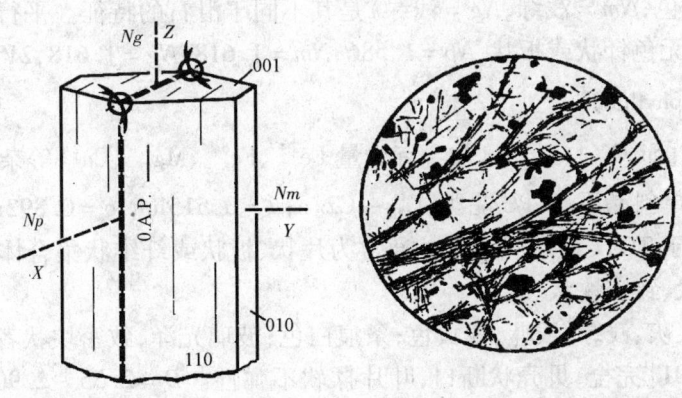

图 $10-37$　硅线石光性方位及镜下形态

与富铝矿物红柱石、刚玉、蓝晶石、堇青石以及石榴石、黑云母、蓝线石等共生。抗风化力强,常成重矿物见于碎屑岩中。

四、层状硅酸盐类矿物的鉴定特征

1. 滑石(talc)

化学组成 $Mg_3[Si_4O_{10}](OH)_2$,可含有 Al、Ti、Ni、Mn,有时 Ca 和碱金属也少量存在,可能是代换 Mg,但更可能是杂质或层间离子。Mg 被 Fe^{2+} 大量代换就变为铁滑石。

结构与形态 单斜晶系,L^2PC 晶类;$C_{2h}^6 - C2/c$;$a = 0.527nm$,$b = 0.912nm$,$c = 1.885nm$,$\beta = 100°0'$,$Z = 2$。属于 TOmT 型层状结构。晶体呈薄片状、板状、假六方片状、鳞片状、纤维状、致密状。通常为细粒的片状集合体,或呈杂乱的半平行的放射状和同心圆状排布的叶片状集合体。鳞片常弯曲。

物理性质 纯净者白色,当含杂质时为浅黄、浅绿、浅褐等色;玻璃不光泽,解理面珍珠光泽;透明。解理{001}极完全;致密块状者断口贝壳状;$D = 2.7 \sim 2.8$;$H = 1$。富有滑腻感,薄片有挠性。$Np = 1.538 \sim 1.550$,$Nm = 1.575 \sim 1.594$,$Ng = 1.575 \sim 1.600$;$Ng - Np = 0.037 \sim 0.050$;$(-)2V = 6° \sim 30°$;$Nm \wedge X \approx 0°$,$Ng // Y$,$Np \wedge Z = 10°$,光轴面 $\perp (010)$(图 10 - 38)。色散 $r > v$ 显著。

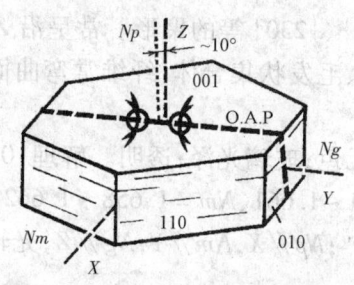

图 10 - 38 滑石光性方位图

镜下特征 薄片中无色;正低突起;解理{001}极完全。最高干涉色可达Ⅲ级橙色,底面切片干涉色Ⅰ级灰;平行消光,或 $2° \sim 3°$ 的斜消光;沿解理方向正延性。二轴负晶,$2V$ 角小。

产状及其他 滑石主要是富含镁的岩石,如橄榄岩、蛇纹岩、白云岩经热液蚀变形成,常与菱镁矿共生。此外,区域变质作用也可以形成滑石,如滑石片岩。

铁滑石(minnesotaite) 是滑石的高铁变种,FeO 可达 33.60%(MgO 6.26%)。单斜晶系,晶体呈鳞片状、纤维状、板片状、假六方状、针状。$D = 2.99 \sim 3.02$;$H = 2 \sim 2.5$。$Np = 1.580$,$Nm = 1.612$,$Ng = 1.615$;$Ng - Np = 0.035$;$(-)2V$ 极小。产于铁矿中,与石英、菱铁矿、黑硬绿泥石、铁蛇纹石、磁铁矿共生。镜下无色或黄绿色、浅绿灰色;具多色性($Np =$ 浅黄、无色,$Nm =$ 浅绿,$Ng =$ 浅绿)是其不同于滑石的特征。平行消光,正延性。人工合成的铁滑石为无色针状或板状,$Np = 1.586$,$Nm = 1.618$,$Ng = 1.618$,$2V \approx 5°$。

2. 叶蜡石(pyrophyllite)

化学组成 $Al_2[Si_4O_{10}](OH)_2$,常含有少量 Fe^{2+}、Fe^{3+}、Mg^{2+}、Ca^{2+} 等杂质。

结构与形态 单斜晶系,L^2PC 晶类;$C_{2h}^6 - C2/c$;$a = 0.515nm$,$b = 0.892nm$,$c = 1.859nm$,$\beta = 99.9°$,$Z = 2$。属于 TOaT 型层状结构。通常为片状、板状或纤维状集合体,有时鳞片聚合成花瓣状,有时呈针状、致密块状。

物理性质 白、灰、浅绿、浅蓝、浅黄色;条痕白色;玻璃光泽,致密块状者油脂光泽,解理面珍珠光泽。解理{001}完全,贝壳状断口,叶片揉软不弹性。$D = 2.55 \sim 2.90$;$H = 1 \sim 2$。$Np = 1.534 \sim 1.556$,$Nm = 1.586 \sim 1.589$,$Ng = 1.596 \sim 1.601$;$Ng - Np = 0.046 \sim 0.062$;$(-)2V = 53° \sim 60°$,$Nm \wedge X \approx 0°$,$Ng // Y$,$Np \wedge Z = 10°$,光轴面 $\perp (010)$(图 10 - 39)。色散 $r > v$ 弱。

镜下特征 薄片中无色或浅灰色；多色性不明显；正低突起；解理{001}完全。最高干涉色Ⅲ级，平行解理切面为Ⅰ级；平行消光或小角度斜消光；沿解理正延性。二轴负晶，$2V$角53°～60°。

产状及其他 主要是酸性火山岩及凝灰岩的水热变质产物。此外，也产于富Al的结晶片岩与千枚岩中。常与绢云母、高岭石、水铝石、黝帘石、绿泥石、硬绿泥石等共生。

3. 云母族(mica group)

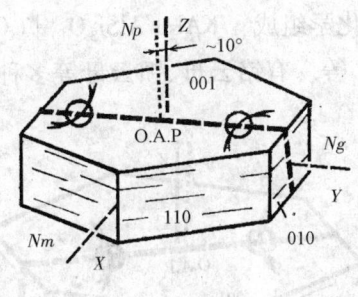

图10-39 叶蜡石光性方位图

云母类是一种很常见的分布广泛的造岩矿物，其成分可用$X\{Y_{2-3}[Z_4Si_{10}](OH,F)_2\}$表示。其中阳离子可分为三组。① Z组阳离子位于硅氧四面体层(T层)的Si和Al，配位数为4，一般Si∶Al=1∶3，少数情况下有Fe^{3+}、Cr^{3+}、Ti^{4+}等的替代。② Y组阳离子主要是Al^{3+}、Fe^{3+}和Mg^{2+}，还有Fe^{2+}、Cr^{3+}、Mn^{2+}、Zn^{2+}、Li^+、Ti^{4+}等，为六次配位，位于八面体层(O层)中；依据其阳离子及填满程度的不同分为二八面体型(Qa层)和三八面体型(Om)，并据此进行亚族和种的划分。③ X组为大阳离子K^+，还可有Na^+、Ca^{2+}、Ba^{2+}、Rb^+、Cs^+等；配位数为12，位于"结构单元层"之间。附加阴离子(OH)与O的理想比例是2∶10；(OH)可以被F、Cl所替代。

云母族均为TOT型的层状硅酸盐矿物，据成分、结构可分为三亚族。

(1) 白云母亚族，阳离子主要是(K,Na)与Al，八面体中全为三价阳离子，为TOaT结构型。矿物的光轴面⊥(010)，$Ng//Y$。其中包括白云母、绢云母、钠云母。

(2) 黑云母—金云母亚族，阳离子主要是K^+与(Fe^{2+},Mg^{2+})和Al^{3+}。即八面体中全为二价阳离子，为TOmT结构型。大多数矿物的光轴面//(010)，Nm近于平行Y轴，个别变种光轴面⊥(010)，$Ng//Y$轴(如褐云母)。其中包括铁叶云母、黑云母、金云母等变种。

(3) 锂云母—铁锂云母亚族，阳离子主要是(K^+,Li^+)与Al^{3+}和Fe^{2+}。八面体层内二价与三价阳离子共存，属混合型结构。大多数矿物的光轴面//(010)，Nm近于平行Y轴。其中包括锂云母、铁锂云母等变种。

云母族矿物的"多型"现象常见，但每一种云母中不同类型出现的几率并不一样。白云母主要呈2M型(即单位晶胞中有2个结构单元层，单斜晶系)，金云母、黑云母和铁锂云母则多为1M型，次为2M型和3T型(三个结构单元层，三方晶系)，而锂云母主要呈1M和2M型，也可呈3T型。云母多型的测定对于云母类矿物的分类命名，以及成岩、成矿过程的研究都有重要意义。

云母类光性的共同特征是：

(1) 晶体多为平行双面{001}、{010}及斜方柱{110}的聚形。常呈假六方薄片状、鳞片状、板状，有时呈假六方柱状。

(2) 颜色随Fe含量增加而加深，含铁变种的多色性、吸收性强；条痕无色；玻璃光泽，解理面珍珠光泽；透明至半透明。

(3) {001}解理极完全；$D=2.76\sim3.30$；$H=2.5\sim4.0$。

(4) 折射率中等，双折射率较高，干涉色Ⅰ级至Ⅲ级顶部；消光角极小或近于平行消光。

(5) 二轴晶负光性，光轴角通常很小或中等，$2V=0°\sim40°$；在(001)面上可见上Bxa干涉图。

1) 白云母（muscovite）

化学组成　$KAl_2[AlSi_3O_{10}](OH)_2$，类质同象广泛，有 Ba、Na、Rb、Fe、Cr、V、Mg、Li、Ca、Mn、F 等。有铬云母、钡云母等多种变种。

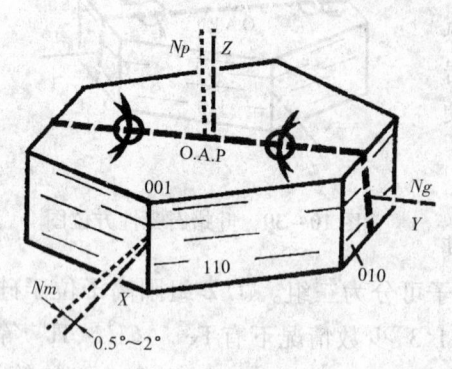

图 10-40　白云母光性方位图

结构与形态　单斜晶系，L^2PC 晶类；C_{2h}^6-$C2/c$；$a=0.517nm$，$b=0.900nm$，$c=2.010nm$，$\beta=95°11'$，$Z=4$。典型 TOaT 型结构。自然产出者多为 $2M_1$ 型，极少数为 3T 型（三方晶系）。通常是假六方板状、不规则的叶片状或叶片状集合体。绢云母则呈细鳞片状集合体。

光学性质　多为无色或微带淡绿、浅红或浅红褐色。$Np=1.552\sim1.570$，$Nm=1.582\sim1.61$，$Ng=1.588\sim1.624$；$Ng-Np=0.036\sim0.05$；$(-)2V=35°\sim50°$；$Nm\wedge X=2°\pm$，$Ng//Y$，$Np\wedge Z=0°\sim5°$，光轴面 $\perp(010)$（图 10-40）。色散 $r>v$ 弱。

镜下特征　薄片中无色，较少呈浅绿、浅黄色；吸收性 $Ng\approx Nm>Np$；正低突起，在 $\perp(001)$ 切面上可见较清晰的闪突起；解理 $\{001\}$ 极完全。最高干涉色达Ⅱ级顶部到Ⅲ级，十分鲜艳；近平行消光（消光角 2°~3°）；平行解理方向正延性。二轴负晶，$2V$ 角中等。可见云母律（结合面 $\{001\}$ 双晶轴 $[310]$）接触或贯穿三连晶。

产状及其他　各种地质作用均可形成白云，广布于片麻岩、云母片岩、千枚岩、花岗岩以及伟晶岩中。云英岩化时常产出大量的白云母，也见于砂岩中。

绢云母（sericite）　是一种细鳞片状的白云母，常呈鳞片状集合体，鳞片细小，在高倍镜下才勉强可以辨认。其成分基本同白云母，可能含 K_2O 略少，含 H_2O 略多。薄片中，绢云母的干涉色鲜艳绚丽，有红、黄、绿、蓝、紫等色交织，易于辨识。绢云母的光学性质和白云母相似，但绢云母一般双折射率较低，$2V$ 角较小。绢云母主要是铝硅酸盐次生水热蚀变（绢云母化）的产物，斜长石、钾长石、霞石、堇青石、蓝晶石、红柱石、黄晶、刚玉以及电气石、绿柱石、锂辉石、方柱石等均可发生"绢云母化"。其次，风化作用也可形成绢云母。

多硅白云母（phengite）　是一种富 Si 的白云母变种，SiO_2 可达 50%±。是低温高压变质带的典型矿物，几乎仅产于浅变质带的泥质片岩、千枚岩，少数为气成交代矿物。在浅带片麻岩中，长石经退化变质作用可以变成多硅白云母；由白云母和黑云母也可变成，与绿泥石共生。多硅白云母在光性上和白云母、钠云母很相似，稍有区别是 $2V$ 角较小，折射率稍低。$Np=1.547\sim1.571$，$Nm=1.584\sim1.610$，$Ng=1.587\sim1.612$，$Ng-Np=0.040\sim0.041$，$(-)2V=24°\sim36°$，大多小于 35°，有时更小，少数为 0°（即为 3T 型白云母）。Nm 近 $//X$，$Ng//Y$，光轴面 $\perp(010)$。鉴别多硅白云母的较为有效的方法是 X-射线粉末法。

2) 海绿石（glauconite）

化学组成　$(K,Ca,Na)_{1-x}(Fe^{3+},Fe^{2+},Mg,Al)_{2-3}[Al_{1-x}Si_{3+x}O_{10}](OH)_2\cdot nH_2O$，式中 x 在 0.4~0.1 之间。与白云母比较，海绿石含 K_2O 较少（3.7%~7.8%），Si:Al 较低，Y 组中 Fe^{3+} 为主（Al 含量高者称为铝海绿石）。有时含有（机械混入的）磷酸钙等杂质。

结构与形态　单斜晶系，L^2PC 晶类；C_{2h}^3-$C2/m$；$a=0.525nm$，$b=0.909nm$，$c=1.003nm$，

$\beta=100°,Z=2$。属 TOmT 型结构,八面体层中以 Fe^{3+} 为主,并有相当数量的 Fe^{2+}。具有 1M 和 1Md 两种多型。多呈细粒状、粒状、卵状、肾状或致密状,也呈叶片状、薄膜状,并常构成集合体。也可成不规则的胶结物或充填物,胶结碎屑或充填在碎屑物和生物壳中。

光学性质 黄绿、绿、橄榄绿、褐绿、黑绿、蓝绿色。$Np=1.592\sim1.612$,$Nm=1.613\sim1.64$,$Ng=1.614\sim1.64$;$Ng-Np=0.022\sim0.032$;$(-)2V=10°\sim24°$;$Ng\wedge X=3°$,$Nm//Y$,$Np\wedge Z=2°$,光轴面$//(010)$(图 10-41)。色散 $r>v$ 清楚。

镜下特征 薄片中通常呈绿色;具明显多色性,$Ng=Nm$-深黄、蓝绿或橄榄绿,Np-黄绿或绿;吸收性为 $Ng=Nm>Np$;正中突起;解理${001}$完全。干涉色Ⅱ级,但往往为矿物本身的颜色混淆;近于平行消光(消光角 2°~3°),并常

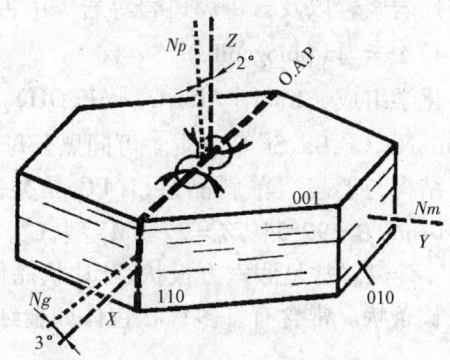

图 10-41 海绿石光性方位图

可以看到集合偏光(微晶均匀集合体构成),即在正交偏光系统下,由无数细小晶粒构成的切面的干涉色使之始终明亮;较大晶粒可见沿解理方向为正延性。二轴负晶,2V 角小,但因粒度细不易观察干涉图。

产状及其他 海绿石是典型的沉积矿物,主要产于海相沉积的碎屑岩中。长期以来被认为是海相、特别是海侵相的指示矿物。

3)黑云母(biotite)

化学组成 $K(Mg,Fe^{2+})_3[(Al,Fe)Si_3O_{10}](OH,F)_2$,成分很不固定,介于金云母和铁云母(羟铁云母)之间。常有 Ti、Ca、Mn、Na,并混有少量 V、Cr、Sr、Ba、Li、Cs 等。

结构与形态 单斜晶系,L^2PC 晶类;C_{2h}^3-Cm;1M 型:$a=0.53nm$,$b=0.92nm$,$c=1.02nm$,$\beta=100°$,$Z=2$。$2M_1$ 型:$a=0.53nm$,$b=0.92nm$,$c=2.02nm$,$\beta=95°$,$Z=4$。常呈假六方板片状晶体或垂直(001)的叶片状、鳞片状,还常呈似长柱状,有时并且成弯曲状。黑云母中往往含有大量包裹物。

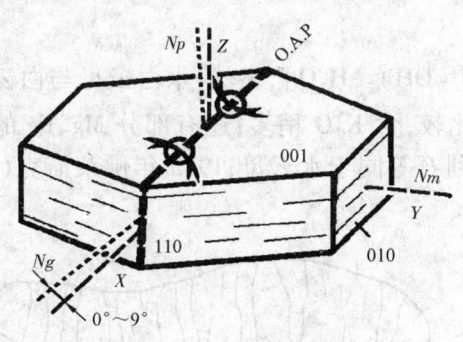

图 10-42 黑云母光性方位图

光学性质 黑、绿、深褐、红褐色,退色时呈金黄色。$Np=1.571\sim1.616$,$Nm=1.609\sim1.69$,$Ng=1.610\sim1.697$;$Ng-Np=0.039\sim0.081$;$(-)2V=0°\sim35°$;$Ng\wedge X=0°\sim9°$,$Nm//Y$,光轴面$//(010)$(图 10-42)。色散 $r<v$(富铁),$r>v$ 或 $r<v$(富镁)。

镜下特征 薄片中褐、黄褐色;多色性强,$Ng=Nm$-暗褐、暗绿、暗红褐色,Np-浅黄、灰黄、褐、褐绿、绿色;吸收性极强,$Ng=Nm>Np$;颜色及多色性与 Fe^{3+}、Fe^{2+}、TiO_2 含量有关;正中突起,折射率随含铁量增多而增高;解理${001}$极完全,并有${010}$、${110}$裂理。少铁种属最高干涉色Ⅱ级,铁云母可达Ⅳ级,常因矿物本身的颜色很浓而使干涉色混,有时因褐帘石、锆石等放射性矿物包裹体呈现特征的球形多色晕。通

常平行消光,受力变形叶片弯曲而呈现波状消光;沿解理方向为正延性。二轴负晶,$2V$ 角小。可有 {001} 云母律双晶,一般不很显著。

产状及其他 黑云母在三大类岩石中都有广泛的分布,尤其在片麻岩、云母片岩、千枚岩、中酸性岩浆岩以及云母煌斑岩等岩类中占有显著的地位。

4)金云母(phlogopite)

化学组成 $KMg_3[AlSi_3O_{10}](F,OH)_2$,天然产出的金云母通常含有一定量的铁,并混有微量 Mn、Na、Cr、Ba、Sr 等杂质。可同黑云母构成类质同象系列。

结构与形态 单斜晶系,L^2PC 晶类;1M 型,$C_{2h}^3 - Cm$;$a = 0.5314nm$,$b = 0.9204nm$,$c = 1.0314nm$,$\beta = 99°54'$,$Z = 2$。$2M_1$ 型,$C_{2h}^6 - C2/c$;$a = 0.535nm$,$b = 0.925nm$,$c = 2.025nm$,$\beta = 95°1'$,$Z = 4$。常呈假六方板状、叶片状晶体,晶体往往比较粗大,薄片中通常呈不规则的叶片状或长条状。常含有许多针状包体如金红石、电气石、赤铁矿等。

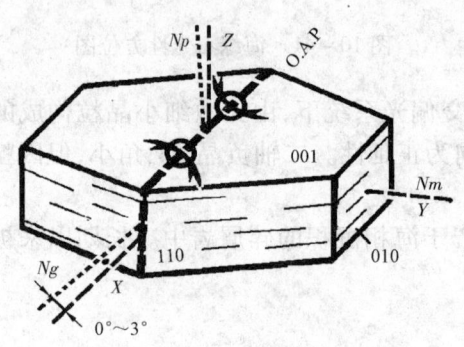

图 10-43 金云母光性方位图

光学性质 金黄、黄褐至红褐、绿、黑褐,有时退色至无色;多色性弱。$Np = 1.522 \sim 1.568$,$Nm = 1.548 \sim 1.60$,$Ng = 1.549 \sim 1.613$;$Ng - Np = 0.027 \sim 0.045$;$(-)2V = 0° \sim 20°$;$Ng \wedge X = 2° \sim 4°$,$Nm // Y$,$Np \wedge Z = 3° \sim 8°$,光轴面 //(010)(图 10-43)。色散 $r < v$。

镜下特征 薄片中无色至浅黄褐色;微弱多色性,$Ng - Nm$ 黄褐,$Np -$ 浅黄或无色;吸收性 $Ng = Nm > Np$;有时有颜色环带。正低至正中突起。折射率、双折射率(以及颜色)随 Mn^{2+}、Fe^{3+}、Fe^{2+}、Ti^{4+} 的含量的增加而加大。解理 {001} 极完全。最高干涉色Ⅲ级,有的为Ⅱ级。几乎平行于解理缝消光,消光角 $>5°$;沿解理方向为正延性。二轴负晶,$2V$ 角小。偶见 {001} 云母律双晶。

产状及其他 经常产于白云质碳酸盐岩的接触变质带,与透辉石、镁橄榄石、粒硅镁石、透闪石、滑石等共生。在金伯利岩、某些偏碱性的蚀变超基性岩和煌斑岩中也有多量金云母产出,共生矿物有碱性长石、霓石、烧绿石、方解石等。另外在某些富镁的结晶片岩中也有产出。

5)水白云母(伊利水云母)(hydromuscovite)

化学组成 $(K,H_3O)(Al,Mg,Fe)_2(Al,Si)_4O_{10}[(OH)_2,H_2O]$,显然,水白云母与白云母比较,$K_2O$ 的含量较少,而有较多的 H_2O;与水云母比较,含 K_2O 稍多;还有部分 Mg、Fe 的代入。国际粘土矿物命名委员会 1964 的意见是将伊利石等同于水云母;1975 年佛莱斯克(M. Fleischer)等认为水白云母 = 伊利石(illite)。

结构与形态 单斜晶系,L^2PC 晶类,$C_{2h}^6 - C2/c$;$a \approx 0.52nm$,$b \approx 0.90nm$,$c \approx 1.00nm$,$\beta \approx 96°$,$Z = 2$。常呈鳞片状、碎片状、弯曲轮廓的片状、羽毛状集合体;常与高岭石交生形成席状、蠕虫状集合体(图 10-44)。

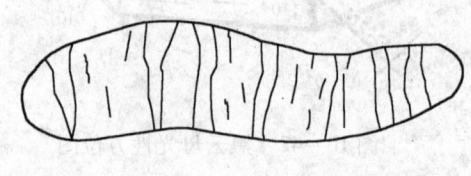

图 10-44 水白云母集合体

光学性质 白色、无色,或带有淡绿、淡褐色调。$Np = 1.555 \sim 1.575$,$Nm = 1.577 \sim 1.606$,$Ng = 1.580 \sim 1.610$;$Ng - Np = 0.025 \sim 0.035$;$(-)2V$

=5°~10°,Nm 近于 //X,Ng//Y,Np 近于 //Z,光轴面⊥(010)。

镜下特征 薄片中无色,有时微带浅绿或浅黄褐色泽。正低至正中突起。解理{001}完全,可能有⊥(001)的裂理。干涉色通常较达Ⅱ级底部到中部;近于平行消光;正延性。二轴负晶,$2V$角小。

产状及其他 典型的外生黏土矿物,是黏土、黏土岩及泥页岩的主要成分之一,常由长石、云母等铝硅酸盐矿物经风化作用形成,或由胶体沉淀的蒙脱石受钾交代而成。常与高岭石、石英、长石、绿泥石、蒙脱石、黄铁矿等同时出现。

4. 蒙脱石(微晶高岭石、胶岭石)(montmorillonite)

化学组成 $E_x(H_2O)_4\{(Al_{1-x}Mg_x)_2[(Si,Al)_4O_{10}](OH)_2\}$,成分复杂变化大。表现为:E 和"$(H_2O)_4$"为层间可交换阳离子和可变化的水,阳离子常为 Na^+、Ca^{2+},次为 K^+、Li^+ 等,其 $x=0.2~0.4$,据层间主要阳离子类型分为钠蒙脱石、钙蒙脱石等变种;八面体阳离子 Al^{3+} 可以被 Mg^{2+} 和 Fe^{2+} 等代替,这是层电荷产生的主要原因;四面体阳离子 Si^{4+} 也可以少量被 Ti^{4+} 和 Fe^{3+} 代替,代替量一般<15%;层间水的数量与层间阳离子种类及环境温度有关,最多为四层;层间还可吸附有机分子。蒙脱石与绿脱石可成类质同象系列,光性和成分有规律地变化。

结构与形态 单斜晶系,L^2PC 晶类;$C_{2h}^3 - C2/m$;$a=0.523$nm,$b=0.906$nm,$c=0.96~2.05$nm,$\beta \approx 90°$,$Z=2$。属TOT型层状结构。晶体极细,多成蠕虫状、页片状、球状、粒状,集合体呈致密块状、鳞片状。

物理性质 白、灰、浅红、浅绿、浅蓝等色;条痕白色;暗淡光泽;透明。解理{001}极完全;$D=2~2.7$;$H=1$。手摸之有滑感,吸水后体积迅速膨胀并分散为糊状。$Np=1.475~1.503$,$Nm=1.499~1.533$,$Ng=1.500~1.534$;$Ng-Np=0.025~0.031$;$(-)2V=7°~25°$;Ng 近于 //X,Nm//Y,N 近于 //Z,光轴面//(010)(图10-45)。

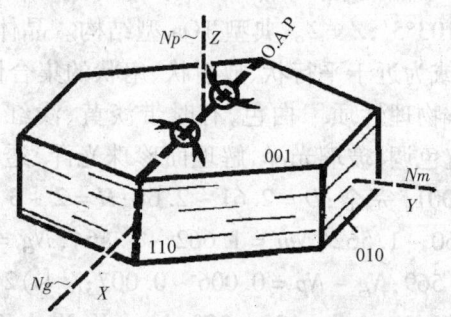

图10-45 蒙脱石光性方位图

镜下特征 薄片中无色,有时有浅黄、浅绿、浅粉等色,多色性不明显。负低突起,失水则折射率增高,而且 Fe^{3+}、Mg^{2+} 对 Al^{3+} 的代换也可使折射率加大。解理{001}极完全。色最高干涉色可达Ⅱ级,但因鳞片很薄,一般不超过Ⅰ级;近于平行消光;正延性。二轴负晶,$2V$角小。

产状及其他 典型外生粘土矿物,主要由基性岩经风化作用形成,产于粘土岩、粘土、土壤和近代海底软泥中。也可由热液蚀变形成,或产在金属矿脉周围,温泉或间歇泉附近。以蒙脱石为主要成分的膨润土用途颇为广泛,可供铸型用砂的粘合剂和油井钻探的泥浆原料,还可制耐高温负荷的润滑剂。

5. 高岭石(kaolinite)

化学组成 $Al_4[Si_4O_{10}](OH)_8$,常含 Fe_2O_3、MgO、CaO、Na_2O、K_2O、BaO 等杂质。

结构与形态 常见多为ITc型,三斜晶类;L^1晶类;C_i^1-P1;$a=0.534$nm,$b=0.893$nm,$c=0.737$nm,$\alpha=91°48'$,$\beta=104°30'$,$\gamma=90°$,$Z=1$。典型TOa型结构,即由一层硅氧四面体和一层铝氧(氢氧)八面体组成,层间域中基本没有阳离子和水分子。具1M多型者为单斜晶系,C_s^3-Cm空间群。可呈假六方板片状、鳞片状、蠕虫状细小晶体,也常呈放射状、粒状、土状、致密状集合体。

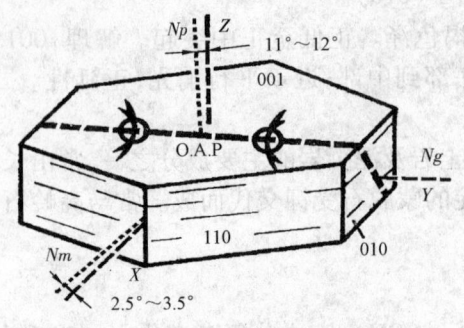

物理性质 白色,因含杂质可染成浅黄、浅红、浅绿等色;条痕白色;暗淡光泽,透明。解理$\{001\}$极完全;$D=2.58\sim2.67$;$H=2\sim2.5$。干燥时具有吸水性,潮湿后有可塑性。常含K^{40}、U和Th,因而具有放射性。$Np=1.553\sim1.563$,$Nm=1.559\sim1.569$,$Ng=1.560\sim1.570$;$Ng-Np=0.007$;$(-)2V=24°\sim50°$;$Nm\wedge X=2°\sim4°$,$Ng//Y$,$Np\wedge X=11°\sim12°$,光轴面$\perp(010)$(图10-46)。色散$r>v$弱。

图10-46 高岭石光性方位图

镜下特征 薄片中无色至浅黄色;正低突起;解理$\{001\}$完全,常呈弯曲状。干涉色Ⅰ级灰白;在(001)面上近于均质,在(010)面上为斜消光;正延性。二轴负晶,$2V$角中等。

产状及其他 典型外生矿物,由长石及副长石等矿物在酸性介质中分解的产物,多见于风化壳、粘土岩及土壤中,常与石英、褐铁矿、水云母、绿泥石等共生。

6. 地开石(dickite)

化学组成 $Al_4[Si_4O_{10}](OH)_8$,同高岭石。

结晶特点 单斜晶系,P晶类;C_s^4-Cc;$a=0.515nm$,$b=0.894nm$,$c=1.474nm$,$\beta=103°5'$,$Z=2$。典型TOa型结构。晶体呈假六方板状、叶片状、鳞片状、柱状、蠕虫状、细粒状,或为近于平行状、放射状、扇状的集合体。

物理性质 白色,有时带淡黄、浅红、浅褐、浅蓝色调;玻璃光泽,解理面珍珠光泽,透明。解理$\{001\}$完全;$D=2.61\sim2.68$;$H=2\sim3$。$Np=1.560\sim1.562$,$Nm=1.662\sim1.564$,$Ng=1.566\sim1.569$;$Ng-Np=0.006\sim0.007$;$(+)2V=52°\sim80°$,$Nm\wedge X=12°\sim20°$,$Ng//Y$,$Np\wedge Z=1°\sim6°$,光轴面$\perp(010)$(图10-47)。色散$r>v$。

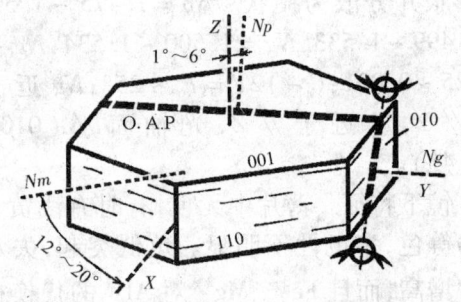

图10-47 地开石光性方位图

镜下特征 薄片中无色;正低突起;解理$\{001\}$完全。干涉色Ⅰ级灰白;在(010)切面上消光角达$12°\sim20°$(比高岭石的消光角大许多);沿解理正延性。二轴正晶,$2V$中至大。

产状及其他 火山岩受低温热液变质可形成地开石,与石英、金属硫化物矿物共生于热液矿脉的裂隙及空洞中,也有自生的地开石可成为砂岩的胶结物。

7. 绿泥石族(chlorite group)

本族矿物是一种含(OH)的Fe、Mg、Al的层状硅酸盐。化学成分相当复杂,通式可写作$M_{5\sim6}[(Si,Al)_4O_{10}](OH)_8$,其中$M=Mg^{2+}$、$Fe^{2+}$、$Ni^{2+}$、$Mn^{2+}$、$Li^+$、$Al^{3+}$、$Fe^{3+}$、$Cr^{3+}$等。种属较多,最常见的有斜绿泥石、叶绿泥石、蠕绿泥石、鲕绿泥石和鳞绿泥石。

本族矿物属TOmT·O型结构,相当于滑石的结构层与一个水镁石结构层相间排列而构成的。其八面体中以二价的Mg^{2+}、Fe^{2+}为主,还常有Li^+、Mn^{2+}、Cr^{3+}等杂质;四面体中以Si^{4+}、Al^{3+}为主,也还有少量Ti^{3+}、Cr^{3+}、Fe^{3+}等杂质。各层的类质同象广泛,多型现象很普遍。

本族矿物有如下共同特征：① 多为单斜晶系（少数三斜晶系），多数呈鳞片状集合体。② 多呈不同色调的绿色，含镁多者常呈浅绿色，含铁多者常呈绿至绿黑色；条痕浅绿灰色；玻璃光泽，透明。薄片中浅绿和浅黄色。③ {001}解理极完全，薄片具挠性；$D = 2.68 \sim 3.4$，$H = 2 \sim 3$。④ 突起正低至正中，双折射率低，通常为Ⅰ级干涉色，有的变种呈现异常干涉色；随含铁量增高折射率增大；近于平行消光（消光角一般 $<3°$）。⑤ 光轴角不大，一般 $2V < 30°$（个别除外）；光轴面 //（010），光性符号与延性相反，色散一般较强。即正光性的绿泥石 $Np = Nm > Ng$，负延性，$r < v$；负光性的绿泥石 $Ng = Nm > Np$，正延性，$r > v$。

本族矿物种属的准确鉴别，常须采用光学性质的测定，并辅以X射线粉末法、差热分析、化学分析等等方法方可实现。

绿泥石分布很广泛，主要由低级变质作用、低温热液蚀变作用和沉积作用形成，主要产于变质岩中，富铁的绿泥石也产于沉积岩和现代海洋沉积物中。此外，也可以在成岩过程中自生形成或由其他矿物转变而成。

1) 叶绿泥石（pennine）

化学组成 $(Mg, Fe^{2+})_5 Al[AlSi_3O_{10}](OH)_8$，成分中 $Mg^{2+} >> Fe^{2+}$，还含有少量 Fe^{3+}，有的种属含 Cr^{3+}。

结构与形态 单斜晶系，L^2PC 晶类；$C_{2h}^3 - C2/m$；$a = 0.52 \sim 0.53\text{nm}$，$b = 0.92 \sim 0.93\text{nm}$，$c = 2.86\text{nm}$，$\beta = 96°50'$，$Z = 4$。晶体呈假六方板状、片状，常呈黑云母假象，也常见蠕虫状、鳞片状、纤维状、放射状及隐晶集合体，并常与黑云母交生。有时有锆石包体，其四周常见多色晕。

光学性质 绿、红、紫、暗绿、绿黑色。$Np = 1.562 \sim 1.581$，$Nm = 1.565 \sim 1.581$，$Ng = 1.565 \sim 1.586$；$Ng - Np = 0.003 \sim 0.005$。正光性：$(+)2V = 0° \sim 20°$；$Ng \wedge Z = 5° \sim 7°$，$Nm // Y$，$Np \wedge X = 0° \sim 3°$；$r > v$。负光性（铁较多者）：$(-)2V = 0° \sim 40°$；$Ng // X$，$Nm // Y$，$Np \wedge Z = 5° \sim 7°$；$r < v$。光轴面均 //（010）（图 10 - 48）。

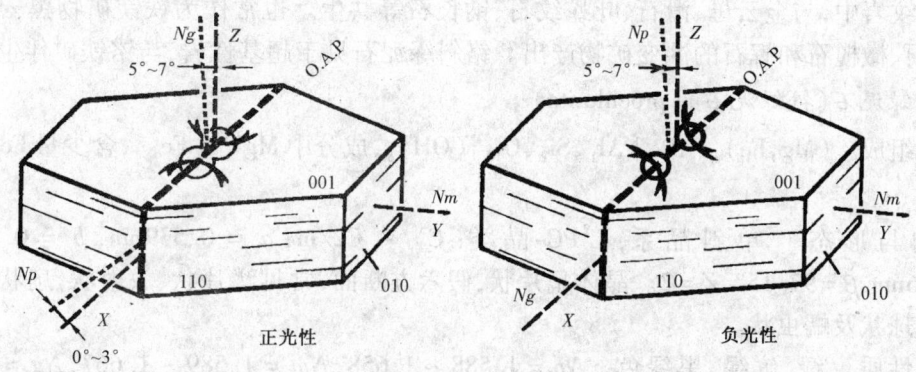

图 10 - 48 叶绿泥石光性方位图

镜下特征 薄片中绿至黄绿色；多色性，$Ng -$ 浅黄绿或无色，$Nm = Np -$ 绿色；吸收性 $Ng < Nm = Np$。铁较多者（负光性）多色性，$Ng -$ 浅绿至绿色，$Np -$ 浅黄绿或无色；吸收性 $Ng = Nm > Np$；正低突起；解理{001}极完全。干涉色Ⅰ级灰，但常有呈蓝、紫或锈褐色的异常干涉色；平行或近于平行消光；延性与光性相反，即正光性者为负延性，负光性者为正延性。二轴正晶，$2V$ 角小；含铁较多者为二轴负晶，$2V$ 角小至中等。双晶{001}双晶有时可见。

产状及其他 叶绿泥石是绿泥石族矿物中最常见的一种，是辉石、角闪石等镁铁硅酸盐矿物的蚀变产物，也是低级区域变质作用的特征矿物。在绿泥石片岩、千枚岩及热液蚀变矿脉中广泛分布。

2)斜绿泥石(clinochlore)

化学组成 $(Mg,Fe^{2+})_{4.75}Al_{1.25}[Al_{1.25}Si_{2.75}O_{10}](OH)_8$,成分中 $Mg>>Fe^{2+}$,可含少量 Fe^{3+}、Mn 和 Cr。含铁极少的种属称为淡斜绿泥石,富铬种属($Cr_2O_3>4\%$)称为铬(斜)绿泥石。随镁绿泥石成分的增加可逐渐变为镁蠕绿泥石、它们之间的成分、光性可有规律的变化。

结构与形态 单斜晶系,L^2PC 晶类;$C_{2h}^3 - C2/m$;$a=0.52\sim0.53$nm,$b=0.92\sim0.93$nm,$c=1.436$nm,$\beta=96°50'$,$Z=4$。晶体呈薄到中厚的板片状,断面假六方状,晶面常弯曲,通常呈薄片状、桶状、鳞片状集合体。

光学性质 绿、红、暗红色。$Np=1.571\sim1.588$,$Nm=1.571\sim1.589$,$Ng=1.576\sim1.599$;$Ng-Np=0.005\sim0.011$;$(+)2V=0°\sim40°$;$Np\wedge X=0°\sim3°$,$Nm//b$,$Ng\wedge Z=2°\sim9°$,光轴面$//(010)$(图10-49)。色散 $r<v$ 强。

镜下特征 薄片中绿色、淡绿、无色;弱多色性,Ng-浅黄绿、无色,Nm-浅绿,Np-浅绿;吸收性 $Ng<Nm\approx Np$;铬(斜)绿泥石 Ng-浅橙红,Nm-浅紫红,Np-浅紫红;正低突起;解理{001}完全。干涉色Ⅰ级绿灰至黄绿(因本色叠加的结果);近平行消光(消光角<3°);沿解理方向为负延性。二轴正晶,2V 角小至中等。以{001}为

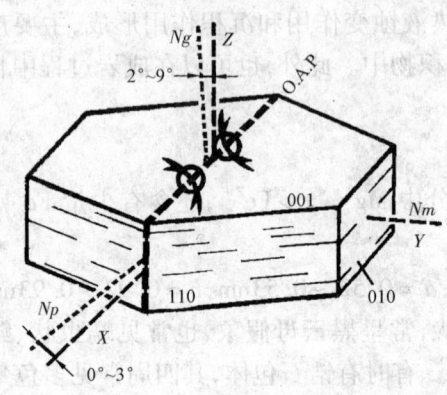

图10-49 斜绿泥石光性方位图

结合面的聚片双晶常见。

产状及其他 斜绿泥石是一种变质矿物,产于低级变质的绿泥石片岩、滑石片岩、变质石灰岩与蛇纹岩中,与金云母、滑石、叶蛇纹石、钠长石等共生。也常作为铁镁矿物黑云母、角闪石、石榴石、橄榄石和辉石的蚀变矿物产出。铬斜绿泥石见于超基性岩,与铬铁矿伴生。

3)蠕绿泥石(铁绿泥石)(prochlorite)

化学组成 $(Mg,Fe)_{4.5}Al_{1.5}[Al_{1.5}Si_{2.5}O_{10}](OH)_8$,成分中 $Mg^{2+}>Fe^{2+}$,含少量 Fe^{3+}、Mn^{3+} 和 Cr^{3+}。

结构与形态 单斜晶系,L^2PC 晶类;C_{2h}^3-C2/m;$a=0.539$nm,$b=0.9376$nm,$c=1.4166$nm,$\beta=97.15°$,$Z=2$。晶体呈片状,假六方断面,常见鳞片状、放射状、扇状集合体,有时也有球状及蠕虫状。

光学性质 绿、鲜绿,黑绿色。$Np=1.588\sim1.658$,$Nm=1.589\sim1.667$,$Ng=1.599\sim1.667$;$Ng-Np=0.001\sim0.011$;正光性者$(+)2V=0°\sim30°$,$Ng\wedge Z=7°$,$Nm//Y$,$Np//X$,色散 $r<v$;负光性者$(-)2V\approx0°$(很小),$Ng\wedge X$ 小,$Nm//Y$,$Np//Z$ 很小;色散 $r>v$;光轴面均$//(010)$(图10-50)。

镜下特征 薄片中浅绿至绿褐色;多色性、吸收性因光性而异(正光性者 Ng-浅绿、浅绿褐,$Nm-Np$ 绿、褐草绿,吸收性 $Ng<Nm-Np$;负光性者 $Ng-Nm$ 橄榄绿,Np 浅绿,吸收性 $Ng-Nm>Np$);正低至正中突起;解理{001}完全。干涉色Ⅰ级灰;平行或近于平行消光;延性与光性符号相反。二轴正晶或负晶,2V 角小至很小。

产状及其他 与其他绿泥石类似,为角闪石、黑云母等矿物经蚀变形成,也可由低级区域

变质作用形成,常与钠长石、磁铁矿等矿物共生。

4) 鲕绿泥石(chamosite)

化学组成 $(Fe^{2+}, Mg, Fe^{3+})_5 Al[(Si_3Al)O_{10}](OH,O)_8$。成分中 $Fe^{2+} \gg Mg^{2+}$,尚含少量 Fe^{3+}。

结构与形态 单斜晶系,L^2PC 晶类;$C_{2h}^3 - C2/m$;$a=0.540nm, b=0.933nm, c=0.704nm, \beta=104°30', Z=2$。通常呈同心的鲕粒状,鲕粒可为球状、扁平状或不规则粒状。有时鲕粒由微体化石充填,或与赤铁矿构成互层。

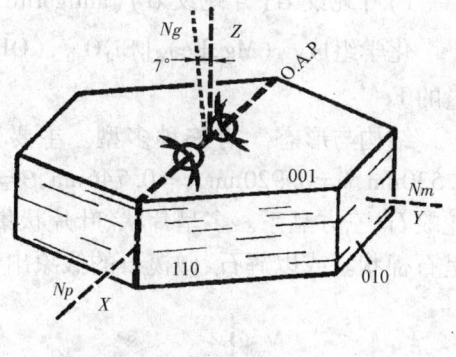

图 10-50 鳞绿泥石光性方位图

光学性质 绿、灰绿色。$Np=1.595 \sim 1.667, Nm=Ng=1.60 \sim 1.67$; $Ng-Np=0.005 \sim 0.006$; $(-)2V=0° \pm$; $Ng // b, Nm \wedge X$ 极小, $Np \wedge Z$ 极小;光轴面 $// (010)$(图 10-51)。

镜下特征 薄片中绿、浅褐色;多色性不显著,$Ng = Nm$ — 浅绿,Np — 浅褐,吸收性 $Ng = Nm > Np$;多色性随铁的含量增加而增强;正中突起,折射率随 Fe^{2+} 含量增多而增高;解理 {001} 较完全。干涉色 I 级灰,常显异常的灰蓝色;近于平行消光;沿解理为正延性。

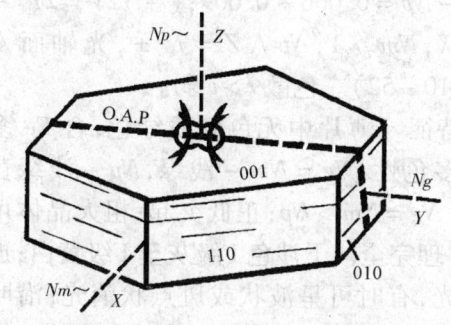

图 10-51 鲕绿泥石光性方位图

二轴负晶,$2V$ 角极小($0°$左右)。

产状及其他 鲕绿泥石产于沉积铁矿中,与菱铁矿、黄铁矿、菱锰矿、方解石、胶磷矿及稀土元素等共生。也见于钙质粉砂岩和灰岩的伴生层中,与菱铁矿、胶磷矿、黄铁矿及粘土矿物伴生。在花岗岩及伟晶岩的晶洞和裂隙中也有产出。

8. 蛇纹石族(serpentine group)

本族矿物与高岭石类似,是由四面层与八面体层叠置而成的层状硅酸矿物,差异在于蛇蚊石族的八面体层为"氢氧镁石层",属 TOm 型结构。其通式为 $A_6[Si_4O_{10}](OH)_8$,A 主要是 Mg^{2+},还可有 Fe^{2+}、Ni^{2+}、Mn^{2+}、Cr^{3+} 等类质同象混入物,四面体中 Si^{4+} 还可被 Al^{3+}、Ge^{4+} 替代,OH 可被氟替代。依据成分和结构,本族一般可以分为叶蛇纹石、纤维蛇纹石和利蛇纹石这 3 个种类,还可细分为铁叶蛇蚊石、锰叶蛇蚊石等变种。呈斜方辉石假象的利蛇纹石或叶蛇纹石又称绢石(Bastite),呈隐晶质细分散状而显均质性的蛇纹石类矿物的混合物,称胶蛇纹石(serpophi0te),这些实则都不是独立的矿物。

本族矿物的主要特征是:① 一般为单斜晶系,少数多型为斜方晶系或六方晶系。② 一般呈绿色,常有蛇皮状的青至绿色的斑纹,铁及其他阳离子含量变化可呈黄、灰、蓝及无色;条痕白色;玻璃光泽或油脂光泽,纤维者丝绢光泽;透明。③ 均具有 {001} 完全解理;$D=2.55 \sim 3.0$; $H=2 \sim 3.5$。铁含量增加比重加大。④ 多色性很不显著;正低突起;干涉色一般为 I 级灰白至黄色,且无异常干涉色。

本族矿物属种的鉴别,仅利用光性特征有时比较困难,可暂统称"蛇纹石"。若要准确定出种属,须借助 X 射线、电镜及化学分析等手段。蛇纹石主要是铁镁矿物在热液蚀变作用下形成的。

1) 叶蛇纹石(片蛇纹石)(antigorite)

化学组成 $(Mg,Fe)_6[Si_4O_{10}](OH)_8$,含少量 Al^{3+}、Fe^{3+}、Mn^{3+} 及 Ni^{2+},有的还含相当数量的 Fe^{2+}。

结构与形态 有三种多型。主要为斜叶蛇蚊石,单斜晶系,L^2PC 晶类;C_{2h}^3-C2/m;$a=0.530nm,b=0.920nm,c=0.746nm,\beta=91°24',Z=1$。还有正叶蛇蚊石,六方晶系;三方铝叶蛇蚊石,三方晶系。多呈片状、叶片状集合体。薄片中因切片方向不同也可成纤维状,有时也呈石棉状。或以辉石、橄榄石的假象出现。

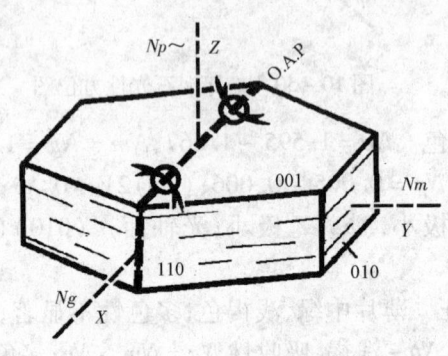

图 10-52 叶蛇蚊石光性方位图

光学性质 多呈绿、蓝绿、灰白色。$Np=1.546\sim1.595,Nm=1.551\sim1.603,Ng=1.552\sim1.604;Ng-Np=0.006\sim0.009;(-)2V=27°\sim60°;Ng//X,Nm//Y,Np\wedge Z=7°\pm$,光轴面$//(010)$(图 10-52)。色散 $r>v$ 弱。

镜下特征 薄片中无色到浅绿色;含 Fe 多者有微弱多色性,$Ng=Nm$-浅绿,Np-浅绿黄色;吸收性 $Ng=Nm>Np$;正低突起;粗大晶体可见{001}解理完全。干涉色I级灰至I级黄白;近于平行消光,有时可呈波状或斑点状消光;沿叶片延长方向为正延性。二轴负晶,$2V$ 角中等。

产状及其他 通常是橄榄石、顽火辉石、透辉石、普通辉石、普通角闪石以及白云质灰岩的蚀变产物,与粉末状磁铁矿伴生;也是蛇纹石化或蛇纹岩的主要矿物。

2) 利蛇纹石(鳞蛇纹石)(lizardite)

化学组成 $Mg_6[Si_4O_{10}](OH)_4$,常有 Fe^{2+}、Al^{3+} 替代 Mg^{2+},一般铁含量很低,有时(OH)被 F 替代。富含铁者称铁叶蛇蚊石。

结构与形态 单斜晶系,P 晶类;C_s^3-Cm;$a=0.531nm,b=0.920nm,c=0.731nm,\beta\approx90°,Z=1$。细粒状、片状或纤维状、毡状集合体。利蛇纹石可按一定方位交代斜方辉石,成具有丝绢光泽的褐色粗粒状称绢石(Bastite)。绢石的{001}解理同斜方辉石的{010}裂理相平行。

光学性质 无色或浅绿色。$Np=1.538\sim1.550,Nm=1.546\sim1.560,Ng=1.546\sim1.560;Ng-Np=0.008\sim0.010;(-)2V=0°\sim2°;Ng$ 近于$//X,Nm//$ T,Np 近于$//Z$,光轴面$//(010)$(图 10-53)。

镜下特征 薄片中无色;正低突起;解理{001}极完全。干涉色I级灰白;平行消光,沿解理方向为正延长,但沿纤维方向可为负延长。二轴负晶,$2V$ 角很小。

产状及其他 易在中性介质中形成。仅在块状的蛇纹岩中产出,共生矿物有纤维蛇纹石、叶蛇纹石、滑石、皂石等。

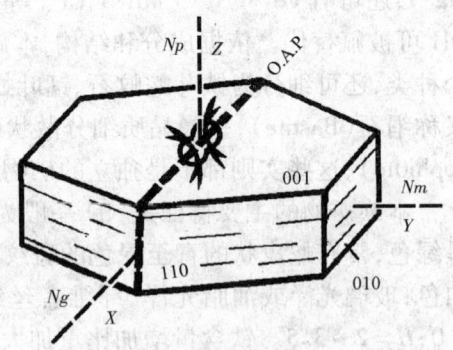

图 10-53 利蛇蚊石光性方位图

3) 纤维蛇纹石(温石棉)(chrysotile)

化学组成 $Mg_6[Si_4O_{10}](OH)_4$,可含少量 Fe^{2+}、Fe^{3+} 和极少量的 Mn^{2+}、Al^{3+}、Ni^{2+}。

结构与形态　分为斜纤蛇纹石、正纤蛇纹石和副纤蛇纹石3种多型,前者为单斜、后二者为斜方晶系。$a = 0.530 \sim 0.534$nm,$b = 0.920 \sim 0.924$nm,$c = 1.463 \sim 1.47$nm,$\beta = 93°17'$或$90°$,$Z = 2$。其单位构造层平行于X轴(少数Y轴)卷曲成管状或筒状,并分为α型和β型。晶体呈细长的纤维状集合体,构成交叉或横的纤维状细脉(图10-54)。

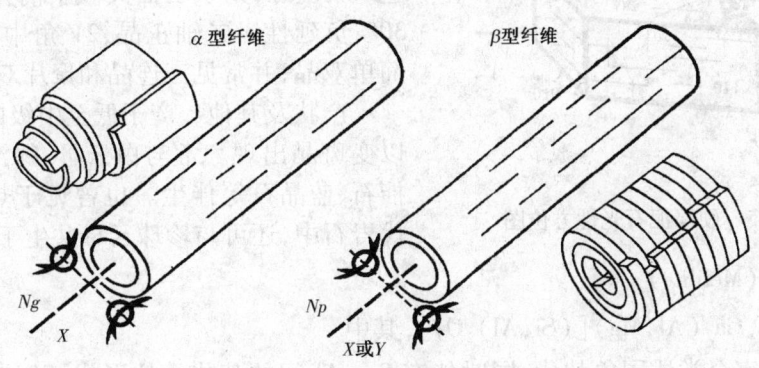

图10-54　纤维蛇纹石光性方位图

光学性质　绿、黄、灰色。α型:$Np = 1.532 \sim 1.552$,$Ng = 1.545 \sim 1.561$;$Ng - Np = 0.009 \sim 0.013$;$(+)2V = 10° \sim 30°$;$Ng // X$,光轴面$// X$。$\beta$型:$Np = 1.538 \sim 1.560$,$Ng = 1.546 \sim 1.567$;$Ng - Np = 0.007 \sim 0.008$;$(-)2V = 30° \sim 35°$;$Np // X$,光轴面$// X$或$Y$(图10-54)。

镜下特征　薄片中浅绿、浅黄绿、无色;厚薄有微弱多色性,$Nm = Np -$稻草黄或无色,$Ng -$黄绿或橙黄;正低突起至负低突起;解理$\{110\}$不完全,而且经常看不见。干涉色Ⅰ级灰白至黄色;平行或近于平行消光,放射状纤维可呈扇形的或十字形消光;α型为正延长,β型为负延长。

产状及其他　常与叶蛇纹石等共同成为基性、超基性岩的交代蚀变矿物,常与磁铁矿、滑石、蛭石、绿泥石等共生;也见于镁质碳酸盐的接触变质的大理岩中。细长纤维状者称温石棉,是最重要的石棉之一,占世界石棉产量的90%。

9. **硬绿泥石**(chloritoid)

化学组成　$(Fe^{2+}, Mg, Mn)_2(Al, Fe^{3+})Al_2O_3[SiO_4]_2(OH)_4$,有少量$CaO$、$MnO$(可达9%)。

结构与形态　单斜晶系,L^2PC晶类;$C_{2h}^6 - C2/c$;$a = 0.945$nm,$b = 0.548$nm,$c = 1.816$nm,$\beta = 101°30'$,$Z = 4$。三斜晶系者称三斜硬绿泥石(Triclinochloritoid)少见。$[SiO_4]$成孤立四面体平行底面排列,其间有水镁石层和氧化铝层。外形似绿泥石或云母,呈假六方板片状,完整晶体较少见,或底面呈菱面体轮廓。常见半自形或它形的晶体,也常见束状、片状、放射状集合体。常有磁铁矿、钛铁矿、金红石、石榴石、石英、电气石等包体。石英及炭质包裹体常构成砂钟构造。

物理性质　绿黄或暗绿色;条痕为带淡绿的白色;玻璃光泽,解理面珍珠光泽;半透明。解理$\{001\}$完全,$\{110\}$不完全,有$\{010\}$裂开;薄片有挠性及弹性。$D = 3.2 \sim 3.8$;$H = 6 \sim 7$。$Np = 1.713 \sim 1.728$,$Nm = 1.719 \sim 1.734$,$Ng = 1.723 \sim 1.740$;$Ng - Np = 0.010 \sim 0.012$;$(+)2V = 36° \sim 70°$;$Ng \wedge Z = 3° \sim 30°$,$Np$或$Nm // Y$,光轴面$// (010)$或$\perp (010)$(图10-55)。色散$r > v$强,交叉色散。

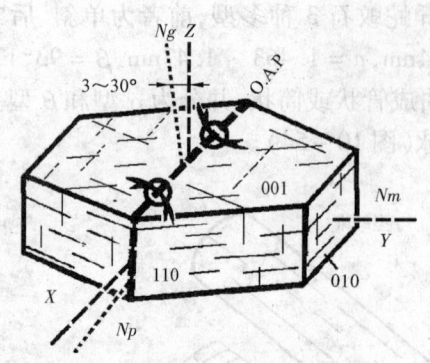

图 10-55 硬绿泥石光性方位图

镜下特征 薄片中无色至绿；多色性显著，Ng-无色至浅黄、黄绿，Nm-浅黑蓝至紫蓝色，Np-灰绿到绿；吸收性 $Nm > Np > Ng$；正高突起；解理$\{001\}$完全，$\{110\}$中等，有$\{010\}$裂开。干涉色 I 级橙红；条状切面具倾斜消光，$Ng \wedge Z = 3° \sim 30°$；负延性。二轴正晶，$2V$角中等。常见$\{001\}$简单双晶；并常见三连晶和聚片双晶。

产状及其他 产于低至中级的区域变质岩中以变斑晶出现。常与白云母、绿泥石、十字石、石榴石、蓝晶石等伴生。也曾见于热液脉及热液交代岩石中，还可与珍珠云母共生于刚玉岩中。

10. 黄长石（Melilite）

化学组成 $Ca_2(Al, Mg)[(Si, Al)_2O_7]$，其中 Al—Mg 之间为完全类质同象替代，同时伴有 Si—Al 间的替代。故形成钙铝黄长石和钙镁黄长石为端元的类质同象系列。Ca^{2+} 可部分地被 Na^+ 代替，此外还有 Mn^{2+}、Fe^{2+}、Zn^{2+}、Be^{2+}、Fe^{3+} 等。因此还有钠黄长石等变种。

结构与形态 四方晶系，$L_i^4 2L^2 2P$ 晶类；$D_{2d}^3 - P\bar{4}2_1m$；$a = 0.769 \sim 0.784nm$，$c = 0.501 \sim 0.508nm$，$Z = 2$。系由双四面体$[Si_2O_7]$与 Mg—O 四面体共角顶联接成平行于(001)的层，层与层之间以 Ca 相连，Ca 的配位数为 8。主要单形有平行双面$\{001\}$、四方柱$\{110\}$、$\{100\}$、复四方柱$\{310\}$、四方四面体$\{111\}$等。常成四方的板状或短柱状，有时为粒状。往往具有特征的"钉齿结构"，是由和条状切面延长方向相垂直的短裂缝排布于边缘所造成的，据此可有助于黄长石的辨识。

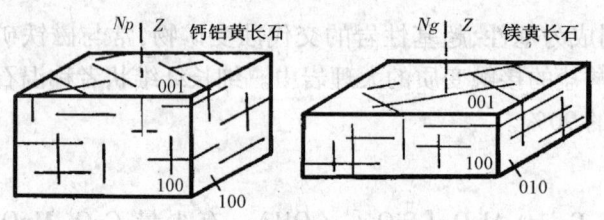

图 10-56 黄长石光性方位图

物理性质 白色及灰绿、黄至褐色；条痕无色；玻璃光泽；透明。解理$\{001\}$中等，$\{110\}$不完全；不平坦断口；$D = 2.94 \sim 3.04$；$H = 5 \sim 6$。$No = 1.632 \sim 1.669$，$Ne = 1.639 \sim 1.658$；$(-)No - Ne = 0.011$（钙铝黄长石），$(+)Ne - No = 0.007$（钙镁黄长石）（图 10-56）。

镜下特征 薄片中无色或淡黄棕色；厚切片有多色性，No-黄褐，Ne-无色至淡黄；吸收性 $No > Ne$。正中突起；解理$\{001\}$中等，$\{110\}$不好。干涉色 I 级灰至黄色，常有异常干涉色（靛蓝色）；平行消光。富钙铝黄长石分子者一轴正晶、突起略高、干涉色较高、负延性；富钙镁黄长石分子者一轴负晶、突起略低、干涉色略低、正延性。

铝黄长石为一轴负晶，镁黄长石为一轴正晶。随着成分中 Al 的减少，黄长石的光性可由负光性变为正光性，而在相当成分则可出现均质性（$Ca_2Al_2SiO_7$ 分子大约为 46% ± 时）。但大部分黄长石为一轴负晶。

产状及其他 产于贫硅的基性火山岩及碱性岩，是黄长玄武岩（黄长岩）和黄长煌斑岩的主要矿物之一。共生矿物有霞石、白榴石、橄榄石、辉石、钙钛矿等。有时也因钙质同化作用产出于碱性岩同石灰岩的接触变质带。镁黄长石作为高温特征矿物被认为是透长石相的标志矿物,见于接触变质成因的镁质大理岩中。在矿渣中也有黄长石发现。

11. 葡萄石(prehnite)

化学组成 $Ca_2Al[AlSi_3O_{10}](OH)_2$,成分中的 Al^{3+} 常被少量 Fe^{3+} 所代换,还可能有少量的 Ti^{3+}、Mg^{2+}、Na^+、K^+。

结构与形态 斜方晶系,$3L^23PC$ 晶类;$D_{2h}^7 - Pncm$;$a = 0.464$nm,$b = 0.550$nm,$c = 1.840$nm,$Z = 2$,为层链型结构的硅酸盐。晶体为斜方柱$\{110\}$、$\{031\}$、平行双面$\{001\}$、$\{010\}$的聚形。晶体多沿(001)呈厚板状,或沿 c 轴呈短柱状。通常呈细小粒状或纤维状、放射状、葡萄状集合体。并常聚合成球粒状、似蝴蝶状。

物理性质 浅绿、黄、灰或灰白色;条痕无色或带浅色调的白色;玻璃光泽;透明至半透明。解理$\{001\}$完全,$\{110\}$不完全,断口平坦;$D = 2.80 \sim 2.95$;$H = 6 \sim 6.5$。$Np = 1.611 \sim 1.630$,$Nm = 1.617 \sim 1.641$,$Ng = 1.632 \sim 1.669$;$Ng - Np = 0.021 \sim 0.039$;$(+)2V = 65° \sim 69°$;$Np // X$,$Nm // Y$,$Ng // Z$,光轴面$//(010)$(图10 - 57)。色散 $r > v$ 弱,交叉色散。

镜下特征 薄片中无色;正中突起。折射率和双折射率随 Fe^{3+} 的含量增加而增大;解理$\{001\}$完全,$\{110\}$不完全。干涉色Ⅱ级底部到顶部,有时具异常干涉色;平行消光,有时呈波状消光;柱状晶体正延性,板状晶体为负延性。二轴正晶,$2V$ 角大。在某些切面上具细的聚片双晶,并构成两个方向正交的格子状。

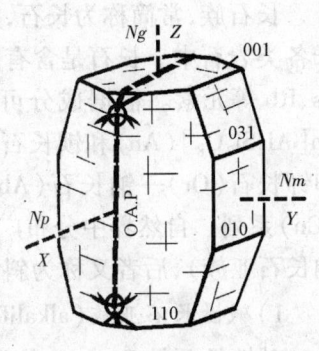

图10 - 57 葡萄石光性方位图

产状及其他 经常作为热液矿物或蚀变矿物产出,主要产于基性火山岩的孔穴或裂隙中,常与硅硼钙石、沸石、斧石共生。也在中酸性侵入岩中成为斜长石或辉石、角闪石的假象产出,与浊沸石、斜黝帘石、绿帘石等矿物共生。还见于接触交代变质带中。

12. 伊丁石(iddingsite)

化学组分 $H_4MgFe_2[Si_3O_{12}] \cdot 2H_2O$。伊丁石不是独立的矿物,而是一种硅酸盐同 Fe、Mg 氧化物的混合物,组分中还含有较多的水。其组成矿物主要是赤铁矿或针铁矿,非晶质的 Mg 硅酸盐,粘土矿物如混层的蒙脱石 - 绿泥石等,还混有石英、方解石,较少有滑石、云母。由于形成的组分细小,但取向一致而显单晶体的光性,且常形成橄榄石的假象。

结构与形态 斜方晶系。呈板片状或纤维状,常以橄榄石为假象,或镶嵌于其边缘。

物理性质 深红褐色。解理$\{001\}$、$\{100\}$和$\{010\}$完全;$D = 2.5 \sim 2.85$;$H = 2.5 \sim 3.0$。$Np = 1.608 \sim 1.792$,$Nm = 1.650 \sim 1.846$,$Ng = 1.655 \sim 1.864$;$Ng - Np = 0.035 \sim 0.072$;$(\pm)2V = 20° \sim 80°$;$Np // X$,$Nm // Y$,$Ng // Z$,光轴面$//(010)$(图10 - 58)。色散 $r < v$ 强。

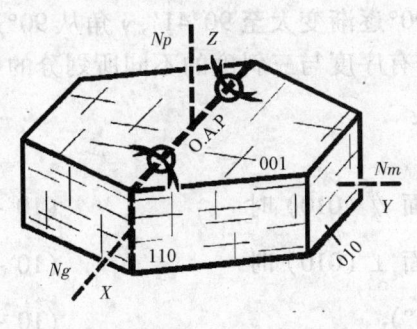

图10 - 58 伊丁石光性方位图

镜下特征 薄片中褐黄色;具多色性,$Ng -$ 橙褐至暗红褐,$Nm -$ 橙褐至红褐,$Np -$ 浅黄和红褐;吸收性$Ng>Nm>Np$;正高突起,一般折射率$Np'=1.67\sim1.73$,$Ng'=1.72\sim1.77$;解理{001}极完全,{010}、{100}完全,三组解理近直交。干涉色可达Ⅲ至Ⅳ级,但常被矿物颜色所掩盖而常呈褐红色;沿解理缝平行消光。二轴晶,光性或正或负,$2V$角变化大,有时近于0°,有时近90°。

产状及其他 伊丁石是火山岩的特有矿物。主要产于含橄榄石的玄武岩、辉绿岩,系橄榄石的蚀变产物。

五、架状硅酸盐类矿物的鉴定特征

1. 长石族(feldspar group)

长石族,常简称为长石,是地壳中分布最广泛的矿物,约占地壳总质量的50%。广泛分布于各类岩石中。长石是含有K、Na、Ca以及Ba的无水架状结构铝硅酸盐矿物,还常含微量Li、Cs、Rb等元素。依据成分可有钾长石$K[AlSi_3O_8]$(Or)、钠长石$Na[AlSi_3O_8]$(Ab)、钙长石$Ca[Al_2Si_2O_8]$(An)和钡长石$Ba[Al_2Si_2O_8]$(Cn)等四种端元矿物。并形成三个类质同象系列,即钾长石(Or)—钠长石(Ab)系列;钠长石(Ab)—钙长石(An)系列;钾长石(Or)—钡长石(Cn)系列。自然界中分布广泛的是Or—Ab系列和Ab—An系列,前者又称为碱性长石(或钾钠长石亚族),后者又称为斜长石(亚族),而Or—Cn系列分布十分罕见。

1)碱性长石亚族(alkalifeldspar subgroup)

碱性长石是Or-Ab的类质同象固溶体矿物。在高温下,Or和Ab可以任意比例混溶;低温下则只能有限混溶。碱性长石中常含有不足5%的钙长石分子(An);而在富Na的碱性长石中,钙长石分子可达10%。此外,还可含有少量的Fe、Mg、Ba以及微量的Sr、Rb、Pb、Cu、Ga、Y等元素。这些元素对于光性往往有较大影响。

依据成分与结构碱性长石可分为:

(1)富钾长石(或称钾长石),含透长石、正长石、正微长石、微斜长石。

(2)富钠长石,包括钠长石、歪长石。

(3)钾钠质长石,含条纹长石及反条纹长石。条纹长石实际为主晶(数量多者)与客晶(数量少者)二矿物的"交生"混晶体。条纹长石的主晶为正长石或微斜长石,客晶为钠长石;反条纹长石的主晶为钠长石,客晶为正长石或微斜长石。

碱性长石的有序—无序结构状态,常以有序度(S)及三斜度(Δ)表示。有序度是指Al^{3+}在四联环的四个T位置上的分布概率,可分为单斜有序度(S_M)及三斜有序度(S_T);三斜度是指正长石到"最大微斜长石"的有序化过程中,α角从90°逐渐变大至90°41′,γ角从90°逐渐变小至87°30′,这种偏离单斜对称的程度。碱性长石按有序度与三斜度的不同所划分的亚种如表10-2所列。

碱性长石的光学有序S_M和S_T可按下式计算:

$$S_M = 0.1193(64°-2V) \quad \text{光轴面} // (010) \text{时} \tag{10-1}$$

$$S_M = 0.0093(64°+2V) \quad \text{光轴面} \perp (010) \text{时} \tag{10-2}$$

$$S_T = 0.25(2V-44°) \tag{10-3}$$

碱性长石的光学三斜度Δ可按下试计算:

$$\Delta = 0.055 \times [Ng \wedge \perp(010)] = 0.1[90°-Ng \wedge \perp(010)] \tag{10-4}$$

表 10 – 2 碱性长石亚种划分

亚类	矿物名称 种	亚种	光轴角 (−)2V	光轴面	光学有序度 S S_M	S_T	光学三斜度 Δ	光性方位 $Ng \wedge \perp(010)$	$Ng \wedge \perp(001)$
富钾长石	透长石	高透长石	0°~64°	//(010)	0~0.6		0	90°	3°~12°
		低透长石	0°~44°	⊥(010)	0.6~1			0°	90°
	正长石	高正长石	44°~54°	⊥(010)	0~0.25		0	0°	90°
		中正长石	54°~74°		0.25~0.75				
		低正长石	74°~84°		0.75~1.0				
	正微长石	高正微长石	44°~54°	~⊥(010)	0~0.25	0~0.25		0°~3.6°	90°~87.5°
		中正微长石	54°~74°		0.25~0.75	0~0.75		0°~14.4°	90°~82.5°
		低正微长石	74°~84°		0.75~1.0	0~1.0		0°~18.0°	90°~80.0°
	微斜长石	高微斜长石	44°~54°		0~0.25	0~0.25		0°~3.6°	90°~82.5°
		中微斜长石	54°~74°		0.25~0.75	0.25~0.75		0°~14.4°	90°~82.5°
		低微斜长石	74°~84°		0.75~1.0	0.75~1.0		0°~18°	90°~80.0°
富钠长石	歪长石	歪长石	30°~60°	⊥(010)				5°±	85°±
	钠长石	高钠长石	50°~60°	~⊥(010)	0~0.25			19°~18.5°	76°~76.5°
		中钠长石	60°~90°		0.25~0.75			18.5°~17°	76.5°~78°
		低钠长石	90°~102°		0.75~1.0			17°~16.5°	78°~78.5°

碱性长石的有序度与三斜度还可以利用 X 射线衍射分析和红外吸收光谱分析等方法进行测定,其中以 X 射线衍射分析方法比较精确。

长石的有序度主要与形成温度有关,同时也受地质年代等因素的影响。一般高温长石 S 与 Δ 较低、低温长石 S 与 Δ 较高;较老年代的长石 S 与 Δ 较高、较新年代的长石 S 与 Δ 较低;深成岩中长石 S 与 Δ 较高、浅成岩中长石 S 与 Δ 较低;受应力作用强者 S 与 Δ 较高、受应力弱者 S 与 Δ 较低。有序度与三斜度的测定能为岩石成因问题提供参考。

碱性长石一般常呈白、灰、粉红及浅黄色,含 Rb 的天河石呈浅蓝或浅绿色;条痕白色;玻璃光泽;透明至半透明。解理{001}完全,{010}近于完全,其夹角等于或近于90°;断口不平坦。$D = 2.25 \sim 2.62$;$H = 6$。常见条纹结构(图 10 – 59),常见卡斯巴、巴温诺、曼尼巴等简单双晶(图 10 – 60),以及格子双晶。种属的准确鉴别常须测定光学常数并辅以其他方法。

(1)透长石(sanidine)。

化学组成 (K,Na)[AlSi$_3$O$_8$],成分中含少量钠长石分子(Ab),高透长石较高,可达50%±。还可有少量的 Ba、Vs、Ca 等。

结构与形态 单斜晶系,L^{2}PC 晶类;C_{2h}^3 – C2/m。$a = 0.860$,$b = 1.303$,$c = 0.718$,$β = 116°$,$Z = 4$。常为斜方柱{110}、平行双面{001}、{010}、{101}的聚形。晶体沿(010)呈厚板状或沿 a 轴呈短柱状,断面六边形,亦常呈半自形微晶。大多数透长石为均匀结构,而有些透长石则具条纹结构或环带结构,而其内外带的光性有所不同。

光学性质 无色。$Np = 1.518 \sim 1.525$,$Nm = 1.522 \sim 1.530$,$Ng = 1.525 \sim 1.532$;$Ng - Np = 0.005 \sim 0.007$。高透长石:光轴面//(010),$Np \wedge X = 3° \sim 12°$,$Nm // Y$,$Ng \wedge Z = 14° \sim 23°$,$(-)2V = 0° \sim 63°$,色散 $r < v$(少见)。低透长石:光轴面⊥(010),$Np \wedge X = 5° \sim 8°$,$Ng // Y$,$Nm \wedge Z = 18° \sim 21°$,$(-)2V = 0° \sim 44°$,色散 $r > v$(常见)(图 10 – 61)。

镜下特征 薄片中无色。负低突起,折射率随成分中 Na 和 Ca 的增多略有增高;解理{001}、{010}完全,前者常比后者为好,但通常不很发育,{001}∧{010} = 90°。干涉色 I 级灰至灰白;(001)面上平行消光,(010)面上斜消光,消光角较小;沿解理方向为负延性。二轴负晶,$2V$角小至中等。通常不发育双晶,有时有卡斯巴、曼尼巴等简单双晶。

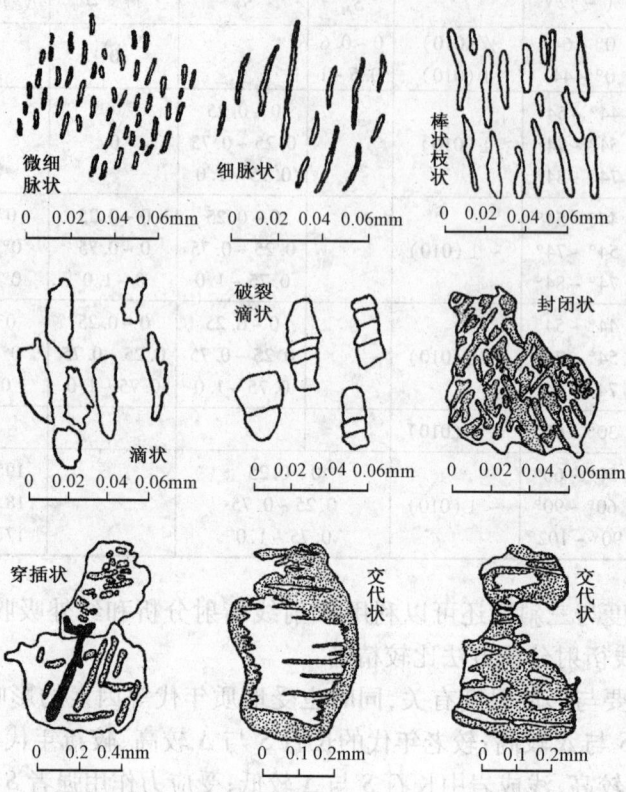

图 10-59 条纹结构的形态类型(据 H. L. Alling,1938)

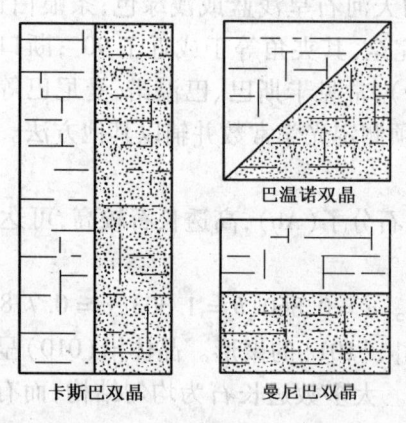

图 10-60 碱性长石的简单双晶

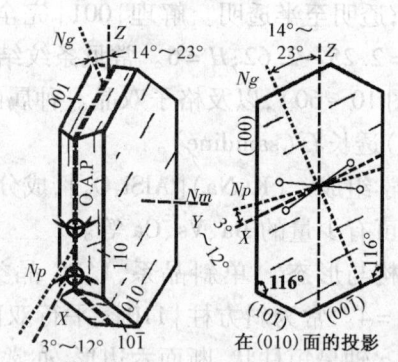

图 10-61 透长石光性方位图

产状及其他 透长石是高温的产物,主要产于碱性和酸性的火山岩中,以斑晶或微晶的形态产出。也可与方英石构成放射状纤维集合体,产出于流纹岩、黑曜岩和熔接凝灰岩的球粒中。

(2) 正长石(orthoclase)。

化学组成 $K[AlSi_3O_8]$。成分中以 K 为主,钠长石分子(Ab)可达 20%,有时甚至可达

50%。并常含少量 Fe^{3+}、Ba 和 Ca 以及微量的 Ga、Rb。

结构与形态 （假）单斜晶系，L^2PC 晶类；$C_{2h}^3 - C2/m$；$a = 0.856nm$，$b = 1.300nm$，$c = 0.719nm$，$\beta = 116°0.9'$，$Z = 4$。常为斜方柱 $\{110\}$、平行双面 $\{001\}$、$\{010\}$、$\{\bar{2}01\}$ 的聚形。正长石是钾长石的亚稳相变体，具 Si—Al 部分有序结构。通常所说的正长石是从光学意义上讲的，实际上正长石是由具超显微双晶及超 X 射线双晶的三斜系钾长石组成的。晶体常沿 a 轴呈柱状、厚板状，但通常为不规则粒状，并常与石英成文象、蠕虫状交生，与钠长石组成条纹或反条纹。常含有钠长石、石英、赤铁矿、黑云母、白云母等包体。包体常定向排列或带状分布。有时有环带结构，但少见。

光学性质 常成肤红色，也有灰白色。$Np = 1.516 \sim 1.529$，$Nm = 1.522 \sim 1.533$，$Ng = 1.523 \sim 1.539$；$Ng - Np = 0.005 \sim 0.008$；$(-)2V = 44° \sim 84°$；$Np \wedge X = 3° \sim 12°$，$Ng // Y$，$Nm \wedge Z = 14° \sim 23°$，光轴面 $\perp (010)$（图 10-62）。色散 $r > v$ 弱，水平色散。

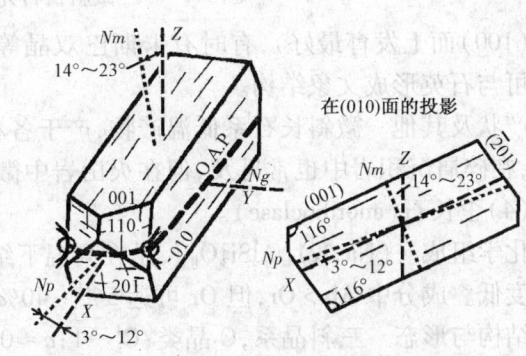

图 10-62 正长石光性方位图

镜下特征 薄片中无色，但常因风化或蚀变产物而呈混浊的灰色或浅橙红色；负低突起，折射率随含 Na 量以及杂质量的增多而略有增高；解理 $\{001\}$ 完全，$\{010\}$ 较完全，$\{001\} \wedge \{010\} = 90°$。干涉色通常为 I 级灰至灰白；斜消光，消光角很小；负延性。二轴负晶，$2V$ 角中等至大。常发育卡斯巴双晶，有时见巴温诺、曼尼巴双晶，但不出现聚片双晶。

产状及其他 正长石广泛分布于酸性和碱性成分的岩浆岩、火山碎屑岩中，在片麻岩、花岗混合岩和碎屑沉积岩中也常有正长石。

(3) 微斜长石（microcline）。

化学组成 $K[AlSi_3O_8]$，是在低温下结晶的、Si-Al 有序度高的、三斜对称的钾长石稳定种属。成分中通常含一定量的 Na（可含 20% 的钠长石分子），并带有少量的 Ca。含有多量 Rb、Cs 的绿色微斜长石的变种称为天河石（Amazonite）。

结构与形态 三斜晶系，C 晶类；$C_i^1 - P\bar{1}$；$a = 0.854nm$，$b = 1.297nm$，$c = 0.722nm$，$\alpha = 90°39'$，$\beta = 115°56'$，$\gamma = 87°39'$，$Z = 4$。晶体为平行双面 $\{001\}$、$\{010\}$、$\{110\}$、$\{1\bar{1}0\}$、$\{11\bar{1}\}$、$\{\bar{1}11\}$、$\{\bar{2}01\}$ 的聚形。通常为不规则粒状，在变质岩中可呈较自形的斑晶或变晶。经常与钠长石构成条纹，成微斜条纹长石，钠长石条纹呈脉状、膜状、分枝状、瓣状等等。微斜长石还可与钠长石构成环带。

光学性质 浅蓝灰色、肤红色（天河石为绿色）。$Np = 1.516 \sim 1.523$，$Nm = 1.522 \sim 1.528$，$Ng = 1.523 \sim 1.530$；$Ng - Np = 0.007$；$(-)2V = 44° \sim 84°$；$Np \wedge X = 13° \sim 18°$，$Ng \wedge Y = 18°$，光轴面近于 $\perp (010)$（图 10-63）。色散 $r > v$。

镜下特征 薄片中无色透明，因风化或蚀变产物常呈混浊的浅红褐色；负低突起，折射率随含 Ab 量增多而略为增高；解理 $\{001\}$ 完全，$\{010\}$ 较完全，$\{001\} \wedge \{010\} = 89°20'$。干涉色通常 I 级灰至灰白；斜消光，消光角 $Np \wedge (010) = 18°$；延性正或负。二轴负晶，$2V$ 角中至大。在平行和近于平行 (001) 的切面上常可见似纺锤状的格子状双晶（斜长石及歪长石的格子双

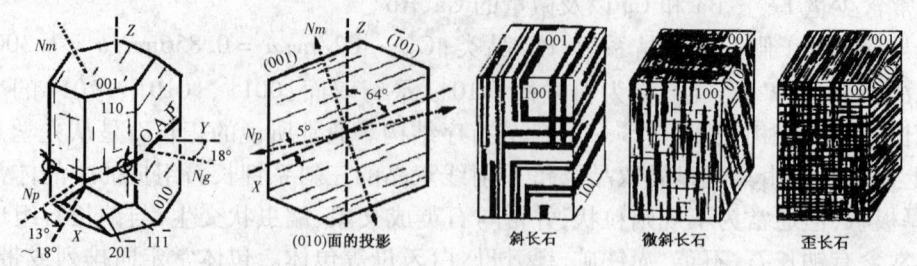

图 10-63 微斜长石光性方位及格子对晶

晶在(100)面上发育最好),有时有卡斯巴双晶等简单双晶,少数情况下亦可无双晶。微斜长石还可与石英形成文象结构。

产状及其他 微斜长石系低温产物,产于各种花岗岩、各种伟晶岩、细晶岩、片麻岩、混合岩中,在碎屑沉积岩中也常见及,但在火山岩中微斜长石不发育。

(4) 歪长石(anorthoclase)。

化学组成 $(Na,K)[AlSi_3O_8]$,是在高温下结晶的均匀相的钠长石,具 Si-Al 无序结构,有序度低。成分中 Ab > Or,但 Or 可达 5% ~ 40%,还可含微量的 Ca。

结构与形态 三斜晶系,C 晶类;$C_i^1—\bar{1}$;$a \approx 0.82$ nm,$b = 1.29$ nm,$c \approx 0.71$ nm,$\alpha = 90.65°$,$\beta \approx 116°$,$\gamma = 87.65°$,$Z = 4$。晶体为平行双面$\{001\}$、$\{010\}$、$\{110\}$、$\{1\bar{1}0\}$、$\{\bar{2}01\}$的聚形。晶体常沿 c 轴呈柱状,或沿(010)呈板状,有时具菱形切面,通常构成自形斑晶,也常呈不规则粒状。

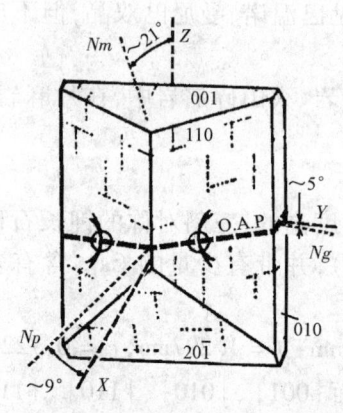

图 10-64 歪长石光性方位图

光学性质 白、灰、浅黄、浅红等色。$Np = 1.522$ ~ 1.529,$Nm = 1.526$ ~ 1.534,$Ng = 1.527$ ~ 1.536;$Ng - Np = 0.005$ ~ 0.007;$(-)2V = 30°$ ~ $60°$;$Np \wedge X = 10°$,$Ng \wedge Y = 5°$,$Nm \wedge Z = 21°$,光轴面近于 $\perp(010)$;在(001)面上,$Np' \wedge (010) = 1°$ ~ $3°$,在(010)面上,$Np' \wedge (001) = 4°$ ~ $12°$(图 10-64)。色散 $r > v$ 弱至显著。

镜下特征 镜下无色;负低突起;解理$\{001\}$完全,$\{010\}$较完全。干涉色通常为 I 级灰至灰白;斜消光,消光角极小。二轴负晶,2V 角中等。(100)面上常具细微的格子双晶,格子细密并较平直。有时具卡斯巴双晶。

产状及其他 歪长石是高温的富钠质的碱性长石,主要产于碱性(钠质)的岩浆岩,如钠质粗面岩、碱性流纹岩、霞石正长岩、碱性正长岩等,在钠质喷出岩和浅成岩中更常见。歪长石可为斑晶或为基质矿物产出,有时还可与透长石互生。在钠质交代岩石中也可产有歪长石变晶。

2) 斜长石亚族(plagioclase subgroup)

斜长石亚族,是钠长石(Ab)和钙长石(An)所构成的连续固溶体系列矿物。可含少量正长石(Or < 5%)和微量的 Ba、Sr 等。结构式为$(Na_{1-x}Ca_x)[Al_{1+x}Si_{3-x}O_8]$,其中 $x = 0$ ~ 1。按斜长石中钙长石的数量将斜长石分为六种,即① 钠长石(An0 ~ 10%,较为富 SiO_2 而贫 Al_2O_3),② 更(奥)长石(An10% ~ 30%),③ 中长石(An30% ~ 50%),④ 拉长石(An50 ~ 70%),⑤ 倍长石(An70% ~ 90%),⑥ 钙长石(An90% ~ 100%,较为富 Al_2O_3 而贫 SiO_2)。其中钠长石既

是碱性长石的端元(所含Or>An),也是斜长石的端元(Or<An),习惯上归入斜长石描述。

斜长石中的钙长石分子(An)的百分数又称为斜长石的号数或号码。如№15,即为含An15%的更长石;№55,即为含An55%的拉长石。通常还把小于№30的钠长石和更长石称酸性斜长石,将№30至№50的中长石称为中性斜长石;将大于№50的拉长石、倍长石和钙长石称为基性斜长石。

按照结晶温度的不同,可分为高温斜长石和低温斜长石。前者具Al—Si无序结构,主要以斑晶形式产出于喷出岩、浅成岩、高级接触变质岩中,是较高温度下快速晶出的。后者为Al—Si有序结构,形成于较低温度下,是缓慢结晶形成的,主要见于深成岩和变质岩中。若将低温斜长石变种加热到接近于熔度时则可变成高温变种。在自然界许多天然产出的斜长石是处于最高和最低温度之间的中间状态,而高温斜长石在自然界是极少见的。斜长石的有序度可用X射线方法以及光学方法(旋转台)测定。

本亚族矿物的基本特征是:

(1)均属三斜晶系,$C_i^1-\bar{1}(C)$晶类;$a=0.814\sim0.818$nm,$b=1.279\sim1.288$nm,$c=0.711\sim1.417$nm,$\alpha=93°10'\sim94°20'$,$\beta=116°34'\sim115°51'$,$\gamma=91°18'\sim87°39'$,$Z=4$(或8)。经常是平行双面{001}、{010}、{110}和{201}的聚形;通常沿(010)呈板状,有时沿X轴呈柱状晶体,多为半自形至不规则的他形晶。

(2)一般为白色(基性种属颜色较暗),有时带有浅色调或晕色(系包体或连生晶片所致);条痕无色;玻璃光泽;透明。

(3)解理{001}和{010}完全,夹角为86°~87°;$D=2.61\sim2.76$;$H=6\sim6.5$。

(4)薄片中无色,新鲜者透明,但常易蚀变而表面呈现混浊,略带浅灰色。

(5)负低至正低突起,干涉色Ⅰ级灰白至Ⅰ级黄色,随An的增加折射率与密度依次增大;二轴晶,光性及光轴角与斜长石成分及形成温度有关(图10-65)。

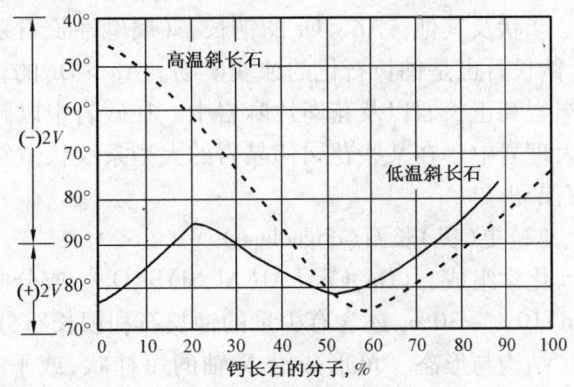

图10-65 斜长石的成分与2V角的关系
(据Smirh,1958))

(6)常见钠长石聚片双晶、卡钠复合双晶,也可见卡氏双晶、肖钠长石聚片双晶、肖钠-钠长复合双晶;中性斜长石常具环带结构。

(7)基性种属常发生钠黝帘石化,中—酸性种属变为绢云母。斜长石种属的准确鉴别,常须准确测定光学常数,或辅以X衍射等其他分析方法方可实现。

斜长石分布极广泛且有一定的规律性:基性斜长石常与辉石组合产于基性岩浆岩;中性斜长石常与角闪石组合产于中性岩浆岩;酸性斜长石常与黑云母、石英、正长石组合产于酸性岩浆岩。斜长石还在深变质的片麻岩、角闪斜长岩中广泛分布。

(1)钠长石(albite)。

化学组成 $NaA[Si_3O_8]$,成分中含少量的钙长石分子(An可达10%),还含有少量的钾长石分子(Or),一般An>Or属斜长石,An<Or属碱性长石。另有微量的Sr、Ba等。

结构与形态 晶体呈板片状或条柱状,有时呈他形细粒状集合体;呈放射状及半平行叶片

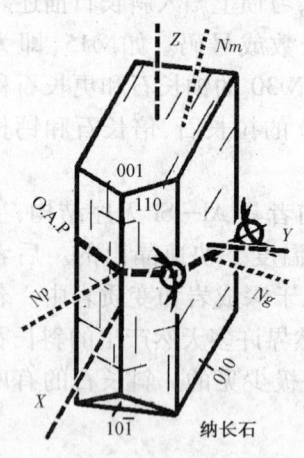

图 10-66 钠长石光性方位图

状集合体者称叶钠长石(Cleavelandite)。在条纹长石内,钠长石常呈纺锤状、细脉状、杆状、泡状、条纹、棋盘格状等的嵌晶。钠长石晶体,常见有石英、微斜长石和白云母的包体,偶尔可具环带结构。

光学性质 白至灰白色,因杂质可呈淡蓝、淡绿、淡红等色。$Np=1.529\sim1.533$,$Nm=1.533\sim1.537$,$Ng=1.539\sim1.542$;$Ng-Np$ 到 $=0.009\sim0.010$;$2V$(低温) $=77°\sim83°$,$2V$(高温) $=(-)45°\sim(-)53°$;光轴面近于 $\perp(010)$(图 10-66);色散 $r<v$ 弱。

镜下特征 薄片中无色;负低突起,随成分中 An 的增加略有加大;解理$\{001\}$完全,$\{010\}$近于完全,$\{001\}\wedge\{010\}=86°$。干涉色Ⅰ级灰至灰白。斜消光,消光角较小:低钠长石在(010)面上 $Np'\wedge(001)=16°\sim20°$,在(001)面上 $Np'\wedge(010)=3°\sim3.4°$;高钠长石或歪长石则分别为 $7°\sim9.3°$ 和 $0°\sim5.2°$(Tuttle,1950);沿解理纹负延性。二轴正晶,$2V$ 大(高温钠长石二轴负晶,$2V$ 角中等)。常见钠长石律双晶,双晶带的数目较少,也不似更长石细密。有时还可见肖钠双晶,并可与钠长石双晶构成复合双晶。其他双晶律少见。有些钠长石则不具双晶。

产状及其他 $An<Or$ 的钠长石(属碱性长石系列)主要产于碱性岩浆岩以及钠长石片岩中,钠长石也是钠长石化的蚀变矿物。$An>Or$ 的钠长石(属斜长石系列)主要产于钙碱性的花岗岩和正长岩以及花岗片麻岩中。在砂岩中以碎屑矿物产出,或以自生矿物产出于石灰岩和大理岩中。在某些花岗伟晶岩的大型条纹状微斜长石中可有与之同期或稍早生成的嵌晶钠长石产出。

(2)更(奥)长石(oligoclase)。

化学组成 $(Na,Ca)[Al(Al,Si)Si_2O_8]$,成分中以钠长石分子(Ab)为主,并有钙长石分子(An)$10\%\sim30\%$,还含有少量的钾长石和钡长石分子。

结构与形态 可形成沿 X 轴的短柱状、或平行(010)的板状自形晶体,更常形成柱状、板状的半自形至它形晶体,有时含赤铁矿(使之呈肉红色)或含石英、钾长石、白云母和黑云母等矿物的包体。喷出岩中的更长石常为自形斑晶产出,可同石英交生成蠕英石,同钾长石构成条纹及反条纹长石。

光学性质 呈灰、灰白、蓝灰、淡绿、浅红色或无色。$Np=1.533\sim1.545$,$Nm=1.537\sim1.548$,$Ng=1.542\sim1.552$;$Ng-Np=0.007\sim0.009$;低温者 $2V=(+)82°\sim(-)87°$(当 $An=18\%$ 左右时 $2V=90°$),高温者 $2V=(-)53°\sim(-)79°$;色散 $r>v$ 弱(图 10-67)。

镜下特征 薄片中无色透明;负低至正低突起($An<20\%$)或正低突起($An>20\%$),折射率因 An% 的增加而增大;解理$\{001\}$完全,$\{010\}$良好,$\{110\}$差。干涉色Ⅰ级灰或灰白色;斜消光,消光角是斜长石类中最小的,在$\{001\}$解理面上消光角 $0°\sim3°$,在$\{010\}$解理面上 $-2°\sim13°$;沿解理纹负延性。

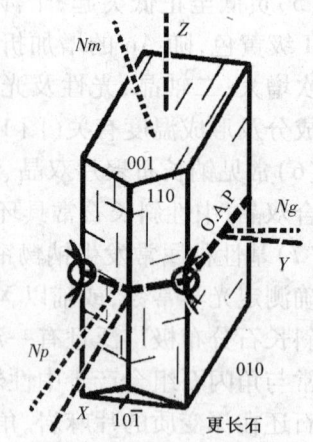

图 10-67 更长石光性方位图

低温者二轴晶光性可正可负,$2V$角大且变化较大($+82°$~$-87°$),An≈18%时$2V=90°$;高温者二轴负晶,$2V=(-)53°$~$(-)79°$,并随An%增加而加大。常见钠长石聚片双晶,有时还具有肖钠双晶;双晶带极细密、平直(斜长石中双晶最细密的种属),有时一个切面由十几个单体组成,是其突出特征。

产状及其他　常见于花岗岩、石英二长岩、花岗闪长岩、正长岩及相应的喷出岩中,也常见于片麻岩以及某些片岩浅粒岩中。An含量17%以下者还常见于白岗岩及碱性岩中。更长石常发生绢云母化,有时也发生高岭石化。

(3) 中长石　(andesine)。

化学组成　$(Na,Ca)Al[(Al,Si)Si_2O_8]$,成分中钙长石分子(An)30%~50%。可含有很少量的$K[AlSi_3O_8]$分子。

结构与形态　晶体呈平行X轴延长的短柱状、板状,断面则常成矩形的轮廓,常呈半自形至它形粒状集合体;还常以条状微晶在岩石的基质中产出;中长石斑晶可聚合成聚斑晶。中长石具有不同类型的环带结构,是其重要的特征之一,如(正)环带、反环带、韵律环带、补片环带等。中长石还常含有赤铁矿、磁铁矿、金红石、磷灰石、角闪石、钾长石、黑云母、玻璃和气体等包体,包体的微细晶体常沿X轴或Z轴定向排布。

光学性质　灰色或无色。$Np=1.545$~1.555,$Nm=1.548$~1.558,$Ng=1.552$~1.562;$Ng-Np=0.0075$;$2V$(低温)$=(-)87°$~$(+)78°$,$2V$(高温)$=(-)79°$~$(+)80°$。色散$r<v$弱。

镜下特征　薄片中无色,有风化产物时则呈灰色;正低突起,折射率随An的增加而略大;解理{001}完全,{010}良好。干涉色I级灰色;斜消光,{001}解理面上为0°~$-6°$,{010}解理面上为$-2°$~$-17°$;负延性。低温中长石$2V=(-)87°$~$(+)78°$,$r<v$弱(An33者$2V=90°$);高温中长石$2V=(-)79°$~$(+)80°$(An38者$2V=90°$)(图10-68)。{010}聚片双晶常见,肖钠双晶、卡钠复合双晶、卡斯巴双晶、巴温诺双晶等也较常见。

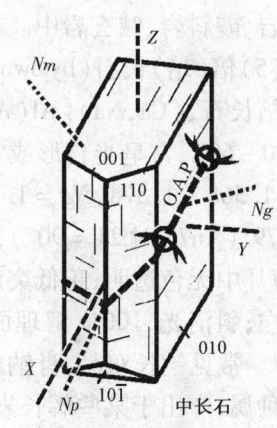

图10-68　中长石光性方位图

产状及其他　中长石是中性岩浆岩的标志矿物,主要见于中性侵入岩及中性喷出岩中,也见于紫苏花岗岩和某些辉长岩、玄武岩中,在黑云母斜长片麻岩、斜长角闪岩等变质岩中也有产出,有时在沉积岩中有残留。中长石常蚀变成为绢云母,有时成为高岭石等粘土矿物。

(4) 拉长石(labradorite)

化学组成　$(Ca,Na)[Al(Al,Si)Si_2O_8]$,其中An含量50%~70%,可有极少量Or分子。

结构与形态　常呈沿X轴延长板状或柱状晶体,也常呈半自形至他形粒状集合体;在喷出岩中可为自形斑晶及条状微晶。常含钛铁矿、赤铁矿、金红石、辉石、磁铁矿等的包体。有时可见有多种类型的环带结构。

光学性质　灰白、暗灰、灰绿等色。$Np=1.555$~1.563,$Nm=1.558$~1.568;$Ng=1.562$~1.573;$Ng-Np=0.0075$~0.0095;$(+)2V=77°$~$86°$(图10-69左)。色散$r<v$。

镜下特征　薄片中无色;正低突起,随An的增加而略增大;解理{001}完全,{010}良好,还有{110}和{1$\bar{1}$0}不完全解理。干涉色I级灰至灰白色;斜消光,{001}解理面上消光角为

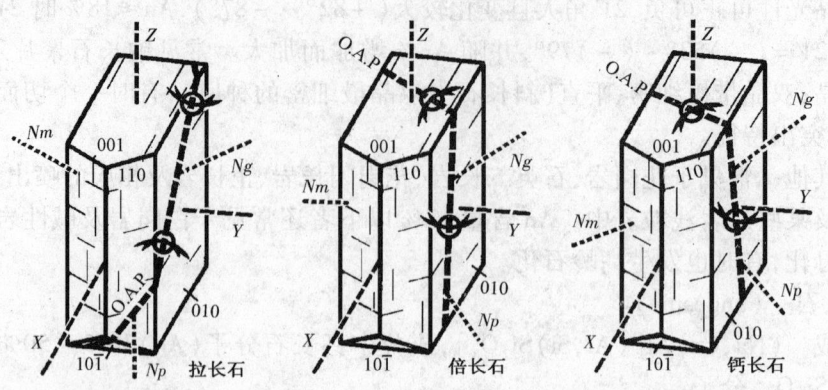

图 10-69 拉长石、倍长石及钙长石光性方位图

$-6°\sim-16°$，{010}解理面上为$-17°\sim-29°$；负延性。二轴正晶，低温者$(+)2V=78°\sim89°$；高温者$2V$变化较小，$(+)2V=78°\sim83°$。卡钠复合双晶、钠长双晶、肖钠双晶常见，并可结合成为复合双晶，双晶带较宽。

产状及其他 常见于辉长岩、斜长岩、苏长岩、辉绿岩、玄武岩、紫苏花岗岩中，也产于碱性辉长岩、霞斜岩、碱玄岩中。在变质岩中、陨石中也有产出。

(5) 倍(培)长石(bytownite)。

倍长石，$(Ca,Na)[Al(Al,Si)Si_2O_8]$。其中An达$70\%\sim90\%$。晶体为沿$Z$轴的板柱状(图10-69)，常呈半自形或它形粒状产出，可有辉石、橄榄石等的包体。$Np=1.563\sim1.572$，$Nm=1.568\sim1.578$，$Ng=1.573\sim1.584$；$Ng-Np=0.0095\sim0.012$；低温者$2V$角$(+)86°\sim(-)79°$（An73时$2V=90°$）；高温者不常见，$2V$角$(+)80°$左右。颜色为灰白、灰绿、暗灰或无色，薄片中无色透明；正低突起，随An增加而略增高；解理{001}完全、{010}良好。干涉色Ⅰ级黄白；斜消光，{001}解理面上的消光角$-16°\sim-32°$；{010}解理面上的消光角为$-29°\sim-37°$。常见钠长双晶，肖钠双晶，也常见卡钠复合双晶，双晶带宽。负延性。是斜长石中不常见的种属，产出于某些辉长岩、苏长岩、斜长岩中。

(6) 钙长石(anorthite)。

钙长石，$Ca[Al_2Si_2O_8]$。其中，An达$90\sim100\%$，Ab含量$<10\%$。可有极少Or分子。沿Z轴呈柱晶体(图10-69)，常为他形晶，可有辉石、石榴石等包体。$Np=1.572\sim1.575$，$Nm=1.578\sim1.583$，$Ng=1.584\sim1.588$；$Ng-Np=0.012\sim0.0135$；低温者$(-)2V=79°\sim77°$，高温者$2V$角稍小。颜色灰白、暗灰色，薄片中无色透明；解理{001}完全，{010}良好；正低突起(斜长石中突起最高者)。干涉色Ⅰ级黄(是斜长石中最高者)；斜消光，{001}解理面上消光角$-32°\sim-43°$；{010}解理面上消光角为$-37°\sim-39°$；负延性。常见钠长双晶、肖钠双晶，双晶带很宽。钙长石在斜长岩、辉长岩和橄榄岩等基性岩浆岩中产出，且比拉长石和倍长石少见；也作为接触变质矿物产出于接触交代的变质石灰岩和矽卡岩中。常与透辉石、钙铝榴石、硅灰石、黄长石以等矿物伴生。

2. 霞石(nepheline)

化学组成 $(Na,K)AlSiO_4$。霞石是端元矿物$Na[AlSiO_4]$(霞石Ne)和$K[AlSiO_4]$(钾霞石Ks)的类质同象矿物，在高温时可形成均匀固溶体，随温度降低，互溶限度变窄，发生固溶体分解，形成各种条纹交生；常温下霞石(Ne)结构中Ks的含量小于25%克分子。天然产出的霞石通常含有 5%～20% 的 $KAlSiO_4$ 和 5%～10% 的 SiO_2（可能构成 $HAlSiO_4$），有时可混入 $CaAl_2Si_2O_8$ 分子（可达 10%±），还可有少量的 Li、Ca、Be 等。

结构与形态 属架状铝硅酸盐结构，六方晶系，L^6 晶类；$C_6^6-P6_3$；$a=1.001nm$，$c=0.841nm$，$Z=2$。常为六方柱 $\{10\bar{1}0\}$、$\{11\bar{2}0\}$、单面 $\{0001\}$、六方单锥 $\{10\bar{1}1\}$、$\{20\bar{2}1\}$ 等的聚形。晶体六方短柱状、厚板状（图 10-70），通常为他形粒状集合体或致密块状。常含有许多包裹体。斑晶有时见有带状结构（响岩中）。

物理性质 无色、灰白色，有时带浅黄、浅绿、浅褐等色调；条痕无色；玻璃光泽，断口油脂光泽；透明至不透明。解理 $\{0001\}$ 和 $\{10\bar{1}0\}$ 极不完全；次贝壳状断口。$D=2.55～2.65$；$H=5.5～6$。$No=1.529～1.549$，$Ne=1.526～1.543$；$(-)No-Ne=0.003～0.005$。

镜下特征 薄片中无色透明，因次生变化产物存在而呈浑浊的浅灰色；正低或负低突起，有的切面中两个振动方向上均为低负突起，有的切面则一个方向为负低突起而与之正交的方向为正低突起；解理 $\{10\bar{1}0\}$ 和 $\{0001\}$ 均不完全，常见无规则的裂纹。干涉色 I 级灰；柱状切面具平行消光，六边形底面则为全消光。自形的柱状切面为负延性。一轴负晶，有时具光性异，$2V=0°～6°$。

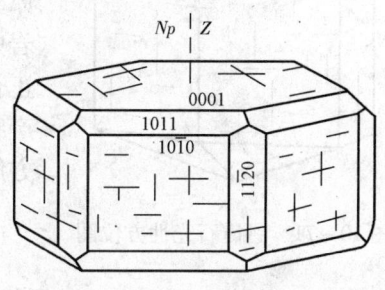

图 10-70 霞石光性方位图

产状及其他 霞石是碱性岩的特征矿物，也是副长石类最常见矿物。只产于富 Na_2O 贫 SiO_2 的岩浆岩中，在霞石正长岩、响岩、霞石玄武岩中广泛分布。也可以是"霞石化"的生成物，或是岩浆同富钙沉积岩反应（混染作用）的产物。

霞石为十分不稳定的矿物，常被沸石（方沸石、钠沸石、杆沸石等）及白云母代换，成为细鳞片状白云母集合体，称白霞石（Iiebnerite），也常变为钙霞石（Cancrinite）。霞石蚀变为绿色集合体时，称为绿霞石（Gieseckite）；变为粉色包裹物及细粒似云母类集合体时，称为水霞石（Hydronepheline）。偶尔可见霞石变为石榴石或胶体物质。

六方钾霞石（kalsilite），$KAlSiO_4$。可含有霞石（$NaAlSiO_4$）分子达 5%～20%。架状结构，六方晶系，晶体六方柱状，有时为针状。$No=1.538～1.543$，$Ne=1.532～1.537$；$(-)No-Ne=0.005～0.006$。颜色灰、白、浅黄色；薄片中无色，一般风化产物不多而较为洁净透明；负低突起；解理 $\{10\bar{1}0\}$ 和 $\{0001\}$ 极不完全。干涉色 I 级蓝灰；平行消光；负延性。色散弱。主要产于含钾的超基性碱性熔岩中，并呈他形的填隙物质包围橄榄石和单斜辉石等铁镁矿物，由于"分凝作用"，它的颗粒往往较大。

3. 钙霞石（cancrinite）

化学组成 $(Na,K)_6Ca_2[(Al,Si)O_4]_6[SO_4,CO_3,Cl](OH)$，成分可变，$[CO_3]$ 与 $[SO_4]$ 之间成连续类质同象代换。可分碳酸钙霞石和硫酸钙霞石二个亚种。Na:Ca 和 K:Na 比值变化范围很宽，一般富 Ca 常伴随有 $[CO_3]$ 的高含量，而含 $[SO_4]$ 高者常富 Na。有时也可有 Cl 代换 $[CO_3]$，Ca 则可被 NaH、KH 等代换。

结构与形态 架状硅酸盐结构，六方晶系，L^6 晶类；$C_6^6-P6_3$；$a=1.260nm$，$c=0.513nm$，$Z=1$。柱状晶体，带有钝的双锥面。通常形成不规则的无色颗粒，散布于霞石表面或在其外缘产出，也充填于其他矿物裂缝中。

物理性质 白、灰、蓝色，当含 Fe_2O_3 显微鳞片时呈玫瑰色；条痕无色；玻璃光泽，断口油脂光泽。解理{1010}完全,{0001}不完全;$D=2.42\sim2.51$;$H=5\sim6$。碳酸钙霞石 $No=1.507\sim1.528$,$Ne=1.495\sim1.503$,$(-)No-Ne=0.012\sim0.025$;硫酸钙霞石 $No=1.490\sim1.507$,$Ne=1.488\sim1.495$;$(-)No-Ne=0.012\sim0.002$(图10-71)。色散很弱。

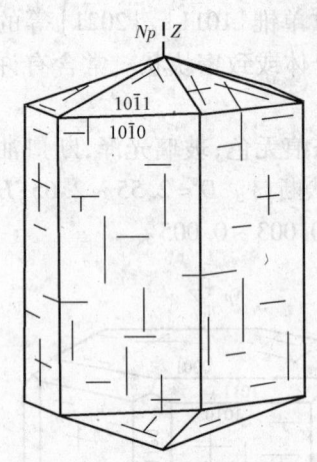

图10-71 钙霞石光性方位图

镜下特征 薄片中无色透明;负低突起,随组分中[SO_4]的增加折射率和双折射率都降低;解理{1010}完全,{0001}解理不完全;负低突起。干涉色Ⅱ级底,但[SO_4]的增加而降到0.005甚至0.001;平行消光。负延性。一轴负晶;有时光性异常,$2V$很小。有聚片双晶,少见。

产状及其他 钙霞石是碱性岩中的常见矿物,它可以是原生、也可以是次生反应矿物。在某些碱性杂岩如正霞正长岩中为主要矿物成分,属原生矿物,结晶较晚。在某些霞石正长伟晶岩的内带,同钾长石共生,是霞石同方解石的反应产物。在某些磷霞岩、霓霞岩类岩石中,钙霞石作为霞石与方解石的反应边。

4. 白榴石(leucite)

化学组成 K[$AlSi_2O_6$]。成分中可有微量的Na,有限地代换K(约13%)以及少量的Ca,但它在白榴石构造中的位置并不固定。

结构与形态 常温下属正方晶系(假等轴晶系),L^4PC晶类;$C_{4h}^6-I4_1/a$;$a=1.304nm$,$c=1.385nm$,$Z=16$。热至625℃以上时,逐渐变为等轴晶系变体β白榴石(Cuboieucite)。通常呈自形晶,为四角三八面体,熔蚀后呈浑圆形,常成粒状集合体。经常含有霓石、霓辉石、磁铁矿、尖晶石、磷灰石或玻璃质等复杂的包裹体。包体在白榴石中成平行晶体轮廓的环状或带状或放射状分布,是白榴石的一个重要特征(图10-72)。

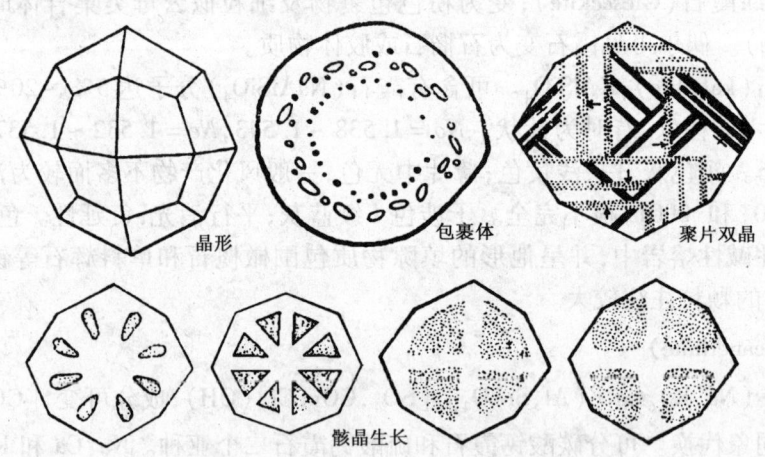

图10-72 白榴石的晶形双晶及骸晶

物理性质 白色,带灰、淡黄等色稠;条痕无色;透明至半透明;玻璃光泽。具{110}极不完全解理;$D=2.47\sim2.50$;$H=5.5\sim6$。$N=1.508\sim1.511$,或 $Ne=1.509$,$No=1.508$,$(+)Ne-No=0.001$。色散中等。

镜下特征 薄片中无色;负低突起;解理{110}极不完全(实际无解理)。小晶体通常显均质性;较大晶体双折射率极小而近于均质性。常见{110}聚片双晶,有数组相交的双晶条带,纵横交错,极易识别(图10-72)。

产状及其他 白榴石是富钾熔岩的特征高温矿物,见于某些富 K_2O 贫 SiO_2 的喷出岩或浅成岩,如白榴粗面岩、白榴响岩、白榴玄武岩、白榴斑岩和白榴岩中。一般呈斑晶与霞石、碱性辉石、方钠石、蓝方石等共生。白榴石不同石英共生,不见于变质岩。

5. 方柱石(scapolite)

化学组成 $(Na,Ca,K)_4[Al(Si,Al)Si_2O_8]_3(Cl,CO_3,SO_4)$。方柱石成分与斜长石相似,只是含有附加阴离子。其中的 Na 与 Ca 形成完全类质同象,端元组分为钠柱石(Ma)和钙柱石(Me)。方柱石是它们一系列矿物的总称,根据二端元分子数的不同,可分为:钠柱石(marialite)、针柱石(dipyre),或称钙钠柱石、中柱石(mizzonite,或称钠钙柱石、钙柱石(meionite)。自然界则多为中间成分的变种。在方柱石中,Cl 和 CO_3 常可被 F 和 SO_4 等代换。

方柱石的光学性质和化学成分的关系密切而清楚,随着组分中钙柱石分子(Me)含量的增加,其折射率、双折射率有所升高,比重也有增加。

结构与形态 架状结构,四方晶系,L^4PC 晶类;C_{4h}^1 – P4/m。钠方柱石 $a = 1.208nm$,$c = 0.752nm$,$Z = 2$;钙方柱石 $a = 1.213nm$,$c = 0.7569nm$,$z = 2$。晶体为四方柱{100}、{110}、{210}、四方双锥{111}、{131}、{331}的聚形。可呈有双锥面的柱状晶体,通常为不规则的粒状、块状或柱状集合体,晶体通常较大(图10-73)。方柱石中常有石英、云母、长石、电气石、金红石等大量包体。

物理性质 无色,或带蓝灰、绿黄、褐等多种色调;玻璃光泽,解理面珍珠光泽;透明至半透明。解理{100}、{110}完全;$D = 2.50 \sim 2.78$;$H = 5 \sim 6$。$No = 1.535 \sim 1.607$,$Ne = 1.533 \sim 1.568$;$(-)No—Ne = 0.002 \sim 0.039$。

镜下特征 薄片中无色;正低(较纯的钠柱石)至正中(钙柱石)突起;解理{100}完全,{110}近于完全;沿柱面{100}和{110}解理呈数量众多的细小裂隙,{110}和{1$\bar{1}$0}的交角为90°;有时沿解理可有交代矿物出现。富钙柱石分子者干涉色Ⅱ级顶(有时呈细小斑点状),富钠柱石者干涉色Ⅰ暗灰;负延性;未见双晶。一轴负晶;偶有光性异常(一轴正晶,或二轴负晶,$2V$ 小于 $-10°$)。

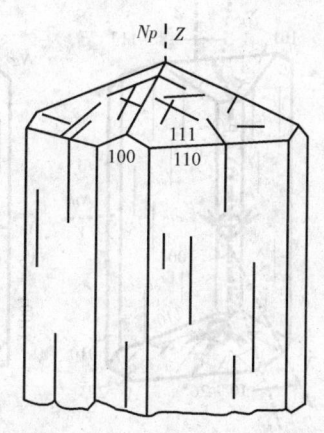

图10-73 方柱石光性方位图

产状及其他 方柱石是气成交代作用的产物,产于接触变质的矽卡岩中,与石榴石、透辉石、符山石等共生;在火山岩孔隙中可形成完好晶体;在区域变质的大理岩、钙质片麻岩中也可产出。方柱石易受风化及热液蚀变,成为粘土或成为云母、长石、帘石等。

6. 沸石族(zeolite group)

沸石族矿物是含有沸石水的碱或碱土金属的铝硅酸盐,通式可写作 $AmXpO_2p \cdot nH_2O$,式中 A = Ca、Na、K、Ba、Sr;X = Si、Al。其特点是:①(Al + Si):O = 1:2;②Al:Si 可从1:5到1:1。硅铝比的数值不同对沸石的热稳定性和耐酸程度颇有影响。本族矿物大约有30多种,根据结构可分为5个亚族:①辉沸石亚族,主要是辉沸石、片沸石、丝(发)光沸石、环晶石(或称环晶沸石)、柱沸石、斜发沸石等。②菱沸石亚族,有菱沸石、钠菱沸石、毛沸石(Erionite)等。③方沸石亚族,有方沸石、斜钙沸石、八面沸石、铯沸石(原称铯榴石)等。④钠沸石亚族,有钠沸石、钙沸石、中沸石、杆沸石、浊沸石和水钙沸石等。⑤ 钙十字沸石—交沸石亚族,有钙十字沸石、锶沸石、交沸石、钡沸石等。

本类矿物为架状硅酸盐结构,主要构成斜方晶系和单斜晶系,少数为等轴晶系,三方晶系。大多成纤维状、针状、叶片状、放射状或鳞片状集合体,有时也可成薄板状或薄片状的单晶。沸石硬度较低(H=3.5~5.5),比重较小(D=2.10~2.5)。无色或带浅色调,薄片中无色或被染成浅褐、浅红等色调。多为负低突起至负高突起(是透明矿物中折射率最低的一类矿物)。绝大多数沸石的双折射率低(在 0.003~0.012),干涉色多为 I 级灰、灰白,最高不过 I 级橙黄(只有杆沸石是一例外)。种属的准确鉴别,须利用偏光显微镜,并辅以 X 衍射等其他方法。

1) 浊沸石(laumontite)

化学组成 $Ca[AlSi_2O_6]_2 \cdot 4H_2O$,有少量的 Na、K、Mg、Mn、Fe 以及痕量的 P、Ba、Sr,有时 Fe 可代换 Al,并有富 Be 和 V 的变种。很容易失水变黄浊沸石。

结构与形态 单斜晶系,L^2 晶类;$C_2^3 - C2$;$a=1.490nm$,$b=1.317nm$,$c=0.755nm$,$\beta=111°30'$,$Z=4$。常为斜方柱{110}、平行双面{$\bar{1}01$}、{001}的聚形。晶体呈柱状、针状、纤维状、放射状集合体。

光学性质 灰白或乳白,混入杂质而呈淡黄、淡红等色。$Np=1.502~1.513$,$Nm=1.512~1.524$,$Ng=1.514~1.525$;$Ng-Np=0.012$;$(-)2V=32°~47°$;$Np \wedge X=10°~26°$,$Nm // Y$,$Ng \wedge Z=8°~11°$,光轴面//(010)(图 10-74)。色散 $r<v$ 强。

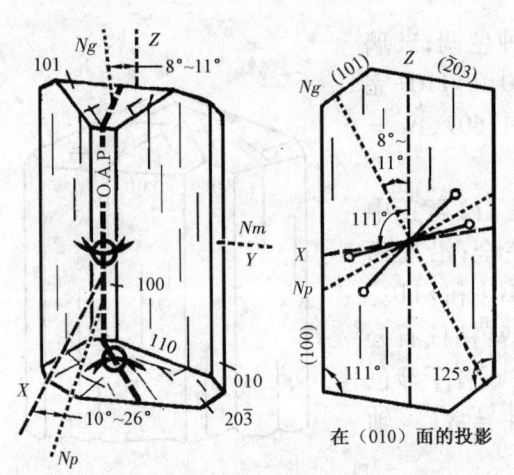

图 10-74 浊沸石光性方位图

镜下特征 薄片中无色透明;负低突起,几乎不见糙面;解理{010}和{110}完全;{110}$\wedge${$1\bar{1}0$}≈93°。干涉色 I 级白至黄;斜消光,在(100)面上平行消光;较大颗粒可显不均匀消光(由于 H_2O 的局部变化引起);正延性。二轴负晶,$2V$ 角中等。偶见{100}简单双晶。

产状及其他 是热液作用的产物,见于火山岩的孔洞及热矿脉中,也可作为砂岩及砾岩的胶结物。浊沸石经部分脱水可迅速变为黄浊沸石。

黄浊沸石(Leonhardite),$Ca[AlSi_2O_6]_2 \cdot 4-3.5H_2O$,是部分脱水的浊沸石变种。单斜晶系,晶体呈柱状、纤维状。无色或白色、红、黄、褐色;薄片中无色;解理{010}和{110}良好;有{100}双晶。$Np=1.507$,$Nm=1.516$,$Ng=1.518$,$Ng-Np=0.011$;$(-)2V=26°$,$Ng \wedge Z=32°$。产于火成岩的空隙处及岩脉中,在板岩及石英岩的节理裂隙中也有产出。

2) 杆沸石(thomsonite)

化学组成 $NaCa_2[Al_2Si_2O_8]_{2.5} \cdot 6H_2O$,某些变种可能基本无 Na,另外一些变种可有相当的 K(达 6%)。成分中 $Ca/Na=3~1$,$Si/Al=11/9$。

结构与形态 斜方晶系,$3L^23PC$ 晶类;$D_{2h}^7 - Pmna$;$a=1.307nm$,$b=1.309nm$,$c=1.326nm$,$Z=4$。多为斜方柱{110}、{012}、平行双面{100}、{010}、{101}的聚形。呈柱状、平行(010)的薄片状晶体,晶面上有纵条纹,完好者少见;多为柱状、放射状集合体或球粒。

光学性质 无色,或被染成淡红、淡黄等浅色。$Np=1.497~1.530$,$Nm=1.513~1.532$,

$Ng = 1.518 \sim 1.545$；$Ng - Np = 0.015 \sim 0.020$；$(+)2V = 47° \sim 75°$；$Np // X, Ng // Y, Nm // Z$，光轴面 $//(001)$（图10-75）。色散 $r > v$ 明显。

镜下特征 薄片中无色透明；负低突起，折射率随Ca和H_2O数量增加而增大；解理$\{010\}$完全，$\{100\}$良好。干涉色Ⅰ级至Ⅱ级中部（最大双折射率达0.028），随Ca和H_2O增加而增大（但2V随之减小）；平行消光；正延性（也可为负延性）。可见$\{110\}$简单双晶。

产状及其他 产于火山岩及接触变质岩石的气孔、空洞或裂隙中，常与菱沸石、钠沸石等共生。可以是霞石、白榴石次生变化的产物，还成为砂岩的自生胶结物。

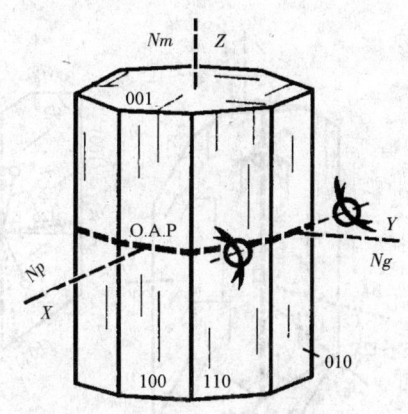

图10-75 杆沸石光性方位图

3) 钙十字沸石（phillipsite）

化学组成 $(K_2, Na_2, Ca)[AlSi_3O_8]_2 \cdot 6H_2O$，可有微量的Mg、Ba、Sr。

结构与形态 单斜晶系，L^2PC晶类；$C_{2h}^2 - P2_1/m$；$a = 1.002nm$，$b = 1.428nm$，$c = 0.864nm$，$\beta = 125°40'$，$Z = 2$。多为斜方柱$\{110\}$、平行双面$\{100\}$、$\{010\}$、$\{001\}$的聚形。单晶体少见，常成纤维状，或成球粒状、放射状集合体。

光学性质 白色或淡红色。$Np = 1.483 \sim 1.504$，$Nm = 1.484 \sim 1.509$，$Ng = 1.486 \sim 1.514$；$Ng - Np = 0.003 \sim 0.010$；$(+)2V = 60° \sim 80°$；$Np // Y$，$Nm \wedge X = 46° \sim 65°$，$Ng \wedge Z = 11° \sim 30°$，光轴面$\perp (010)$（图10-76）。色散 $r < v$。

镜下特征 薄片中无色透明；负低突起；解理$\{010\}$和$\{100\}$清楚。干涉色Ⅰ级暗灰至灰白；斜消光；正延长。常见

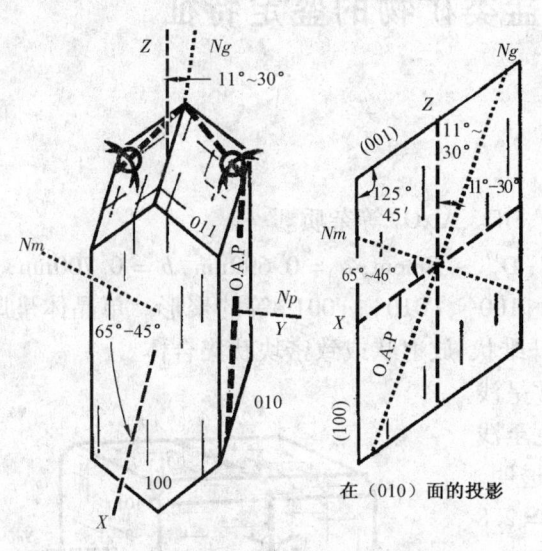

图10-76 钙十字沸石光性方位图

十字形穿插双晶。

产状及其他 产于玄武岩的杏仁体或孔洞中，也产于响岩中。在低温热液作用下，长石可变化为钙十字沸石。钙十字沸石也见于深海沉积物和红色粘土中。

4) 辉沸石（束沸石）（stilbite）

化学组成 $NaCa_2[Al_5Si_{18}O_{36}] \cdot 14H_2O$，有少量的Na、K以及痕量的Fe、Mg。

结构与形态 单斜晶系，L^2PC晶类；$C_{2h}^3 - C2/m$；$a = 1.363nm$，$b = 1.178nm$，$c = 1.131nm$，$\beta = 129°10'$，$Z = 4$。多为斜方柱$\{110\}$、$\{\bar{1}01\}$、平行双面$\{010\}$、$\{001\}$的聚形。常成平行(010)的薄板状、片状、粒状自形晶；也常成束状、成放射状、球状集合体（图10-77）。

光学性质 白色，有时为淡黄、淡褐、淡红或成灰、褐色。$Np = 1.486 \sim 1.498$，$Nm = 1.494$

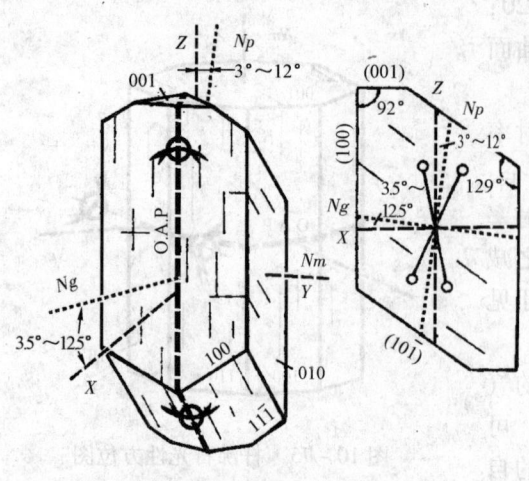

图 10-77 辉沸石光性方位图

$\sim 1.507, Ng = 1.496 \sim 1.509; Ng - Np = 0.010 \sim 0.011;(-)2V = 30° \sim 49°; Nm // Y, Ng \wedge X = 3.5° \sim 12.5°, Np \wedge Z = 3° \sim 12°$,光轴面 $//(010)$。色散 $r < v$。

镜下特征 薄片中无色透明;负低突起,糙面不显著;解理$\{010\}$完全,$\{101\}$差。干涉色Ⅰ级白至淡黄。斜消光,消光角较小,在(010)切面可见平行消光;还可常见波状消光;负延长。常见十字形的平行(100)的穿插双晶,在平行(010)的切面上可见有扇形双晶。

产状及其他 与片沸石、菱沸石等一起产在火山岩的杏仁体或空洞中;作为低温热液矿物以晶簇状产出在岩石裂隙中。较少作为砾岩的胶结物产出。

第二节 其他含氧盐类矿物的鉴定特征

一、硫酸盐类矿物的鉴定特征

1. 硬石膏(anhydrite)

化学组成 $Ca[SO_4]$,常含少量 SrO、MgO、SiO_2、Al_2O_3 等杂质。

结构与形态 斜方晶系,$3L^2 3PC$ 晶类;$D_{2h}^{17} - Cmcm$;$a = 0.699nm, b = 0.700nm, c = 0.624nm, Z = 4$。多为斜方柱$\{101\}$、平行双面$\{100\}$、$\{010\}$、$\{001\}$等的聚形。单晶体呈厚板状或沿 b 轴延长的柱状(图 10-78),通常呈纤维状、放射状或致密块状集合体。

物理性质 纯净者白色或无色,因杂质常呈浅灰色,较少呈蓝紫色、淡红色或褐色;条痕白色至浅灰色;玻璃光泽,解理面珍珠光泽;透明至半透明。解理$\{010\}$和$\{100\}$完全,$\{001\}$近于完全;$D = 2.8 \sim 3.0$;$H = 3 \sim 3.5$。$Np = 1.569 \sim 1.573, Nm = 1.572 \sim 1.579, Ng = 1.613 \sim 1.618, Ng - Np = 0.044 \sim 0.045;(+)2V = 42° \sim 44°; Ng // X, Nm // Y, Np // Z$,光轴面$//(010)$。色散 $r < v$。

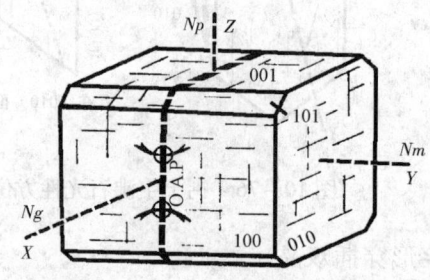

图 10-78 硬石膏光性方位图

镜下特征 薄片中无色透明;紫色硬石膏显多色性,Np-紫,Nm-无色,Ng-紫;吸收性 $Ng \approx Np > Nm$;有些可具有交互的颜色环带;正低突起;解理$\{010\}$、$\{100\}$及$\{001\}$三组解理完全,并互相正交成假正方解理。干涉色常达Ⅲ级绿色;平行消光;延性可正可负,即平行或近于平行(100)面为正延性,而在(001)面上为负延性。二轴正晶,$2V$ 角中等。沿$\{101\}$呈简单双晶、聚片双晶或三连晶。

产状及其他 内生的硬石膏产于热液矿床和接触交代矿床中或火山岩的孔隙中,与沸石、石英等矿物共生。外生硬石膏常见于石膏和岩盐矿层中,往往地表变为石膏,深部为硬石膏,与石盐、石膏、钾盐等共生。在石灰岩和白云岩中可有少量分布。经水化作用常变为石膏,有时在石膏中呈残余物。

2. 石膏(gypsum)

化学组成 $Ca[SO_4] \cdot 2H_2O$,Ca 可少量地被 Sr 代替,有时有粘土等机械混入物。

结构与形态 单斜晶系,L^2PC 晶类;$C_{2h}^6 - A2/a$;$a = 0.568nm$,$b = 1.518nm$,$c = 0.629nm$,$\beta = 113°50'$,$Z = 4$。常见单形有斜方柱{011}、{110}、平行双面{010}、{103}等。晶面(110)和(010)上常具纵纹。单晶体呈平行(010)的板状或柱状,亦常呈粒状、板状、片状和纤维状及土状集合体。无色透明者称透石膏,纤维丝绢光泽者称纤维石膏。

物理性质 白色或无色,因杂质可成为灰、红、黄、褐、蓝等色泽;条痕白色;透明至半透明;玻璃光泽,解理面珍珠光泽,纤维状集合体丝绢光泽。解理{010}极完全,{100}和{011}中等,可沿解理裂成夹角66°和114°的菱形块;断口贝壳状至多片状;$D = 2.30 \sim 2.37$;$H = 2.0$。$Np = 1.520 \sim 1.521$,$Nm = 1.522 \sim 1.523$,$Ng = 1.529 \sim 1.530$;$Ng - Np = 0.009 \sim 0.010$;$(+)2V = 58°$;$Np \wedge X = 15°$,$Nm // Y$,$Np // Z = 38°$,$Ng \wedge Z \approx 52°$,光轴面$//(010)$(图 10-79)。色散 $r > v$ 强,倾斜色散。

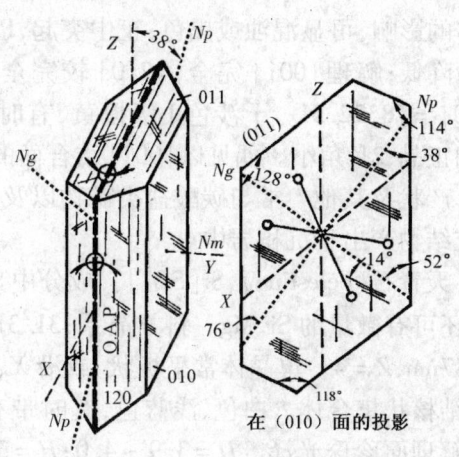

图 10-79 石膏光性方位图

镜下特征 薄片中无色透明;负低突起;解理{010}完全,{100}和{011}清楚。干涉色常为 I 级灰白至 I 级淡黄;⊥(010)的切面平行消光,其余切面上为斜消光;延性可正可负。二轴正晶,$2V$ 角中等;常随温度升高,$2V$ 角减小,加热至90℃时,$2V = 0°$。常见以{100}为结合面的燕尾双晶,{101}不常见。

产状及其他 产于蒸发岩中,与硬石膏、石盐、方解石、文石及其他盐类矿物共生。常由硬石膏水化而成;有时也产于热液矿脉中。沉积岩中有时可见有石膏的假晶。

3. 重晶石(barite)

化学组成 $Ba[SO_4]$。重晶石与天青石可形成连续固溶体系列$[(Ba,Sr)SO_4]$,其过渡属种是锶重晶石。少量的 Ca、Pb 及微量的 Ra 可代换 Ba。

结构与形态 斜方晶系,$3L^23PC$ 晶类;$D_{2h}^{16} - Pnma$;$a = 0.888nm$,$b = 0.545nm$,$c = 0.715nm$,$Z = 4$。常见单形有斜方柱{210}、{101}、{011}、{102}、平行双面{100}、{010}、{001}、斜方双锥{111}、{211}等。单晶体常呈沿(001)呈板状,或沿 X 轴、Y 轴的柱状,也常呈球晶状、纤维状、厚片状、粒状、结核状、豆状、鲕状或土状集合体。可有粘土矿物和碳酸盐矿物的包体,在较大的晶体中则有大量的砂粒包体存在。

物理性质 白、灰、浅黄、浅绿、浅蓝、浅红或浅褐等色;条痕白色;透明至半透明;玻璃光泽,解理面珍珠光泽。解理{001}完全,{210}中等,{010}不完全;$D = 4.3 \sim 4.5$;$H = 3 \sim 3.5$。$Np = 1.636$,$Nm = 1.637$,$Ng = 1.648$;$Ng - Np = 0.012$;$(+)2V = 37°$;$Ng // X$,$Nm // Y$,$Np // Z$,光轴面$//(010)$(图 10-80 左)。色散 $r < v$ 弱。

镜下特征 薄片中无色透明,有时有色并具微弱多色性,吸收性公式 $Ng > Nm > Np$;由于

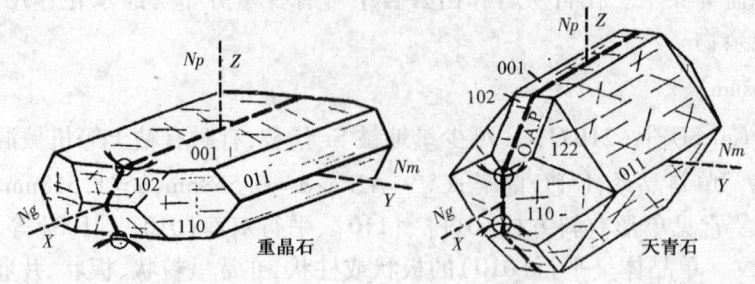

图 10-80 重晶石及天青石光性方位图

包体的影响,可显混浊或黑色;正中突起,Pb 含量增加折射率随之略增大,Sr 含量增加折射率略为降低;解理{001}完全,{210}较完全,{010}清楚;夹角{001}∧{210}=90°;{210}∧{2$\bar{1}$0}=78°22.5′。干涉色Ⅰ级橙黄,有时干涉色分布不均匀,呈斑杂状;平行消光;正延性。二轴正晶,$2V$ 角小。偶见以{001}结合面的聚片双晶。

产状及其他 常与碳酸盐类矿物以及石英、萤石等产于中低温热液矿脉中。也可呈结核或胶结物产出于沉积岩中。

天青石(celestine),$Sr[SO_4]$。成分中 Sr 与 Ba 构成完全的类质同象系列。可被少量 Ca 替代,还可有微量的 Si、Mg。斜方晶系,$3L^23PC$ 晶类;D_{2h}^{16}-Pnma;$a=0.836nm$,$b=0.535nm$,$c=0.687nm$,$Z=4$。单晶体常呈板状,或沿 X、Y 轴延伸呈柱状,也常呈页片状、土状、细粒状、纤维状、结核状集合体。白色、浅蓝色,有时带有红、绿、褐等色;条痕白色;透明至半透明;玻璃光泽,解理面珍珠光泽。$D=3.9\sim4.0$;$H=3\sim3.5$。$Np=1.622$,$Nm=1.624$,$Ng=1.631$;$Ng-Np=0.009$;(+)$2V=51°$;$Ng//X$,$Nm//Y$,$Np//Z$,光轴面//(010)(图 10-80 右)。色散 $r<v$ 明显。薄片中无色;蓝色种属具微弱多色性,显靛蓝、蓝绿、浅紫蓝等色;吸收性 $Ng>Nm>Np$;解理{001}完全,{210}中等,{010}不完全;正中突起(突起和双折射率较重晶石略低);解理与重晶石相同。干涉色Ⅰ级灰白;平行消光;正延长;双晶非常罕见。二轴正晶,$2V$ 角 51°(较重晶石大)。主要产于沉积岩,呈浸染状或似脉状充填于碳酸盐、岩盐、石膏层中,与石膏、硬石膏、重晶石、萤石、菱锶矿、方解石、白云石等矿物共生。也在砂岩中以胶结物形式产出。有时见于热液矿脉中,与方铅矿、闪锌矿等硫化物共生。在某些基性喷发岩的孔洞中也有发现。

二、碳酸盐类矿物的鉴定特征

碳酸盐类矿物是钙、镁、铁、锰、锌、铅、锶、钡、铜、镍等的碳酸盐,变种达 60 种之多。常见者大部分属三方晶系,少数属斜方、单斜和六方晶系。其中,方解石、文石(霰石)、球霰石(六方球方解石)为同质三相矿物,它们的化学组成都是 $CaCO_3$。碳酸盐矿物的光性特征大多十分相似,仅利用光学手段准确定出矿物种属是比较困难的。因此,除了普通的偏光显微镜及油浸法等手段外,差热分析、染色分析、X 射线衍射分析、红外光谱分析等均是通常应用的有效的方法。

1. 方解石(calcite)

化学组成 $Ca[CO_3]$,可以是纯 $CaCO_3$,也可有类质同象替代的 Mn(达 16%)、Fe(达 13.1%)、Mg(达 7.3%)、Pb(达 6%)、Zn(达 4%)及少量的 Sr、Ba、Re、Co 等。相应的变种称锰方解石、铁方解石、镁方解石等。还可有硫化物、石英的包体等机械混入物。

结构与形态 三方晶系,L^33L^23PC 晶类;D_{3d}^6-R$\bar{3}$c;菱面体晶胞 $a_{rh}=0.637nm$,$α=46°5′$,

$Z=2$(纯菱面体晶胞 $a_{rh}'=0.641nm, \alpha'=101°55', Z=4$);六方晶胞 $a_h=0.499nm, c_h=1.706nm, Z=6$。常见单形有菱面体$\{10\bar{1}1\}$、$\{01\bar{1}2\}$、$\{02\bar{2}1\}$、$\{40\bar{4}1\}$、复三方偏三角面体$\{21\bar{3}1\}$等(形号和面号均与纯菱面体晶胞一致)。完好晶体常见,形态多样,或呈菱面体,或为偏三角面体和菱面体的聚形、柱面与偏三角面体及菱面体的聚形,也常呈不规则的等轴粒状,有时呈鲕状、钟乳状、土状、球粒状、放射状集合体。在薄片中很少见到方解石的自形晶,多成粒状产出。方解石的形态可作为其生成条件的标型特征。

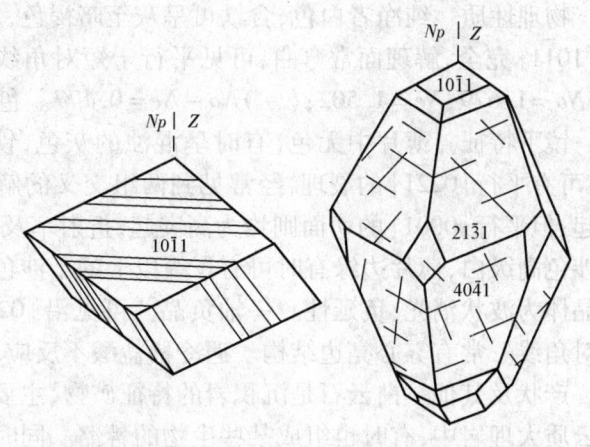

图10-81 方解石光性方位图

物理性质 无色或白色,但因含色素离子而有灰、黄、浅红、绿蓝等多种颜色,如含 Mn($5\% \pm$)呈深玫瑰红色、含 Fe($13\% \pm$)、Mg($7\% \pm$)呈浅绿色、含 Co 呈粉红色等;条痕白色或浅色;玻璃光泽;透明至半透明。解理$\{10\bar{1}1\}$完全;$D=2.6\sim2.9$;$H=3$。$No=1.658, Ne=1.486$;$(-)No-Ne=0.172$(图10-81)。色散很强。

镜下特征 薄片中无色;No 为正中突起,Ne 为低负突起,闪突起十分显著;随 Ca 被其他离子代替,折射率值有所增加;菱面体$\{10\bar{1}1\}$解理完全,通常成两组斜角相交的直线(当切片垂直解理面时,交角为75°),因双晶滑动可有$\{01\bar{1}2\}$裂开面。干涉色高级白;沿解理方向对称消光;负延性。一轴负晶。常见沿菱形面$\{01\bar{1}2\}$的聚片双晶,也常见$\{0001\}$接触双晶,$\{10\bar{1}1\}$不常见,在薄片中双晶纹平行菱形解理的长对角线。遇冷的稀盐酸剧烈反应起泡。

产状及其他 是最常见的矿物之一,是沉积岩的重要矿物,亦广泛出现于变质岩和岩浆岩中。无色透明的方解石晶体称为冰洲石,是贵重的光学仪器原料;纯净的石灰岩是水泥工业以及轻工业原料。

2. 白云石(dolomite)

化学组成 $CaMg[CO_3]_2$,纯白云石并不多见,通常 Fe^{2+} 与 Mg 和 Fe^{2+} 与 Mn 之间可呈完全类质同象替代,Mg 与 Mn 之间的替代是有限的。当 Mg:Fe≈1 时称铁白云石(Ankerite)。同时 Mg 还可少量被 Mn 替代(MnO 达 $3\%\sim4\%$)。因此白云石也可写作 $Ca(Mg, Fe, Mn)[CO_3]_2$。偶尔还有 Ni、Pb、Zn、Co 的存在。

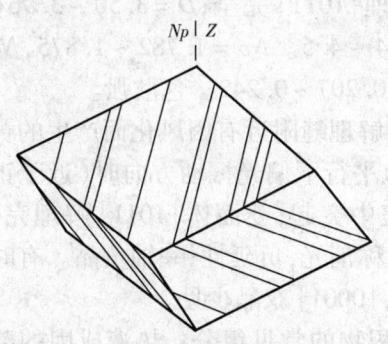

图10-82 白云石光性方位及$\{02\bar{2}1\}$聚片双晶

结构与形态 三方晶系,L^3C 晶类;$C_{3i}^2-R\bar{3}$;菱面体晶胞 $a_{rh}=0.601nm, \alpha=47°37', Z=1$($a_{rh}'=0.618nm, \alpha'=102°50', Z=2$);六方晶胞 $a_h=0.481nm, c_h=1.601nm, Z=3$。常见菱面体$\{10\bar{1}1\}$、$\{40\bar{4}1\}$、六方柱$\{11\bar{2}0\}$及平行双面$\{0001\}$的聚形。完好晶体常见(图10-82),自形程度往往比方解石好,菱形晶面常弯曲。

物理性质　纯净者白色,含铁可呈灰至暗褐色,风化后表面褐色;条痕白色;玻璃光泽。解理$\{10\bar{1}1\}$完全,解理面常弯曲,可见平行于短对角线的$\{02\bar{2}1\}$聚片双晶;$D=2.86$;$H=3.5\sim4$。$No=1.679$,$Ne=1.502$;$(-)No-Ne=0.177$。色散强。

镜下特征　薄片中无色,有时呈混浊的灰色,铁的变种可呈褐色;菱面体解理$\{10\bar{1}1\}$完全,可有平行$\{02\bar{2}1\}$的裂理,经常见到两组交叉的解理缝;闪突起显著,No正高突起,Ne负低突起,但平行$\{0001\}$的切面则均为高突起,折射率及双折射率随Fe^{2+}、Mn含量的增加而加大。干涉色高级白,薄片边缘有时可有Ⅳ级以上的干涉色圈。对晶体外形和解理纹呈对称消光,弯曲晶体为波状消光,负延性。一轴负晶。可见沿$\{02\bar{2}1\}$的滑动双晶,双晶纹平行菱形解理面短对角线。常有雾心亮边结构。遇冷稀盐酸不反应,粉末或加热起小泡。

产状及其他　白云石是沉积岩的特征矿物,主要分布在白云岩、白云质石灰岩、蒸发岩和白云质大理岩中,有时也组成某些生物的骨骼。同时也是热液交代作用的产物,与铜、铅、锌的硫化物、重晶石、萤石、方解石、菱铁矿、石英等矿物共生,产于热液矿脉中。

铁白云石(ankerite),$Ca(Fe,Mg,Mn)(CO_3)_2$,是白云石的富含Fe^{2+}的变种,可以同白云石构成类质同象系列。铁白云石为三方晶系,菱面体;黄至褐色;薄片中常因氧化而成暗褐色(可同白云石相区别);密度较大,$D=2.88\sim3.12$;$H=3.5\sim4$。$No=1.690\sim1.750$,$Ne=1.510\sim1.548$,$(-)No-Ne=0.180\sim0.202$,色散强,加热变暗黑。铁白云石在沉积岩中产出,多在铁质岩或煤矿层的节理内;也呈脉状产出于热液矿床;在某些蚀变的辉长岩中也可见到。

3. 菱铁矿(siderite)

化学组成　$Fe[CO_3]$,纯净者少见,其中$Fe-Mg$和$Fe-Mn$之间呈完全类质同象关系,可分为菱铁矿、菱镁矿物和菱锰矿三分端元矿物。菱铁矿中常有Mn和Mg,有时还有少量的Zn、Co、Ca等。富锰变种称"锰菱铁矿"(Oligonite)。

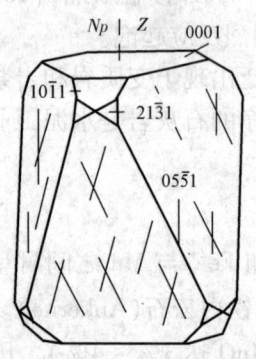

图10-83　菱铁矿光性方位图

结构与形态　三方晶系,$L^3 3L^2 3PC$晶类;$D_{3d}^6-R\bar{3}c$;菱面体晶胞$a_{rh}=0.576nm$,$\alpha=47°54'$,$Z=2$($a_{rh}'=0.602nm$,$\alpha'=103°5'$,$Z=4$);六方晶胞$ah=0.468nm$,$ch=1.526nm$,$Z=6$。常见单形有菱面体$\{10\bar{1}1\}$、$\{01\bar{1}2\}$、$\{05\bar{5}1\}$、$\{02\bar{2}1\}$、六方柱$\{10\bar{1}0\}$、平行双面$\{0001\}$、复三方偏三角面体$\{21\bar{3}1\}$、$\{3\bar{2}50\}$等。多为菱面体晶形,也常呈粒状、细粒状、纤维状、柱状、板状晶体,有时为鲕状、球粒状、葡萄状(图10-83)集合体。

物理性质　新鲜者灰白至浅黄色,风化后黄褐、褐、深褐色;玻璃光泽;透明至半透明。解理$\{10\bar{1}1\}$完全;$D=3.50\sim3.96$(随镁、锰含量增加而略降);$H=4\sim4.5$。$No=1.782\sim1.875$,$Ne=1.575\sim1.635$;$(-)No-Ne=0.207\sim0.242$。色散强。

镜下特征　薄片中无色、青灰色或浅黄褐色,在边缘和解理缝附近有因风化而产生的黄色锈斑;吸收性$Ne<No$;闪突起不显著,菱形的长对角线(No)平行下偏光振动方向时(近于正高的)正极高突起,短对角线(Ne)与之平行(近于正高的)正中突起;菱面体$\{10\bar{1}1\}$解理完全。干涉色高级白,薄片边缘可呈现较鲜艳的色彩;沿解理纹对称消光,负延性;一轴负晶。有时出现$\{01\bar{1}2\}$聚片双晶,双晶纹同菱形解理面的长对角线平行,$\{0001\}$双晶少见。

产状及其他　通常产在层状沉积岩中,是各类含铁沉积物的常见组分。热液成因的菱铁矿常与某些磷酸盐矿物共生。次生菱铁矿常产出在安山岩、玄武岩的空洞内。菱铁矿暴露在空气中时,易变为褐铁矿、针铁矿、赤铁矿。

锰菱铁矿(oligonie),(Fe,Mn)[CO₃],为菱铁矿的含锰变种(Mn 可达 24.1%),三方晶系。暗红至浅红色。$D = 3.722, H = 3.5 \sim 4$。$No = 1.840, Ne = 1.695, (-)No - Ne = 0.145$。

菱锰矿(rhodochrosite),Mn[CO₃]。纯净者少见,Mn^{2+} 可被 Fe^{2+}、Ca^{2+}、Mg^{2+}、Co^{2+}、Cd^{2+}、Zn^{2+} 等少量代替。含 Fe[CO₃]20%± 的变种称铁菱锰矿。菱面体,晶体少见,常呈粒状、柱状、土状、皮壳状、肾状、结核状集合体。常为暗红、褐、褐黄色;薄片中无色或浅橙红色、青灰色;Fe^{+2} 含量增加颜色加深;有弱多色性与吸收性,$No > Ne; No = 1.816, Ne = 1.597$,正极高至正低突起,随 Fe^{2+}、Zn 的代入而增大;解理 $\{10\bar{1}1\}$ 完全,有时有 $\{01\bar{1}2\}$ 裂理。$(-)No - Ne = 0.219$,高级白干涉色;负延性。少见沿 $\{01\bar{1}2\}$ 的聚片双晶。热液成因菱锰矿产于热液矿脉中。沉积成因的菱锰矿则同铁的硅酸盐矿物、菱铁矿等一起产出。

4. 菱镁矿(magnesite)

化学组成 Mg[CO₃],与菱铁矿之间成完全类质同象系列。Mn、Ca 可有限地代替 Mg,可有少量 Ni、Co 等。当含水多时称水菱镁矿(Hydromagnesire)。

结构与形态 三方晶系,$L_3^3 L^2 3PC$ 晶类;$D_{3d}^6 - R\bar{3}c$;菱面体晶胞 $a_{rh} = 0.566nm$,$\alpha = 48°10', Z = 2$($a_{rh}' = 0.584nm, \alpha' = 103°20', Z = 4$);六方晶胞 $a_h = 0.462nm, c_h = 1.499nm, Z = 6$。常见单形菱面体 $\{10\bar{1}1\}$、$\{02\bar{2}1\}$、六方柱 $\{10\bar{1}0\}$、$\{11\bar{2}0\}$、平行双面 $\{0001\}$、复三方偏三角面体 $\{2\bar{1}\bar{3}1\}$ 等。常呈菱面体、或柱状、板状、粒状晶体,也常呈细粒状、致密状、土状、纤维状、放射状、细脉状等集合体。在薄片中通常无较好晶形(图 10-84)。

物理性质 白色或无色,含铁变种可为黄、红或褐色,细粒者具有白瓷状外貌;透明;玻璃光泽。解理 $\{10\bar{1}1\}$ 完全;$D = 2.96 \sim 3.48$;$H = 3.5 \sim 4.5$。$No = 1.700, Ne = 1.509; (-)No - Ne = 0.190$。色散很强。

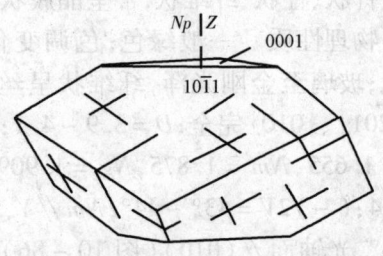

图 10-84 菱镁矿光性方位图

镜下特征 薄片中无色,多色性不明显,但有色变种,如含 Co 者具浅红和浅紫红的多色性;吸收性为 $Ne < No$;闪突起显著,No 正高突起,Ne 负低突起,折射率和重折射率随 Fe^{2+}、Mn^{2+} 或 Zn^{2+}、Ca^{2+} 的增加而略增加;解理 $\{10\bar{1}1\}$ 菱形解理完全,解理夹角 72°30'。干涉色高级白;沿解理线对称消光;负延性。未见双晶,可能有沿 $\{0001\}$ 的平行滑动,从未见有聚片双晶。

产状及其他 菱镁矿是富镁的岩浆岩和变质岩的蚀变产物。前者在菱镁古铜岩(Sagvandite)中为原生矿物与古铜辉石、滑石共生;后者在绿泥石-滑石片岩和蛇纹岩中呈粒状集合体和细脉状产出。也可作为沉积矿物产于白云岩和白云岩化灰岩中。

5. 文石(霰石)(aragonite)

化学组成 Ca[CO₃],常含有 Pb(达 15%)、Zn(达 10%)、Sr(达 5.6%)、稀土(1%)及少量 Ba、Mg、Fe 等杂质。相应变种称铅文石、锌文石、锶文石。

结构志形态 斜方晶系,$3L^2 3PC$ 晶类;$D_{2h}^{16} - Pmcn; a = 0.495nm, b = 0.796nm, c = 0.573nm, Z = 4$。常见单形有斜方柱 $\{110\}$、$\{011\}$、$\{021\}$、$\{061\}$、平行双面 $\{010\}$、$\{001\}$、斜方双锥 $\{111\}$、$\{121\}$ 等。单晶体针状、柱状、厚板状,可形成假六方柱状三连或六连晶,也常呈柱状、纤维状、钟乳状、晶簇状、鲕状集合体。

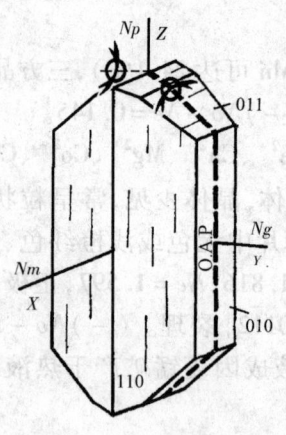

图 10-85 文石光性方位图

物理性质 白色、淡黄、淡绿色;透明;玻璃光泽,断口油脂光泽。解理$\{010\}$、$\{110\}$不完全;$D=2.9\sim3.0$;$H=3.5\sim4$。$Np=1.530\sim1.530$,$Nm=1.681\sim1.682$,$Ng=1.685\sim1.686$;$Ng-Np=0.155\sim0.156$;$(-)2V=18°$;$Nm//X$,$Ng//Y$,$Np//Z$,光轴面$//(100)$(图10-85)。色散$r<v$弱。

镜下特征 薄片中无色;明显的闪突起,Ng正高突起,Np负低突起;解理$\{010\}$不完全。珍珠状高级白干涉色;柱面平行消光;负延性。二轴负晶,$2V$角小。可见结合面为$\{110\}$的聚片状或六方轮状复合双晶。

产状及其他 文石常是热液作用产物,在玄武岩、安山岩的孔穴中产出。外生成因的文石与方解石、白云石等共生,见于灰岩、砂岩中或呈脉状产出。海相生物的贝壳、骨骼均由文石构成。文石极不稳定,经常转变为方解石。

6. 孔雀石(malachite)

化学组成 $Cu_2[CO_3](OH)_2$,其中Cu可部分地被Zn代替,当$Cu:Zn=3:2$时称斜绿铜锌矿(Rosasite),$(Cu,Zn)_2(CO_3)(OH)_2$。

结构与形态 单斜晶系,L^2PC晶类;C_{2h}^5-2P/c;$a=0.948nm$,$b=1.203nm$,$c=0.321nm$,$\beta=98°$,$Z=4$。常见单形有斜方柱$\{\bar{1}10\}$、$\{\bar{1}23\}$、平行双面$\{100\}$、$\{010\}$、$\{\bar{2}01\}$、$\{\bar{1}03\}$等。单晶体呈针状、柱状、纤维状,常呈晶簇状、放射状、皮壳状、同心条带状集合体。

物理性质 一般绿色;色调变化大;条痕浅绿色;玻璃至金刚光泽,纤维状呈丝绢光泽。解理$\{\bar{2}01\}$、$\{010\}$完全;$D=3.9\sim4.1$;$H=3.5\sim4$。$Np=1.655$,$Nm=1.875$,$Ng=1.909$;$Ng-Np=0.254$;$(-)2V=43°\sim44°$;$Nm//Y$,$Np\wedge Z=21°\sim23°$,光轴面$//(010)$(图10-86)。色散$r>v$明显。

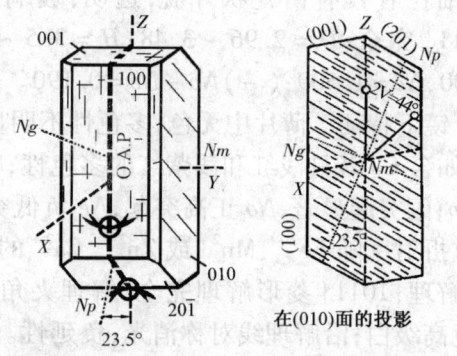

图 10-86 孔雀石光性方位图

镜下特征 薄片中绿色、黄绿色;多色性弱,Ng-深绿,Nm-黄绿,Np-近于无色;吸收性$Ng>Nm>Np$;正极高突起;解理$\{\bar{2}01\}$、$\{010\}$完全。干涉色高级白,但常受矿物本身颜色干扰而呈绿色;斜消光。二轴负晶,$2V$角中等。常见以$\{100\}$为双晶面的燕尾双晶。

产状及其他 是次生氧化矿物,普遍产于铜矿的氧化带。主要和蓝铜矿、赤铜矿、黑铜矿、褐铁矿、方解石、锰土、玉髓、硅孔雀石共生。

蓝铜矿(azurite),$Cu_3[CO_3]_2(OH)_2$。单斜晶系,$C_{2h}-2/m$;L^2PC晶类;$a=0.497nm$,$b=0.584nm$,$c=1.029nm$,$\beta=92°24'$,$Z=2$。常见单形有斜方柱$\{110\}$、$\{013\}$、$\{012\}$、$\{011\}$、$\{111\}$、平行双面$\{100\}$、$\{010\}$、$\{001\}$、$\{102\}$、$\{\bar{1}02\}$等。常呈短柱状或厚板状,也常呈晶簇状、粒状、放射状、皮壳状及土状集合体。一般深蓝色;浅蓝色条痕;玻璃光泽;透明至半透明。解理$\{011\}$和$\{100\}$完全至中等;$D=3.7\sim3.9$;$H=3.5\sim4$。镜下蓝至暗蓝色;较厚薄片显多

色性与吸收性，$Ng > Nm > Np$。$Np = 1.730$，$Nm = 1.758$，$Ng = 1.838$；$Np // Y$，$Ng \wedge Z = 12°36'$。色散 $r > v$ 强。是次生氧化矿物，与孔雀石等共生。

三、磷酸盐类及钨酸盐类矿物的鉴定特征

1. 磷灰石（Apatite）

化学组成 $Ca_5[PO_4]_3(F,Cl,OH)$，天然磷灰石的成分变化很大，部分 Ca 可被 Mn、Sr、TR（主要是 Ce）、Na、Ba、K 等代替，而 PO_4 可被 A_2O_3、SiO_2、SO_4 等代替。按成分不同可有氟磷灰石 $Ca_5[PO_4]_3F$，氯磷灰石 $Ca_5[PO_4]_3Cl$，羟磷灰石 $Ca_5[PO_4]_3OH$，碳磷灰石 $Ca_5[PO_4,CO_3,OH]_3(F,OH)$ 等。自然界最常见的是氟-羟磷灰石，可能是氟磷灰石和羟磷灰石可以任意比例混溶的原因。磷灰石中尚可含稀有放射元素，据分析，岩浆岩中磷灰石含 U 为 0.001% ~ 0.012%，海相沉积的磷灰石含 U 为 0.005 - 0.02% 及 I, Th 则更多些，值得注意。

结构与形态 六方晶系，L6PC 晶类；$C_{6h}^2 - R6_3/m$；$a = 0.938 ~ 0.943nm$，$c = 0.686 ~ 0.688nm$，$Z = 2$。常见六方柱 $\{10\bar{1}0\}$、$\{11\bar{2}0\}$、六方双锥 $\{10\bar{1}1\}$、$\{11\bar{2}1\}$、$\{21\bar{3}1\}$、平行双面 $\{0001\}$ 等。磷灰石的晶习与形成条件有关：岩浆和变质成因者，或为较大的沿 Z 轴的六方柱状（图 10-87）、针状自形晶，或为粒状、密块状集合体，或为微小的粒状、柱状、针状的副矿物及包体；沉积成因者，多成鲕状、球状、肾状、皮壳状、钟乳状、土状、纤维状、鳞片状集合体，有时成为生物的骨骼。

物理性质 纯净者无色至灰白，含杂质则浅绿、蓝绿、黄、褐、灰黑等色；条痕无色；玻璃光泽，断口油脂光泽，透明。解理 $\{0001\}$ 和 $\{10\bar{1}0\}$ 不完全；断口不平坦至贝壳状；$D = 2.9 ~ 3.446$；$H = 5$。$No = 1.629 ~ 1.667$，$Ne = 1.624 ~ 1.66$；(-) $No - Ne = 0.001 ~ 0.005$。色散 $r < v$ 中等。

镜下特征 薄片中一般无色；当含 Mn、Fe 等色素离子时，呈浅橙红、浅褐、浅蓝等色，并具微弱多色性与吸收性，$Ne > No$，偶见 $No > Ne$；正中突起；解理 $\{0001\}$ 和 $\{10\bar{1}0\}$ 的不完全解理。最高干涉色为 I 级灰，但随

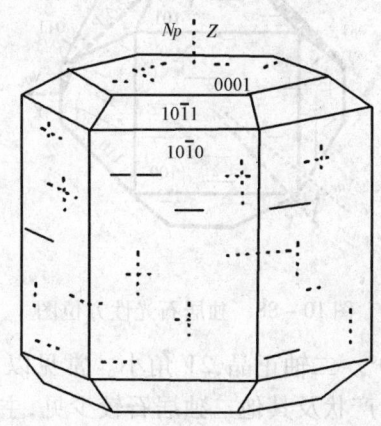

图 10-87 磷灰石光性方位图

(CO_3) 或 (OH) 含量的增加而有所增高，柱状切面呈平行消光，横切面（自形好的呈六边形）全消光。一轴负晶。偶尔可见以 $\{11\bar{2}1\}$ 或 $\{10\bar{1}3\}$ 为双晶面的双晶。沿柱面负延性，但板状晶体可正延性。

产状及其他 内生成因者，是岩浆岩和变质岩中极常见的副矿，有时可达到相当高的含量，以致成为有综合利用价值的磷矿床，如河北北部基性岩的磷-铁矿床。外生成因者是构成磷块岩的主要成分，并常出现于陆源碎屑沉积物中。磷灰石是磷肥的重要来源。同时，氟磷灰石可做为激光发射晶体。

胶磷矿（collophane），是一种细粒致密的磷酸盐矿物。一般认为它为非晶质状态磷灰石的习称。$N = 1.569 ~ 1.63 \pm$；$D = 2.6 ~ 2.9$，$H = 3.5$。显微镜下为均质全消光。经过电子显微镜研究可知其为隐晶质或为超显微状态的磷灰石微晶。主要成分为碳氟磷灰石或碳羟磷灰石。无色，或因某些元素影响显灰、白、黄、褐等色。呈层状、结核状、球粒状、放射状、羽状以及粉末状、土状产出。胶磷矿构成的鲕粒或球粒常具同心层状结构，有时则为放射纤维状结构，而在

较小的球粒中也可无结构,成致密状。这些球粒多成椭圆状或压扁状,而鲕粒中心常有一些碎屑矿物,主要是石英以及黄铁矿、生物碎片等。胶磷矿可同方解石交互产出,胶磷鲕粒可被方解石或玉髓脉切穿或部分交代。胶磷矿鲕粒因失水收缩常产出向心状的裂隙。胶磷矿是沉积型海相磷块岩的主要组分;在隆起的珊瑚礁中也有产出,与三斜磷钙石(Monetire)$CaHPO_4$、石膏、方解石共生。

2. 独居石(磷铈镧矿)(monazite)

化学组成 $(Ce,La,Nd,Th)[\ ][PO_4]$。阳离子经常被 Pr、Sm 及 Dy、Er、Ho 代换,(SiO_4) 有时可代换(PO)。根据成分中稀土元素的含量可分为:铈独居石$((Ce,La,Nd,Th)[PO_4])$;镧独居石$((La,Ce,Nd)[PO_4])$,通常多系指前者。

结构与形态 单斜晶系,L^2PC 晶类;C_{2h}^5 – $P2/n$;$a=0.679nm$,$b=0.704nm$,$c=0.647nm$,$\beta=104°24'$,$Z=4$。常见单形有斜方柱$\{110\}$、$\{101\}$、$\{\bar{1}01\}$、$\{111\}$、平行双面$\{100\}$、$\{010\}$ 等。常呈自形小晶体,多为//(100)的板状、叶片状,或为沿 Y 轴延长的柱状。

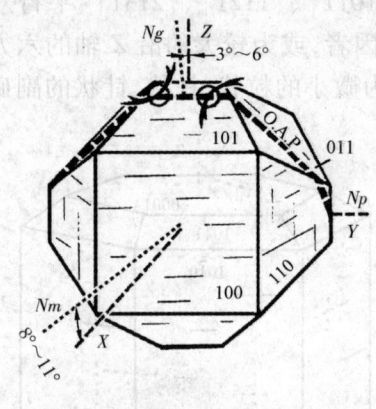

图 10-88 独居石光性方位图

物理性质 黄、褐、红褐色;油脂光泽;条痕白色;透明。解理$\{100\}$中等,$\{001\}$完全;$D=4.9\sim5.3$;$H=5\sim5.3$。$Np=1.774\sim1.800$,$Nm=1.777\sim1.80$,$Ng=1.825\sim1.849$;$Ng-Np=0.049\sim0.051$;$(+)2V=6°\sim19°$;$Nm\wedge X=8°\sim11°$,$Np//Y$,$Ng\wedge Z=3°\sim6°$,光轴面$\perp(010)$(图 10-88)。色散 $r<v$ 弱,或 $r>v$ 弱(少见)。

镜下特征 薄片中黄或无色;多色性很弱,Np-亮黄,Nm-暗绿,Ng-浅绿黄;吸收性 $Nm>Np=Ng$;正极高突起,糙面显著;解理$\{100\}$中等,$\{001\}$完全。干涉色Ⅳ级以上,横切面干涉色极低;斜消光,消光角 $<10°$。二轴正晶,$2V$ 角小。常见以$\{100\}$为双晶面的双晶。正延性。

产状及其他 独居石较少见,主要为正长岩、花岗伟晶岩、片麻岩中副矿物,在石英脉中、碎屑岩、现河流及滨海砂中也有见及。

3. 白钨矿(钨酸钙矿)(scheelite)

化学组成 $Ca[WO_4]$。成分中 W 与 Mo 可呈类质同象替代,MoO_3 可达 24%,还可有少量 Cu^{2+}、Fe^{2+}、Mn^{2+} 等。

结构与形态 四方晶系,L^4PC 晶类;C_{4h}^6 – $I4_1/a$;$a=0.525nm$,$c=1.140nm$,$Z=4$。主要单形为四方双锥$\{101\}$、$\{111\}$、$\{113\}$、$\{121\}$、平行双面$\{001\}$等。常呈四方双锥状或板状晶体(图 10-89),也常呈致密块状、不规则粒状集合体。

物理性质 多呈浅黄、灰白、浅褐或灰色,含 Cu 者呈绿色;条痕白色至黄绿(含 Cu);油脂光泽至金刚光

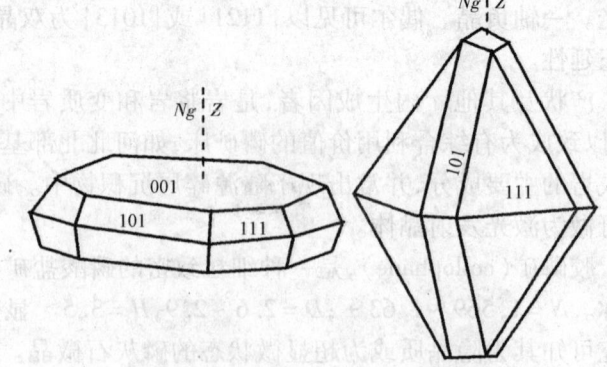

图 10-89 白钨矿物光性方位图

泽;透明至半透明。解理$\{111\}$完全,$\{101\}$不完全;断口参差状;$D=5.8\sim6.2$;$H=4.5\sim5$。在紫光照射下发浅蓝至黄色的荧光。$No=1.920$,$Ne=1.937$同,$(+)Ne-No=0.017$。

镜下特征　薄片中无色;正极高突起,折射率值随 Mo 含量增加而增高;解理沿$\{111\}$完全,沿$\{101\}$不完全。干涉色Ⅰ级顶部。沿$\{100\}$或$\{110\}$的双晶见。一轴正晶。

产状及其他　产于伟晶岩,同锡石、黄玉、黑钨矿、辉钼矿等伴生。在热液矿脉中同石英、锡石、电气石、黄玉、磷灰石及金矿共生。也产于矽卡岩中,同石榴子石、透闪石,普通角闪石、绿帘石、符山石、辉钼矿、萤石等共生。常变成黑钨矿。

第三节　其他类矿物的鉴定特征

一、氧化物及氢氧化物类矿物的鉴定特征

1. 刚玉(corundum)

化学组成　$\alpha-Al_2O_3$。天然刚玉常含微量的 Fe、Mn、Cr、Ti 等杂质。

结构与形态　三方晶系,$L^3 3L^2 3PC$ 晶类;D_{3d}^6-R3c;$a_h=0.477nm$,$c_h=1.304nm$,$z=6$;$a_{rh}=0.514nm$,$\alpha=55°16'$,$z=2$。常见单形有六方柱$\{11\bar{2}0\}$、六方双锥$\{22\bar{4}1\}$、$\{22\bar{4}3\}$、$\{11\bar{2}1\}$、$\{9.9.\overline{18}.2\}$、菱面体$\{10\bar{1}1\}$、平行双面$\{0001\}$等。晶体为六方双锥及底板面的聚形,常呈桶状、锥状、板状、柱状、不规则粒状,晶面上常有斜纹或横纹。晶体的不同形状同介质的化学成分有关(图10-90)。

物理性质　无色或因含色素杂质而呈色,如含铬呈红色、含铁钛呈蓝色、含钴和镍呈绿色、含Fe^{2+}呈黑色、含镍呈黄色。透明至半透明;玻璃至金刚光泽。有$\{0001\}$和$\{10\bar{1}1\}$裂开。$D=3.95\sim4.10$;$H=9.0$。$No=1.767\sim1.772$,$Ne=1.759\sim1.763$;$(-)No-Ne=0.008\sim0.009$。色散中等。

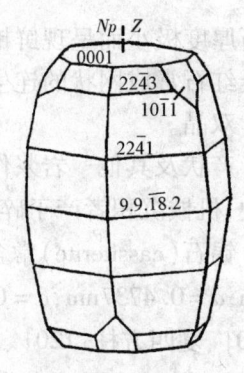

图10-90　刚玉光性方位图

镜下特征　薄片中无色或其他颜色;深色变种可见多色性,No-蓝、蓝、深紫,Ne-淡蓝、翠绿、黄绿、淡黄;吸收性$No>Ne$;正高突起,糙面显著;无解理,有$\{10\bar{1}1\}$和$\{0001\}$裂理,前者不常见。干涉色Ⅰ级灰白,但由于刚玉的硬度很大,薄片中常因厚度影响而呈Ⅱ级蓝干涉色;板状晶体为正延性,柱状晶体为负延性。一轴负晶;有时光性异常而呈二轴晶,$2V=10°\sim12°$(最大58°)。以$\{10\bar{1}1\}$为双晶面的聚片双晶较为普遍,以$\{0001\}$或$\{10\bar{1}1\}$的简单双晶较少见。

产状及其他　岩浆成因者产于富铝贫硅的岩浆岩和伟晶岩中,与长石、尖晶石等共生。区域变质形成者产于片麻岩中,与矽线石、磁铁矿、白云母等共生。接触交代变质形成者产于岩浆岩与石灰岩的接触带中。机械沉积形成者产于沉积岩中,是常见的重矿物。

2. 金红石(rutile)

化学组成　TiO_2。常有 Fe、Ta、Nb 的类质同象混入物,含量高时称铁金红石、铌铁金红石等,有时还有少量的 Cr、V、Sn、Mn 等。

结构与形态　四方晶系,$L^4 4L^2 5PC$ 晶类;$D_{4h}^{14}-P4_2/mnm$;$a=0.474nm$,$c=0.319nm$,$z=2$。

常见单形有四方柱{110}、{100}、四方双锥{111}、{101}、复四方柱{230}、复四方双锥{231}等。晶体为长柱状、针状及纤维状、毛发状、细粒状，还常成其他矿物的包裹体。

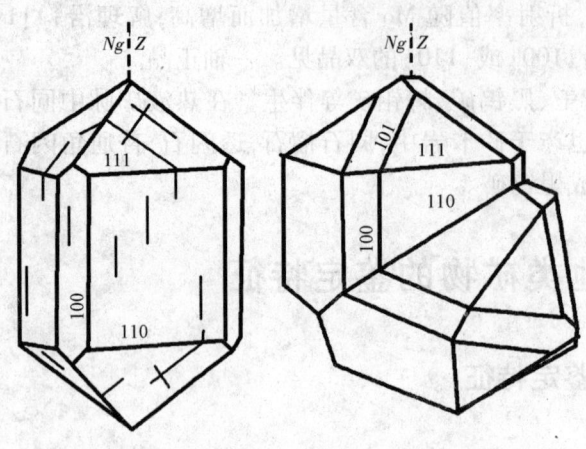

图 10-91 锡石和金红石光性方位及双晶

物理性质 特有的浅红褐色或黑色(含铁及铌、钽高)；条痕浅黄褐色；金刚光泽；透明。解理{110}完全、{100}中等，有{011}、{092}裂开；$D=4.2\sim 5.5$(富 Nb、Ta 者)；$H=6$。$No=2.616$，$Ne=2.903$，$(+)Ne-No=0.387$(图 10-91)，色散很强。

镜下特征 薄片中大多为浅红、淡黄、紫色；多色性弱至显著，No-黄色至褐红色，Ne-褐黄色至深红色；吸收性 $No<Ne$；正极高突起；解理{110}完全、{100}较完全。干涉色高级白色，常混淆有矿物本身的颜色，针状金红石厚度极小而呈现鲜艳的蓝、红、紫干涉色；平行消光。沿{011}的膝状双晶和心形双晶，针状金红石常成网状的连生双晶，有时还能看到三连晶和环状六连晶，在应力作用下可有{011}聚片双晶。

产状及其他 岩浆作用成因者产于酸性岩浆岩浆岩中，区域变质成因者产于片麻岩和榴辉岩中，机械沉积者产于碎屑沉积岩中，是常见的重矿物。

锡石(cassiterite)常含有铁、钽、铌、锰以及钛、锆、钨等混入物。$L^4 4L^2 5PC$ 晶类；$D_{4h}^{14}-P4_2/mnm$；$a=0.4737nm$，$c=0.3185nm$，$z=2$。常见单形有方双锥{111}、{101}、四方柱{110}、{100}、复四方柱{120}、{230}、复四方双锥{231}等。单晶体为四方双锥与四方柱的聚形(图 10-91)并随成因而变化，多呈粒状及致密状集合体。无色，因混入色素而呈赭黄、红、黑等色；条痕白色至褐色；金刚光泽；半透明至不透明。解理{100}和{110}不完全；$D=6.8\sim 7.1$；$H=6.0\sim 7.0$。薄片中无色、或黄、橙、褐、红、绿等色，颜色常呈带状分布；深色变种有中到强的多色性，No-浅绿黄至铁灰色，Ne-深粉褐至黑色色；吸收性 $No<Ne$；$No=1.992\sim 1.997$，$Ne=2.091\sim 2.093$，正极高突起；解理{100}、{110}不完全。$(+)Ne-No=0.097$，干涉色为高级白；对于解理具平行消光，对双晶面则为倾斜消光；正延性。一轴正晶；色散强。常见沿{011}的聚片双晶和膝状双晶或心状双晶。典型气成作用的产物，产于高温矿脉和砂矿中。主要的锡矿石矿物。

锐钛矿(八面石)(anatase)，TiO_2，是金红石的同质多相变体。四方晶系，$L^4 4L^2 5PC$ 晶类；$D_{4h}^{19}-I4_1/amd$；$a=0.379nm$，$c=0.951nm$，$z=4$。常见单形有四方双锥{111}、{101}、四方柱{110}、{100}等。常为尖锐的长双锥状或板状、柱状、粒状，晶面上有横纹(图 10-92 左)。常呈褐、黄、绿、黑等色。{001}和{111}解理完全；$D=3.82\sim 3.97$；$H=5.5\sim 6$。薄片中无色或浅黄、浅褐色；多色性弱至强，No-黄、蓝、绿，Ne-褐、深蓝；吸收性常为 $No<Ne$，有时 $No>Ne$。$No=2.561$，$Ne=2.488$，正极高突起。$(-)No-Ne=0.073$，干涉色达Ⅳ级或Ⅳ级以上；常为平行消光或对称消光；负延性。一轴负晶；色散强。双晶沿{112}，少见。常作为副矿物少量存在于岩浆岩、变质岩中；也常成为蚀变产物；还常是碎屑岩中的重矿物。

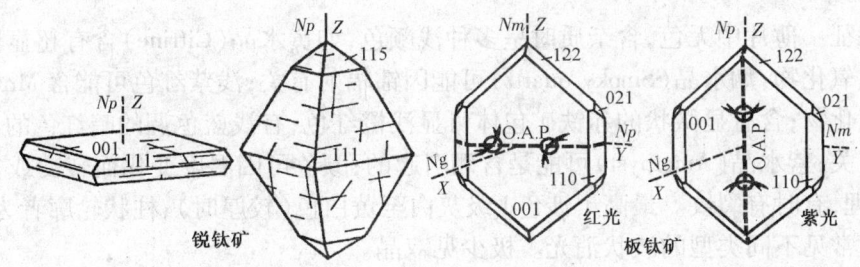

图 10-92 锐钛矿与板钛矿光性方位图

板钛矿（brookite），TiO_2。也是金红石的同质多相变体。斜方晶系，$3L^23PC$ 晶类；$D_{2h}^{16} - Pbca$；$a = 0.918nm, b = 0.545nm, c = 0.515nm, z = 8$。常见单形有平行双面$\{100\}$、$\{010\}$、$\{001\}$、斜方柱$\{110\}$、$\{210\}$、$\{043\}$、$\{021\}$、斜方双锥$\{111\}$、$\{112\}$、$\{322\}$等。晶体呈平行(100)菱形板状，锥状或柱状，(100)面具平行 Z 轴的纵纹（图10-92右）。黄褐、红褐或褐黑色。$Np = 2.583 \sim 2.583, Nm = 2.584 \sim 2.586, Ng = 2.700 \sim 2.741; Ng - Np = 0.117 \sim 0.158$；$(+)2V = 0° \sim 30°$；红光，$Ng//X, Np//Y, Nm//Z$，光轴面$//(001)$；紫蓝光 $Ng//X, Nm//Y, Np//Z$，光轴面$//(010)$；色散 $r > v$ 强，或 $r < v$。薄片中黄褐或金褐色；多色性弱，Np-橙、浅黄褐，Nm-橙、紫褐，Ng-橙黄、紫褐；吸收性 $Ng > Nm > Np$ 或 $Nm > Ng > Np$；正极高突起；解理$\{110\}$不完全。干涉色高级白色，有时可见异常干涉色，以至在任何位置都不见真正消光。作为副矿物产于火成岩及变质岩中，也产于热液脉中，还是沉积岩中重矿物。

3. 石英族（quartz group）

石英族矿物在自然界分布相当广泛，都是由 SiO_2 组成的矿物，主要有石英、鳞石英（Tridymite）、方英石（Cristobalite）、柯石英（Coesite）和斯石英（Stishovite，又称超石英）、玉髓、蛋白石和焦石英等。在自然界以 α—石英、蛋白石和玉髓最为常见。

1）石英（quartz）

化学组成 SiO_2，成分纯净，SiO_2 可近于 100%。也经常有金红石、电气石、阳起石及气、液体等包体，还可有痕量的 Ge、Al、Fe、Mg、Ca、Li、Na 和 K 等。

结构与形态 架状结构，高温变体称β—石英，低温变体称α—石英，在常压下两者转变温度为573℃。现在天然可见的石英，全部为α—石英，原来晶出的β—石英也都转变为α—石英了，不过还保留其β—石英的假象（图10-93左）。因此通常称石英者，均指α—石英。三方晶系，L^33L^2 晶类；$D_3^4 - P3_12$；$a_h = 0.491nm, c_h = 0.5405nm, z = 3$；常见单形有六方柱$\{10\bar{1}0\}$、菱面体$\{10\bar{1}1\}$ 和 $\{0\bar{1}11\}$、三方双锥$\{11\bar{2}1\}$、三方偏方面体$\{5161\}$等。多为柱面同正、负菱面体的聚形，并有三方偏方面体的小晶面。在集合体中，多呈他形粒状或致密块状。

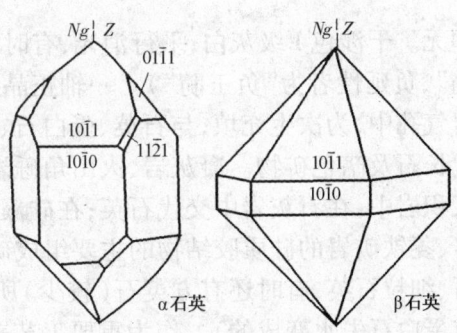

图 10-93 石英的光性方位图

物理性质 无色或乳白色，含杂质呈灰褐到黑、紫、绿、粉红色等色；条痕白色；玻璃光泽，断口油脂光泽；透明。无解理，贝壳状断口。$D = 2.65; H = 7$。$No = 1.544, Ne = 1.553;(+)Ne$

$-No=0.009$。

镜下特征 薄片中无色,含杂质时呈多种浅颜色,如黄水晶(Citrine)含有超显微状态的胶状的铁的氢氧化物;烟水晶(Smoky quartz)可能因镭辐射有关;浅紫红色可能含 MnO 和非晶质的硅的氢氧化物;含有显微状的赤铁矿包体可显浅橙红色;有浅蓝色调的暗红色的石英同含针状金红石有关;紫水晶(Amethyst)可能是含硼引起的;颜色可因温度变化而转变或褪色。正低突起;无解理,有时有裂纹。最高干涉色Ⅰ级灰白至黄白色(较厚时);柱状轮廓者为平行消光,因应力作用常见不同类型的波状消光。极少见双晶。

产状及其他 石英是地壳中仅次于长石的分布很广的矿物,是岩浆岩、沉积岩、变质岩的常见组分。

2) 其他石英族矿物

β—石英(β-quartz),石英的高温变体,六方晶系,$L^6 6L^2$ 晶类;$D_3^4 - P3_121$ 或 $D_6^6 - P321$;$a_h = 0.502nm, c_h = 0.548nm, z = 3$;主要单形有六方双锥$\{10\bar{1}1\}$和六方柱$\{10\bar{1}0\}$等。常呈有熔蚀现象的自形晶,多为柱面很短的六方双锥(图10-93右)。灰白至乳白色,玻璃光泽,断口油脂光泽。$D = 2.51 \sim 2.54$。镜下无色。钠光580℃时,$No = 1.5329, Ne = 1.5405$;$(+) Ne - No = 0.008$。产于酸性火山岩中,在流纹岩中成斑晶(已变为α—石英但仍呈β—石英假象)。

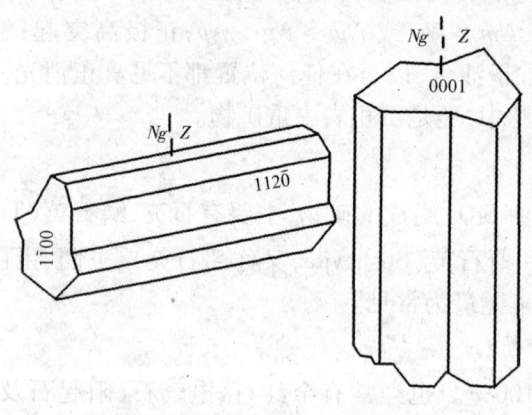

图10-94 玉髓的光性方位图

玉髓(石髓)(chalcedony),SiO_2。常含有氧化铁、有机质、水等微细包体。被认为是由超显微的石英同大量微孔构成的网所组成的,是石英的微细纤维的变体(图10-94)。常呈隐晶质、放射状、球粒状、致密状集合体。也有呈皮壳状、钟乳状者。三方晶系,$D = 2.58 \sim 2.65, H = 6$。$No = 1.530 \sim 1.533, Ne = 1.538 \sim 1.543$;$(+) Ne - No = 0.008 \sim 0.010$。可呈浅蓝、灰、白、极浅的褐色;薄片中无色或黄至浅褐色(系氧化铁染成的)。负低突起,随含水量增加而减小,无水时则折射率近于石英。

解理无。干涉色Ⅰ级灰白;平行消光,有时具有斜消光;延性可正可负(有人把正延性者称"正玉髓",负延性者为"负玉髓")。一轴正晶,有时异常为二轴正晶,$(+) 2V = 0° \sim 25°$。产于火山岩气孔中,为次生充填,与石英、蛋白石、沸石、绿泥石、碳酸盐等矿物伴生。作为蚀变产物可交代长石及暗色矿物。凝灰岩、火山角砾岩中玻璃质发生脱玻化时,经常有玉髓产出。还常见于沉积岩中:在石灰岩中交代石英;在硅藻土中交代蛋白石;硅质结核的主要成分;燧石和某些砂岩、菱铁矿岩的硅质胶结物的主要组成矿物;地质历史上年青的燧石-硅质岩是由玉髓、蛋白石、细粒石英,有时还有方英石(较少)所组成;年代久远的燧石则均为细粒石英组成(是玉髓或蛋白石失水变成的)。作为重要工艺美术材料的玛瑙、碧玉也是由玉髓组成。

蛋白石(opal),$SiO_2 \cdot nH_2O$,是含水的隐晶质或胶质的氧化硅,一般含水1~9%,最高达34%;并常有粘土、有机质、氢氧化铁、锰、铜和镍等杂质。原生的蛋白石是高度无序的非晶质,因重结晶的原因实际上多为非晶质体和晶质体的混合物。多无固定外形,常呈致密块状、粒状、土状、钟乳状、结核状、多孔状等。颜色为乳白、灰、黄、红、绿、蓝、褐、黑等色;条痕无色;珍珠光泽;透明。薄片中无色,偶而显灰色或浅褐色。$D = 1.9 \sim 2.5; H = 5 \sim 6; N = 1.406 \sim 1.460$

（多数为 1.44~1.45）。密度、硬度和折射率均随 H_2O 的增加而降低。薄片中无色,偶尔灰色或浅褐色。负高突起;全消光(因内应力作用,在边缘部分或包裹体附近可出现灰色干涉色)。蛋白石是风化作用或热液作用形成的 SiO_2 胶体,与鳞石英、沸石等矿物沉淀充填在岩石的孔洞和裂缝中;或通过交代作用形成长石、石膏、方解石等等矿物的假象;也可以形成硅质结核和"硅化木";也可在砂岩中成为胶结物;也是硅藻土、放射虫等生物骨骼的成分。蛋白石重结晶后可变为玉髓和石英。重要用途是作宝石,有的可制成工艺品。

4. 尖晶石（spinel）

化学组成　$(Mg,Fe,Zn,Mn)(Al,Cr,Fe)_2O_4$。尖晶石族矿物类质同象发育,成分比较复杂。按三价阳离子不同可分为铝尖晶石、铬尖晶石和磁铁矿三亚族。铝尖晶分布最为广泛,其二价的镁和铁可以任意比例混合。铝尖晶石按成分可分为:① 贵尖晶石 $MgAl_2O_4$;② 镁铁尖晶石$(Mg,Fe)(Al,Fe)_2O_4$;③ 铁尖晶石 $FeAl_2O_4$;④ 锌尖晶石 $ZnAl_2O_4$;⑤ 锰尖晶石 $MnAl_2O_4$。后三种不常见。铬尖晶石又可分为①镁铬尖晶石 $MgCr_2O_4$,② 镁铬铁矿$(Mg,Fe)Cr_2O_4$ 和 ③ 铬铁矿 $FeCr_2O_4$。磁铁矿亚族为不透明矿物,此不述。

结构与形态　等轴晶系,$3L^44L^36L^29PC$ 晶类;O_h^7-Fd3m;$a=0.808~0.853nm$,$Z=8$。晶体完整,多呈八面体或菱面体与立方体聚形的自形晶体(图 10-95),断面多为三角形、四边形、六边形,也常为不规则颗粒。通常呈浸染粒状散布于岩石中。

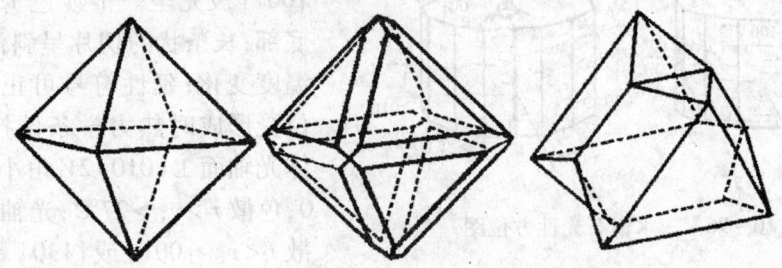

图 10-95　尖晶石晶形及双晶

物理性质　贵尖晶石无色或浅色,镁铁尖晶石绿色、蓝绿色,铁尖晶石深绿色,铬尖晶石绿色或微透明的红褐色、黄褐色,铬铁矿几乎不透明,边缘有时微呈红、褐红色。条痕无色至带浅色调;玻璃光泽至金刚光泽;透明至半透明。无解理。$D=3.58~4.62$;$H=5.5~8$。$N=1.719~2.12$。

镜下特征　薄片中无色、或为绿、红褐、黄褐等色;正高至正极高突起,糙面非常显著,随 Fe^{2+} 和 Fe^{3+} 的含量增加,折射率(突起)增高而透明降低;解理不明显或无,表面有不规则的裂缝或八面体的裂理。多为均质性,但个别变种如某些蓝绿色的锌尖晶石可有微弱干涉色。常见{111}为双晶面的双晶(尖晶石律),多为简单双晶,有时为聚片双晶。色散中等。

产状及其他　贵尖晶石和镁铁尖晶石是一种接触变质矿物,分布白云质大理岩等岩石中,与石榴石、透辉石、金云母、刚玉、镁橄榄石等共生。镁铁尖晶石是一种岩浆矿物,为缺乏 SiO_2 的产物。锌尖晶石产在结晶片岩及伟晶岩中。铬尖晶石类矿物是橄榄岩以及蛇纹岩中常见的矿物。在区域变质岩石如某些片麻岩、结晶片岩和角闪岩中,有时也可有尖晶石产出。透明色美的尖晶石可作为贵重的宝石,有的尖晶石砂可做磨料。

5. 铝土矿（bauxite）

铝土矿不是单独的一种矿物,可表示为 $Al2O3·nH_2O$。它是由三水铝石($Al[OH]3$)、一水软铝石(又称水铝石)(γ-AlO(OH)或AlO(OH))和一水硬铝石(又称硬水铝石)(α—AlO(OH)或AlO(OH))等组成的细分散的胶态的机械混合物,通常含有蛋白石、赤铁矿、褐铁矿、高岭石等混入物,还可含有Ga、Nb、Ta、Ti、Zr等稀有元素。

1) 三水铝石(氢氧铝石、水铝氧石)(gibbsite)

化学组成 Al(OH)$_3$。常含有Fe$_2$O$_3$、SiO$_2$、Ga$_2$O$_3$等杂质。

结构与形态 单斜晶系,L^2PC晶类;C_{2h}^5-P2$_1$/n;$a=0.864$nm,$b=0.507$nm,$c=0.972$nm,$\beta=94°34'$,$Z=8$。常见单形有平行双面{100}、{001}、斜方柱{110}等。具有层状结构,晶形很象云母,呈平行(001)的假六方板状和片状(图10-96),也常呈极细小鳞片状、隐晶状、结核状、豆状、皮壳状集合体。

物理性质 纯净者土白色,因杂质常呈灰、浅绿、浅黄等色;条痕白色,土状光泽;玻璃光泽,透明-半透明。解理平行{001}完全;$D=2.3\sim2.43$;$H=2.5\sim3.5$;硬度和比重随矿物组分的变化而变化。$Np=1.566\sim1.568$,$Nm=1.566\sim1.568$,$Ng=1.587\sim1.589$;$Ng-Np=0.021$;$(+)2V=0°\sim40°$;$Nm\wedge X=25°$,$Np//Y$,$Ng\wedge Z=21°$,光轴面$\perp(010)$,色散$r>v$;或者($>27℃$时)$Np\wedge X=30°$,$Nm//Y$,$Ng\wedge Z=25°$,光轴面$//(010)$;色散$r<v$。

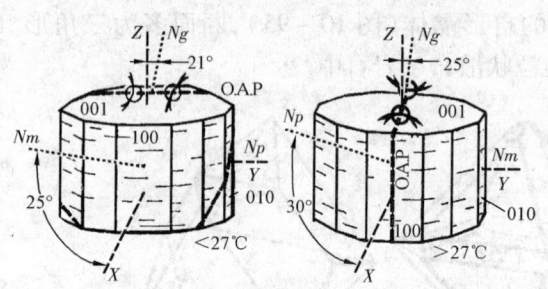

图10-96 三水铝石光性方位图

镜下特征 薄片中无色,因含杂质有时被染成浅褐色;正低突起;解理{001}极完全。干涉色Ⅰ级顶部至Ⅱ级底部;长条状的切片呈斜消光,消光角随温度变化;延性符号可正可负。光性方位受形成时热力学条件控制,大多数晶体光轴面$\perp(010)2V$角小,$27℃$时,$2V=0$,色散$r>v$;$>27℃$,光轴面$//(010)$,色散$r<v$。{001}或{130}聚片双晶常见,或以复合双晶出现。

产状及其他 主要由长石类及副长石类矿物风化分解形成,常是铝土矿、红土等的主要矿物成分,也可以是富铝岩浆岩的气孔或脉中的低温热液产物。三水铝石经脱水作用可转变为一水硬铝石。

2) 一水硬铝石(硬水铝石,水铝石)(diaspore)

化学组成 AlO(OH)。常含有Fe$_2$O$_3$、Mn$_2$O$_3$、Cr$_2$O$_3$、SiO$_2$等杂质,有时含Ga$_2$O$_3$。与勃姆石(Boehmite,又称勃姆铝矿或一水软铝石)为同质二象矿物。

结构与形态 斜方晶系,$3L^23PC$晶类;D_{2h}^{17}-Pbn;$a=0.441$nm,$b=0.940$nm,$c=0.284$nm,$Z=4$。常见单形有斜方柱{110}、{021}、{061}、平行双面{100}等。呈平行(010)的薄片状晶体,有时沿c轴延伸成柱状。也常呈细粒状、隐晶质可胶状集合体。

物理性质 白、灰、浅黄、浅蓝等色;条痕白色;玻璃光泽。解理{010}完全,{110}次之,{100}很差;贝壳状断口;$D=3.3\sim3.5$;$H=6.5\sim7$。$Np=1.702\sim1.704$,$Nm=1.722\sim1.724$,$Ng=1.750\sim1.752$;$Ng-Np=0.048$;$(+)2V=84°\sim85°$;$Ng//X$,$Nm//Y$,$Np//Z$,光轴面$//(010)$(图10-97左)。色散$r<v$。

镜下特征 薄片中无色,有时呈很浅的蓝色;正高突起,糙面显著;解理{010}完全,{110}次之,{100}很差。干涉色可达Ⅲ级顶部;平行消光;负延性。

产状及其他 一水硬铝石常与水铝氧石共生成为铝土矿的主要成分，共生矿物有珍珠云母、勃姆石、磁铁矿、硬绿泥石、尖晶石、绿泥石等。富含 Al 质的岩石经接触变质和热液蚀变可形成一水硬铝石；有时也与蓝晶石等共生于结晶片岩中。常和刚玉一起成为刚玉岩的成分；产于火山岩中，与明矾石共生。

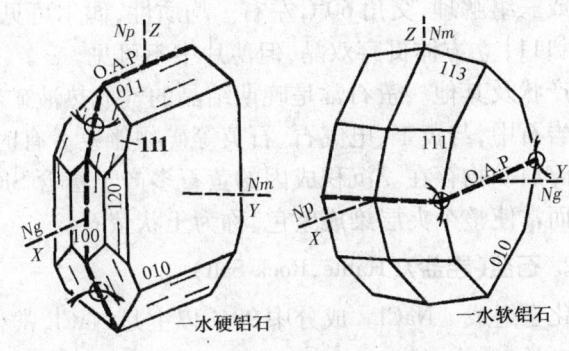

图 10-97 一水硬铝石及勃姆石光性方位图

勃姆石（Boehmite，一水软铝石），AlO(OH)。可有少量铁代铝。斜方晶系，$3L^2 3PC$ 晶类；D_{2h}^{17} – Amam；$a = 0.369$ nm，$b = 1.224$ nm，$c = 0.286$ nm，$Z = 4$。晶体呈极细小片状，常是平行双面{010}、斜方双锥{111}、{113}及斜方柱{110}的聚形。常呈隐晶质或胶态产于铝矿之中。无色或微黄；玻璃光泽；解理{010}完全。$D = 3.1 \sim 3.46$；$H = 3.5$。$Np = 1.638 \sim 1.650$，$Nm = 1.650 \sim 1.660$，$Ng = 1.651 \sim 1.670$；$Ng - Np = 0.015$；$2V = (-)80° \sim (+)80°$；$Ng // Y$，$Nm // Z$，$Np // X$，光轴面//(001)（图 10-97 右）。系铝硅酸盐风化的产物，与其他铁及铝的氧化物及氢氧化物共生。也可低温热液形成并充填岩石孔隙与裂隙。

二、卤化物类及单质类矿物的鉴定特征

1. 萤石（氟石）（fluorite）

化学组成 CaF_2。可有少量的 Si，有时因包体而含 Al，Mg。其中 Ca 可被 Y 及稀土元素代换，含量较高（达 10% ~ 20%）的变种称钇萤石$(Ca,Y)F_{2-3}$。萤石中偶而还含有 U。

结构与形态 等轴晶系，$3L^4 4L^3 6L^2 9PC$ 晶类；O_h^5 – Fm3m；$a = 0.546$ nm，$Z = 4$。晶体呈立方体{100}、菱形十二面体{110}及八面体{111}（图 10-98），少数为四六面体{210}和六八面体{421}。前者产在低温条件；后者产在高温条件，较少见。在薄片中常呈不规则粒状充填在其他矿物之间。

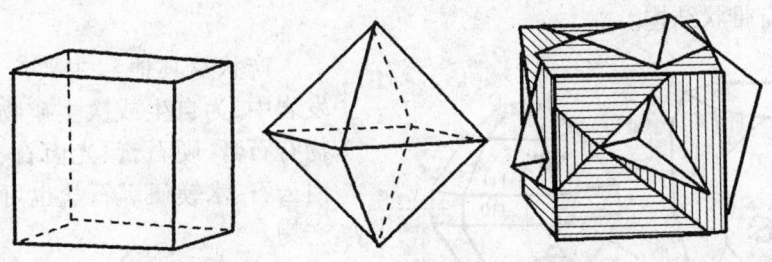

图 10-98 萤石的晶形与双晶

物理性质 无色、白、黄、绿、蓝和紫等色，色调分布不均匀，部分有蓝或紫色条带，有放射晕；玻璃光泽；透明。解理{111}完全；$D = 3.18$；$H = 4$；性脆。在阴极射线下发荧光，受热后可发磷光。$N = 1.433 \sim 1.435$。色散弱。

镜下特征 薄片中无色，或呈浅绿色、淡紫色；不同颜色的萤石具有不同的折射率，绿色萤石 $N = 1.43349$，褐色萤石 $N = 1.43460$；负高突起，糙面很显著，随着 Y 代换 Ca，折射率增高，如钇萤石（含 YF_3 10%、CeF_3 1%）$N = 1.4425$；解理{111}完全，有时见{001}解理，薄片中常见到

二组或三组解理,交角60℃左右。均质性,偶尔可见某些萤石的边缘有较弱的浅灰色干涉色。常呈{111}立方体贯穿双晶,但薄片中不可见。

产状及其他 萤石常是晚期结晶的气成热液矿物,广泛产于热液矿脉、某些伟晶岩或蚀变交代岩石中,与黄玉、电气石、石英等矿物伴生。有时也可作为砂岩的胶结物或以其碎屑颗粒作为碎屑矿物存在。沉积成因的萤石多产于富含SiO_2、石膏、硬石膏的碳酸盐岩层之中,呈隐晶质而常使整个夹层染成紫色、称为土状萤石。

2. 石盐(岩盐)(Halite, Rock Salt)

化学组成 NaCl。成分中99%以上是NaCl,常含少量的$CaCl_2$、$MgCl_2$、$CaSO_4$、$MgSO_4$以及很少量的Br(0.023~0.03%),并常有气、液态包体以及石膏、硬石膏、褐铁矿、粘土质包体。

结构与形态 等轴晶系,$3L^4 4L^3 6L^2 9PC$晶类;$O_h^5 - Fm3m$;$a = 0.564nm$,$Z = 4$。晶体呈立方体{100}(图10-99),次为立方体与与八面体{111}的聚形,或为粒状、致密块状集合体。在岩石裂隙中有时呈纤维状,纤维垂直裂隙壁。

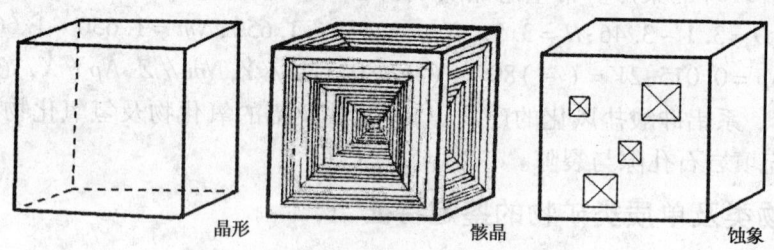

图10-99 石盐的晶形骸晶与蚀象

物理性质 无色或白、灰、红、蓝、黑等色;玻璃光泽;透明。解理{100}完全。$D = 2.1$~2.2;$H = 2$~2.5;性脆。$N = 1.5443$。色散,中等。

镜下特征 薄片中无色或浅色调,同混入杂质有关:灰色(含有粘土、滑石);黄、橙、粉、红色(含铁的氧化物、氢氧化物)。也有因放射性的影响而带颜色的:受α射线作用常呈黄色;由钾的放射性引起蓝色。折射率≈树胶,突起、糙面几乎不可见。解理{100}极完全,三组解理相互正交。全消光,有时因应力影响可有微弱的干涉色;由于硬石膏包体排列成带状,较大的石盐晶体可见有带状结构。

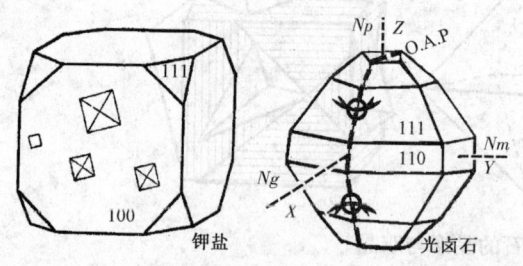

图10-100 钾盐与光卤石光性方位图

产状及其他 主要产在沉积岩的蒸发岩中,为自生或次生矿物产出。伴生矿物有石膏、硬石膏、光卤石、杂卤石、钾盐、白云石、水镁矾。石盐也可为火山的升华产物。

钾石盐(钾盐)(sylvite, sylvine),KCl。常含NaCl和Fe_2O_3的机械混入物,有时含有类质同象杂质Rb和Cs。等轴晶系,$3L^4 3L^3 6L^2 9PC$晶类;$O_h^5 - Fm3m$;$a = 0.629nm$,$Z = 4$。晶体呈立方体{100},或立方体与与八面体{111}的聚形(图10-100)。通常为粒状、致密块状,很少见自形晶。充填裂隙者呈纤维状。常见白、玫瑰和红色(含赤铁矿包体);薄片中无色透明,有时呈玫瑰色,受α射线作用呈黄色。解理{100}极完全。$D = 1.99$;H

$=2$。$N=1.4904$。负低突起。均质体,有时可见有微弱的干涉色。常有{111}的贯穿双晶,但薄片中不见。与石盐、硬石膏共生,见于盐湖沉积中,为原生的钾石盐;同硬石膏或石盐、硫镁矾、杂卤石等共生,是变质成因的(称为"硬盐")。也可形成于火山附近。

光卤石(carnallite),$KMgCl_3 \cdot 6H_2O$。含少量 Rb、Cs、Br、Fe 等,还会有石盐、钾盐、石膏及粘土矿物的包体。斜方晶系,$D_{2h} - mmm(3L^2 3PC)$ 晶类。$a=0.960nm$,$b=1.614nm$,$c=2.252nm$,$Z=12$。常见单形有平行双面{100}、{010}、{001}、斜方柱{011}、{101}、斜方双锥{112}等。常呈假六方锥状晶形或他形、粒状、块状、纤维状。白色,或微红色;薄片中无色。$Np=1.465$,$Nm=1.474$,$Ng=1.496$;$Ng-Np=0.031$;$(+)2V=66° \sim 70°$;$Ng // X$,$Nm // Y$,$Np // Z$,光轴面$//(010)$(图 10-100)。色散 $r<v$,弱。负高突起。无明显解理。干涉色显Ⅱ级中部的鲜艳干涉色。平行消光。有时有聚片双晶,受压力后也可产生沿{110}和{130}次生聚片双晶。产于盐湖沉积,常与钾盐、石盐、杂卤石、水镁矾、硬石膏等共生,析出时间较钾盐为晚。

3. 金刚石(diamond)

化学组成 C。常有各种包体及杂质,其中氮、硼是最主要的杂质元素,它的含量与存在形式,直接影响金刚石的物理性质

结构与形态 等轴晶系,$3L^4 4L^3 6L^2 9PC$ 晶类;$O_h^7 - Fd3m$;$a=0.35595nm$,$Z=8$。金刚石晶体结构中,每个碳原子与相邻的四个碳原子以共价键相联结,形成牢固的架状结构。常见八方体{111},菱形十二面体{110}、立方体{100}及其聚形(图 10-101),常呈单晶体,或为粒状、致密块状。

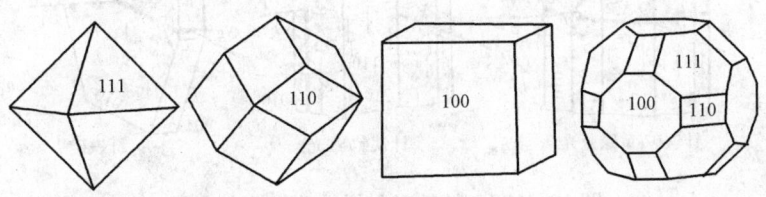

图 10-101 金刚石的晶形

物理性质 纯净者无色透明,常因含微量杂质而呈蓝、黄、灰、黑等各种颜色。金刚光泽,透明。解理{111}中等,{110}不完全。$D=3.47 \sim 3.56$;$H=10$;性脆;热的良导体。

镜下特征 无色,含杂质时呈蓝、黄、灰等色调。均质体,折射率 $N=2.4 \sim 2.48$。色散强。少数呈非均质性,干涉色低,极少数显一轴晶。

产状及其他 金刚石是高温高压的产物,产于"金伯利岩(又称角砾云母橄榄岩)"中。金伯利岩风化后,金刚石可以形成砂矿。色美透明者为最名贵宝石;金刚石的高硬度、半导体性质及导热性质,在工程、能源、信息产业、电子技术等领域均获得广泛应用。

三、常见不透明矿物的鉴定特征

1. 褐铁矿(limonite)

化学组成 $FeO(OH) \cdot nH_2O$。褐铁矿是含水氧化铁矿物之混合物的总称,主要成分是针铁矿和纤铁矿,同时还混入有莱细粒石英、锰的氧化物、粘土矿物、吸附水(可达 $12 \sim 14\%$),还有 Si、Al、Ca、Cu、Pb、Mn、Ni、Co、P 等。

结构与形态 通常呈土状、鲕状、肾状、钟乳状、葡萄状、结核状、皮壳状、块状等等集合体,

也常成为黄铁矿或白铁矿、菱铁矿、磁铁矿等铁矿物的假象,即无特定的形态。

物理性质 颜色、密度、硬度等性质均与各组分的比例有关。通常呈黄褐至暗褐色及黑色;条痕桔红－砖红色,半金属光泽,不透明。$D=2.7\sim4.3$;$H=1\sim4$。$N=2.0\sim2.1$。

镜下特征 薄片中不透明或半透明,细而薄的颗粒能透光,显褐、红褐色、黄褐色;反射光下呈褐色;无解理。不透光而显全消光,有时可有双折射现象(异常双折射率可达0.040),是超显微状态的针铁矿所致。

产状及其他 褐铁矿是十分常见的次生矿物,主要由铁镁矿物遭受风化后而形成,在沉积岩中分布较广,也在铁帽中产出,还可成为砂岩的胶结物。

针铁矿(goethite)(α–FeO(OH)),斜方晶系,$3L^23PC$ 晶类;D_{2h}^{17}–Pbnm;$a=0.465$nm,$b=1.002$nm,$c=0.304$nm,$Z=4$。常见单形有斜方柱{210}、{011}、{110}、平行双面{010}等;晶体沿 Z 轴呈针状、柱状、纤维状并具纵纹,或平行{010}呈薄板或鳞片状,更常在褐铁矿内呈隐晶质状。{010}解理完全,{100}次之。$D=3.8\pm$;$H=5$。薄片中黄至橙黄色,有多色性($Np=$黄,$Nm=$褐黄,$Ng=$橙黄),吸收性 $Ng>Nm>Np$。$Np=2.260$,$Nm=2.393$,$Ng=2.398$,$(-)2V=0°\sim27°$,$H=5\sim5.51$;$D=4.28$,不纯的针铁矿则 $Np=2.15\sim2.21$。$Nm=2.22\sim2.29$,$Ng=2.23\sim2.33$,$(-)2V=42°$(图10–102左及中)。

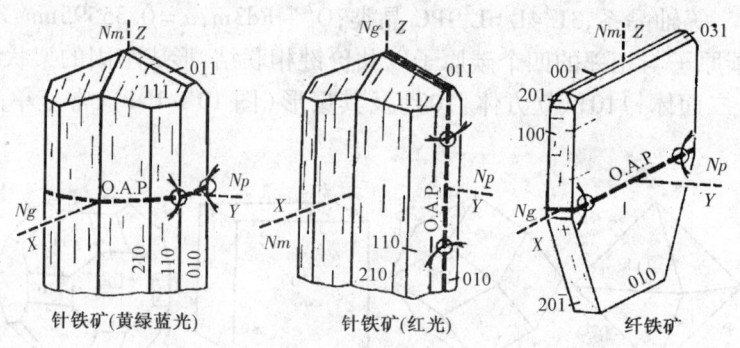

图10–102 针铁矿与纤铁矿光性方位图

纤铁矿(lepidocrocite)β—FeO(OH),斜方晶系,$3L^23PC$ 晶类;D_{2h}^{17}–Amam;$a=0.388$nm,$b=1.254$nm,$c=0.307$nm,$Z=4$。常见单形有平行双面{100}、{010}、{001}、斜方柱{207}、{031}等;晶体沿{010}呈片状、鳞片状、玫瑰花状,也常呈隐晶质状。{010}解理完全,{001}好,{100}差。$D=4.09$;$H=5$。薄片中微红、橙红至微黄,多色性强(Np–亮黄至无色,Nm–红橙、橙至黄,Ng–暗红橙),强吸收性 $Np<Nm<Ng$。$Np=1.94$,$Nm=2.20$,$Ng=2.51$,$(\pm)2V=83°$;$Ng//X$,$Np//Y$,$Nm//Z$,光轴面//(001)(图10–102右)。常在针铁矿的皮壳上产出。

2. 铬铁矿(chromite)

化学组成 $FeCr_2O_4$。常含有 Mg、Ni、Fe、Al 等类质同象代换。镁铬铁矿(Magnesiochromite,$MgCr_2O_4$)为铬铁矿的镁的类质代换产物、MgO 达 20.96%。

结构与形态 等轴晶系,$3L^44L^36L^29PC$ 晶类;O_h^7–Fd3m;$a=0.8334$nm,$Z=8$。常呈八面体晶体,在矿石中常呈粒状、致密块状以及扁豆状、囊状、空心皮壳状集合体。

物理性质 褐黑至黑色;条痕褐色;半金属光泽;不透明。无解理。$D=4.0\sim4.8$;$H=5.5\sim6.5$。具弱磁性。$N=2.08\sim2.16$(图10–103)。

镜下特征 薄片中几乎不透明,晶粒边缘或极薄的晶粒则微透明,显红色、褐红色。反射光下暗黑色,带有褐色色调。解理无。均质性。

产状及其他 主要见于超基性岩如橄榄岩、金伯利岩、蛇纹岩及辉石岩中,基性火成岩中较少见。在上述岩石附近的砂矿中可富集。

3. 磁铁矿(magnetite)

化学组成 $FeFe_2O_4$。和尖晶石为同族矿物。常有 Mn、Mg、Zn、Al、V 和 Ti 等杂质。含 TiO_2 达 10%±者,称钛磁铁矿(Titanomagnetite)。含钒达 4.84%±者称钒磁铁矿(Coulsonite),$(Fe,V)_3O_4$。

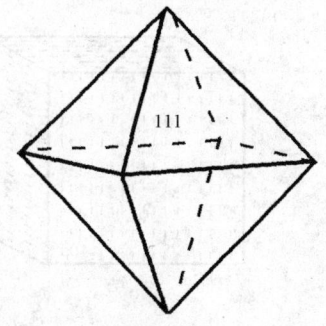

图 10-103 铬铁矿的晶形

结构与形态 等轴晶系,$3L^4 4L^3 6L^2 9PC$ 晶类;$O_h^7 - Fd3m$;$a = 0.8396nm$,$Z = 8$。晶体常呈八方体和菱形十二面体,常有平行该晶面长对角线方向的条纹(图 10-104)。通常为不规则粒状或致密块状,有时呈骸晶。薄片中则多成自形的四方形或粒状。

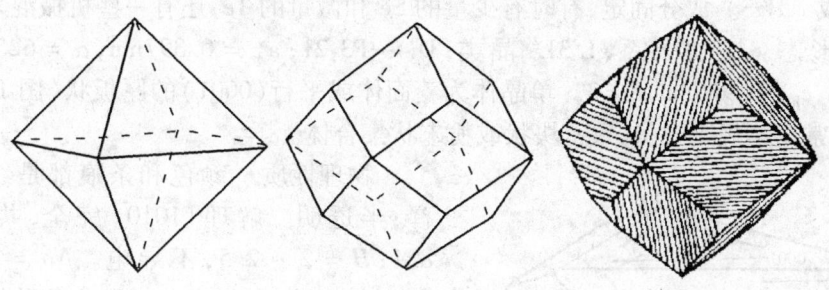

图 10-104 磁铁矿的晶形

物理性质 铁黑色;条痕黑色;半金属-金属光泽;不透明。无解理,偶可有八面体{111}裂开。$D = 4.9 \sim 5.24$;$H = 5.5 \sim 6.0$。具强磁性。$N = 2.42$。

镜下特征 黑色不透明,在反射光下为钢灰色。无解理,偶可见{111}裂理。

产状及其他 磁铁矿分布广泛,成因多样。在花岗岩、正长岩、闪长岩、辉长岩中是常见的副矿物。在铁镁质硅酸盐矿物的变化过程中常可形成磁铁矿,火山岩中角闪石、黑云母的暗化边主要是磁铁矿,在沉积砂矿中也有磁铁矿产出。

4. 黄铁矿(pyrite)

化学组成 FeS_2。成分中常含有 Co、Ni、Cu、Au、Ag、As 和 Se 等杂质。

结构与形态 等轴晶系,$3L^4 4L^3 6L^2 9PC$ 晶类;$T_h^6 - Pa3$;$a = 0.542nm$,$Z = 8$。晶体常呈立方体{100}、五角十二面体{210}、或两者的聚形。立方体相邻晶面上的条纹相互垂直,是其重要特征(图 10-105)。也常成不规则的浸染粒状、致密块状、结核状、细脉状。

物理性质 浅铜黄色,表面常有褐黄色的锈色;条痕绿黑色或黑色;强金属光泽;不透明。无解理。$D = 4.9 \sim 5.2$;$H = 6 \sim 6.5$;断口参差状,性脆,尤其是在富含自然金包体时则更易碎裂。良导电体,无磁性。

镜下特征 薄片中不透明;常呈正方形、长方形、三角形和五角形断面或片形的粒状。反射光下显金属光泽,浅黄铜色,边部则因氧化成为褐铁矿、针铁矿而呈红色或褐色。有时边部还有水绿矾(melanterite)$(Fe(SO_4) \cdot 7H_2O)$产生。解理无。可出现贯穿双晶,但薄片中不可

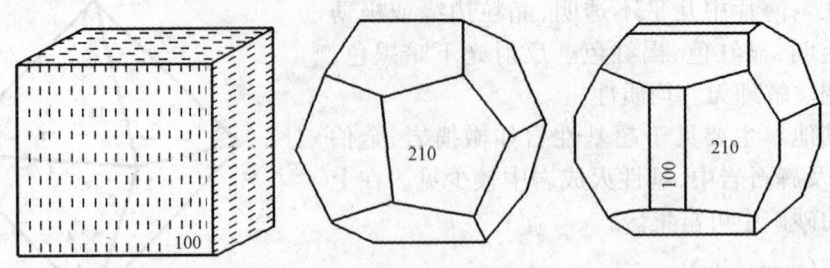

图 10-105 黄铁矿的晶形

见。在应力作用下,晶体的垂直受力方向上有时出现"压力影"。均质性。

产状及其他 黄铁矿是分布最为广泛的硫化物。多在中、酸性岩浆岩及热液矿脉中产出;也可在沉积岩中呈结核、团块状产出;有时还作为砂岩的胶结物;也可在绿泥片岩和千枚岩中呈变斑晶出现。

5. **辰砂**(cinnabar)

化学组成 HgS。成分固定,有时有少量的 Se 和微量的 Te,还有一些机械混入物。

结构与形态 三方晶系,$L^3 3L^2$ 晶类;$D_3^4 - P3_121$;$a_{rh} = 0.397nm$,$\alpha = 62°58'$,$Z = 1$;$a_h = 0.415nm$,$c_h = 0.950nm$,$Z = 3$。单晶体为菱面体或平行(0001)的厚板状(图 10-106)、柱状、针状。也常为不规则粒状、致密块状或粉末状集合体。

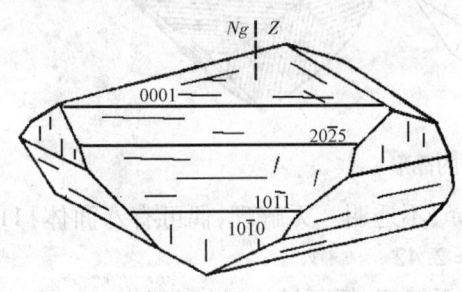

图 10-106 辰砂光性方位图

物理性质 颜色和条痕都是红色;金刚光泽;半透明。解理$\{10\bar{1}0\}$完全,共三组。$D = 8.1$;$H = 2 \sim 2.5$,不导电。$No = 2.913$,$Ne = 3.272$,$(+)Ne - No = 0.359$。色散很强。

镜下特征 薄片中为红色半透明,反射光下为蓝灰色,比方铅矿暗而略带蓝色;多色性明显,Ne-橙黄至红,No-暗红。解理$\{10\bar{1}0\}$三组完全解理。常见矛状穿插双晶。双折射率很高,镜下可见到强烈的圆偏振化现象。

产状及其他 产于低温热液矿床,与黄铁矿、辉锑矿、方解石、萤石、重晶石、石英、玉髓、蛋白石等矿物共生。外生成因的辰砂,形成于氧化带的下部,并可形成砂矿。在近代火山活动的火山喷出孔中以及温泉淀积中也有产出。辰砂是最主要的汞矿石,并可做激光调制晶体。汞在制药、仪器、电气、精密铸件以及能源行业中用途颇广。

黑辰砂(metacinnabarite)是 HgS 的高温同质多象变体。等轴晶系,浅灰黑色。$H = 3$;$D = 7.65$。据称只在酸性溶液中形成。红色的辰砂在 344℃(一个大气压)时可转变为黑辰砂。有人认为辰砂的生成晚于黑辰砂。

6. **赤铁矿**(hematite)

化学组成 Fe_2O_3。有时含 Ti 和 Mg 的类质同象混入物。隐晶质的赤铁矿成分中常常有 SiO_2 和 Al_2O_3 的机械混入物。

结构与形态 三方晶系,$L^3 3L^2 3PC$ 晶类;$D_{3d}^6 - R\bar{3}c$;$a_{rh} = 0.5421nm$,$\alpha = 55°17'$,$Z = 2$;$a_h = 0.5039nm$,$c_h = 1.376nm$,$Z = 6$。常见单形有平行双面$\{0001\}$、六方柱$\{11\bar{2}0\}$、菱面体$\{10\bar{1}1\}$、$\{10\bar{1}4\}$、$\{01\bar{1}2\}$、六方双锥$\{22\bar{4}3\}$等。单晶体常呈菱面体和板状(图 10-107),通常为粒状、

鳞片状、鲕状、肾状、土状、粉末状以及致密块状。

物理性质 晶体和显晶质集合体呈钢灰色或铁黑色,隐晶质集合体呈暗红色;条痕樱桃红—褐红色;半金属至金属光泽;不透明。无解理。$D=5\sim 5.3;H=5.5\sim 6$。$No=2.988,Ne=2.759,(-)No-Ne=0.229$。

镜下特征 不透明,极薄的边缘才可见血红色或橙红色;弱多色性,No-浅褐红色,Ne-淡黄红色;吸收性$No>Ne$。无解理,有平行$\{10\bar{1}1\}$菱形裂理。双折射率强。反射光下白色或带浅蓝的灰色。

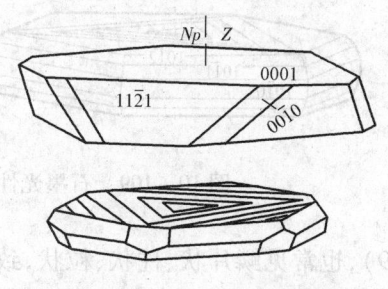

图 10-107 赤铁矿光性方位图

产状及其他 最重要的赤铁矿矿床是区域或接触变质成因的,有些则是热液成因的,与石英、重晶石、磁铁矿、碳酸盐等矿物伴生。或作为大型水盆地中风化或胶体溶液沉淀作用的产物而产出,呈鲕状、豆状、肾状。赤铁矿是重要的铁矿石。

镜铁矿(Specularite)是赤铁矿的细鳞片状或玫瑰花状集合体。因有磁铁矿的微包体而可有较强的磁性。在热液脉及火山喷发物中有产出。

7. 钛铁矿(ilmenite)

化学组成 $FeTiO_3$。成分中常含有 Mg、Mn 等杂质,到一定比例,即成红钛锰矿(Pyrophanite,$MnTiO_3$ 含 MnO47%±)、镁钛矿(Geikielite,$MgTiO_3$,含 MgO25%±)等。在金伯利岩中,MgO 的含量可达 5.6~9.9%,由于常含有赤铁矿的包体而有较多的 Fe。

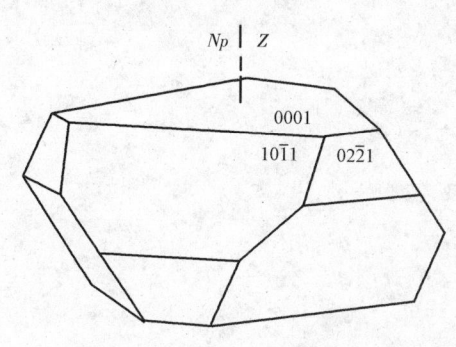

图 10-108 钛铁矿光性方位图

结构与形态 三方晶系,$C_{3i}-\bar{3}(L^3C)$ 晶类。$a_{rh}=0.553nm,\alpha=54°49',Z=2;a_h=0.509nm,c_h=1.407nm,Z=6$。晶体结构与刚玉相似。常见单形有单面$\{0001\}$、菱面体$\{10\bar{1}1\}$、$\{0\bar{2}21\}$、$\{0\bar{2}23\}$、六方柱$\{10\bar{1}0\}$等。单晶体呈底轴面与菱面体的聚形(图 10-108),也见有厚板状、薄板状、叶片状等晶体,通常为不规则粒状和致密块状集合体。

物理性质 钢灰色到铁黑色;条痕黑色;半金属光泽;不透明。无解理,有时具$\{0001\}$或$\{10\bar{1}1\}$裂开。$D=4.72;H=5.5$。具弱导电性和弱磁性。$N=$很高,$(-)No-Ne=$很强。

镜下特征 薄片中不透明,常为树枝状骸晶和六角形断面,有时呈拉长的菱面体状;极薄的边缘处可微透明,呈暗褐至紫褐色;弱多色性。反射光下呈褐黑色。正高突起。常有$\{10\bar{1}1\}$裂理,$\{0001\}$裂理可弯曲。偶见结合面为$\{10\bar{1}1\}$双晶。

产状及其他 一般呈副矿物产于各类岩石中。常以针状,片状包裹物产在辉石、角闪石和斜长石中;有时在片麻岩、云母片岩和角闪岩中出现;常成为碎屑矿物见于碎屑岩及砂矿中;与碱性岩有关的气成作用中可有钛铁矿的富集。是重要的钛矿石,镁钛矿也是寻找金伯利岩和金刚石的标志矿物。

8. 石墨(graphite)

化学组成 C。纯净者极少,常含有少量的 Si、Al、Ca、Mg、Fe、Cu 等杂质。

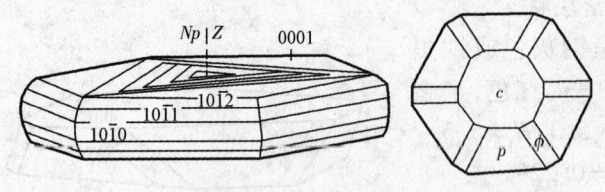

图 10-109　石墨光性方位图

结构与形态　六方晶系，C_{6h} - $6/mmm$（$L^3 6L^2 7PC$）晶类。a_h = $0.2462nm$，c_h = $0.670nm$，$Z = 4$。晶体结构与刚玉相似。常见单形有平行双面 $c\{0001\}$、六方双锥 $p\{10\bar{1}1\}$、$\{10\bar{1}2\}$、$\phi\{11\bar{2}2\}$、六方柱 $\{10\bar{1}0\}$ 等。单晶体为六方板状、叶片状（图 10-109），也常见鳞片状、柱状、粒状、致密块状集合体。

物理性质　钢灰至铁黑色；条痕灰黑色；金属光泽；不透明。解理平行 $\{0001\}$ 极完全。$D = 2.25$；$H = 1$。薄片具挠性，手摸之有滑感，易污手。电和热的良导体。$No = 1.93 \sim 2.07$，一轴晶负光性。

镜下特征　薄片中不透明，很薄的薄片中可呈深蓝色、绿灰色；多色性强，吸收性 $No > Ne$。反射光下显铅灰色。正极高突起。解理 $\{0001\}$ 底面解理完全。有微弱的干涉色。

产状及其他　石墨是主要变质矿物，常见于碳质板岩和石灰岩与火成岩的接触带，与方解石、白云石等共生。在片麻岩和结晶片岩中也可产出，有时数量较大。石墨化学性质稳定性，在冶金、电子、能源等行业均有广泛应用。

参考文献

埃里克·福里格.2006.碳酸盐岩微相—分析、解释及应用.马永生主译.北京:地质出版社.
北大地质系岩矿教研室.1979.光性矿物学.北京:地质出版社.
彼得 A 肖勒,达娜 S 厄尔默—肖勒.2010.碳酸盐岩岩石学——颗粒、结构、孔隙及成岩作用.姚根顺,等,译.北京:石油工业出版社.
常丽华,曹林,高福红.2009.火成岩鉴定手册.北京:地质出版社.
常丽华,陈曼云,等.2006.透明矿物薄片鉴定手册.北京:地质出版社.
陈漫云,金巍,郑长青.2009.变质岩鉴定手册.北京:地质出版社.
陈平.2006.结晶矿物学.北京:化学工业出版社.
戴永定,等.1994.生物矿物学.北京:石油工业出版社.
方少仙,侯方浩,等.2013.碳酸盐岩成岩作用.北京:地质出版社.
冯增昭.2013.中国沉积学.2版.北京:石油工业出版社.
何涌,雷新荣.2008.结晶化学.北京:化学工业出版社.
侯方浩,等.2002.鄂尔多斯盆地奥陶系碳酸盐岩储层图册.成都:四川人民出版社.
胡玲,刘俊来,纪沫,等.2009.变形显微构造识别手册.北京:地质出版社.
姜在兴.2003.沉积学.北京:石油工业出版社.
李捷.岩浆岩与变质岩简明教程.2008.北京:石油工业出版社.
李胜荣,许虹,等.2008.结晶学与矿物学.北京:地质出版社.
林培英.2005.晶体光学与造岩矿物.北京:地质出版社.
刘显凡,孙传敏.2010.矿物学简明教程.2版.北京:地质出版社.
刘岫峰,等.1991.沉积岩实验方法.北京:地质出版社.
卢焕章,等.2004.流体包裹体.北京:科学出版社.
卢良兆,许文良.2011.岩石学.北京:地质出版社.
鲁明伟.2008.结晶学与岩相学,北京:化学工业出版社.
罗谷风.1985.结晶学导论.北京:地质出版社.
倪志耀.2011.晶体光学.3版,北京:地质出版社.
钱逸秦.2005.结晶化学导论.合肥:中国科技大学出版社.
秦善,王长秋.2006.矿物学基础.北京:北京大学出版社.
桑隆康,廖群安,邬金华.2005.岩石学实验指导书.武汉:中国地质大学出版社.
桑隆康,马昌前.2012.岩石学.2版.北京:地质出版社.
尚凌,卢静文,等.2007.矿相学,北京:地质出版社.
沈明道.狄明信,等.1996.矿物岩石学及沉积相简明教程.东营:石油大学出版社
唐洪明.2007.矿物岩石学.北京:石油工业出版社.
王德滋,谢磊.2008.光性矿物学.3版.北京:科学出版社.
王苹.2008.矿石学教程.武汉:中国地质大学出版社.
王萍,李国昌.2006.结晶学教程.北京:国防工业出版社.
王濮,潘兆橹,等.1982.系统矿物学.北京:地质出版社.
吴良士,白鸽,袁忠信.2005.矿物与岩石.北京:化学工业出版社.
吴增福.2005.矿物珍宝.沈阳:万卷出版公司.
徐夕生,邱检生.2010.火成岩岩石学.北京:科学出版社.
杨承运.1989.光性矿物学教程.北京:地质出版社.
杨振升,徐仲元,刘正宏,黄道玲.2008.高级变质区地质调查与综合研究方法.北京:地质出版社.
于炳松,赵志丹,苏尚国.2012.岩石学.2版.北京:地质出版社.

曾广策，朱云海．叶德隆．2006．晶体光学及光性矿物学．武汉：中国地质大学出版社．
张恩，彭明生．2007．结晶学与矿物学实验指导书．北京：地质出版社．
赵澄林，等．1997．现代沉积学．北京：石油工业出版社．
赵澄林，朱筱敏．2001．沉积岩石学．3版．北京：石油工业出版社．
赵敬松，唐洪明，雷卞军．2003．矿物岩石薄片研究基础．北京：石油工业出版社．
赵珊茸．2004．结晶学及矿物学．北京：高等教育出版社．
赵珊茸．2011．结晶学与矿物．北京：高等教育出版社．
中国地质调查局组，周端华、刘传正．2013．野外地质工作实用手册．北京：地质出版社．
中国地质科学院地质矿产所．1977．透明矿物显微镜鉴定表．北京：地质出版社．
周乐光．2007．矿石学基础．3版．北京：冶金工业出版社．
Pramod K Verma. 2010. Optical Mineralogy. New Delhi: Ane Books Pvt. Ltd.
Б К 斯坦．1990．现代晶体学．吴自勤，译．北京：中国科技出版社．